MINISTÈRE DE L'AGRICULTURE

ÉTUDES
SUR LES SOURCES

HYDRAULIQUE

DES NAPPES AQUIFÈRES ET DES SOURCES

ET APPLICATIONS PRATIQUES

PAR

M. LÉON POCHET

INSPECTEUR GÉNÉRAL DES PONTS ET CHAUSSÉES
INSPECTEUR GÉNÉRAL DE L'HYDRAULIQUE AGRICOLE

TEXTE

PARIS
IMPRIMERIE NATIONALE

MDCCCCV

ÉTUDES

SUR LES SOURCES

HYDRAULIQUE

DES NAPPES AQUIFÈRES ET DES SOURCES

ET APPLICATIONS PRATIQUES

MINISTÈRE DE L'AGRICULTURE

DIRECTION DE L'HYDRAULIQUE
ET DES AMÉLIORATIONS AGRICOLES

ÉTUDES
SUR LES SOURCES

HYDRAULIQUE
DES NAPPES AQUIFÈRES ET DES SOURCES
ET APPLICATIONS PRATIQUES

PAR

M. LÉON POCHET

INSPECTEUR GÉNÉRAL DES PONTS ET CHAUSSÉES
INSPECTEUR GÉNÉRAL DE L'HYDRAULIQUE AGRICOLE

(Ouvrage publié par les soins du Service technique de l'Hydraulique agricole)

PARIS
IMPRIMERIE NATIONALE

MDCCCCV

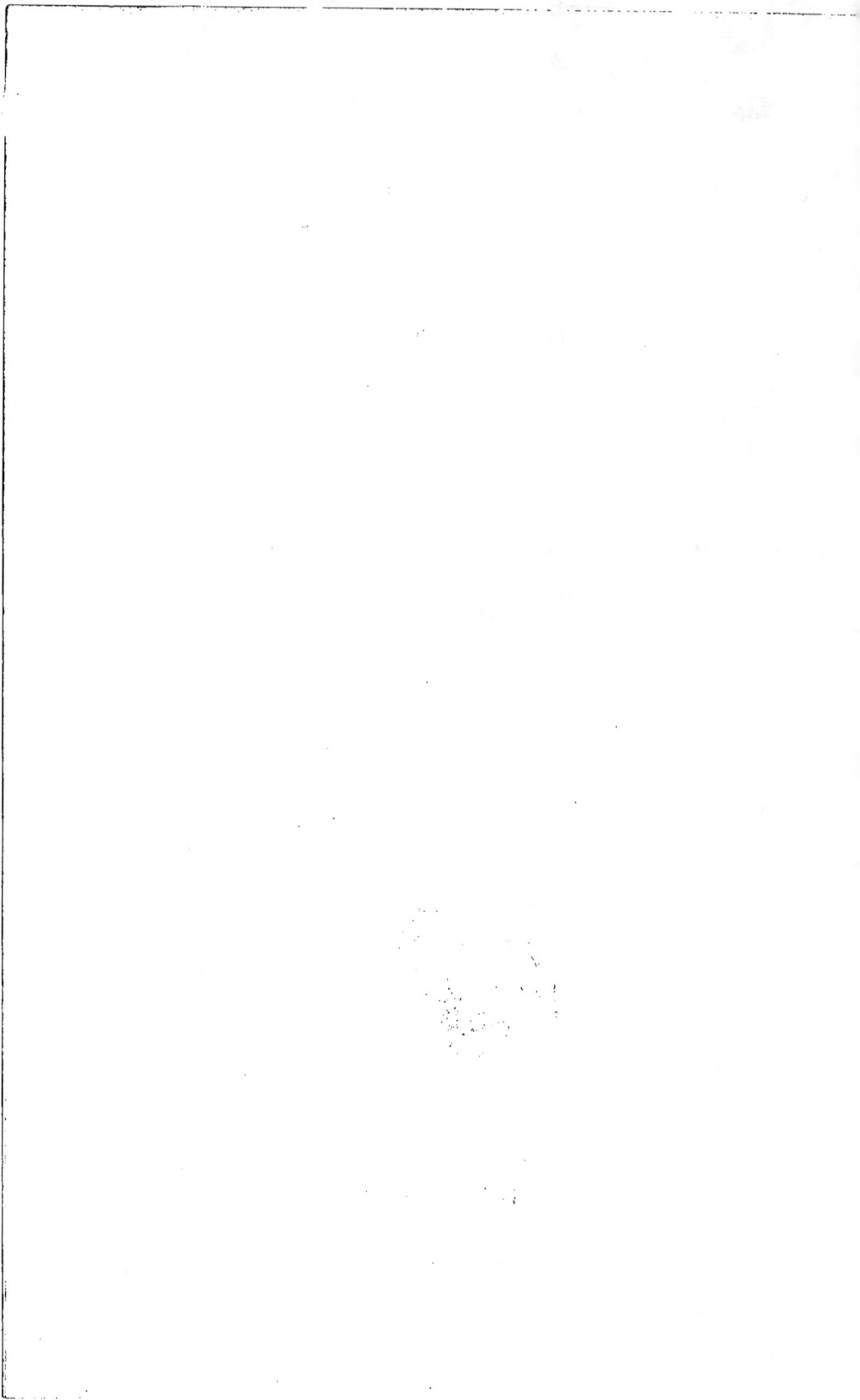

MINISTÈRE DE L'AGRICULTURE.

DIRECTION DE L'HYDRAULIQUE
ET DES AMÉLIORATIONS AGRICOLES.

ÉTUDES
SUR LES SOURCES.

HYDRAULIQUE
DES NAPPES AQUIFÈRES ET DES SOURCES
ET APPLICATIONS PRATIQUES.

INTRODUCTION.

DIVISION DE CES ÉTUDES. — ÉTAT ACTUEL DE LA QUESTION DES SOURCES.

I. **Importance de la question des sources.** — La question des sources a pris dans ces dernières années une importance croissante. Cela tient à diverses causes.

D'une part, l'industrie s'est considérablement développée, les usines se sont multipliées; elles se sont emparées des cours d'eau, soit pour y puiser l'eau nécessaire à leur fonctionnement, soit pour y rejeter les eaux usées et les résidus de fabrication. Elles ont ainsi pollué les eaux courantes, et les ont rendues impropres à l'alimentation des hommes et des animaux. Dans certaines régions de la France, notamment dans le Nord, il serait vrai de dire qu'il n'existe plus de cours d'eau, mais seulement des collecteurs d'eaux industrielles plus ou moins nocives. L'agriculture elle-même tient une large place parmi les industries qui contaminent les cours d'eau. Il suffit de citer le rouissage du lin et du chanvre, les fromageries, les laiteries, les sucreries, les distilleries, les lavoirs, etc. Plusieurs de ces industries existaient autrefois, mais elles étaient peu développées et le mal produit était moins grand.

Par ces divers motifs, les rivières et ruisseaux roulent des eaux généralement impures et impropres à l'alimentation des centres de population.

Les puits jouaient autrefois, et jouent encore aujourd'hui, un rôle important dans l'alimentation publique. Creusés au milieu des villages, à proximité des maisons, ils permettent de se procurer à toute heure l'eau dont on a besoin. Mais cette proximité, qui est un avantage au point de vue de la facilité d'approvisionnement, entraîne de graves inconvénients au point de vue de la pureté de l'eau. Les eaux ménagères, les liquides issus des écuries et même des fosses d'aisances s'infiltrent à travers le sol, et vont se mélanger avec l'eau des puits qu'elles contaminent. En France, jusqu'au commencement du xixe siècle, on ne buvait guère dans les villes d'autre eau que celle des puits, et on ne soupçonnait nullement les dangers de cette pratique. Il y avait à Paris 42,000 puits.

Les découvertes de Pasteur, la doctrine microbienne qu'il a créée, et dont les applications ont déjà rendu tant de services à l'humanité, ont révélé tous les dangers que l'usage de l'eau des puits, dans les centres de population, fait courir à la santé publique.

L'administration a dû prendre en main cette question d'hygiène préventive, pour laquelle les populations ont toujours manifesté un certain dédain, et même quelquefois une énergique opposition. Grâce à son initiative, les municipalités commencent à en comprendre l'importance. Aussi l'administration s'efforce-t-elle maintenant d'obliger les populations à ne consommer que des eaux pures.

Dans l'impuissance où elle est de préserver les cours d'eau contre la contamination par les résidus industriels, impuissance qui, à notre avis, n'est que relative et pourrait être combattue avec un peu d'énergie; en présence de la difficulté plus grande de préserver les puits contre la corruption par les liquides infiltrés dans le sol, l'administration a pris le parti d'obliger les usagers, autant qu'elle le peut, à ne consommer que des eaux de sources.

La loi relative à « la protection de la santé publique », promulguée le 15 février 1902, est venue lui donner les pouvoirs qui lui faisaient défaut pour assurer cette mesure d'hygiène, et il n'est pas douteux que, dans quelques années, tous les centres de population d'une certaine importance seront alimentés en eaux de sources.

Telles sont les principales raisons qui donnent actuellement une importance nouvelle à l'étude des sources et des moyens d'en tirer le meilleur parti possible.

Ces raisons ne sont pas les seules, et nous en entrevoyons d'autres.

Dans certains pays d'irrigation, on se plaint de l'insuffisance des volumes d'eau dont on dispose; soit que les débits des sources aient baissé, soit que les surfaces irriguées se soient accrues, le fait de cette insuffisance est incontestable et l'on recherche les moyens d'y remédier.

Parmi ces moyens, la création de réserves d'eau au moyen de barrages réservoirs apparaît comme le plus simple et le plus connu. Mais il n'est pas toujours applicable, et il présente divers inconvénients fort graves. D'abord l'élévation de la dépense, les dangers des ruptures et ensuite la difficulté de se débarrasser des dépôts d'alluvions, vases, sables, graviers, qui se font dans les réservoirs.

Ne peut-on trouver d'autres ressources dans l'amélioration des sources naturelles ou dans la création de réserves artificielles?

Tels sont les divers motifs qui donnent un intérêt très actuel à l'étude des questions qui concernent les nappes aquifères et les sources.

II. La recherche des sources. — L'art de découvrir les sources a été de tout temps fort en honneur. On sait qu'autrefois il était exercé par des empiriques, qui étaient arrivés par l'observation et la pratique à posséder une certaine intuition des circonstances extérieures qui révèlent d'ordinaire l'existence des sources. C'étaient les *fontainiers*, les *sourciers*.

Au commencement du dernier siècle, l'abbé Paramelle, curé à Saint-Céré (Lot), frappé de la sécheresse qui désolait sa commune, porta son attention sur l'étude des sources et des cours d'eau dans le département du Lot et ne tarda pas à se former une idée très nette des conditions géologiques qui président à la formation des sources.

Soutenu et encouragé par le Conseil général, il appliqua sa méthode avec succès à la recherche des sources dans le département du Lot. Pendant vingt-cinq années, il continua à l'appliquer dans 30,000 localités situées dans 40 départements français. Les réussites furent très nombreuses.

L'abbé Paramelle a publié sa théorie dans un ouvrage intitulé « L'art de découvrir les sources, par l'abbé Paramelle », dont la première édition est datée de 1856.

Cet ouvrage, fort remarquable pour l'époque, bien que peu connu, contient une théorie de la formation des sources qui n'est pas toujours absolument conforme à la géologie.

L'auteur n'était point un savant, et n'en avait point la prétention. Néanmoins c'est à l'abbé Paramelle que revient l'honneur d'avoir le premier posé des principes rationnels pour la recherche des sources et prouvé la valeur de sa méthode par de nombreux succès.

III. **Double point de vue de la question des sources.** — **Point de vue géologique.** — **Point de vue hydraulique.** — Il faut croire que la formation des sources est un des problèmes les plus difficiles et les plus obscurs que la science ait eu à résoudre, car, jusqu'au xixᵉ siècle, il est resté à peu près sans solution.

Il s'agit là, pourtant, d'un phénomène journalier, universel, que l'homme est à même d'observer partout. Malgré cela, les esprits scientifiques les plus sagaces ont émis à son sujet des opinions singulières et quelquefois absurdes.

On croyait généralement que les eaux de la mer, s'infiltrant par des conduits souterrains jusque sous les montagnes, s'évaporaient et se condensaient ensuite au contact de l'air et formaient ainsi les sources.

Des savants comme Descartes acceptaient cette théorie, bien qu'au xviᵉ siècle, dans son traité des *Eaux et fontaines*, Bernard de Palissy parût avoir donné la véritable explication.

Pour mettre en évidence et vulgariser la vraie théorie des sources, il fallait que la géologie vînt fournir les notions indispensables.

Or, on sait que la géologie est la plus moderne de toutes les sciences. Cependant, ce n'est pas un géologue de profession qui a eu le mérite de définir d'une manière à la fois précise et pratique les circonstances qui accompagnent la formation des sources et des cours d'eau.

C'est à Belgrand, ingénieur des ponts et chaussées, que revient cet honneur. En établissant, à l'occasion de ses études sur le bassin de la Seine (1846), la distinction fondamentale des terrains perméables et des terrains imperméables, Belgrand a apporté définitivement dans la question des sources la lumière qui faisait défaut avant lui.

De 1846 à 1872, cet éminent ingénieur a développé ses idées dans un grand nombre de publications, mais ses études s'appliquaient exclusivement au bassin de la Seine.

Il fallait une généralisation. Dans son traité magistral *Des eaux souterraines* (1887), Daubrée, inspecteur général des mines, a exposé, avec autorité, les circonstances géologiques qui président à la formation des sources, et il a rapporté un grand nombre d'exemples pris en France et à l'étranger.

Au point de vue géologique, la science des sources est sinon achevée, du moins fort avancée.

1.

Mais cette science ne se rattache pas seulement à la *géologie*, elle dépend aussi de l'*hydraulique*. Et ce deuxième point de vue a été à peu près complètement négligé jusqu'ici.

Il semble cependant que les lois de l'hydraulique peuvent fournir des indications précieuses sur la circulation des eaux souterraines, et surtout sur les meilleurs moyens de les capter.

Le *critérium hydraulique* est toujours plus facile à observer que le *critérium géologique*. Ce dernier exige qu'on sache découvrir ce qui existe et ce qui se passe dans l'intérieur du sol. Or c'est une science fort difficile que celle du géologue, une science qui exige à la fois une grande expérience et une profonde intuition. Le critérium hydraulique est beaucoup plus à la portée des ingénieurs, car il repose simplement sur des mesures de niveaux et de débits. Il serait donc bien désirable qu'on pût connaître certaines des lois hydrauliques qui président à la circulation des eaux.

Est-ce possible? Peut-on soumettre au calcul des phénomènes aussi compliqués, aussi variables que ceux des nappes et des sources?

À la question posée avec cette généralité on doit répondre négativement.

Mais les cas compliqués ne sont pas les seuls qu'on ait à envisager. Les couches perméables les plus riches en eaux, celles dans lesquelles on va de préférence chercher l'approvisionnement des centres de population, appartiennent surtout aux terrains sédimentaires les moins anciens, la craie, les sables tertiaires, les alluvions modernes. Ces terrains présentent une certaine régularité comme inclinaison, parallélisme des couches, homogénéité.

On peut donc, en s'en tenant à des cas simples, qui, bien que rares, se rencontrent quelquefois, étudier dans ces terrains la circulation des eaux, en leur supposant une *homogénéité moyenne*.

Si le terrain, au lieu d'avoir la simplicité des formes théoriques, a des formes plus complexes, on peut souvent substituer à ces dernières *des formes moyennes* plus simples.

Les sciences expérimentales et l'art de l'ingénieur offrent des exemples multiples de ces simplifications qui permettent de ramener des problèmes, qui seraient inextricables si l'on voulait tenir compte de tous les éléments de la question, à des problèmes plus simples et de trouver une solution qui, sans être mathématiquement exacte, est cependant d'une exactitude suffisante pour la pratique.

La géologie a, pour objet habituel de ses études, des faits essentiellement variables, soumis à une foule de modifications accidentelles impossibles à prévoir, mais les effets qui sont dus aux lois de la mécanique sont généralement plus constants.

Par exemple, s'il est une loi simple, c'est celle de la pesanteur. Or la pesanteur est la force motrice du mouvement de l'eau dans les interstices du sol.

Il n'est donc pas possible qu'une étude mathématique rationnelle des nappes aquifères ne conduise pas à la découverte de certaines propriétés fort utiles de ces nappes ou des sources auxquelles elles donnent naissance.

Les captages par galeries ou par puits, qui reçoivent chaque jour de nombreuses applications et qui en recevront de bien plus importantes dans l'avenir, nécessitent des calculs préalables, que jusqu'à présent on ne sait pas faire et qu'on ne fait que par des méthodes tout à fait inexactes.

Telles sont les considérations qui nous ont fait croire qu'il est possible d'édifier, au moins à titre d'essai, une *hydraulique des nappes aquifères et des sources*.

On verra d'ailleurs que ces prévisions se sont réalisées, et que malgré ses imperfections la théorie fournit des données sur les nappes et les sources des divers genres, leur régime, leur débit, le captage des nappes aquifères et l'amélioration du régime des sources.

Ces résultats théoriques feront l'objet d'applications à divers cas de la pratique, au fur et à mesure que les données se présenteront, et on pourra ainsi vérifier l'exactitude de la théorie, la compléter et la rectifier sur les points douteux ou incorrects.

La présente étude comprendra donc deux parties :

1re PARTIE. *Hydraulique des nappes aquifères et des sources*.

2e PARTIE. *Applications pratiques*.

ÉTAT ACTUEL DE LA QUESTION DES SOURCES.

IV. De l'absorption des eaux météoriques par le sol. — On sait que les eaux météoriques, pluie, neige, rosée, qui tombent sur le sol, se divisent en trois parts.

La première est retenue par les feuilles ou les tiges des plantes et restituée à l'atmosphère par l'évaporation ou absorbée par les plantes elles-mêmes.

La deuxième pénètre dans les interstices du sol par la triple influence de la gravité, de la capillarité et de l'hygroscopicité.

La troisième ruisselle à la surface du sol en suivant la ligne de la plus grande pente, et rejoint le thalweg, en abandonnant en route une plus ou moins grande fraction de son volume.

Les proportions dans lesquelles se fait le partage entre l'évaporation, l'absorption, le ruissellement, dépendent de plusieurs facteurs : état de la végétation, température et état hygrométrique de l'atmosphère, intensité du vent, inclinaison du sol, perméabilité du sol...

Bien que certains de ces facteurs acquièrent quelquefois une influence exceptionnelle, on peut dire que, entre tous, c'est la perméabilité du sol qui joue le plus grand rôle dans le phénomène de l'absorption.

Nous reviendrons plus tard sur cette question et nous nous bornerons à dire ici que la proportion de l'eau météorique qui pénètre dans le sol est considérable et dépasse celle qui est généralement admise et qu'on suppose égale au débit total des cours d'eau. Ceux-ci, en effet, ne reçoivent pas toute la pluie tombée sur le sol, puisqu'on trouve des eaux souterraines et courantes à toutes profondeurs sous les vallées.

V. Des terrains perméables. — On distingue habituellement deux genres de terrains perméables (NIVOIT, *Cours de géologie*) :

1° *Les terrains perméables en petit*, c'est-à-dire dont les vides sont séparés par de petits éléments. Tels sont les graviers, les sables, les grès poreux, la craie qui possède une perméabilité propre outre celle que lui donnent de nombreuses petites fissures, certains calcaires à tissu grossier, les roches volcaniques, boursouflées, laves, basaltes et trachytes, ainsi que les scories poreuses, ponces, tufs et conglomérats ;

2° Les terrains *perméables en grand*, c'est-à-dire dont les vides consistent en fissures, en cavernes séparées par des blocs de roche imperméable d'une dimension notable.

Tels sont les calcaires, les grès, et quelquefois les granits. On donne le nom de *diaclases* aux fentes naturelles qui découpent les roches en blocs plus ou moins gros; elles jouent un grand rôle dans la circulation de l'eau.

Outre les eaux qui circulent dans les interstices des roches, celles-ci absorbent par imbibition un certain volume d'eau qui s'emmagasine dans leurs pores. Lorsque les pores sont entièrement remplis, il y a saturation.

Le phénomène de l'imbibition n'est pas encore bien connu. On sait que certains corps retiennent un certain volume d'eau minimum, qu'ils n'abandonnent que par évaporation artificielle. Mais il est probable que le *pouvoir absorbant* d'un corps est en raison de la pression. Lorsqu'un corps plongé dans l'eau est saturé et que l'eau se retire, ce corps restitue lentement une partie de l'eau qu'il contenait, et cette circonstance contribue à soutenir le débit de certaines sources pendant les longues périodes de sécheresse.

Il faudrait donc, à notre avis, distinguer trois coefficients :

1° Celui de la *perméabilité*, qui mesure le volume des vides extérieurs;

2° Celui de la *porosité* ou du *pouvoir absorbant*, qui mesure le volume des vides intérieurs;

3° Celui du *pouvoir rétentif*, qui mesurerait le volume d'eau minimum que conserve toujours un corps à la pression atmosphérique.

Des terrains imperméables. — Les roches imperméables sont les argiles, les marnes, les sables argileux, les roches cristallines, compactes, massives, mais non fissurées. Presque tous les terrains de sédiments renferment une certaine proportion d'argile. Leur imperméabilité est en raison de cette proportion.

Les marnes deviennent imperméables quand elles contiennent plus de 50 p. 100 d'argile, et même seulement 20 p. 100, si elles sont riches en calcaire.

Il y a fort peu de terrains tout à fait imperméables. Ce qu'on peut dire, c'est qu'à l'exception des roches compactes, presque tous les terrains sédimentaires peuvent être traversés par l'eau. On appelle imperméables ceux dans lesquels la vitesse de circulation est excessivement lente.

VI. Formation des nappes aquifères et des sources : 1° d'affleurement; 2° de thalweg. — L'eau pluviale qui a pénétré dans le sol reste soumise à l'action de la température extérieure et tend à s'évaporer tant qu'elle n'a pas atteint une certaine profondeur.

Dès qu'elle l'a dépassée, elle s'engage dans les interstices, dans les vides qui séparent les particules, dans les fissures qui séparent les blocs, et elle descend verticalement, ou à peu près, jusqu'à ce qu'elle ait rencontré une couche géologique imperméable, sur laquelle elle s'accumule, en formant une *nappe aquifère*.

La nappe s'épanche peu à peu sur le fond imperméable qui lui sert de support, et cherche une issue vers les points bas.

Ici trois cas se présentent :

1° La couche imperméable affleure sur le flanc d'un coteau, ou au fond d'une vallée. Dans ce cas, la nappe aquifère verse ses eaux le long de cette ligne d'affleurement le plus souvent en des points d'élection particulièrement favorables appelés *sources*, plus rarement sur une ligne continue.

Ces sources s'appellent *sources d'affleurement.*

Lorsque, sur un coteau, il existe, à des niveaux différents, plusieurs couches imperméables séparées par des couches perméables, à chaque ligne d'affleurement correspond une ligne de sources et ces lignes s'appellent alors : *niveaux de sources, niveaux d'eau.*

L'existence de ces niveaux d'eau et l'importance qu'ont souvent les sources des niveaux inférieurs est une des preuves les plus fortes de la perméabilité relative des couches dites imperméables.

Quand la couche imperméable passe au-dessous du fond du thalweg, il peut se présenter deux cas :

2° Si le niveau d'équilibre de la surface de la nappe liquide au droit du thalweg, c'est-à-dire son *niveau piézométrique, est plus élevé que le fond du thalweg*, la nappe y verse ses eaux en des points de sources plus ou moins multipliés. Ce sont des *sources de thalweg.*

3° *Si le niveau piézométrique de la nappe est moins élevé que le fond du thalweg, il n'y a plus de sources.* Et même si le thalweg en question donne passage à une rivière, les eaux de celles-ci tendront à s'infiltrer à travers le terrain qui forme leur lit, et à rejoindre la nappe aquifère. Dans ce cas, le lit de la rivière, au lieu d'être un lieu de sources, est *absorbant.* Les rivières qui coulent sur des couches géologiques perméables et profondes présentent fréquemment cette alternance de *zones émissives* et de *zones absorbantes.*

Il y a donc deux espèces de sources :

1° *Les sources d'affleurement;*

2° *Les sources de thalweg.*

Cette distinction est de création récente. Daubrée ne la mentionne pas. Elle est pourtant fondamentale, comme nous le verrons dans la théorie.

VII. **Niveau hydrostatique.** — Ainsi que nous l'avons dit, les eaux infiltrées dans le sol finissent toujours par rencontrer une couche imperméable, sur laquelle elles s'arrêtent pour former une nappe.

En quelque point qu'on perce l'écorce terrestre, on est assuré de rencontrer de l'eau.

Il existe donc une surface, sinon continue dans le sens géométrique du mot, du moins *générale*, au-dessous de laquelle toutes les roches sont imprégnées d'eau.

Dans certains terrains sédimentaires cette surface est tout à fait continue et elle épouse tous les accidents du relief du sol en les atténuant.

Elle présente des renflements sous les collines et des dépressions sous les vallées. Sa surface éprouve des montées et des baisses plus ou moins étendues suivant les saisons.

Les accidents géologiques tels que les failles peuvent interrompre la continuité de cette nappe générale, à laquelle Daubrée propose de donner le nom de *nappe de puits* ou *nappe phréatique*.

Dans le département de l'Oise, M. l'ingénieur en chef Debauve, à la demande du Conseil général, a fait relever les niveaux d'eau de tous les puits et de toutes les sources du département. Cette étude nous a été communiquée et nous avons pu dresser une carte générale avec les courbes de niveau de la nappe phréatique. Cette nappe est continue et la faille du pays de Bray n'en interrompt pas sensiblement la continuité.

Il y a plusieurs années, M. Delesse, inspecteur général des mines, avait fait une carte semblable pour le département de Seine-et-Marne.

VIII. **Exemples de nappes et de sources.** — Nous croyons utile de reproduire quelques figures qui feront comprendre plus clairement les notions que nous venons d'exposer rapidement [1].

Les figures 1 et 2, pl. I, représentent des exemples de nappes d'affleurement.

La figure 1 est une coupe sur le monticule isolé qui porte la ville de Laon. La ville est bâtie sur le calcaire grossier, perméable, sableux à la base, qui repose sur une couche d'argile. Il y a formation d'une nappe qui alimente les puits de la ville et de *sources d'affleurement* qui apparaissent le long de la ligne de contact.

La ville d'Oxford (fig. 2) présente une disposition semblable. Elle est bâtie sur une couche de graviers qui surmonte l'argile d'Oxford.

Les figures 5, 6, 7, pl. II, 3, pl. I, se rapportent à des nappes de thalweg.

5 est une coupe faite du S.-E. au N.-O. de Bruxelles. La nappe épouse en l'atténuant la surface du sol et se déverse dans les thalwegs par des sources S. S. S., qui sont des *sources de thalweg.*

Dans les coupes 6, 7, faites sur la ville de Munich, on voit la nappe des puits suivre sensiblement les ondulations du sol, mais sans produire de sources. Son niveau piézométrique, à l'époque de l'observation (août 1875), était inférieur au niveau du fond des thalwegs.

La coupe 3 est faite sur les dunes de Gascogne, à la hauteur de l'étang de Cazau. Elle montre comment la nappe de thalweg formée par les eaux dans les sables se développe dans un profil pour ainsi dire semblable géométriquement au profil de la dune et donne naissance, à ses extrémités, à deux lignes de *sources de thalweg* qui se déversent les unes dans l'Océan, les autres dans l'étang.

La figure 8, pl. III, extraite du remarquable ouvrage de M. le docteur Imbeaux, ingénieur des ponts et chaussées, sur *Les eaux potables de Meurthe-et-Moselle*, donne la coupe E.-O. du plateau de Malzéville et de la vallée de la Meurthe, près de Nancy. Elle montre trois niveaux de sources sur chacun des versants du plateau, avec cette particularité qu'aucune des sources, sauf une sur le contreversant, ne sourd à son vrai niveau, parce que les roches naturelles sont recouvertes par des éboulis. Cette coupe très intéressante résume à peu près tous les cas qui peuvent

[1] 2, 3, 5, 6, 7, figures empruntées à l'ouvrage de Daubrée, *Les eaux souterraines à l'époque actuelle*, déjà cité.

1. Figure extraite de la brochure *Nappes aquifères du Nord de la France*, de M. Gosselet.

8. Figure extraite de l'ouvrage *Les eaux potables dans Meurthe-et-Moselle*, par le Dr Imbeaux, ingénieur des ponts et chaussées.

se présenter, lorsque les couches perméables et imperméables ont des stratifications concordantes.

IX. Modifications résultant d'accidents postérieurs. — Si la stratification des couches géologiques était toujours régulière, les nappes et les sources se formeraient comme nous l'avons indiqué. Mais il n'en est pas toujours ainsi.

Sous le titre d'*Accidents postérieurs à la stratification ou à la formation des roches*, Daubrée examine un certain nombre de causes qui modifient le régime hydrologique naturel. Nous les énumérerons succinctement d'après lui :

1° *Les granits*, en se décomposant sous l'action de l'eau et de l'air, produisent de l'argile qui est entraînée par les eaux et *des arènes* qui restent en place et qui sont généralement perméables.

Dans la Bretagne, dans le Morvan et dans le Plateau Central, la surface des terrains granitiques est fréquemment parsemée de très nombreuses petites sources qui, pour la plupart, tarissent pendant les sécheresses.

Les roches schisteuses présentent des circonstances analogues.

2° *Les éboulis* qui se produisent fréquemment sur le flanc des coteaux ou à leur pied modifient l'écoulement des eaux et peuvent masquer la véritable position des points de sources. Il importe d'y regarder de près.

3° *Les scories, les coulées de lave* et autres déjections volcaniques sont ordinairement poreuses et donnent lieu à des nappes et à des sources comme les terrains de transport.

4° *Les failles* sont des accidents géologiques qui peuvent modifier complètement le régime des sources.

Par le *rejet* qu'elles produisent, elles peuvent mettre en contact des roches perméables avec des roches imperméables qui, auparavant, étaient à des niveaux différents, et par suite interrompre la continuité d'une nappe. Par la fissure de la faille elles peuvent donner issue aux eaux de la nappe et les conduire ainsi vers des points de sources nouveaux.

Aussi n'est-il pas rare, à la suite des tremblements de terre et des dislocations qui en sont la suite, de voir disparaître les sources anciennes et d'en voir naître de nouvelles.

X. Nappes et sources dans les terrains à fissures. — Daubrée donne le nom de lithoclases aux innombrables cassures qui traversent l'écorce terrestre, et particulièrement le nom de *diaclases* à celles qui ne coïncident pas avec les joints de stratification. Ce savant dit qu'on est obligé de reconnaître « qu'une classification rationnelle de ces mécanismes est très difficile, sinon impossible ». Aussi s'est-il borné à grouper par terrains et étages géologiques, dans de nombreux exemples, les faits caractéristiques auxquels ils donnent lieu.

Tant que les diaclases consistent en *fissures* de petites dimensions au moins dans un sens, leur rôle dans la circulation des eaux souterraines ne diffère pas sensiblement de celui des *vides* dans les terrains à structure arénacée. C'est ce qu'on observe dans la craie blanche, lorsqu'elle est homogène.

Celle-ci donne lieu à des nappes d'affleurement ou de thalweg, dont les caractères ne diffèrent pas essentiellement de celles des terrains de transport.

Les sources y sont seulement plus rares et plus localisées. Cela tient à diverses causes dont nous avons développé l'étude au chapitre VIII.

La figure 10, pl. IV, représente le bassin de l'Avre et de la Vigne dont les sources ont été dérivées en grande partie pour l'alimentation de la ville de Paris. Pour un bassin hydrologique d'environ 30,000 hectares, on compte 19 sources, dont 9 très importantes. C'est une moyenne de 1 source pour 1,578 hectares. Les nappes souterraines circulent dans la craie.

La figure 9, pl. III, donne le plan des affleurements de l'argile plastique dans la vallée de l'Oise aux environs de Pont-Sainte-Maxence. Sur un parcours d'environ 11 kilomètres, on trouve 127 sources alimentées par la nappe qui descend sous le versant du mont Pagnotte, à travers les sables du Soissonnais. La superficie du bassin versant doit approcher de 3,600 hectares. On a donc 1 source pour 28 hectares.

Aussi les sources ont-elles individuellement un débit beaucoup plus grand dans la craie que dans les sables.

Entre les nappes des terrains à diaclases et celles des terrains à structure arénacée il y a une différence essentielle. C'est que, tandis que ces dernières sont continues, les premières présentent fréquemment des interruptions, des discontinuités, qu'on peut rendre plus sensibles par la comparaison suivante. Considérant l'eau comme une *matière minérale* contenue dans la roche qui est son *gisement*, on peut dire, que dans les terrains à diaclases, les roches présentent plus ou moins fréquemment des zones neutres, *stériles,* qui ne contiennent pas d'eau. Ce sont des zones où la roche reste compacte et devient relativement imperméable.

Dans un pareil terrain, en creusant un puits au-dessous du niveau piézométrique de la nappe, on ne rencontre pas nécessairement de l'eau, mais on est assuré d'en trouver en perçant à la base du puits une galerie plus ou moins longue.

XI. **Nappes et sources dans les terrains à cavernes.** — L'eau qui traverse des roches fissurées les dissout chimiquement, les use par sa force vive et par le frottement des matériaux qu'elle tient en suspension. Elle élargit peu à peu ces fissures et les transforme en cavernes, c'est-à-dire en vides considérables présentant les formes les plus variées.

On trouve des cavernes dans tous les terrains calcaires, mais celles des calcaires jurassiques sont particulièrement importantes.

Cette partie de la géologie à laquelle on a donné un nom nouveau, la *spéléologie,* a fait de très grands progrès dans ces dernières années. De courageux explorateurs, comme M. Martel, en France, se sont aventurés dans ces espaces mystérieux qui suivant leurs formes et leurs dimensions, portent les noms de *gouffres,* d'*abîmes,* d'*avens,* de *grottes,* et ont pu les explorer sur de grandes étendues.

Ces recherches ont démontré que certaines de ces cavernes donnent passage à de véritables rivières souterraines, qui sont alimentées elles-mêmes par un réseau de fissures secondaires non accessibles à l'exploration. Quelques-unes de ces rivières ont disparu depuis un temps plus ou moins long, et leurs eaux ont dû se frayer passage dans d'autres directions.

Lorsque les avens ou puits verticaux ont des dimensions moyennes, on les appelle *bétoires*, s'ils sont situés dans la vallée, *mardelles*. s'ils sont situés sur les plateaux.

Généralement les bétoires et les mardelles jalonnent des cours d'eau souterrains dont elles sont comme les regards. Certaines bétoires fonctionnent alternativement comme sources ou comme puits absorbants, suivant que le niveau piézométrique du cours d'eau souterrain avec lequel elles communiquent est plus ou moins élevé que le niveau du sol.

Dans les terrains à bétoires, comme la craie, la source terminale émerge souvent d'une bétoire principale à laquelle aboutissent les cours d'eau souterrains.

Cette communication des bétoires avec les cours d'eau souterrains qu'elles jalonnent était connue depuis longtemps. Elle est indiquée, comme résultat de ses nombreuses observations, dans l'ouvrage précité de l'abbé Paramelle, mais elle vient d'être prouvée mathématiquement par des expériences entreprises sur les sources de la Vanne et de l'Avre qui alimentent la ville de Paris. Il s'agissait d'étudier la contamination possible des eaux de sources par les eaux impures tombées dans les bétoires.

Des expériences à la fluorescéine ont démontré qu'il existe une communication directe des bétoires avec les cours d'eau souterrains et de ces cours d'eau entre eux, et que le parcours des eaux entre les bétoires et les sources s'effectue avec des vitesses qui ont varié de 110 à 150 mètres par heure.

Au point de vue hydraulique, on peut dire que dans les terrains à cavernes, le massif aquifère est drainé par un système de collecteurs ou *galeries de captage*, qui sont les couloirs, les siphons, les puits naturels ouverts dans la roche, collecteurs qui forment comme un réseau de divers ordres, semblable au réseau des rivières et ruisseaux qui coulent à la surface du sol. Ces collecteurs diminuent la longueur du parcours des eaux dans les interstices de la roche, diminuent par conséquent la résistance que le sol oppose à la filtration et accélèrent l'arrivée des eaux à la source terminale, dont elles contribuent puissamment à augmenter le débit.

Finalement, dans les terrains à cavernes les nappes sont plus basses qu'elles ne le seraient sans l'existence des collecteurs naturels, et les sources sont localisées dans un très petit nombre de points.

C'est donc dans ces terrains qu'on doit trouver les sources du plus fort débit. La fontaine de Vaucluse, qui a un débit moyen de plus de 21 mètres cubes à la seconde, en est l'exemple le plus remarquable. Mais les sources d'un débit de 1 mètre cube sont nombreuses dans les terrains jurassiques de la France.

XII. **Nappes et sources artésiennes.** — Une nappe aquifère qui coule sur un fond imperméable peut s'engager sous une autre couche imperméable qui la sépare des couches perméables supérieures. Circulant ainsi entre deux surfaces imperméables, cette nappe est comme de l'eau coulant dans un tuyau (fig. 4, pl. I), et son mouvement obéit nécessairement aux lois de l'hydraulique. Son niveau piézométrique va en s'abaissant suivant une ligne AP, qui part de l'entrée du tuyau pour aboutir à sa sortie et qui serait exactement une ligne droite si la couche perméable avait partout même épaisseur, même largeur et même composition physique.

Si l'on fore des puits, N, M, sur le parcours de la nappe et qu'on les munisse d'un tubage étanche, l'eau s'y élèvera aux points N, M, qui sont situés sur la ligne piézométrique AP.

Au point M, le niveau piézométrique est plus élevé que le sol. En coupant le tuyau au niveau du sol, on aura de l'*eau jaillissante.*

Au point N, le niveau piézométrique est plus bas que le sol, on n'aura que de l'*eau ascendante.*

L'ouverture d'un puits diminue le débit de la nappe en aval du point où il est établi et abaisse par conséquent le niveau piézométrique en aval.

L'ouverture d'un nouveau puits diminue le débit de tous les puits qui sont situés en aval, et c'est évidemment une des causes pour lesquelles des puits anciens comme le puits de Grenelle voient leur débit diminuer progressivement.

Tous les terrains qui présentent des couches alternativement perméables et imperméables superposées et formant cuvette sont favorables à la formation de nappes artésiennes. Le bassin de Paris satisfait particulièrement bien à cette condition.

On trouve par les forages des eaux ascendantes et même jaillissantes dans les terrains jurassiques et plus fréquemment encore dans les terrains crétacés. Les fissures et cavernes qui existent dans ces terrains permettent quelquefois aux eaux de remonter des profondeurs du sol à la surface en empruntant des conduits naturels qui y aboutissent. On a alors des *sources artésiennes.*

L'affleurement d'aval P d'une couche artésienne (fig. 4) est naturellement un lieu de sources.

XIII. Nappes et sources qui peuvent faire l'objet d'études au point de vue hydraulique. — Nous venons de passer rapidement en revue les différents aspects de la question des nappes et des sources.

On aperçoit immédiatement que certaines catégories de ces phénomènes échappent forcément à toute espèce d'étude hydraulique.

Ce sont d'abord ceux des terrains à cavernes. C'est le domaine de l'imprévu.

Tout au plus pourra-t-on arriver pour ces terrains, par la comparaison des faits relevés dans des régions différentes, à faire ressortir quelques propriétés communes.

L'étude hydraulique des nappes artésiennes serait la plus facile de toutes si on avait des données sur les dimensions et la consistance des terrains perméables qui les contiennent. Mais ces données manquent; elles sont inaccessibles ou à peu près. Malgré l'intérêt qu'elles présentent, ces nappes ne jouent d'ailleurs qu'un rôle secondaire dans l'alimentation publique.

Les terrains à structure arénacée sont particulièrement favorables à l'étude hydraulique des nappes et des sources, en raison de la régularité de leurs pentes et de leur composition.

Le terrain type est le sable homogène.

Les résultats obtenus pour ces terrains paraissent devoir être plus ou moins applicables aux terrains fissurés, toutes les fois que les lois du mouvement des eaux ne seront pas contrariées dans ces derniers par l'effet de fissures trop larges et trop nombreuses.

HYDRAULIQUE DES NAPPES AQUIFÈRES
ET DES SOURCES.

CHAPITRE PREMIER.

NOTIONS ACTUELLES. — PRINCIPES ET EXPÉRIENCES.

1. Formules fondamentales. — Théorie de Dupuit. — Les principes de la théorie du mouvement de l'eau à travers les terrains perméables ont été posés par Dupuit, dans un mémoire présenté à l'Académie des sciences en 1857.

Darcy, dans son ouvrage (*Fontaines de Dijon*), a cité diverses expériences qui avaient pour but de chercher les lois de l'écoulement à travers les terrains perméables et qui ont confirmé les principes posés par Dupuit.

Tous les terrains perméables se composent de particules solides juxtaposées, qui laissent entre elles des vides. Lorsque l'eau pénètre dans de pareils terrains, elle circule à travers ces interstices comme à travers des tuyaux de diamètres très petits. Elle éprouve dans son mouvement une résistance de même nature que celle qu'elle rencontre dans son écoulement dans les tuyaux de conduite.

Si l'on considère un filet liquide en particulier, on voit que le chemin qu'il parcourt est plus ou moins sinueux, mais qu'en définitive on peut fictivement considérer ce filet comme parcourant une trajectoire moyenne avec une *vitesse moyenne u* qui est la résultante des projections des vitesses variables du filet sur l'élément de sa trajectoire moyenne.

La résistance au mouvement qu'éprouve ce filet est évidemment dirigée suivant ladite trajectoire et en sens contraire du mouvement.

Lorsqu'il s'agit du mouvement dans les canaux découverts, on a la relation bien connue :

$$\mathrm{R}i = au + bu^2 + \ldots$$

Dans cette formule, i représente la pente ou plus exactement le sinus de l'inclinaison du fond du canal.

Il est naturel d'admettre que l'écoulement de l'eau à travers les terrains perméables obéit à une loi semblable.

Mais, dans ce cas, la formule se simplifie.

Le rayon moyen des petits canaux est lui-même très petit, la vitesse d'écoulement est réduite à des dixièmes, des centièmes, des millièmes de millimètre; dès lors, les termes en u^2, u^3 . . . . . sont négligeables, et la formule se réduit à :

$$u = \frac{i}{\mu} .$$

ou plus exactement,

(1)
$$u = \frac{\sin i}{\mu} ,$$

μ *étant une constante spécifique* qui exprime la *résistance* du terrain au mouvement de l'eau.

La plus grande valeur que puisse prendre le sinus est l'unité; donc la plus grande vitesse que puisse prendre l'eau coulant librement et d'un mouvement uniforme dans un terrain perméable est égale à $\frac{1}{\mu}$.

Pour avoir le débit, il faut multiplier la vitesse par la section.

Ici la section est représentée par l'ensemble des vides qu'on obtient dans une coupe faite normalement au courant.

Appelant *m le rapport du vide au plein*, on a *pour le débit par mètre carré, q* :

$$(2) \qquad q = mu = \frac{m}{\mu} i.$$

Les formules (1) et (2) sont fondamentales.

2. Expérience de Darcy.

— Darcy s'étant proposé d'étudier le mouvement de l'eau à travers les filtres en sables de diverses grosseurs est arrivé à la conclusion suivante :

Le débit d'un filtre est proportionnel à la charge H et en raison inverse de l'épaisseur de la couche traversée *e*.

$$Q = K \frac{H}{e},$$

K étant une constante spécifique.

Or il est facile de voir que $\frac{H}{e}$ n'est autre chose que sin *i*.

En effet, toutes les fois que l'eau descend d'une hauteur CB = H (fig. 12, pl. V), elle parcourt un chemin AB = *e*, et l'on a :

$$\frac{H}{e} = \sin i.$$

Voici quelques données numériques destinées à faire connaître l'ordre de grandeur des coefficients.

Pour un gros sable défini ainsi :

$0^m,58$ passant par un crible de..................... $0^m,77$
$0^m,13$ passant par un crible de..................... $1^m,10$
$0^m,12$ passant par un crible de..................... $2^m,00$

total 0,17 de menu gravier,

et ayant 0,38 de vide, Darcy a trouvé :

$$Q = 0,0003 \frac{H}{e},$$

ce qui donne :

$$\frac{m}{\mu} = 0,0003, \qquad m = 0,38, \qquad \mu = 1.266.$$

Dans cette expérience, il s'agit d'un sable assez grossier. Les sables fins employés pour les filtres ne donnent guère que 6 mètres cubes d'eau par 24 heures avec une charge de $1^m,50$.

Pour ces sables, on a :

$$m = 0,30, \qquad \mu = 5.760, \qquad \frac{m}{\mu} = \frac{1}{19200}.$$

Pour le sable grossier, la vitesse de l'eau dans le filtre est égale à

$$\frac{1}{1260} \quad \text{ou} \quad 0,0008.$$

Pour le sable fin, elle est seulement de

$$\frac{1}{5760} \quad \text{ou} \quad 0,000174.$$

Sur une pente i, ces vitesses seraient réduites à :

$$0,0008 \sin i,$$
$$0,000174 \sin i.$$

Dans les nappes aquifères, la pente est souvent réduite à quelques centièmes et même à quelques millièmes; on voit donc que les vitesses que prend l'eau dans les terrains naturels sont extrêmement petites.

Cette observation conduit à une conséquence importante : c'est qu'il n'y a jamais lieu de tenir compte, dans les calculs, de la *force vive* due à la vitesse. Dès lors, les formules fondamentales du *mouvement varié* sont les mêmes que celles du mouvement uniforme, ce sont toujours les formules (1) et (2).

3. **Simplification dans les formules fondamentales.** — Les formules exactes (1) et (2) conduisent à des calculs généralement très compliqués, et même insolubles, sauf dans des cas limités; cela tient à ce que $\sin i$ ne peut être exprimé que d'une manière irrationnelle en fonction des coordonnées x et y.

On a :

$$\sin i = \frac{\frac{dy}{dx}}{\sqrt{1 + \left(\frac{dy}{dx}\right)^2}}.$$

Dupuit a tourné cette difficulté en assimilant le sinus à la tangente et le cosinus à l'unité, ce qui est suffisamment exact tant que l'angle i est un petit angle. Cette circonstance se présente en effet dans la plus grande partie des nappes aquifères.

Dupuit pose donc :

(1 bis) $$u = \frac{1}{\mu}\frac{dy}{dx}.$$

À cette simplification Dupuit en ajoute une autre.

Dans un terrain perméable, les pressions hydrostatiques ne se transmettent pas suivant la verticale, comme dans un liquide en repos. Dupuit ne semble pas avoir aperçu cette différence, ou du moins il n'en parle pas. Il admet donc que la pression se transmet dans la verticale d'un terrain perméable suivant la loi hydrostatique.

Nous verrons plus tard que, par suite d'une compensation entre les erreurs en sens contraires, ces hypothèses, qui ont l'avantage de simplifier considérablement la théorie, n'en altèrent pas sensiblement l'exactitude.

4. Définition d'une nappe aquifère. — Divers modes d'écoulement. — L'eau qui s'infiltre à travers les vides d'un terrain perméable descend verticalement en filets plus ou moins ténus ou en gouttes, jusqu'à ce qu'elle ait rencontré une couche ou assise imperméable qui l'arrête.

Elle s'amasse sur cette couche, et en même temps, elle chemine, avec une pente qui se rapproche plus ou moins de l'horizontale, vers les points bas. C'est à cette masse d'eau coulant sur une couche imperméable à travers un terrain perméable qu'on donne le nom de *nappe aquifère*.

Une nappe aquifère peut se diriger vers des points qui lui donnent une issue au jour, ou bien elle peut s'enfoncer dans le sol et ne ressortir au jour qu'à des points très éloignés de son point de formation.

Ce sont les nappes du premier genre que nous considérerons ici.

On peut étudier deux modes d'écoulement principaux :

1° Ou bien la couche imperméable a la forme d'un plan incliné de pente uniforme aboutissant au jour à un cours d'eau rectiligne ou à une galerie artificielle, également rectiligne, que la nappe aquifère alimente;

2° Ou bien on a creusé dans le milieu de la nappe aquifère un puits dans lequel on aspire l'eau, et les eaux de la nappe s'écoulent vers ce puits en filets convergents.

Dans le premier cas, la nappe s'écoule par tranches parallèles; dans le deuxième cas, elle s'écoule par tranches convergentes.

5. Nappes aquifères à débit uniforme. — Dupuit a étudié ces deux cas, mais seulement pour des nappes aquifères à *débit uniforme*. Dans ces nappes, *le mouvement est permanent en chaque point et ne dépend pas du temps.*

C'est le cas le plus simple.

En réalité, dans la nature, les nappes aquifères ont un débit varié; cependant diverses circonstances que nous examinerons plus tard font que le débit uniforme ou à peu près uniforme se réalise quelquefois.

Nous considérerons successivement les cas examinés par Dupuit.

6. Nappe aquifère à débit uniforme coulant par tranches parallèles sur un fond incliné. — Considérons une tranche de 1 mètre de largeur de la nappe aquifère, dirigée suivant la ligne de plus grande pente, et coupons-la par un plan vertical.

Rapportons la surface de la nappe à deux axes de coordonnées obliques, l'axe des yy vertical, et l'axe des xx dirigé suivant le plan de la couche imperméable.

Appelons (fig. 13, pl. V) :

i l'inclinaison du plan, supposée petite et comptée positivement lorsqu'il descend et négativement lorsqu'il monte;

b la hauteur de l'eau à l'origine;

q le débit par mètre de largeur de la nappe aquifère;

m le rapport du vide au plein;

μ le coefficient de résistance déjà défini;

c le produit $\frac{\mu q}{m}$.

Si l'on admet avec Dupuit que la pression se transmet suivant la loi hydrostatique tout le long d'une verticale, l'écoulement des filets liquides qui traversent l'ordonnée verticale $CM = y$ se fait avec une même vitesse, qui ne dépend que de la tangente de l'angle que fait avec l'horizontale l'élément de la courbe de surface qui passe par le point M. On a donc sensiblement pour cette vitesse (équation 1) :

$$(3) \qquad u = \frac{1}{\mu}\left[-\frac{dy}{dx} + i\right].$$

Les éléments liquides font avec l'horizontale des angles qui vont en diminuant depuis le point M jusqu'au point C. Pour avoir le débit de chaque élément, il faudrait multiplier la vitesse par le cosinus de cet angle. On suppose les angles assez petits pour que ce cosinus puisse être assimilé à l'unité.

On a donc pour le débit :

$$(4) \qquad q = \frac{my}{\mu}\left(-\frac{dy}{dx} + i\right).$$

Remplaçant $\frac{\mu q}{m}$ par c et séparant les variables, on peut mettre cette équation sous la forme suivante :

$$(5) \qquad dx = \frac{dy}{i} + \frac{c}{i^2}\frac{dy}{y - \frac{c}{i}}.$$

Intégrant et remarquant que pour $x = 0$, on a $y = b$, on trouve :

$$(6) \qquad x = -\frac{b - y}{i} - \frac{c}{i^2}\log\text{nep}\left(\frac{b - \frac{c}{i}}{y - \frac{c}{i}}\right);$$

en développant le logarithme en série, on trouve :

$$(7) \qquad x = \frac{b^2 - y^2}{2c} - \frac{i}{3c^2}(b^3 - y^3) - \frac{i^2}{4c^3}(b^4 - y^4) - \ldots$$

Si le fond est horizontal ou n'a qu'une très petite pente, on peut négliger tous les termes après le premier, et l'équation se réduit à :

$$(8) \qquad x = \frac{b^2 - y^2}{2c},$$

équation d'une parabole dont l'axe est horizontal. La distance a du sommet de la parabole est donnée par la relation :

$$(8\ bis). \qquad a = \frac{b^2}{2c}.$$

Si dans l'équation 8 on remplace c par sa valeur $\frac{\mu q}{m}$, on trouve :

$$q = \frac{m}{\mu}\frac{b - y}{x}\frac{b + y}{2}$$

Entre les deux sections OB, CM, $(b - y)$ est la charge, $\frac{b + y}{2}$ est la section moyenne, et x est l'épaisseur de la couche traversée. On retrouve donc ici le principe fondamental déjà cité.

L'équation générale (6) peut se mettre sous une forme qui montre mieux l'analogie qui existe entre le mouvement des eaux à travers les terrains perméables et le mouvement des eaux libres.

Il existe évidemment pour un débit donné une profondeur d'eau uniforme H, sous laquelle la nappe aquifère coulerait parallèlement à son plan de base. Cette hauteur est donnée par la relation :

$$q = \frac{m}{\mu} Hi$$

ou

$$Hi = \frac{\mu q}{m} = c,$$

qui rappelle la relation applicable aux cours d'eau de grande largeur,

$$Hi = au + bu^2.$$

Si dans l'équation (6) on remplace $\frac{c}{i}$ par H, et qu'on divise partout par H, on trouve :

$$(9) \qquad \frac{ix}{H} = \frac{y}{H} - \frac{b}{H} - \log \text{nep} \left(\frac{1 - \dfrac{b}{H}}{1 - \dfrac{y}{H}} \right).$$

C'est-à-dire que, dans les terrains perméables comme dans le cours d'eau ordinaire, on a :

$$\frac{ix}{H} = f\left(\frac{y}{H}\right).$$

Si on construit la courbe dans l'hypothèse de H = 1, cette courbe ou la table équivalente donnera les valeurs de $\frac{ix}{H}$ et $\frac{y}{H}$ pour un cas quelconque.

Pour une nappe d'abaissement, $\frac{y}{H}$ varie de 1 à zéro. Pour une nappe de gonflement, $\frac{y}{H}$ varie de 1 à $+\infty$.

Le tableau suivant donne un certain nombre des valeurs correspondantes de $\frac{ix}{H}$.

TABLEAU A.

NAPPE À DÉBIT CONSTANT COULANT SUR UN PLAN INCLINÉ.

NAPPE D'ABAISSEMENT.		NAPPE DE GONFLEMENT.	
$\frac{y}{H}$	$\frac{ix}{H}$	$\frac{y}{H}$	$\frac{ix}{H}$
0,0	1,402	1,0	$-\infty$
0,1	1,397	1,05	$-0,743$
0,2	1,379	1,1	0
0,3	1,346	1,2	0,793
0,4	1,292	1,3	1,299
0,5	1,209	1,4	1,686
0,6	1,086	1,5	2,009
0,7	0,899	1,6	2,292
0,8	0,593	1,7	2,546
0,9	0	1,8	2,779
0,95	$-\infty$	1,9	2,997
1,00	$-\infty$	2,0	2,302
		∞	$+\infty$

Nous avons tracé sur la figure 11, pl. IV, les nappes d'abaissement et de gonflement correspondant aux données suivantes :

$$H = 10^m ; \qquad i = 0^m,20.$$

7. **Nappe aquifère à débit constant alimentant un puits.** — On suppose, (fig. 14, pl. V), un massif cylindrique ABEF de sable ou autre terrain perméable homogène au centre duquel est creusé un puits. Le tout repose sur un fond imperméable et horizontal AF.

Une nappe aquifère pénètre tout le terrain et s'y maintient à une hauteur uniforme. Dès qu'on extrait l'eau du puits, le niveau baisse, et il s'établit de la nappe extérieure, qu'on suppose alimentée d'une manière constante, au puits, une nappe d'abaissement BD dans laquelle tous les filets convergent vers l'axe du puits.

Considérons le secteur OA de l'arc égal à l'unité (fig. 14 *bis*).

Prenons pour axe des yy l'axe du puits, pour axe des xx l'horizontale du fond OX.

Appelons :

x, y, les coordonnées de la courbe BD ;
R, le rayon du puits ;
L, le rayon de la nappe perméable OA ;
q, le débit du secteur ;
H, h, les hauteurs d'eau AB et CD ;
m, μ, c, les constantes déjà définies.

On a pour la vitesse des filets le long d'une verticale MN (équation 1 *bis*) :

$$u = \frac{1}{\mu} \frac{dy}{dx}.$$

Admettant qu'on peut négliger l'influence du cosinus dans l'évaluation de la section des filets liquides, on aura pour cette section xy, et pour le débit :

$$(10) \qquad q = mxyu = \frac{m}{\mu} xy \frac{dy}{dx},$$

d'où :

$$y\,dy = \frac{c\,dx}{x},$$

équation immédiatement intégrable.

On en tire successivement :

$$\frac{y^2}{2} - \frac{h^2}{2} = c \log \mathrm{nep} \frac{x}{R},$$

$$(11) \qquad q = \frac{m}{2\mu} \frac{H^2 - h^2}{\log \mathrm{nep} \dfrac{L}{R}}.$$

La première donne l'équation de la courbe formée par la nappe.

La deuxième donne le débit du secteur.

En multipliant par 2π, on aurait le débit du puits.

Dans les conditions ordinaires, ce débit n'est pas influencé très sensiblement par le diamètre du puits, car, si ce diamètre vient à doubler, le dénominateur augmente simplement de log nep de 2 ou 0.693, tandis que $\log \frac{L}{R}$ est généralement un nombre assez grand. Par exemple, si $\frac{L}{R} = 1.000$, $\log \frac{L}{R} = 6.90$. Dans ce cas, le doublement du diamètre n'augmenterait guère le débit que de $\frac{1}{10^6}$.

L'expérience ne confirme pas cette conclusion et elle met en évidence une influence beaucoup plus grande du diamètre du puits. Nous en donnerons les raisons.

Nous verrons en effet que la théorie des puits en général est beaucoup plus compliquée que celle que Dupuit a donnée.

L'hypothèse à laquelle se réfère son calcul est celle d'un îlot cylindrique de terrain perméable reposant sur un *fond imperméable* isolé au milieu d'un lac à surface horizontale, et au milieu duquel on creuserait un puits.

Cette hypothèse est une fiction qui ne se réalise jamais dans la pratique.

Un puits est généralement creusé au travers d'une nappe aquifère dont les eaux sont en mouvement et dont la surface extérieure a une pente plus ou moins forte.

De plus, le fond du puits est généralement assez éloigné du fond imperméable. On conçoit que ces diverses circonstances exercent une influence considérable sur le débit du puits, et que toute théorie qui n'en tient pas compte est forcément inexacte. C'est ce que nous développerons au chapitre VI.

Ici se termine la théorie de Dupuit sur les nappes aquifères. Elle ne s'applique qu'aux courants à débit uniforme. Ces courants n'ont qu'un intérêt restreint. Ils n'existent guère que dans les nappes artésiennes et les galeries artificielles de filtrage, et ailleurs ils ne se présentent qu'à l'état d'exceptions.

Avant d'aller plus loin, il nous paraît nécessaire, en conservant les principes posés par Dupuit, de formuler les conséquences très étendues qu'ils comportent en ce qui concerne le mouvement des nappes souterraines et que Dupuit n'a pas abordées; de vérifier ensuite si la méthode de calcul simplifiée qu'il a inaugurée concorde avec une théorie plus exacte de l'écoulement de l'eau à travers les terrains perméables et de déterminer les cas, très rares d'ailleurs, où cette méthode est en défaut.

CHAPITRE II.

NOUVEAUX PRINCIPES. — ÉQUATIONS GÉNÉRALES DU MOUVEMENT DANS LES NAPPES SOUTERRAINES.

Les principes posés par Dupuit contiennent en germe tout ce qu'il faut pour édifier une théorie rationnelle du mouvement de l'eau dans les nappes souterraines. Dupuit ne l'a pas fait et s'est borné à traiter les deux cas très simples que nous avons mentionnés dans le chapitre 1er.

Mais divers auteurs ont essayé de le faire.

Lorsqu'on embrasse le problème dans toute sa généralité, on est promptement arrêté par les difficultés d'intégration qui sont très grandes, et il paraît fort difficile d'arriver à des conclusions pratiques.

Nous avons cru nécessaire d'adopter une méthode inverse.

Elle consiste à étudier aussi complètement que possible le cas le plus simple, celui des *nappes cylindriques*, c'est-à-dire des nappes dans lesquelles les filets liquides coulent par tranches verticales parallèles et identiques, et à étendre ensuite par voie d'assimilation aux cas généraux les résultats obtenus dans le cas particulier des nappes cylindriques.

Nous indiquerons cependant comment se posent les équations générales, car elles sont susceptibles d'être utilisées dans certains cas spéciaux.

Dupuit a admis que, dans une nappe cylindrique, les filets liquides qui traversent une section verticale sont horizontaux, et que leur vitesse est proportionnelle à *la tangente* de l'inclinaison de la surface libre, tandis que cette vitesse est sensiblement proportionnelle *au sinus* de cette inclinaison.

Les hypothèses de Dupuit simplifient beaucoup les problèmes et les rendent abordables par le calcul. Nous chercherons si elles peuvent être conservées, et dans quels cas il convient de les abandonner pour étudier avec une exactitude suffisante certains points spéciaux des nappes liquides.

8. **Théorème sur la répartition des pressions dans une nappe cylindrique. — Corollaires.**

Théorème. — Si l'on considère dans une nappe cylindrique les filets liquides et les trajectoires orthogonales de ces filets liquides; le long de ces trajectoires, la pression se transmet suivant la loi hydrostatique; elle se transmet d'une manière différente dans toute autre direction. — Soient (fig. 15, pl. V):

FF', un réseau de filets liquides;
TT', le réseau orthogonal;
ABA'B', un élément de filet liquide;
v, sa vitesse réelle;
$AB = d\rho$, l'épaisseur du filet comptée positivement de bas en haut;
$AA' = ds$, la longueur du filet comptée positivement de gauche à droite;
$(180° - \alpha)$, l'angle que sa tangente fait avec l'horizon;

p, la pression par mètre carré, évaluée en tonnes;
m, le rapport du vide au plein.

L'axe des y est vertical. Les x et les z sont horizontaux.
Considérons une tranche de 1 mètre de largeur.
L'élément parallélipipède est soumis à cinq forces :

1° La pesanteur qui agit suivant la verticale et qui peut se décomposer en deux composantes : 1° L'une dirigée suivant le filet :

$$m d s d\rho \sin \alpha;$$

2° L'autre dirigée suivant la trajectoire orthogonale :

$$- m d s d\rho \cos \alpha;$$

3° La résistance due au mouvement des filets liquides, laquelle est représentée par la perte de charge μv, par mètre courant. La force de frottement correspondante a pour expression :

$$m \mu v d s d\rho.$$

Elle est dirigée suivant le filet liquide, mais en sens contraire de sa vitesse;

4° La différence des pressions qui s'exercent sur les faces A′B′, AB,

$$- m \left(\frac{dp}{ds}\right) d s d\rho;$$

5° La différence des pressions qui s'exercent sur les faces BB′, AA′,

$$- m \left(\frac{dp}{d\rho}\right) d s d\rho,$$

$\left(\frac{dp}{ds}\right)$ et $\left(\frac{dp}{d\rho}\right)$ étant des dérivées partielles.

Si l'on projette toutes les forces sur la direction du filet, les forces 2, 5 disparaissent. Si l'on projette toutes les forces sur la direction orthogonale, les forces 1, 3, 4 disparaissent. Supprimant les facteurs communs $m d s d\rho$, on obtient ainsi deux équations :

$$(12) \qquad \mu v + \left(\frac{dp}{ds}\right) - \sin \alpha = 0.$$

$$(13) \qquad \cos \alpha + \left(\frac{dp}{d\rho}\right) = 0.$$

y étant l'ordonnée verticale comptée de bas en haut, cette dernière équation peut s'écrire :

$$1 + \frac{dp}{dy} = 0,$$

d'où, en intégrant :

$$(14) \qquad p = y_0 - y,$$

y_0 étant l'ordonnée de la surface libre.

Cette formule démontre que le long de l'orthogonale la pression se transmet suivant la loi hydrostatique. *C. q. f. d.*

Il est facile de voir que le théorème que nous venons de démontrer n'est autre chose qu'une extension du théorème de Bernouilli. Cette remarque conduit à généraliser son énoncé de la manière suivante :

Théorème de Bernouilli. Dans une nappe permanente, on a pour un point quelconque :

$$(14\ bis) \qquad y + p + \frac{v^2}{2g} + \mu U = 0,$$

U *étant une fonction de* x, z *et* y *ou seulement de* x *et* z.

Considérons une nappe permanente quelconque, c'est-à-dire une nappe qui ne varie pas avec le temps. Les vitesses des filets liquides et les pressions en chaque point sont fonctions des coordonnées x, z, y. Par un point donné on peut mener une surface normale à tous les filets liquides qu'elle rencontre; c'est une *surface orthogonale*. Considérons en particulier la ligne de plus grande pente de cette surface orthogonale.

Il est évident qu'on pourra appliquer à un élément parallélipipède dont les côtés supérieur et inférieur seraient horizontaux le raisonnement que nous venons de faire pour démontrer le théorème précédent. Donc, le long de cette ligne de plus grande pente, les pressions se transmettent comme dans un liquide sans frottement, et l'on a, d'après le théorème de Bernouilli :

$$y + p + \frac{v^2}{2g} = y_0 + \frac{v_0^2}{2g},$$

y_0 et v_0 étant afférents au point où la ligne de plus grande pente de la surface orthogonale rencontre la surface libre de la nappe où $p = 0$.

En ce point le deuxième membre de l'équation ci-dessus est égal à une certaine fonction de x, z, y que nous désignons par $-\mu U$.

Le théorème se trouve donc démontré.

Dans les *corollaires* de ces théorèmes, nous supposerons toujours qu'il s'agit exclusivement de *nappes cylindriques*.

COROLLAIRES.

I. **Dans une nappe aquifère, la hauteur piézométrique en un point donné est égale à la hauteur du point d'affleurement de l'orthogonale passant par ce point** (fig. 16, pl. V). — Soient FF une nappe aquifère dont la surface libre est CD, M le point considéré, MN l'orthogonale passant par ce point.

D'après le théorème précédent, la pression se transmet suivant la loi hydrostatique le long de l'orthogonale MN. La pression en M est donc égale à la hauteur verticale MH comprise entre le point considéré et l'affleurement de l'orthogonale en N. Dans le système de Dupuit, la pression est donnée par l'ordonnée MP. On voit que la différence peut être grande si dans la partie considérée les filets ont une inclinaison sensible sur l'horizontale.

II. **La paroi d'un massif perméable par laquelle pénètrent les eaux d'un réservoir pour y former une nappe aquifère est nécessairement une surface orthogonale. Les filets liquides sont normaux à la paroi.** — En effet, le long de cette paroi, la pression varie suivant la loi hydrostatique; donc cette paroi est une surface orthogonale.

On peut d'ailleurs le démontrer directement de la manière suivante (fig. 17, pl. V):

Soient A et B deux points infiniment voisins de la paroi, AF la direction du filet passant par le point A. Si AF n'est pas normal à la paroi, on peut du point B abaisser une perpendiculaire BC sur le filet. BC étant normal au filet appartient à l'orthogonale; donc le niveau piézométrique en C est le même qu'en B, c'est-à-dire qu'il coïncide avec le niveau de l'eau dans le réservoir. Or le niveau piézométrique en A, origine du filet, est également le niveau de l'eau dans le réservoir. Les points A et C, qui appartiennent au même filet, ont donc même niveau piézométrique, ce qui équivaut à dire que le mouvement de l'eau s'effectuerait de A à C, sans perte de charge, ce qui est impossible. Donc le point C coïncide avec le point A et la paroi est une surface orthogonale.

III. **La paroi d'un massif perméable par laquelle les eaux de la nappe sortent sous le plan d'eau d'un réservoir est également une surface orthogonale de la nappe aquifère. Les filets liquides sont normaux à la paroi, à l'exception du filet supérieur.** — Cette propriété s'établit par le même raisonnement que la précédente (fig. 18, pl. V).

AC étant un élément de filet liquide, et BC la perpendiculaire abaissée du point B sur ce filet, le niveau piézométrique en C est le même qu'en B, c'est-à-dire que ce niveau est celui de l'eau dans le réservoir. Le point A a le même niveau piézométrique. Il n'y aurait donc aucune perte de charge du point C au point A, ce qui est impossible. Le point C coïncide donc avec le point A, et la paroi appartient à la surface orthogonale.

Si le filet avait une inclinaison plongeante, ce serait du point B′, inférieur au point A, qu'il faudrait abaisser une perpendiculaire B′C′ sur la direction de ce filet. Le raisonnement serait le même que ci-dessus.

On remarquera que ce raisonnement ne saurait s'appliquer au filet supérieur MN, puisqu'il est dans toutes ses parties supérieur au plan d'eau. Ce filet aborde la paroi sous un certain angle.

La continuité exige que les parties à inclinaison concave, par lesquelles les filets 1, 2, 3, 4..... s'infléchissent pour arriver normalement à la paroi, commencent à zéro au point M pour augmenter progressivement d'étendue à mesure qu'on descend. Le point M est nécessairement un *point singulier* où le rayon de courbure est nul.

IV. **Lorsqu'un massif perméable à coefficients** m, μ **repose sur un autre massif à coefficients** m', μ', **les filets liquides éprouvent dans le plan de séparation une réfraction, de telle sorte qu'on ait, en appelant** α, α' **les angles des filets avec l'horizontale (fig. 19, pl. V):**

$$\frac{m \tan \alpha}{\mu} = \frac{m' \tan \alpha'}{\mu'}.$$

Cette propriété est facile à démontrer, en calculant au moyen du théorème ci-dessus l'accroissement de la pression du point A′ au point B′ en suivant :

1° Le trajet A′B et BB′;

2° Le trajet A′A et AB′.

Il résulte de ce corollaire que les filets liquides se rapprochent de la verticale quand ils passent d'un milieu perméable dans un milieu moins perméable, et qu'ils s'en éloignent dans le cas contraire.

V. Si l'on considère la paroi d'un **massif perméable par laquelle s'écoulent à l'air libre les filets liquides, la vitesse des filets en chaque point de cette paroi ne dépend que des angles que font avec l'horizon la direction des filets liquides et la direction de la paroi.** — Soient (fig. 20, pl. VI) MBAN la paroi, AF le filet liquide.

Considérons deux points infiniment voisins sur la paroi, A et B. Menons la verticale AC, l'horizontale BC, BD normale au filet.

BD est orthogonale par rapport au filet DA.

En D, la pression n'est autre que CE.

Donc, entre les points D et A, le filet liquide consomme la charge CA. L'équation fondamentale donne ici :

$$\mu u = i = \frac{CA}{AD} = \frac{AB \sin \beta}{AB \cos (\beta - \alpha)} = \frac{\sin \beta}{\cos (\beta - \alpha)}.$$

Donc finalement :

$$\mu u = \frac{\sin \beta}{\cos (\beta - \alpha)}.$$

La vitesse u ne dépend donc que des angles α, β. Si la paroi est rectiligne et verticale, on a :

(14 *ter*) $\beta = 90°.$ $u = \frac{1}{\mu} \frac{1}{\sin \alpha}.$

Enfin, si le filet est horizontal, on aura :

$$\alpha = 0, \qquad u = \infty,$$

solution impossible.

Il est donc impossible que les filets sortent horizontalement à l'air libre par une paroi verticale.

La formule 14 *ter* donne la vitesse du filet liquide. On aura le débit par mètre de hauteur verticale, en multipliant par la section qui est égale à $\cos \alpha$.

Le débit est donc égal à :

$$\frac{m \cos \alpha}{\mu \sin \alpha} \qquad \text{ou} \qquad \frac{m}{\mu} \tan g (90 - \alpha),$$

c'est-à-dire que le débit est proportionnel à la tangente de l'angle d'incidence du filet liquide sur la paroi.

VI. Dans une nappe aquifère, à une assez grande distance de la source, la vitesse des filets est sensiblement la même pour tous les points d'une orthogonale et égale à la vitesse à la surface (fig. 16, pl. V). — En effet les nappes aquifères naturelles sont généralement très allongées, la hauteur n'est qu'une assez petite fraction de la longueur, de sorte que l'écartement AA′ de deux orthogonales successives est sensiblement constant dans toute l'épaisseur de la nappe et égal à l'écartement BB′ à la surface libre.

Si l'on considère deux points consécutifs AA′ infiniment voisins sur un filet liquide, la charge dépensée entre ces deux points est égale à l'abaissement BE du niveau piézométrique. L'épaisseur du terrain traversé est AA′.

On a donc pour la vitesse de l'écoulement (équation 1) :

$$u = \frac{1}{\mu}\frac{BE}{AA'},$$

ou sensiblement, d'après la remarque ci-dessus :

$$u = \frac{1}{\mu}\frac{BE}{BB'} = \frac{1}{\mu}\sin\omega,$$

en appelant ω l'inclinaison sur l'horizontale de l'élément BB′ de la surface libre.

VII. Dans les conditions du paragraphe précédent, le débit de l'eau qui traverse une orthogonale est égal au produit de la longueur développée de cette ligne par la vitesse à la surface et par le coefficient m. — Cette propriété se déduit immédiatement de la précédente. On a donc, en appelant l la longueur développée de l'orthogonale et q le débit :

$$q = \frac{m}{\mu}l\sin\omega.$$

VIII. Dans les conditions des paragraphes VI et VII et pour une nappe à fond horizontal, le débit de l'eau qui traverse une orthogonale est sensiblement égal à $\frac{m}{\mu}y \times$ arc ω (fig. 21, pl. VI). — En effet, l'orthogonale étant une courbe à la fois normale à la courbe de la surface libre et normale au fond, elle se confond sensiblement avec le cercle qui a pour centre le point de rencontre R de la tangente au point N avec la ligne droite qui marque le fond de la nappe, c'est-à-dire avec l'arc de cercle PN.

Considérons, en particulier, le cas d'une nappe à débit uniforme. On a :

$$RN = \frac{y}{\sin\omega} \qquad \text{arc PN} = l = y\frac{\omega}{\sin\omega},$$

et d'après le corollaire VII, le débit :

(15) $$q = \frac{m}{\mu}y\omega.$$

Si l'on compare cette formule à celle de Dupuit,

(15 *bis*) $$q' = \frac{m}{\mu}y\frac{dy}{dx},$$

on voit qu'elle en diffère par la substitution de ω à $\tang\,\omega$. La formule de Dupuit donne au point de source une vitesse infinie pour une section nulle. C'est évidemment une fiction, puisqu'une nappe de section nulle ne peut rien débiter.

La formule 15 serre de plus près la réalité.

La plus grande valeur que puisse prendre l'arc ω est $\frac{\pi}{2}$. On aurait donc à la limite :

$$q = \frac{m}{\mu}\frac{\pi}{2}y.$$

et l'orifice d'émission de la nappe aurait une hauteur A'B' (fig. 22, pl. VII) égale à :

$$\frac{2}{\pi}\frac{\mu q}{m} \qquad \text{ou} \qquad \frac{2c}{\pi}.$$

L'orthogonale terminale aurait la forme du quart de cercle B'B", et la vitesse des filets liquides qui traverseraient cette section minima serait égale à $\frac{1}{\mu}$.

Ces conséquences sont certainement inexactes, car la figure 22 montre que les arcs de cercle successifs auxquels nous avons assimilé les courbes orthogonales, loin d'être parallèles, se rapprochent de plus en plus sur le fond de la nappe à mesure qu'on considère des points plus voisins du terminus. L'ordonnée terminale est donc plus grande que $\frac{2c}{\pi}$, et l'orifice d'émission doit avoir une forme plus ou moins ellipsoïdale plus haute que large.

Pour éviter les impossibilités de la formule de Dupuit, on a quelquefois substitué dans cette formule le sinus à la tangente, en faisant :

(16) $$q = \frac{m}{\mu}y\frac{dy}{ds} = \frac{m}{\mu}y\sin\omega.$$

Cette formule donne :

$$y = \frac{\mu q}{m} = c,$$

pour la hauteur *minima* de la nappe.

Il est intéressant de comparer les trois formules du débit.

9. Comparaison des trois formules dans le cas d'une nappe à débit uniforme, coulant sur un fond horizontal :

1° La formule (16) donne :

$$y\,dy = c\sqrt{dx^2 + dy^2}.$$

Élevant au carré et séparant les variables, on a :

$$dx = \frac{dy}{c}\sqrt{y^2 - c^2}.$$

On intègre facilement cette équation en posant :

$$\sqrt{y^2 - c^2} = y - z,$$

et on détermine la constante par la condition que pour $\frac{dy}{dx} = \infty$ on ait $x = 0$. On trouve ainsi :

$$(17) \qquad \frac{x}{c} = \frac{c^2}{8(y - \sqrt{y^2 - c^2})^2} - \frac{(y - \sqrt{y^2 - c^2})^2}{8c^2} + \frac{1}{2} \log \text{nep} \left(\frac{y - \sqrt{y^2 - c^2}}{c} \right);$$

2° On a pour la formule (15) :

$$y\omega = \frac{\mu q}{m} - c.$$

Or :

$$\omega = \text{arc cotang} \frac{dx}{dy};$$

donc :

$$dx = dy \cot \frac{c}{y}.$$

Cette équation n'est pas intégrable directement, mais on peut développer la cotangente en série, suivant les puissances croissantes de $\left(\frac{c}{y} \right)$ (voir *Trigonométrie* de Serret).

On a alors :

$$\frac{dx}{dy} = \frac{y}{c} - \frac{1}{3}\frac{c}{y} - \frac{1}{45} \left(\frac{c}{y} \right)^3 - \frac{2}{945} \left(\frac{c}{y} \right)^5 - \ldots$$

Intégrant, on trouve :

$$(18) \qquad x = \frac{y^2}{2c} - \frac{c}{3} \log \text{nep} \frac{y}{c} + \frac{c}{90} \left(\frac{c}{y} \right)^2 + \frac{c}{1890} \left(\frac{c}{y} \right)^4 + \ldots + \text{constante}.$$

La constante se déterminera par la condition que x soit nul quand la tangente de la courbe est verticale.

On aura donc :

pour $x = 0$ $\qquad \frac{c}{y} = \frac{\pi}{2}$.

On trouve ainsi pour la constante :

$$\text{constante} = - 0.3845\, c.$$

Divisant par c, on trouvera finalement :

$$(19) \qquad \frac{x}{c} = - 0.3845 + \frac{y^2}{2c^2} - \frac{1}{3} \log \text{nep} \left(\frac{y}{c} \right) + \frac{1}{90} \left(\frac{c}{y} \right)^2 + \ldots$$

3° La formule de Dupuit :

$$q = \frac{m}{\mu} y \frac{dy}{dx},$$

nous a conduit à trouver pour la nappe une parabole dont l'équation serait ici :

$$x + a' = \frac{y^2}{2c},$$

en appelant a' la distance de son sommet à l'origine de la nappe de la deuxième formule, point pour lequel on a :

$$\frac{c}{y} = \frac{\pi}{2}.$$

On a donc pour a' :

$$\frac{a'}{c} = \frac{y'}{2c^2} = \frac{1}{2}\left(\frac{2}{\pi}\right)^2 = 0.2035.$$

L'équation de la parabole serait donc :

(20)
$$\frac{x}{c} = -0.2035 + \frac{y^2}{2c^2}.$$

Les courbes représentées par les deux équations (19) et (20) ont été tracées sur la figure 23, planche VII.

La courbe de l'équation (17) est plus élevée que les deux autres. Elle n'a pas été tracée pour éviter la confusion, les trois courbes étant très voisines l'une de l'autre.

Voici le tableau des calculs :

TABLEAU B.

NAPPE AQUIFÈRE À DÉBIT CONSTANT COULANT SUR UN FOND HORIZONTAL.

(Comparaison des courbes des équations 17, 18, 19, 20.)

INCLINAISON DE LA NAPPE SUR L'HORIZONTALE $\omega = \dfrac{c}{y}$	ORDONNÉE $\dfrac{y}{c}$	VALEURS CALCULÉES DE L'ABSCISSE $\dfrac{x}{c}$.		
		NAPPE FORMULE 17.	NAPPE FORMULE 19.	NAPPE FORMULE 20.
∞	0	//	//	— 0.2035
$\dfrac{\pi}{2}$	0.637	//	zéro.	zéro.
1.50	0.667	//	0.0005	0.0187
1.40	0.714	//	0.0064	0.0515
1.30	0.769	//	0.0191	0.0925
1.20	0.833	//	0.0403	0.1435
1.10	0.909	//	0.0745	0.2100
1.00	1.000	zéro.	0.1271	0.2965
0.90	1.111	0.014	0.2067	0.4135
0.80	1.250	0.123	0.3287	0.5775
0.60	1.667	0.563	0.8383	1.1855
0.40	2.500	2.055	2.4371	2.9225
0.20	5.000	11.35	11.5797	12.2965
0.10	10.000	48.50	48.85	49.80
0.01	100.000	4997.70	4998.47	4999.80
zéro.	∞	∞	∞	∞

Le tableau B et la figure 23 démontrent que dès que le rapport $\frac{y}{c}$ dépasse sensiblement l'unité, les trois tracés sont pratiquement identiques. Cela tient à ce que les trois formules renferment toutes le terme $\left(\frac{y^2}{2c^2}\right)$ dont l'influence est prépondérante.

Mais les différences entre les trois courbes deviennent sensibles dans le voisinage de la source. Dans la nappe de l'équation (17), la hauteur *minima* de la nappe est égale à *c*, et l'*orifice* de la source est vertical.

Dans la nappe de l'équation (19), la hauteur minima de la nappe est égale à $\frac{2c}{\pi}$ et l'orifice de la source est un quart de cercle.

Dans la parabole, la hauteur minima de la nappe est égale à zéro et l'orifice se réduit à un point, circonstance irréalisable.

Ces considérations démontrent que la méthode simplifiée de Dupuit est d'une exactitude suffisante pour le calcul des nappes. Elle ne cesse d'être exacte qu'à une petite distance des points de sources, ce qui pratiquement n'a aucun intérêt.

10. **Mise en équation du problème des nappes. Équation de continuité.** — Prenons maintenant le problème dans sa généralité, en conservant l'hypothèse fondamentale de Dupuit.

Soient x, z, y les trois coordonnées rectangulaires d'un point de la surface libre d'une nappe dont le fond imperméable est constitué par le plan des xz.

L'axe des y est vertical.

Considérons un prisme vertical $dxdz$ et projetons les vitesses des filets liquides sur les axes.

D'après l'hypothèse, les composantes horizontales de la vitesse des filets liquides sont les mêmes pour tous les points d'une même ordonnée verticale. Les débits par mètre carré sont donc aussi les mêmes.

Par la face amont ydz normale aux x, il entre pendant l'élément de temps dt un volume d'eau égal à :

$$q'dzdt,$$

q' étant la composante parallèle aux x du débit de la nappe par mètre de largeur.

Il sort par la face d'aval un volume d'eau :

$$\left[q' + \left(\frac{dq'}{dx}\right)dx\right]dzdt.$$

Il est donc sorti du prisme un volume d'eau :

$$\left(\frac{dq'}{dx}\right)dxdzdt.$$

On trouverait de même que par la face ydx il est sorti du prisme un volume d'eau égal à :

$$\left(\frac{dq''}{dz}\right)dxdzdt.$$

D'un autre côté, la nappe reçoit un apport pluvial par sa surface libre. Appelons H l'apport pluvial par mètre carré et par seconde au point considéré x, z. Le volume d'eau élémentaire reçu par le prisme vertical pendant le temps dt sera :

$$Hdxdzdt.$$

Cet apport aura pu déterminer une montée de la nappe correspondant à un accroissement de volume dont la valeur est évidemment :

$$m \left(\frac{dy}{dt}\right) dt dx dz,$$

m étant le rapport du vide au plein.

Ecrivons que l'accroissement total de volume du prisme est égal à l'apport pluvial, supprimons le facteur commun $dx dz dt$ et nous aurons l'*équation de continuité* :

$$(21) \qquad \left(\frac{dq'}{dx}\right) + \left(\frac{dq''}{dz}\right) + m\left(\frac{dy}{dt}\right) = \mathrm{H}.$$

À cette équation il faut ajouter les deux équations qui donnent les valeurs de q' et q'' :

$$(22) \qquad q' = -\frac{m}{\mu} y \left(\frac{dy}{dx}\right),$$

$$(23) \qquad q'' = -\frac{m}{\mu} y \left(\frac{dy}{dz}\right).$$

Les trois équations (21), (22), (23) permettent de déterminer les trois inconnues q', q'', y, c'est-à-dire *la forme de la nappe et son débit*, et par suite toutes les circonstances du mouvement.

On aura la projection horizontale des trajectoires des filets liquides en remarquant que la direction de ces filets est déterminée par celle de la résultante des débits élémentaires. On a donc, pour leur équation différentielle :

$$(23\,bis) \qquad \frac{dz}{dx} = \frac{q''}{q'} = \frac{\left(\frac{dy}{dz}\right)}{\left(\frac{dy}{dx}\right)};$$

y étant une fonction de x, z, t, toutes les dérivées de y qui figurent dans les équations ci-dessus sont des dérivées partielles.

Dans le cas où le fond de la nappe imperméable, au lieu d'être horizontal, est incliné avec une pente ε, on peut prendre ce plan pour plan des xz, l'axe des y restant vertical. Les coordonnées deviennent obliques.

Mais d'ordinaire l'inclinaison ε est faible, et l'on peut confondre les x et les z avec leurs projections verticales. Il suffit alors de remplacer, dans les équations ci-dessus :

$$(23\,ter) \qquad \begin{cases} \left(\frac{dy}{dx}\right) & \text{par} & \left(\frac{dy}{dx}\right) - \varepsilon', \\ \left(\frac{dy}{dz}\right) & \text{par} & \left(\frac{dy}{dz}\right) - \varepsilon'', \end{cases}$$

ε' et ε'' étant les composantes de la pente ε parallèles aux x et aux z.

Nappes cylindriques. — Dans le cas particulier des nappes cylindriques, c'est-à-dire des nappes dans lesquelles les filets liquides s'écoulent par tranches verticales parallèles et identiques, on n'a plus besoin que de deux axes de coordonnées. Les z disparaissent, $q'' = 0$ et les quatre équations se réduisent aux suivantes :

$$(24) \qquad \left(\frac{dq}{dx}\right) + m\left(\frac{dy}{dt}\right) = H;$$

$$(25) \qquad q = -\frac{m}{\mu}y\left(\frac{dy}{dx}\right).$$

Si le fond de la nappe a une pente ε, on remplacera, dans l'équation (25) :

$$(25\ bis) \qquad \left(\frac{dy}{dx}\right) \quad \text{par} \quad \left(\frac{dy}{dx}\right) - \varepsilon.$$

Les équations (24), (25) sont celles que nous appliquerons le plus fréquemment dans cette étude.

Nous recourrons aux équations plus générales (21), (22), (23), (23 bis) dans quelques problèmes.

Intégration dans le cas des nappes permanentes d'affleurement sur fond imperméable horizontal. — Les équations (21), (22), (23) ne sont généralement pas intégrables. On peut cependant les intégrer dans le cas très simple d'une nappe permanente, coulant sur un fond imperméable horizontal.

Prenons ce fond pour plan des xz, l'axe des y étant vertical.

La nappe étant permanente, le terme $\left(\frac{dy}{dt}\right)$ disparaît.

On peut toujours ramener l'équation de la nappe à la forme :

$$y = \sqrt{Y},$$

Y étant une fonction de x et de z.

On a successivement, en différentiant :

$$y^2 = Y;$$

$$q' = -\frac{m}{2\mu}\left(\frac{dY}{dx}\right) \qquad q'' = -\frac{m}{2\mu}\left(\frac{dY}{dz}\right);$$

$$\left(\frac{dq'}{dx}\right) = -\frac{m}{2\mu}\left(\frac{d^2Y}{dx^2}\right) \qquad \frac{dq''}{dz} = -\frac{m}{2\mu}\left(\frac{d^2Y}{dz^2}\right).$$

Substituant dans (21), celle-ci devient :

$$(26) \qquad \left(\frac{d^2Y}{dx^2}\right) + \left(\frac{d^2Y}{dz^2}\right) = -\frac{2\mu h}{m}.$$

Telle est l'équation différentielle à intégrer.

On remarquera l'analogie de cette équation avec l'équation de la corde vibrante :

$$\left(\frac{d^2y}{dx^2}\right) - a^2\left(\frac{d^2y}{dz^2}\right) = 0,$$

dont l'intégrale est connue.

Les premiers membres s'identifient quand on pose :

$$a^2 = -1,$$

$$a = \sqrt{-1} = i.$$

On parviendra à l'intégration de l'équation (26) par le même procédé. On changera de variables en posant :

$$\alpha = x + iz,$$

$$\beta = x - iz;$$

α et β étant les nouvelles variables, on aura ·

$$\left(\frac{dY}{dx}\right) = \left(\frac{dY}{d\alpha}\right) + \left(\frac{dY}{d\beta}\right);$$

$$\left(\frac{d^2Y}{dx^2}\right) = \left(\frac{d^2Y}{d\alpha^2}\right) + 2\left(\frac{d^2Y}{d\alpha d\beta}\right) + \left(\frac{d^2Y}{d\beta^2}\right).$$

On trouvera de même :

$$\left(\frac{dY}{dz}\right) = \left(\frac{dY}{d\alpha}\right)i - \left(\frac{dY}{d\beta}\right)i;$$

$$\left(\frac{d^2Y}{dz^2}\right) = -\left(\frac{d^2Y}{d\alpha^2}\right) + 2\left(\frac{d^2Y}{d\alpha d\beta}\right) - \left(\frac{d^2Y}{d\beta^2}\right).$$

Substituant dans l'équation (26), il vient :

$$\left(\frac{d^2Y}{d\alpha d\beta}\right) = -\frac{\mu h}{2m};$$

intégrant cette équation d'abord par rapport à β, puis par rapport à α, on obtient, pour intégrale finale :

$$Y = f(\alpha) + \varphi(\beta) - \frac{\mu h}{2m}\alpha\beta,$$

f et φ désignant des fonctions arbitraires.

Remplaçant α et β par leurs valeurs, et prenant la racine carrée, on a finalement l'équation de la nappe :

$$(27) \qquad y = \sqrt{f(x + iz) + \varphi(x - iz) - \frac{\mu h}{2m}(x^2 + z^2)},$$

formule où $i = \sqrt{-1}$.

Malheureusement cette formule est d'un maniement difficile et ne se prête qu'à un petit nombre d'applications.

10 bis. Théorie simplifiée. — Théorie exacte, d'après M. Limasset, ingénieur en chef des ponts et chaussées. — M. Limasset établit les équations générales de la manière suivante [1] :

Formules générales. — Soient :

p, la pression du liquide au point x, z, y, en prenant la tonne comme unité;

u, v, w les composantes de la vitesse du filet liquide suivant les axes;

$\mathbf{V}$, cette vitesse effective;

m, le rapport du vide au plein;

$\dfrac{1}{\mu}$, la vitesse que doit prendre l'eau dans le terrain pour faire équilibre à son poids;

g, l'accélération de la pesanteur.

On admet que la résistance est proportionnelle à la vitesse. L'axe des y est vertical et ascendant.

Parallèlement aux x, l'élément du parallélipipède $dxdzdy$ est soumis à trois forces :

1° La pression, dont la différence sur les deux faces est égale à $m\left(\dfrac{dp}{dx}\right)dxdzdy$, et dirigée en sens contraire du mouvement;

2° La résistance au mouvement, laquelle est proportionnelle à la surface de l'élément $mdzdy$ et à sa longueur dx et au rapport $\dfrac{u}{\left(\dfrac{1}{\mu}\right)}$ ou μu; c'est donc $\mu u dxdzdy$;

3° La force d'inertie $\dfrac{m}{g}\dfrac{du}{dx}dxdzdy$, également dirigée en sens contraire du mouvement.

La somme de ces trois forces doit être égale à zéro, d'où l'équation :

$$\mu u + \frac{dp}{dx} + \frac{1}{g}\frac{du}{dt} = 0.$$

On écrira une équation semblable pour la projection sur l'axe des z.

Pour la projection sur l'axe des y, on aura à tenir compte d'une quatrième force égale au poids de l'élément, c'est-à-dire :

$$1 \times mdxdzdy.$$

À ces trois équations s'en ajoute une quatrième, l'équation de continuité.

On a donc les quatre équations suivantes :

$$(A)\quad \begin{cases} \mu u + \dfrac{dp}{dx} + \dfrac{1}{g}\dfrac{du}{dt} = 0, \\[2mm] \mu v + \dfrac{dp}{dz} + \dfrac{1}{g}\dfrac{dv}{dt} = 0, \\[2mm] 1 + \mu w + \dfrac{dp}{dy} + \dfrac{1}{g}\dfrac{dw}{dt} = 0, \\[2mm] \dfrac{du}{dx} + \dfrac{dv}{dz} + \dfrac{dw}{dy} = 0; \end{cases}$$

quatre équations entre quatre inconnues u, v, w, p.

[1] Notre travail était terminé lorsque M. Limasset a bien voulu nous communiquer des considérations originales sur la théorie des nappes souterraines. Nous avons mis à profit dans quelques parties les intéressantes recherches de M. Limasset, à qui nous adressons nos remerciements.

Théorie ordinaire ou théorie simplifiée. — On admet que la vitesse de l'eau est partout très petite. Cela conduit à négliger les forces d'inertie qui, relativement aux autres, deviennent alors du second ordre. On admet encore que les nappes sont très étendues dans le sens des x et des z, et qu'elles ont une épaisseur faible dans le sens des y. On en conclut que la vitesse w est d'un ordre de grandeur moindre que u et v et on néglige μw au regard de l'unité. Les équations (A) se réduisent alors aux suivantes :

(A *bis*)
$$\begin{cases} \mu u + \dfrac{dp}{dx} = 0, \\[2mm] \mu v + \dfrac{dp}{dz} = 0, \\[2mm] 1 + \dfrac{dp}{dy} = 0, \\[2mm] \dfrac{du}{dx} + \dfrac{dv}{dz} + \dfrac{dw}{dy} = 0. \end{cases}$$

La troisième équation est immédiatement intégrable. Si U représente une fonction quelconque de x, z, t, l'intégration de ces équations donne successivement :

(B)
$$\begin{cases} y + p + \mu U = 0, \\[2mm] u = \dfrac{dU}{dx}, \\[2mm] v = \dfrac{dU}{dz}, \\[2mm] w = -y\left(\dfrac{d^2U}{dx^2} + \dfrac{d^2U}{dz^2}\right) + \Phi, \end{cases}$$

Φ désignant une fonction arbitraire des x, z et t.

Il suffit alors, pour résoudre des problèmes déterminés, de disposer de U et de Φ de manière à satisfaire aux conditions, supposées connues, de l'existence de la nappe sur tout son contour.

Les points de la *surface libre* correspondent à $p = 0$. L'équation de cette surface est donc :

(C)
$$y + \mu U = 0.$$

Elle peut varier avec le temps, puisque U peut être fonction de t.

Les projections des filets liquides sur le plan des xy sont données par l'équation différentielle :

(D)
$$\frac{dx}{\left(\dfrac{dU}{dx}\right)} = \frac{dz}{\left(\dfrac{dU}{dz}\right)}.$$

Les trajectoires orthogonales de ces projections qui correspondent aux lignes de niveau de la surface sont :

(E)
$$U = \omega,$$

ω étant une constante arbitraire.

3.

Les filets liquides proprement dits sont définis par l'équation :

$$(\text{F}) \qquad \frac{dx}{\left(\dfrac{d\text{U}}{dx}\right)} = \frac{dz}{\left(\dfrac{d\text{U}}{dz}\right)} = \frac{dy}{-y\left(\dfrac{d^2\text{U}}{dx^2}+\dfrac{d^2\text{U}}{dz^2}\right)+\Phi}.$$

Les lignes définies par l'équation (F) tantôt pénètrent dans la surface libre (C), tantôt en sortent.

Dans le premier cas, la nappe reçoit une alimentation extérieure; dans le second cas, elle restitue cette eau par des suintements ou des sources.

Les pressions suivent la loi hydrostatique selon le cylindre représenté par l'équation (E).

La théorie simplifiée de M. Limasset renferme donc implicitement l'hypothèse de Dupuit concernant la transmission hydrostatique des pressions suivant la verticale. Mais elle ne suppose pas, comme cette dernière, que les vitesses des filets liquides sont exclusivement horizontales. Elle détermine leur direction.

Voici un exemple qui s'applique à une nappe cylindrique. On suppose l'axe des y vertical.

Exemple. — Soit :

$$\text{U} = -\frac{1}{\mu}\sqrt{-2cx},$$

en posant

$$c = \frac{\mu q}{m}.$$

On trouve facilement, en appliquant les équations (B), (C), (D), (F) :

$$y = \sqrt{-2cx}, \text{ surface libre (fig. 23 } bis, \text{ pl. VI)};$$

c'est une parabole ayant son sommet à l'origine;

$$u = \frac{1}{2\mu}\sqrt{-\frac{2c}{x}}, \text{ vitesse horizontale,}$$

$$w = -\frac{1}{4\mu}\frac{y}{x}\sqrt{-\frac{2c}{x}}, \text{ vitesse verticale,}$$

$$y = \sqrt{2\text{F}x}, \text{ filets liquides,}$$

F étant une constante arbitraire. Ce sont des paraboles ayant même sommet que la surface libre.

Débit suivant l'ordonnée de la surface libre pour 1 mètre de largeur :

$$m z u = m\sqrt{-2cx} \times \frac{1}{2\mu}\sqrt{-\frac{2c}{x}} = \frac{mc}{\mu} = q.$$

Il s'agit, par conséquent, d'une nappe à débit constant et fond horizontal. C'est la nappe de l'équation (8), en faisant $i = 0$.

La théorie démontre que les filets liquides sont ici des paraboles semblables à celles de la surface libre, figure 23 *bis*. Au point O, c'est-à-dire au point de source, la vitesse est *infinie*.

Il est clair que cette conséquence est impossible et incompatible avec les données physiques du problème.

La théorie simplifiée ne suffit donc pas pour rendre compte de ce qui se passe aux points critiques où les dérivées sont infinies. Elle ne se prête pas davantage à l'étude des problèmes qui s'appliquent à des nappes dans lesquelles l'ordonnée y a des dimensions comparables aux largeurs suivant les x et les z. Il est indispensable dans ces cas de revenir à la théorie exacte.

Théorie exacte. — Dans la note B, à la suite du présent livre, nous reproduisons la théorie exacte faite par M. Limasset.

Elle consisterait à prendre les équations A dans toute leur généralité. Mais alors le problème mathématique devient inextricable. On le rend abordable en admettant une simplification qui consiste à négliger l'influence des forces vives, c'est-à-dire les termes en $\frac{1}{g}$ des équations (A). Les vitesses des eaux souterraines étant généralement des fractions de millimètre, leur influence est absolument négligeable dans l'ensemble d'une nappe et elle n'est appréciable que dans le voisinage extrême des points critiques, comme le sont *les points de sources*, ou les *points de captage* dans les puits et les galeries.

La méthode consiste donc à intégrer les équations (A), abstraction faite du terme en $\frac{1}{g}$. On arrive ainsi à connaître aussi exactement qu'il est nécessaire la forme des nappes et des filets liquides. On fait ensuite une étude spéciale des points critiques en tenant compte des termes en $\frac{1}{g}$ qu'on avait d'abord négligés.

Forme de l'orifice d'une source à l'air libre. — M. Limasset a fait l'application de cette méthode au cas le plus simple, celui d'une nappe cylindrique à débit uniforme, coulant sur un fond horizontal. C'est le problème de Dupuit, équation (8), en faisant :

$$i = 0.$$

En négligeant les forces vives, on trouve avec les notations du paragraphe 6, c'est-à-dire en prenant l'axe des y pour axe vertical, que la surface libre de la nappe est représentée par l'équation :

$$\frac{y^4}{c^2} + \frac{2y^2 x}{c} = y^2,$$

qui contient à la fois la droite et la parabole ci-dessous :

(G)
$$\begin{cases} y^2 = 0, \\ y^2 = -2c\left(x - \frac{c}{2}\right); \end{cases}$$

mais la discussion démontre que la solution $y = 0$ n'est applicable que pour $x > 0$. De sorte que la surface libre de la nappe est représentée par la parabole CBA, suivie de la droite horizontale OA, dont la longueur est $\frac{c}{2}$ (fig. 24, pl. VI).

Les filets liquides sont des *paraboles homofocales* à la parabole CBA.

Les trajectoires orthogonales sont également des paraboles ayant mêmes foyers que les filets liquides.

On voit que *l'orifice à l'air libre* est représenté par OA.

Au lieu de supposer que la nappe débouche à l'air libre, on peut admettre qu'elle débouche dans un cours d'eau, suivant une orthogonale telle que EB (fig. 25, pl. VI).

Cette solution n'est pas encore parfaite, car si on calcule la vitesse verticale w, on remarque que la formule donne une vitesse infinie au point O, ce qui est impossible.

Il faut reprendre les équations en y introduisant les termes relatifs aux forces vives qu'on avait négligés. On trouve alors que le profil exact de la surface libre de la nappe est le profil C'B'baK (fig. 26, pl. VI).

La surface réelle est asymptotique à la parabole de l'équation (G). Elle se termine par une sorte de caverne baK, les filets liquides restant toujours paraboliques comme dans le cas de la figure 24.

On a :

$$BB' = \frac{1}{4g\mu^2},$$

dont la valeur est pratiquement négligeable,

$$OK = \frac{1}{2\mu}\sqrt[3]{\frac{c}{4g^2\mu}},$$

et approximativement,

$$Oa = OK \times \sqrt[3]{2} = 1,26 \times OK.$$

Voici un exemple.

Dans un terrain de sable, on pourra avoir :

$$m = 0,20; \qquad \mu = 2.000.$$

Pour un bassin versant de 3 kilomètres de largeur et un apport annuel moyen de 0 m. 20 de hauteur d'eau, on trouvera un débit :

$$q = 0^m,00002,$$

d'où :

$$\frac{\mu q}{m} = c = 0^m,20.$$

Les formules donneront :

$$BB' = 0^m,0000000625,$$
$$OK = 0^m,0000158,$$
$$Oa = 0^m,0000194.$$

Les longueurs ci-dessus sont absolument négligeables. L'effet des forces vives se réduit donc à arrondir d'une manière imperceptible la pointe du contour BAO, mais on peut parfaitement négliger leur influence.

11. Débit d'une nappe limitée par une paroi verticale terminale. — La question des directions et des vitesses que prennent les filets liquides d'une nappe aux
abords de la *paroi verticale* par laquelle elle sort du terrain perméable, joue un rôle
important dans l'étude des galeries et des puits de captage.

Nous avons vu qu'il fallait distinguer deux cas : 1° ou bien la nappe débouche à l'air
libre; 2° ou bien elle débouche dans un réservoir d'eau ayant le même niveau qu'elle.

1er cas. La nappe débouche à l'air libre. — Si la nappe avait la forme donnée
par l'équation (19) [fig. 22, pl. VII], son débit serait égal à :

$$q = \frac{m}{\mu}\frac{\pi}{2} \times B'B'',$$

d'où, en posant :

$$c = \frac{\mu q}{m},$$

$$B'B'' = \frac{2c}{\pi}.$$

Mais cette valeur est trop forte et la hauteur de la paroi verticale est nécessairement
plus petite que $\frac{2c}{\pi}$.

D'un autre côté la théorie exacte de M. Limasset (note B) démontre que, dans une
nappe débouchant à l'air libre (fig. 24, pl. VI), la pression est nulle aux deux extrémités de la verticale OB dont la hauteur est égale à c.

Si au lieu de se terminer à l'horizontale OA, comme le suppose la théorie exacte, le
terrain perméable se terminait à la verticale OB, la résistance que les filets liquides
éprouveraient pour sortir au jour diminuerait de toute la résistance offerte par le
terrain compris dans le triangle curviligne BOA. La nappe s'abaisserait et prendrait un
profil tel que C'B'O, asymptote au profil CBA (fig. 27, pl. VI).

Le profil C'B'O est nécessairement tangent à la verticale en B'. En effet, on a le
long de cette paroi $p = 0, \frac{dp}{dy} = 0$; la troisième équation (A) (en négligeant les forces
vives) donne alors : $w = -\frac{1}{\mu}$ pour tous les filets liquides.

Mais le filet liquide supérieur coulant à l'air libre, on a le long de ce filet $\frac{dp}{ds} = 0$,
et l'équation (12) donne :

$$v = \frac{1}{\mu} \sin \alpha.$$

La vitesse réelle v étant au moins égale à $\frac{1}{\mu}$ puisque sa composante verticale w est
égale à $\frac{1}{\mu}$, on a nécessairement :

$$v = w; \qquad \sin \alpha = 1; \qquad \alpha = 90°;$$

ce qui démontre que le profil C'B'O est tangent à la paroi verticale au point B'. La
nappe présente la disposition qu'indique la figure 28, pl. VIII.

Nous n'avons pu déterminer la vraie valeur de la hauteur OB' de la paroi verticale.
Elle est nécessairement comprise entre c et $\frac{2c}{\pi}$.

Nous pensons qu'il n'y a pas d'inconvénient pratique à prendre pour cette hauteur la valeur la plus petite $\frac{2c}{\pi}$, en raison de ce que, dans le voisinage des parois en maçonnerie, le terrain est toujours fouillé et rendu perméable sur une certaine profondeur. $\frac{2}{\pi}\frac{\mu q}{m}$ serait donc pratiquement la hauteur minima nécessaire pour qu'une nappe de débit q puisse sortir par une paroi verticale.

En d'autres termes, le débit maximum que pourrait fournir une paroi verticale de hauteur c' serait égal à :

$$(28) \qquad q = \frac{m}{\mu}\frac{\pi}{2}c',$$

et la hauteur minima de la nappe sur la paroi verticale est égale à :

$$(28\ bis) \qquad c' = \frac{2}{\pi}\frac{\mu q}{m}.$$

2e cas. La nappe débouche dans un réservoir d'eau. — La paroi verticale est alors une orthogonale. Dans la figure 25, pl. VI, on a supposé que le niveau de l'eau dans le réservoir affleure au haut de la paroi verticale en B. Rien ne serait changé à l'écoulement de la nappe si le terrain perméable se terminait à l'orthogonale BE, qui formerait paroi.

Mais si la paroi terminale était la verticale OB, les filets liquides auraient à surmonter la résistance du terrain contenu dans le triangle curviligne OBE. La nappe se relèverait nécessairement en B'C'.

La hauteur de la paroi verticale OB' est donc plus grande que c. Nous n'avons pu déterminer sa vraie valeur, mais par les mêmes motifs que nous avons donnés ci-dessus, nous adopterons pratiquement pour sa valeur :

$$(29) \qquad OB'' = c = \frac{\mu q}{m}.$$

Il est évident que les propriétés que nous venons d'établir dans le cas d'une nappe à débit uniforme, c'est-à-dire sans alimentation superficielle, avec fond imperméable horizontal, s'appliquent à une nappe alimentée d'une manière quelconque, avec fond imperméable incliné ou non, parce qu'on peut toujours supposer sans erreur sensible que l'alimentation est nulle et que le fond est horizontal à une petite distance de la paroi verticale terminale.

12. Conclusion du chapitre II. — Nous conclurons de l'ensemble des considérations contenues dans ce chapitre qu'on peut se borner, dans l'hydraulique des nappes aquifères, à appliquer la théorie simplifiée de Dupuit, c'est-à-dire supposer que les pressions se transmettent sur la verticale suivant la loi hydrostatique et que la vitesse des filets liquides est la même tout le long de cette verticale.

Ces hypothèses ne tombent en défaut que dans le voisinage des points de sources. Mais l'étude de ces points est généralement inutile. Elle ne présente un intérêt que dans le cas où la nappe s'écoule par une paroi verticale. Et, pour ce cas, nous avons donné, au paragraphe 11, les solutions à adopter.

CHAPITRE III.

DES NAPPES D'AFFLEUREMENT.

13. Formation des nappes aquifères. — Des nappes permanentes. — Hypothèse fondamentale sur la répartition des apports pluviaux. — C'est par les eaux météoriques, pluies ou neiges, que s'alimentent les nappes aquifères.

Lorsque la pluie tombe sur un terrain, les eaux se divisent en trois parties.

La première se compose des eaux qui ruissellent sur le sol, et tendent à descendre vers les thalwegs.

La deuxième, des eaux qui s'infiltrent dans le sol, soit immédiatement au moment de leur chute, soit postérieurement dans leur ruissellement.

La troisième comprend les eaux qui sont évaporées dans l'atmosphère, ou absorbées par la végétation.

Les eaux infiltrées dans le sol pénètrent à une plus ou moins grande profondeur. Elles descendent jusqu'à ce qu'elles aient rencontré soit une nappe aquifère toute formée, à laquelle elles s'incorporent, soit un fond imperméable, sur lequel elles coulent dans la direction la plus favorable.

La répartition de ces eaux entre les diverses parties d'une nappe est évidemment variable dans une certaine mesure. Les surfaces situées verticalement au-dessous des parties de roches les plus perméables sont évidemment plus favorisées. Il semble même que les terrains situés sur les faîtes ou sur les plateaux où l'eau de pluie est stagnante faute de pente, ou ne ruisselle que lentement, doivent recevoir plus d'eaux d'infiltration que les terrains situés au-dessous des parties déclives. Mais en y réfléchissant, on reconnaît que ces derniers ont un avantage que les premiers n'ont pas : c'est que leurs pentes sont parcourues par les eaux qui proviennent du ruissellement de toutes les parties plus élevées du relief de la contrée, de sorte qu'il doit s'établir une certaine compensation.

On conçoit que la répartition des eaux d'infiltration entre les diverses parties d'une nappe aquifère, dans un terrain perméable, doit approcher très souvent de l'uniformité.

C'est d'ailleurs la seule base qu'il soit possible d'adopter dans les calculs. *Nous admettrons donc une répartition uniforme des apports pluviaux sur les nappes aquifères que nous étudierons* et l'expérience indiquera si ce postulatum est bien justifié.

Les chutes de pluies sont intermittentes, tandis que les sources alimentées par les nappes aquifères ont des débits, sinon uniformes, du moins continus. Il arrive donc nécessairement que le volume des nappes varie d'une manière irrégulière. Cependant le jeu régulier des saisons ramène le retour périodique des mêmes phénomènes météoriques, et en définitive, le volume des nappes, tout en étant variable, oscille autour d'une moyenne. La constance du débit d'un grand nombre de sources démontre que les variations dans le volume des nappes sont souvent très restreintes.

Si l'apport pluvial de la nappe se répartissait d'une manière uniforme dans toute l'année, on aurait une nappe de volume constant et de régime permanent.

Ce sont les nappes de ce genre que nous appellerons *nappes permanentes.*

La nappe permanente est donc celle qui se réaliserait si les apports pluviaux se répartissaient également pendant toute l'année, et uniformément sur la surface de la nappe.

De même qu'on dit les *eaux ordinaires*, par opposition aux eaux de crues ou aux eaux d'étiage, on pourrait appeler la nappe *permanente* la nappe *ordinaire*. Elle est bien en effet la nappe qui se réalise le plus souvent, c'est-à-dire ordinairement.

On peut comparer une nappe permanente au volant d'une machine qui devrait produire un travail continu et qui ne recevrait que des impulsions intermittentes.

Le débit des sources représente le travail continu; les apports pluviaux inégalement répartis dans le temps représentent les impulsions intermittentes. Grâce à la provision d'eau considérable contenue dans la nappe permanente, les irrégularités des apports sont très atténuées et deviennent quelquefois presque insensibles. Ce sont donc les plus grosses nappes qui devront donner les débits de sources les plus réguliers. Nous verrons que la théorie confirme cet aperçu.

Dans ce chapitre, nous ne nous occuperons que des nappes d'affleurement. Nous traiterons d'abord la question des nappes permanentes. Ce sont de beaucoup les plus intéressantes à connaître; puis nous étudierons pour des cas particuliers les nappes de sécheresse et les nappes de crues.

Ainsi que nous l'avons déjà dit, la théorie des nappes, envisagée dans toute sa généralité, est à peu près inabordable au calcul.

Nous avons vu qu'il est facile d'en établir l'équation différentielle, qui est du second degré, et même l'intégrale générale dans des cas simples (équation 27). Mais cette intégrale contient deux fonctions arbitraires, et la détermination de ces fonctions n'est possible que dans un petit nombre de cas très simples et qui ne tiennent pas suffisamment compte des circonstances multiples qui se présentent dans les nappes naturelles.

La méthode que nous avons suivie consiste à n'envisager que les nappes *cylindriques*, c'est-à-dire celles dans lesquelles les nappes ont la forme de cylindres à génératrices horizontales. Dans ces conditions, on n'a plus à considérer que deux coordonnées au lieu de trois et on peut résoudre complètement le problème, au moins pour le régime *permanent*. Les résultats ainsi obtenus peuvent être étendus par voie d'assimilation et avec une approximation plus ou moins grande aux cas plus généraux.

Donc, à moins que cela ne soit expressément indiqué, nous considérerons toujours une nappe comme ayant une longueur indéfinie et coulant par tranches parallèles, normales à l'axe des thalwegs, que nous supposerons parallèles dans la région considérée. Nous n'aurons donc à considérer qu'une bande de 1 mètre de largeur.

Nous supposerons les sources de la nappe réparties uniformément sur une ligne, tout le long de l'affleurement, de sorte que le débit correspondant à une bande de un mètre de largeur de la nappe aquifère sera réparti sur un mètre de longueur. *Nous appellerons cette ligne de sources, la source.*

Dans le langage courant, le mot de nappe sera employé pour désigner soit la masse d'eau qu'elle contient, soit le profil de sa surface. Ce double emploi, indispensable pour simplifier l'exposé, ne saurait prêter à ambiguïté et le vrai sens du mot s'expliquera de lui-même dans chaque cas.

14. Nappe permanente d'affleurement, coulant sur un fond horizontal. — Nappe en ellipse (fig. 29, pl. VIII). — Si un massif perméable ADA′, reposant sur un fond imperméable horizontal, reçoit d'une manière continue des eaux de pluies, il se formera une nappe aquifère symétrique ayant son point haut en B, sur l'axe du terrain, et cette nappe se déversera à ses deux extrémités où apparaîtront des sources S, S'.

Au bout de quelque temps, un régime uniforme s'établira, la nappe recevant autant d'eau qu'elle en perd. Le terrain perméable étant supposé homogène, les eaux de pluies descendent par filets verticaux, de sorte qu'elles se répartissent uniformément dans toute l'étendue de la nappe, et, à cause de la symétrie, chaque source débite toutes les eaux de pluies tombées sur la moitié AD de la largeur du terrain. Au point B, milieu de la nappe, la tangente est nécessairement horizontale. C'est *un faîte* ou *un point de partage des eaux*.

Prenons pour axes Ox, Oy, l'horizontale des points de source et la verticale qui passe par le faîte de la nappe.

Appelons[1] :

q, le débit de la source A pour 1 mètre de largeur de la nappe;

m, μ, les constantes déjà définies;

a, la demi-largeur OA de la nappe ;

b, sa hauteur OB au milieu.

La section MN débite toute l'eau tombée en amont, jusqu'au faîte.

On a pour le débit sur l'ordonnée MN :

$$-\frac{m}{\mu}y\frac{dy}{dx}=q\frac{x}{a},$$

qu'on peut écrire :

$$ydy=-\frac{\mu q}{ma}xdx.$$

Intégrant et déterminant la constante par la condition que pour $x=0$, $y=b$, et que, pour $y=0$, $x=a$, on obtient l'équation d'une *ellipse* :

(30) $$y^2=\frac{b^2}{a^2}(a^2-x^2)$$

et l'on trouve facilement :

(31) $$q=\frac{m}{\mu}\frac{b^2}{a}.$$

On peut écrire cette dernière formule de la manière suivante :

$$q=\frac{1}{\mu}\frac{b}{a}\times mb.$$

Ce qui indique que le débit de la source (S) est le même que celui d'un filtre oblique d'épaisseur a, de largeur b, qui fonctionnerait sous une inclinaison $\frac{b}{a}$ (fig. 30, pl. VIII).

[1] Le tableau W placé à la fin de l'ouvrage donne le résumé des notations ordinairement employées dans les divers chapitres.

Si nous appliquons la théorie simplifiée de M. Limasset, § 10 *bis*, nous aurons ici :

$$y = \frac{b}{a} \sqrt{a^2 - x^2},$$

et par suite, pour la fonction U :

$$U = -\frac{1}{\mu} \frac{b}{a} \sqrt{a^2 - x^2}.$$

Vitesses :

$$u = \frac{1}{\mu} \frac{b}{a} \frac{x}{\sqrt{a^2 - x^2}} \qquad w = -\frac{1}{\mu} \frac{bay}{(a^2 - x^2)^{\frac{3}{2}}}.$$

Les filets sont représentés par :

$$y = \frac{F \sqrt{a^2 - x^2}}{x}.$$

La figure 31, pl. VIII, représente le tracé des filets liquides et rend bien compte de la manière dont ils se superposent, le faîte alimentant les parties profondes de la nappe et les parties voisines du point de source n'alimentant que des filets superficiels.

Nous avons supposé horizontal le fond de la couche perméable. Nous examinerons plus loin le cas général où ce fond est un plan incliné.

15. **Des divers éléments à considérer dans une nappe aquifère. — Durée de formation.** — Il faut distinguer dans une nappe aquifère :

1° Sa longueur ;

2° Sa profondeur au faîte ou point de partage des eaux ;

3° Sa profondeur maxima ;

4° Son volume total et sa durée de formation, c'est-à-dire le temps qui serait nécessaire pour sa formation si le service des sources était interrompu ;

5° Son débit.

Dans la nappe en ellipse, la profondeur maxima et celle au faîte se confondent.

Le volume total des eaux V pour la totalité de la nappe est égal à :

(31 *bis*)
$$V = \frac{\pi}{2} mab.$$

Si le service des sources était interrompu, le temps qui serait nécessaire pour constituer la nappe dans ses dimensions effectives serait égal à :

(32)
$$N = \frac{\frac{\pi}{2} mab}{2q} = \frac{\pi}{4} \mu \frac{a^2}{b} \text{ secondes.}$$

Application numérique. — Pour donner une idée de l'ordre de grandeur de ce temps, prenons des données pratiques.

Supposons un terrain très compact, pour lequel on aurait :

$$\mu = 10.000 ; \qquad m = 0,10 ; \qquad a = 2.000^m,$$

et dont les sources auraient un débit annuel correspondant à une hauteur de pluie de $0^m,20$, soit moins du tiers de la pluie tombée sur le sol. Ce sont des données qui peuvent se rencontrer.

Il y a 31,500,000 secondes dans une année.

Le débit annuel de $0^{m3},20$ correspondrait donc à un débit par seconde et par mètre carré de $\frac{0,634}{10^8}$.

La formule (31) donne :

$$q = \frac{0,634}{10^8} \times 2.000 = \frac{m}{\mu}\frac{b^2}{a} = \frac{0,10}{10.000}\frac{b^2}{2.000},$$

d'où l'on déduit :

$$b = 50^m.$$

On a pour la durée de formation :

$$N = \frac{3,14}{4} \times 10.000 \times \frac{2.000^2}{50} = 628 \times 10^6 \text{ secondes} = 20 \text{ ans.}$$

Si l'on tient compte de ce que, pendant la période de formation, les sources fonctionneraient et que cette circonstance retarderait considérablement l'exhaussement de la nappe, on voit que la formation d'une nappe en ellipse exige un très grand nombre d'années et que les sources de pareilles nappes doivent présenter une très grande uniformité de débit.

16. **Du coefficient d'apport pluvial** δ^2. — Si nous divisons le débit q de la nappe en ellipse par la longueur a du versant qui l'alimente, nous obtenons le rapport :

$$\frac{q}{a}.$$

Ce rapport représente *l'apport pluvial par mètre carré.*

Si la pluie, comme nous l'avons supposé, tombe d'une manière continue, l'eau pluviale descendra sur la nappe par *filets verticaux* avec une vitesse égale à :

$$\frac{1}{\mu}.$$

Si la pluie était assez intense pour que ces filets liquides constituassent une masse continue, le débit du courant vertical serait égal à $\frac{m}{\mu}$ par mètre carré.

Cette quantité représente donc *l'apport pluvial maximum que puisse recevoir une nappe aquifère.*

Si nous divisons $\frac{q}{a}$ par $\frac{m}{\mu}$, nous aurons un rapport qui exprimera ce qu'on pourrait appeler le *coefficient d'utilisation de la puissance absorbante du terrain* ou *coefficient d'absorption.*

Nous appellerons ce rapport δ^2 et nous poserons :

(33) $$\delta^2 = \frac{\mu q}{ma}.$$

Il est évident que ce rapport est nécessairement *inférieur à l'unité*, car l'apport pluvial effectif ne peut être qu'une fraction de l'apport pluvial maximum.

Si l'intensité de la pluie dépasse la faculté d'absorption du terrain, il y a saturation et l'excédent des pluies ruisselle à la surface du sol. Cette circonstance se présente assez souvent en hiver à la suite de pluies continues.

Dans ce cas accidentel, le rapport $\delta^2 = 1$.

Au moyen du terme δ^2, on peut exprimer le débit d'une source ou d'une partie de nappe par mètre carré versant.

Ce débit, qui est égal à *l'apport pluvial par mètre carré de bassin versant*, est égal à :

$$(34) \qquad h = \frac{m}{\mu} \delta^2.$$

Le rapport δ^2 joue un rôle très important dans la théorie des nappes aquifères.

Dans le cas d'une nappe en ellipse, on a :

$$(34 \ bis) \qquad \delta^2 = \frac{b^2}{a^2} \quad ou \quad \delta = \frac{b}{a} \qquad h = \frac{m}{\mu}\frac{b^2}{a^2}.$$

δ est alors égal à *la pente moyenne* de la nappe, ce qui donne un moyen très simple de le connaître par l'observation.

17. Nappe permanente d'affleurement coulant sur un fond incliné. 1er cas. Nappe à deux versants. 2e cas. Nappe limite (fig. 32, pl. VIII).

— Si la pente n'est pas trop forte, et si la nappe est assez importante, elle se présente évidemment sous la forme ellipsoïdale. Cette courbe a un point haut B, où la tangente est horizontale, de sorte que, dans la section correspondante OB, la vitesse des filets est nulle. C'est le *faîte* ou *point de partage des eaux*. À droite, elles vont dans le sens de la pente vers la source A; c'est *le versant et la grande source*.

À gauche, elles vont vers la source A'. C'est le *contreversant et la petite source*. Il existe un point C situé dans la zone du versant où la tangente à la courbe est parallèle au fond de la nappe. C'est le point où la profondeur de la nappe est maxima.

Nous prendrons pour axes des coordonnées la verticale du faîte Oy et la droite inclinée sur le fond Ox. Les coordonnées sont donc obliques.

Appelons (fig. 32) :

ε, le sinus de l'inclinaison du plan incliné sur l'horizontale, que l'on peut généralement, vu sa petitesse, confondre avec l'arc ou la tangente ;

$a\ a'$, les longueurs OA, OA' du versant et du contreversant ;

L, la longueur totale de la nappe AA', ces longueurs pouvant être confondues avec leurs projections horizontales ;

$b_0\ b$, les ordonnées au faîte B et au point de profondeur maxima C ;

q, q', les débits des sources A et A'.

On a pour le débit d'une section MN :

$$(34 \ ter) \qquad \frac{m}{\mu} y \left(-\frac{dy}{dx} + \varepsilon \right) = \frac{q}{a} x.$$

Nous remplacerons l'expression $\frac{\mu q}{ma}$ par le coefficient δ^2 défini ci-dessus.

Nous désignerons, pour simplifier l'écriture, par y', y'', y''' ... les dérivées successives de y par rapport à x.

L'équation précédente s'écrira donc :

$$(35) \qquad yy' = -\delta^2 x + \varepsilon y.$$

Prenant la dérivée, on en tire :

$$(36) \qquad \frac{y' y''}{y'^2 - \varepsilon y' + \delta^2} = -\frac{y'}{y},$$

équation intégrable.

Mais l'intégration donne des résultats différents suivant que l'équation

$$(36 \ bis) \qquad y'^2 - \varepsilon y' + \delta^2 = 0$$

a ou n'a pas de racines réelles.

Il faut donc distinguer trois cas :

$$\frac{\varepsilon^2}{4} - \delta^2 < 0 ;$$
$$= 0 ;$$
$$> 0 ;$$

ou encore :

$$\frac{\varepsilon}{2\delta} \begin{array}{c} < \\ = \\ > \end{array} 1 .$$

1ᵉʳ cas. $\frac{\varepsilon}{2\delta} < 1$. **Nappes à deux versants.** — Le dénominateur de l'équation (36) eut s'écrire :

$$\left(y' - \frac{\varepsilon}{2}\right)^2 + \left(\delta^2 - \frac{\varepsilon^2}{4}\right).$$

Appelons β^2 la quantité positive :

$$\left(\delta^2 - \frac{\varepsilon^2}{4}\right).$$

L'équation (36) pourra se mettre sous la forme :

$$\frac{\left(y' - \frac{\varepsilon}{2}\right) y''}{\left(y' - \frac{\varepsilon}{2}\right)^2 + \beta^2} + \frac{\frac{\varepsilon}{2} y'}{\left(y' - \frac{\varepsilon}{2}\right)^2 + \beta^2} = -\frac{y'}{y}.$$

L'intégration peut se faire immédiatement et l'on trouve :

$$(37) \ \frac{1}{2} \log \mathrm{nep} \left[\left(y' - \frac{\varepsilon}{2}\right)^2 + \beta^2\right] + \frac{\varepsilon}{2\beta} \mathrm{arc\ tang} \left(\frac{y' - \frac{\varepsilon}{2}}{\beta}\right) = \log \mathrm{nep} \frac{1}{y} + \mathrm{constante}.$$

On déterminera la constante par la condition que, pour $x = o$:

$$y' = \varepsilon, \qquad y = b_0 ;$$

on trouvera ainsi, après avoir réuni les logarithmes .

$$(38) \quad \log \text{nep} \left(\frac{y}{b_0}\right)^2 \left[\frac{\left(y' - \frac{\varepsilon}{2}\right)^2 + \beta^2}{\delta^2}\right] + \frac{\varepsilon}{\beta} \text{ arc tang} \left(\frac{y' - \frac{\varepsilon}{2}}{\beta}\right) - \frac{\varepsilon}{\beta} \text{ arc tang} \left(\frac{\varepsilon}{2\beta}\right) = o.$$

On peut remplacer y' par sa valeur tirée de l'équation (35) et on obtient ainsi une équation qui ne contient plus que x et y ; c'est l'équation de la courbe de la nappe.

Pratiquement, il est plus simple de se donner y', de calculer y par l'équation (28), de transporter les valeurs de y, y', dans l'équation (35). Cette dernière donne la valeur de x.

La tangente y' est donc l'argument indispensable du calcul.

La forme des nappes joue un rôle important dans certains problèmes relatifs aux eaux souterraines. Il est donc souvent utile de pouvoir construire facilement leurs profils, et comme les équations (35), (38), qui donnent la solution sont assez compliquées, il importe de leur donner une forme plus commode.

Pour y parvenir, nous posons :

$$(39) \qquad \frac{\varepsilon}{2\delta} = z = \sin \omega,$$

ω étant un angle auxiliaire.

Nous appellerons désormais ce rapport z la *pente hydraulique* de la nappe, et nous donnerons plus loin les raisons de cette dénomination. Ce terme joue un rôle prépondérant dans la question des nappes aquifères.

Par suite de l'emploi de l'angle ω, on a :

$$(39 \text{ } bis) \qquad \begin{aligned} &\frac{\beta}{2\delta} = \sqrt{1 - \frac{\varepsilon^2}{4\delta^2}} = \cos \omega \\ &\frac{\varepsilon}{2\beta} = \text{tang} \,\omega. \end{aligned}$$

Introduisant ces quantités dans les équations (38) et (35), elles deviennent, après réductions :

$$(38 \text{ } bis) \qquad \begin{aligned} \log \text{nep} \left(\frac{y}{b_0}\right) &= -\frac{1}{2} \log \text{nep} \left[\left(\frac{2y'}{\varepsilon} - 1\right)^2 \sin^2 \omega + \cos^2 \omega\right] \\ &- \text{tang} \,\omega \times \text{arc tang} \left[\left(\frac{2y'}{\varepsilon} - 1\right) \text{tang} \,\omega\right] + \omega \,\text{tang} \,\omega. \end{aligned}$$

$$(35 \text{ } bis) \qquad \frac{\delta x}{b_0} = - \sin \omega \left(\frac{2y'}{\varepsilon} - 2\right) \left(\frac{y}{b_0}\right).$$

Ces équations renferment quatre rapports :

$$\frac{y}{b_0}, \qquad \frac{\delta x}{b_0}, \qquad \frac{y'}{\varepsilon}, \qquad \sin \omega \text{ ou } z.$$

Lorsque ε et δ sont déterminés et invariables, toutes les courbes obtenues sont semblables.

En effet, l'équation (35) peut s'écrire :

$$\frac{y'}{\varepsilon} = -\frac{\delta^2}{\varepsilon}\frac{x}{y} + 1.$$

Puisque, par hypothèse, ε et δ sont invariables, à une valeur de y' correspond une valeur constante du rapport $\frac{x}{y}$, ce qui veut dire que : les points qui ont des tangentes parallèles ont des coordonnées proportionnelles; c'est précisément le caractère de la similitude.

La figure 33, pl. IX, donne, de I à VI, le tracé approximatif de divers profils de nappe dans lesquels on a fait varier le rapport $\frac{\varepsilon}{2\delta}$ de zéro à 0.95.

Propriétés des nappes à deux versants. — L'étude de ces courbes donne lieu aux observations suivantes :

D'abord la nappe a sensiblement la forme d'une demi-ellipse dont le fond imperméable incliné et l'ordonnée du point de plus grande profondeur seraient des diamètres conjugués, avec cette différence que ce dernier point est situé au-dessous du milieu de la nappe, de sorte que celle-ci est plus renflée à l'aval qu'à l'amont.

Ensuite la nappe affleure le sol par ses deux points extrêmes. Elle a *deux sources* et deux versants, savoir : un versant principal où les eaux s'écoulent suivant la pente du sol et un autre versant plus court, où les eaux s'écoulent en remontant la pente et que nous appellerons le *contreversant*.

Ces propriétés sont générales et s'appliquent à toutes les nappes pour lesquelles la pente hydraulique z est plus petite que l'unité.

Il y a à considérer principalement dans une nappe :

a, la longueur de son versant;

$L-a$, la longueur du contreversant;

b_0, l'ordonnée du point de partage;

b, l'ordonnée du point de plus grande profondeur.

On connaît l'inclinaison de la tangente à la courbe pour ces quatre points principaux.

Elle est verticale aux deux points de sources.

Elle est horizontale au point de partage d'eau.

Elle est parallèle au fond, c'est-à-dire inclinée de ε au point de plus grande profondeur.

Avec ces quatre points et la direction de leurs tangentes, on peut tracer très approximativement le profil d'une nappe. Il importe de déterminer leurs éléments.

$1°$ **Longueur des nappes du versant et du contreversant.** — L'équation 35 donne la valeur limite du produit yy' lorsque y' tend vers l'infini.

On a :

$$\lim yy' = \begin{cases} -a\delta^2 \text{ pour le versant.} \\ (L-a)\delta^2 \text{ pour le contreversant.} \end{cases}$$

Faisant dans l'équation (38 *bis*) $y' = -\infty$, on a pour le versant :

$$(40) \qquad \log \text{nep} \, \frac{\delta a}{b_0} = \left(\frac{\pi}{2} + \omega\right) \tan \omega.$$

Et pour le contreversant, en faisant $y' = +\infty$, et en changeant ε en $-\varepsilon$, et a en $(\text{L} - a)$,

$$(40 \; bis) \qquad \log \text{nep} \, \frac{\delta (\text{L} - a)}{b_0} = -\left(\frac{\pi}{2} - \omega\right) \tan \omega.$$

Retranchant ces deux équations l'une de l'autre, on obtient :

$$(41) \qquad \log \text{nep} \left(\frac{a}{\text{L} - a}\right) = \pi \tan \omega.$$

De l'équation (41) on déduit cette propriété :

Pour toutes les nappes ayant même pente hydraulique, le rapport des longueurs du versant et du contreversant est constant.

Ce rapport augmente rapidement avec cette pente z, ainsi que le démontrent les chiffres du tableau placé plus loin et le graphique qui lui correspond.

2° **Ordonnée du point de faîte.** — C'est l'ordonnée b_0. Elle est donnée en fonction de la longueur du versant par la formule (40), en changeant le signe :

$$(42) \qquad \log \text{nep} \left(\frac{b_0}{\delta a}\right) = -\left(\frac{\pi}{2} + \omega\right) \tan \omega.$$

3° **Profondeur maxima de la nappe du versant.** — C'est l'ordonnée du point où la tangente est parallèle au fond, et où par conséquent $y' = \varepsilon$.

L'équation (38 *bis*) donne alors :

$$(42 \; bis) \qquad \log \text{nep} \, \frac{b}{b_0} = 2\omega \tan \omega,$$

qui démontre que :

Pour toutes les nappes ayant même pente hydraulique, le rapport de la profondeur maxima à la profondeur au faîte est constant.

L'équation (42 *bis*) combinée avec l'équation (42) donne :

$$(43) \qquad \log \text{nep} \left(\frac{b}{\delta a}\right) = -\left(\frac{\pi}{2} - \omega\right) \tan \omega.$$

4° **Position du point de plus grande profondeur.** — Ce point et le milieu de la nappe ne coïncident pas. Comme on le voit sur les profils successifs (fig. 33), le point en question est d'autant plus en aval du milieu de la nappe que la pente hydraulique z est plus grande.

En faisant $y' = 0$ dans l'équation (35), on trouve pour l'abscisse de ce point :

$$(43 \; bis) \qquad x_m = \frac{\varepsilon b}{\delta^2} = b \, \frac{4 z^2}{\varepsilon}.$$

Constance du débit. — **Justification de l'expression « nappes permanentes ».**

5° **Volume de la nappe.** — Le volume d'eau contenu dans la nappe du versant est évidemment égal à :

$$V = m \int_{x=0}^{x=a} y\,dx.$$

De l'équation (35), on tire :

$$y\,dx = \frac{1}{\varepsilon}(y\,dy + \delta^2 x\,dx).$$

L'intégration peut se faire immédiatement et l'on obtient l'expression très simple :

(44) $$V = \frac{m}{2\varepsilon}(\delta^2 a^2 - b_0^2).$$

On aura le volume de la nappe du contreversant en changeant dans cette dernière formule ε en $-\varepsilon$, a en $(L - a)$:

(44 *bis*) $$V' = \frac{m}{2\varepsilon}\left[b_0^2 - \delta^2(L - a)^2\right].$$

En additionnant les volumes V et V', on a le volume de la nappe complète :

$$V + V' = \frac{m}{2\varepsilon}\left[\delta^2 a^2 - \delta^2(L - a)^2\right],$$

ou :

(45) $$V + V' = \frac{m\delta^2}{2\varepsilon}(2aL - L^2).$$

En remplaçant ε par sa valeur $2\delta z$ (équation 39), cette expression du volume de la nappe peut s'écrire :

$$V + V' = \frac{m\delta L^2}{2}\left(\frac{\dfrac{a}{L} - \dfrac{1}{2}}{z}\right).$$

Le tableau D que l'on trouve ci-après indique que le rapport qui figure dans la parenthèse décroît régulièrement quand z décroît de zéro à 1.

Pour $z = 0$ (ellipse), il est égal à $\frac{\pi}{4} = 0,785$.

Pour $z = 1$ (limite des nappes à 2 versants), il est égal à $\frac{1}{2} = 0,50$.

D'un autre côté, le volume total d'une nappe en ellipse (équation 31 *bis*) est égal à :

$$V_1 = \frac{\pi}{2}\,mab,$$

ou, en remplaçant b par δa ou $\frac{\delta L}{2}$ (équation 35),

$$V_1 = \frac{\pi}{8}\,m\delta L^2.$$

Le rapport du volume d'une nappe à deux versants, ayant une pente hydraulique z,

4.

au volume d'une nappe en ellipse de même longueur totale et par suite de même débit permanent et située dans le même terrain, est donc égal à :

$$(45 \ bis) \qquad \frac{V + V'}{V_1} = \frac{4}{\pi} \frac{\left(\dfrac{d}{L} - \dfrac{1}{2} \right)}{z}$$

et il varie de 1 à $\frac{2}{\pi}$, soit de 1 à $0,637$, lorsque la pente hydraulique z varie de zéro à 1, c'est-à-dire dans toute la série des nappes à deux versants.

Ces nappes possèdent donc, quoique dans une mesure moindre, la stabilité et la constance du débit que nous avons signalées dans les nappes en ellipse.

Dans les circonstances les plus défavorables, c'est-à-dire pour la nappe limite ($z = 1$), le rapport des volumes est encore égal à $0,637$.

Si l'on comparait les volumes de la nappe du *versant* seulement, supposé de longueur fixe a, suivant qu'on a $z = 1$, nappe limite à deux versants, ou $z = 0$, nappe en ellipse, on trouverait que ce rapport varie de 1 à $\frac{1}{\pi}$, c'est-à-dire que sa limite est la moitié du précédent, $0,318$. Quant au volume de la nappe du contreversant, il est évident qu'il passe de 1 à zéro.

Les durées de formation des nappes, calculées dans l'hypothèse où le service des sources serait interrompu, seraient dans le même rapport que les volumes.

Les nappes à deux versants représentent un volume d'eau accumulé pendant un assez grand nombre d'années; les variations qu'elles peuvent éprouver par le fait de l'intermittence des pluies ou des chutes d'eau extraordinaires ou de la sécheresse ne peuvent pas les modifier beaucoup. Ces nappes et par suite leurs sources reprennent leur débit permanent dès que la cause transitoire qui l'avait troublé a cessé de produire son effet.

Elles méritent donc le nom de *nappes permanentes* sous lequel nous les avons désignées.

Tableau D et figure 33, pl. IX. — Le tableau D contient les éléments que nous venons de passer en revue calculés pour un certain nombre de nappes à deux versants.

TABLEAU D.

NAPPE PERMANENTE SUR FOND INCLINÉ À DEUX VERSANTS.

(Équations 35 et 40 à 45).

$\dfrac{\varepsilon}{2\delta}$ ou z.	VERSANT.					CONTRE-VERSANT $\dfrac{V'}{m\delta L^2}$	VOLUME TOTAL $\dfrac{V + V'}{m\delta L^2}$	OBSERVATIONS.
	$\dfrac{b_0}{\delta a}$ (1)	$\dfrac{b}{\delta a}$ (2)	$\dfrac{x_u}{a}$ (3)	$\dfrac{a}{L}$	$\dfrac{V}{m\delta L^2}$			
Zéro.	1.000	1.000	Zéro.	0.500	0.196	0.196	0.393	Ellipse.
0.05	0.920	0.927	0.092	0.539	0.215	0.175	0.390	
0.25	0.625	0.712	0.356	0.693	0.293	0.093	0.386	
0.50	0.300	0.549	0.549	0.858	0.335	0.023	0.358	
0.75	0.065	0.443	0.659	0.971	0.314	Négligeable.	0.314	
0.95	0.002	0.384	0.730	0.999	0.263	*Idem.*	0.263	
1.00	Zéro.	0.368	0.736	1.000	0.250	*Idem.*	0.250	Nappe limite.

(1) b_0 ordonnée du point de faîte.
(2) b ordonnée de la plus grande profondeur.
(3) x_u abscisse du point de plus grande profondeur.

Les figures 33, pl. IX, reproduisent les traits principaux des courbes du tableau D.

On y observe notamment comment, à mesure que la pente hydraulique augmente, le point de faîte et le point de profondeur maxima s'écartent progressivement du milieu de la nappe totale. On voit en même temps décroître rapidement le volume de la nappe du contreversant, qui devient à peu près négligeable dès que cette pente s'élève à 0,60 ou 0,70.

Le terme z agit donc comme *une pente*, bien que son augmentation puisse être plutôt l'effet d'une diminution du terme δ que celui d'un accroissement réel de la pente géométrique.

2e cas. $\varepsilon = 2\delta$. — **Nappe limite.** — L'équation (36) devient, dans ce cas :

$$\frac{y'y''}{(\delta - y')^2} = -\frac{y'}{y},$$

équation qui donne par l'intégration :

$$\log \text{nep} \, (\delta - y') + \frac{\delta}{\delta - y'} = -\log \text{nep} \, y + \text{const.}$$

On déterminera la constante par la condition que pour $x = a$, $y = 0$, $y' = -\infty$ et $yy' = -\delta^2 a$ (équation 35).

On trouvera finalement :

$$\log \text{nep} \, \frac{y(\delta - y')}{\delta^2 a} = -\frac{\delta}{\delta - y'}.$$

À l'origine on devrait avoir $x = 0$, $y' = \varepsilon = 2\delta$, mais le logarithme devient imaginaire. On a donc nécessairement $b_0 = 0$.

L'ordonnée maxima de la courbe se trouvera en faisant $y' = 0$, ce qui donne :

$$\log \text{nep} \, \frac{b}{\delta a} = -1, \text{ d'où } \frac{b}{\delta a} = \frac{1}{e} = 0,368.$$

L'équation (35) donne ensuite pour l'abscisse du point de plus grande profondeur :

$$x_{\text{M}} = \frac{2a}{e} = 0,736 \, a.$$

18. Nappe permanente d'affleurement coulant sur un fond incliné. — 3e cas. Nappe à un seul versant. — Dans ce cas, le radical $\sqrt{\frac{\varepsilon^2}{4} - \delta^2}$ de l'équation (36 *bis*) est réel, l'équation (36) peut encore être intégrée, mais le résultat est différent de celui que nous avons précédemment obtenu.

En analysant ce résultat, on reconnaît que, dans ce cas, il pourrait y avoir une nappe à profil rectiligne si le fond de la nappe avait une longueur indéfinie, ce qui exclut l'existence d'une source.

C'est ce qu'on peut démontrer directement de la manière suivante (fig. 34, pl. X). Soient :

Ox, le fond imperméable;

MN, une section quelconque;

$y = \omega x$, l'équation de la nappe.

L'équation (35) donne, en y faisant $y = \varphi x$, $y' = \varphi$, et en supprimant le facteur commun x :

$$\varphi^2 - \varepsilon\varphi + \delta^2 = 0.$$

Cette équation a deux racines réelles :

(46)
$$\left\{ \begin{array}{l} \varphi = \dfrac{\varepsilon}{2} - \sqrt{\dfrac{\varepsilon^2}{4} - \delta^2} \,; \\[2ex] \varepsilon - \varphi = \dfrac{\varepsilon}{2} + \sqrt{\dfrac{\varepsilon^2}{4} - \delta^2} \,. \end{array} \right.$$

Il y a donc deux nappes possibles à profil rectiligne. L'écoulement peut se faire avec une nappe plus profonde et une pente moindre, c'est la nappe φ, ou avec une nappe moins profonde et une pente plus forte, c'est la nappe $(\varepsilon - \varphi)$.

Dans l'équation (36) décomposons la fraction rationnelle du premier membre en fractions simples. Nous arriverons à l'équation suivante :

(46 bis)
$$\frac{\varphi}{\varepsilon - 2\varphi} \frac{y''}{\varphi - y'} - \frac{\varepsilon - \varphi}{\varepsilon - 2\varphi} \frac{y''}{\varepsilon - \varphi - y'} = -\frac{y'}{y}.$$

On peut intégrer immédiatement, et l'on trouve :

(47)
$$-\frac{\varphi}{\varepsilon - 2\varphi} \log \mathrm{nep} \,(\varphi - y') + \frac{\varepsilon - \varphi}{\varepsilon - 2\varphi} \log \mathrm{nep} \,(\varepsilon - \varphi - y') = \log \mathrm{nep} \, \frac{1}{y} + \mathrm{const.}$$

On peut poser :

(47 bis)
$$\frac{\varphi}{\varepsilon - 2\varphi} = \frac{1}{n},$$

n étant un nombre positif quelconque, et l'on aura :

$$\frac{\varepsilon - \varphi}{\varepsilon - 2\varphi} = 1 + \frac{1}{n}.$$

Pour déterminer la constante, nous considérerons le point de plus grande profondeur, pour lequel on a :

$$y' = 0 \qquad y = b \qquad x_{\scriptscriptstyle M} = \frac{\varepsilon b}{\delta^2}.$$

Supprimant les logarithmes, nous trouverons finalement l'équation suivante :

(48)
$$y = b \left(\frac{\varepsilon - \varphi}{\varepsilon - \varphi - y'} \right) \left(\frac{\varphi - y'}{\varepsilon - \varphi - y'} \frac{\varepsilon - \varphi}{\varphi} \right)^{\frac{1}{n}}.$$

Remplaçant dans cette équation y' par sa valeur tirée de l'équation (35), on aura une équation qui ne contiendra plus que x et y. C'est l'équation de la courbe de la nappe.

Pratiquement il est plus simple de considérer y' comme variable; l'équation (48) donne la valeur de y, et l'équation (35) donne ensuite la valeur de x.

On en tire :

(49)
$$x = \frac{y}{\delta^2}(\varepsilon - y').$$

Faisant d'abord $y' = -\infty$, ce qui correspond au point terminal A de la nappe du versant, l'équation (48) donne :

$$y = 0.$$

À mesure que y' diminue en valeur absolue, y augmente.

Pour $y' = 0$, point de plus grande profondeur, on retrouve la valeur $y = b$.

Puis, à mesure que y' s'approche de la valeur $y' = \varphi$, la valeur de y va en diminuant.

Elle s'annule pour $y' = \varphi$.

C'est le sommet de la nappe, car l'équation (49) donne alors :

$$x = 0$$

Il n'y a pas de controversant.

Ces résultats sont reproduits sur le tracé VII de la figure 33, pl. IX.

Dans le cas limite déjà considéré où $\varepsilon = 2\delta$, on a $\varphi = \frac{\varepsilon}{2}$, la nappe est tangente à l'origine à la bissectrice de l'angle d'inclinaison du fond.

Pour avoir la longueur de la nappe, il faut chercher la limite du produit yy' lorsque y tend vers $-\infty$, et l'égaler à $-\delta^2 a$ (équation 35).

On trouve ainsi :

(49 *bis*)
$$a = b\,\frac{\varepsilon - \varphi}{\delta^2}\left(\frac{\varepsilon - \varphi}{\varphi}\right)^{\frac{1}{n}}.$$

Ordonnée de la plus grande profondeur. — L'équation (49 *bis*) peut s'écrire :

(49 *bis*)
$$\frac{b}{\delta a} = \frac{\delta}{\varepsilon - \varphi}\left(\frac{\varphi}{\varepsilon - \varphi}\right)^{\frac{1}{n}}.$$

Lorsqu'il s'agit de nappes à un seul versant, le rapport z varie de 1 à $+\infty$. Dans ces conditions, il est difficile de représenter graphiquement les variations de l'ordonnée de plus grande profondeur en fonction de z.

Nous prendrons ici pour argument l'inverse de z, qui varie de 1 à zéro, lorsque z varie de 1 à $+\infty$.

Employant encore un angle auxiliaire ω, nous poserons :

(50)
$$\frac{2\delta}{\varepsilon} = \frac{1}{z} = \sin \omega,$$

et comme nous avons posé (équations 46, 47 *bis*) :

$$\varphi = \frac{\varepsilon}{2} - \sqrt{\frac{\varepsilon^2}{4} - \delta^2}\,; \qquad \frac{\varphi}{\varepsilon - 2\varphi} = \frac{1}{n}.$$

nous aurons :

$$\frac{\delta}{\varepsilon}\frac{}{\varphi} = \tan g \frac{\omega}{2};$$

$$\frac{\varphi}{\varepsilon - \varphi} = \left(\tan g \frac{\omega}{2}\right)^2;$$

$$\frac{1}{u} = \frac{1}{2}\frac{\cos \omega}{\cos \omega}.$$

Portant ces valeurs dans l'équation (49 *bis*), on trouvera :

$$(51) \qquad \frac{b}{\delta a} = \left(\tan g \frac{\omega}{2}\right)^{\frac{1}{\cos \omega}}.$$

Au moyen de cette formule facile à calculer par logarithmes, on pourra obtenir l'ordonnée de plus grande profondeur b, en fonction de la longueur de la nappe.

Les équations précédentes nous ont permis de calculer le profil de nappe correspondant à $z = 1,50$ (fig. 33, profil VII).

Comparé aux profils des nappes à deux versants, ce dernier est beaucoup plus mince. Il commence en pointe, affecte une direction presque rectiligne jusqu'au point de plus grande profondeur et s'abaisse ensuite rapidement par un tracé courbe jusqu'au point terminal, position de l'unique source de la nappe, point où la tangente est verticale.

Volume de la nappe. — Durée de formation. — La formule 44 est applicable à l'évaluation du volume de la nappe. Mais ici $b_0 = 0$. La formule se réduit à :

$$(52) \qquad V = \frac{m}{2\varepsilon}\delta^2 L^2 = \frac{m}{4z}\delta L^2.$$

z étant plus grand que l'unité, on voit que le volume diminue rapidement à mesure que la pente hydraulique augmente. *Les nappes à un seul versant ne présentent donc pas la stabilité et la constance du débit qui appartiennent aux nappes à deux versants.*

On a, pour le débit de la source unique :

$$q = \frac{m}{\mu}\delta^2 L.$$

Divisant V par q, on aura ce que nous avons appelé la durée de formation de la nappe, en supposant que le service de la source soit interrompu. Ce temps est ici :

$$(53) \qquad N = \frac{V}{q} = \frac{\mu L}{4z\delta} = \frac{\mu L}{2\varepsilon}.$$

Cette dernière formule fait ressortir nettement l'instabilité des nappes pour lesquelles la pente du fond est grande, lorsque en même temps le terrain est très perméable.

19. Nappes de remous. — Nappe du 2e genre ou concave et nappe du 3e genre ou convexe. — L'étude que nous venons de faire s'applique aux nappes qui aboutissent à une source sur le versant. Ce sont les plus communes et les plus intéressantes, mais la formule fondamentale (36) :

$$(54) \qquad \frac{y'y''}{y'^2 - \varepsilon y' + \delta^2} = -\frac{y'}{y}$$

renferme encore d'autres solutions. Si le dénominateur du premier membre est positif, il est évident que y'' est négatif et que la nappe est à profil convexe par le haut.

Cela arrive nécessairement pour toutes les nappes à deux versants. Celles-là ne peuvent jamais avoir un profil concave.

Pour les nappes à un seul versant, cela arrive aussi nécessairement lorsque y' n'est pas compris entre les deux racines de l'équation :

$$(55) \qquad y'^2 - \varepsilon y' + \delta^2 = 0,$$

que nous avons appelées φ et $(\varepsilon - \varphi)$, et qu'il est, ou plus petit que la plus petite φ de ces deux racines, ou plus grand que la plus grande $(\varepsilon - \varphi)$.

Les nappes que nous avons étudiées au paragraphe 18, dont le faîte a une ordonnée nulle et qui possèdent une source unique située sur le versant, sont du premier genre. Dans ces nappes, la tangente y' est toujours moindre que φ.

Nous appellerons nappes du 3e genre celles dans lesquelles la tangente y' est toujours plus grande que $(\varepsilon - \varphi)$. Celles-là sont encore de *forme convexe*.

Le deuxième genre comprendra les nappes intermédiaires, dans lesquelles la tangente y' est comprise entre φ et $(\varepsilon - \varphi)$. Pour ces nappes, y'' est toujours positif; ce sont des nappes *concaves*, et par conséquent sans sources.

Nappes du 3e genre, convexes, à deux versants et une seule source située sur le contreversant. — On a, dans ce cas:

$$y' > \varepsilon - \varphi.$$

On trouve, pour l'intégrale de l'équation (36), en suivant la même marche que ci-dessus :

$$(56) \qquad y = C \left(\frac{1}{y' - (\varepsilon - \varphi)} \right) \left(\frac{y' - \varphi}{y' - (\varepsilon - \varphi)} \right)^{\frac{1}{n}},$$

C étant une constante, nécessairement positive.

Comme l'ordonnée y ne peut pas être négative, on en conclut que y' est toujours supérieur à $(\varepsilon - \varphi)$.

Cette nappe a un *faîte* qui correspond à :

$$y' = \varepsilon, \qquad x = 0.$$

Appelant comme d'habitude b_0 l'ordonnée au faîte, on aura :

$$(57) \qquad y = b_0 \left(\frac{\varphi}{y' - (\varepsilon - \varphi)} \right) \left(\frac{y' - \varphi}{y' - (\varepsilon - \varphi)} \frac{\varphi}{\varepsilon - \varphi} \right)^{\frac{1}{n}};$$

telle est l'équation de la nappe.

·Du côté des x positifs, y' va en diminuant et tend vers $(\varepsilon - \varphi)$, valeur au-dessous de laquelle il ne peut pas descendre; il ne l'atteint qu'à l'infini. L'ordonnée de la nappe augmente indéfiniment.

Du côté des xx négatifs, la nappe s'abaisse. À mesure que y' augmente indéfiniment, y tend vers zéro. *Il y a donc une source de controversant.*

Lorsque y' tend vers l'infini, le produit **yy'** tend vers :

$$b_0 \varphi \left(\frac{\varphi}{\varepsilon - \varphi} \right)^{\frac{1}{n}},$$

et l'équation (35) donne, pour la distance de la source au faîte :

(58) $$a' = \frac{b_0 \varphi}{\delta^2} \left(\frac{\varphi}{\varepsilon - \varphi} \right)^{\frac{1}{n}}.$$

Avec les deux équations (57, 58) on peut construire la courbe 3 représentée dans la figure 34 *bis*, pl. X.

Nappes du 2e genre, à profil concave, sans source. — On a, dans ce cas :

$$\varphi < y' < \varepsilon - \varphi$$

et l'équation à laquelle on parvient par l'intégration de l'équation (36) est la suivante :

(59) $$y = C \left(\frac{1}{\varepsilon - \varphi - y'} \right) \left(\frac{y' - \varphi}{\varepsilon - \varphi - y'} \right)^{\frac{1}{n}},$$

C étant une constante positive.

y' ne peut varier qu'entre φ et $(\varepsilon - \varphi)$.

Pour :

$$y' = \varphi, \qquad y = \text{zéro}, \qquad x = 0 ;$$
$$y' = \varepsilon - \varphi, \qquad y = \infty, \qquad x = +\infty.$$

On pourra déterminer la constante en fonction de la hauteur que prend la nappe pour $y' = \frac{\varepsilon}{2}$, et on aura, en appelant b_1 cette hauteur :

(60) $$y = b_1 \left(\frac{\frac{\varepsilon}{2} - \varphi}{\varepsilon - \varphi - y'} \right) \left(\frac{y' - \varphi}{\varepsilon - \varphi - y'} \right)^{\frac{1}{n}}.$$

C'est l'équation de la nappe.

Ce qui caractérise les nappes des 2e et 3e genres, c'est que, du côté du versant, leur hauteur va en croissant indéfiniment. Cette circonstance exige que leur niveau soit *soutenu* du côté du versant par une autre nappe qui leur fait suite ou par un réservoir d'eau tel que le serait une rivière ou la mer.

C'est la hauteur de cette retenue qui détermine la forme de la nappe et le genre auquel elle appartient.

C'est ce qu'on voit sur la figure 34 *bis*, où l'on a représenté les profils de nappes construites avec les données suivantes :

Pente $\varepsilon = 0^m,02$.

$\delta = 0,008$ (terrain perméable).

$$z = \frac{\varepsilon}{2\delta} = 1,25.$$

On suppose la nappe retenue par l'eau d'un réservoir établi à 1.560 mètres de distance du faîte.

Les eaux descendant à la cote zéro, on a une nappe à un seul versant du 1er genre, tracé 1, dont la source est située au bord du réservoir.

Les eaux s'élevant à la cote $10^m,20$, on a une nappe du 2e genre, tracé 2, concave et semblable aux courbes de remous de gonflement de la figure 11, pl. IV.

Les eaux s'élevant à la cote $32^m,48$, on a une nappe du 3e genre convexe, tracé 3, ayant une hauteur au faîte de 5 mètres et donnant naissance à une source située sur le contreversant à 187 mètres de distance du faîte.

Les nappes du 2e genre se rencontrent quelquefois. On en trouvera un exemple dans l'étude que nous ferons des captages de la ville de Liège.

Les nappes du 3e genre doivent être plus rares, bien qu'elles soient susceptibles de se produire dans les terrains qui versent directement leurs eaux dans la mer.

Quoique, dans ce cas, les nappes aient effectivement deux versants, comme elles n'ont pas de source du côté du versant, nous continuerons à appeler *nappes à un seul versant* toutes celles pour lesquelles on a :

$$\frac{\varepsilon}{2\delta} > 1.$$

20. Pente hydraulique. — Ainsi qu'on a pu le voir par l'analyse qui précède, c'est le rapport z ou $\left(\frac{\varepsilon}{2\delta}\right)$ qui règle la nature et la forme des nappes aquifères, d'où résulte la proposition suivante :

PROPOSITION. *Tant que le rapport $\frac{\varepsilon}{2\delta}$ est inférieur à 1, la nappe est à deux versants; s'il est supérieur à 1, la nappe est à un seul versant.*

Ce rapport contient au numérateur le terme ε qui représente l'influence de la gravité sur l'écoulement des eaux, c'est la pente du fond.

Au dénominateur, le terme δ représente une double influence. On se rappelle qu'on a posé (équation 33) :

$$\delta^2 = \frac{\mu}{m}\frac{q}{a}.$$

$\frac{q}{a}$ est l'apport pluvial, la quantité d'eau qui parvient à la nappe par seconde et par mètre carré.

$\frac{\mu}{m}$ est un coefficient proportionnel à la résistance du sol au mouvement des eaux.

Le terme δ^2 représente donc à la fois l'influence météorologique et l'influence géologique.

Il est remarquable qu'un seul terme $\frac{\varepsilon}{2\delta}$ suffise à représenter ces influences multiples.

$\frac{\varepsilon}{2\delta}$ est vraiment la pente effective de la nappe. C'est pourquoi nous proposons de lui donner le nom de *pente hydraulique*, par opposition à la pente du fond, qui est la *pente géométrique* du sol.

La transformation des nappes à deux versants en nappes à un seul versant, ou réciproquement, peut se faire par le changement de la pente ε ou par celle du coefficient δ seulement.

Pour préciser, reprenons l'exemple numérique cité au paragraphe 15.

Nous avions supposé une nappe en ellipse avec les données suivantes :

$$m = 0,10 \qquad \mu = 10.000 ;$$
$$L = 2a = 4.000 \text{ mètres.}$$

Nous avions trouvé, pour l'ordonnée maxima : $b = 50$ mètres, et, pour la durée de formation : 20 ans.

Dans cet exemple, on a, pour le coefficient d'apport pluvial, caractéristique du terrain (équation 34 *bis*) :

$$\delta = \frac{50}{2.000} = 0,025.$$

Nous avions trouvé, pour la durée de formation de la nappe en ellipse :

$$N_1 = \frac{\pi}{4} \mu \frac{a^2}{b}.$$

Remplaçant b par sa valeur $a\delta$ et a par $\frac{L}{2}$, ce temps peut encore s'exprimer par :

$$N_1 = \frac{\pi}{8} \mu \frac{L}{\delta}.$$

Si l'on rapproche cette formule de celle qui a été trouvée plus haut pour la nappe à un seul versant (équation 53) :

$$N = \frac{\mu L}{4 \cdot 2\delta},$$

on voit que les durées de formation pour une nappe en ellipse et pour une nappe à un seul versant de même débit permanent sont entre elles comme $\frac{\pi}{2}$ est à $\frac{1}{2}$.

Si la pente du sol, supposée d'abord nulle, est égale à 0.05, on trouve :

$$z = \frac{0,05}{2 \times 0,025} = 1.$$

La nappe est une nappe limite, et la durée de formation est de 12 ans 1/2.

Si cette pente est égale à 0,10, on trouve $z = 2$, et la durée de formation s'abaisse à 6 ans 1/4. Mais si, tout en ayant la pente de 0,05, au lieu d'avoir affaire à un massif de terrain peu perméable, on a un massif de gros gravier pour lequel $m=0,20$, $\mu=200$; dans ce cas, $z=10$ et la durée de formation s'abaisse à 3 mois.

Une pareille nappe ne peut avoir qu'une existence intermittente. On en observe de semblables dans beaucoup de terrains.

De ce qui précède nous pouvons conclure que, dans les nappes à deux versants, la source principale, celle du versant, a un débit relativement uniforme. Le débit de la source du contreversant est beaucoup plus instable.

Les sources des nappes à un seul versant ont un débit encore plus instable, et ce débit peut même n'être que temporaire, lorsque la pente du fond imperméable est forte ou que le terrain est très perméable.

Ces aperçus, mis en évidence par la théorie, sont conformes aux faits observés.

21. Tableaux numériques E, F et graphiques 35, 36, pour la construction des profils des nappes à deux versants ou à un seul versant. — Les formules qui donnent les ordonnées d'une nappe à deux versants ou à un seul versant renferment des logarithmes et aussi des arcs-tangentes. Leur emploi est un peu laborieux.

D'un autre côté, il est indispensable de pouvoir tracer les profils des nappes dans certains problèmes concernant les captages.

Nous avons donc cru devoir calculer et dresser des tableaux numériques et des graphiques pour faciliter l'application de la théorie.

Ces tableaux sont au nombre de deux : E et F.

1° Le tableau E donne les constantes numériques des nappes, c'est-à-dire les coordonnées des points principaux d'une nappe, le *faîte* et le *point de plus grande profondeur*.

2° Le tableau F donne les coordonnées de divers points quelconques, en nombre suffisant pour pouvoir tracer assez exactement le profil d'une nappe.

Rappelons que les coordonnées sont obliques. L'axe des xx est dirigé suivant le fond imperméable, et l'origine des abscisses est située au pied de la verticale du point de faîte.

L'axe des yy est vertical.

1° *Constantes numériques. Tableau E.* (Fig. 35, pl. XI.) — Les formules employées pour les nappes à deux versants sont les suivantes :

$$(61) \qquad \log \text{nep} \frac{b_0}{\delta a} = -\left(\frac{\pi}{2}+\omega\right) \tan g\, \omega.$$

$$(62) \qquad \log \text{nep} \frac{b}{\delta a} = -\left(\frac{\pi}{2}-\omega\right) \tan g\, \omega.$$

$$(63) \qquad \log \text{nep} \frac{b_0}{\delta (L-a)} = \left(\frac{\pi}{2}-\omega\right) \tan g\, \omega.$$

$$(64) \qquad \log \text{nep} \frac{b_0}{b} = -2\omega \tan g\, \omega.$$

$$(65) \qquad \log \text{nep} \frac{a}{(L-a)} = \pi \tan g\, \omega.$$

Au moyen de ces équations on a calculé les valeurs suivantes, en regard desquelles nous plaçons les désignations que nous leur avons données, et qui nous serviront par la suite :

$$\frac{b_0}{\delta a}=\gamma, \qquad \frac{b}{\delta a}=\beta, \qquad \frac{a}{L}=\lambda,$$

qui sont indispensables pour trouver le profil d'une nappe, et aussi les quantités :

$$\frac{b_0}{\delta(L-a)}=\gamma', \qquad \frac{b}{\delta(L-a)}=\beta',$$

$$\frac{b_0}{b}=\theta, \qquad A \text{ et } B=\frac{d\gamma}{dz}.$$

qui seront employées dans certains problèmes, aux chapitres v, vi, vii, viii.

Le tableau E s'applique aux douze valeurs de z ou $\sin\omega$:

$$z = 0,00 - 0,05 - 0,10 - 0,20 - 0,30 - 0,40 - 0,50 - 0,60 - 0,70 - 0,80$$
$$- 0,90 - 1,00.$$

TABLEAU E.

CONSTANTES NUMÉRIQUES DES NAPPES À DEUX VERSANTS.

$z=\left(\frac{e}{2\delta}\right)$.	$\left(\frac{b_0}{\delta a}\right)$ γ	$\left(\frac{b}{\delta a}\right)$ β	$\left(\frac{a}{L}\right)$ λ	$\left(\frac{b_0}{\delta(L-a)}\right)$ γ'	$\left(\frac{b}{\delta(L-a)}\right)$ β'	$\left(\frac{b_0}{b}\right)$ θ	$\left(\frac{\gamma}{z}\right)$	A	B ou $\left(\frac{d\gamma}{dz}\right)$
1	2	3	4	5	6	7	8	9	10
0,000	1,000	1,000	0,500	1,000	1,000	1,000	∞	1,000	1,570
0,05	0,922	0,927	0,539	1,079	1,083	0,995	18,440	1,000	1,546
0,1	0.846	0,863	0,578	1,160	1,183	0,9803	8,460	0,998	1,518
0,2	0,696	0,757	0,655	1,322	1,439	0,922	3,480	0,989	1,456
0,3	0,553	0,671	0,729	1,490	1,803	0.824	1,843	0,965	1,375
0,4	0,421	0,603	0,797	1,653	2,374	0.6982	1,052	0,931	1,275
0,5	0,298	0,546	0,860	1,830	3,347	0.5460	0,596	0,876	1,156
0,6	0,1898	0,498	0,914	2,009	5,249	0,3815	0,316	0,793	1,005
0,7	0,1004	0,457	0,956	2,168	9,924	0,2188	0,143	0,6510	0,786
0,8	0,03625	0,426	0,9848	2,345	27,64	0,0851	0,045	0,444	0,510
0,9	0,00386	0,395	0,99846	2,533	262,00	0,00977	0,004	0,134	0,144
1,0	zéro	0,368	1,000	2,718	∞	zéro	zéro	zéro	zéro

Le graphique 35 donne les courbes des constantes :

$$\frac{b_0}{\delta a}=\gamma, \qquad \frac{b}{\delta a}=\beta, \qquad \frac{a}{L}=\lambda,$$

et sert à résoudre avec beaucoup plus de simplicité que par le calcul certains problèmes des chapitres suivants.

Pour les nappes à un seul versant, il n'y a qu'une donnée principale à calculer; c'est la suivante :

$$(66) \qquad \frac{b}{\delta a} = \left(\tan g \frac{\omega}{2} \right)^{\frac{1}{\cos \omega}}.$$

Le graphique 35, pl. XI, donne aussi la courbe de cette valeur en prenant pour abscisses :

$$\frac{1}{z} \text{ ou } \sin \omega.$$

$\frac{b}{\delta a}$ varie de 0,368 à zéro quand z varie de 1 à $+\infty$.

Tracé des nappes à deux versants. — *Tableau F.* (Graphique 36, pl. XII.) — On a calculé pour chacune des valeurs de z indiquées plus haut un certain nombre de points du profil de la nappe au moyen des formules (38 *bis*) et (35 *bis*).

L'équation (38 *bis*) est mise sous la forme :

$$(66 \; bis) \quad \left\{ \begin{array}{l} \log \left(\dfrac{y}{b_0} \right) = -\dfrac{1}{2} \log \left[\left(\dfrac{2y'}{\varepsilon} - 1 \right)^2 \sin^2 \omega + \cos^2 \omega \right] \\[2mm] \qquad + 0{,}4343 \tan g \, \omega \left[\omega - \text{arc } \tan g \left(\dfrac{2y'}{\varepsilon} - 1 \right) \tan g \, \omega \right] \end{array} \right.$$

et l'équation (35 *bis*) donne, en multipliant les deux membres par $\left(\dfrac{\delta a}{b_0} \right)$:

$$(66 \; ter) \qquad \frac{x}{a} = -\sin \omega \left(\frac{2y'}{\varepsilon} - 2 \right) \left(\frac{y}{b_0} \right) \left(\frac{b_0}{\delta a} \right).$$

Dans le deuxième membre de cette dernière équation, tout est connu.

On se donne $\left(\dfrac{y'}{\varepsilon} \right)$;

$\dfrac{y}{b_0}$ résulte de la résolution de l'équation (66 *bis*), $\dfrac{b_0}{\delta a}$ est contenu dans le tableau E.

Le tableau F fournit les valeurs de :

$$\frac{x}{a}, \qquad \frac{y}{b_0},$$

pour les treize valeurs de $\dfrac{y'}{\varepsilon}$ que voici :

$$\frac{y'}{\varepsilon} = +\infty, \quad 10, \quad 5, \quad 2, \quad 1, \quad 0.5, \quad \text{zéro}.$$
$$\quad -0.5, \quad -1, \quad -2, \quad -5, \quad -10, -\infty.$$

Les valeurs 1 et zéro de $\dfrac{y'}{\varepsilon}$ correspondent au point de faîte et au point de profondeur maxima. Ce sont des points déjà connus.

Avec les deux sources de la nappe, cela fait un total de 13 points, dont on connaît les coordonnées et les tangentes, et cela permet de faire un tracé suffisamment exact.

Nous plaçons ici le tableau F.

TABLEAU F. — TABLE POUR LE TRACÉ DES PRO

CONTREVERSANT.

VALI

	$+\infty$	10	5	2	1 FAÎTE.	0,5
$\dfrac{x}{a}$	0,855	− 0,5809	− 0,3304	− 0,0908	0	0,046
$\dfrac{y}{b_0}$	0,000	0,7002	0,8960	0,9853	1,0000	1,003
$\dfrac{x}{a}$	− 0,729	− 0,6424	− 0,4729	− 0,1596	0	0,085
$\dfrac{y}{b_0}$	0,000	0,4222	0,6993	0,9438	1,0000	1,015
$\dfrac{x}{a}$	− 0,526	− 0,5086	− 0,4551	− 0,2240	0	0,148
$\dfrac{y}{b_0}$	0,000	0,2028	0,4084	0,8040	1,0000	1,063
$\dfrac{x}{a}$	− 0,372	− 0,3664	− 0,3468	− 0,2200	0	0,191
$\dfrac{y}{b_0}$	0,000	0,1224	0,2608	0,6617	1,0000	1,153
$\dfrac{x}{a}$	− 0,254	− 0,2517	− 0,2439	− 0,1788	0	0,220
$\dfrac{y}{b_0}$	0,000	0,0830	0,1809	0,5308	1,0000	1,305

NAPPES PERMANENTES À DEUX VERSANTS.

VERSANT.

ZÉRO MAXIMUM.	− 0,5	− 1,0	− 2	− 5	− 10
$= \frac{\varepsilon}{2\delta} = 0,05$					
0,0926	0,1383	0,1844	0,2726	0,4988	0,7207
1,0050	1,0038	1,0000	0,9857	0,9016	0,7204
0,1725	0,2575	0,3385	0,4822	0,7514	0,906
1,0203	1,0153	1,0010	0,9505	0,7407	0,4869
0,3025	0,4444	0,5654	0,7319	0,9152	0,974
1,0858	1,0658	1,0148	0,8757	0,5475	0,3178
0,4026	0,5809	0,7076	0,8466	0,9583	0,987
0,2111	1,1649	1,0642	0,8488	0,4804	0,2699
0,4826	0,6756	0,7976	0,9066	0,9770	0,994
0,4323	1,3366	1,1836	0,8969	0,4833	0,2681

	$+\infty$	10	5	2	1 FAITE.	0,5
$\frac{x}{a}$	0,1661	-0,1658	0,1626	0,1226	0	0,231
$\frac{y}{b_0}$	0,000	0,0616	0,1358	0,4349	1,0000	1,546
$\frac{x}{a}$	0,0947	-0,0947	-0,0933	-0,0792	0	0,2310
$\frac{y}{b_0}$	0,000	0,0460	0,1020	0,3464	1,0000	2,0255
$\frac{x}{a}$	-0,0465	-0,0464	-0,0457	-0,0403	0	0,2118
$\frac{y}{b_0}$	0,000	0,0364	0,0808	0,2851	1,0000	2,9943
$\frac{x}{a}$	-0,0156	-0,0156	-0,0154	-0,0136	0	0,1642
$\frac{y}{b_0}$	0,000	0,0304	0,0671	0,2376	1,0000	5,7385
$\frac{x}{a}$	-0,0015	-0,0014	-0,0014	-0,0013	0	0,0797
$\frac{y}{b_0}$	0,000	0,0240	0,0537	0,1984	1,0000	23,764

$\frac{y'}{\varepsilon}$.					
ZÉRO MAXIMUM.	− 0,5	− 1,0	− 2	− 5	− 10
0,5357	0,7254	0,8222	0,8998	0,9470	0,999
1,7902	1,6162	1,3739	1,0023	0,5275	0,2909
0,6004	0,8055	0,8934	0,9566	0,9923	1,000
2,6258	2,3483	1,9535	1,3944	0,7232	0,39757
0,6469	0,8479	0,9203	0,9726	0,9996	1,000
4,5727	3,9960	3,2599	2,2918	1,1778	0,6461
0,6784	0,8705	0,9330	0,9730	0,9939	1,000
1,855	10,140	8,152	5,668	2,895	4,586
0,7020	0,8924	0,9458	0,9785	0,9952	1,000
7,30	90,933	72,286	49,854	25,353	13,910

5.

Enfin, nous avons rapporté les courbes ainsi calculées sur du papier quadrillé, en prenant uniformément $AD = a = 0,100$ millimètres (pl. XIII).

L'ordonnée $OD = \varepsilon a$ a été prise proportionnelle à la pente hydraulique z.

Pour $z = 0,1$:

$$OD = 0^m,005$$

. . . .

On a pris pour unité l'ordonnée au faîte b_0. Elle est cotée $1,00$. Il en résulte que pour avoir en un point quelconque déterminé par son abscisse $\left(\frac{x}{a}\right)$ la vraie valeur du rapport $\left(\frac{y}{b_0}\right)$, il faut multiplier l'ordonnée de la courbe du graphique par un coefficient C qui résulte du calcul suivant.

On a :

$$\frac{OB}{OD} = \frac{b_0}{\varepsilon a} = \frac{b_0}{\delta a} \frac{\delta}{\varepsilon} = \frac{y}{z},$$

et comme on a pris :

$$OD = 0,05z,$$

on a :

$$OB = 0,025y.$$

Le coefficient C, par lequel il faut multiplier OB pour obtenir 1, est donc égal à :

$$C = \frac{1}{0,025y}.$$

Ce coefficient est inscrit sous chaque profil.

Mais il y a un moyen plus pratique d'obtenir la valeur du rapport $\left(\frac{y}{b_0}\right)$ pour une abscisse quelconque $\left(\frac{x}{a}\right)$, c'est d'opérer au moyen d'une échelle de proportion, que nous avons rapportée sur le graphique 36 (pl. XIII), avec le titre

$$\text{Échelle des } \left(\frac{y}{b_0}\right).$$

Cette échelle est construite de manière qu'à l'abscisse 1 décimètre correspond, pour chaque valeur de z, une ordonnée égale à l'ordonnée au faîte de chaque profil de nappe.

Si on prend au compas, sur la courbe $z = 0,30$ par exemple, l'ordonnée correspondant à $\frac{x}{a} = 0,63$ et qu'on la rapporte sur l'échelle de manière que les deux pointes du compas portent sur la base et sur la ligne inclinée cotée $0,30$, on trouvera que l'insertion se produit exactement pour le point qui a pour abscisse $1,07$. On a ainsi, pour la courbe $0,30$:

$$\left(\frac{x}{a}\right) = 0,63 \qquad \left(\frac{y}{b_0}\right) = 1,07.$$

L'échelle des ordonnées permet donc de résoudre ce problème qui se présente dans l'étude des captages :

Étant donnée une nappe par son ordonnée au faîte b_0, sa longueur de versant a, sa pente hydraulique z, trouver l'ordonnée de la nappe correspondante à un point quelconque, d'abscisse x.

22. **Crues et décrues des nappes aquifères.** — Les lois qui président aux crues et aux décrues des nappes aquifères lorsque l'intensité des apports pluviaux devient plus grande ou plus petite que celle qui est nécessaire pour entretenir les nappes dans leur état permanent, sont très complexes, et les équations, en général, ne peuvent pas être intégrées.

Pourtant nous avons pu mettre en évidence un certain nombre de propriétés dont l'application est utile dans la pratique.

Les montées des nappes, les baisses en temps de sécheresse surtout, sont le meilleur criterium de leur stabilité, et ce sont des phénomènes faciles à observer par le niveau des puits.

Rappelons l'équation de continuité qui, dans le cas des nappes cylindriques, se réduit à (équation 24) :

$$(67) \qquad \left(\frac{dq}{dx}\right) + m\left(\frac{dy}{dt}\right) = H.$$

Lorsque l'apport pluvial est égal à celui qui entretient la nappe à l'état *permanent*, on a :

$$(34) \qquad \frac{dy}{dt} = 0 ; \qquad \frac{dq}{dx} = h = \frac{m}{\mu}\,\delta^2.$$

C'est cette loi que nous avons appliquée, dans l'étude des nappes permanentes.

Lorsqu'il n'y a pas d'apport pluvial, c'est-à-dire quand $H = 0$, la nappe devient ce que nous appellerons une *nappe de sécheresse*; on a alors :

$$(68) \qquad \left(\frac{dq}{dx}\right) = -m\left(\frac{dy}{dt}\right).$$

S'il n'est pas possible de calculer exactement les variations qu'éprouvent en crue ou en décrue tous les points d'une nappe, nous pouvons du moins formuler une proposition rigoureuse concernant le mouvement du point principal, du faîte de la nappe, pour le cas où *le fond imperméable est horizontal*; c'est la suivante :

PROPOSITION I. *Dans une nappe à fond horizontal, en crue ou en décrue, le relèvement qu'éprouve le point de faîte dans l'unité de temps est égal à l'excès de la hauteur de l'apport pluvial réel sur celle de l'apport pluvial qui serait nécessaire pour entretenir la nappe permanente dont ce point serait le point de faîte, ces hauteurs étant prises dans le terrain perméable.*

C'est-à-dire que, dans l'équation de continuité (67), on aurait pour le point de faîte :

$$(69) \qquad \frac{dq}{dx} = h ; \qquad \left(\frac{dy}{dt}\right) = \frac{H - h}{m}.$$

Pour démontrer cette proposition, il faut se rendre compte de la forme du profil et de la courbe du débit dans une nappe en crue ou en décrue.

Dans une nappe permanente ABA′ (fig. 38, pl. XIV tracé pointillé), qui aurait pour point de faîte le point B, la courbe des débits se compose de deux droites OP, OP′, dont l'équation est (§ 14) :

$$y = \frac{m}{\mu}\,\delta^2 x \quad \text{ou} \quad y = hx.$$

Si nous considérons une nappe de crue dont le point B serait le point de faîte, cette nappe a nécessairement un débit plus grand que le débit de la nappe permanente; par conséquent, les pentes de cette nappe dans le voisinage des sources sont plus grandes que celles de la nappe permanente. la nappe est *gonflée* par rapport à la nappe permanente. Son tracé *enveloppe* celui de cette dernière.

La courbe des débits est représentée par les arcs OC, OC′, qui sont plus élevés que les droites du régime permanent.

Aux points de sources, l'ordonnée est constamment nulle, et l'on a :

$$\left(\frac{dy}{dt}\right) = 0.$$

Par conséquent, l'équation (67) donne, pour ces points :

$$\left(\frac{dq}{dx}\right) = H.$$

Telle est l'inclinaison de la courbe des débits en C et C′.

Si l'on est en décrue, la nappe qui se forme a nécessairement un débit plus faible que celui de la nappe permanente qui aurait le même point de faîte. Elle a donc des ordonnées plus petites que cette dernière. Les courbes des débits sont deux arcs OD, OD′ situés au-dessous des droites de la nappe permanente. Si l'on est dans le cas de la sécheresse absolue, H est égal à zéro, et l'on a pour les points de sources :

$$\left(\frac{dq}{dx}\right) = 0,$$

c'est-à-dire que la courbe des débits a un maximum et que sa tangente est horizontale en ces points D, D′.

La proposition que nous avons en vue équivaut à dire que les arcs de la courbe des débits tels que OC, OD, sont tangents, en O, à la droite OP du régime permanent.

En effet, l'équation du débit :

$$q = -\frac{m}{\mu} y \left(\frac{dy}{dx}\right),$$

donne, en prenant la dérivée par rapport à x :

$$(70) \qquad \left(\frac{dq}{dx}\right) = -\frac{m}{\mu}\left[y \left(\frac{d^2y}{dx^2}\right) + \left(\frac{dy}{dx}\right)^2 \right].$$

Lorsqu'il s'agit du point de faîte, on a :

$$\left(\frac{dy}{dx}\right) = 0,$$

et l'équation (70) se réduit à :

$$\left(\frac{dq}{dx}\right) = -\frac{m}{\mu} y \left(\frac{d^2y}{dx^2}\right).$$

Puisque la tangente est nulle, le terme $\left(\frac{d^2y}{dx^2}\right)$ représente l'inverse du rayon de courbure de la nappe au point de faîte, de sorte que l'équation peut s'écrire :

$$(71) \qquad \left(\frac{dq}{dx}\right) = \frac{m}{\mu}\frac{y}{\rho}.$$

Je dis que les rayons de courbure au faîte sont les mêmes pour les trois nappes.

En effet, si la nappe de crue qui enveloppe les deux autres avait un rayon de courbure plus grand, l'équation (71) démontre que, pour cette nappe, l'inclinaison $\left(\frac{dq}{dx}\right)$ de la courbe des débits sur l'axe des xx serait moindre que pour les deux autres. Par conséquent, les deux courbes des débits OC, OD se croiseraient comme l'indique la figure 38 *bis* et se couperaient en un point E. Il y aurait toute une zone de la nappe OF, où la courbe des débits en temps de sécheresse aurait des ordonnées plus grandes que la courbe des débits en temps de crue, et où par conséquent les débits seraient plus grands en temps de sécheresse qu'en temps de crue, ce qui est absurde.

On pourrait faire le même raisonnement entre la courbe de crue et la courbe de la nappe permanente. Les trois courbes sont nécessairement superposées dans l'ordre suivant : celle de la sécheresse en bas, celle de crue en haut, celle de la nappe permanente entre les deux. Mais comme les courbures des trois nappes, si elles diffèrent l'une de l'autre, indiquent nécessairement un ordre inverse, il demeure établi que ces courbures sont égales et que les trois courbes sont osculatrices.

On a donc au faîte :

(69)
$$\left(\frac{dq}{dx}\right) = h; \qquad \left(\frac{dy}{dt}\right) = \frac{H-h}{m},$$

h étant l'apport pluvial capable d'entretenir la nappe permanente qui aurait pour faîte le faîte qu'elle possède effectivement au moment considéré.

COROLLAIRE I. *Au faîte d'une nappe, l'apport pluvial se partage en deux parts :*
La première, h, s'écoule vers les sources ;
La deuxième, (H − h), s'incorpore à la nappe dont elle exhausse le niveau.
Dans une nappe de sécheresse, il s'écoule vers les sources une hauteur h et la nappe s'abaisse précisément de la hauteur $\frac{h}{m}$ correspondant à ce débit.

Ces conséquences sont évidentes.

COROLLAIRE II. *La règle indiquée par la proposition I peut être appliquée pratiquement, non seulement au faîte, mais encore à une zone assez étendue de part et d'autre du faîte.*

La proposition I résulte de ce que dans la formule (70) appliquée au faîte, la tangente $\left(\frac{dy}{dx}\right)$ disparaît parce qu'elle est nulle; il est évident que cette propriété est encore pratiquement applicable à la zone où le terme

$$\left(\frac{dy}{dx}\right)^2$$

est négligeable par rapport au terme $\frac{y}{\rho}$.

Or cette zone est très étendue. En effet, dans une nappe en ellipse, on a pour le faîte :

$$-y\left(\frac{d^2y}{dx^2}\right) = \delta^2 = \frac{b^2}{a^2}.$$

La zone où la tangente $\left(\frac{dy}{dx}\right)$ est beaucoup plus petite que $\frac{b}{a}$ est relativement grande, ainsi qu'on peut le constater sur les profils de nappes que nous avons représentés.

Dans une nappe permanente à deux versants à fond incliné, le faîte de la nappe de crue et le faîte de la nappe permanente ne coïncident pas nécessairement, mais quand les différences ne sont pas très grandes, on peut encore appliquer la proposition I.

On a au faîte :

$$- y \frac{d^2 y}{dx^2} = \delta^2 = \frac{b_0^2}{a^2 \gamma^2}$$

γ étant une constante numérique donnée par le tableau E.

COROLLAIRE III. *Dans une nappe de sécheresse sur fond horizontal, les hauteurs de la nappe au sommet décroissent en raison inverse du temps, en vertu de la formule* $b' = \frac{b}{1 + \alpha t}$.

Soit y l'ordonnée variable du faîte.

Quand il n'y a pas d'apport pluvial, on a $H = 0$, et la deuxième équation (69) donne pour le faîte (équation 34 *bis*) :

$$m \left(\frac{dy}{dt} \right) = - h = \frac{my^2}{\mu a^2}$$

d'où :

(71 *bis*)
$$\frac{dy}{y^2} = - \frac{dt}{\mu a^2}.$$

Intégrant et déterminant la constante, par la condition que la nappe ait une ordonnée au faîte égale à b, à l'origine du temps, on trouve :

(72)
$$\frac{1}{y} - \frac{1}{b} = \frac{t}{\mu a^2}.$$

Nous poserons :

(73)
$$\alpha = \frac{b}{\mu a^2}.$$

Nous aurons finalement :

(74)
$$y = \frac{b}{1 + \alpha t},$$

qui nous donne la loi de variation de hauteur du faîte d'une nappe en ellipse pendant la sécheresse.

Au paragraphe 15, nous avons appelé *durée de formation* d'une nappe le temps qui serait nécessaire pour constituer son volume, si le service des sources était interrompu. Sa valeur pour l'ellipse est :

$$N = \frac{\pi}{4} \frac{\mu a^2}{b}.$$

Il est facile de voir que le coefficient α est en raison inverse de la durée de formation. On a :

(75)
$$\alpha = \frac{\pi}{4} \frac{1}{N}.$$

Avec cette modification, l'équation (74) peut s'écrire :

(76)
$$y = \frac{b}{1 + \frac{\pi}{4} \frac{t}{N}}$$

ce qui démontre que *le temps nécessaire pour produire un abaissement de la nappe d'une fraction donnée est proportionnel à la durée de formation de cette nappe. Si ce temps t était* égal à N, on aurait pour l'ordonnée finale :

$$\frac{4b}{4+\pi} = 0,560b.$$

CorollairE IV. *Dans une nappe de crue sur fond horizontal, les hauteurs de la nappe au sommet croissent suivant une loi représentée par l'équation ci-après (81 ou 83).*

H étant l'apport pluvial réel;

h étant l'apport pluvial de la nappe permanente de même faîte.
on a, d'après l'équation (69) :

$$m\left(\frac{dy}{dt}\right) = H - h = H - \frac{my^2}{\mu a^2}.$$

Séparant les variables, il vient :

(76 *bis*)
$$\frac{dy}{\frac{\mu a^2 H}{m} - y^2} = \frac{dt}{\mu a^2}.$$

Posons

(77)
$$\frac{\mu a^2 H}{m} = b^2 \qquad \frac{H}{h} = c^2,$$

h étant désormais relatif à l'origine du temps.

On pourra écrire :

$$\frac{dy}{2c}\left[\frac{1}{c+y} + \frac{1}{c-y}\right] = \frac{dt}{\mu a^2},$$

Intégrant et déterminant la constante par la condition que pour $t=0$, $y=b$, on trouvera :

(78)
$$\log \text{nep}\left(\frac{c+y}{c-y}\frac{c-b}{c+b}\right) = \frac{2ct}{\mu a^2}.$$

Or :

$$\frac{c-b}{c+b} = \frac{\sqrt{\frac{\mu a^2 H}{m}} - b}{\sqrt{\frac{\mu a^2 H}{m}} + b}.$$

Divisant par b haut et bas, et rappelant la valeur de h :

$$h = \frac{mb^2}{\mu a^2},$$

on aura pour ce rapport que nous appellerons η :

(79)
$$\frac{\sqrt{\frac{H}{h}} - 1}{\sqrt{\frac{H}{h}} + 1} = \eta,$$

η étant une quantité plus petite que l'unité.

Nous appellerons ζ la quantité :

$$(80) \qquad \frac{2c}{\mu a^2} = \frac{2}{\mu a^2} \sqrt{\frac{\mu a^2 H}{m}} = 2\sqrt{\frac{H}{m\mu a^2}} = \zeta.$$

Nous trouverons finalement :

$$(81) \qquad y = b\sqrt{\frac{H}{h}} \frac{e^{\zeta t} - \eta}{e^{\zeta t} + \eta},$$

η et ζ étant des quantités données par les formules (79), (80).

Dans la plupart des circonstances, la formule (81) peut se simplifier. Le terme ζt est presque toujours assez petit pour qu'on puisse développer les exponentielles en série en s'arrêtant au deuxième terme; on a alors :

$$(82) \qquad y = b\sqrt{\frac{H}{h}} \frac{1 + \zeta t - \eta}{1 + \zeta t + \eta},$$

soit, en remplaçant y et ζ par leurs valeurs et après simplifications :

$$(82\ bis) \qquad y = b\left[\frac{1 + \sqrt{\frac{H}{h}}\left(\sqrt{\frac{H}{h}} + 1\right)\alpha t}{1 + \left(\sqrt{\frac{H}{h}} + 1\right)\alpha t}\right].$$

α étant le coefficient de l'équation 73.

Nous avons reconnu que cette formule est beaucoup moins exacte que la suivante qui concorde d'une manière très satisfaisante avec la formule (81), dans la limite des applications, pour les valeurs de t voisines de zéro :

$$(83) \qquad y = b\left(\frac{1 + \frac{H}{h}\alpha t}{1 + \alpha t}\right).$$

Cette formule peut encore se mettre sous la forme :

$$(84) \qquad y = \frac{b}{1 - \alpha' t}$$

analogue à la formule (74), que nous avons trouvée pour l'abaissement d'une nappe en cas de sécheresse, sauf que le coefficient positif et constant α est remplacé par un coefficient α' variable avec le temps et pris négativement.

Ce coefficient a pour valeur :

$$(85) \qquad \alpha' = \frac{\left(\frac{H}{h} - 1\right)\alpha}{1 + \frac{H}{h}\alpha t}.$$

Lorsque la crue dure peu de temps, on peut négliger le terme en αt du dénominateur, et prendre simplement :

$$(86) \qquad \alpha' = \left(\frac{H}{h} - 1\right)\alpha.$$

Si, dans les formules (83), (84), on fait H = o, on retombe dans le cas de la sécheresse, et on retrouve la formule (74).

Si $\frac{H}{h} = 1$, cas du régime permanent, elles donnent $y = b$, c'est-à-dire que l'ordonnée au faîte est invariable, ainsi que cela doit être.

La formule (81) démontre que la hauteur maxima ou minima que puisse prendre l'ordonnée au faîte dans une crue ou une décrue est égale à :

(87) $$ b\sqrt{\frac{H}{h}}. $$

La montée ou la baisse limites sont donc égales en valeur absolue à :

$$ b\left(\sqrt{\frac{H}{h}} - 1\right). $$

Corollaire V. *Lorsqu'une nappe permanente à fond incliné, ayant un versant a, une hauteur au faîte b_0, une pente de fond ε, décroît parce qu'elle ne reçoit plus d'apport pluvial, la baisse du faîte s'effectue, au début, comme celle d'une nappe en ellipse ayant pour longueur de versant Aa, pour hauteur au faîte $\left(b_0 + \frac{\mathrm{B}\varepsilon a}{2}\right)$, A et B étant des coefficients plus petits que l'unité, dont la valeur ne dépend que de la pente hydraulique z de la nappe permanente.*

La recherche de la montée ou de la baisse d'une nappe à fond incliné, en crue ou en décrue, est un problème à peu près inabordable au calcul. Mais, en se restreignant à l'étude des variations du faîte, on peut assez facilement trouver la loi de ces variations au début de la crue ou de la décrue. Ce qui complique le phénomène, c'est qu'en même temps que le faîte se déplace verticalement, il se déplace horizontalement, dans le sens du versant si la nappe est en crue, dans le sens contraire si la nappe est en décrue.

Rapportons la nappe à des axes rectangulaires passant, l'axe vertical par le faîte, l'axe horizontal par le point de source du versant.

On a pour le débit dans une section quelconque d'une nappe coulant sur la pente ε :

$$ q = -\frac{m}{\mu}(y + \varepsilon x - \varepsilon a)\, y'. $$

Rappelons que l'équation de continuité (67) donne immédiatement la vitesse du déplacement vertical du faîte :

(88) $$ \left(\frac{dy}{dt}\right) = -\frac{1}{m}\left(\frac{dq}{dx}\right) + \frac{H}{m}. $$

Pour déterminer la variation *horizontale* du faîte que nous appellerons *da*, remarquons qu'au faîte on a :

$$ \left(\frac{dy}{dx}\right) = 0. $$

$\left(\frac{dy}{dx}\right)$ est une fonction de deux variables, du temps t et de l'abscisse x. Au bout d'un temps infiniment petit dt, le faîte se sera transporté en un point dont l'abscisse est da, et la valeur de la fonction $\left(\frac{dy}{dx}\right)$ aura augmenté de sa différentielle totale. Puisque par hypothèse ce nouveau point est un faîte, la nouvelle valeur de la fonction $\left(\frac{dy}{dx}\right)$ est encore égale à zéro et, par conséquent, la différentielle totale est elle-même égale à zéro. On a donc :

$$(89) \qquad \frac{d}{dx}\left(\frac{dy}{dx}\right) da + \frac{d}{dt}\left(\frac{dy}{dx}\right) dt = 0.$$

Dans le deuxième terme, on peut intervertir la différentiation, et l'on a :

$$\frac{d}{dt}\left(\frac{dy}{dx}\right) = \frac{d}{dx}\left(\frac{dy}{dt}\right).$$

soit, en raison de l'équation (88) :

$$\frac{d}{dx}\left(\frac{dy}{dt}\right) = -\frac{1}{m}\left(\frac{d^2q}{dx^2}\right).$$

Par suite, l'équation (89) peut s'écrire :

$$\left(\frac{d^2y}{dx^2}\right) da - \frac{1}{m}\left(\frac{d^2q}{dx^2}\right) dt = 0$$

D'où l'on tire :

$$(90) \qquad \frac{da}{dt} = \frac{\left(\dfrac{d^2q}{dx^2}\right)}{m\left(\dfrac{d^2y}{dx^2}\right)};$$

les dérivées du numérateur et du dénominateur se rapportent au faîte.

Telle est la valeur de la vitesse du déplacement *horizontal* du faîte, pour une nappe quelconque.

Pour une nappe permanente qui entre en crue ou en décrue, le déplacement du faîte est seulement vertical.

En effet, pour une nappe permanente, on a :

$$q = \frac{m}{\mu}\delta^2 x \qquad \frac{dq}{dx} = \frac{m}{\mu}\delta^2 \qquad \frac{d^2q}{dx^2} = 0.$$

Par conséquent, le numérateur de l'équation (90) est égal à zéro, *et le déplacement horizontal du faîte est nul.*

Considérons maintenant le cas où la nappe s'abaisse par suite de sécheresse, et supposons que la période de sécheresse soit assez courte pour qu'on puisse considérer le déplacement du faîte comme seulement vertical, la longueur du versant restant constante.

Faisant H = 0 dans l'équation (88) et remplaçant $\left(\frac{dq}{dx}\right)$ par sa valeur au faîte $\frac{m}{\mu}\delta^2$, il vient :

$$(91) \qquad \frac{dy}{dt} = -\frac{1}{\mu}\delta^2.$$

Nous prendrons désormais pour axe des xx le fond incliné de la nappe. Appelons y l'ordonnée au faîte à un moment donné. Nous avons posé au paragraphe 21 :

$$\frac{b_0}{\delta a} = \gamma, \qquad \text{d'où} \qquad \delta = \frac{b_0}{a\gamma},$$

γ étant la constante fournie par le tableau E et le graphique 35 (pl. XI). La formule (91) nous donne en remplaçant δ :

$$(92) \qquad \frac{dy}{dt} = -\frac{1}{\mu}\frac{y^2}{a^2\gamma^2}.$$

γ est une quantité qui dépend de la pente hydraulique z de la nappe suivant une loi compliquée. Comme les variations que nous étudions ici sont supposées peu importantes, nous prendrons le développement de γ réduit aux deux premiers termes, et nous poserons :

$$(93) \qquad \gamma = A - Bz,$$

A et B étant deux constantes qui figurent au tableau E. B est égal à la différentielle $\left(\frac{d\gamma}{dz}\right)$ pour le point de la courbe γ qui se rapporte à z.

On a successivement :

$$z = \frac{A - \gamma}{B}, \qquad z = \frac{\varepsilon}{2\delta}, \qquad \delta = \frac{y}{A\gamma}.$$

Combinant ces équations avec la précédente, on obtient facilement :

$$(94) \qquad \gamma = \frac{Ay}{y + \dfrac{B\varepsilon a}{2}}.$$

Portant cette valeur dans l'équation (92), et séparant les variables, elle donne :

$$(95) \qquad \frac{dy}{\left(y + \dfrac{B\varepsilon a}{2}\right)^2} = -\frac{dt}{\mu A^2 a^2}.$$

Cette équation est de même forme que l'équation (71 *bis*) que nous avions trouvée pour le cas d'une nappe en ellipse; seulement :

$$(95 \ bis) \qquad \begin{cases} y + \dfrac{B\varepsilon a}{2} & \text{remplace } y, \\[2mm] b_0 + \dfrac{B\varepsilon a}{2} & \text{remplace } b. \\[2mm] Aa & \text{remplace } a. \end{cases}$$

C'est-à-dire que *l'abaissement du faîte de la nappe à fond incliné se fait comme celui d'une nappe en ellipse dont les axes auraient les valeurs ci-dessus*, ce qui démontre le corollaire V.

On peut écrire immédiatement, d'après l'équation (74), le résultat auquel conduit l'intégration :

$$(96) \qquad y + \frac{B\varepsilon a}{2} = \frac{b_0 + \dfrac{B\varepsilon a}{2}}{(1 + \alpha t)},$$

α ayant ici la valeur suivante :

$$(97) \qquad \alpha - \frac{b_0 + \dfrac{Bea}{2}}{\mu A^2 a^2}.$$

L'observation de l'abaissement de l'eau dans les puits situés sur les faîtes en cas de sécheresse est un des meilleurs criteriums de l'étude des nappes, au point de vue hydraulique. C'est la formule (96) qui devra être appliquée dans ce cas.

La figure 39, pl. XIV, représente les phases que traverse successivement une nappe en baisse. Le faîte B descend progressivement le long d'une courbe BA' qui aboutit au terminus amont de la nappe, et celle-ci prend successivement les formes 1, 2, 3, 4, 5, 6. Dans la position 7, la nappe est limite, elle n'a plus qu'un versant.

Si la baisse continue, la pointe qui termine la nappe à l'amont descend progressivement sur le fond imperméable en se rapprochant de la source du versant. Quand elle l'a atteint, il n'y a plus de nappe. C'est ainsi que les sources arrivent au tarissement. Les déplacements horizontaux du faîte ne présentent pas d'intérêt pratique. Ils seraient généralement impossibles à constater.

Cas d'une crue. — L'étude du déplacement du faîte d'une nappe à fond incliné en cas de crue se ferait comme celle du corollaire IV et conduirait aux mêmes résultats, à la condition de remplacer les lettres y, b, a, par leurs valeurs indiquées plus haut (95 *bis*).

23. **Nappe de décrue en temps de sécheresse (fond horizontal).** — Les phénomènes qui accompagnent la baisse des nappes en temps de sécheresse présentent un intérêt capital pour la question des sources. Il importe donc d'étudier d'aussi près que possible ce qui se passe dans cette circonstance.

Soit ABA' une nappe de sécheresse, symétrique par rapport à un axe vertical OB (fig. 40, pl. XIV). Prenons pour axes des coordonnées les deux lignes OA, OB.

Soient t le temps écoulé depuis le commencement de la baisse;

q, le débit de la nappe dans une section quelconque MN, lequel est fonction de deux variables, l'abscisse x et le temps t.

Posons d'abord les équations du problème. Il y a deux inconnues, q et y. Il nous faut donc deux équations.

On a pour le débit (équation 25) :

$$(98) \qquad q = -\frac{m}{\mu} y \left(\frac{dy}{dx}\right).$$

La deuxième équation sera l'équation de continuité (24), qui dans le cas de la sécheresse, se réduit à :

$$(99) \qquad \left(\frac{dq}{dx}\right) = -m \left(\frac{dy}{dt}\right).$$

Différentions (98) par rapport à x :

$$(100) \qquad \frac{dq}{dx} = -\frac{m}{\mu} \left[y \left(\frac{d^2y}{dx^2}\right) + \left(\frac{dy}{dx}\right)^2 \right].$$

Éliminant $\left(\frac{dq}{dx}\right)$ entre (99) et (100), on obtiendra l'équation différentielle du profil de la nappe :

(101)
$$y\left(\frac{d^2y}{dx^2}\right) + \left(\frac{dy}{dx}\right)^2 = \mu\left(\frac{dy}{dt}\right).$$

L'intégrale générale de cette équation aux dérivées partielles nous paraît fort difficile, sinon impossible à trouver, mais on peut arriver à une solution de la manière suivante.

Nappe à baisse proportionnelle des ordonnées. — En y réfléchissant, il semble que dans une nappe symétrique l'abaissement des ordonnées doit pouvoir se faire *proportionnellement*, de manière que la nappe conserve dans la baisse une forme semblable à elle-même.

En d'autres termes, on aurait :

(102)
$$y = \frac{Y}{T},$$

Y étant une fonction de x et T étant une fonction du temps qui est égale à 1 à l'origine pour $t = 0$.

Ainsi que nous le verrons, cette origine n'est pas le commencement de la période de sécheresse, car l'ellipse de la nappe permanente ne peut pas satisfaire à l'équation (102).

Différentions l'équation (102) :

(103)
$$\left(\frac{dy}{dx}\right) = \frac{1}{T}\frac{dY}{dx}; \qquad \left(\frac{d^2y}{dx^2}\right) = \frac{1}{T}\frac{d^2Y}{dx^2}; \qquad \left(\frac{dy}{dt}\right) = -\frac{Y}{T^2}\frac{dT}{dt}.$$

Remplaçant dans l'équation (101) y et ses dérivées partielles par les valeurs ci-dessus, nous aurons :

(104)
$$Y\frac{d^2Y}{dx^2} + \left(\frac{dY}{dx}\right)^2 = -\mu Y\frac{dT}{dt}.$$

T étant une fonction du temps et Y une fonction de x seulement, on doit avoir :

$$\frac{dT}{dt} = \text{constante} = \alpha,$$

d'où, en intégrant et en se rappelant que la fonction T doit être égale à 1 quand $t = 0$:

(105)
$$T = 1 + \alpha t.$$

On a donc :

(106)
$$y = \frac{Y}{1 + \alpha t}; \qquad q' = -\frac{m}{\mu(1+\alpha t)}Y\frac{dY}{dx}.$$

Si l'on compare la valeur de l'ordonnée y à l'équation (74) que nous avons trouvée dans l'étude de l'abaissement du faîte d'une nappe de sécheresse, on voit que b étant l'ordonnée de ce faîte à l'origine du temps, on a, d'après l'équation (73) :

(107)
$$\alpha = \frac{b}{\mu a^2}.$$

Pour résoudre le problème, il reste à intégrer l'équation (104), qui devient :

$$(108) \qquad Y\left(\frac{d^2Y}{dx^2}\right)+\left(\frac{dY}{dx}\right)^2 = -\mu\alpha Y.$$

Posons :

$$Y^2 = b^2 z,$$

z étant une nouvelle variable, d'où, en différentiant

$$Y\frac{dY}{dx} = \frac{b^2}{2}\frac{dz}{dx},$$

$$Y\frac{d^2Y}{dx^2}+\left(\frac{dY}{dx}\right)^2 = \frac{b^2}{2}\frac{d^2z}{dx^2}.$$

Substituant dans (108), il vient :

$$\frac{d^2z}{dx^2} = -\frac{2\mu\alpha}{b}\sqrt{z}.$$

Ou, en remplaçant α par sa valeur 107 et multipliant par dz :

$$\frac{dz}{dx}\frac{d^2z}{dx^2}dx = -\frac{2}{a^2}\sqrt{z}\,dz.$$

Intégrant de o à z, en remarquant que pour $x=o$ on a :

$$z=1, \quad \frac{dz}{dx}=0,$$

on trouve :

$$\left(\frac{dz}{dx}\right)^2 = \frac{8}{3a^2}\left(1-z^{\frac{3}{2}}\right).$$

D'où :

$$\frac{dz}{\sqrt{1-z^{\frac{3}{2}}}} = -\sqrt{\frac{8}{3a^2}}\,dx.$$

Nous changerons encore d'inconnue auxiliaire, et nous poserons :

$$z = u^2,$$

u étant égal à $\frac{Y}{b}$;

$$dz = 2u\,du.$$

L'équation précédente donnera :

$$(109) \qquad dx = -a\sqrt{\frac{3}{2}}\frac{u\,du}{\sqrt{1-u^3}}.$$

Telle est l'équation différentielle de la *nappe à baisses proportionnelles des ordonnées*.

L'intégration du binôme du second membre est impossible sous forme finie, mais u étant nécessairement plus petit que 1, on peut développer en série la quantité

$$(1 - u^3)^{-\frac{1}{2}}.$$

Et l'on trouve :

$$dx = -a\sqrt{\frac{3}{2}}\, u du \left[1 + \frac{1}{2} u^3 + \frac{1.3}{2.4} u^6 + \frac{1.3.5}{2.4.6} u^9 + \dots\right].$$

Effectuant la multiplication par u, et intégrant, on déterminera la constante par la condition que pour $x = 0$, $u = 1$. On obtiendra la formule suivante :

$$(110) \qquad \frac{x}{a} = \sqrt{\frac{3}{2}}\left[\frac{1}{2}(1 - u^2) + \frac{1}{2}\frac{(1 - u^5)}{5} + \frac{1.3}{2.4}\frac{(1 - u^8)}{8} + \dots\right].$$

Faisant $x = a$, $u = 0$, cette équation donne :

$$(111) \qquad 1 = \sqrt{\frac{3}{2}}\left[\frac{1}{2} + \frac{1}{2}\frac{1}{5} + \frac{1.3}{2.4}\frac{1}{8} + \dots\right]$$

qui doit être une identité, ainsi que le calcul le démontre.

Retranchant l'une de l'autre les deux équations (110) (111), on a finalement l'équation de la courbe affectée par la nappe :

$$(112) \qquad \frac{x}{a} = 1 - 1,225\left[\frac{u^2}{2} + \frac{1}{2}\frac{u^5}{5} + \frac{1.3}{2.4}\frac{u^8}{8} + \dots\right].$$

Cette formule permet de construire point par point la courbe 6 de la figure 41, pl. XV. On a tracé sur la même figure l'ellipse ayant les mêmes axes, et l'on constate que les deux courbes diffèrent très peu, mais la nappe de l'équation (112) est enveloppée par l'ellipse.

Lorsqu'on construit la courbe 6, point par point, au moyen de son équation différentielle (109), en donnant à du des valeurs finies successives, et qu'on construit par le même moyen l'ellipse au moyen de son équation différentielle :

$$dx' = -a\frac{u du}{\sqrt{1 - u^2}},$$

on reconnaît facilement que les deux courbes s'écartent de plus en plus, à mesure qu'on donne à u des valeurs plus grandes. La différence $(dx - dx')$ est toujours positive. Par conséquent le faîte de la nappe représentée par l'équation différentielle (109) est situé au delà du faîte de la nappe cherchée, à une distance a_1 du point de source. Cette longueur a_1 peut être considérée comme la valeur de la constante arbitraire que fournirait l'intégration de l'équation (109), si elle était possible. Il résulte de là que pour que l'équation (109) conduise à trouver $x = a$ pour $u = 1$, il faut multiplier le deuxième membre par un coefficient $\left(\frac{a}{a_1}\right)$. L'équation devient :

$$(113) \qquad dx = -\frac{a^2}{a_1}\sqrt{\frac{3}{2}}\frac{u du}{\sqrt{1 - u^3}}.$$

La valeur du rapport $\left(\dfrac{a}{a_1}\right)$ nous sera donnée par la comparaison des aires des deux courbes ayant pour bases a et a_1.

Volume d'eau contenu dans la nappe à baisses proportionnelles. - Ce volume est égal à :

$$V'' = m \int_{x=0}^{x=a} y\,dx - mb \int_0^a u\,dx.$$

Soit, d'après l'équation (113) :

$$V'' = mab \int_0^1 \frac{a}{a_1} \sqrt{\frac{2}{3}} \frac{(-u^2 du)}{\sqrt{1-u^3}}.$$

L'intégration peut se faire immédiatement, et l'on trouve :

(114) $$V'' = mab \frac{a}{a_1} \sqrt{\frac{2}{3}}.$$

On peut aussi obtenir directement la valeur de ce volume au moyen de la série (112). On a :

(115) $$\begin{cases} V'' = mb \int_0^1 x\,du = mab \int_0^1 \left[du - 1,225\, du \left(\frac{u^2}{2} + \frac{1}{5} \frac{u^5}{} + \ldots \right) \right], \\[2mm] = mab \left[1 - 1,225 \left(\frac{1}{2.3} + \frac{1}{2} \frac{1}{5.6} + \frac{1.3}{2.4} \frac{1}{8.9} + \ldots \right) \right], \\[2mm] = mab \times 0,7604 \ldots \end{cases}$$

volume moindre que celui de la nappe en ellipse, qui serait $mab \times 0,7854\ldots$

On peut maintenant calculer le rapport $\dfrac{a}{a_1}$ et le volume V'' :

$$\frac{a}{a_1} \sqrt{\frac{2}{3}} = 0,7604,$$

d'où

(116) $$\frac{a}{a_1} = 0,9311,$$

$$V'' = mab \times 0,7604.$$

Débit des sources de la nappe à baisses proportionnelles. — La deuxième équation (106) nous donne le débit de cette nappe en un point quelconque. Remplaçant dans cette formule Y et $\left(\dfrac{dY}{dx}\right)$ par leurs valeurs en fonction de u, et ayant égard aux équations (113) et (116), on trouve facilement pour le débit de la nappe en un point quelconque dont l'ordonnée est bu :

(117) $$q' = \frac{mb^2}{\mu a} \frac{0,7604}{(1+\alpha t)^2} \sqrt{1-u^3}.$$

Faisant $u = 0$, on aura le débit de l'une des deux sources :

(118) $$q = \frac{mb^2}{\mu a} \frac{0,7604}{(1+\alpha t)^2}.$$

Cette formule démontre que *le débit de la nappe de sécheresse à baisses proportionnelles n'est que les $0,7604$ du débit de la nappe permanente qui aurait la même ordonnée au faîte.*

24. Débit, en cas de sécheresse, des sources d'une nappe primitivement au régime permanent. — Considérons une nappe permanente en ellipse, et supposons que l'apport pluvial qui entretient le régime permanent cesse brusquement. La nappe baissera, et la baisse du faîte s'effectuera suivant la même loi que celle du faîte dans la nappe à baisses proportionnelles, c'est-à-dire en vertu de la formule (74) :

$$y = \frac{b}{1 + \alpha t}.$$

Mais les ordonnées autres que celles du faîte baisseront plus rapidement. On a en effet pour un point quelconque, d'après la proposition I, équation (68) :

$$\frac{dy}{dt} = -\frac{1}{m}\frac{dq}{dx}.$$

Au début de la période de sécheresse, la nappe a la forme d'une ellipse, et pour un point quelconque :

$$q = \frac{m}{\mu}\delta^2 x \qquad \frac{dq}{dx} = \frac{m}{\mu}\delta^2 = h.$$

Et par suite :

$$\frac{dy}{dt} = -\frac{h}{m}.$$

La baisse est la même pour toutes les ordonnées.
Dans la nappe à baisses proportionnelles on a :

$$\frac{dy}{dt} = -\frac{h}{m}y.$$

La baisse est proportionnelle à la hauteur de chaque ordonnée. Elle est par conséquent la même que pour l'ellipse, au faîte, mais moindre que pour l'ellipse sur les autres ordonnées, et la différence est d'autant plus grande qu'on considère un point plus rapproché de la source. Par conséquent l'ellipse se déprime sur les reins et la nappe réelle tend vers la forme de la nappe à baisses proportionnelles, ou nappe théorique. Le débit de la nappe réelle est plus grand au début que celui de la nappe théorique dans la proportion de 1 à 0,7604, mais le débit de la première nappe diminue plus rapidement que celui de la deuxième. La nappe théorique est donc un état limite, vers lequel tend la nappe réelle sans pouvoir l'atteindre. On peut considérer toutefois qu'elle s'en rapproche assez pour qu'on puisse calculer par interpolation le débit de la nappe réelle dans une phase intermédiaire dont il faudrait fixer la limite.

On y parviendra par la considération du volume d'eau disparu, et on admettra que la nappe réelle aura pris sensiblement la forme et par suite le débit de la nappe théorique, lorsqu'elle aura le même volume. Cette condition va nous fournir l'équation qui nous donnera la durée de la phase intermédiaire.

Soit t_1 la durée de cette phase.

Le volume de la nappe permanente au commencement de la sécheresse est celui d'une ellipse.

6.

Au bout du temps t_1, le volume de la nappe théorique est donné par la formule (116), dans laquelle il faut remplacer :

$$b \text{ par } \frac{b}{(1 + \alpha t_1)}.$$

Le volume d'eau perdu par la nappe réelle pendant le temps t_1 est donc :

$$(119) \qquad mab \left(\frac{\pi}{4} - \frac{0,7604}{1 + \alpha t_1} \right).$$

Ce volume d'eau a été débité par la source de la nappe réelle. Ce débit ne nous est pas connu; nous savons seulement que, d'après notre hypothèse, il passe pendant le temps t_1, de sa valeur primitive,

$$\frac{mb^2}{\mu a},$$

à la valeur donnée par l'équation (118) :

$$\frac{mb^2}{\mu a} \frac{0,7604}{(1 + \alpha t_1)^2}.$$

Nous admettrons que le coefficient du numérateur varie proportionnellement au temps t écoulé depuis le commencement de la sécheresse, de sorte que le débit à l'instant t a pour valeur :

$$(120) \qquad q \quad \frac{mb^2}{\mu a} \frac{\left(1 \quad 0,2396 \dfrac{t}{t_1} \right)}{(1 + \alpha t)^2}.$$

Le volume débité par la source de 0 à t_1 s'obtiendra en prenant l'intégrale $\int_0^{t_1} q\,dt$.
On trouve facilement :

$$\int_0^{t_1} q\,dt = \frac{mb^2}{\alpha \mu a} \left[\frac{0,2396 + (\alpha t_1)}{(1 + \alpha t_1)} - \frac{0,2396}{(\alpha t_1)} \log \text{nep} \left[1 + \alpha t_1 \right] \right].$$

Égalant ce volume total débité par la source à la diminution de volume éprouvée par la nappe, formule (119), et remarquant que l'on a :

$$\frac{mb^2}{\alpha \mu a} = mab,$$

on arrivera finalement à l'équation très simple :

$$(121) \qquad 0,8955\,(\alpha t_1) - \log \text{nep}\,(1 + \alpha t_1) = 0.$$

Cette équation, résolue par tâtonnement, admet pour racine :

$$(122) \qquad \alpha t_1 = 0,240,$$

chiffre presque identique à 0,2395. Cette valeur, transportée dans la formule (120), donne la formule suivante :

$$(123) \qquad q = \frac{mb^2}{\mu a} \frac{(1 - \alpha t)}{(1 + \alpha t)^2}.$$

Cette formule approximative exprime *le débit en temps de sécheresse, au bout du temps t, d'une source qui fonctionnerait à l'origine du temps au régime permanent.*

Remarques. — 1° On remarquera que si αt n'est pas une trop grande fraction, on peut poser avec assez d'exactitude :

$$y = b\,(1 - \alpha t),$$

$$q = \frac{mb^2}{\mu a}(1 - 3\alpha t),$$

de sorte que pour des variations limitées, *la fraction qui mesure la diminution relative du débit d'une source pendant une période de sécheresse est égale à 3 fois la fraction qui mesure l'abaissement relatif du faîte de la nappe.*

2° La valeur du temps t ne doit pas dépasser celle qui résulte de la valeur 122. Transportée dans (123), cette dernière devient :

$$q = \frac{mb^2}{\mu a} \times 0.493,$$

de sorte que *toutes les fois que la source éprouve par la sécheresse une diminution de débit qui dépasse 0,493, soit 50 p. 100, la nappe réelle peut être considérée comme nappe à baisse proportionnelle,* et c'est la formule (118) qui doit être appliquée au calcul de ce débit.

3° La valeur du temps limite t_1 est plus facile à interpréter quand on l'exprime en fonction de la *durée de formation* N de la nappe, § 15.

On a, équation 32 :

$$\frac{b}{\mu a^2} = \alpha = \frac{\pi}{4N}.$$

Par conséquent :

$$(124) \qquad t_1 = 0,305 \text{ N}.$$

En France, la durée de la sécheresse ne dépassant guère quatre mois, on voit que pour les nappes dont la durée de formation dépasse treize mois, c'est la formule (123) qui est applicable et la diminution de débit de la source n'atteint pas 50 p. 100.

Extension de ces résultats aux nappes à fond incliné. — Tous les résultats qui viennent d'être trouvés se rapportent aux nappes d'affleurement à fond imperméable horizontal. Il nous paraît possible de les étendre, avec moins d'exactitude, il est vrai, aux nappes sur fond incliné.

Nous avons vu au paragraphe 22, corollaire V, que la loi de l'abaissement de l'ordonnée du faîte en crue ou en décrue peut être étendue à ces nappes, en changeant dans les formules :

$$(125) \qquad \begin{cases} b & \text{en} \quad b_0 + \dfrac{B\varepsilon a}{2}, \\ a & \text{en} \quad Aa. \end{cases}$$

Dans ces conditions, la nappe sur fond incliné se comporte comme une nappe sur fond horizontal, dont l'ellipse aurait à l'origine pour petit axe et pour grand axe les longueurs données par les formules (125).

Si les nappes de décrue conservaient la forme de nappes permanentes, on aurait, pour *l'apport pluvial par mètre carré*, à l'instant t :

Pour la nappe sur fond horizontal, en appelant δ' son coefficient d'absorption

$$(125 \; bis) \qquad \frac{m}{\mu}\delta'^2 = \frac{m}{\mu}\frac{\left(y+\dfrac{B\varepsilon a}{2}\right)^2}{A^2 a^2};$$

Et pour la nappe sur fond incliné :

$$\frac{m}{\mu}\delta^2 = \frac{m}{\mu}\frac{y^2}{a^2\gamma^2}.$$

En raison de l'équation (94) :

$$\gamma = \frac{Ay}{y+\dfrac{B\varepsilon a}{2}},$$

ces deux apports par mètre carré sont égaux.

Par conséquent, les débits de la nappe permanente sur fond incliné et de la nappe permanente sur fond horizontal seraient entre eux dans le rapport des longueurs de leurs versants, c'est-à-dire dans le rapport :

de a à Aa ou de 1 à A.

Cette propriété se conserve pendant toute la décrue. En même temps, les deux nappes qui se réalisent à chaque instant pendant cette décrue ont toujours le même faîte. Il est rationnel d'admettre que leurs débits totaux restent toujours dans le même rapport que celui des nappes permanentes qui auraient même faîte et même longueur de versant que les nappes de décrue.

On obtiendra donc le *débit de la source du versant de la nappe sur fond incliné* pendant la sécheresse en multipliant le débit de sécheresse de la source de la nappe sur fond horizontal par $\frac{1}{A}$, ce qui donne pour le débit en question :

$$(126) \qquad q = \frac{m}{\mu}\frac{\left(b_0 + \dfrac{B\varepsilon a}{2}\right)^2}{A^2 a}\frac{(1-\alpha t)}{(1+\alpha t)^2},$$

α ayant la valeur suivante :

$$(127) \qquad \alpha = \frac{b_0 + \dfrac{B\varepsilon a}{2}}{\mu A^2 a^2}.$$

Si, au lieu d'une source de versant, on voulait considérer une source de contre-versant, on calculerait son débit en multipliant le 2e membre de la formule (126) par $\left(\dfrac{L-a}{a}\right)$, mais il est bien évident que le résultat obtenu serait peu exact, pour peu que la durée du temps t fût un peu longue, parce que, dans ce cas, l'influence exercée par la rétrogradation horizontale du faîte pourrait devenir sensible.

La formule (126), déduite d'une assimilation logique, mais non rigoureuse, doit être d'autant plus près de l'exactitude que la nappe sur fond incliné a une pente hydraulique moins forte.

Cette formule n'est applicable qu'aux nappes à deux versants.

25. **Circonstances qui influent sur le débit des sources en temps de sécheresse; stabilité des grandes sources.** — Le coefficient α joue un rôle prépondérant dans les effets produits par la sécheresse.

L'abaissement des ordonnées d'une nappe et la diminution du débit de sa source sont en raison directe de la grandeur de ce coefficient.

Pour apprécier les circonstances qui influent sur ces phénomènes, il faut exprimer α au moyen des éléments essentiels qui, à eux seuls, suffisent pour caractériser la nappe permanente.

Ces éléments sont :

h, la hauteur de l'apport pluvial permanent par seconde;

a, la longueur du versant;

m, μ, les coefficients de porosité et de résistance au mouvement.

La hauteur de la nappe b n'est qu'une conséquence de ces données essentielles.

Le coefficient α peut s'exprimer au moyen de ces données.

On a :

$$\alpha = \frac{b}{\mu a^2};$$

d'un autre côté, équation (34) :

$$h = \frac{m}{\mu}\frac{b^2}{a^2};$$

Éliminant b, on a :

$$(128) \qquad \alpha = \frac{1}{a}\sqrt{\frac{h}{\mu m}}.$$

Cette formule démontre que α est en raison inverse de la racine carrée du coefficient de porosité, et aussi du coefficient de résistance du sol. Il semble qu'il y ait là deux conditions contradictoires, puisque ordinairement ces deux coefficients varient en sens contraire l'un de l'autre. La formule indique qu'au point de vue de la stabilité des sources, ces deux propriétés, porosité et résistance du sol, se compensent dans une certaine mesure, et cela est conforme aux faits naturels puisqu'il existe des sources d'une stabilité relative dans tous les terrains.

Cependant il est évident que l'influence du terme μ est prépondérante, car ce terme varie dans des limites très étendues, de sorte qu'on peut dire que :

La perméabilité du sol contribue à l'instabilité des sources.

Le coefficient α est en raison directe de la racine carrée de l'apport pluvial, ce qui veut dire que *les sources qui fournissent le plus grand débit par mètre carré de bassin sont aussi les plus instables.*

Cela s'explique parce que la privation de toute alimentation produit une perturbation relativement plus grande dans le débit des sources largement alimentées en temps ordinaire.

Enfin, d'après la formule (128), le coefficient α est en raison inverse de l'étendue du versant qui alimente une source, ce qui conduit à cette propriété très importante :

Toutes choses égales d'ailleurs, une source est d'autant plus stable en temps de sécheresse que son bassin est plus étendu. Cela démontre la *stabilité des grandes sources.*

Cette propriété conduit à des conséquences pratiques, notamment à la suivante :

Si une ville a à opter entre l'alimentation au moyen de la dérivation de plusieurs sources de moyenne importance et l'alimentation au moyen d'une grande source, toutes choses égales d'ailleurs, c'est cette dernière solution qu'elle devra préférer.

Application numérique. — Pour donner une idée des chiffres auxquels conduisent les calculs précédents, pour les effets produits par la sécheresse sur les nappes et leurs sources, nous les appliquerons à divers cas hypothétiques.

1° Terrain de sable très fin :

$$h = \frac{0,632}{10^8}; \qquad m = 0,15; \qquad \mu = 3.000; \qquad \frac{m}{\mu} = \frac{1}{20.000}, \qquad a = 2.000^{\text{m}}.$$

On trouve :

$$\alpha = \frac{1}{2.000} \sqrt{\frac{0,632}{10^8} \cdot \frac{1}{0,15 \times 10.000}} = \frac{0,187}{10^8};$$

$$N = \frac{\pi}{4} \frac{1}{\alpha} = 420.000.000'' = 13,3 \text{ ans};$$

$$t_1 = 0,305 N = 4 \text{ ans.}$$

Au bout de quatre mois de sécheresse :

$$t = 10.500.000'', \qquad \alpha t = 0,0196.$$

Ordonnée maxima :

$$b' = \frac{b}{(1 + \alpha t)} = 0,98 \, b.$$

Débit de la source :

$$q' = q \frac{(1 - \alpha t)}{(1 + \alpha t)^2} = 0,960 \, q.$$

Le débit au bout de quatre mois de sécheresse n'est réduit que de 4 p. 100.

2° Le même terrain, mais avec une longueur de versant de 200 mètres seulement :

$$\alpha = \frac{1,87}{10^8}; \qquad N = 487 \text{ jours}; \qquad t_1 = 148 \text{ jours};$$

$$\alpha t = 0,196; \qquad b' = 0,836 \, b; \qquad q' = 0,562 \, q.$$

La sécheresse réduit le débit de près de moitié.

3° Mêmes valeurs de h, a qu'au paragraphe 2°, mais en supposant un terrain de graviers pour lequel :

$$m = 0,20 \qquad \mu = 200.$$

On trouve :

$$\alpha = \frac{1}{200} \sqrt{\frac{0,632}{10^8} \times \frac{1}{40}} = \frac{0,625}{10^8} ;$$

$$N = 144 \text{ jours}; \qquad t_1 = 43 \text{ jours.}$$

Au bout de quatre mois de sécheresse :

$$\alpha t = 0,565 ; \qquad h' = 0,408 \, h ;$$

$$q' = q \frac{0,7605}{(1,565)^2} = 0,310 \, q.$$

Dans ce cas, le débit est réduit des $7/10^{es}$ du débit permanent.

26. Nappe de crue, dans le cas d'un fond horizontal. — Examinons maintenant le cas général d'une nappe à fond horizontal qui entre en crue par l'effet d'un apport pluvial constant H, par mètre carré et par seconde, différent de celui qui caractérise le régime permanent, et que nous avons désigné par h.

Ce cas embrasse dans sa généralité tous les cas de crue ou de décrue.

Si H dépasse h, on a une crue; si H est inférieur à h, on a une décrue.

C'est par l'observation des montées ou des abaissements du faîte et par celle des variations de débit des sources qu'on peut déterminer les éléments des nappes. L'étude des crues et des décrues offre donc un grand intérêt.

Dans tout ce qui va suivre, nous raisonnerons comme s'il s'agissait d'une crue.

Nous connaissons déjà la loi du relèvement du faîte de la nappe. Il s'effectue conformément à l'équation (81 ou 84). On a, dans ce cas, pour l'ordonnée, à l'instant t :

$$(129) \qquad y = \frac{b}{1 - \alpha' t},$$

formule où :

$$(130) \qquad \alpha' = \frac{\left(\dfrac{H}{h} - 1\right)\alpha}{1 + \dfrac{H}{h}\alpha t}.$$

La recherche de la forme de la nappe de crue qui se produit dans le cas d'un apport pluvial constant est pratiquement insoluble.

Cas d'une nappe de crue à montées proportionnelles. — Pour parvenir à un résultat approximatif, nous supposerons que la montée de la nappe s'effectue proportionnellement sur toutes ses ordonnées, de sorte qu'on puisse poser, comme nous l'avons déjà fait au paragraphe 23 pour la nappe de sécheresse :

$$(131) \qquad y = \frac{Y}{T},$$

Y étant une fonction de x seulement,

T étant une fonction du temps t, qui est égale à 1 à l'origine du temps.

Soit P_1 la hauteur de l'apport pluvial par seconde et par mètre carré, à l'instant t.

Nous aurons d'après l'équation (67) pour une section quelconque :

(132) $$\left(\frac{dq}{dx}\right) = P_1 - m\left(\frac{dy}{dt}\right).$$

En raison de (131), on a :

(133) $$\left(\frac{dq}{dx}\right) = \frac{d}{dx}\left(-\frac{m}{\mu} y \frac{dy}{dx}\right) = -\frac{m}{\mu} \frac{1}{T^2}(YY'' + Y'^2),$$

$$\left(\frac{dy}{dt}\right) = -\frac{Y}{T^2}\frac{dY}{dt}.$$

Portant ces valeurs dans (132), on trouve l'équation :

(134) $$YY'' + Y'^2 = -\frac{\mu}{m} P_1 T^2 - \mu Y\left(\frac{dT}{dt}\right).$$

Pour que le deuxième membre soit une fonction de x, comme le premier, il faut qu'on ait :

$$P_1 T^2 = \text{constante} = P,$$

$$\frac{dT}{dt} = \text{constante} = -\beta.$$

D'où l'on déduit :

$$T = 1 - \beta t,$$

(135) $$P_1 = \frac{P}{(1 - \beta t)^2}.$$

P étant l'apport pluvial à l'origine du temps, il faut prendre $(1 - \beta t)$ au lieu de $(1 + \beta t)$, parce que dans l'hypothèse d'une crue, l'ordonnée y croît avec le temps.

Remarquons tout de suite que si nous appelons h_1 l'apport pluvial qui entretiendrait le régime permanent de la nappe dont l'ordonnée au faîte serait :

$$\frac{b}{(1 - \beta t)},$$

cet apport h_1 a pour valeur :

$$h_1 = \frac{h}{(1 - \beta t)^2}.$$

Par conséquent le rapport $\left(\frac{P_1}{h_1}\right)$ est constant quel que soit le temps t et égal au rapport $\frac{P}{h}$ observé au commencement de la crue.

L'hypothèse qu'il est nécessaire de faire pour pouvoir intégrer l'équation (134), c'est que l'apport pluvial, au lieu d'être constant, doit être croissant avec le temps conformément à l'équation (135).

Moyennant cette hypothèse, l'équation (134) devient :

(136) $$YY'' + Y'^2 = -\frac{\mu}{m} P + \mu\beta Y.$$

Pour l'intégrer, posons :

$$Y^2 = b^2 z,$$

d'où :

$$YY' = \frac{b^2}{2} \frac{dz}{dx},$$

$$YY'' + Y'^2 = \frac{b^2}{2} \frac{d^2z}{dx^2},$$

b étant l'ordonnée au faîte, à l'origine du temps.

Substituant dans (136), on a :

$$\frac{d^2z}{dx^2} = -\frac{2\mu}{mb^2} P + \frac{2\mu\beta}{b} \sqrt{z}.$$

Multipliant par $\frac{dz}{dx}$ et intégrant, il vient :

$$\left(\frac{dz}{dx}\right)^2 = -\frac{4\mu P}{mb^2} z + \frac{8\mu\beta}{3b} z^{\frac{3}{2}} + \text{const.}$$

On déterminera la constante par la condition que pour

$$Y = b, \qquad z = 1, \qquad \frac{dz}{dx} = 0,$$

et on posera :

(137)
$$\frac{3P}{2mb\beta} = \theta ;$$

il viendra :

(138)
$$\frac{dz}{dx} = -\sqrt{\frac{8\mu\beta}{3b}} \sqrt{z^{\frac{3}{2}} - \theta z - 1 + \theta}.$$

Posons maintenant :

$$z = u^2,$$

d'où

(139)
$$u = \frac{Y}{b}, \qquad dz = 2u\,du,$$

et l'équation précédente deviendra après quelques transformations.

(140)
$$\frac{u\,du}{\sqrt{1 - \dfrac{u^2(\theta - u)}{(\theta - 1)}}} = -\frac{dx}{a} \sqrt{\frac{2\mu\beta(\theta - 1)a^2}{3b}}.$$

On voit que l'équation (140) peut être intégrée comme l'équation (109) par le développement en série du radical, en changeant

$$u^3 \text{ en } u^2\left(\frac{\theta - u}{\theta - 1}\right),$$

quantité qui est toujours plus petite que l'unité. Mais auparavant il importe de déterminer la valeur du radical du 2ᵉ membre.

Pour y parvenir, nous exprimerons la valeur de $\frac{dq}{dx}$ au faîte. On a en ce point (équation 69) :

$$\left(\frac{dq}{dx}\right) = h_1,$$

h_1 étant la hauteur de l'apport pluvial qui entretiendrait une nappe permanente ayant même ordonnée au faîte que la nappe considérée.

Or, à l'instant t, l'ordonnée au faîte est égale à (équation 129) :

$$\frac{b}{(1 - \beta t)};$$

on a donc pour l'apport pluvial à l'instant t :

(141)
$$\frac{dq}{dx} = h_1 = -\frac{mb^2}{\mu a^2 (1 - \beta t)^3}.$$

D'un autre côté, l'équation (133) donne :

$$\frac{dq}{dx} = -\frac{m}{\mu} \frac{YY' + Y'^2}{(1 - \beta t)^2} = -\frac{m}{\mu} \frac{b^2}{(1 - \beta t)^2} \left[u\left(\frac{d^2 u}{dx^2}\right) + \left(\frac{du}{dx}\right)^2 \right].$$

La parenthèse du deuxième membre peut se calculer au moyen de l'équation (140) :

$$u\left(\frac{du}{dx}\right) = -\frac{1}{a} \sqrt{\frac{2\mu\beta(\theta - 1)a^2}{3b}} \sqrt{1 - \frac{u^2(\theta - u)}{(\theta - 1)}}.$$

Prenant la dérivée par rapport à x et remplaçant dans le deuxième membre $\left(\frac{du}{dx}\right)$ par sa valeur, tirée de la même relation, on trouve :

$$u\frac{d^2 u}{dx^2} + \left(\frac{du}{dx}\right)^2 = -\frac{2\mu\beta(\theta - 1)a^2}{3b} \times \frac{1}{a^2} \left(\frac{\theta - \dfrac{3u}{2}}{\theta - 1}\right).$$

On a donc :

(142)
$$\frac{dq}{dx} = \frac{mb^2}{\mu a^2(1 - \beta t)^3} \frac{2\mu\beta(\theta - 1)a^2}{3b} \left(\frac{\theta - \dfrac{3u}{2}}{\theta - 1}\right).$$

Pour $x = 0$, $u = 1$, point de faîte, les valeurs (141) (142) de $\left(\frac{dq}{dx}\right)$ doivent être égales, ce qui exige la relation suivante :

(143)
$$\frac{2\mu\beta(\theta - 1)a^2}{3b} = \frac{\theta - 1}{\theta - \dfrac{3}{2}}.$$

Appelant h l'apport pluvial du régime permanent à l'origine du temps et α le coefficient de l'équation (73) au même moment, et remplaçant θ par sa valeur (137), on tirera facilement de l'équation (143) les relations suivantes :

(144)
$$\begin{cases} \beta = \left(\dfrac{P}{h} - 1\right)\alpha; \\[2ex] \theta = \dfrac{3}{2} \dfrac{P}{P - h}; \\[2ex] \dfrac{\theta - 1}{\theta - \dfrac{3}{2}} = \dfrac{P}{3h} + \dfrac{2}{3}. \end{cases}$$

Profil de la nappe à montées proportionnelles. — En tenant compte des relations (144), l'équation différentielle (140) donnera, par le développement en série :

$$dx = -a \sqrt{\dfrac{\theta - \dfrac{3}{2}}{\theta - 1}}\, du \left[u + \dfrac{1}{2}\dfrac{u^3(\theta - u)}{\theta - 1} + \dfrac{1.3}{2.4}\dfrac{u^4(\theta - u)^2}{(\theta - 1)^2} + \cdots \right].$$

Développant les binômes $(\theta - u)\ldots$ et intégrant, on trouve :

$$(145) \quad \begin{cases} \dfrac{x}{a} = 1 - \sqrt{\dfrac{\theta - \dfrac{3}{2}}{\theta - 1}} \left[\dfrac{u^2}{2} + \dfrac{1}{2}\dfrac{1}{(\theta - 1)}\left[\dfrac{\theta u^4}{4} - \dfrac{u^5}{5}\right] \right. \\[2em] \qquad\quad + \dfrac{1.3}{2.4}\dfrac{1}{(\theta -)^2}\left[\dfrac{\theta^2 u^6}{6} - \dfrac{2\theta u^7}{7} + \dfrac{u^8}{8}\right] \\[2em] \qquad\quad + \dfrac{1.3.5}{2.4.6}\dfrac{1}{(\theta - 1)^3}\left[\dfrac{\theta^3 u^8}{8} - \dfrac{3\theta^2 u^9}{9} + \dfrac{3\theta u^{10}}{10} - \dfrac{u^{11}}{11}\right] \\[2em] \qquad\quad \left. + \cdots \right]. \end{cases}$$

La loi de formation des termes est facile à apercevoir. Nous avons calculé som-
mairement cette formule

pour $\qquad\qquad \theta = 1,60,\qquad\qquad 2,\qquad\qquad 3$, ce qui correspond

aux rapports : $\qquad \dfrac{P}{h} = 16,\qquad\qquad 4,\qquad\qquad 2,$

et nous avons rapporté les résultats sur la figure 41, pl. XV. Les abscisses sont égales
à $\dfrac{x}{a}$, les ordonnées à $\dfrac{y}{b}$, de sorte que les axes de la courbe sont tous les deux égaux à
l'unité.

Sur le même graphique figurent la nappe du régime permanent $\dfrac{P}{h} = 1$, qui est représentée par le cercle de rayon égal à 1, et la nappe de sécheresse, qui correspond au
cas de P=0. Cette dernière est une sorte d'ellipse *déprimée*. On peut constater, au
contraire, que les nappes de crues sont des sortes d'ellipses *renflées*, à pentes augmen-
tées à l'aval, ce qui explique l'augmentation de leurs débits.

Le renflement de la courbe est d'autant plus prononcé que le coefficient relatif de
l'apport pluvial $\dfrac{P}{h}$ est plus grand.

Ainsi la courbe 2, qui correspond au cas où l'apport pluvial initial P est égal à
16 fois celui du régime permanent, enveloppe celles qui correspondent aux cas de
$\dfrac{P}{h} = 4, 2, 1, 0.$

A mesure que ce rapport $\dfrac{P}{h}$ augmente, la nappe se renfle de plus en plus. À la
limite, lorsque $\theta = \dfrac{3}{2}$, $\dfrac{P}{h}$ est infini, la nappe consiste dans *le contour carré circonscrit au
cercle*.

Voici comment s'explique ce résultat singulier (fig. 42, pl. XIV) :

Si θ est voisin de $\dfrac{3}{2}$, la série de la formule (145) donne des longueurs CD, C'D',
C"D"..., qui augmentent indéfiniment lorsque u approche de l'unité, la courbe s'éloigne

à l'infini, mais ces longueurs pour être converties en abscisses doivent être multipliées par le facteur :

$$\sqrt{\frac{\theta - \frac{3}{2}}{\theta - 1}},$$

qui tend lui-même vers zéro lorsque θ se rapproche de la valeur $\frac{3}{2}$. Les abscisses de grandeurs finies deviennent égales à zéro et fournissent la ligne verticale AE. Les abscisses de grandeur infinie fournissent des points compris entre les points E et B sur l'horizontale EF.

La courbe finale est représentée par le contour carré AEB.

Le contour carré est donc le profil limite vers lequel tendent les nappes produites par des apports pluviaux de plus en plus intenses.

L'équation différentielle (140) conduit à des remarques semblables à celles que nous avons faites sur l'équation (109) de la nappe de sécheresse. L'équation (140) donne :

$$(146) \qquad dx = -a \sqrt{\frac{\theta - \frac{3}{2}}{\theta - 1}} \; \frac{u\,du}{\sqrt{1 - \frac{u^2(\theta - u)}{\theta - 1}}}.$$

Si l'on construit point par point, au moyen de cette équation, la courbe de la nappe et si l'on construit en même temps l'ellipse de même montée,

$$dx' = -a\frac{u\,du}{\sqrt{1 - u^2}},$$

on reconnaît que les deux courbes s'écartent l'une de l'autre à mesure qu'on donne à u des valeurs plus grandes. La différence $(dx - dx')$ prise en valeur absolue est d'abord négative. La nappe de l'équation (146) enveloppe l'ellipse et son faîte est situé en deçà du faîte de la nappe cherchée à une distance a_1 du point de source moindre que a. Cette longueur peut être considérée comme la valeur de la constante arbitraire que fournirait l'intégration de l'équation (146) si elle était possible.

Il résulte de là que pour que l'équation (146) conduise à trouver $x = a$, pour $u = 1$, il faut multiplier le deuxième membre par un coefficient $\left(\frac{a}{a_1}\right)$ plus grand que 1. L'équation devient :

$$(147) \qquad dx = -\frac{a}{a_1} \sqrt{\frac{\theta - \frac{3}{2}}{\theta - 1}} \; \frac{u\,du}{\sqrt{1 - \frac{u^2(\theta - u)}{\theta - 1}}}.$$

La valeur du rapport $\left(\frac{a}{a_1}\right)$ nous sera donnée par la comparaison des aires des deux courbes ayant pour bases a et a_1, ou en d'autres termes par la comparaison du volume des deux nappes.

Volume d'eau contenu dans la nappe à montées proportionnelles. — Ce volume est égal à :

$$V'' = m \int_{x=0}^{x=a} y\,dx = \frac{mb}{1 - \beta t} \int_0^a u\,dx,$$

soit, d'après (147) :

$$(148) \qquad V'' = \frac{mb}{1-\beta t}\frac{a^2}{a_1}\sqrt{\frac{\theta-\frac{3}{2}}{\theta-1}}\int_{u=1}^{u=0}\frac{-u^2\,du}{\sqrt{1-\frac{u^2(\theta-u)}{\theta-1}}}.$$

On peut écrire la quantité sous le signe $\int$ de la manière suivante :

$$-\frac{2}{3}\frac{\theta}{\sqrt{1-\frac{u^2(\theta-u)}{\theta-1}}}\frac{u\,du}{3}-\frac{\theta-1}{3}\frac{-\left(\frac{2u\theta+3u^2}{\theta-1}\right)du}{\sqrt{1-\frac{u^2(\theta-u)}{\theta-1}}}.$$

En remplaçant le premier terme par sa valeur tirée de l'équation (147), l'intégration peut se faire immédiatement et donne :

$$\frac{mb}{1-\beta t}\left(\frac{2\theta}{3}x-\frac{2}{3}\frac{a^2}{a_1}\sqrt{\left(\theta-\frac{2}{3}\right)(\theta-1)}\sqrt{1-\frac{u^2(\theta-u)}{\theta-1}}\right)+\text{const.}$$

Faisant successivement dans cette formule $x=a$, $u=0$ et $x=0$, $u=1$, et retranchant, on trouvera :

$$(149) \qquad V''=\frac{mab}{1-\beta t}\left(\frac{2\theta}{3}-\frac{2}{3}\frac{a}{a_1}\sqrt{\left(\theta-\frac{3}{2}\right)(\theta-1)}\right).$$

Remplaçant θ par sa valeur en fonction de P (équation 144), on aura finalement :

$$(150) \qquad V''=\frac{mab}{1-\beta t}\left(\frac{\frac{P}{h}-\frac{a}{a_1}\sqrt{\frac{1}{3}\frac{P}{h}+\frac{2}{3}}}{\frac{P}{h}-1}\right).$$

Pour avoir la vraie valeur du volume de la nappe, nous avons eu recours à l'intégration par série.

Ce volume est égal à :

$$V''=mb\int_0^1 x\,du.$$

Remplaçant x par sa valeur tirée de (145), puis intégrant, et faisant $u=1$, abstraction faite du temps, on aura la série suivante, que nous appellerons S_p :

$$(151) \quad \left\{\begin{aligned}
S_p&=\frac{V''}{mab}=1-\sqrt{\frac{\theta-\frac{3}{2}}{\theta-1}}\left[\frac{1}{2.3}+\frac{1}{2}\frac{1}{(\theta-1)}\left(\frac{\theta}{4.5}-\frac{1}{5.6}\right)\right.\\
&+\frac{1.3}{2.4}\frac{1}{(\theta-1)^2}\left(\frac{\theta^2}{6.7}-\frac{2\theta}{7.8}+\frac{1}{8.9}\right)\\
&\left.+\frac{1.3.5}{2.4.6}\frac{1}{(\theta-1)^3}\left(\frac{\theta^3}{8.9}-\frac{3\theta^2}{9.10}+\frac{3\theta}{10.11}-\frac{1}{11.12}\right)+\ldots\ldots\right]
\end{aligned}\right.$$

Les calculs numériques de cette série sont assez laborieux. Nous les avons faits pour 7 valeurs du rapport $\left(\frac{P}{h}\right)$, et nous avons trouvé les résultats qui sont contenus dans le tableau suivant G.

Nous avons inscrit également dans le tableau G la valeur du deuxième terme du numérateur de la formule (150) qui figure comme coefficient dans l'expression du débit. Nous l'appellerons $\sqrt{D_p}$, et nous poserons :

$$(152) \qquad \sqrt{D_p} = \frac{a_1}{a}\sqrt{\frac{1}{3}\frac{P}{h}+\frac{2}{3}}.$$

On a d'après l'équation 150,

$$(153) \qquad \sqrt{D_p} = \frac{P}{h} - \left(\frac{P}{h}-1\right)S_p.$$

Le rapport $\frac{a_1}{a}$ ne présente pas d'intérêt. Si on en avait besoin, on pourrait le déduire des chiffres du tableau, au moyen de la formule (152).

Nous avons relevé sur un graphique les valeurs de S_p intermédiaires entre celles que nous avons calculées directement au moyen de la série (151), et qui sont soulignées.

Tableau G.

NAPPE DE CRUE À MONTÉES PROPORTIONNELLES.
COEFFICIENTS DE VOLUME ET DE DÉBIT.

APPORT PLUVIAL RELATIF. $\left(\frac{P}{h}\right)$	VOLUME de LA NAPPE DE CRUE $\frac{V''}{mab} = S_p.$ (Équation 151.)	COEFFICIENT DU DÉBIT $\sqrt{D_p}.$ (Équations 153 et 154.)	OBSERVATIONS.
Zéro	0,7604	0,7604	Sécheresse.
0.667	0,778	0,926	Décrues.
1	0,7854	1,000	Nappe permanente.
2	0,805	1,195	
3	0,820	1,360	
4	0,831	1,507	
5	0,840	1,640	
6	0,848	1,760	
7	0,855	1,870	Crues.
8	0,861	1,973	
10	0,870	2,170	
12	0,878	2,342	
14	0,884	2,508	
16	0,889	2,665	

Les valeurs des coefficients peuvent être calculées par interpolation proportionnelle entre deux valeurs consécutives du tableau.

Débit de la nappe à montées proportionnelles. — On a pour le débit de la nappe, en un point quelconque, à l'instant t, en tenant compte de l'équation (131) :

$$q_1 = -\frac{m}{\mu} \frac{YY'}{(1 - \beta t)^2};$$

soit, en remplaçant Y par sa valeur bu et tirant $u\left(\frac{du}{dx}\right)$ de (147) :

$$q_1 = \frac{mb^2}{\mu a} \frac{1}{(1 - \beta t)^2} \frac{\theta_1}{a} \sqrt{\frac{\theta - 1}{\theta - \frac{3}{2}}} \sqrt{1 - \frac{u^2(\theta - u)}{\theta - 1}}.$$

Cette formule donne le débit dans la section dont l'ordonnée est u.

On aura le débit d'une source en faisant dans cette formule $u = 0$. Il y a avantage à remplacer le terme en θ par sa valeur en fonction de $\left(\frac{P}{h}\right)$, qui a une signification plus concrète, équation (144).

On trouve ainsi :

$$(154) \qquad\qquad q = \frac{mb^2}{\mu a} \frac{\sqrt{D_p}}{(1 - \beta t)^2};$$

$\sqrt{D_p}$ étant le coefficient de la formule 152 dont la valeur numérique est donnée par la troisième colonne du tableau G.

Ce facteur $\sqrt{D_p}$ exprime *le rapport du débit de la source pendant la crue au débit qu'aurait la source d'une nappe permanente ayant même ordonnée au faîte.*

Quand la nappe est en décrue, ce rapport est plus petit que 1. Il diminue à peu près proportionnellement de 1 à 0,760, lorsque $\left(\frac{P}{h}\right)$ s'abaisse de 1, cas du régime permanent, à zéro, cas de la sécheresse.

Quand la nappe est en crue, le rapport $\sqrt{D_p}$ est plus grand que 1. Il croît beaucoup moins rapidement que le rapport $\left(\frac{P}{h}\right)$ et atteint la valeur 2,665 lorsque $\frac{P}{h} = 16$.

Sous le climat de Paris et dans les conditions moyennes, le rapport $\frac{P}{h} = 16$ correspond à peu près à une pluie de 0 m. 022 par jour. Une pluie de cette intensité ne se maintient pas longtemps. Ce premier aperçu permet donc de dire que *les sources qui présentent un débit de crue égal à près de trois fois leur débit moyen doivent être assez rares.*

27. Répartition des eaux pluviales entre la nappe et la source en temps de crue. — Il est intéressant de se rendre compte de la manière dont se fait la répartition des eaux pluviales dans le cas où la montée se fait proportionnellement sur toutes les ordonnées.

Dans la formule (154) du débit et dans la formule (150) du volume, remplaçons les quantités en a et b par leurs valeurs en fonction des hauteurs de pluie.

On a :

$$\frac{mb^2}{\mu a^2} = h; \qquad \frac{mb}{a} = \frac{h_1}{\alpha}; \qquad \frac{P}{h} - 1 = \frac{\beta}{\alpha}.$$

Introduisant ces quantités dans les formules, le volume débité par la source pendant la période de temps de zéro à t sera exprimé par (équation 154) :

$$\frac{ah}{\beta}\frac{\beta t}{(1-\beta t)}\sqrt{\overline{D_p}}.$$

Le volume d'eau emmagasiné dans la nappe, entre o et t, sera égal à (équation 150) :

$$\frac{ah}{\beta}\frac{\beta t}{(1-\beta t)}\left(\frac{P}{h}-\sqrt{\overline{D_p}}\right).$$

Enfin, l'apport pluvial pendant ce même temps aura pour valeur (équation 135) :

$$\int_0^t a\,\frac{P}{(1-\beta t)^2}\,dt=\frac{aP}{\beta}\frac{\beta t}{(1-\beta t)}.$$

La somme des deux premiers volumes est évidemment égale au troisième. Supprimant le facteur commun, on a la répartition suivante :

(155)
Débit de la source.................................	$h\sqrt{\overline{D_p}}$.
Volume emmagasiné par la nappe.................	$P-h\sqrt{\overline{D_p}}$
dont le total est égal à l'apport pluvial.............	P

Ainsi que nous le verrons, cette répartition doit être considérée comme celle qui tend à s'établir lorsque la pluie se prolonge, et elle est plus ou moins réalisée en pratique.

28. Débit d'une source en crue dans le cas d'un apport pluvial constant. — Considérons une nappe à fond horizontal, au moment où elle est au régime permanent et où elle a la forme d'une ellipse. À ce moment, l'apport pluvial est égal à h par seconde, et le débit de la source est aussi égal à h par mètre carré de son bassin alimentaire. Les pertes compensent les apports.

Supposons qu'à un instant donné l'apport pluvial devienne égal à H par seconde, H étant invariable avec le temps.

Le débit de la source, qui était égal à h par m², augmentera peu à peu d'une manière continue, mais il restera inférieur au débit $h\sqrt{\overline{D_n}}$ qui caractérise la nappe à montées proportionnelles. La nappe s'incorporera des volumes d'eau plus considérables que ceux qu'elle retiendrait si la source avait le débit $h\sqrt{\overline{D_n}}$.

Pour se rendre compte de la manière différente dont sont affectées les deux nappes par le nouvel apport pluvial, il suffit de calculer les vitesses de montées $\left(\frac{dy}{dt}\right)$ pour chacune d'elles au début de la crue.

L'équation de continuité donne :

$$\left(\frac{dy}{dt}\right)=\frac{H}{m}-\frac{1}{m}\left(\frac{dq}{dx}\right).$$

Pour l'ellipse, $\left(\dfrac{dq}{dx}\right)$ est constant et égal à h, on a :

$$\left(\frac{dy}{dt}\right) = \frac{H - h}{m}.$$

La vitesse de montée au début est égale pour tous les points de la nappe.

Pour la nappe à montées proportionnelles, il est facile de voir qu'on a :

$$\left(\frac{dy}{dt}\right) = \frac{H - h}{m}\, u,$$

c'est-à-dire qu'au faîte, où $u = 1$, la vitesse de montée est la même que pour la nappe en ellipse, étant supposé un apport pluvial égal à l'origine; mais cette vitesse va en décroissant proportionnellement à la hauteur des ordonnées, depuis le faîte jusqu'à la source.

Cette comparaison explique que, par suite de la crue, l'ellipse se renfle et tend vers la forme de la nappe à montées proportionnelles. Nous pouvons admettre qu'elle l'atteindra sensiblement au bout d'un temps t_1.

L'ordonnée de la nappe réelle de crue a pour valeur, à l'instant t (équation 83) :

$$(156) \qquad\qquad y = b\left(\frac{1 + \dfrac{H}{h}at}{1 + at}\right).$$

À l'infini elle tend vers un maximum :

$$\text{limite } y = b\sqrt{\frac{H}{h}}.$$

et le débit de la source tend également vers un maximum (équation 87) :

$$\text{limite } q = \frac{mb^2}{\mu a}\frac{H}{h} = Ha.$$

C'est-à-dire qu'au bout d'un temps infini, la nappe de crue devient la nappe permanente, correspondant à l'apport pluvial H, et la nappe a la forme d'une ellipse.

La crue supposée prolongée indéfiniment comprend donc deux phases :

Dans la première phase, la nappe réelle, qui à l'origine du temps avait la forme d'une ellipse de hauteur b, se *renfle* et tend vers la forme de la nappe théorique.

Dans la deuxième phase, la forme de la nappe se déprime, bien que celle-ci continue à augmenter de volume, et cette forme tend vers celle d'une ellipse de hauteur $b\sqrt{\dfrac{H}{h}}$, hauteur que la nappe n'atteint qu'à l'infini.

Il y a donc un moment où la forme de la nappe se rapproche davantage de celle d'une nappe théorique.

$\left(\dfrac{P}{h}\right)$ étant l'apport pluvial relatif de la nappe à montées proportionnelles au bout du temps t_1, posons la condition qu'au bout de ce temps t_1, l'apport pluvial total reçu par la nappe à montées proportionnelles soit égal à l'apport pluvial total reçu par la nappe à apport pluvial constant. Tenant compte de l'équation (135), nous écrirons :

$$\int_0^{t_1} \frac{P}{(1-\beta t)^2} = \frac{P t_1}{1-\beta t_1} = H t_1.$$

D'où, en remplaçant β par sa valeur (144) :

$$(157) \qquad \frac{P}{h} = \frac{H}{h} \left(\frac{1+\alpha t_1}{1+\frac{H}{h}\alpha t_1} \right).$$

On a aussi :

$$(157\ bis) \qquad \frac{1}{(1-\beta t_1)} = \left(\frac{1+\frac{H}{h}\alpha t_1}{1+\alpha t_1} \right).$$

C'est-à-dire qu'à l'instant t_1, les deux nappes considérées ont même ordonnée au faîte et même apport pluvial total depuis l'instant zéro.

Le débit de la nappe supposée assimilée à une nappe théorique à ce moment aura pour valeur (équation 154) :

$$(158) \qquad q = \frac{m b^2}{\mu a} \left(\frac{1+\frac{H}{h}\alpha t_1}{1+\alpha t_1} \right)^2 \sqrt{D_p}.$$

Cette formule se compose de trois facteurs. Le produit des deux premiers représente le débit d'une nappe permanente de même hauteur que la nappe réelle. Le troisième facteur $\sqrt{D_p}$ représente le coefficient de correction par lequel il faut multiplier le débit de la nappe permanente pour obtenir le débit de la nappe théorique. Dans l'ignorance où nous sommes de la manière dont le débit progresse de $t=0$ à $t=t_1$, nous admettrons que le coefficient de correction croît proportionnellement au temps. On aura donc, pour l'expression du débit à un instant t :

$$(159) \qquad q = \frac{m b^2}{\mu a} \left(\frac{1+\frac{H}{h}\alpha t}{1+\alpha t} \right)^2 \left[1 + \frac{\sqrt{D_p}-1}{t_1} t \right].$$

Pour déterminer le temps t_1, nous exprimerons que la somme du volume total V' débité par la source de t à t_1 et du volume V'' emmagasiné par la nappe est égale au volume V de l'apport pluvial total reçu par la nappe durant le même temps.

Pour déterminer le volume débité par la source de 0 à t_1, nous multiplierons le deuxième membre de l'équation (159) par dt, et nous intégrerons de 0 à t_1.

Nous prendrons pour inconnue la quantité :

$$(160) \qquad x = \left(\frac{H}{h} - 1 \right) \alpha t_1.$$

Nous remarquerons qu'on peut écrire :

$$\frac{mb^2}{\mu a} = ha.$$

Afin de simplifier et de faire disparaître les facteurs communs a, nous multiplierons les trois expressions V', V'', V par $\frac{a}{ha}$ ou $\frac{1}{mab}$; moyennant ces conditions, nous trouverons :

$$(161) \quad \begin{aligned} \frac{V_1}{mab} = \int_0^t \frac{qdt}{mab} = & -2\frac{H}{h}\left(\frac{H}{h}-1\right)\left(\sqrt{\overline{D_p}}-1\right) \\ & +\frac{\left(\frac{H}{h}\right)^2}{\left(\frac{H}{h}-1\right)}\left[\frac{\left(\sqrt{\overline{D_p}}+1\right)}{2}\right]x \\ & -\frac{\left[\left(\frac{H}{h}-1\right)\left(\sqrt{\overline{D_p}}-1\right)-x\right]\left(\frac{H}{h}-1\right)^2}{\left(\frac{H}{h}-1+x\right)} \\ & +\left(\frac{\frac{H}{h}-1}{x}\right)\left[\left(\sqrt{\overline{D_p}}-1\right)\left(\frac{H}{h}-1\right)\left(3\frac{H}{h}-1\right)\right. \\ & \left. -2\frac{H}{h}x\right]\log \mathrm{nep}\left(1+\frac{x}{\left(\frac{H}{h}-1\right)}\right). \end{aligned}$$

Pour avoir le volume emmagasiné par la nappe pendant la crue de 0 à t_1, nous calculerons le volume de la nappe à l'instant t_1 et nous en retrancherons le volume de l'ellipse du régime permanent au temps zéro.

Le premier de ces volumes est donné par la formule (150), à la condition de remplacer la valeur de l'ordonnée au faîte :

$$\frac{b}{1-\beta t_1},$$

par

$$b\left(\frac{1+\frac{H}{h}\alpha t_1}{1+\alpha t_1}\right)$$

valeur donnée par l'équation (157 bis). On remarquera que la parenthèse qui figure dans la formule (150) n'est autre chose que S_p. On trouve, en remplaçant αt par sa valeur (160), en fonction de x :

$$(162) \quad \frac{V''}{mab} = \left(\frac{\frac{H}{h}-1+\frac{H}{h}x}{\frac{H}{h}-1+x}\right)S_p - 0.7854,$$

P étant déterminé par l'équation (157).

Enfin, l'apport pluvial total reçu par la nappe de o à t_1 est égal à :

$$Hat_1,$$

quantité qui, multipliée par $\left(\frac{a}{ah}\right)$ et, en y remplaçant at_1 par sa valeur tirée de (160), devient :

(163) $$\frac{V}{mab} = \frac{Hx}{H-1}.$$

L'équation à résoudre est donc :

(164) $$V' + V'' - V = o.$$

Nous avons résolu cette équation pour 8 valeurs du rapport $\left(\frac{H}{h}\right)$, savoir :

$$\left(\frac{H}{h}\right) = o; \quad 0,10; \quad 0,30; \quad 0,70; \quad 2; \quad 4; \quad 8; \quad 16;$$

et nous avons trouvé les résultats qui sont contenus dans le tableau suivant :

VALEUR de $\left(\frac{H}{h}\right)$.	VALEUR DE x. (Équation 164.)	VALEUR de $\left(\sqrt{D_p} - 1\right)$.	VALEUR de $\left(\frac{\sqrt{D_p} - 1}{x}\right)$.
zéro	— 0,240	— 0,240	1,000
0,10	— 0,208	— 0,1035	0,975
0,30	— 0,149	— 0,1403	0,941
0,70	— 0,0567	— 0,0503	0,886
1,00	0,000	0,000	1,000
2,00	0,1238	0,1372	1,027
4,00	0,265	0,2927	1,106
8,00	0,450	0,5006	1,112
16,00	0,708	0,7273	1,027

On voit que le coefficient $\left(\frac{\sqrt{D_p} - 1}{x}\right)$ diffère peu de l'unité et qu'on peut pratiquement le prendre égal à l'unité. On obtient alors pour l'équation (159) :

(165) $$q = \frac{mb^2}{\mu a}\left(\frac{1 + \frac{H}{h}at}{1 + at}\right)^2 \left[1 + \left(\frac{H}{h} - 1\right)at\right].$$

Telle est la formule approximative du *débit de l'une des sources d'une nappe coulant sur un fond horizontal, au bout du temps t compté depuis le commencement d'une crue causée par un apport pluvial relatif* $\left(\frac{H}{h}\right)$ *constant.*

Cette formule s'applique au cas d'une crue caractérisée par $\frac{H}{h} > 1$ aussi bien qu'à une décrue pour laquelle on a : $\frac{H}{h} < 1$.

Elle s'applique au cas de x *négatif*, c'est-à-dire au cas d'une crue ou d'une décrue *antérieure* au retour de la nappe à l'état *permanent*, aussi bien qu'au cas de x *positif*, c'est-à-dire au cas d'une crue ou d'une décrue *postérieure* à l'état permanent.

Nous avons calculé une table numérique des valeurs du facteur de b dans la formule (156) et du facteur de $\left(\dfrac{mb^2}{\mu a}\right)$ dans la formule (165). Cette table a été traduite en un graphique (fig. 219, pl. LXXIX), qui donne une première indication des courbes du débit.

Remarques. — 1° Si αt n'est pas une trop grande fraction, les équations (156) et (165) donnent approximativement :

$$(165 \; bis) \quad \begin{cases} y = b\left[1+\left(\dfrac{H}{h}-1\right)\alpha t\right] \\[2mm] q = \dfrac{mb^2}{\mu a}\left[1+3\left(\dfrac{H}{h}-1\right)\alpha t\right], \end{cases}$$

de sorte que, dans les circonstances ordinaires, la fraction qui mesure l'augmentation ou la diminution relative du débit est égale à trois fois celle qui mesure l'exhaussement ou l'abaissement relatif du faîte.

2° Si l'on considère une *période de crues* pendant laquelle l'apport pluvial relatif passe par des valeurs diverses et est égal à une moyenne $\left(\dfrac{H}{h}\right)$ pour l'ensemble de la période, on aura une valeur suffisamment exacte de la valeur du débit à la fin de la période, en portant dans la formule (165) la valeur *moyenne* $\left(\dfrac{H}{h}\right)$ de l'apport relatif.

Ce procédé aura d'autant plus de chance d'être exact que la période de temps considérée sera plus longue, parce qu'alors les irrégularités de l'apport pluvial ne seront qu'une fraction peu importante de l'ensemble.

Extension de la formule (165) aux nappes coulant sur fond incliné. — On pourra appliquer les formules (156) et (165) aux nappes coulant sur un fond imperméable incliné, à la condition de faire les changements indiqués sous le numéro (95 *bis*).

Voici les résultats :

$$(166) \quad \begin{cases} y + \dfrac{Bea}{2} = \left(b_0 + \dfrac{Bea}{2}\right)\left(\dfrac{1+\frac{H}{h}\alpha t}{1+\alpha t}\right) \\[3mm] q = \dfrac{m}{\mu}\dfrac{\left(b_0+\dfrac{Bea}{2}\right)^2}{A^2 a}\left(\dfrac{1+\frac{H}{h}\alpha t}{1+\alpha t}\right)^2\left[1+\left(\dfrac{H}{h}-1\right)\alpha t\right]. \end{cases}$$

Ces formules donnent *l'ordonnée au faîte* et *le débit de la source du versant* dans une nappe sur fond incliné en crue ou en décrue.

On aura *le débit de la source du contreversant* en multipliant par $\left(\dfrac{L-a}{a}\right)$ le résultat donné par la deuxième formule (167). Mais, suivant une remarque déjà faite plus haut, le débit ainsi obtenu sera peu exact si la pente hydraulique de la nappe est forte et si la période de temps considérée est longue, en raison du déplacement horizontal du faîte dont les formules ne tiennent pas compte.

S'il s'agit d'une crue, la formule (166) évalue par *excès* le débit du versant et par *défaut* celui du contreversant. C'est le contraire en cas de décrue.

Volume d'eau emmagasiné par suite d'une crue. — Ce volume est la différence entre l'apport pluvial et le débit de la source pendant le temps t; c'est donc :

$$V'' = \text{H}at - \int_0^t q \, dt.$$

L'intégrale du second membre peut se calculer au moyen de la formule (165).

Si la fraction $\left(\dfrac{\text{H}}{h} - 1\right) \alpha t$ est assez petite, on peut avoir recours à la formule simplifiée du débit (165 *bis*), qu'on peut intégrer immédiatement, et l'on a, dans ce cas :

$$(167) \qquad V'' = \text{H}at - \frac{mb^2}{\mu a}\left[t + 3\left(\frac{\text{H}}{h} - 1\right)\frac{\alpha t^2}{2}\right].$$

On remarquera que $\dfrac{mb^2}{\mu a^2}$ n'est autre chose que l'apport pluvial h du régime permanent. La formule pourra donc s'écrire :

$$(167 \; bis) \qquad \frac{V''}{ha} = \left(\frac{\text{H}}{h} - 1\right)t\left(1 - \frac{3\alpha t}{2}\right).$$

·Donc, *au début d'une crue déterminée par un apport pluvial égal à* H *par seconde, une hauteur h prise sur l'apport pluvial va à la source et la hauteur restante* (H − h) *s'incorpore à la nappe; mais à mesure que la crue se développe, le débit de la source augmente, et la fraction de la pluie qui est emmagasinée dans la nappe diminue.*

29. Formule définitive de l'ordonnée au faîte et du débit d'une source en crue, dans le cas d'un apport pluvial constant (fond horizontal). — D'après la manière dont elle a été obtenue, la formule (165) ne peut être appliquée que dans les limites correspondantes à la valeur :

$$\alpha t_1 = \frac{\sqrt{\text{D}_r} - 1}{\left(\dfrac{\text{H}}{h} - 1\right)},$$

c'est-à-dire dans les limites suivantes :

$$\frac{\text{H}}{h} = \text{zéro}, \quad 0,10, \quad 0,30, \quad 0,70, \quad 2,00, \quad 4,00, \quad 8,00, \quad 16,00.$$
$$\alpha t_1 = 0,240, \quad 0,226, \quad 0,200, \quad 0,168, \quad 0,127, \quad 0,098, \quad 0,071, \quad 0,049.$$

Ces limites sont beaucoup trop restreintes pour les applications pratiques.

La formule du débit (165) ne doit être considérée que comme une *première approximation*.

Pour résoudre le problème complètement, il faut revenir à la formule exacte (81), qui donne l'ordonnée d'une nappe en crue. En remplaçant dans cette formule ζ par sa valeur (80), et appelant C le rapport $\frac{y}{b}$, on a :

$$(168) \qquad y = bC; \qquad C = \sqrt{\text{H}}\left(\frac{e^{2x\sqrt{\text{H}}} - n}{e^{2x\sqrt{\text{H}}} + n}\right);$$

x, y et H ayant les significations suivantes :

$$x = \alpha t; \qquad \eta = \frac{\sqrt{H} - 1}{\sqrt{H} + 1};$$

H écrit pour $\left(\frac{H}{h}\right)$.

Pour ne pas retarder notre exposé, nous avons reporté dans la note A la théorie de la formule du débit.

Nous établissons, dans cette note, que la formule qui donne le débit d'une source en crue est très sensiblement la suivante :

$$(169) \qquad\qquad q = q_0 F; \qquad F = C^2\left(1 + \frac{(H-1)x}{e^{nx}}\right).$$

Dans ces formules, q_0 représente le débit permanent de la source $\left(\frac{mb^2}{\mu a}\right)$; n un nombre positif dont la valeur dépend de la valeur de H; e la base des logarithmes népériens.

Pour $x =$ zéro, c'est-à-dire à l'origine du temps, on a :

$$C = 1; \qquad \left(\frac{dF}{dx}\right) = 3(H-1).$$

C'est-à-dire que la courbe définitive du débit (169) est tangente à la courbe de l'équation de première approximation (165), laquelle, nous l'avons vu, est à peu près exacte dans le voisinage de $x =$ zéro.

Lorsque x tend vers l'infini, F tend vers C^2, c'est-à-dire vers H, ce qui doit être, puisque la courbe de crue tend indéfiniment vers la forme de l'ellipse du régime permanent correspondant à un apport pluvial égal à H.

On trouvera à la fin du chapitre IX, deux tables numériques (Y et Z) des valeurs de C et de F données par les formules (168) et (169), pour les diverses valeurs de H et de x qu'on rencontre dans les applications usuelles. Les graphiques C (pl. LXXX) et F (pl. LXXXI), qui sont la traduction des tableaux, donneront un moyen de résoudre facilement les problèmes pratiques.

La formule (169) ne s'applique qu'au cas où x est positif, c'est-à-dire au cas où la crue ou la décrue se produisent *postérieurement* au passage de la nappe par le régime permanent.

Le cas où la crue ou la décrue se produisent antérieurement, se déduit du précédent par des considérations qui sont exposées dans la note A.

Extension des formules (168) et (169) aux sources de nappes coulant sur un fond incliné. — En faisant dans les formules (168) et (169) les changements indiqués sous le numéro (95 *bis*), on pourra étendre l'application de ces formules aux nappes coulant sur un fond incliné.

Les *remarques* faites plus haut (page 103), à l'occasion de l'application de la formule (165) au cas qui nous occupe sont encore ici applicables.

30. **Montées et baisses des faîtes des nappes. Influence prolongée des années pluvieuses.** — Considérons une nappe qui reçoit un apport pluvial H par seconde, pendant un certain temps t, et qui ensuite ne reçoit aucun apport pendant un temps t'.

Appelons $n = \frac{H}{h}$ le rapport de l'apport pluvial H à l'apport du régime permanent h.

Pour que la nappe revienne exactement à sa forme du régime permanent au bout de la période considérée, il faut qu'on ait :

$$t' = (n - 1)t.$$

Cette égalité a lieu nécessairement quand on considère un temps très court.

Nous savons, en effet, d'après la proposition I du paragraphe 22 (p. 69), que l'on a, pour la montée du faîte d'une nappe en crue :

$$dy = \frac{dt}{m}(H - h)$$

et, pour la baisse de ce faîte en temps de sécheresse :

$$dy = \frac{dt}{m}h.$$

Si l'on a $H = nh$, on voit que la durée de la montée dy sera :

$$dt = \frac{mdy}{(n - 1)h},$$

et que la durée d'une baisse égale sera :

$$dt = \frac{mdy}{h}.$$

Ce dernier élément de temps est égal à $(n - 1)$ fois le premier. Par conséquent, si l'on considère des temps très courts, quelle que soit la répartition des pluies, la nappe revient après chaque période à son niveau permanent, pourvu que chaque pluie d'une intensité nh et d'une durée $\frac{1}{n}$ soit suivie d'une sécheresse de durée $\frac{n-1}{n}$.

Mais il n'en est plus de même lorsque cette condition n'est pas remplie.

Si l'on considère une crue d'une durée *finie* $\frac{1}{n}$, la nappe ne reviendra pas à son niveau permanent, au bout d'un temps $\frac{n-1}{n}$ de sécheresse. Elle le dépassera et descendra plus bas.

Pour le démontrer, il faut reprendre les équations du paragraphe 22 qui se rapportent aux variations du faîte de la nappe.

Une nappe de hauteur b venant à monter prend, à un instant t, une hauteur y. Après avoir atteint un certain maximum, à la cessation de l'apport pluvial, elle baisse et repasse par la même hauteur y.

À la montée, on avait, pour la durée du temps nécessaire pour produire une montée dy (équation 76 *bis*) :

$$dt = \frac{mdy}{H - \frac{my^2}{\mu a^2}} = \frac{mdy}{H - h\frac{y^2}{b^2}} = \frac{m}{h}\frac{dy}{n - \frac{y^2}{b^2}}.$$

À la décrue, on aura, pour le temps nécessaire à une baisse de même hauteur dy :

$$dt' = \frac{m}{h}\frac{dy}{\left(\frac{y^2}{b^2}\right)},$$

$$\frac{dt'}{dt} = n\frac{b^2}{y^2} - 1.$$

Comme on a $b < y$, le rapport ci-dessus est moindre que $(n-1)$.

Conséquemment la répartition des pluies influe sur la position d'équilibre du faîte d'une nappe.

Si les pluies sont très également réparties et n'atteignent pas de grands maximums, le faîte de la nappe à la fin de chaque période de crue et décrue occupe la position du régime permanent.

Si les pluies sont rares, mais arrivent par grandes ondées, la hauteur moyenne du faîte de la nappe à la fin de chaque période sera *au-dessous* du sommet de l'ellipse qui correspondrait au régime permanent calculé d'après l'apport pluvial moyen.

Ces circonstances s'expliquent parfaitement par la figure 43, pl. XV.

AB figurant la durée d'une période de temps, AE le temps de la crue, EB le temps de la décrue, les ordonnées figurent les montées du faîte.

Si AC est la tangente à la courbe de montée à l'origine, la tangente à la courbe de décrue au niveau AB est nécessairement parallèle à BC. En effet, ces lignes AC, BC, font avec l'horizontale des angles dont les tangentes sont dans le rapport de $(n-1)$ à 1.

La courbe de montée est concave vers le bas, la courbe de baisse est au contraire convexe vers le bas. Il en résulte que ces courbes doivent nécessairement présenter les dispositions de la figure, et que la courbe de décrue doit descendre en B', au-dessous de l'horizontale AB.

Dans les périodes suivantes, les points atteints par la crue D', D" baisseront progressivement de même que les points B', B" atteints par la décrue. Ces derniers approcheront peu à peu d'une position de régime normal qui sera située au-dessous de celle qui correspondrait au régime permanent.

Pratiquement, et dans les conditions ordinaires, nous pensons que la nappe moyenne diffère très peu de la nappe permanente. Il n'y a de différences sensibles que dans les années de pluies exceptionnelles. Il peut arriver que les pluies d'un hiver dépassent de moitié, et quelquefois davantage, l'intensité des pluies moyennes. Dans ce cas, la durée de la décrue peut être fort longue et se faire sentir pendant plusieurs années. Il est important de le démontrer. Cette durée est donnée par la formule (72) :

$$t = \mu a^2\left(\frac{1}{y} - \frac{1}{b}\right)$$

qu'on peut écrire :

$$t = \frac{\mu a^2}{b}\frac{b-y}{y}.$$

Le terme $\frac{\mu a^2}{b}$ peut s'exprimer en fonction de la durée de formation de la nappe (équation 32) et il est égal à :

$$\frac{hN}{\pi} \text{ ou } 1,27\,N.$$

On aura donc, pour la durée de la décrue :

$$(170) \qquad\qquad t = 1,27 \, N \frac{b-y}{y}.$$

EXEMPLE. Supposons N = 20 ans; $b = 10$ mètres.

Admettons que la nappe a reçu, durant un mois, un apport pluvial de 0 m. 15 de hauteur qui y occupait une hauteur de 1 m. 50.

On aura, pour la durée de la décrue :

$$t = 1,27 \times 20 \text{ ans} \times \frac{1,50}{11,50} = 3,30 \text{ années},$$

c'est-à-dire 3 années et 3 mois.

Il y a des nappes dont la durée de formation dépasse 20 ans, qui ont plus de 10 mètres de hauteur et dans lesquelles un apport pluvial exceptionnel peut déterminer une montée de plus de 1 m. 50.

On pourrait, dans certains cas, trouver, pour la durée d'une décrue, une dizaine d'années, et l'expérience confirme ces prévisions.

Ainsi se trouve parfaitement expliquée *l'influence prolongée des années pluvieuses.*

Comme nous l'avons déjà dit, *les nappes aquifères fonctionnent à l'égard des sources comme les volants à l'égard des machines motrices. Elles emmagasinent les eaux pluviales en excès, elles les restituent peu à peu et régularisent ainsi le jeu irrégulier des climats et des saisons.*

31. Circonstances qui influent sur les crues des sources. — En examinant la formule (165) du débit d'une source en temps de crue, on reconnaît que, de même que pour la baisse des nappes en temps de sécheresse, c'est le coefficient α qui mesure la sensibilité de la source aux effets d'une crue.

Les considérations du paragraphe 25 peuvent donc être appliquées ici et fournissent les conclusions suivantes :

Pour *un apport pluvial donné* H, *une source éprouvera une augmentation de débit sensiblement proportionnelle au rapport* $\left(\frac{H}{h} - 1\right)$.

Le volume d'eau emmagasiné est sensiblement proportionnel au même rapport $\left(\frac{H}{h} - 1\right)$.

Toutes choses égales, d'ailleurs, *par unité de surface, le débit d'une source en crue augmente d'autant plus que le terrain est plus perméable; d'autant plus que le bassin de la source est plus petit.*

Les sources stables en temps de sécheresse sont aussi des sources stables en temps de crue.

Les grandes sources sont donc moins sensibles aux crues que les petites.

Notre théorie permet de préciser à l'avance, sans qu'il soit nécessaire de prolonger l'observation, quelles sont les nappes qui remplissent le mieux ces conditions. Ce sont celles pour lesquelles le coefficient α atteint les plus petites valeurs.

32. Extension aux nappes à fond incliné, de la théorie des crues et des décrues. — La complication des équations des nappes à fond incliné ne permet pas de faire, pour ces nappes, une étude détaillée des effets produits par les crues et les décrues, comme nous l'avons fait pour les nappes à fond horizontal.

Mais il est évident que les propriétés fondamentales que nous avons établies pour ces dernières s'appliquent aussi aux autres.

Tout d'abord il y a une propriété qui leur est commune. Ce sont les variations des hauteurs du faîte.

Nous avons vu par le corollaire V du paragraphe 22 (p. 75) que les formules qui expriment ces variations sont semblables à celles qui concernent les nappes à fond horizontal.

Or les variations de hauteur du faîte jouent un rôle prépondérant dans les variations de forme et de débit des nappes.

On peut donc considérer comme établi que les lois que nous avons établies sur les crues et décrues des nappes ont un caractère général. Leur application sera d'autant plus près de l'exactitude que la pente hydraulique des nappes sera moindre.

Il faut seulement se rappeler que les crues et décrues déterminent, dans les nappes sur fond incliné, un déplacement horizontal du faîte qui est négligeable dans les circonstances ordinaires de la pratique à l'égard de la source du versant, mais qui ne serait pas négligeable à l'égard d'une source du contreversant, si la pente hydraulique de la nappe était grande.

32 *bis*. Crues et décrues des nappes à un seul versant. — La théorie que nous venons de développer concernant les crues et les décrues des nappes à deux versants, repose sur la connaissance des déplacements verticaux du faîte.

Il en résulte que cette théorie tombe en défaut, quand il s'agit d'une nappe à un seul versant, puisque, dans ce cas, il n'y a plus de faîte. Nous n'avons pu trouver pour ce cas spécial, beaucoup plus rare dans les applications que celui des nappes à deux versants, mais cependant possible, une solution déduite de considérations un peu rigoureuses. Nous avons pu seulement établir une formule qui donne une limite inférieure des variations du débit.

Soient h l'apport pluvial par seconde et par mètre carré du régime permanent : $h = \dfrac{m}{\mu}\delta^2$;

H l'apport pluvial uniforme dans la période considérée de zéro à l'instant t. Nous admettrons que cet apport pluvial n'est ni assez intense, ni assez prolongé pour convertir la nappe à un versant en nappe à deux versants :

q_0 le débit de la source unique dans le régime permanent ;
V_0 le volume d'eau contenu dans la nappe, pendant ce même régime ;
q le débit de la source à l'instant t ;
L la longueur du versant unique.
On a, d'après les formules (34) et (52) :

$$q_0 = hL,$$
$$V_0 = \frac{m}{2\varepsilon}\delta^2 L^2 = \frac{\mu h L^2}{2\varepsilon}.$$

Sous l'influence de l'apport pluvial H, la nappe change de forme et tend vers celle de la nappe du régime permanent qui correspondrait à un apport pluvial *égal* à H. Elle aurait alors pour débit et pour volume :

$$q_1 = HL$$
$$V_1 = \frac{\mu H L^2}{2\varepsilon}.$$

Nous admettrons : 1° que la nappe à un versant partant du régime permanent à apport h peut atteindre la forme de la nappe permanente à apport H, au bout d'un temps *fini* t_1 ; 2° que dans cette phase, le débit de la nappe croît proportionnellement au temps. Nous poserons donc :

(170 *bis*)
$$q = q_0 (1 + Mt).$$

M étant un coefficient à déterminer, nous calculerons le temps t_1 en exprimant que le débit de la source pendant le temps t_1, augmenté du volume d'eau emmagasiné dans la nappe, est égal à l'apport pluvial total, ce qui donne facilement l'équation :

$$\left(\frac{H+h}{2}\right) L t_1 + (H - h)\frac{\mu L^2}{2\varepsilon} = HL t_1.$$

On tire de cette équation :

$$t_1 = \frac{\mu L}{\varepsilon}.$$

Exprimant que le débit (170 *bis*) est égal à HL lorsque $t = t_1$, on déterminera le coefficient M, et l'on aura finalement pour la *formule plus ou moins approximative du débit en crue d'une nappe à un seul versant* :

(170 *ter*)
$$q = q_0 \left[1 + \left(\frac{H}{h} - 1\right)\frac{\varepsilon t}{\mu L}\right].$$

L'hypothèse que nous avons faite pour parvenir à cette formule consiste, en définitive, à supposer que la courbe des débits de la source en fonction du temps est une ligne droite. Or, il n'en est pas ainsi. Pour les nappes à deux versants, nous avons vu que cette courbe est concave vers le bas pour les crues, concave vers le haut pour les décrues. Il en est de même ici.

Conséquemment, le coefficient $\frac{\varepsilon}{\mu L}$ qui multiplie t dans la formule (170 *ter*) est *inférieur* à sa valeur réelle. Cette formule donnera les débits des crues par *défaut*, et les débits des *décrues* par *excès*. L'expérience seule pourrait indiquer dans quelle mesure ce coefficient devrait être majoré.

Ce qu'il convient de retenir de l'analyse ci-dessus, c'est que le coefficient qui influence une crue ou une décrue a pour expression $\frac{\varepsilon}{\mu L}$.

On a :

$$z = \frac{\varepsilon}{2\delta}.$$

Le coefficient peut donc s'écrire :

$$\frac{2\delta z}{\mu L}.$$

Ici la pente hydraulique est plus grande que 1.

Pour une nappe à deux versants, le coefficient qui influe sur les crues est le terme α (équation 73), qui peut s'écrire :

$$\alpha = \frac{b}{\mu a^2} = \frac{\delta}{\mu a}.$$

Pour deux nappes de même longueur, $a = L$, et placées dans des terrains de même perméabilité, on voit que le coefficient déterminant l'importance des crues a une plus grande valeur pour la nappe à un seul versant que pour la nappe à deux versants.

CHAPITRE IV.

DES NAPPES DE THALWEG RÉGULIÈRES.

33. Considérations générales sur les nappes de thalweg. — Jusqu'à présent, nous avons étudié le mouvement des eaux dans les nappes qui reçoivent directement les eaux de pluies et qui reposent sur un fond imperméable horizontal ou incliné dont les affleurements sont visibles. Ces nappes ont deux sources ou deux lignes de sources à leur affleurement, une sur le versant, l'autre sur le contreversant, cette dernière disparaissant dans les nappes à un seul versant.

Mais il arrive fréquemment que la couche imperméable est située à une certaine profondeur au-dessous du thalweg, et n'a plus d'affleurement dans la région considérée. Dans ce cas, les sources ou lignes de sources sont situées dans le thalweg lui-même.

C'est ce qu'indique la figure 44, pl. XIV, en SS′. Cependant l'existence de ces sources n'est pas nécessaire. Il faut, pour qu'elles existent, que la nappe aquifère soit assez bien alimentée et assez puissante pour dominer l'horizontale AN qui passe par le fond du thalweg.

Cela tient à ce que, en même temps que la nappe déverse ses eaux dans le thalweg, elle coule sur le fond imperméable qui lui sert de base, lequel a souvent une certaine inclinaison dans le sens de la vallée (fig. 44 a).

Le mouvement des eaux se décompose donc en deux mouvements composants :

1° Un mouvement transversal de convergence vers le thalweg ;

2° Un mouvement de progression suivant la pente de la vallée.

Si ce dernier mouvement est suffisamment développé, il peut suffire à absorber le débit des eaux météoriques et, dans ce cas, la surface de la nappe aquifère s'abaisse au-dessous de l'horizontale AN du fond du thalweg. Si le profil transversal du fond est horizontal, la nappe se réduit à un courant à profil transversal horizontal NN.

Nous verrons plus loin quelles sont les conditions nécessaires pour qu'il y ait une source ou une ligne de sources dans le thalweg, et quel est son débit.

Nous appelons *nappes de thalweg régulières* celles dans lesquelles la ligne des sources est parallèle au fond imperméable (fig. 71, pl. XXI).

34. Considérations théoriques sur le mouvement des eaux dans l'ensemble d'une nappe de thalweg (fig. 45, pl. XIV). — Nous appellerons *nappe supérieure* la partie de la nappe OBA qui domine le thalweg et *nappe inférieure* ou *contrenappe* la partie de la nappe AOCD qui est située au-dessous de l'horizontale menée par le fond du thalweg.

S'il y a une nappe supérieure qui déverse ses eaux dans le thalweg, on peut établir que la contrenappe épanche aussi ses eaux dans le thalweg et que le débit de la source est la somme des débits de ces deux parties de la nappe totale.

Cette proposition est la conséquence de plusieurs autres.

I. *Le long de la verticale BC du point de partage des eaux, la pression suit la loi hydrostatique.* — En effet la vitesse des eaux étant nulle dans la section du point de partage des eaux, les filets liquides ne sont pas soumis à d'autre force que la pesanteur; donc la pression le long de la verticale BC suit la loi hydrostatique.

II. *Dans la partie inférieure de la nappe, il ne peut pas exister de parties où l'eau soit immobile.* — Soient FEA la ligne qui limite les filets liquides en mouvement, E un point de cette ligne. Menons par E l'orthogonale des filets liquides, elle aboutira à un point N de la surface de la nappe supérieure. Le niveau piézométrique du point E sera en N.

D'autre part, considérons un point E', infiniment voisin du point E, mais en dehors de la zone des filets en mouvement. Le point E' étant immobile, ce point a le même niveau piézométrique que le point G appartenant au fond et qui est situé sur la même verticale que lui, mais ce dernier point a le même niveau piézométrique que le point C situé sur la verticale CB. Conséquemment le niveau piézométrique du point E' est en B, au sommet de la nappe. On aurait donc deux points infiniment voisins E et E' qui auraient des niveaux piézométriques N et B différant d'une quantité finie, ce qui est impossible. *C. q. f. d.*

Un raisonnement semblable démontrerait encore la proposition dans le cas où l'on supposerait que la masse liquide en mouvement dans la nappe inférieure comprend toute la surface, à l'exception d'un segment curviligne tel que ADG (fig. 46, pl. XVI). Soient deux points H, F, appartenant au haut et au bas du segment; HM, FN, les orthogonales passant par ces points. Les deux points en question ont leurs niveaux piézométriques en M et en N, et la différence de ces niveaux est une quantité finie. D'autre part, si l'on considère deux points H', F', infiniment voisins des précédents et appartenant à la zone immobile, ces deux points ont le même niveau piézométrique; donc ce niveau différerait de l'un ou de l'autre des niveaux des points H, F, dont ils sont infiniment voisins, ce qui est impossible. *C. q. f. d.*

Donc les filets liquides en mouvement comprennent toute l'étendue de la nappe supérieure et inférieure.

35. **Cas d'une nappe de thalweg sur fond imperméable horizontal.** — **Forme des filets liquides.** — **Hypothèse fondamentale.** — Si l'on se reporte à la figure 31, qui montre la forme des filets liquides dans le cas d'une nappe d'affleurement, on peut se rendre compte de la forme qu'affectent les filets liquides dans le cas d'une nappe de thalweg. La figure 47, pl. XVI, en donne le tracé approximatif.

On y a supposé deux nappes symétriques BA, B'A, émergeant dans le même thalweg. Le thalweg est ici supposé concentré en un point, de sorte qu'aux abords de ce point, le calcul doit donner une vitesse infinie, et les filets sont tangents à la verticale AD. Cette fiction disparaîtrait, bien entendu, si l'on assignait au thalweg des dimensions finies, comme cela a lieu dans la nature.

Si l'on se propose de déterminer la forme de la nappe, on ne peut pas se servir de la théorie simplifiée du paragraphe 10. Cette théorie est ici en défaut. En effet, si on prend pour axe des x le fond imperméable de la nappe, la 4ᵉ équation (B), paragraphe 10 *bis*, donne, pour la composante verticale de la vitesse des filets liquides, une fonction linéaire en y :

$$x = -y \frac{d^2 U}{dx^2},$$

$\frac{d^2 U}{dx^2}$ étant une fonction de x seulement. Cette fonction ne peut s'annuler qu'une fois, lorsque y varie de zéro à $+\infty$. Or, dans le cas de la figure 47, une section verticale MN rencontre des filets liquides dont la vitesse verticale w est égale à zéro au fond et devient encore égale à zéro dans l'intérieur de la nappe. La formule linéaire ci-dessus ne pourrait donc pas la représenter.

Il faudrait recourir à la théorie exacte (note B) et le problème nous paraît fort difficile à résoudre.

On simplifie considérablement la question, en admettant que le fond imperméable est constitué par *une courbe dont les ordonnées soient à celles de la surface libre dans un rapport de K à 1.*

En prenant pour axe des x l'horizontale passant par la source du thalweg, et appliquant la théorie simplifiée du paragraphe 10, on a :

Vitesse horizontale des filets :

$$u = -\frac{1}{\mu}\frac{dy}{dx};$$

débit :

$$q = -\frac{m}{\mu}y\,(1+K)\frac{dy}{dx}.$$

La nappe étant supposée alimentée uniformément, on écrira que le débit est égal à $\frac{m}{\mu}\delta^2 x$, ce qui donnera l'équation différentielle de la surface libre :

$$(1+K)\,y\,\frac{dy}{dx} = -\delta^2 x.$$

Intégrant et déterminant la constante, par la condition qu'au faîte, pour $x = 0$, on ait $y = b$, on trouvera :

(171)
$$b^2 - y^2 = \frac{\delta^2}{1+K}\,x^2,$$

équation d'une nappe en ellipse correspondant à un coefficient d'absorption égal à :

$$\frac{\delta}{\sqrt{1+K}}.$$

Dans ce cas, la vitesse verticale des filets liquides ne s'annule qu'une fois, dans la hauteur totale de la nappe, et elle peut être représentée par la 4ᵉ formule B (p. 35). On peut aussi écrire l'équation différentielle des filets liquides, mais son intégration paraît impossible. Les filets liquides ont à peu près la forme de la figure 48, pl. XVI.

L'hypothèse simplificative que nous avons faite revient, en définitive, à négliger l'influence du terrain perméable en forme de triangle curviligne ADC sur le mouvement des filets liquides. En diminuant ainsi la section d'écoulement des eaux, on détermine un exhaussement de la surface libre de la nappe.

Si l'on se donne : 1° la longueur du versant a, 2° la hauteur totale de la nappe au faîte $b\,(1+K)$, le débit est déterminé.

La nappe à fond elliptique BAC, fig. 48, débite moins que la nappe à fond horizontal BADC.

Notre hypothèse conduit donc à trouver *un débit moindre que le débit réel.*

Il faut remarquer qu'en supprimant le triangle ADC, on supprime la résistance due au mouvement d'ascension verticale des filets liquides, laquelle dépense du travail sans produire d'effet utile au point de vue du débit. Il est probable que le débit réel ne diffère pas beaucoup du débit qui résulte de l'hypothèse que nous avons faite.

Le débit de la nappe de thalweg se répartit donc de la manière suivante :

Nappe supérieure :

$$- \frac{m}{\mu} y \frac{dy}{dx};$$

Nappe inférieure :

$$- \frac{m}{\mu} K y \frac{dy}{dx};$$

Nappe complète :

$$- \frac{m}{\mu} (1 + K) y \frac{dy}{dx}.$$

En réalité, la nappe supérieure, au lieu de débiter le débit total, ne débite qu'une fraction égale à

$$\frac{1}{1 + K}$$

de ce débit, la nappe inférieure débitant la fraction

$$\frac{K}{1 + K}.$$

Le débit par mètre carré de bassin étant $\frac{m}{\mu} \delta^2$, la nappe supérieure ne débite que $\frac{m}{\mu} \frac{\delta^2}{1 + K}$, par mètre carré de bassin, la fraction

$$\frac{m}{\mu} \frac{K\delta^2}{1 + K}$$

étant débitée par la nappe inférieure.

Dans les calculs relatifs à la partie supérieure de la nappe, il faut donc adopter, pour le *coefficient d'apport pluvial*, non le coefficient $\frac{m}{\mu} \delta^2$, mais bien le coefficient :

$$\frac{m}{\mu} \frac{\delta^2}{(1 + K)};$$

δ doit être remplacé par $\frac{\delta}{\sqrt{1 + K}}$ en se souvenant que k *est toujours le rapport de la hauteur de la contrenappe à l'ordonnée maxima de la nappe supérieure.*

Le débit total de la source du thalweg par mètre courant, pour une nappe en ellipse, est ainsi égal à :

$$(172) \qquad q = \frac{m}{\mu} (1 + K) \frac{b^2}{a} = \frac{m}{\mu} \frac{b (b + B)}{a}.$$

en appelant B la hauteur de la contrenappe.

L'hypothèse que nous avons admise paraît rationnelle. On peut ajouter qu'elle a été vérifiée par l'expérience sur des galeries de filtrage. (Expériences sur la filtration à Lyon, Clavenad, ingénieur des ponts et chaussées, *Annales des ponts et chaussées de 1890*.)

Hypothèse fondamentale. — Nous admettrons donc que, dans tous les cas, c'est-à-dire en crue et en décrue, *le débit de la nappe de thalweg est égal au débit que donnerait la nappe supérieure considérée seule, multiplié par le coefficient* ($1 + K$), K *étant le rapport de la hauteur de la contrenappe à l'ordonnée maxima de la nappe supérieure.*

Lorsqu'il s'agira de nappe sur fond incliné, nous admettrons encore que le rapport K est déterminé par le rapport de la hauteur de la contrenappe à l'ordonnée maxima de la nappe supérieure.

Il est évident, d'ailleurs, que cette hypothèse a des limites d'application. On pressent que si la hauteur de la nappe inférieure était très grande par rapport à la hauteur de la nappe supérieure, l'erreur commise pourrait devenir assez grande. Nous verrons aussi que l'hypothèse pourra être en défaut lorsque la nappe B'A (fig. 47), qui émerge dans le thalweg, du côté opposé à la nappe considérée, différera notablement de celle-ci comme puissance de débit, de sorte que les conditions *de symétrie* que nous avons supposées ne seraient pas remplies.

La pratique indiquera les limites d'application et la théorie nous en fournira même quelques exemples (§ 61).

36. Crues et décrues des nappes de thalweg. — Montées ou baisses du faîte. — Formules du débit.

1° *Cas d'une nappe à fond horizontal.* — *Montée du faîte.* — Pour parvenir à la formule qui donne la montée du faîte d'une nappe de thalweg, nous n'aurons qu'à suivre la méthode qui nous a servi pour démontrer le corollaire IV (p. 73).

Soient b l'ordonnée de la nappe supérieure du régime permanent à l'instant $t = 0$;
y, l'ordonnée à l'instant t;
p, la hauteur de la contrenappe;
K′, le coefficient variable $\frac{p}{y}$;
K, le coefficient $\frac{p}{b}$;
H, l'apport pluvial de la crue par mètre carré et par seconde;
h, l'apport pluvial du régime permanent;
h', l'apport pluvial qui entretiendrait le régime permanent avec l'ordonnée y;
$\alpha = \frac{b}{\mu a^2}$, le coefficient de l'équation (73).

L'équation de continuité (69) appliquée à l'instant t nous donne :

$$\left(\frac{dy}{dt}\right) = \frac{H}{m} - \frac{h'}{m}.$$

On a, d'après l'hypothèse fondamentale relative à la répartition du débit dans une nappe de thalweg :

$$h' = \frac{my^2(1 + K')}{\mu a^2};$$

8.

donc :

$$\frac{dy}{dt} = \frac{H}{m} - \frac{y^2(1 + K')}{\mu a^2}.$$

d'où, en séparant les variables :

$$(173) \qquad \frac{dy}{\dfrac{\mu a^2 H}{m} - (1 + K')y^2} = \frac{dt}{\mu a^2}.$$

Si on remplaçait K' par sa valeur $\left(\dfrac{p}{y}\right)$, on aurait une équation immédiatement intégrable; mais le résultat serait d'un maniement difficile pour l'extension de cette théorie aux nappes à fond incliné. Il vaut mieux avoir recours à la méthode de fausse position, supposer d'abord K' constant et égal à K. Dans la plupart des circonstances, cette simplification sera suffisamment exacte. Si on en reconnaît la nécessité, on modifiera la valeur de K dans un deuxième essai.

Le grand avantage de ce procédé consiste en ce que l'intégration de l'équation (173) peut se faire immédiatement. Cette équation ne diffère de l'équation (76 *bis*) que par le changement de

$$a^2 \quad \text{en} \quad \left(\frac{a^2}{1 + K}\right);$$

de sorte qu'on peut écrire immédiatement le résultat de l'intégration, c'est-à-dire la formule exacte (81), ou la formule simplifiée (83). Il suffit d'y changer α en $\dfrac{b}{\mu a^2}$ ou

$$\frac{(1 + K)b}{\mu a^2} \quad \text{ou} \quad (1 + K)\alpha.$$

Toutes les considérations développées dans la note A pour déduire le débit des nappes de la formule fondamentale (81) qui donne la valeur de l'ordonnée au faîte sont applicables ici.

Par conséquent, les formules (165), (166), (167), (168), (169) et les graphiques correspondants C et F, qui donnent pour une nappe en crue ou en décrue, soit l'ordonnée au faîte, soit le débit, sont applicables aux nappes de thalweg comme aux nappes d'affleurement, à la seule condition de changer α en $(1 + K)\alpha$.

2° *Cas d'une nappe de thalweg à fond incliné.* — Rappelons que, d'après le corollaire V (page 75), une nappe d'affleurement à fond incliné en crue a la même montée du faîte qu'une nappe à fond horizontal qui aurait une ordonnée au faîte égale à $\left(b_0 + \dfrac{B\varepsilon a}{2}\right)$ et une longueur de versant égale à Aa, A et B étant des coefficients qui ne dépendent que de la valeur de la pente hydraulique de la nappe à fond incliné et dont les valeurs numériques sont données par les colonnes 9 et 10 du tableau E et par le graphique 36 (pl. XIII). Pour avoir la formule de l'ordonnée au faîte de la nappe de thalweg à fond incliné et le débit de la source, il suffit de faire les changements (95 *bis*) dans la formule (168) et, en outre, de remplacer α par $(1 + K)\alpha$.

Le coefficient α de la formule (97) est donc remplacé par :

$$(174) \qquad (1+\mathrm{K})\alpha \quad \text{ou} \quad \frac{(1+\mathrm{K})\left(b_0+\dfrac{\mathrm{B}\varepsilon a}{2}\right)}{\mu \mathrm{A}^2 a^2}.$$

Il est souvent utile de mettre ce coefficient sous une autre forme. δ' étant le coefficient d'absorption afférent à la nappe supérieure, considérée comme nappe d'affleurement, on a (équation 125 bis) :

$$(175) \qquad \delta' = \frac{\left(b_0+\dfrac{\mathrm{B}\varepsilon a}{2}\right)}{\mathrm{A}a}.$$

Pour une nappe de thalweg, δ étant le coefficient d'absorption de la nappe totale, on a (§ 35) :

$$(176) \qquad \delta' = \frac{\delta}{\sqrt{1+\mathrm{K}}}.$$

Substituant (175) et (176) dans (174), on trouve :

$$(177) \qquad (1+\mathrm{K})\alpha = \frac{\delta\sqrt{1+\mathrm{K}}}{\mu \mathrm{A}a},$$

formule dans laquelle n'apparaissent plus la hauteur de la nappe au faîte b_0 et la pente ε.

Remarques. — $1°$ Rappelons que, pour calculer le débit de la source du contreversant, il faut multiplier par $\left(\dfrac{\mathrm{L}-a}{a}\right)$ le débit de la source du versant, mais que le résultat obtenu risque d'être plus ou moins inexact lorsque le versant et le contreversant ont des longueurs très différentes. Alors intervient, en effet, l'influence du déplacement horizontal du faîte dont les formules ne tiennent pas compte.

$2°$ *Applications pratiques des formules ci-dessus.* Les formules peuvent être appliquées à tous les cas de crues ou de décrues, sous les réserves que nous avons faites, et en outre, sous cette condition que *le point de départ ($t = $ zéro) de la période considérée soit toujours le régime permanent de la nappe.*

La crue ou la décrue peut être *postérieure* au point de départ, auquel cas t est positif.

Elle peut être *antérieure*, auquel cas t est négatif.

Les tableaux Y et Z qui figurent au chapitre IX et les graphiques C et F s'appliquent aux crues et aux décrues des nappes de thalweg, comme à celles des nappes d'affleurement. Le premier cas ne diffère du second que par la valeur de l'argument x du tableau et du graphique, qui est égal à αt pour les sources d'affleurement et à $(1+\mathrm{K})\alpha t$ pour les sources de thalweg.

$3°$ *Évaluation du rapport $\dfrac{\mathrm{H}}{h}$.* La plus grande difficulté pratique que l'on rencontrera dans l'application des formules sera l'évaluation des apports pluviaux qui parviennent réellement à la nappe, c'est-à-dire du rapport $\left(\dfrac{\mathrm{H}}{h}\right)$.

Ce rapport varie beaucoup, pour une même hauteur de pluie, suivant les époques de l'année. Il atteint son maximum en hiver et son minimum à la fin de l'été. Il varie aussi suivant le climat, les terrains, les cultures, etc. C'est une *constante locale* d'une nature particulière.

Nous donnons, au chapitre IX, une méthode qui permet de calculer la valeur du rapport $\left(\dfrac{H}{h}\right)$ pour des périodes de temps un peu longues, par exemple, *par saison.* Cette méthode exige qu'on possède une statistique des débits des sources embrassant plusieurs années, afin d'éliminer autant que possible l'influence des causes perturbatrices.

Pour ce même motif, les formules ci-dessus devront toujours être appliquées à des périodes un peu longues, pour pouvoir donner des résultats acceptables. Cela revient à admettre que le résultat final d'une période de crues et de décrues alternatives ayant donné lieu au total à un apport pluvial réel qui, réparti par seconde, serait égal à H, est le même que s'il s'était produit une crue régulière avec un apport pluvial relatif uniforme égal à $\left(\dfrac{H}{h}\right)$.

37. Détermination de l'axe séparatif de la nappe et de la contrenappe. — Dans les figures 45 (pl. XIV) et 46 (pl. XVI), nous avons figuré les courbes des nappes supérieures et inférieures comme se raccordant tangentiellement par leur sommet; mais quand une nappe est interrompue par un captage à une certaine distance en amont de la source, il n'y a plus de sommet apparent, et il faut déterminer *le plan séparatif de la nappe et de la contrenappe.*

D'après l'hypothèse fondamentale qui nous a servi de base, les ordonnées de la nappe supérieure et celles de la contrenappe virtuelle sont dans le même rapport que les débits.

Cette condition détermine la position de l'axe séparatif de ces nappes.

Soit une nappe de thalweg N (fig. 50, pl. XVI) ayant un faîte D, un fond imperméable FF' et assujettie à s'écouler par une section verticale AB.

Appelons H la hauteur LD du faîte au-dessus du seuil, P la profondeur LF au-dessous, Y la hauteur AB de l'orifice.

Si l'on joint DB, FA, ces deux lignes se couperont en un point O. Menant par ce point une horizontale OE, on partagera la hauteur totale de la nappe et la hauteur de l'orifice en deux parties proportionnelles.

OE est donc l'axe séparatif des nappes supérieure et inférieure.

On trouve facilement :

$$(178)\quad \begin{cases} DE = (H - Y)\dfrac{H+P}{H+P-Y}; \qquad CB = (H - Y)\dfrac{Y}{H+P-Y}; \\[2mm] EF = P\dfrac{H+P}{H+P-Y}; \qquad CA = P\dfrac{Y}{H+P-Y}. \end{cases}$$

Nous aurons l'occasion d'appliquer ces formules.

38. Formation des cours d'eau. — Les cours d'eau sont alimentés de deux manières :

1° D'une manière *intermittente*, et 2° d'une manière *continue.*

L'alimentation *intermittente* leur vient des eaux de ruissellement qui coulent à la surface du sol pendant les pluies, et qui se rendent au thalweg le plus voisin par les plus courts chemins qui s'offrent à elles.

Le ruissellement ne dure pas longtemps. Dans les terrains perméables, il cesse quelques minutes après la pluie.

Dès que les eaux de ruissellement sont parvenues au thalweg dont elles dépendent, elles prennent leur cours vers la mer en passant successivement par les rivières des divers ordres dans lesquelles elles produisent des *crues*. Elles ne quittent plus le lit des cours d'eau. Cependant dans la traversée de certains terrains très perméables et des terrains crevassés à gouffres ou à bétoires, il arrive qu'elles disparaissent et viennent se mêler à des nappes souterraines qui les ramènent au jour plus ou moins loin, quelquefois seulement à la mer.

L'alimentation *continue* des cours d'eau est généralement plus importante que l'alimentation intermittente. C'est elle qui forme leur *débit ordinaire* et soutient leur *débit d'étiage* pendant les sécheresses.

Elle est uniquement due aux sources.

Les sources d'affleurement émergent, comme l'indique leur nom, le long des affleurements des couches imperméables, aussi bien sur les flancs des coteaux qu'au fond des thalwegs. Leur succession constitue ce qu'on nomme les *niveaux d'eaux*.

Très nombreuses dans les terrains imperméables, elles se localisent et deviennent plus rares et aussi plus fortes dans les terrains perméables.

Les sources d'affleurement sont les plus visibles et paraissent les plus nombreuses; cependant leur rôle est généralement moins important pour la formation des cours d'eau que celui des sources de thalweg.

Ces dernières sont généralement invisibles; quelquefois elles émergent un peu au-dessus du cours d'eau. C'est l'exception.

Le plus souvent, elles sourdent dans le cours d'eau lui-même par la berge ou par le fond du lit, au pied des coteaux de la vallée, et dans l'état ordinaire des eaux, elles sont invisibles.

Ce sont elles qui apparaissent et sortent de terre avec violence, quand on fait des épuisements à l'emplacement des ouvrages d'art.

Les figures 51, 52, pl. XVII, montrent la disposition des nappes de thalweg de chaque côté d'une vallée.

Dans la figure 51, le cours d'eau a un lit profond, et les nappes pénètrent dans le cours d'eau par les berges et par le fond.

Dans la figure 52, la vallée est plate, le cours d'eau est à fleur de terre, les nappes affleurent au pied des coteaux, toute la vallée est humide. Il y a formation d'un marais. C'est un cas fréquent dans les vallées ouvertes dans la craie.

Théoriquement un cours d'eau peut donc se définir de la manière suivante :

C'est l'épanchement au jour des sources des deux nappes de thalweg qui sont formées de chaque côté de la vallée.

Théoriquement ces lignes de sources sont *continues*, de sorte que le débit du cours d'eau s'accroît d'une *manière continue* de l'amont vers l'aval.

En fait, les sources ne sont pas continues. Elles ont des points d'élection, mais la loi de l'accroissement du débit dans le sens du courant persiste.

L'expérience confirme parfaitement cette conséquence de la théorie.

Comment se répartissent les eaux pluviales d'infiltration entre les divers thalwegs d'un bassin ?

C'est là une question fort complexe et dont la solution dépend essentiellement des pentes du fond imperméable et des pentes des thalwegs.

La théorie va nous fournir à ce sujet des éclaircissements précieux.

39. Des nappes primaire et secondaire. Répartition des eaux entre les deux thalwegs. — Jusqu'à présent nous n'avons considéré que des *nappes ayant un mouvement normal à l'axe du thalweg* dans lequel elles se déversent, et nous avons supposé implicitement ce thalweg horizontal ou très peu incliné.

Or cette circonstance représente un état exceptionnel assez rare. Généralement la pente du thalweg n'est pas négligeable.

La ligne de plus grande pente du fond imperméable n'est pas toujours dirigée normalement au thalweg.

Elle lui est même plus souvent parallèle que perpendiculaire.

Les phénomènes géologiques qui donnent aux couches de l'écorce terrestre leur inclinaison ne sont pas en relation nécessaire avec les directions favorables à la formation des thalwegs. La pente du fond imperméable peut donc prendre une direction quelconque par rapport à l'axe du thalweg considéré.

Dans le cas général, ainsi que nous l'avons dit au paragraphe 10, le mouvement réel d'un élément prismatique vertical d'une nappe aquifère peut se décomposer en deux mouvements composants :

Un mouvement normal au thalweg considéré et un mouvement parallèle à ce thalweg.

Le premier donne lieu à la formation d'une nappe *virtuelle* que nous appellerons *la nappe primaire*.

Le deuxième donne lieu à la formation d'une nappe *virtuelle* que nous appellerons *la nappe secondaire*.

Il importe d'examiner dans quelle mesure ces nappes s'influencent réciproquement.

Nous avons indiqué aux paragraphes 10, 10 *bis*, les méthodes qui permettent de poser le problème des nappes dans sa généralité. Malheureusement l'intégration des équations ne peut se faire que dans un petit nombre de cas.

Pour parvenir à des résultats, il faut s'aider de quelques exemples simples, d'où nous tirerons ensuite quelques principes généraux, en étudiant séparément : 1° Les débits des nappes; 2° les trajectoires des filets liquides.

ÉTUDE DES DÉBITS DES NAPPES.

1er cas. **Vallée à pente transversale nulle.** — Ce cas sera lui-même subdivisé en deux autres.

a. *Nappe de thalweg primaire dans une vallée de longueur indéfinie.* — Admettons d'abord : 1° un thalweg primaire de longueur indéfinie.

Dans ce cas, la nappe primaire est la même pour toutes les sections normales au thalweg et la nappe secondaire se réduit nécessairement à un *courant uniforme parallèle à l'axe de ce thalweg*.

Comme la pente transversale du fond est nulle, la nappe transversale est une ellipse.

Le débit du courant s'obtiendra en multipliant par sa vitesse $\frac{\varepsilon}{\mu}$ la section transversale de la nappe.

Cette section se compose du quart d'ellipse de la nappe supérieure et du rectangle formé par la contrenappe. Le débit en question est donc :

$$(182) \qquad Q'' = \frac{m}{\mu} \varepsilon a \left(\frac{\pi}{4} b + p \right).$$

Dans l'hypothèse toute théorique d'un thalweg indéfini, ce débit ne nuit pas au débit de la nappe primaire.

b. *Nappe de thalweg dans une vallée longue et étroite.* — Il en est autrement dans la réalité. Même dans le cas d'une vallée très longue et très étroite, le débit du courant secondaire est nécessairement prélevé sur l'apport pluvial général.

c étant la longueur du thalweg primaire, on a pour son débit :

$$Q' = \frac{m}{\mu} c \frac{b\,(b+p)}{a}$$

et le rapport des débits secondaire et primaire est :

$$(183) \qquad \frac{Q''}{Q'} = \frac{\varepsilon}{\left(\frac{b}{a} \right)} \frac{a}{c} \frac{\frac{\pi}{4} b + p}{b + p}.$$

D'après cette formule, qui est d'autant plus près d'être exacte que le versant est plus long et plus étroit, la fraction de l'apport pluvial qui échappe au thalweg primaire et qui est tributaire du thalweg secondaire est proportionnelle à la pente du fond et à la largeur du versant, et en raison inverse de sa longueur.

2ᵉ cas. **Nappe d'affleurement à fond horizontal déversant ses eaux suivant quatre lignes d'affleurement formant un rectangle.** (Fig. 54, pl. XVII.) — Appelons :

2c la longueur DE de l'affleurement secondaire;

2a la longueur GD de l'affleurement primaire;

b l'ordonnée au faîte.

Si l'on veut qu'une pareille nappe ait des sections elliptiques dans les plans parallèles aux axes, on prendra pour son équation :

$$(184) \qquad y = \frac{b}{ac} \sqrt{(a^2 - x^2)(c^2 - z^2)}.$$

On aura pour les débits d'une section verticale de 1 mètre de largeur, suivant les x et suivant les z :

$$(185) \qquad q' = -\frac{m}{\mu} y \frac{dy}{dx} = \frac{m}{\mu} \frac{b^2}{a^2 c^2} x (c^2 - z^2);$$

$$(186) \qquad q'' = -\frac{m}{\mu} y \frac{dy}{dz} = \frac{m}{\mu} \frac{b^2}{a^2 c^2} z (a^2 - x^2);$$

$$(187) \qquad \begin{cases} \dfrac{dq'}{dx} = \dfrac{m}{\mu} \dfrac{b^2}{a^2 c^2} (c^2 - z^2); \\[2mm] \dfrac{dq''}{dz} = \dfrac{m}{\mu} \dfrac{b^2}{a^2 c^2} (a^2 - x^2). \end{cases}$$

Pour avoir les volumes d'eau débités par la nappe le long des affleurements, il faut faire $x = a$ dans (185), $z = c$ dans (186), on trouve ainsi :

$$q' = \frac{m}{\mu} \frac{b^2}{a^2 c^2} (c^2 - z^2); \qquad q'' = \frac{m}{\mu} \frac{b^2}{a^2 c^2} (a^2 - x^2).$$

Ces débits sont ceux des nappes primaire et secondaire. Ils vont en diminuant depuis le milieu de l'affleurement jusqu'au confluent des thalwegs, où ils sont égaux à zéro.

Intégrant ces débits, de o à z, et de o à x, on aura les volumes d'eau cherchés :

$$(188) \qquad \begin{cases} Q' = \dfrac{2}{3} \dfrac{m}{\mu} b^2 \dfrac{a}{c} \\[2mm] Q'' = \dfrac{2}{3} \dfrac{m}{\mu} b^2 \dfrac{c}{a} \end{cases}$$

dont le rapport est

$$(189) \qquad \frac{Q''}{Q'} = \frac{a^2}{c^2}.$$

Le débit total de la nappe est la somme de Q' et de Q'' : il est égal à hac, h étant l'apport pluvial moyen par mètre carré. On a donc :

$$(190) \qquad h = \frac{2}{3} \frac{m}{\mu} b^2 \frac{a^2 + c^2}{a^2 c^2}.$$

On a, d'après l'équation de continuité, pour l'apport réel au point x, z (équation 21) :

$$(191) \qquad h_1 = \left(\frac{dq'}{dx}\right) + \left(\frac{dq''}{dz}\right);$$

soit, d'après (187) :

$$(192) \qquad h_1 = \frac{m}{\mu} \frac{b^2}{a^2 c^2} (a^2 + c^2 - x^2 - z^2).$$

Cet apport varie. Il est maximum au faîte où il est égal aux $\frac{3}{2}$ de l'apport moyen, et il diminue à mesure qu'on s'éloigne du faîte, en se réduisant à zéro sur les lignes d'affleurement. Les cercles concentriques au faîte sont des lignes d'égal apport pluvial. L'apport pluvial réel est égal à l'apport pluvial moyen sur le cercle qui a pour rayon :

$$\sqrt{\frac{a^2 + c^2}{3}}.$$

La nappe à base rectangulaire de l'équation (184) n'est donc pas la nappe à apport pluvial uniforme. L'équation de cette dernière serait plus compliquée.

3e cas. Nappe d'affleurement ellipsoïdale à fond horizontal (fig. 62, pl. XIX). — La nappe en forme d'ellipsoïde satisfait à la condition d'un apport pluvial uniforme. Son équation est :

$$(193) \qquad y = \frac{b}{ac}\sqrt{a^2 c^2 - a^2 z^2 - c^2 x^2}.$$

On a pour les débits suivants les x et les z (§ 10) :

$$(194) \qquad q' = \frac{m}{\mu}\frac{b^2}{a^2}x; \qquad q'' = \frac{m}{\mu}\frac{b^2}{c^2}z;$$

$$(195) \qquad \frac{dq'}{dx} = \frac{m}{\mu}\frac{b^2}{a^2}; \qquad \frac{dq''}{dz} = \frac{m}{\mu}\frac{b^2}{c^2}.$$

Comme dans le cas précédent, les débits primaire et secondaire vont en diminuant à partir des axes BA, BC, où ils atteignent leur maximum $\frac{m}{\mu}\frac{b^2}{a}$, $\frac{m}{\mu}\frac{b^2}{c}$.

On a pour l'apport pluvial en un point quelconque :

$$(196) \qquad h = \left(\frac{qd'}{dx}\right) + \left(\frac{dq''}{dz}\right) = \frac{m}{\mu}b^2\frac{(a^2 + c^2)}{a^2 c^2}.$$

Cet apport total est uniforme.

On a pour le débit total de la nappe :

$$(197) \qquad \frac{\pi}{4}ach = \frac{m}{\mu}\frac{\pi}{4}b^2\frac{(a^2 + c^2)}{ac}.$$

Le débit versé sur la ligne d'affleurement par mètre de longueur a pour expression :

$$(198) \qquad q = q'\sin\alpha + q''\cos\alpha,$$

en posant :

$$x = a\sin\alpha, \qquad z = c\cos\alpha;$$

substituant dans (198), on obtient pour le débit réel :

$$q = \frac{m}{\mu}\frac{b^2}{ac}(c\sin\alpha + a\cos\alpha).$$

Ce débit est maximum pour $\tan\alpha = \frac{c}{a}$, direction donnée par la ligne BF symétrique de la diagonale par rapport à la bissectrice des axes. Ce débit maximum est égal à :

$$q_m = \frac{m}{\mu} \frac{b^2 \sqrt{a^2 + c^2}}{ac}.$$

Cherchons maintenant le volume d'eau Q versé sur la ligne d'affleurement entre le sommet C sur l'axe des zz et un point quelconque x, z.

On a :

$$dQ = q''dx - q'dz = \frac{m}{\mu} b^2 \left(\frac{dx}{c^2} - \frac{xdz}{a^2} \right)$$
$$= \frac{m}{\mu} \frac{b^2}{a^3 c} \left(\frac{a^4 + (c^2 - a^2)x^2}{\sqrt{a^2 - x^2}} \right) dx.$$

Intégrant à partir de $x = a$, on trouve :

$$(199) \qquad Q = \frac{m}{\mu} \frac{b^2}{2ac} \left[(a^2 + c^2) \text{ arc sin} \frac{x}{a} - \left(\frac{c^2 - a^2}{a^2} \right) x \sqrt{a^2 - z^2} \right].$$

Entre le point C et le point M, c'est-à-dire dans l'angle qui regarde le thalweg secondaire, le volume d'eau versé s'obtient en faisant dans la valeur de Q :

$$\frac{a}{c} = \frac{x}{z} = \frac{a \sin \alpha}{c \cos \alpha} \quad \text{d'où} \quad \text{arc sin} \frac{x}{a} = \frac{\pi}{4}.$$

On trouve :

$$Q'' = \frac{m}{\mu} \frac{b^2}{2ac} \left((a^2 + c^2) \frac{\pi}{4} - \frac{(c^2 - a^2) ac}{2(c^2 + a^2)} \right).$$

On aurait Q' en changeant a en c.
On trouve :

$$\text{Pour } \frac{c}{a} = 2 \qquad \frac{Q''}{Q'} = 0,73.$$

Mais on aurait un rapport plus exact des volumes d'eau versés du côté des thalwegs primaire et secondaire en cherchant la position du filet liquide BED dont le prolongement passe par le sommet D de la diagonale du rectangle. Nous verrons plus loin qu'en ce point on a :

$$\sin \alpha = 0,525; \qquad \cos \alpha = 0,852; \qquad \alpha = 0,553.$$

Portant ces valeurs dans (199), on trouve, pour les débits totaux versés du côté des deux thalwegs :

$$\text{thalweg primaire, } 1,607 \frac{m}{\mu} b^2;$$

$$\text{thalweg secondaire, } 0,356 \frac{m}{\mu} b^2.$$

Ces débits sont entre eux comme 1 et 4,51.

Ces exemples démontrent que, dans les cas ordinaires, la loi de répartition des débits totaux entre les thalwegs primaire et secondaire en raison inverse du carré de leurs longueurs respectives est à peu près exacte.

4ᵉ cas général. — Dans le cas général d'un fond imperméable en pente, on peut établir la loi de répartition des débits par les considérations suivantes :

La figure 55, pl. XVII, représente la nappe en perspective.

Appelons :

A′, A″, la différence d'altitude du faîte B commun aux deux nappes et du milieu du thalweg primaire et secondaire ;

V, le volume d'eau contenu dans la nappe de thalweg entière, nappe et contrenappe ;

a, c, les longueurs des versants primaire et secondaire de la nappe supposée avoir la forme d'un rectangle en plan horizontal.

La pente moyenne de la nappe primaire est proportionnelle à :

$$\frac{A'}{a}.$$

Sa section moyenne peut être représentée par le quotient :

$$\frac{V}{a}.$$

Son débit serait donc représenté par :

$$\frac{A'V}{a^2}.$$

Le débit de la nappe secondaire serait représenté par :

$$\frac{A''V}{c^2}.$$

Le rapport des débits des nappes secondaire et primaire est donc égal à :

$$(200) \qquad \frac{Q''}{Q'} = \frac{A''}{A'} \frac{a^2}{c^2}.$$

On peut donc énoncer la proposition suivante, qui n'a qu'un caractère d'approximation :

Le débit total versé dans chaque thalweg est : 1° proportionnel à la différence de niveau qui existe entre le faîte général de la nappe et le milieu de chaque thalweg ; 2° en raison inverse du carré de la longueur de son versant.

On a, d'après nos notations :

$$A'' = b_0 + \varepsilon \left(c \cos\alpha + \frac{a\sin\alpha}{2} \right);$$

$$A' = b_0 + \varepsilon \left(\frac{c\cos\alpha}{2} + a\sin\alpha \right).$$

Les longueurs $c\cos\alpha$, $a\sin\alpha$, sont représentées par les lignes FK, FH, sur la figure 56, pl. XVII.

Menons la ligne indéfinie LFL′ normale à la diagonale EG. On constate facilement les propriétés suivantes :

Si la direction FP *de la pente du fond, tracée à partir du faîte, passe au-dessus de la ligne* LL′, *on a* : $c \cos \alpha < a \sin \alpha$; $\frac{A''}{A'} < 1$ *et* $\frac{Q''}{Q'} < \frac{a^2}{c^2}$. *C'est l'inverse si la ligne* FP *passe au-dessous de la ligne* LL′.

Cette proposition, qui n'a, comme la précédente, qu'un caractère d'approximation, permet cependant d'évaluer d'une manière rapide et assez exacte, dans bien des cas, l'importance relative des volumes d'eau qui sont reçus par chacun des thalwegs.

On trouvera des applications de ces règles au chapitre xiii.

40. Nappe de fond. — L'hypothèse que nous avons adoptée pour le calcul du débit des nappes de thalweg et qui nous paraît se justifier par les considérations théoriques, a évidemment des limites d'application.

Au fond, cette hypothèse consiste à admettre que le mouvement des filets liquides dans la contrenappe s'effectue comme dans la nappe supérieure, c'est-à-dire par filets qu'on peut considérer comme à peu près horizontaux. C'est la condition indispensable pour que la formule fondamentale de Dupuit puisse s'appliquer avec exactitude.

Cette condition n'est plus remplie lorsque la contrenappe a une très grande profondeur.

Par exemple, dans le cas de la figure 57, pl. XVII, où le fond imperméable FF′ est très incliné et très profond, il est évident que la courbe théorique DFA, parcourue par les filets liquides qui passent par le fond de la contrenappe, a une inclinaison notable sur l'horizontale. La longueur du parcours de ces filets dépasse notablement celle du filet correspondant BA de la nappe supérieure. L'hypothèse est évidemment en défaut.

Elle l'est bien davantage encore, si l'on considère les filets liquides de la nappe du contreversant, et, dans ce cas, la courbe théorique DA′ parcourue par le filet liquide extrême de la contrenappe a une longueur beaucoup plus grande que celle de la courbe parcourue par le filet correspondant BA′ de la nappe supérieure.

Il semblerait donc qu'il y a une limite à partir de laquelle l'appel opéré par le thalweg n'est plus assez puissant pour soulever les filets liquides du fond et les amener au jour, auquel cas ceux-ci continuent à cheminer sur le fond imperméable suivant la ligne de plus grande pente, ou plus exactement suivant la ligne de moindre résistance au mouvement.

Cette limite dépend essentiellement de l'allure de la nappe de contreversant B′AD′ qui fait suite à celle que l'on considère.

Si cette dernière était arrêtée par un mur vertical AM, établi sur la rive du thalweg et descendant jusqu'au fond imperméable, l'apport pluvial total irait au thalweg, quelle que fût la profondeur de la nappe.

Le même fait arrivera nécessairement si la nappe de contreversant B′AD′ est puissante, bien alimentée et oppose au courant de fond une sorte de barrage.

Le courant de fond aura plus de chance de prendre de l'importance s'il est favorisé par un appel dans une certaine direction, que cet appel soit produit naturellement par un thalweg plus ou moins éloigné ou par la mer, ou qu'il soit produit artificiellement par un captage profond.

Nous donnons le nom de *nappe de fond* à ce courant qui existe probablement dans tous les terrains perméables d'une certaine profondeur.

Les eaux de la nappe de fond peuvent avoir leur issue à peu de distance du lieu où les pluies les ont déposées, c'est-à-dire dans le même bassin hydrographique. Dans ce cas, elles se retrouvent dans le fleuve ou la rivière qui collecte les cours d'eau de ce bassin.

Mais elles peuvent aussi franchir les limites orographiques de leur bassin d'origine et passer dans un autre bassin, soit par des failles, soit par infiltration à travers les couches profondes qui n'ont qu'une imperméabilité relative.

C'est ainsi que le bassin de Paris verse directement à la mer une partie de ses eaux. Le même phénomène a lieu en Belgique où la pente naturelle des couches en grande partie perméables conduit à la mer une fraction notable des eaux infiltrées dans le sol.

Lorsque ces questions seront mieux connues, on verra que dans un très grand nombre de circonstances, une partie des eaux pluviales se transporte d'un bassin à un autre par la nappe de fond.

Il serait impossible, en l'état actuel des choses, d'indiquer, même approximativement, la limite à laquelle la formule de débit de la nappe du thalweg cesse d'être applicable.

Ce point ne pourra être éclairci que par des applications pratiques; mais ce qu'on peut dire, dès à présent, c'est qu'il faut distinguer deux limites :

1° La limite de profondeur de la contrenappe jusqu'à laquelle la formule est applicable sans modification;

2° La limite de profondeur à laquelle les eaux cessent d'être appelées par le thalweg, et que nous ne pourrions aucunement arbitrer.

Les applications que nous avons faites de la théorie nous ont indiqué que l'appel exercé par une source de thalweg s'exerce sur les parties les plus profondes de la nappe. (Voir chapitres XIII, XVI.) Nous avons trouvé dans le premier de ces exemples une valeur du coefficient K égale à 4,44.

Les principes auxquels nous venons d'être conduit, concernant la répartition de l'apport pluvial, nous paraissent expliquer rationnellement le mode de formation des cours d'eau et la répartition des eaux infiltrées dans le sol entre les divers thalwegs.

41. Trajectoires parcourues par les filets liquides des nappes aquifères. — Propriétés générales. — Exemples. — La théorie que nous avons posée au paragraphe 10 fournit des aperçus généraux sur la manière dont se répartissent les filets liquides dans une nappe, dans l'hypothèse où l'on considère les pressions comme se transmettant suivant la loi hydrostatique, dans toute l'étendue de la verticale.

Dans ce cas, les composantes horizontales de la vitesse des filets liquides sont proportionnelles à l'inclinaison de la ligne de plus grande pente de la surface libre. En chaque point, la direction des filets liquides se confond avec la projection de la ligne de plus grande pente et les lignes de niveau de cette surface leur sont partout normales.

Les équations du paragraphe 10 permettent de démontrer cette propriété.

1° Soit :

$$(205) \qquad\qquad y = \sqrt{Y}$$

l'équation d'une nappe quelconque coulant sur un plan horizontal que nous prendrons pour plan des xz, l'axe des y étant vertical.

On a pour les débits parallèles aux x et aux z :

$$(206) \quad \begin{cases} q' = -\dfrac{m}{\mu} y \left[\left(\dfrac{dy}{dx}\right) - \varepsilon' \right], \\ q'' = -\dfrac{m}{\mu} y \left[\left(\dfrac{dy}{dz}\right) - \varepsilon'' \right]. \end{cases}$$

Sur la ligne d'affleurement, on a $y = 0$. Pour que le débit donné par les formules (206) ne soit pas nul, il faut qu'on ait sur la ligne d'affleurement :

$$\left(\frac{dy}{dx}\right) = \infty ; \qquad \left(\frac{dy}{dz}\right) = \infty.$$

Par conséquent, *le plan tangent à la surface libre de la nappe est vertical tout le long des sources.*

2° L'équation différentielle des filets liquides est, d'après (23 *bis* et *ter*) :

$$(207) \quad \frac{dz}{dx} = \frac{\left(\dfrac{dy}{dx}\right) - \varepsilon''}{\left(\dfrac{dy}{dx}\right) - \varepsilon'}.$$

De cette relation on déduit, pour l'équation des courbes orthogonales des filets liquides :

$$(208) \quad \frac{dz}{dx} = -\frac{\left(\dfrac{dy}{dx}\right) - \varepsilon'}{\left(\dfrac{dy}{dz}\right) - \varepsilon''},$$

qui donne la suivante :

$$\left(\frac{dy}{dx}\right) dx + \left(\frac{dy}{dz}\right) dz - \varepsilon' dx - \varepsilon'' dz = 0.$$

Cette équation est immédiatement intégrable. En intégrant, on obtient :

$$y - \varepsilon' x - \varepsilon'' z = C,$$

C étant une constante arbitraire.

Remplaçant y par sa valeur (205), on a une équation qui ne renferme plus que les coordonnées x et z :

$$(208 \; bis) \quad \sqrt{Y} - \varepsilon' x - \varepsilon'' z = C.$$

C'est l'équation des courbes orthogonales; or cette équation représente évidemment l'intersection de la surface libre de la nappe

$$y = \sqrt{Y}$$

par le plan horizontal

$$y = \varepsilon' x + \varepsilon'' z + C.$$

l'altitude du plan sécant au-dessus de l'origine des axes étant égale à C, ce qui démontre la proposition sus-énoncée :

Dans une nappe quelconque, les filets liquides sont dirigés suivant les lignes de plus grande pente de la surface libre, et les courbes orthogonales de ces filets liquides ne sont autre chose que les lignes de niveau de la surface.

3° *Les courbes orthogonales sont tangentes à la ligne d'affleurement.*

En effet, l'équation de la ligne d'affleurement n'est autre que :

$$Y = o,$$

Y étant une fonction de x et de z. Différentiant, on a pour le coefficient différentiel de cette courbe :

$$(209) \qquad \frac{dz}{dx} = - \frac{\left(\dfrac{dY}{dx}\right)}{\left(\dfrac{dY}{dz}\right)}.$$

Dans la formule (208), on peut remplacer :

$$\left(\frac{dy}{dx}\right) \text{ par } \frac{1}{2\sqrt{Y}}\left(\frac{dY}{dx}\right) \quad \text{et} \quad \left(\frac{dy}{dz}\right) \text{ par } \frac{1}{2\sqrt{Y}}\left(\frac{dY}{dz}\right).$$

Substituant dans (208), il vient :

$$(210) \qquad \frac{dz}{dx} = - \frac{\left(\dfrac{dY}{dx}\right) - 2\varepsilon'\sqrt{Y}}{\left(\dfrac{dY}{dz}\right) - 2\varepsilon''\sqrt{Y}}.$$

Sur la ligne d'affleurement, on a $Y = o$, et les dérivées partielles sont infinies. Les formules (208) et (210) s'identifient. Les orthogonales sont donc tangentes à la ligne d'affleurement.

4° Si l'on coupe la nappe par des plans horizontaux de plus en plus élevés, on obtient des courbes orthogonales qui *s'enveloppent* les unes les autres sans se toucher. À mesure que le plan s'élève, il circonscrit des courbes *fermées* de plus en plus étroites. Au faîte les courbes se réduisent à un point.

Les filets liquides, étant normaux aux courbes orthogonales, passent nécessairement par le faîte.

Si la ligne d'affleurement est entièrement fermée et concave vers l'intérieur, il est évident qu'il ne peut y avoir qu'un seul faîte. Ce cas est le plus fréquent.

Donc, en général, tous les filets liquides rayonnent d'un faîte général.

Si la ligne d'affleurement présente des parties rentrantes, il peut y avoir plusieurs faîtes, mais de chacun d'eux partira un faisceau de filets liquides qui rayonnera dans toutes les directions.

Dans tous les cas, les *faîtes* et les *dépressions*, ou *cols*, sont déterminés par les équations :

$$(211) \qquad \left(\frac{dY}{dx}\right) = o, \qquad \left(\frac{dY}{dz}\right) = o.$$

Pour s'assurer qu'on a affaire à un faîte, et non à une dépression, on cherchera le signe des dérivées secondes qui donnent le sens de la courbure. L'une de ces dernières au moins est nécessairement négative puisque, d'après l'équation (26), leur somme est négative.

Il s'agira donc d'un faîte, si l'on a à la fois :

$$(212) \qquad \left(\frac{d^2Y}{dx^2}\right) < 0; \qquad \frac{d^2Y}{dz^2} < 0,$$

et d'une dépression si l'une de ces dérivées secondes est positive.

Nous appliquerons ces principes à quelques cas simples dont quelques-uns ont été déjà étudiés plus haut au point de vue des débits des sources.

1er cas. Vallée de longueur indéfinie, avec pente de fond dirigée parallèlement au thalweg (fig. 58, 58 *bis*, pl. XVIII). — La pente transversale du fond étant supposée nulle, le profil transversal de la nappe est une ellipse et on a :

$$\frac{dz}{dx} = \frac{c}{\left(\dfrac{dy}{dx}\right)},$$

$\left(\dfrac{dy}{dx}\right)$ étant la tangente de l'ellipse.

$$\frac{dy}{dx} = -\frac{b}{a}\frac{x}{\sqrt{a^2 - x^2}}.$$

Substituant cette valeur, il vient :

$$dz = -\frac{a\varepsilon}{b}\frac{\sqrt{a^2 - x^2}}{x}\,dx.$$

On intègre en posant :

$$a^2 - x^2 = u^2,$$

u étant une variable auxiliaire, et on trouve pour l'équation de la trajectoire du filet liquide :

$$(213) \qquad z = \frac{a\varepsilon}{b}\left[\frac{a}{2}\log\text{nep}\left(\frac{a + \sqrt{a^2 - x^2}}{a - \sqrt{a^2 - x^2}}\right) - \sqrt{a^2 - x^2}\right].$$

La courbe est facile à construire par points en donnant à $\frac{\sqrt{a^2 - x^2}}{a}$ des valeurs successives. C'est ce que nous avons fait sur la figure 58, en faisant $\frac{a\varepsilon}{b} = 1$.

La courbe est ascendante. Elle est normale à l'axe du thalweg, s'élève d'abord lentement, puis plus rapidement à mesure qu'elle s'approche de la ligne du faîte, dont elle est asymptote; nous avons déjà vu que, dans ce cas théorique d'une vallée de longueur indéfinie, le débit de la nappe du thalweg est le même que s'il n'y avait pas de pente; la pente du fond a seulement pour résultat d'infléchir les filets liquides, de sorte *que ceux qui sont situés dans le voisinage de la ligne de faîte ne parviennent au thalweg qu'à une grande distance en aval de leur point de départ.*

Nous retrouverons cette loi dans toutes les applications.

2ᵉ cas. Nappe d'affleurement sur fond imperméable rectangulaire, horizontal, à sections elliptiques (fig. 59, pl. XVIII). — En se reportant au paragraphe 39, on formera l'équation différentielle des filets liquides en prenant le rapport des débits primaire et secondaire (équations 185, 186) :

$$(214) \qquad \frac{dz}{dx} = \frac{z\,(a^2 - x^2)}{x\,(c^2 - z^2)}.$$

Séparant les variables, on intègre facilement et on obtient pour équation de la trajectoire d'un filet liquide :

$$(215) \qquad c^2 \log \text{nep} \frac{d}{z} - \frac{d^2 - z^2}{2} = a^2 \log \text{nep} \frac{a}{x} - \frac{a^2 - x^2}{2}.$$

Cette équation donne le filet qui coupe la ligne d'affleurement primaire à une distance $z = d$, d étant une longueur arbitraire.

La figure 59 indique les trajectoires des filets liquides. Ces filets abordent normalement les deux lignes de thalweg. En faisant $d = c$, on a la courbe FD, qui forme *ligne de partage des eaux entre les thalwegs primaire et secondaire* et qui est bissectrice des directions des deux thalwegs à leur confluent. La ligne de partage des eaux dessine parfaitement les deux versants dont la forme rappelle celle d'un comble de toiture.

La figure 59 montre que :

Tous les filets liquides rayonnent du faîte général.

3ᵉ cas. Nappe d'affleurement, en forme d'ellipsoïde sur fond horizontal. — Des équations (194) on tire, pour l'équation différentielle des filets liquides (fig. 62, pl. XIX) :

$$(216) \qquad \frac{dz}{dx} = \frac{a^2 z}{c^2 x}.$$

Ces filets liquides abordent normalement l'ellipse qui constitue la ligne d'affleurement.

Intégrant (216) et désignant par d l'ordonnée du filet liquide considéré sur la parallèle à l'axe des z menée par le point $x = a$, on a, pour l'équation de ce filet liquide :

$$(217) \qquad \frac{z}{d} = \left(\frac{x}{a}\right)^{\frac{a^2}{c^2}}.$$

En particulier, le filet liquide qui passe par le point D, extrémité de la diagonale du rectangle FGDE, correspond au cas où $d = c$.

Exemple : Soit $c = 2a$. L'équation du filet en question sera :

$$z = c\left(\frac{x}{a}\right)^{\frac{1}{4}}.$$

Il rencontre l'ellipse de base :

$$(218) \qquad z = c \sqrt{1 - \left(\frac{x}{a}\right)^2}$$

en un point pour lequel $\left(\frac{x}{a}\right)$ est donné par l'équation :

$$\left(\frac{x}{a}\right)^2 + \sqrt{\frac{x}{a}} - 1 = 0,$$

qui admet pour racine $\frac{x}{a} = 0,525$.

(217) donne alors $\frac{z}{c} = 0,852$.

La figure 62 indique les trajectoires des filets liquides et montre la prépondérance de ceux qui se dirigent vers le thalweg primaire.

4e cas. Nappe d'affleurement sur fond rectangulaire horizontal, et à apport pluvial uniformément réparti (fig. 60, pl. XVIII). — C'est le mode de répartition pratique des apports pluviaux, et l'examen que nous venons de faire des divers cas théoriques facilitera l'examen de celui qui nous occupe.

On a pour tous les points de la nappe l'équation de continuité

$$(218 \; bis) \qquad \left(\frac{dq'}{dx}\right) + \left(\frac{dq''}{dz}\right) = h.$$

Au faîte F, ces dérivées partielles sont, en raison de la symétrie, comme dans le 3e cas ci-dessus, proportionnelles aux carrés des longueurs des versants :

$$(219) \qquad \left(\frac{dq'}{dx_0}\right) = \frac{c^2}{a^2 + c^2} h \qquad \left(\frac{dq''}{dx_0}\right) = \frac{a^2}{a^2 + c^2} h.$$

Le long de l'affleurement primaire, la vitesse des filets parallèles aux zz est nulle, on a constamment $q'' = 0$; par conséquent la dérivée $\left(\frac{dq''}{dz}\right)$ est aussi nulle et l'équation $(218 \; bis)$ donne simplement :

$$\left(\frac{dq'}{dx}\right) = h.$$

On trouverait de même, le long de l'affleurement DE parallèle aux xx :

$$\left(\frac{dq''}{dz}\right) = h.$$

Construisons la courbe des débits sur les lignes de faîte (fig. 61, pl. XIX), en prenant $c = 2a$.

BA, BC, représentent les longueurs des deux versants.

BH, Bm', Bm'', des droites ayant des inclinaisons sur l'horizontale proportionnelles à h et aux coefficients contenus dans les formules (219).

BA', BC' représentent en traits pleins les courbes des débits q', q'', tracées approximativement au moyen des tangentes extrêmes.

Comme on le voit, ces débits sont moindres que ceux de la nappe à section en ellipse, ce qui s'explique puisque, dans ce dernier cas, le volume d'eau versé par les affleurements aux extrémités de la diagonale DF était nul.

Dans le cas de la figure, la longueur de l'un des versants étant double de l'autre et ses débits sur les lignes de faîte étant proportionnels à c et a, on a nécessairement :

$$AA' = 2CC'.$$

Les rapports des formules (219) sont alors respectivement égaux à $\frac{4}{5}$ et $\frac{1}{5}$. Il s'ensuit que pour la courbe du versant primaire, l'inclinaison varie de $\frac{4}{5}$ à 1. La courbe du débit est presque rectiligne et le profil de la nappe diffère peu d'une ellipse.

Pour l'autre versant, l'inclinaison de la courbe du débit passe de $\frac{1}{5}$ à 1, et ce changement a lieu principalement dans le voisinage de l'affleurement. La courbe de la nappe ressemble donc à deux ellipses raccordées, l'une qui aurait pour longueur de versant c, et l'autre, plus courte, qui aurait pour longueur de versant CL.

Pour calculer l'ordonnée b de la nappe au faîte, on remarquera que l'on a :

$$q = -\frac{m}{\mu} y \frac{dy}{dx} \quad \text{d'où} \quad y \frac{dy}{dx} = -\frac{\mu q}{m},$$

et en intégrant :

$$b^2 = \frac{2\mu}{m} \int_{x=0}^{x=a} q \, dx \quad .$$

Or l'intégrale sous le signe $\int$ n'est autre chose que l'aire du triangle curviligne BAA' de la figure 61, qui est sensiblement égale à

$$\frac{1}{2} a \times AA'.$$

AA' est compris entre $ha \frac{c^2}{c^2 + a^2}$ et ha.

Suivant qu'on adoptera l'une ou l'autre valeur, on trouvera :

$$b = \sqrt{\frac{\mu h}{m}} \frac{ac}{\sqrt{c^2 + a^2}} \qquad \text{ou} \qquad b = \sqrt{\frac{\mu h}{m}} \, a.$$

Pour le cas de $c = 2a$, la différence des deux solutions serait de 10 p. 100.

En prenant la moyenne, on aurait l'ordonnée maxima de la nappe à 5 p. 100 près.

Or la longueur d'un versant dépasse généralement le double de sa largeur. Pour que la valeur de b fournie par la considération du versant secondaire soit la même que celle que nous venons de trouver, il faut que les triangles curvilignes BCC' et BAA' aient mêmes surfaces.

La figure 61 a représente approximativement les profils des nappes sur les lignes de faîte. Le trait pointillé indique les ellipses moyennes ayant mêmes axes que les deux nappes.

Ligne de partage des eaux. —— Les débits le long des lignes d'affleurement ne sont nuls en aucun point, puisque l'apport pluvial est partout égal à h.

En raison de la symétrie, les débits sur les points homologues des lignes d'affleurement, c'est-à-dire ceux pour lesquels on a $\frac{x}{a} = \frac{z}{c}$, sont nécessairement proportionnels à c et a.

Par conséquent, on a, pour l'inclinaison de la ligne de partage des eaux au confluent D,

$$\frac{dz}{dx} = \frac{a}{c}.$$

Si l'on ajoute à cette condition cette autre condition que les surfaces des versants primaire et secondaire doivent être proportionnels à

$$c^2 \quad \text{et} \quad a^2,$$

on aura un moyen de tracer approximativement les trajectoires des filets liquides. C'est ce que nous avons fait sur la figure 60, pl. XVIII.

La croupe formée par le partage des eaux est ici encore plus sensible que dans le cas n° 2.

Ainsi que nous l'avons vu au paragraphe 35, si on avait affaire à une nappe de thalweg au lieu d'une nappe d'affleurement, les trajectoires des filets liquides seraient absolument les mêmes, parce que ces trajectoires sont indépendantes de la grandeur absolue de l'apport pluvial h. Or une nappe de thalweg n'est autre chose qu'une nappe d'affleurement dans laquelle l'apport pluvial est divisé par $(1 + K)$.

5e cas. Nappe à plusieurs faîtes. —— En coupant un tore par un plan incliné, on obtient une courbe fermée en forme de croissant plus ou moins prononcé, qu'on peut prendre pour base d'une nappe et qui se prête à l'étude de l'influence des rentrants sur le nombre et la position des faîtes (fig. 63, pl. XIX).

Soient R le rayon OC de giration du tore,

r, le rayon du cercle générateur,

$y = m(x - a)$ l'équation du plan sécant.

L'axe des y vertical coïncide avec l'axe du tore;

Le plan médian est le plan des xz. On a, pour l'équation du tore :

$$y^2 = r^2 - \left(\sqrt{x^2 + z^2} - R\right)^2.$$

Équation de la ligne d'intersection par le plan sécant en projection horizontale :

$$r^2 - m^2 (x - a)^2 - \left(\sqrt{x^2 + z^2} - R\right)^2 = 0.$$

Supposons que cette ligne circonscrive la base d'une nappe, on aura, pour l'équation de la surface libre :

$$(220) \qquad y = \sqrt{Y} = \alpha \sqrt{r^2 - m^2 (x - a)^2 - \left(\sqrt{x^2 + z^2} - R\right)^2},$$

α étant un coefficient constant.

Pour déterminer les coordonnées des faîtes et des dépressions, on a les deux équations (211) qui donnent ici :

$$\alpha^2 \left(- 2m^2 (x - a) - 2 \left(\sqrt{x^2 + z^2} - R\right) \frac{x}{\sqrt{x^2 + z^2}}\right) = 0$$

$$\alpha^2 \left(- 2 \sqrt{x^2 + z^2} - \frac{Rz}{\sqrt{x^2 + z^2}}\right) = 0.$$

Ces équations admettent deux systèmes de solutions :

$$1° \quad z' = 0; \qquad x' = \left(\frac{R + am^2}{1 + m^2}\right);$$

$$2° \quad z'' = \pm \sqrt{R^2 - a^2}; \qquad x'' = a.$$

Pour que la première solution soit réelle, il faut qu'on ait $x' < (R + r)$ et, par suite :

$$(221) \qquad (a - R) < \frac{r (1 + m^2)}{m^2} \qquad \text{ou} \qquad < \frac{r^2}{\sin^2 \alpha}$$

en faisant $m = \text{tang } \alpha$.

Or, pour que le plan sécant rencontre la surface du tore, il faut qu'on ait

$$a - R < \frac{r}{\sin \alpha}.$$

La condition (221) est donc toujours satisfaite et la première solution est toujours réelle.

La deuxième solution n'est réelle que lorsque $a < R$.

Pour savoir si les points en question sont des *faîtes* ou des *dépressions*, prenons les dérivées secondes de Y, équation (212) :

$$(222) \quad \begin{cases} \left(\dfrac{d^2 Y}{dx^2}\right) = \alpha^2 \left(- 2 (1 + m^2) + \dfrac{2Rz^2}{(x^2 + z^2)^{\frac{3}{2}}}\right) \\[4mm] \left(\dfrac{d^2 Y}{dz^2}\right) = \alpha^2 \left(- 2 + \dfrac{2Rx^2}{(x^2 + z^2)^{\frac{3}{2}}}\right) \end{cases}$$

Pour la solution x' z', la première de ces deux dérivées secondes est toujours négative. La deuxième est négative si $a > R$ et positive si $a < R$.

Pour la solution $x''\,z''$, les deux dérivées sont négatives quand $a < \mathrm{R}$, seule condition compatible avec l'existence de ladite solution.

Par conséquent, il y a deux faîtes aux extrémités, et une dépression au milieu, si $a < \mathrm{R}$.

Il n'y a plus qu'un seul faîte au milieu si $a > \mathrm{R}$.

Dans le premier cas, les deux faîtes sont d'autant plus éloignés l'un de l'autre que l'écart $(\mathrm{R} - a)$ est plus considérable.

On a pour l'apport pluvial en chaque point (équation 218 *bis*) :

$$ h = \frac{2m}{\mu} \left[\left(\frac{d^2\lambda}{dx^2} \right) + \left(\frac{d^2\lambda}{dz^2} \right) \right] = \frac{2ma^2}{\mu} \left(4 + 2m^2 - \frac{2\mathrm{R}}{\sqrt{x^2 + z^2}} \right). $$

Si le rayon r est petit par rapport au rayon R, on voit que l'alimentation h est à peu près uniforme et que la nappe est à peu près permanente.

Les propriétés que nous venons d'étudier peuvent donc se réaliser à fort peu près dans les nappes naturelles.

42. **Généralités sur les trajectoires des filets liquides et les débits des sources dans le cas d'une nappe quelconque coulant sur un fond incliné.** — Dans le cas général d'une nappe coulant sur un fond incliné, toutes les propriétés générales relatives aux trajectoires des filets liquides sont encore applicables et l'on peut, sinon préciser, du moins apprécier dans son sens général l'influence que la pente du fond imperméable exerce sur la répartition des débits.

Nous raisonnerons dans l'hypothèse idéale d'une nappe générale versant ses eaux sur quatre lignes d'affleurement formant un rectangle allongé, le long côté correspondant à ce que nous avons appelé le *versant primaire*, et le petit côté correspondant au *versant secondaire*.

Les lignes de sources seront considérées indifféremment comme des lignes d'affleurement d'une nappe d'affleurement ou comme les lignes de thalweg d'une nappe de thalweg. En vertu de l'hypothèse fondamentale que nous avons faite au paragraphe 35 sur le mode d'écoulement des filets liquides dans les nappes de thalweg, ces dernières se comportent comme les nappes d'affleurement, et toutes les propriétés démontrées pour ces dernières sont applicables aux premières.

Dans le cas d'une nappe à contour fermé et entièrement concave à l'intérieur, avec alimentation pluviale uniforme, on a toujours la propriété suivante :

Tous les filets liquides rayonnent d'un faîte général, et se dirigent vers les thalwegs en se grossissant sur leur parcours des apports pluviaux des régions qu'ils traversent.

Ces filets se divisent en quatre faisceaux dont deux alimentent les sources des versants primaires et deux autres les sources des versants secondaires. Les faisceaux sont séparés l'un de l'autre par une ligne de partage des eaux qui part du faîte général et aboutit au confluent des thalwegs.

Les filets liquides abordent normalement le thalweg auquel ils aboutissent.

Examinons maintenant les modifications que la pente introduit dans la forme des trajectoires des filets liquides en considérant seulement les parties de versant qui aboutissent au confluent le plus bas (fig. 53, pl. XVII).

a. *Pente dirigée parallèlement au thalweg primaire.* — Le premier effet de la pente est de déplacer vers l'amont la ligne de faîte normale au thalweg primaire, puisque dans toute nappe à fond incliné le rapport $\frac{a}{L}$ est plus grand que $\frac{1}{2}$ (§ 17).

En se déplaçant vers l'amont, le faîte général d'où rayonnent tous les filets liquides redresse nécessairement toutes les trajectoires dans le sens de la pente.

Sur les figures 64, 65, pl. XIX, on a comparé les lignes de partage d'eau et les trajectoires des filets liquides d'une nappe à fond horizontal avec celles d'une nappe, de mêmes dimensions en plan, mais à fond incliné.

La ligne de partage des eaux qui occupait la position 1 (fig. 64), lorsque le fond était horizontal, se redresse dans la position 2, si le fond a une certaine pente. Si la pente est plus forte, la ligne de partage vient occuper une ligne 3 plus ou moins voisine de la diagonale du rectangle. À ce moment, le débit se partage également entre les deux thalwegs primaire et secondaire.

Avec une pente encore plus forte, la ligne de partage des eaux passe en 4, à gauche de la diagonale, tangentiellement à la ligne de faîte GF. Le thalweg secondaire est alors celui qui reçoit le plus grand débit, malgré la moindre longueur de son versant.

b. *Pente du fond ayant une direction quelconque.* — Ce cas général offre une très grande complication. D'une part, le faîte général n'est plus au centre de figure du rectangle formé par les thalwegs. Il est situé dans la moitié supérieure. Les lignes de faîte séparatives des deux thalwegs primaires ne sont plus des lignes droites parallèles à ces thalwegs, ce sont des lignes courbes. Il en est de même des lignes de faîte.

Il faut noter surtout *le relèvement vers l'amont du faîte général*, et la prédominance des versants qui sont situés en aval par rapport à la direction de la pente.

Puis cette autre propriété évidente :

La pente du fond redresse les trajectoires des filets liquides dans le sens de sa direction et les fait aboutir au thalweg à un niveau plus bas que celui où ils aboutiraient si le fond était horizontal, toutes choses égales d'ailleurs.

Cet effet de la pente, *le rejet des trajectoires vers l'aval*, a pour conséquence d'augmenter le débit des sources situées dans le bas des thalwegs et de diminuer celui des sources situées en amont.

Lorsque le fond est horizontal, les sources d'amont sont les plus abondantes. C'est ce que nous avons constaté dans les exemples que nous avons examinés plus haut.

Cela s'explique par le tracé de la ligne de partage des eaux (fig. 65, pl. XIX), laquelle est presque tangente à la ligne de faîte du côté de l'axe transversal le plus long; les filets liquides d'amont n'envoient qu'une fraction de débit insignifiante vers la nappe secondaire. Cette fraction augmente à mesure qu'on descend le long de la ligne de partage des eaux. C'est ce qu'indiquent les filets liquides 1, 2, 3, 4, qui sont tracés à vue d'œil sur la figure 65.

Si l'on divise la longueur de chaque thalweg en un certain nombre de parties égales et que, par les points de division, on suive le tracé des filets liquides qui y aboutissent, on divisera la surface de chaque versant en un certain nombre de triangles curvilignes, 1, 2, 3, 4, 5, 6, pour le versant primaire, 7, 8, 9, pour le versant secondaire, et il est évident que la surface de ces triangles va en diminuant de l'amont à l'aval. Or ces triangles circonscrivent les bassins alimentaires des portions de thalwegs qui leur servent de base.

On peut aller plus loin dans les prévisions. Ainsi que nous l'avons déjà expliqué au paragraphe 39 (cas général), c'est la *pente moyenne* existant entre le faîte général et le point de source considéré qui influe principalement sur le débit de la source. Plus cette pente moyenne est forte, et plus le débit est considérable.

Si donc, prenant le faîte général pour point fixe, on fait passer une ligne droite par ce faîte et par la ligne d'affleurement, on trouve ainsi une surface conique, dans laquelle les pentes des génératrices sur l'horizon donneront approximativement la mesure proportionnelle du débit.

Soient (fig. 66, pl. XIX) :

B, le faîte général ;

EN, la ligne des sources de la nappe ;

BE, la ligne de plus grande pente du fond imperméable ;

BN, le filet liquide supposé rectiligne qui aurait le plus grand débit ;

l sa longueur, β l'angle qu'il fait avec BE, et γ l'angle qu'il fait avec la ligne des sources.

Le débit maximum se produira lorsque la pente moyenne

$$\frac{b_0}{l} + \varepsilon \cos \beta$$

sera maximum, ce qui exige :

$$\frac{b_0}{l^2} \left(\frac{dl}{d\beta} \right) + \varepsilon \sin \beta = 0.$$

$\left(\frac{dl}{d\beta} \right)$ doit donc être négatif, et le maximum doit se produire du côté où les rayons l vont en diminuant, c'est-à-dire en N et non en M.

On a d'ailleurs :

$$dl = l \cotang \gamma \, d\beta.$$

Substituant, il vient :

(223) $$\sin \beta = \frac{b_0}{\varepsilon l} \cotang \gamma.$$

Lorsque l'angle β est égal à zéro, le rayon BN est normal à la ligne d'affleurement.

Dans le cas d'un fond horizontal, le débit des sources va en diminuant de l'amont à l'aval sur les deux versants primaire et secondaire. Les sources d'amont sont relativement plus abondantes.

Dans les nappes à fond incliné, les sources à débit maximum sont situées dans le voisinage de la ligne de plus grande pente issue du faîte général, et du côté où la ligne d'affleurement se rapproche du faîte général.

43. Temps de parcours des filets liquides. — Observations sur les expériences à la fluorescéine. — Considérons une nappe cylindrique sur fond horizontal. Nous avons vu que, dans une pareille nappe les filets liquides parcourent des trajectoires de longueur différente (fig. 31, 48), mais l'influence de la vitesse verticale est généralement négligeable et on peut calculer le temps de parcours des filets liquides en ne tenant compte que de leur vitesse horizontale.

On a, pour l'équation de la nappe en ellipse, § 14 :

$$- y \frac{dy}{dx} = \frac{b^2}{a^2} x,$$

et pour la vitesse des filets liquides :

$$- \frac{1}{\mu} \frac{dy}{dx} = \frac{dx}{dt}.$$

Substituant et mettant pour y sa valeur (équation 30), on trouve :

$$dt = \frac{\mu a}{b} \frac{\sqrt{a^2 - x^2}}{x} dx.$$

On posera :

$$x = a \sin z,$$
$$dx = a \cos z dz,$$

et l'on aura à intégrer :

$$dt = \frac{\mu a^2}{b} \left(\frac{1}{\sin z} - \sin z \right) dz.$$

L'intégration donne :

$$t = \frac{\mu a^2}{b} \left(\log \tan g \frac{z}{2} + \cos z \right) + const.$$

Faisant dans cette formule $x = a$ et retranchant, on aura la durée de parcours d'un filet liquide depuis le point x jusqu'à la source :

(224) $$\qquad t = \frac{\mu a^2}{b} \left(- \log \tan g \frac{z}{2} - \cos z \right).$$

Par exemple, pour :

$$x = 0,9\, a, \qquad \sin z = 0,9,$$

on trouve :

$$t = 0,047 \frac{\mu a^2}{b};$$

pour :

$$x = \frac{a}{2}, \qquad \sin z = \frac{1}{2},$$

on trouve :

$$t = 0,45 \frac{\mu a^2}{b}.$$

S'il s'agit du filet liquide qui part du faîte,

$$x = 0, \text{ et on trouve : } t = \infty.$$

Les filets liquides qui partent de points voisins de la source parviennent donc à ladite source dans un temps très court, mais ceux qui partent de points voisins du faîte mettent un temps considérable pour apparaître au jour.

Pour avoir la *durée moyenne* du parcours des filets liquides, on prendra l'intégrale :

$$\frac{1}{a}\int_0^a t\,dx = \frac{-\mu a^2}{b}\int_0^{\frac{\pi}{2}} \left(\cos z \log \tan g \frac{z}{2} + \cos^2 z\right) dz.$$

On intégrera par parties, et l'on trouvera pour l'intégrale :

$$(235) \qquad \frac{\mu a^2}{b}\left(\sin z \log \tan g \frac{z}{2} - \frac{z}{2} + \sin 2z\right) + \text{const.}$$

Faisant successivement : $z = 0$, et $z = \frac{\pi}{2}$, on aura pour la durée moyenne du parcours des filets liquides :

$$(226) \qquad\qquad T = \frac{\pi}{4}\frac{\mu a^2}{b}.$$

Ce temps est identique avec ce que nous avons nommé la *durée de formation* de la nappe, § 15 ; il varie donc de la même manière que cette dernière. Dans les grandes nappes d'une certaine stabilité, c'est-à-dire à fond horizontal ou faiblement incliné, la durée de formation est de plusieurs années.

Elle tombe à quelques mois seulement dans les nappes instables, précaires, comme celles des terrains très perméables.

L'importance de la nappe intervient, d'ailleurs, comme facteur principal du temps de parcours des filets liquides, puisque, à égalité de rapport $\frac{a}{b}$, ce temps de parcours est proportionnel à la longueur a de cette nappe.

Les durées de parcours de quelques heures que l'on a constatées dans certaines expériences à la fluorescéine exécutées dans des terrains de craie n'ont aucun rapport avec le temps de parcours des filets liquides à travers le terrain perméable proprement dit. Dans ces expériences, on introduit la fluorescéine dans des bétoires qui communiquent avec des canaux souterrains de dimensions finies, qui eux-mêmes aboutissent aux sources. En réalité ces canaux ne sont autre chose que des *collecteurs* des eaux de filtration, et l'écoulement des eaux s'y effectue conformément aux lois de l'hydraulique ordinaire.

Si des nappes à fond horizontal auxquelles s'appliquent les calculs précédents nous passons aux nappes à fond incliné, nous arriverons à des résultats similaires par les considérations suivantes.

La pente moyenne du faîte à la source est égale à :

$$\frac{b_0 + \varepsilon a}{a}.$$

On a donc pour la vitesse moyenne des filets liquides :

$$\frac{1}{\mu}\frac{b_0 + \varepsilon a}{a}.$$

Le parcours moyen d'un filet liquide étant égal à $\frac{a}{2}$, la durée moyenne du parcours est :

$$(227) \qquad\qquad T = \frac{\mu a^2}{2 (b_0 + \varepsilon a)}.$$

Dans le cas de l'ellipse $\varepsilon = 0$, et cette formule donne $0{,}50\ \frac{\mu a^2}{b}$, tandis que nous avons trouvé, par le calcul exact, un coefficient $\frac{\pi}{4}$ au lieu de $0{,}50$. Pour les nappes à fond incliné, une recherche exacte de ce coefficient serait difficile, mais on peut s'en tenir à la formule (227) à titre de première approximation, laquelle est de même forme que la formule (226) qui s'applique à l'ellipse.

Il résulte des considérations contenues dans ce paragraphe et dans les précédents qu'une source contient des eaux qui peuvent provenir d'un point situé à l'amont à une grande distance, et dont la durée de parcours peut être considérable.

Si l'on suppose qu'il existe sur un coteau dans le voisinage d'un faîte une cause d'insalubrité, non susceptible d'être arrêtée par la filtration à travers le terrain perméable, la contamination ne se manifestera pas nécessairement dans les sources qui sont situées directement au pied du coteau, mais elle pourra se produire à une grande distance en aval, en un point qu'il est impossible à priori de définir.

Ces propriétés expliquent aussi que dans certaines expériences à la fluorescéine, on n'obtient quelquefois aucun résultat sur les sources les plus voisines, tandis que la coloration caractéristique se manifeste sur les eaux des sources éloignées en aval.

Il faut ne pas oublier aussi que cette coloration peut apparaître un très long temps après l'expérience, alors que croyant à un insuccès les observateurs ont tout abandonné.

Ces sortes d'expériences comportent donc beaucoup d'incertitude. Leur interprétation motive d'ailleurs des observations importantes que nous exposons au chapitre XIII.

CHAPITRE V.

DES GALERIES DE CAPTAGE.

44. Définitions. — Galerie de pénétration. — Galerie de captage. — Nous appelons *galerie de captage* une galerie perméable qui pénètre dans l'intérieur d'une nappe aquifère en vue de prendre et de dériver les eaux de la nappe pour les conduire à leur lieu d'emploi.

Généralement une galerie de captage part du fond d'une vallée et pénètre perpendiculairement dans l'un des versants. Son fonctionnement dépend évidemment du régime des nappes qu'elle traverse. Nous devons supposer que, par des sondages et des nivellements, on a pu se rendre compte de la forme de ces nappes.

Nous indiquerons plus tard comment, au moyen de ces observations et de celles des débits des cours d'eau, on peut déterminer les constantes numériques qui entrent dans les équations données par l'hydraulique des nappes aquifères et qui sont :

$$m, \mu, \delta^2.$$

Nous supposerons donc ces quantités connues. Cela posé, toutes les dispositions possibles d'une galerie de captage peuvent se ramener aux suivantes.

Nous avons vu, au chapitre IV, que dans une nappe, même à fond horizontal, les filets liquides suivent des trajectoires obliques sur la direction des thalwegs qu'ils desservent. Par la décomposition des vitesses réelles, on arrive à considérer deux nappes distinctes dans les deux directions rectangulaires parallèles aux thalwegs, que nous avons appelées nappe *primaire*, nappe *secondaire*.

Quand la pente du fond n'est pas très grande, les filets liquides se répartissent à peu près comme les faces d'une croupe de toiture. C'est ce qu'on voit sur les figures 59 et 60, pl. XVIII.

Considérons une vallée principale TR (fig. 88, pl. XXVI), avec deux vallées affluentes TU, RV; ces vallées comprennent entre elles un massif aquifère dont les sources alimentent ces trois vallées.

Admettons que les nappes souterraines présentent un versant sur chacune de ces trois vallées, les lignes de partage des eaux affectent sensiblement une disposition telle que celle figurée par le tracé OT, OR, OS.

Si l'on établit une galerie de captage GG' normalement à la vallée principale, cette galerie traversera de G en H des filets liquides qui s'écoulent dans des plans que nous considérons comme sensiblement parallèles au tracé de la galerie. Nous ferons abstraction de leur composante normale.

De H en G', au contraire, la galerie traversera des filets liquides qui coulent dans des plans que nous considérons comme normaux à l'axe de la galerie. Nous ferons abstraction de leur composante parallèle.

D'ailleurs, dès que la galerie a pénétré à une certaine profondeur dans la nappe primaire HG', l'hypothèse se réalise à fort peu près.

De G en H, une section faite normalement à la galerie coupe la nappe secondaire suivant une ligne sensiblement droite et horizontale.

De H en G', une coupe normale à la galerie donnera sur la nappe primaire un profil courbe dont le point haut est situé sur la ligne de faîte OS et dont les points bas sont situés dans les vallées V et U.

Une galerie de pénétration peut aussi traverser normalement un versant suivant un tracé AD, pour se rattacher à une galerie de captage BC qui fait retour sur elle de chaque côté. Nous en verrons un exemple au chapitre xi (Eaux de Bruxelles).

Nous appelons les galeries GH et AD *galeries de pénétration* et les galeries HG' et BC *galeries de captage.*

Nous examinerons d'abord le second cas, en supposant qu'il s'agit d'une nappe à fond incliné, c'est-à-dire que nous aborderons tout de suite le cas général.

45. Galerie de captage dans une nappe de thalweg à fond incliné à deux versants (fig. 67, pl. XX). —

Nous supposons qu'antérieurement à la construction de la galerie, les eaux s'écoulaient dans des directions normales à l'axe de cette galerie, vers les thalwegs T et T' auxquels elle est sensiblement parallèle. L'écoulement donnait lieu à la formation de la nappe BT et de la contrenappe BT' dont le faîte commun est en B.

Dès que la galerie est ouverte, son appel produit d'abord une simple *ride*, puis une *dépression*, et enfin, si rien n'arrête l'émission des eaux, il se creuse un *sillon* dont le fond descend au niveau du radier de la galerie, ou plus exactement à la hauteur *minima* requise pour le passage de l'eau. Il s'établit un régime permanent.

À ce moment, il s'est créé deux nouveaux points de partage des eaux, l'un à gauche en D, l'autre à droite en D'. Le débit qui afflue à la galerie est proportionnel à la largeur des deux versants qui la desservent à ce moment.

Si, par la fermeture partielle d'une vanne régulatrice, on détermine dans la galerie une contrecharge, les eaux s'élèvent dans le sillon et les points de partage des eaux s'élèvent nécessairement aussi.

Tout dépend donc de la position de ces points de partage des eaux et tout le problème consiste à les déterminer.

Cette recherche se simplifie beaucoup au moyen des propositions suivantes :

Comme au paragraphe 17, nous rapporterons les nappes à des axes obliques : nous prendrons pour axe des x, la ligne qui passe par les points de sources T, T', et pour axe des y, la verticale passant par le point de source T ou T'.

Proposition I. *Lorsqu'une nappe de thalweg à fond incliné est soumise au captage d'une partie de ses eaux par une galerie parallèle à son versant, les points de partage des eaux entre les deux thalwegs et la galerie sont situés sur deux courbes de genre hyperbolique qui partent toutes deux du point de partage naturel des eaux et aboutissent, savoir : celle du côté du versant à un point situé sur la base de la nappe supérieure en amont de la source du versant; celle du côté du contreversant à la source même du même côté.*

Ce sont les courbes V, V' de la figure 67, pl. XX.

Pour démontrer cette proposition, reprenons les équations (61), (62), qui donnent les ordonnées principales d'une nappe permanente coulant sur un fond incliné :

$$(228) \qquad \log \text{nep} \left(\frac{b_0}{\delta a}\right) = -\left(\frac{\pi}{2} + \omega\right) \tang \omega;$$

$$(229) \qquad \log \text{nep} \left(\frac{b}{\delta a}\right) = -\left(\frac{\pi}{2} - \omega\right) \tang \omega;$$

$$(230) \qquad \sin \omega = \frac{\varepsilon}{2\delta} = z.$$

b_0 est l'ordonnée au point de partage;
b, l'ordonnée maxima.

Ces équations ont été établies pour une nappe d'affleurement. Dans le cas d'une nappe de thalweg, il faut remplacer (§ 35)

$$\delta \quad \text{par} \quad \frac{\delta}{\sqrt{1+K}} \quad \text{ou} \quad \delta\sqrt{\frac{b}{b+p}},$$

puisque $K = \frac{p}{b}$ (p, hauteur de la contrenappe).

Pour éviter la confusion et bien faire ressortir la variabilité des coordonnées du point de partage D, dont nous cherchons le *lieu géométrique*, nous appellerons :

y, l'ordonnée RD du point de partage;
x, son abscisse TR par rapport à l'origine T;
Z, l'ordonnée maxima N"S" de la nappe TD;
$\sin \omega' = z'$, la pente hydraulique relative à cette nappe;
$\sin \omega = z$, la pente hydraulique de la nappe naturelle TM;
$\frac{\varepsilon}{2\delta} = z_0$, la pente hydraulique qu'aurait la nappe, s'il n'y avait pas de contrenappe.

Les quantités y, x, Z, ω', z' remplaceront b_0, a, b, ω, z dans les formules.
Les équations deviendront, en prenant les exponentielles :

$$(231) \qquad y = \delta x \sqrt{\frac{Z}{Z+p}}\, e^{-\left(\frac{\pi}{2} + \omega'\right) \tang \omega'};$$

$$(232) \qquad Z = \delta x \sqrt{\frac{Z}{Z+p}}\, e^{-\left(\frac{\pi}{2} - \omega'\right) \tang \omega'};$$

$$(233) \qquad z' = \sin \omega' = \frac{\varepsilon}{2\delta} \sqrt{\frac{Z+p}{Z}}.$$

Si l'ordonnée maxima Z est égale à b, ordonnée maxima de la nappe naturelle BT, l'équation (231) donne nécessairement :

$$y = b_0.$$

Le lieu géométrique cherché passe donc par le point de partage naturel B.

À mesure que l'on considère des nappes plus petites que la nappe naturelle telles que TN', TN"..., l'ordonnée maxima Z diminue, la valeur de z' augmente; on a donc affaire à des nappes qui se rapprochent de plus en plus de l'espèce de la *nappe à un seul versant*. L'arc ω' augmente, mais cet arc ne peut pas dépasser $\frac{\pi}{2}$.

Lorsque cela a lieu, on a :

$$(234) \qquad \sin \omega' = \frac{\varepsilon}{2\delta} \sqrt{\frac{Z+p}{Z}} = 1$$

et tang $\omega' = \infty$.

Les équations 231 et 234 donnent alors :

$$y = \text{zéro}.$$

$$(235) \qquad Z = p \frac{\varepsilon^2}{4\delta^2 - \varepsilon^2} = p \frac{z_0^2}{1 - z_0^2}.$$

Pour connaître la valeur de x, il faut remarquer que lorsque l'angle ω' tend vers $\frac{\pi}{2}$, la quantité

$$\left(\frac{\pi}{2} - \omega' \right) \text{tang } \omega'$$

tend vers l'unité; on a donc, en tenant compte de la relation (234) et en appelant x_1 l'abscisse en question, TV sur la figure 69 :

$$(236) \qquad x_1 = 2e \frac{Z}{\varepsilon} = 5,44 \, p \frac{\varepsilon}{4\delta^2 - \varepsilon^2} = 5,44 \frac{p}{\varepsilon} \frac{z_0^2}{1 - z_0^2}$$

(e étant la base des logarithmes népériens).

Telle est l'abscisse *limite* au-dessous de laquelle il ne peut plus y avoir de point de partage, les nappes plus petites devenant des nappes à un seul versant.

Dans le cas d'une nappe à fond horizontal, la pente ε est nulle, la formule (236) donne $x_1 = 0$. Ce sont alors des hyperboles qui forment le lieu géométrique des points de partage; elles ont leur sommet au point de source T. Lorsque $p = 0$, on est dans le cas d'une nappe d'affleurement à fond incliné; on trouve $x = 0$, et les hyperboles sont remplacées par des droites TB, T'B.

Reprenons le cas général; soit V le point limite dont l'abscisse est x_1, le lieu géométrique cherché va du point V au point B.

Au point V, cette courbe est tangente à la base de la nappe supérieure TT". Pour le démontrer, nous chercherons quelle est l'expression de la tangente $\frac{dy}{dx}$ de la courbe V. Elle nous sera d'ailleurs très utile pour le tracé de cette courbe, et elle nous servira dans les chapitres suivants.

Des trois équations (231), (232), (233), on tire :

$$(237) \qquad \begin{cases} y = Z e^{-2\omega' \, \text{tang } \omega'}; \\[2mm] x = \sqrt{\dfrac{Z(Z+p)}{\delta}} \, e^{\left(\frac{\pi}{2} - \omega' \right) \text{tang } \omega'}; \\[2mm] \sin \omega' = \dfrac{\varepsilon}{2\delta} \sqrt{\dfrac{Z+p}{Z}}. \end{cases}$$

Prenant les dérivées, en considérant Z comme variable indépendante, on aura :

$$\frac{dy}{dZ} = \frac{y}{Z}\left[1 - 2Z\left(\tang \omega' + \frac{\omega'}{\cos^2 \omega'}\right)\frac{d\omega'}{dZ}\right];$$

$$\frac{dx}{dZ} = \frac{x}{2Z(Z+p)}\left[2Z + p + Z(Z+p)\left(\frac{\pi - 2\omega'}{\cos^2 \omega'} - 2\tang \omega'\right)\frac{d\omega'}{dZ}\right];$$

$$\frac{d\omega'}{dZ} = -\frac{p}{Z^2}\left(\frac{\varepsilon}{2\delta}\right)^2 \frac{1}{2\sin \omega' \cos \omega'}.$$

Remplaçant, dans les deux premières équations, $\frac{d\omega'}{dZ}$ par sa valeur tirée de la troisième, il vient, après réductions :

$$\frac{dy}{dZ} = \frac{y}{Z}\left[1 + \frac{p}{Z}\left(\frac{\varepsilon}{2\delta}\right)^2 \left(\frac{\omega' + \sin \omega' \cos \omega'}{\sin \omega' \cos^3 \omega'}\right)\right];$$

$$\frac{dx}{dZ} = \frac{x}{Z}\left[\frac{Z + \frac{p}{2}}{Z+p} - \frac{p}{2Z}\left(\frac{\varepsilon}{2\delta}\right)^2 \left(\frac{\frac{\pi}{2} - \omega' - \sin \omega' \cos \omega'}{\sin \omega' \cos^3 \omega'}\right)\right].$$

En divisant ces équations l'une par l'autre, on obtient la valeur cherchée :

$$(238) \qquad \frac{dy}{dx} = \frac{y}{x}\frac{1 + \frac{p}{Z}\left(\frac{\varepsilon}{2\delta}\right)^2 \left(\frac{\omega' + \sin \omega' \cos \omega'}{\sin \omega' \cos^3 \omega'}\right)}{\frac{Z + \frac{p}{2}}{Z+p} - \frac{p}{2Z}\left(\frac{\varepsilon}{2\delta}\right)^2 \left(\frac{\frac{\pi}{2} - \omega' - \sin \omega' \cos \omega'}{\sin \omega' \cos^3 \omega'}\right)}.$$

Pour avoir l'inclinaison de la tangente de la courbe V au point de faîte B, il faut faire :

$$y = b_0; \qquad x = a; \qquad \omega' = \omega.$$

b_0, a, ω étant les valeurs relatives à la nappe naturelle. Ce coefficient différentiel, que nous appellerons φ, est important à connaître, puisqu'il règle la forme de la courbe V, qui, en raison de son genre hyperbolique, est presque rectiligne à une certaine distance de son origine V.

On donnera une forme plus simple à la formule (238) en remplaçant $\left(\frac{\varepsilon}{2\delta}\right)^2$ par sa valeur $\left(\frac{Z}{Z+p}\right)\sin^2 \omega$ et $\left(\frac{p}{Z}\right)$ par K.

On aura ainsi :

$$(239) \qquad \varphi = \frac{b_0}{a}\frac{1 + K + K\frac{(\omega + \sin \omega \cos \omega)\sin \omega}{\cos^3 \omega}}{1 + \frac{K}{2} - K\frac{\left(\frac{\pi}{2} - \omega - \sin \omega \cos \omega\right)\sin \omega}{2\cos^3 \omega}},$$

l'angle ω se rapportant à la nappe naturelle.

On trouvera plus loin des tableaux contenant les valeurs numériques des termes en ω.

Pour avoir l'inclinaison de la courbe à ce même point V, il faut faire dans l'équation (238) :

$$y = 0; \qquad x = x_1; \qquad \omega' = \frac{\pi}{2}.$$

Multipliant en haut et en bas par $\sin \omega' \cos^3 \omega'$, l'expression de $\frac{dy}{dx}$ se présente sous la forme $\frac{0}{0}$.

Pour lever l'indétermination, il faut remplacer $\frac{y}{x}$ par sa valeur tirée des équations (237); on a :

$$\frac{y}{x} = \delta \sqrt{\frac{Z}{Z+p}}\, e^{-\left(\frac{\pi}{2}+\omega'\right)\tan\omega'} = \delta \sqrt{\frac{Z}{Z+p}}\, \frac{e^{-\left(\frac{\pi}{2}+\omega'\right)}}{e^{\tan\omega'}}.$$

Or :

$$e^{\tan\omega'} = 1 + \frac{1}{1}\frac{\sin\omega'}{\cos\omega'} + \frac{1}{1.2}\frac{\sin^2\omega'}{\cos^2\omega'} + \dots$$

En introduisant cette valeur de $\frac{y}{x}$ dans l'équation (238), on reconnaît que les termes de l'exponentielle ci-dessus étant multipliées par $\sin\omega'\cos^3\omega'$, les quatre premiers termes prennent pour $\cos\omega' = 0$ une valeur finie, tandis que tous les termes à la suite prennent une valeur infinie; par conséquent, le dénominateur de l'équation (238) est infini et l'on trouve :

$$\frac{dy}{dx} = 0,$$

c'est-à-dire que la courbe V est tangente à son origine V à la ligne TT'.

On peut ajouter que cette courbe a une asymptote.

En effet, on a trouvé plus haut :

$$\frac{y}{x} = \delta \sqrt{\frac{Z}{Z+p}}\, e^{-\left(\frac{\pi}{2}+\omega'\right)\tan\omega'}.$$

Lorsque l'on considère des nappes de dimensions croissantes, Z augmente indéfiniment, le radical tend vers l'unité et le rapport $\frac{y}{x}$ tend vers une limite déterminée. À l'infini on a :

$$(240) \quad
\begin{cases}
\lim z' = \dfrac{\varepsilon}{2\delta} = \sin\omega_0; \\[2ex]
\lim \dfrac{y}{x} = \delta e^{-\left(\frac{\pi}{2}+\omega_0\right)\tan\omega_0}; \\[2ex]
\qquad = \delta\gamma_0.
\end{cases}$$

γ_0 étant l'ordonnée de la première courbe du graphique 35. Telle est l'inclinaison de l'asymptote. Elle est plus petite que δ.

Examinons maintenant le lieu géométrique des points de partage du côté du contre-versant. Conservons pour cette nappe les mêmes notations que nous venons d'employer pour le côté du versant, en n'oubliant pas qu'il s'agit de nappes différentes, qui toutes ont leur source de contreversant au point T' et que les xx partent de ce point.

En se reportant aux équations (231), (232), (233), on écrira :

$$(241) \qquad y = \delta x' \sqrt{\frac{Z}{Z+p}} \, e\left(\frac{\pi}{2} - \omega'\right) \tan g\, \omega' .$$

$$(242) \qquad z' = \sin \omega' = \frac{\varepsilon}{2\delta} \sqrt{\frac{Z+p}{Z}} .$$

Le lieu géométrique cherché passe nécessairement par le point B.

L'inclinaison de la tangente en ce point, que nous appellerons φ', est donnée par la formule (239), en y changeant ω en $-\omega$ et a en $(L-a)$:

$$(243) \qquad \varphi' = \frac{b_0}{L-a} \frac{1 + K + K \dfrac{(\omega + \sin \omega \cos \omega) \sin \omega}{\cos^3 \omega}}{1 + \dfrac{K}{2} + K \dfrac{\left(\dfrac{\pi}{2} + \omega + \sin \omega \cos \omega\right) \sin \omega}{2 \cos^3 \omega}},$$

l'angle ω se rapportant toujours à la nappe naturelle[1].

La courbe passe aussi par le point de source T'.

[1] Pour faciliter le calcul des tangentes φ et φ', qui sont utiles pour la construction de tous les graphiques de notre théorie, nous avons calculé les valeurs numériques des termes en ω. Nous posons :

$$(244) \quad \begin{cases} R = \dfrac{(\omega + \sin \omega \cos \omega) \sin \omega}{\sin \omega \cos^3 \omega} ; \\[2em] S = \dfrac{\left(\dfrac{\pi}{2} - \omega - \sin \omega \cos \omega\right) \sin \omega}{2 \sin \omega \cos^3 \omega} ; \\[2em] T = \dfrac{\left(\dfrac{\pi}{2} + \omega + \sin \omega \cos \omega\right) \sin \omega}{2 \sin \omega \cos^3 \omega} . \end{cases}$$

Moyennant cette notation, les valeurs de φ et φ' deviennent :

$$(245) \qquad \varphi = \frac{b_0}{a} \frac{1 + K + KR}{1 + \dfrac{K}{2} - KS} ; \qquad \varphi' = \frac{b_0}{L-a} \frac{1 + K + KB}{1 + \dfrac{K}{2} + KT}$$

Voici les valeurs numériques des coefficients R, S, T :

TABLEAU Φ.

$z =$	0,05.	0,1.	0,2.	0,3.	0.4.	0,5.	0,6.	0,7.	0,8.	0,9.
R	0,005	0,020	0,085	0,205	0,405	0,737	1,325	2,460	5,210	16,470
S	0,037	0,070	0,124	0,169	0,208	0,237	0,259	0,289	0,300	0,318
T	0,042	0,090	0,209	0,374	0,613	0,975	1,584	2,749	5,510	16,788

Pour $z = 0$, nappe en ellipse, on a $\varphi = \varphi' = \dfrac{2}{a}\left(\dfrac{1+K}{1+\dfrac{K}{2}}\right)$.

En effet, la plus petite nappe est celle qui a la plus petite ordonnée maxima Z, et le minimum de celle-ci est la valeur qui rend $\sin \omega'$ égal à 1.

On a alors :

$$\omega' = \frac{\pi}{2}; \qquad \tang \omega' = \infty; \qquad \lim \left(\frac{\pi}{2} - \omega' \right) \tang \omega' = 1.$$

On retrouve donc, pour Z, la valeur donnée par l'équation (235).

Cette nappe limite est à un seul versant, il n'y a donc plus de point de partage des eaux, et l'on a :

$$y = \text{zéro}.$$

Mais alors l'équation (241) donne :

$$x' = 0.$$

La courbe passe donc bien par le point T'.

Pour avoir l'inclinaison de sa tangente en ce point, il faut calculer la valeur de la dérivée $\frac{dy}{dx}$ par la formule (238), en y faisant $\omega' = -\frac{\pi}{2}$. Pour cela il suffit de multiplier en haut et en bas par $\cos^3 \omega'$, et on trouve :

$$\frac{dy}{dx'} = \lim \frac{y}{x}.$$

Or l'équation (241) donne, pour la limite de ce rapport, quand ω' tend vers $\frac{\pi}{2}$,

$$(246) \qquad \lim \frac{y}{x'} = \varepsilon \frac{e}{2} = 1,359 \, \varepsilon = \varphi''.$$

Telle est la valeur de la tangente de la courbe au point T', que nous appellerons φ''.

Enfin l'inclinaison de l'asymptote est donnée par la limite vers laquelle tend le rapport $\frac{y}{x}$ quand Z tend vers l'infini ; ce rapport est égal à :

$$(247) \qquad \begin{cases} \lim \frac{y}{x'} = \delta e^{\left(\frac{\pi}{2} - \omega_0 \right) \tang \omega_0}; \\ = \frac{\delta}{\beta_0} \end{cases}$$

β_0 étant l'ordonnée de la deuxième courbe du graphique 35. Ce rapport est plus grand que δ.

Ces divers résultats démontrent l'exactitude de la proposition I.

Il est facile de voir d'ailleurs que les nappes de versant 1, 2, 3, 4, 5 (fig. 68, pl. XX), qu'on obtient en donnant à z' des valeurs décroissantes et qui aboutissent à un point commun T, leur terminus aval, appartiennent aux mêmes nappes complètes que les nappes successives de contreversant 1, 2, 3, 4, 5, qu'on obtient pour les mêmes valeurs de z', et qui ont pour origine commune leur point terminus amont T'. C'est ce qui explique que, tandis que le lieu géométrique des points de partage a une partie droite TV du côté du versant, le lieu géométrique des points de partage du côté du contreversant passe par le point T'.

Les calculs précédents nous font connaître, pour le lieu géométrique du côté du versant :

1° L'abscisse x_1 du point V (équation 236);
2° La tangente à la courbe en V. Elle coïncide avec la base de la nappe supérieure;
3° La tangente φ à la courbe en B (équation 239);
4° L'inclinaison de l'asymptote de la courbe $\delta\gamma_0$ (équation 240).

Pour le lieu géométrique du côté du contreversant :

1° La position de son point de départ T';
2° L'inclinaison φ'' de la tangente en ce point (équation 246);
3° La tangente φ' à la courbe en B (équation 245);
4° L'inclinaison de son asymptote (équation 247).

Ces renseignements définissent déjà, d'une manière presque suffisante pour la pratique, les lieux géométriques cherchés.

Pour aller plus loin, il faut construire quelques points des courbes, ce qui est facile au moyen des constantes numériques que nous avons inscrites au tableau E (p. 62).

Il suffit pour cela de ne s'occuper que des points pour lesquels la pente hydraulique z' a une valeur qui figure dans ce tableau, 0,05, 0,10 ou 0,20 ou 0,30, etc., jusqu'à 1,00.

Cette valeur z' étant choisie, on aura (équation 233) :

$$(248) \qquad z' = z_0 \sqrt{\frac{Z+p}{Z}} \qquad \text{d'où} \qquad Z = \frac{p}{\left(\frac{z'}{z_0}\right)^2 - 1}.$$

Occupons-nous d'abord du côté du versant. Le tableau E contient les constantes numériques :

$$\gamma = \frac{b_0}{\delta a}, \quad \text{c'est ici} \quad \frac{y}{\delta x}\frac{z'}{z_0};$$

$$\beta = \frac{b}{\delta a}, \quad \text{c'est ici} \quad \frac{Z}{\delta x}\frac{z'}{z_0},$$

$$\theta = \frac{b_0}{b}, \quad \text{c'est ici} \quad \frac{y}{Z}.$$

On aura donc, pour le versant :

$$(249) \qquad y = \theta Z; \qquad x = \frac{Z}{\beta\delta}\frac{z'}{z_0}.$$

étant entendu que les constantes γ, β, θ, se rapportent à la pente hydraulique z'.

Pour le contreversant, on n'a besoin que de calculer x', y étant connu par la formule (249).

Le tableau E donne la constante numérique suivante :

$$\lambda = \frac{a}{L}.$$

Au moyen de ce rapport on peut calculer la valeur du rapport de la longueur du contreversant à celle du versant :

$$\left(\frac{L-a}{a}\right) = \left(\frac{1-\lambda}{\lambda}\right).$$

On aura donc pour le contreversant :

(250) $$x' = \frac{1-\lambda}{\lambda} x.$$

Application numérique. — C'est par ce procédé qu'ont été tracées les courbes V, V' du graphique 68, pl. XX.

On a pris les données suivantes :

$$a = 4.000 \text{ mètres;}$$
$$p = 112 \text{ mètres;}$$
$$\varepsilon = 0,02;$$
$$\delta = 0,05;$$

d'où :

$$z_0 = \frac{\varepsilon}{2\delta} = 0,20.$$

Tableau I.

CALCUL DES COURBES V ET V'.

z'.	$Z = \dfrac{p}{\left(\dfrac{z'}{z_0}\right)^2 - 1}.$	$y = \theta Z$	$x = \dfrac{Z}{\beta\delta}\dfrac{z'}{z_0}$	$x' = x\left(\dfrac{1-\lambda}{\lambda}\right).$	OBSERVATIONS.
0,30	$b = 89^m 50$	$b_0 = 73^m 75$	$a = 4\,000^m$	$L - a = 1\,488^m$	Nappe naturelle.
0,40	37,38	26,16	2 480	630	
0,50	21,28	11,61	1 942	316	
0,60	14,00	5,34	1 674	158	
0,70	9,95	2,17	1 524	70	
0,80	7,47	0,63	1 404	22	
0,90	5,80	0,06	1 320	1,98	
1,00	4,67	zéro.	$1\,270 = x_1$	zéro.	

Tangente des asymptotes (équation 240). Pour le versant :

$$\lim \frac{y}{x} = \delta\gamma_0 = 0,05 \times 0,696 = 0,0348.$$

Pour le contreversant :

$$\lim \frac{y}{x} = \frac{\delta}{\beta_0} = 0,0661.$$

Inclinaison de la tangente au point T′ (équation 246).

$$\varphi'' = 1,359\,\varepsilon = 0,0271.$$

Inclinaison des deux tangentes au faîte.

Ce sont les plus importantes à connaître, parce qu'elles donnent la direction générale des courbes sur une grande étendue.

Côté du versant, on fera (équation 245) :

$$b_0 = 73.75; \qquad\qquad a = 4,000;$$

$$\frac{\varepsilon}{2\delta} = z_0 = 0,20; \qquad \sin \omega = 0,30.$$

La formule donne, au moyen du tableau Φ :

$$\varphi = 1,76\,\frac{b_0}{a},$$

c'est-à-dire que la tangente cherchée passe à :

$$0,76 \times b_0 = 56\,\text{m}.07$$

au-dessous du point T en t.

Côté du contreversant, on fera (équation 245) :

$$Z = 89,50; \qquad p = 112; \qquad y = 73,75; \qquad x = 1.488;$$

$$\frac{\varepsilon}{2\delta} = z_0 = 0,20; \qquad \sin \omega' = -0,30.$$

La formule donne, au moyen du tableau Φ :

$$\varphi' = 1,209\,\frac{b_0}{L - a},$$

c'est-à-dire que la tangente cherchée passe à :

$$0,209 \times b_0 = 15\,\text{m}.40,$$

au-dessous du point T′ en t'.

La construction des courbes V et V′ est le préliminaire obligé de toute étude approfondie d'un captage, soit par galerie, soit par puits.

La méthode que nous venons de développer pour y parvenir n'offre aucune difficulté et n'exige que peu de calculs, grâce à l'emploi des tableaux numériques E et Φ.

Nous connaissons maintenant le lieu géométrique VV′ sur lequel sont nécessairement situés les points de partage des eaux à gauche et à droite de la galerie. Pour achever de résoudre le problème de la détermination de ces points de partage, il faudrait connaître un autre lieu géométrique qui donne par ses intersections avec les deux courbes V les points de partage cherchés.

Dans le cas où il faut tenir compte d'une contrecharge, le problème est plus compliqué, mais nous verrons que, pratiquement, il suffit de le résoudre pour le cas théorique d'une *contrecharge nulle;* le cas général s'en déduit aisément.

Ainsi limité, le problème est susceptible d'une solution très simple, qui peut être définie de la manière suivante :

PROPOSITION II (fig. 69, pl. XX). *Pour une galerie* G_2 *qui serait établie dans le plan des sources* T, T', *le lieu géométrique* G *des points de partage des nappes qui affluent à cette galerie se compose :*

1° *Du côté aval, du lieu géométrique du contreversant* T'B, *transporté parallèlement en* G_2a;

2° *Du côté amont, du lieu géométrique du versant* TVB, *transporté parallèlement en* $G_0V'a'$.

PROPOSITION III. *Si l'on considère des galeries* $G_1 G_3 G_4 G_5 \ldots$ *qui seraient établies successivement sur la même verticale, les lieux géométriques afférents à chacune d'elles sont des contours semblables au contour qui vient d'être défini et dont le centre de similitude est situé sur le fond imperméable, au pied de la verticale de la galerie. Nous les appellerons les courbes* G.

Ces propositions peuvent s'établir de la manière suivante :

La galerie G_2, établie dans le plan des sources TT' et fonctionnant théoriquement sans contrecharge, sera comme la *source* des deux nappes qui y aboutissent.

À l'égard de la nappe qui vient du côté du versant naturel, ce sera une source de contreversant, et à l'égard de la nappe qui vient du côté du contreversant naturel, ce sera une source de versant.

Soient : bG_3 la première de ces nappes; $b'G_3$ la deuxième.

Appelons P la distance du fond imperméable au-dessous de la base de la galerie.

Les équations (231) à (250) pourront être appliquées à ces nappes en changeant dans ces équations :

$$p \quad \text{en} \quad P.$$

Si l'on considère les nappes ayant même *pente hydraulique* z', pour les deux profondeurs p, P,
on aura :

$$\sin \omega' = \frac{\varepsilon}{2\delta}\sqrt{\frac{Z+p}{Z}} = \frac{\varepsilon}{2\delta}\sqrt{\frac{Z_1+P}{Z_1}}.$$

en affectant de l'indice 1 les lettres relatives aux nappes tributaires de la galerie.

De la relation ci-dessus on déduit :

(251)
$$\frac{Z}{p} = \frac{Z_1}{P}.$$

Mais alors les équations (249) donnent aussi :

(252)
$$\frac{y}{p} = \frac{y'}{P} \quad \text{et} \quad \frac{x}{p} = \frac{x_1}{P}.$$

Il résulte de ces relations que si l'on change la position de la galerie en la *mainte-*

nant dans un plan parallèle au fond de la nappe, la forme du lieu géométrique des points de partage à l'égard de chacune de ces positions de la galerie *ne change pas*, puisque alors $p = P$.

Si, au contraire, on change la position de la galerie *en la maintenant dans le même plan vertical, les lieux géométriques dans ces diverses positions de la galerie sont des courbes semblables entre elles, et leur rapport de similitude est égal au rapport* $\frac{p}{P}$ *des hauteurs des contre-nappes.* C. q. f. d.

Le graphique 69 a été établi par application de la proposition III et sur les données du tableau I.

Cette proposition est applicable dans tous les cas; elle donne un moyen simple d'étudier le choix à faire pour la position d'une galerie de captage, et l'influence qu'elle peut avoir sur l'alimentation des thalwegs voisins.

PROPOSITION IV. *Débit de la galerie.* — *Quelle que soit la position de la galerie, c'est toujours la distance des deux points de croisement réels ou virtuels des lieux géométriques G et V... qui règle le débit du régime permanent de la galerie.*

Il s'agit, bien entendu, de la distance horizontale de ces deux points. Si la pente du fond imperméable n'est pas grande, ce qui a lieu généralement, on peut confondre cette distance horizontale avec la distance mesurée suivant la parallèle au fond incliné.

Pour démontrer cette proposition, considérons d'abord une galerie placée en ε (fig. 70, pl. XXI), à l'intérieur de l'angle formé par les courbes V et V'.

L'appel de cette galerie détermine la formation de deux points de partage ou faîtes secondaires, l'un en e sur la courbe V, l'autre en e' sur la courbe V'.

Le régime permanent étant supposé établi, la galerie reçoit nécessairement tout l'apport pluvial qui tombe sur le bassin de largeur $\widehat{ee'}$, ce qui démontre la proposition IV.

Lorsque le point ε est situé à l'extérieur de l'angle VV', par exemple en γ, il n'y a plus de faîte secondaire réel à gauche, mais l'on remarque que la nappe $m\gamma$ qui s'écoule vers la source du versant aurait son faîte en c sur la courbe V. Le débit de cette nappe est donc celui d'une nappe qui aurait son faîte réel au point c, qu'on peut, pour ce motif, appeler son *faîte virtuel*.

Le débit qui alimente la galerie est donc l'apport pluvial que reçoit le bassin $\widehat{cc'}$, c'est-à-dire que sa largeur égale à la distance horizontale qui sépare le faîte réel c' du faîte virtuel c.

La proposition IV est donc démontrée pour tous les cas, et on a pour le débit afférent à la galerie dans une position ε :

Débit venant par la gauche :

$$q' = \frac{m}{\mu} \delta^2 \widehat{ee};$$

Débit venant par la droite :

$$q'' = \frac{m}{\mu} \delta^2 \widehat{\varepsilon e'};$$

Débit total afférent à la galerie :

$$(253) \qquad q = \frac{m}{\mu} \delta^2 \widehat{ee'};$$

$\frac{m}{\mu} \delta^2$ étant l'apport pluvial par mètre carré des nappes primitives.

La figure 70 fait voir que lorsqu'une galerie établie du côté du versant commence à fonctionner, l'appel qu'elle produit détermine à l'amont une nappe de remous par abaissement, et à l'aval une dépression qui s'étend jusqu'à la source du versant considéré.

La longueur du remous d'amont augmente peu à peu, à mesure que le niveau de l'eau s'abaisse sur la verticale de la galerie.

Il vient un moment où la courbe de remous atteint le *faîte naturel* de la nappe, c'est-à-dire le point B. Cette circonstance se produit sur la figure 70 pour la position β.

Le niveau continuant à s'abaisser, la nappe de contreversant est affectée par l'appel de la galerie; il se crée sur la courbe V' des faîtes ou points de partage d'eau c', d'...

Les faîtes de la nappe d'amont restent *virtuels* jusqu'à ce que le niveau de l'eau sur la verticale de la galerie s'abaisse au-dessous du point ε, où cette verticale rencontre la courbe V. Au-dessous de ce point les deux faîtes secondaires de droite et de gauche sont réels.

Ces diverses circonstances ne se produisent, bien entendu, que si la galerie est assez grande pour donner passage à toutes les eaux que les nappes affluentes peuvent lui apporter. Il existe, nous l'avons dit, une hauteur minima de la nappe Y_m, nécessaire pour qu'un débit q puisse pénétrer dans la galerie.

D'après l'équation (28), on a pour cette hauteur minima généralement assez petite, en tenant compte de ce que le débit entre par les deux côtés :

(p54)
$$Y_m = \frac{2}{\pi} \frac{\mu q}{2m}.$$

Variations du débit suivant la position de la galerie (fig. 68, pl. XX).

1° *Galerie placée sur la ligne des sources* TT'. — Faisons glisser sur cette ligne le gabarit de la courbe G', de droite à gauche, c'est-à-dire en descendant dans le sens de la pente, nous reconnaîtrons facilement que la largeur bb' interceptée entre les branches du gabarit va constamment en augmentant.

Si la galerie est placée en T' au droit du thalweg du contreversant, son débit est égal à celui de la source du contreversant à laquelle elle se substitue. C'est son *débit minimum*.

Si la galerie est placée en T au droit du thalweg du versant, la conséquence sera semblable et le débit de la galerie sera égal à celui de la source du versant.

C'est le *débit maximum* que la galerie puisse atteindre.

Il y a donc intérêt au point de vue du débit permanent à placer *la galerie le plus bas possible sur la ligne des sources*.

2° *Galerie placée au-dessus de la ligne des sources*. — Si la galerie est placée dans diverses positions sur une ligne parallèle à la ligne des sources mais située *au-dessus*, il faut distinguer deux cas.

Tant que la galerie est placée à l'intérieur de l'angle formé par les courbes V et V', le débit est d'autant plus grand que la galerie est située plus bas. *Son débit atteint un maximum lorsque la galerie est placée précisément sur la courbe* V. Au delà de ce point la galerie est située hors de l'angle VV', le point de partage des eaux entre la nappe qui l'alimente et la nappe du versant n'est plus que *virtuel*, et ce point remonte peu à peu vers le faîte naturel B, à mesure que la galerie se rapproche du thalweg T. Le débit diminue régulièrement, et il devient nul quand la galerie est placée sur la nappe naturelle.

3° *Galerie placée au-dessous de la ligne des sources.* — Les choses se passent comme lorsque la galerie était placée sur la ligne des sources. Le débit croît à mesure que la galerie se rapproche de la verticale du thalweg du versant. En d'autres termes, il est d'autant plus grand que *la galerie est située plus bas.*

Voici d'ailleurs les résultats qu'on obtient sur le graphique 68 pour des galeries situées sur trois lignes parallèles à la ligne des sources et sur sept verticales.

Graphique 68. — Comparaison des largeurs de bassin qui affluent à la galerie pour diverses positions de cette dernière.

TABLEAU J.

DISTANCE DE LA GALERIE AU THALWEG DU VERSANT.	LARGEURS DU BASSIN DE LA GALERIE.						
	ZÉRO.	1 250.	2 250.	3 250.	4 250.	5 250.	6 488.
Parallèle à 20 mètres au-dessus de la ligne des sources..........	zéro.	2 340	2 400	2 060	1 590	670	zéro.
Sur la ligne des sources.	4 000	3 160	3 130	2 640	2 350	1 610	1 488
Parallèle à 20 mètres au-dessous de la ligne des sources..........	4 060 + A_1	3 800	3 360	3 000	2 550 + A_2	1 820 + A_2	1 650 + A_2

Ces résultats démontrent, comme nous l'avons déjà dit, que pour des positions successives sur la même verticale, le débit de la galerie est d'autant plus grand que la galerie est plus basse.

Influence des bassins voisins. — Les lettres A_1, A_2, du tableau précédent indiquent que lorsque la galerie est située au-dessous de la ligne des sources et suffisamment près des thalwegs, elle capte une partie des eaux des nappes de contreversant ou de versant des bassins qui touchent celui que l'on considère.

Si ces bassins sont à peu près semblables à celui au milieu duquel est percée la galerie, dont la largeur totale est égale à L, cet apport des nappes voisines augmente considérablement les débits de cette dernière et son bassin alimentaire devient plus grand que L.

En effet, si on applique le gabarit de la courbe G à un point situé au-dessous des sources naturelles de l'un ou de l'autre thalweg et sur la même verticale, ce gabarit embrassera successivement les faîtes des deux nappes qui affluent à ce thalweg et même les dépassera.

L'intervention des bassins voisins de celui au milieu duquel est percée la galerie augmente donc l'étendue de son bassin propre, et si ces bassins sont très importants, on aura avantage pour obtenir le plus grand débit à placer la galerie dans l'un des thalwegs.

On voit qu'en définitive le choix du meilleur emplacement à donner à la galerie comporte un ensemble d'études, qui sont faciles à faire au moyen de l'épure à laquelle nous avons été conduit et qui serait à peu près impossible sans cela. La détermination de cet emplacement est, d'ailleurs, souvent commandée par des considérations autres que celles du débit maximum, par exemple celle d'un niveau assez élevé pour éviter l'exhaustion mécanique des eaux. L'épure rendra toutes les comparaisons faciles.

Tracé des profils des nappes qui affluent à la galerie et aux thalwegs, pour les diverses hauteurs de contrecharge. — Considérons de suite le cas général où la galerie est établie dans une nappe de thalweg à fond incliné. Supposons-la établie au niveau du fond imperméable (fig. 73, pl. XXII).

Si le fond du sillon déterminé par l'appel de la galerie descend à son niveau le plus bas, soit théoriquement au niveau du radier de la galerie, nous sommes dans le cas d'application de la proposition II (p. 153).

Construisant les courbes V et V' et faisant passer par l'axe de la galerie un gabarit G formé par la juxtaposition en sens inverse de ces deux courbes V et V', les points de rencontre de ce gabarit avec les courbes V et V' nous fournissent les points b, b', qui sont les faîtes séparatifs des nappes qui affluent à la galerie et aux thalwegs.

Lorsque le fond du sillon est situé en un point quelconque C, il faut distinguer deux cas : ou bien le point C est au-dessus du point limite L, point de rencontre de la courbe V avec la verticale de la galerie, ou bien il est au-dessous.

1er cas. — Supposons-le d'abord situé au-dessus. La nappe qui coule vers le versant est une nappe de thalweg TC, dont la contrenappe est la même que celle de la nappe naturelle, c'est-à-dire TF_0. Cette nappe a un faîte virtuel en D.

Que se passe-t-il en amont de la galerie?

Nous ne connaissons pas encore de faits d'observation qui nous permettent de le préciser. Mais d'après les observations faites au chapitre XIII sur une nappe d'affleurement, nous pensons que la nappe qui se forme en amont de la galerie est encore une nappe de thalweg CE, ayant la même contrenappe GF que la nappe naturelle et dont le faîte est situé en E sur la courbe V'. Seulement la perte de charge occasionnée par l'inflexion des filets liquides aux abords de la galerie détermine un certain relèvement du fond du sillon, et une modification du profil théorique des nappes sur une certaine étendue en amont et en aval.

Pratiquement, pour tracer cette nappe CE, il faut avoir construit un certain nombre de profils de nappes et trouver par tâtonnement celle qui passe par le point C. Pour chacune d'elles, on se donne l'ordonnée au faîte EH, le point E étant choisi à vue d'œil, et le point H étant situé sur la parallèle au fond imperméable menée par le radier de la galerie.

On connaît la contrenappe $p = GF$, qui peut être différente de la contrenappe de la nappe naturelle.

Appelons : z, la pente hydraulique de la nappe naturelle;

z', celle de la nappe qui aurait EH pour ordonnée au faîte;

a, la longueur du versant de cette nappe;

ε, la pente du fond.

On a d'abord (§ 35) :

(256)
$$z' = z \sqrt{1 + \frac{p}{b_0}};$$

puis (tableau E, p. 62) :

(257)
$$b_0 = \delta y a - \varepsilon a \left(\frac{\gamma}{2z'} \right);$$

d'où :

(258)
$$a = \frac{b_0}{\varepsilon \left(\frac{\gamma}{2z'} \right)};$$

z' étant connu par (256), le rapport $\left(\frac{\gamma}{2z'} \right)$ est fourni par la 10ᵉ colonne du tableau E; l'équation (258) fournit donc la longueur du versant de la nappe inconnue.

Connaissant la longueur du versant, l'ordonnée au faîte et la pente hydraulique, on peut, en interpolant entre les chiffres du tableau F, calculer l'abscisse et l'ordonnée des points qui correspondent aux diverses valeurs de $\left(\frac{y}{\varepsilon} \right)$ qui servent d'entrée audit tableau.

Quand on a dessiné un certain nombre de profils de nappes, il est facile de tracer entre eux, par interpolation graphique, le profil de la nappe qui passe par le point C qu'on a choisi.

2ᵉ cas. — Si le point C est situé au-dessous du point limite L, la question de savoir ce qui se passe en amont et en aval de la galerie est plus douteuse que dans le cas précédent.

En effet, dans ce premier cas, la nappe qui va vers le thalweg fait suite à celle qui alimente la galerie, et il est naturel d'admettre que la contrenappe soit la même pour ces deux nappes.

Dans le deuxième cas, au contraire, les nappes qui alimentent la galerie sont séparées des nappes qui coulent vers les thalwegs par des faîtes séparatifs, c'est-à-dire par deux zones à vitesses nulles. De sorte qu'on ne voit pas de raison pour que la manière dont se fait l'écoulement vers la galerie, c'est-à-dire entre les faîtes séparatifs, ne soit pas différente du mode d'écoulement des nappes qui alimentent les thalwegs.

Si la galerie est établie sur la ligne des sources, elle agit à l'égard des nappes qui l'alimentent comme une source, et il est naturel d'admettre que ces nappes sont des nappes de thalweg ayant pour contrenappe la hauteur GF. C'est la proposition II.

Si la galerie est établie au-dessus de la ligne des sources, on rentre dans le cas d'application de la proposition III. Cette proposition nous paraît applicable dans de certaines limites, mais nous avons déjà fait remarquer que le coefficient K du paragraphe 35, égal ici à $\left(\frac{p}{b_0} \right)$, doit, au delà d'une certaine limite, subir une diminution. La théorie laisse donc subsister une certaine incertitude qui ne pourrait être levée que par l'observation précise de faits naturels.

Nous pensons qu'on pourra le plus souvent appliquer la proposition III. On obtiendra ainsi des débits probablement moindres que les débits réels. Cette proposition fait connaître les nappes les plus basses qui peuvent se former en amont et en aval de la galerie, celles qui correspondent au cas où le fond du sillon C coïncide théoriquement avec le radier de la galerie.

Pour le calcul des nappes secondaires qui se formeront lorsque le point C sera situé à une certaine hauteur au-dessus du radier, on se basera sur la proposition suivante :

PROPOSITION V. *La parallèle au fond imperméable menée par le radier de la galerie est l'axe séparatif de la nappe proprement dite et de la contrenappe, des nappes qui affluent à cette galerie.*

Cette proposition se justifie en remarquant que lorsque la contrecharge est nulle, la galerie fonctionne à l'égard des nappes qui affluent vers elle comme un point de source. Or nous avons admis que la parallèle au fond menée par un point de source parallèle que nous avons appelée l'*axe séparatif* (§ 37), divise la nappe en deux parties, l'une supérieure qui est la nappe proprement dite, l'autre inférieure, qui est la contrenappe, et que les filets liquides de ces deux parties de la nappe ont des vitesses égales et des sections proportionnelles.

Si l'on coupe une pareille nappe par un plan vertical à une certaine distance du point de source, on aura encore deux parties, l'une supérieure, l'autre inférieure, séparées par l'axe séparatif.

Menons deux plans verticaux par les faces latérales de la galerie. Nous circonscrivons une tranchée verticale dans laquelle se déversent les filets liquides des nappes affluentes, tranchée qui est remplie par le terrain perméable. Une fois parvenues dans cette tranchée, les eaux n'ont plus qu'à atteindre la galerie par un transport vertical ascendant ou descendant dans lequel elles épuisent précisément leur charge hydrostatique.

Ces considérations justifient la proposition V.

En résumé, le problème du tracé des nappes qui affluent à la galerie et aux thalwegs comprend les opérations suivantes :

1° On construit les courbes V et V′ par la méthode indiquée plus haut (proposition I);

2° Puis le gabarit G (proposition II);

3° Et le gabarit G′ relatif à la position qu'occupe la galerie (proposition III);

4° On trouve par la rencontre des courbes V, V′ et G′ les points de faîte de la nappe la plus basse;

5° On construit ensuite point par point autant de nappes secondaires qu'il est nécessaire en employant la méthode indiquée plus haut (équations 256, 257, 258).

Réserve de la galerie. — Considérons une galerie au moment où le fond du sillon formé par les nappes qui l'alimentent est à une certaine hauteur Y au-dessus de son radier. Si l'on maintient la galerie ouverte, il s'écoulera un certain volume d'eau depuis le niveau Y jusqu'au niveau *zéro*; ce volume d'eau était donc disponible au niveau Y. C'est pourquoi nous l'appelons la *réserve de la galerie.*

Si l'on considère la galerie dans les deux phases extrêmes de son fonctionnement, c'est-à-dire depuis le moment de son ouverture, alors que la nappe naturelle est entière, jusqu'au moment où la contrecharge est réduite à zéro, ou plus exactement à son minimum pratique, le volume d'eau total écoulé par la galerie pendant la baisse des eaux constitue sa *réserve totale.*

À un moment donné de l'écoulement, il existe entre les nappes qui s'écoulent, d'une part vers la galerie, et d'autre part vers les thalwegs, des faîtes séparatifs S, S' (fig. 78, pl. XXIV). Du côté gauche du faîte S, l'eau s'écoule vers le thalweg du versant. Du côté droit du faîte S', l'eau s'écoule vers le thalweg du contreversant. À droite de la verticale du point S et à gauche de la verticale des points S', l'eau s'écoule vers la galerie.

GD et GD' étant les profils des nappes permanentes qui s'établissent lorsque le sillon est descendu au plus bas niveau sur l'axe de la galerie, les points D et D' sont nécessairement les faîtes qui s'établissent entre la galerie et les versants, lorsque la période d'abaissement est terminée et que le régime permanent est rétabli. Par conséquent, les lieux géométriques des faîtes séparatifs forment nécessairement deux lignes courbes telles que MSD, MS'D'.

Ces lignes sont en dehors de l'angle à côtés curvilignes que forment les deux courbes V et V'. En effet, ces dernières sont les lieux géométriques des faîtes séparatifs dans le régime permanent. Mais pendant la baisse des eaux, il est clair que les faîtes séparatifs s'éloignent de la galerie et se rapprochent des versants, autrement le débit des thalwegs augmenterait au moment où la galerie fait appel des eaux, ce qui est absurde.

Si la baisse des eaux a lieu très lentement, c'est-à-dire si le débit qui passe par la galerie excède de très peu le débit du régime permanent, il est évident que les faîtes séparatifs des nappes qui s'écoulent vers la galerie et vers les thalwegs s'écartent très peu des courbes V et V'. On a alors la *réserve minima*. Ce qui justifie la proposition suivante (fig. 73, pl. XXII).

PROPOSITION VI. *La réserve totale minima d'une galerie de captage par mètre courant, à un niveau du fond du sillon marqué par le point U, est égale au volume d'eau contenu dans le contour curviligne à 5 côtés BLSUS'B (fig. 72, 73, 75), limité par : 1° une courbe BRL tracée en dehors de l'angle des courbes V et V' et qui va du faîte B au point limite L; 2° la portion LS de la courbe V; 3° et 4° les profils SU, US' des nappes qui alimentent la galerie; 5° la partie S'B de la courbe V'.*

Soient (fig. 71, pl. XXI), G_3, G_4 deux positions du fond du sillon infiniment voisines sur la verticale de la galerie. Lorsque le niveau de l'eau est en G_4, b et b' diffèrent très peu des deux faîtes secondaires qui partagent les eaux entre la galerie et les thalwegs, puisque, par hypothèse, la baisse des eaux a lieu très lentement.

Lorsque le niveau est descendu en G_3, les faîtes a, a' remplacent les faîtes b, b'. Un volume d'eau abG_4G_3 a disparu, et ce volume d'eau ne peut avoir été absorbé que par la galerie. Il en est de même du volume d'eau $a'b'G_4G_3$. Ces deux volumes élémentaires sont indiqués par des hachures.

Les volumes d'eau représentés par les triangles curvilignes abT, $a'b'T'$ ont été absorbés par les thalwegs.

On remarquera que ces derniers volumes sont nécessairement inférieurs à l'apport pluvial permanent qui a lieu sur les surfaces $\widehat{Tb}$, $\widehat{T'b'}$, pendant la durée de l'abaissement du niveau de G_4 en G_3. On ne concevrait pas, en effet, que l'apport de la galerie déterminât une augmentation du débit, qui normalement devrait alimenter les sources des versants.

Le raisonnement précédent tombe en défaut lorsque les nappes qui alimentent la galerie ne sont pas comprises tout entières à l'intérieur de l'angle formé par les courbes V et V', c'est-à-dire lorsque le fond du sillon est situé au-dessus du point limite L, intersection de la verticale de la galerie avec la courbe V.

Soient à ce moment C le fond du sillon, D le faîte virtuel de la nappe qui coule vers le thalweg, E le faîte de la nappe EC qui se forme en amont de la galerie (fig. 73, pl. XXII).

Pendant un intervalle de temps très court, le niveau de cette dernière nappe s'abaissera de 5-5' à 4-4', et le volume d'eau contenu dans le trapèze curviligne compris entre ces deux courbes aura disparu.

D'un autre côté puisque, par hypothèse, la baisse a lieu très lentement, les débits respectifs de la galerie et du thalweg conservent sensiblement le même rapport que dans le régime permanent.

D'après la proposition IV, ce rapport est celui des intervalles horizontaux :

$$\frac{\widehat{ED}}{\widehat{EC}}.$$

Donc la galerie aura absorbé une fraction du volume d'eau disparu égale au rapport ci-dessus.

Pour obtenir le point R qui marque sur la courbe CE le contour de la réserve, il faut déterminer ce point R de manière qu'on ait :

(262)
$$\frac{\text{Volume élémentaire ER}}{\text{Volume élémentaire EC}} = \frac{\widehat{ED}}{\widehat{EC}}.$$

Le lieu des points R passe nécessairement par les points B et L.

En effet, au niveau B, l'intervalle $\widehat{ED}$ est nul; le volume ER l'est également.

Au niveau L, le deuxième membre de la relation (262) est égal à l'unité, et, par conséquent, le point R se confond avec le point L.

Le contour de la réserve entre les points B et L est donc figuré par une courbe située en dehors de l'angle des courbes V et V'.

La proposition VI est ainsi démontrée.

Pratiquement, pour diviser le trapèze élémentaire dans le rapport marqué par l'équation (262), il sera suffisant de considérer deux nappes voisines du niveau considéré, l'une plus haute, l'autre plus basse; par exemple, au niveau 5, on considérera les nappes qui sont tracées au niveau 6 et au niveau 4.

On admettra que le volume élémentaire à diviser dans le rapport de l'équation (262) est assimilable à un trapèze qui aurait pour bases les hauteurs verticales :

$$(4 - 6) \quad \text{et} \quad (4' - 6');$$

soient :

b et a, ces deux hauteurs;

h, la distance horizontale $\widehat{EC}$;

x, la distance inconnue $\widehat{ER}$.

Posons :

$$\alpha = \frac{b-a}{h}, \qquad \beta = \frac{\widehat{ED}}{\widehat{EC}}$$

On aura, pour le volume total du trapèze :

$$\left(a + \frac{ah}{2}\right) h$$

et, pour le volume afférent à la galerie :

$$\left(a + \frac{ax}{2}\right) x.$$

Le rapport de ces deux volumes doit être égal à β, d'où l'équation du second degré :

(263) $$\frac{ax^2}{2} + ax - \beta h \left(a + \frac{ah}{2}\right) = 0.$$

Il est facile de voir que la valeur de x que donne cette équation est toujours plus grande que βh; par conséquent, la verticale du point R passe à gauche du faîte virtuel D, et *le contour BRL est nécessairement situé en dehors de l'angle formé par les courbes V et V'.*

Une fois que le contour de la réserve aura été tracé, on mesurera au planimètre les surfaces correspondantes à chaque niveau de contrecharge et on multipliera ces surfaces par le coefficient du vide m pour avoir les volumes d'eau.

Enfin on achèvera le problème en faisant le graphique des volumes de la réserve aux diverses hauteurs de contrecharge.

Nous allons en donner quelques exemples :

1° *Nappe d'affleurement à fond horizontal. Galerie située sur le fond imperméable au milieu du versant.* (Fig. 74, pl. XXIII.)

Pour simplifier les tracés, on a transformé par une multiplication d'échelle la nappe elliptique en nappe circulaire. En vertu des propriétés qui seront établies plus loin, dans la théorie des galeries de captage ouvertes dans les nappes d'affleurement, toutes les courbes deviennent des cercles.

Dans la figure 77, pl. XXIV, côté gauche, on a fait le graphique des volumes de la réserve en fonction de la profondeur du sillon. On peut constater que ces volumes tendent à être proportionnels à la profondeur pour les niveaux les plus bas et varient à peu près suivant la loi parabolique pour les niveaux les plus hauts.

2° *Mêmes données. Galerie située sur l'axe de la nappe naturelle.*

Les volumes de la réserve ont été calculés par une formule. Sur la figure 77, à droite, on a fait le graphique de ces volumes. On constate que la réserve est plus grande dans ce cas que dans le cas précédent. La courbe de la réserve a une forme sinusoïdale.

3° *Nappe de thalweg sur fond horizontal. Galerie située sur la ligne des sources, au milieu du versant* (fig. 72, pl. XXI).

Le graphique a été fait sur les mêmes données que le précédent. Les nappes sont toutes des ellipses.

Sur la figure 76, pl. XXIV, à droite, on a fait le graphique des volumes de la réserve.

Ici encore, ces volumes suivent une loi qui se rapproche de la proportionnalité pour les niveaux les plus bas et de la loi parabolique pour les niveaux les plus hauts.

4° *Nappe de thalweg sur fond incliné. Galerie située sur la ligne des sources, à une distance du faîte égale à* $\frac{n}{4}$ (fig. 73, pl. XXII).

Les données de ce graphique sont les mêmes que celles du graphique 113, pl. XXXIII.

La courbe des volumes de la réserve, fig. 76, à gauche, a la plus grande similitude avec celle du cas précédent.

5° *Nappe d'affleurement sur fond incliné. Galerie située sur le fond imperméable aux* 2/5 *du versant* (fig. 75, pl. XXIII).

En vertu d'une proposition déjà mentionnée et qui sera établie plus loin, toutes les nappes sont semblables à la nappe naturelle et les centres de similitude sont les points de source A et A', ce qui rend leur tracé très facile, une fois qu'on a tracé le contour de la nappe naturelle.

Le contour de la réserve présente une disposition conforme à celle du 4e cas, mais, toutes choses égales d'ailleurs, le volume de la réserve est moindre.

Circonstances qui influent sur le volume de la réserve. — On aperçoit facilement les propriétés suivantes :

1° Pour des galeries placées sur une parallèle au fond imperméable, la réserve est d'autant plus grande que la galerie est placée plus près de la région centrale. *C'est dans l'intérieur de l'angle des courbes* V *et* V' *que se trouve le point correspondant au maximum du volume de la réserve.*

2° Pour des galeries placées sur la même verticale, la réserve totale croît à peu près proportionnellement au carré de la profondeur.

3° Pour une galerie donnée, la réserve correspondant à une profondeur déterminée du fond du sillon croît avec la profondeur suivant une loi qui approche de la simple proportionnalité pour les niveaux les plus bas et qui tend vers la loi parabolique pour les niveaux les plus hauts.

Il ne faut pas oublier d'ailleurs que les considérations précédentes s'appliquent à la *réserve minima*.

En réalité l'abaissement du niveau se fait toujours avec une vitesse plus ou moins grande, et le contour de la réserve est limité, de chaque côté, par des courbes telles que MRD, BR'D', figure 78, et même par des courbes beaucoup plus saillantes, telles que MSD, BS'D' de la même figure, si l'abaissement se fait très rapidement. Dans ce cas, les nappes qui se forment successivement présentent les formes indiquées par le schéma de la figure 78, celles qui coulent vers les versants étant des nappes déprimées, c'est-à-dire à pentes diminuées par rapport à celles du régime permanent.

Les volumes réels de la réserve sont donc toujours plus grands que ceux auxquels l'épure 73 nous a conduit; comme on le voit, il n'y a que la forme des nappes inférieures Gb, Gb' qui ne change pas.

Conséquemment, quand on n'aura à calculer que les volumes de la réserve disponibles entre deux profondeurs suffisamment grandes, on pourra admettre pratiquement que les volumes sont proportionnels à la profondeur.

Il suffira de tracer les nappes inférieures TbG, T'b'G, fig. 73, et de mesurer les

11.

surfaces de ces nappes qu'on n'aura qu'à retrancher. Ces nappes sont des nappes entières, à l'égard desquelles le point G est un point de source.

On peut calculer directement leurs surfaces des nappes sans recourir au planimètre, ce qui évite leur tracé. On procédera de la manière suivante :

b_0 étant l'ordonnée au faîte d'une nappe sur fond incliné;

a la longueur de son versant;

z sa pente hydraulique;

ε la pente du fond;

m le coefficient des vides,

on a, pour la surface de la nappe, côté du versant (équation 44) :

$$(264) \qquad \mathrm{V} = \frac{m}{2\varepsilon}(\delta^2 a^2 - b_0^2).$$

et pour celle du côté du contreversant :

$$(265) \qquad \mathrm{V}' = \frac{m}{2\varepsilon}[b_0^2 - \delta^2(\mathrm{L} - a)^2].$$

Rappelons que nous avons posé :

$$(266) \qquad \gamma = \frac{b_0}{\delta a}; \qquad \gamma' = \frac{b_0}{\delta(\mathrm{L} - a)}; \qquad z = \frac{\varepsilon}{2\delta}.$$

Substituant ces valeurs dans les formules (264) (265), elles deviennent :

$$(267) \qquad \mathrm{V} = m\varepsilon a^2 \left(\frac{1 - \gamma^2}{8z^2}\right);$$

$$(268) \qquad \mathrm{V} = m\varepsilon(\mathrm{L} - a)^2 \left(\frac{\gamma'^2 - 1}{8z^2}\right).$$

Les coefficients entre parenthèses ne dépendent que de la pente hydraulique. Ils sont calculés dans le tableau suivant, pour les valeurs décimales de cette pente. Nous y avons joint les valeurs du coefficient,

$$\left(\frac{\gamma}{2z}\right), \qquad \left(\frac{\gamma'}{2z}\right),$$

qui servent dans le tracé des nappes.

La planche XII contient le graphique du premier de ces coefficients, ainsi que celui des coefficients

$$\left(\frac{1 - \lambda}{\lambda}\right) \qquad \text{et} \qquad \frac{b_0}{b} = \theta,$$

qui servent également dans le calcul des profils de ces nappes.

TABLEAU K.

CALCUL DE LA RÉSERVE.

PENTE HYDRAULIQUE z.	NAPPE.		CONTRENAPPE.	
	$\left(\dfrac{1-\gamma^2}{8z^2}\right)$.	$\left(\dfrac{\gamma}{2z}\right)$.	$\left(\dfrac{\gamma'^2-1}{8z^2}\right)$.	$\left(\dfrac{\gamma'}{2z}\right)$.
0,05	7,500	9,220	7,900	10,790
0,1	3,550	4,230	4,320	5,800
0,2	1,610	1,740	2,356	3,300
0,3	0,964	0,921	1,694	2,480
0,4	0,642	0,526	1,351	2,070
0,5	0,455	0,298	1,175	1,830
0,6	0,334	0,158	1,054	1,674
0,7	0,253	0,071	0,945	1,550
0,8	0,195	0,022	0,875	1,465
0,9	0,154	0,002	0,830	1,407
1,0	0,125	zéro.	0,800	1,359

Utilisation de la réserve. — Vanne de contrecharge ou de serrement. — Jusqu'à présent, l'importance pratique de la réserve n'apparaît pas pleinement; on va voir qu'elle est très grande et qu'elle constitue peut-être le plus grand avantage des captages par galerie.

Pour utiliser la réserve, un seul organe est nécessaire, *une vanne régulatrice.*

Nous l'appelons *vanne de contrecharge,* parce qu'elle a pour effet de créer une résistance qui oblige le fond du sillon formé par les nappes qui affluent vers la galerie, à se relever en amont de la vanne et à opposer ainsi une contrecharge à la charge naturelle des eaux.

La théorie nous a conduit naturellement à l'idée d'une vanne régulatrice. Déjà la pratique en avait consacré l'emploi. Un éminent ingénieur des mines belge, M. G. Dumont, auteur des galeries de captage de la ville de Liège, avait inventé la vanne régulatrice dès l'année 1857, et lui avait donné le nom expressif de *vanne de serrement.*

En serrant la vanne, c'est-à-dire en réduisant son débit, on provoque une montée dans la nappe souterraine, on augmente la réserve; en desserrant la vanne, on écoule les volumes d'eau emmagasinés, on diminue la réserve.

L'expérience démontre que l'action de la vanne régulatrice est instantanée, et que dès qu'on l'ouvre, les eaux s'écoulent avec une vitesse considérable, qu'on est obligé de modérer, car elle est capable d'entraîner le terrain perméable, lui-même, lorsqu'il n'est pas compact.

On peut dire que le volume d'eau de la réserve est vraiment emmagasiné et qu'il est toujours disponible, comme si le terrain perméable qui le contient était un réservoir d'eau ordinaire.

On ne laisse écouler, à chaque instant, que le débit strictement nécessaire aux besoins du service, et si ces besoins sont nuls, on interrompt complètement l'écoulement; c'est ce qui arrive par exemple pendant une partie de la nuit.

La manœuvre de la vanne régulatrice permet donc de ne perdre aucun volume d'eau ; elle rend presque inutiles les réservoirs ordinaires d'aménagement. Mais ce ne serait là qu'un avantage de second ordre. *Sa véritable utilité consiste dans la possibilité d'emmagasiner pendant la saison humide l'eau des fortes pluies, afin de pouvoir les utiliser pendant la période de sécheresse.*

On peut pressentir que cette opération ne se fait pas sans une certaine perte d'eau, un certain déchet ; c'est en effet ce qui a lieu.

Soient TD, DC (fig. 79, pl. XXIV), les deux nappes du régime permanent qui coulent respectivement vers le thalweg et vers la galerie, celle-ci ayant son ouverture ordinaire. A la suite d'une forte pluie, les nappes se gonflent et le faîte passe en H à gauche de la galerie. Le bassin afférent au thalweg est $\overarc{HT}$, celui de la galerie est $\overarc{HC}$. Sa largeur a augmenté. Du côté droit, le faîte de la nappe aura passé de D′ à H′.

La longueur totale du bassin afférent à la galerie a passé de $\overarc{DD'}$ à $\overarc{HH'}$. Le débit a augmenté.

Si on laissait la galerie avec son ouverture ordinaire, les eaux emmagasinées par la crue baisseraient peu à peu et les nappes reprendraient au bout de quelque temps leur régime permanent.

Pour créer une réserve, on fermera donc partiellement la galerie, de manière à ne lui laisser débiter qu'un volume d'eau égal à celui du régime permanent. Par suite de cette manœuvre, le fond du sillon se relèvera de C en L, les faîtes des nappes s'élèveront en KK′ et se rapprocheront l'une de l'autre. On aura donc augmenté les bassins afférents aux thalwegs des longueurs $\overarc{HK}$ $\overarc{HK'}$, et ces thalwegs débiteront ainsi une partie des eaux qui, sans la manœuvre de fermeture partielle, auraient passé par la galerie. Mais il est évident que ces volumes supplémentaires sont moindres que ceux que la galerie aurait débités et que finalement il y aura économie, création d'un volume réservé.

Donc, en temps de crue, la fermeture partielle de la galerie relève les faîtes séparatifs qui se formeraient naturellement si la galerie était maintenue à son ouverture ordinaire, diminue leur écartement et augmente ainsi le débit des thalwegs.

En temps de sécheresse, on pratiquera une manœuvre inverse, on agrandira le débouché ordinaire de la galerie en levant plus ou moins sa vanne régulatrice, et on aura le résultat suivant :

En temps de sécheresse, l'ouverture plus large de la galerie abaisse les faîtes séparatifs qui se formeraient naturellement si la galerie était maintenue à son ouverture ordinaire, augmente leur écartement et diminue ainsi le débit des thalwegs en augmentant celui de la galerie.

Il résulte de ces considérations qu'il importe de ne jamais dépenser tout le débit dont est capable une galerie, et qu'il est indispensable qu'il existe au-dessus d'elle une certaine tranche d'eau donnant une réserve assez importante pour que dans les années sèches, elle ne soit pas entièrement épuisée avant l'arrivée des pluies d'automne. Le volume de la réserve doit donc correspondre à la consommation de plusieurs mois, et doit être déterminé dans chaque cas, en considérant le régime de la nappe à laquelle on a affaire. Nous avons indiqué aux paragraphes 25, 30 quelles sont les circonstances qui exercent de l'influence sur la plus ou moins grande stabilité des nappes et qui peuvent fournir des pronostics à ce sujet.

Cas où la nappe de thalweg a un fond horizontal. — Dans ce cas, toutes les nappes du régime permanent sont des ellipses. Les propriétés que nous avons énoncées pour le cas général subsistent, mais les résultats sont simplifiés.

PROPOSITION I. Les courbes V et V′ sont identiques et symétriques (fig. 81, pl. XXV). Ce sont des hyperboles TB, BT′, à axe vertical, ayant leurs sommets aux points de sources T, T′ et passant par le faîte de la nappe naturelle B.

En rapportant chacune d'elles à des axes rectangulaires ayant leur origine au point de source, son équation est :

$$(269) \qquad y(y+p) = \delta^2 x^2.$$

La condition pour l'hyperbole de passer par le faîte donne pour la valeur de δ^2 :

$$\delta^2 = \frac{b(b+p)}{a^2}.$$

L'hyperbole V a son centre au milieu de la hauteur de la contrenappe AF (fig. 80, pl. XXIV), et son asymptote a pour inclinaison δ.

PROPOSITION II. La courbe G est aussi une hyperbole. Si le radier de la galerie est situé sur la ligne des sources, cette hyperbole est identique à l'hyperbole V dont les deux demi-branches V, V′ seraient rapprochées l'une de l'autre.

PROPOSITION III. Pour des galeries situées sur la même verticale, les hyperboles G sont semblables, et leur centre de similitude est au pied de la verticale de la galerie, sur le fond imperméable. Soit P la hauteur d'une galerie G′ au-dessus du fond imperméable ; l'hyperbole G correspondant à cette position a pour équation :

$$y(y+P) = \delta^2 x^2,$$

l'origine des axes étant supposée placée en G′ sur le radier de la galerie.

PROPOSITION IV. C'est toujours la distance des points de croisement des hyperboles V et V′ avec l'hyperbole G qui règle le débit du régime permanent de la galerie. ξ et ξ' étant les abscisses des points de croisement rapportés à la verticale du faîte B, on a toujours pour le débit de la galerie :

$$(270) \qquad q = \frac{m}{\mu} \delta^2 (\xi + \xi').$$

PROPOSITION V. *La parallèle au fond imperméable menée par le radier de la galerie est encore l'axe séparatif des nappes secondaires.*

Mais on peut, dans le cas d'un fond horizontal, donner l'équation de la courbe G′, c'est-à-dire du lieu géométrique des faîtes des nappes secondaires qui affluent à la galerie.

Prenons toujours pour axe des coordonnées le centre du radier de la galerie.
Soient :

Y, la hauteur de la contrecharge ;

H, l'ordonnée du faîte de la nappe secondaire ;

X, son abscisse par rapport à l'axe de la galerie;

x, l'axe horizontal de l'ellipse dont H est l'axe vertical;

P, la hauteur du radier de la galerie au-dessus du fond imperméable. C'est la contre-nappe commune à toutes les nappes secondaires.

La nappe secondaire considérée est une nappe en ellipse qui a pour axes H et x, et qui passe par le point (Y, X).

On a donc :

$$Y^2 = \frac{H^2}{x^2}(x^2 - X^2).$$

Mais d'après le paragraphe 35 :

$$\frac{H^2}{x^2} = \frac{\delta^2}{1 + K} = \frac{\delta^2}{1 + \frac{P}{H}}.$$

Éliminant x^2 entre les deux relations précédentes, on obtient l'équation :

$$(271) \qquad \delta^2 x^2 = \left(\frac{H + P}{H}\right)(H^2 - Y^2).$$

d'où l'on tire :

$$(271 \ bis) \qquad X = \frac{1}{\delta}\sqrt{\left(\frac{H + P}{H}\right)(H^2 - Y^2)}.$$

Cette équation permet de tracer point par point la courbe G′ afférente à la contre-charge Y. Il suffit de donner à H des valeurs successives [1].

La courbe G′ ainsi obtenue coupe les courbes V et V′ en deux points qui sont les faîtes séparatifs de la galerie et des thalwegs, pour la contrecharge donnée.

PROPOSITION VI. Elle est entièrement applicable au cas d'une nappe à fond horizontal. Toutes les nappes secondaires sont des ellipses. Nous avons déjà donné dans les graphiques 72 et 74 les résultats de l'application de la méthode générale aux nappes de ce genre.

46. **Galerie de captage dans une nappe d'affleurement sur fond incliné.** — La théorie du paragraphe 45 se simplifie beaucoup quand au lieu d'avoir une nappe de thalweg, on a affaire à une nappe d'affleurement.

Il faut alors faire $p = 0$ dans toutes les formules. Le coefficient d'absorption δ demeure constant pour toutes les nappes.

PROPOSITION I. Les courbes V, V′, se réduisent à des lignes droites AB, A′B (fig. 82, pl. XXV).

PROPOSITION II. Pour une galerie G établie sur la ligne des sources, le gabarit G se compose de deux droites GD, GD′ parallèles aux droites V, V′ (fig. 83, pl. XXV).

PROPOSITION III. Dans le cas d'une nappe d'affleurement, l'expérience semble démontrer que la position de la galerie sur la verticale n'a pas une grande influence sur la

[1] Voir annexe, page 341.

forme générale des nappes (chap. XIII), et que les choses se passent comme si la nappe était établie sur le fond imperméable. On observe cependant un certain relèvement du fond du sillon, accusant comme une perte de charge causée par l'inflexion des filets liquides aux abords de la galerie. Dans ce cas, la proposition III ne serait pas applicable.

Mais le cas pratique auquel se réfère cette observation est celui d'une galerie établie beaucoup au-dessus de la ligne V. Or, dans ce cas, la nappe qui coule vers le versant fait suite à celle qui coule vers la galerie et l'on conçoit que cette dernière soit une nappe d'affleurement comme la première.

Il nous paraît devoir en être autrement lorsque la galerie est établie au-dessus de la ligne des sources, dans l'intérieur de l'angle des courbes V et V'. Le faîte séparatif qui s'établit alors entre la galerie et chaque thalweg crée une zone de vitesses nulles et on ne voit pas de raison pour que, dans ce cas, les nappes qui affluent à la galerie ne satisfassent pas à la proposition III, c'est-à-dire que ce sont des nappes de thalweg, et que la proposition III est applicable dans ce cas.

Mais dans le cas d'une nappe d'affleurement traversée par une galerie de captage, les nappes secondaires jouissent d'une propriété particulière qui ne se rencontre pas dans le cas des nappes de thalweg; c'est la suivante :

PROPOSITION III *bis. Toutes les nappes aboutissant aux points de sources sont semblables entre elles et semblables à la nappe naturelle et les centres de similitude sont les points de sources. Il en est de même des nappes aboutissant à la galerie, si elle est établie sur la ligne des sources, ou en dehors de l'angle formé par les lignes V et V'.*

Cette propriété des nappes qui ont mêmes valeurs de ε et de δ a été établie au paragraphe 17. Elle résulte de ce que dans l'équation fondamentale 35 des nappes à fond incliné,

$$yy' = -\delta^2 x + \varepsilon y,$$

en divisant par εy, on obtient :

$$\frac{y'}{\varepsilon} = -\frac{\delta}{\varepsilon}\frac{\delta x}{y} + 1.$$

Sous cette forme, on voit que si δ et ε sont invariables, à une valeur de y', coefficient angulaire de la courbe, correspond une valeur constante du rapport $\frac{x}{y}$, c'est-à-dire que les points qui ont des tangentes parallèles ont des ordonnées proportionnelles, ce qui est le propre des courbes semblables.

L'application des propositions I, II, III et III *bis* conduit à distinguer trois cas :

1° *La galerie est située sur le fond imperméable* (fig. 83); s'il n'y a pas de contrecharge, on mène les lignes GD, GD', respectivement parallèles aux lignes V, V', c'est-à-dire à AB, A'B; les points de rencontre D, D', des deux systèmes de droites sont précisément les faîtes séparatifs de la galerie et des thalwegs.

S'il y a une contrecharge GC (fig. 82), on mène les lignes ACF, A'CF', qui coupent la nappe naturelle en F et F'; on joint BF, BF', et par le point C, on mène des parallèles à ces lignes. Elles coupent les lieux géométriques AB, A'B en deux points de partage D, D', correspondant à la contrecharge GC. Les courbes affectées par les

nappes CDA, CD'A' sont exactement semblables à la nappe naturelle et, par conséquent, faciles à tracer au moyen de rayons partant des centres de similitude A, A', de
ces courbes. C'est ce qu'on a fait sur la figure 82.

2° *La galerie est établie au-dessus du fond imperméable, à l'intérieur de l'angle des
lignes V, V'* (fig. 84, pl. XXV). Dans ce cas, les deux nappes qui affluent à la galerie
sont des nappes de thalweg. Supposons la contrecharge nulle. Menons par la base de
la galerie G une parallèle HH' à la ligne du fond.

On tracera le gabarit G, G', par la méthode exposée au paragraphe 45 pour le
calcul des courbes V, V', dont la réunion constitue précisément ce gabarit.

On calculera d'abord la partie droite x de la courbe G (équation 236). Dans cette
formule figurent trois quantités ε, z_0, p, qui sont connues. ε est la pente du fond AA';
z_0 est la pente hydraulique de la nappe ABA'; p est la hauteur GF de la galerie au-
dessus du fond.

On se donnera ensuite diverses pentes hydrauliques z', de valeurs décroissantes, par
exemple $z' = 0,80$, $0,60$... et les formules (248), (249), (250) permettront de
calculer les coordonnées y, x, x' des courbes G, G', par rapport aux axes obliques
HGH' (axe des xx) et GC (axe des yy). Les courbes G, G', ainsi tracées, coupent les
lignes AB, A'B, en des points D, D', qui sont les faîtes séparatifs de la galerie et des
thalwegs.

Les profils DA, D'A' de nappes sont, en vertu de la proposition III *bis*, semblables
au profil de la nappe naturelle.

3° *La galerie est en dehors de l'intérieur de l'angle des lignes VV'.*

D'après ce que nous avons dit plus haut, dans ce cas, les choses se passent comme
si la galerie était établie sur le fond imperméable. On rentre dans l'application du
paragraphe 1er ci-dessus, pour le cas où il y a une contrecharge. Toutes les nappes
secondaires sont semblables à la nappe naturelle.

Débit de la galerie. — Menant les verticales DE, D'E' (fig. 82, 83, 84), on a, pour le
débit de la galerie :

$$(272) \qquad q = \frac{m}{\mu}\delta^2 \times \widehat{EE'} = \frac{m}{\mu}\delta^2(\xi+\xi').$$

On obtiendra les points de partage correspondant au débit maximum en plaçant la
galerie sur la ligne des sources. Supposons donc la galerie ainsi établie (fig. 83).
Posons :

$$AG = c, \qquad A'G = L - c;$$
$$AO = a, \qquad OA' = L - a.$$

On a évidemment :

$$EG = AG\frac{OA'}{AA'} = c\frac{L-a}{L};$$
$$GE' = GA'\frac{OA}{AA'} = (L-c)\frac{a}{L};$$
$$(273) \qquad EE' = EG + GE' = \frac{aL - c(2a-L)}{L};$$

a étant nécessairement plus petit que L, puisque c'est la longueur du versant, la parenthèse est positive.

Comme le débit est proportionnel à EE′, on voit qu'il est maximum quand $c=0$, c'est-à-dire quand la galerie est placée en A, à l'emplacement de la source. Le point D′ se transporte alors en B, la galerie *se substitue* à la source du versant dont elle reçoit toutes les eaux.

Le débit diminue à mesure que l'emplacement de la galerie s'éloigne de la source du versant. Il atteint son minimum lorsque la galerie est placée en A′, où elle se *substitue* à la source du contreversant.

Placée au milieu de la nappe, la galerie reçoit la moitié des eaux du versant et du contreversant. Il y a donc intérêt à placer la galerie *le plus bas possible*.

Réserve de la galerie. — Pour avoir le volume de la réserve, il suffit d'appliquer la méthode générale exposée plus haut. Elle se simplifie par le fait que, dans le cas présent, toutes les nappes secondaires affluant aux sources ont la même pente hydraulique.

Nous avons déjà exposé plus haut, par anticipation, les résultats que donne l'application aux galeries ouvertes donnant des nappes d'affleurement, de la méthode que nous avons exposée concernant la recherche du volume de la réserve minima des galeries ouvertes dans des nappes de thalweg.

47. Galerie de captage dans une nappe à un seul versant. — Les propriétés que nous avons établies pour les galeries ouvertes dans les nappes à deux versants étant basées sur l'existence des points de partage à tangente horizontale entre la galerie et les thalwegs, il est clair que ces propriétés ne s'appliquent plus aux galeries ouvertes dans les nappes à un seul versant, puisque dans ces dernières il ne peut y avoir de point de partage.

La théorie se simplifie beaucoup.

1er cas. Nappe d'affleurement à un seul versant. — Soit ABA′ la nappe (fig. 85, pl. XXV) et supposons qu'on y établisse une galerie G parallèle au versant et reposant sur le fond imperméable à une distance *c* de la source A, L étant la longueur totale de la nappe.

La galerie captera nécessairement toutes les eaux qui viennent de l'amont et ne prendra rien de celles de l'aval.

En effet, les nappes nouvelles qui s'établiront par suite de l'appel de la galerie couleront sur le fond imperméable avec la pente ε, à travers un terrain qui a pour coefficient d'absorption δ, celui du terrain naturel.

La pente hydraulique $z = \dfrac{\varepsilon}{2\delta}$ sera nécessairement la même que celle de la nappe naturelle ABA′. Donc les nappes nouvelles sont géométriquement *semblables* à celle-ci (p. 48).

La nappe affluente d'amont GC′A′, qui verse ses eaux dans la galerie, sera semblable à la nappe ABA′ et le rapport de similitude sera $\dfrac{GA'}{AA'} = \dfrac{L-c}{L}$.

De même la nappe d'aval GCA, dont les eaux vont alimenter la source du versant, sera semblable à la nappe naturelle ABA' et le rapport de similitude de ces deux nappes sera $\dfrac{G}{AA'} = \dfrac{c}{L}$.

2ᵉ cas. Nappe de thalweg à un seul versant. (Fig. 86, pl. XXV.) — Appelons :

z, la pente hydraulique $\dfrac{e}{2\delta}$ qu'aurait la nappe s'il n'y avait pas de contrenappe;

b, la hauteur de l'ordonnée maxima de la nappe du thalweg;

p, la hauteur de la contrenappe;

z', b', p', ces mêmes quantités pour une autre position de la galerie sur la même verticale;

$L-c'$ la largeur GT'.

Supposons d'abord la galerie établie sur la base de la nappe supérieure TT'.

Les nappes qui affluent à la galerie ont nécessairement une pente hydraulique plus grande que celle de la nappe naturelle TBT'.

En effet, la valeur de cette dernière est :

$$z\sqrt{1+\frac{p}{b}}.$$

Nous savons que cette pente hydraulique est plus grande que l'unité, c'est la condition d'existence des nappes à un seul versant.

Pour la nappe nouvelle GCT, qui coule vers le thalweg du versant, la pente hydraulique a pour valeur :

$$z' = z\sqrt{1+\frac{p}{b'}}.$$

Comme b' est nécessairement inférieur à b, z' est aussi plus grand que z. Le même raisonnement s'appliquerait évidemment à la nappe d'amont GC'T' qui alimente la galerie.

Donc pour toute galerie établie sur la base de la nappe supérieure, il se forme deux nappes nouvelles à un seul versant, l'une à l'amont, l'autre à l'aval de la galerie. Celle d'amont déverse ses eaux dans la galerie, celle d'aval constitue la source du versant. Leurs débits respectifs sont proportionnels aux longueurs c, $L-c$, et on a pour le débit permanent de la galerie :

$$(274) \qquad q = \frac{m}{\mu}\delta^2(L-c).$$

En d'autres termes, *la galerie arrête et retient toutes les eaux d'amont et ne reçoit rien de l'aval.*

Considérons maintenant des *galeries établies sur la même verticale, au-dessus* de la ligne TT' (fig. 87, pl. XXV).

En se rappelant les résultats auxquels nous avons été conduits dans le cas d'une nappe à deux versants, on reconnaîtra facilement qu'il se forme ici deux nappes à un seul versant : l'une, celle d'amont, GC'T', qui verse ses eaux dans la galerie; l'autre, celle d'aval, TGH, qui se prolonge *virtuellement* jusqu'en H. Les eaux du bassin HT vont nécessairement à la source T; la galerie ne reçoit que les eaux du bassin HT′, qui est d'autant plus petit que la galerie est placée plus haut.

Au contraire, plus la galerie se rapproche de la base de la nappe naturelle, c'est-à-dire de la ligne TT′, plus augmente la longueur HT′ et, par suite, le débit de la galerie.

Si la galerie est placée en G_1, *au-dessous* de la base de la nappe naturelle, la nappe qui l'alimente du côté de l'amont est une nappe dans laquelle la ligne des sources n'est pas parallèle au fond imperméable, mais bien inclinée sur lui. C'est donc *a fortiori* une nappe à un seul versant, et la galerie reçoit l'eau de la totalité de son bassin $G_1T′$.

La nappe située du côté de l'aval éprouve également des modifications dans sa forme.

Pour un abaissement *h* de la galerie au-dessous de la ligne TT′, la pente hydraulique de cette dernière nappe devient :

$$z' = \frac{\varepsilon}{2\delta}\sqrt{1 + \frac{p - h}{b'}}.$$

Quand *h* est égal à zéro, cette pente hydraulique est plus grande que 1.

À mesure que *h* augmente, *b'* augmente aussi et la pente *z'* diminue.

Il vient un moment où elle est égale à 1 ; à ce moment, la nappe est une *nappe limite*.

h augmentant encore, il se forme un point de partage entre le thalweg et la galerie et de chaque côté deux nappes accolées, mais d'espèce différente : à gauche une nappe de versant qui envoie ses eaux au thalweg, à droite une nappe de contreversant envoyant les siennes à la galerie.

À ce moment, le bassin propre à la galerie est $\widehat{DT′}$. Il embrasse la plus grande partie des eaux de la nappe primitive.

Les nappes à un seul versant ont un débit plus variable et plus instable que celles à deux versants. Il convient donc de favoriser autant que possible la formation de la nappe à deux versants; d'où cette règle :

Dans une nappe à un seul versant, il y a intérêt :

1° *À placer la galerie de captage aussi bas que possible et dans tous les cas au-dessous du niveau de la source, de manière à transformer la nappe d'aval en une nappe à deux versants dont le débit sera plus stable;*

2° *À tenir la galerie à une distance aussi grande que possible du thalweg d'aval.*

De cette manière, on assurera à la galerie un débit aussi grand et aussi régulier que possible.

Cette disposition aura un autre avantage, celui de créer une *réserve*. En effet, supposons la galerie pourvue d'une vanne régulatrice. Fermons cette vanne, l'eau va monter dans les nappes et elle ne pourra plus s'écouler que par la source T dont le bassin, au moment de la fermeture de la vanne, est réduit à TD.

Les eaux ne pouvant plus s'écouler par la galerie vont se répandre dans l'entonnoir $DG_1T′$, formé par la convexité des deux nappes et dont le volume est considérable. Le débit qui s'écoulera par la source T, d'abord très réduit, augmentera peu à peu, mais tant que la nappe n'aura pas repris son profil naturel, ce débit restera au-dessous de sa valeur normale, et il y aura *emmagasinement* des eaux.

On peut donc ici encore constituer une *réserve* considérable, à la condition de modérer le débit au moyen d'une vanne régulatrice, et dans les circonstances les plus défavorables, cette réserve serait toujours égale au volume d'eau contenu dans le trapèze T*abc* qui est compris entre les plans horizontaux passant par le point de source T et par la base de la galerie.

On trouvera, d'ailleurs, dans les paragraphes précédents, notamment le paragraphe 18, toutes les indications nécessaires pour construire les courbes des nappes et par suite étudier pour un cas déterminé les meilleures dispositions à adopter.

48. **Galerie de pénétration, ou normale au versant.** — Les conditions dans lesquelles fonctionne une galerie de pénétration sont beaucoup plus difficiles à établir que celles qui concernent une galerie de captage ouverte dans une nappe cylindrique.

La galerie de pénétration fait sentir son appel, non seulement *latéralement*, c'est-à-dire dans chaque section normale à sa direction, mais encore en amont de son tracé.

On peut néanmoins parvenir à trouver, sinon la disposition et la forme des filets liquides, du moins le débit approximatif de la galerie, en ayant recours à l'hypothèse suivante.

Bassin fictif de la galerie. — Soit, en plan, AC la galerie (fig. 89, pl. XXVI); nous supposerons que son influence ne s'exerce que dans chaque section normale à la galerie considérée isolément.

D'après cette hypothèse, les filets liquides projetés en *a*, *a*, *a*, normalement à la galerie seraient tributaires de la galerie; les filets projetés en *b*, *b*, *b*, seraient tributaires de l'affleurement ou du thalweg; les filets *c*, *c*, *c*, de la nappe naturelle aborderaient la limite CD normalement à cette ligne. La nappe naturelle n'éprouverait aucune déformation le long de la ligne courbe AD, qui sépare les eaux entre la galerie et le thalweg ou l'affleurement.

C'est là une hypothèse évidemment irréalisable. Pourtant nous verrons qu'elle conduit à des conséquences utilisables en principe.

Supposons, pour simplifier, que nous avons affaire à une nappe d'affleurement à fond horizontal et que la galerie est établie sur le fond.

Prenons pour origine des coordonnées le centre de la galerie à son entrée A; pour axe des x, l'axe de la galerie; pour axe des z, la ligne d'affleurement, l'axe des y étant vertical.

Soient :

a, b, les axes de la nappe naturelle OA, OB (fig. 90, pl. XXVI);

c, la longueur de la galerie AC;

H, l'ordonnée du faîte D d'un filet liquide a;

z_1, son abscisse AE;

h', l'ordonnée de la nappe sur l'axe de la galerie;

h, cette ordonnée au terminus amont P.

Puisque chaque élément de nappe a, a... se comporte isolément et reçoit un apport pluvial uniforme, le profil de chaque élément est une ellipse. Le faîte de cet élément sera situé à l'intersection de la nappe naturelle avec la courbe G, lieu géométrique des faites, qui est donné par l'équation (271).

On fera dans cette équation P = o, et on remplacera X par z et Y par h'; elle deviendra :

$$(275) \qquad H^2 - h'^2 = \delta^2 z^2.$$

L'équation de la nappe naturelle est :

$$(276) \qquad H^2 = \delta^2 (2ax - x^2).$$

Éliminant H entre ces deux équations, on a l'équation du contour du *bassin alimentaire* de la galerie en plan, c'est-à-dire de la courbe AD :

$$(277) \qquad z_1^2 = 2ax - x^2 - \frac{h'^2}{\delta^2}.$$

La nappe naturelle $c, c \ldots$ est une ellipse en amont du plan CD; mais en aval de ce plan, elle doit être considérée comme ne recevant pas d'apport pluvial, puisque nous avons déjà compté cet apport au profit de la nappe a, a, a. Dans la traversée du bassin ACD, la nappe naturelle doit être considérée comme une nappe à débit uniforme. Si elle était isolée, son profil serait celui d'une *parabole* AP (fig. 90) et son équation serait :

$$(278) \qquad h'^2 = \frac{h^2 x}{c}.$$

Portant la valeur (278) dans (277), on a l'équation du contour du bassin de la galerie AD :

$$(280) \qquad z_1^2 = 2 \left(a - \frac{h^2}{2c\delta^2} \right) x - x^2.$$

Ce contour est donc un *cercle* dont le rayon est égal à :

$$(281) \qquad r = \left(a - \frac{h^2}{2c\delta^2} \right),$$

ce qui donne un moyen très simple de tracer ce contour et, par suite, d'en obtenir la surface soit par le calcul, soit au moyen du planimètre.

Désignant par α un angle tel que :

$$\cos \alpha = \left(1 - \frac{c}{a} \right),$$

on trouve facilement que la surface *du bassin fictif* est égale à :

$$r^2 \left[\alpha - \frac{\sin 2\alpha}{2} \right],$$

et que le débit fictif a pour valeur :

$$(282) \qquad Q = \frac{m\delta^2}{\mu} a^2 \left(1 - \frac{h^2}{2ac\delta^2} \right)^2 \left(\alpha - \frac{\sin 2\alpha}{2} \right).$$

On se rappellera d'ailleurs que l'on peut remplacer $\delta^2 a^2$ par b^2.

Si la nappe naturelle $c, c\ldots$ pénétrait dans le bassin tributaire de la galerie avec son profil parabolique et se mélangeait avec la nappe $a, a\ldots$, élément à élément, chaque élément vertical serait soumis à deux vitesses, l'une, normale au versant, égale à :

$$-\left(\frac{dh'}{dx}\right);$$

l'autre, normale à la galerie et égale à :

$$-\left(\frac{dy}{dz}\right).$$

La vitesse résultante serait déviée vers la galerie, de sorte que les filets convergeraient plus ou moins vers elle; mais la composante normale à la galerie de ladite vitesse, et par suite les débits normaux à la galerie seraient conservés sans altération.

Le débit reçu par la galerie, lequel est précisément égal à la composante normale à son axe du débit de la nappe résultante, serait donc conservé et la galerie recevrait un débit égal à celui du bassin alimentaire ACD.

Ce qui fait que cette situation, à supposer qu'elle existât, ne fût-ce qu'un moment, ne peut pas se prolonger, c'est que la nappe c, c, c aborde nécessairement la nappe a, a, a avec une hauteur égale en chaque point de la ligne CD à celle de cette dernière. La direction des vitesses des filets liquides de cette nappe c, c, c est donc nécessairement oblique sur la galerie, et, par conséquent, l'appel de ladite galerie se fait sentir en amont de la ligne CD.

Le bassin tributaire de la galerie ACD voit sa largeur diminuer, mais, en revanche, certaines parties de la nappe naturelle en amont deviennent tributaires de ladite galerie. On comprend qu'il y a compensation dans une mesure plus ou moins grande.

Nous verrons tout à l'heure que la considération du bassin formé des sections normales à la galerie considérées comme des éléments de nappe fonctionnant isolément a son utilité pratique. Nous appellerons ce bassin *le bassin alimentaire fictif* de la galerie.

Puits fictif. — La face de la galerie qui est tournée du côté de l'amont exerce un appel qui est englobé dans celui de la galerie, mais son action n'est pas toujours négligeable. Cette face agit à la façon d'un puits dont le diamètre serait égal à la largeur du vide découpé par la galerie dans le terrain perméable.

Il y aurait lieu d'en tenir compte si l'on donnait à cette tête des dimensions notables, en appréciant l'excès de débit qu'elle procure par rapport à l'appel normal de la galerie.

L'élargissement de la tête amont de la galerie est, à notre avis, un moyen d'augmenter le débit de cette galerie. On en trouvera un exemple au chapitre XII (galerie de la forêt de Soignes).

Formule exacte du débit d'une galerie de pénétration. — M. l'ingénieur en chef Limasset nous a communiqué la formule exacte du débit d'une nappe de pénétration dans le cas simple où la galerie est établie sur le fond horizontal d'une nappe d'affleurement. On néglige sa largeur et on l'assimile à une ligne. C'est la suivante :

$$(283) \qquad Q' = \frac{m}{\mu}(H^2 - h^2)\left[\frac{1}{2} + \frac{b^2}{H^2}\left(1 \mp \sqrt{1 - \frac{H^2}{b^2}}\right)\right].$$

les signes — et + s'appliquant respectivement aux cas où la galerie a une longueur plus petite ou plus grande que le grand axe de l'ellipse.

c étant la longueur de la galerie, on a, d'après nos notations :

(283 *bis*) $$H^2 = b^2 \left(\frac{2c}{a} - \frac{c^2}{a^2} \right).$$

Substituant cette valeur de H^2 dans la parenthèse de la formule (283), on trouve la formule suivante :

(284) $$Q' = \frac{m}{\mu} (H^2 - h^2) \left(\frac{4 - \dfrac{c}{a}}{4 - \dfrac{2c}{a}} \right).$$

Comparons cette formule avec celle à laquelle conduit la considération du *bassin fictif*, pour le cas où $h = 0$.

Remplaçant H^2 par sa valeur, il viendra :

(285) $$Q'_0 = \frac{m}{\mu} b^2 \frac{c}{2a} \left(4 - \frac{c}{a} \right).$$

D'un autre côté, en faisant $h = 0$ dans (282), nous aurons pour le débit fictif de la galerie :

(286) $$Q_0 = \frac{m}{\mu} b^2 \left(\alpha - \frac{\sin 2\alpha}{2} \right).$$

Dans le tableau suivant on a calculé les coefficients de $\frac{m}{\mu} b^2$ dans les formules de Q'_0 et de Q_0 et leurs rapports pour diverses valeurs de $\frac{c}{a}$.

TABLEAU L.

GALERIE DE PÉNÉTRATION. — CALCUL DU DÉBIT RÉEL AU MOYEN DU DÉBIT FICTIF.

VALEUR de $\left(\dfrac{c}{a} \right)$.	VALEUR de α.	VALEUR de Q'_0 (débit réel).	VALEUR de Q_0 (débit fictif).	COEFFICIENT DE CORRECTION $n_0 = \left(\dfrac{Q'_0}{Q_0} \right)$.
0.	zéro.	zéro.	zéro.	∞
0.2	0.641	0.380	0.167	2.280
0.4	0.925	0.720	0.444	1.621
0.6	1.156	1.02	0.793	1.284
0.8	1.370	1.28	1.175	1.096
1.0	1.571	1.50	1.571	0.955
1.2	1.771	1.68	1.966	0.852
1.4	1.985	1.82	2.348	0.774
1.6	2.216	1.92	2.697	0.711
1.8	2.500	1.98	2.974	0.665
2.00	3.141	2.00	3.141	0.636

Nous avons désigné par n_0 le rapport $\left(\dfrac{Q'}{Q}\right)$ et nous lui avons donné le nom de *coeffi-cient de correction*. C'est en effet le coefficient par lequel il faut multiplier le débit du bassin fictif, qui n'est qu'approximatif, pour avoir le débit réel.

Si, au lieu d'avoir $h = 0$, on avait sur l'axe de la galerie une certaine charge, le coefficient de correction n pourrait se calculer au moyen du coefficient n_0 par la formule suivante déduite du rapport des formules (284) et (282) en remplaçant dans la première H^2 par sa valeur (283 *bis*) :

$$(287) \qquad n = n_0 \frac{\left(1 - \dfrac{\dfrac{a}{c}}{1 - \dfrac{c}{2a}} \dfrac{h^2}{2b^2} \right)}{\left(1 - \dfrac{a}{c}\dfrac{h^2}{b^2} \right)^2}.$$

Pour les petites valeurs de h, on trouvera généralement que n est plus grand que n_0.

Utilité pratique de la considération du bassin fictif. — Lorsqu'on aura à déter-miner le débit d'une galerie de pénétration dans une nappe naturelle, il sera très rare que l'on ait affaire à une nappe exactement cylindrique, et la formule théorique ne pourra pas s'appliquer sans qu'on s'expose à des erreurs assez sérieuses. La considé-ration du bassin fictif s'impose dans ce cas. Il est évident que le débit réel est dans une certaine mesure proportionnel au débit fictif. On calculera ce dernier et on le multipliera par le coefficient de correction déduit de la formule (287).

Cas où le fond imperméable est incliné. — Dans le cas général où le fond imperméable est incliné dans chaque section normale, on pourrait encore construire le lieu géométrique des faîtes dans chaque section normale par la méthode exposée plus haut (équation 256 à équation 263).

Mais les calculs sont assez laborieux, et on pourra ordinairement, sans commettre une trop grande erreur, substituer au fond imperméable dans chaque section normale un fond horizontal passant par le pied de la verticale de la galerie sur le fond réel. On augmentera ainsi le débit de la galerie d'un côté, mais on le diminuera de l'autre côté, et il y aura compensation dans une certaine mesure. La question est alors bien simplifiée puisqu'on n'a plus à construire dans un certain nombre de sections normales que le lieu géométrique de l'équation (271 *bis*) :

$$(271 \ bis) \qquad z = \frac{1}{\delta}\sqrt{\left(\frac{H + P}{H}\right)(H^2 - h^2)},$$

les lettres h et z remplaçant ici les lettres Y et X.

Les deux intersections de ce lieu géométrique avec la nappe naturelle donneront le faîte pour chaque section.

D'où la règle pratique suivante, qui résume ce paragraphe :

RÈGLE PRATIQUE I. *Pour calculer le débit d'une galerie de pénétration, on suppose que la galerie est alimentée par un bassin fictif, en considérant chaque tranche normale à l'axe de* *la galerie comme un élément de nappe fonctionnant isolément. Le contour du bassin fictif est formé par la projection horizontale des faîtes de la nappe dans chaque tranche normale. — La surface de ce bassin fictif multipliée par $\frac{m}{\mu} \delta^2$ donne le débit fictif. — On obtient le débit réel en multipliant le débit fictif par le coefficient de correction de la formule (287). Si la tête amont de la galerie est pourvue d'une surface de captage importante, il convient d'en tenir compte, en la considérant comme fonctionnant à la manière d'un puits fictif et en appréciant l'excédent de débit qu'elle procure sur l'appel normal de la galerie.*

Autre règle pratique. — Si l'on décompose par la pensée tous les filets liquides qui coulent dans la région influencée par une galerie, en filets liquides normaux à la galerie et filets liquides parallèles à la galerie, on arrive à penser que le débit que reçoit la galerie peut être représenté par : 1° le débit du *bassin fictif* composé d'éléments de nappes normaux à la galerie; c'est celui que nous avons déjà étudié, et 2° le débit d'un puits fictif établi sur la tête amont de la galerie, avec un rayon égal à la demi-largeur du vide découpé dans le terrain perméable; nous l'avons déjà défini. Les applications semblent démontrer que cette méthode de calcul du débit de la galerie est quelquefois plus exacte que la première.

D'où cette deuxième règle pratique :

RÈGLE PRATIQUE II. *Le débit d'une galerie de pénétration est égal à la somme des débits du bassin fictif et du puits fictif.*

Le grand avantage de cette deuxième règle, c'est qu'elle est applicable dans tous les cas, que le fond imperméable soit horizontal ou qu'il soit incliné; tandis que la première règle suppose nécessairement le fond horizontal et que, s'il ne l'est pas, on est obligé de faire des hypothèses plus ou moins exactes pour assimiler la nappe naturelle à une nappe à fond horizontal.

Applications. — Galerie du Hain (chapitre xi). — Les données sont les suivantes :

La galerie est ouverte dans une nappe de thalweg à fond horizontal.
On a :

$$c = 1.633; \qquad \frac{m}{\mu} = \frac{1}{17.500};$$

$$a = 2.150; \qquad b = 19; \qquad P = 7;$$

$$\frac{c}{a} = 0,759; \qquad K = \frac{P}{b} = 0,368.$$

La *formule théorique* (285) donne pour le débit par jour :

$$Q' = \frac{86.400}{17.500} \times \frac{19\,(26)}{2} \times 0,759\,(4 - 0,759) = 3,000^{m3}.$$

La *règle pratique I* conduit à :

$$Q = 3.938^{m3}.$$

La *règle pratique II* conduit à un débit de 4,667 mètres cubes.
Le débit réel est de 4.600 mètres cubes par jour.

Les erreurs respectives des trois méthodes sont de : — 35 p. 100; — 15 p. 100; — 4 p. 100.

Galerie de la forêt de Soignes (chapitre XI). — La nappe est une nappe de thalweg à fond incliné. Dans la zone voisine de l'axe de la galerie elle est assimilable à une nappe à deux versants pour laquelle la pente hydraulique $z = 0.19$.

On a :

$$\frac{c}{a} = 1; \qquad H = 13,15; \qquad \delta^2 = 0,00012 \times 1.26 = 0,000151;$$

$$\frac{m}{\mu} = \frac{1}{17.500}; \qquad h = 2.75; \qquad P = 14; \qquad k = \frac{14}{13.15} = 1,064.$$

On a pu relever sur les courbes du niveau de la nappe la surface alimentaire du côté gauche de la galerie seulement. Les calculs portent donc sur les surfaces et non sur les débits.

La formule théorique donnerait pour le débit d'un côté de la galerie (équation 284) :

$$Q' = \frac{1}{2}\frac{m}{\mu}(2,064)\left(\overline{13,15}^2 - \overline{2,75}^2\right)\left(\frac{4-1}{4-2}\right) = \frac{m}{\mu} \times 2,256.$$

Pour avoir la surface alimentaire correspondante, il faut diviser par $\frac{m}{\mu}\delta^2$, ce qui donne pour cette surface :

$$\frac{2,256}{0,000150} = 149 \text{ hectares.}$$

La règle pratique I donne pour la surface du bassin alimentaire 313 hectares.
La règle pratique II conduit à 364 hectares.
La mesure directe du bassin réel faite sur le plan donne 332 hectares.
Les erreurs des trois méthodes sont respectivement de — 5,5 p. 100; —5,7 p. 100; + 9,6 p. 100.

Il faut reconnaître que les conditions d'application de la formule théorique sont ici tout à fait en défaut, la nappe naturelle différant complètement d'une nappe cylindrique à fond horizontal.

En résumé, les règles pratiques I et II donnent toutes deux des résultats qui s'approchent de la réalité. La règle I s'est trouvée plus exacte pour la galerie de Soignes, et la règle II pour la galerie du Hain. Mais l'application faite à la galerie du Hain est normale, tandis que celle faite à la galerie de Soignes est hypothétique.

Il faudrait faire d'autres applications dans des conditions sensiblement différentes pour émettre une opinion sur la valeur relative des règles I et II.

49. Calcul du débit maximum que peut capter une galerie en raison de ses dimensions. — Si une galerie avait des dimensions nulles, elle ne capterait aucun volume d'eau, et la nappe conserverait sa forme naturelle. À mesure que cette galerie prend des dimensions plus grandes, sa puissance de captage augmente.

Nous chercherons quel est le débit maximum que peut capter une galerie en raison de ses dimensions.

Nous supposerons d'abord que la galerie est placée dans un *massif perméable, horizontal indéfini, dont son appel ne modifie pas la surface.*

1° *Galerie placée sur le fond imperméable d'une nappe.* — Supposons une galerie placée dans un massif aquifère à surface horizontale de largeur indéfinie, alimenté par des pluies continues (fig. 91, pl. XXVII).

Admettons que cette galerie a pour profil un demi-cercle OC, reposant sur le fond imperméable. Il s'agit ici, bien entendu, des dimensions extérieures de la galerie, ou plus exactement, du *vide* qui est découpé dans le terrain perméable pour lui donner passage.

Appelons :

R, le rayon OC de la galerie;

c, la hauteur d'eau OD au-dessus de sa base;

c', la hauteur au-dessus du radier représentant la pression qui règne dans la galerie;

α, l'angle d'un rayon quelconque OEF avec la verticale;

u, la vitesse de l'eau qui pénètre dans la galerie au point E.

En vertu de la différence de la pression $(c - c')$, la galerie fait appel dans tout le massif perméable et il se crée des filets liquides courbes tels que ef, qui vont de la surface horizontale du massif aquifère au cercle extérieur de la galerie.

Nous admettrons, pour rendre le calcul possible, que les filets liquides peuvent être assimilés à des rayons du cercle. Cette hypothèse est évidemment défavorable, puisqu'elle consiste à allonger le parcours des filets liquides, à augmenter la résistance qu'ils éprouvent : elle nous fera trouver *un débit plus faible que celui dont la galerie est capable.*

On a, pour la vitesse d'un filet quelconque OF, au point M :

$$\frac{uR}{R + z},$$

en appelant z la dimension EM.

La perte de charge éprouvée par le filet liquide dans son parcours élémentaire dz sera :

$$\frac{\mu u R dz}{R + z}.$$

L'intégrale de ces pertes de charge de E à F est évidemment égale à la perte de charge totale.

Deux cas peuvent se présenter.

Si la galerie est vide, la perte de charge totale pour le filet (α) est égale à :

$$(c - R \cos \alpha).$$

Si la galerie est remplie d'eau et que la hauteur de charge sur sa base, c', soit plus grande que le rayon R, la perte de charge totale est constante pour tous les filets liquides et égale à

$$(c - c') \text{ sous la condition } c' > R.$$

Nous ne considérerons que ce dernier cas. Le premier s'en déduit aisément par une correction faite à vue d'œil, et qui, dans le cas d'une galerie vide, consiste à faire :

$$c' = \frac{R}{2}.$$

L'intégrale de la perte de charge de E en F est donc égale à $c-c'$. Cette intégrale doit être prise depuis $z=$ zéro jusqu'à $z_1 = \text{EF} = \dfrac{c}{\cos \alpha} - \text{R}$.

On a :

$$c - c' = \int_0^{z_1} \frac{\mu u \text{R}}{\text{R} + z}\, dz = \mu u \text{R} \log \text{nep} \frac{c}{\text{R} \cos \alpha}$$

On en tire, pour la vitesse du filet à son entrée dans la galerie,

$$(289) \qquad u = \frac{1}{\mu} \frac{c - c'}{\text{R} \log \text{nep} \dfrac{c}{\text{R} \cos \alpha}}.$$

Le débit élémentaire pour la largeur $\text{R}d\alpha$ sera :

$$(290) \qquad dq = \frac{m}{\mu} \frac{(c - c')\, d\alpha}{\log \text{nep} \dfrac{c}{\text{R} \cos \alpha}}.$$

L'intégrale prise de $\alpha = -\dfrac{\pi}{2}$ à $\alpha = \dfrac{\pi}{2}$ donnera le débit de la galerie.

Cette intégrale ne nous paraît pas pouvoir être exprimée sous une forme finie, mais on peut la calculer au moyen d'un développement en série, en posant :

$$\log \text{nep} \frac{c}{\text{R}} = \text{B}$$

et

$$1 - \cos \alpha = 2 \sin^2 \frac{\alpha}{2} = x^2,$$

d'où

$$\alpha = 2 \arcsin \frac{x}{\sqrt{2}},$$

$$d\alpha = \frac{dx \sqrt{2}}{\sqrt{1 - \dfrac{x^2}{2}}}.$$

x varie de zéro à 1.

L'intégrale à trouver devient :

$$(291) \qquad q = \frac{m}{\mu} 2\sqrt{2}(c - c') \int_0^1 \frac{dx}{\sqrt{1 - \dfrac{x^2}{2}}} \times \frac{1}{\text{B} - \log \text{nep}(1 - x^2)}.$$

En développant les deux termes en série, faisant la multiplication et intégrant, on trouve :

$$q = \frac{m}{\mu} 2\sqrt{2}(c - c') \left[\frac{1,1109}{\text{B}} - \frac{0,6195}{\text{B}^2} + \frac{0,4284}{\text{B}^3} - \frac{0,3374}{\text{B}^4} + \right]$$

ou

$$(292) \qquad q = \frac{m}{\mu} 2\sqrt{2}(c - c') f(\text{B})$$

en appelant $f(\text{B})$ la série entre parenthèses.

À moins que B soit un peu grand, cette formule est peu convergente. Elle est inapplicable si B est plus petit que 1 ; d'après la valeur de B, cela signifie que la formule ne peut s'appliquer que lorsqu'on a :

$$\frac{c}{R} > e \quad \text{ou} \quad 2,71828....$$

Il vaut mieux intégrer la formule (290) par quadrature, comme nous allons l'indiquer dans le cas suivant.

2° *Galerie placée dans l'intérieur d'un massif aquifère.* — Dans ce cas, on peut assimiler la galerie à un cercle entier ou deux demi-cercles accolés par leur diamètre horizontal (fig. 92, pl. XXVII).

On appliquera la formule (292) telle quelle, à la moitié supérieure, et ensuite la même formule à la moitié inférieure, mais en remplaçant dans le terme B ou log nep $\frac{c}{R}$ la longueur c par d, distance OG du centre du cercle au fond imperméable. L'expression du débit contiendra donc deux termes.

Cas où le rapport $\frac{c}{R}$ est petit.

Alors la formule (292) est peu convergente; on n'a d'autre ressource que de calculer l'intégrale (290) par la méthode de quadrature de Simpson.

On partagera le quadrant en neuf parties de 10 degrés, mesurant chacune un arc égal à $\frac{\pi}{18} = 0,1745$.

L'intégrale cherchée est égale à :

$$(293) \qquad 2 \int_{0}^{\frac{\pi}{2}} \frac{0,43429...d\alpha}{\log \frac{c}{R} + \log \left(\frac{1}{\cos \alpha}\right)} = 0.1514 \sum \frac{1}{\log \frac{c}{R} + \log \left(\frac{1}{\cos \alpha}\right)}.$$

Il s'agit, dans ces formules, de logarithmes vulgaires.

Voici les valeurs $\log \left(\frac{1}{\cos \alpha}\right)$.

Pour :

0°...............	Zéro.	50°...............	0,1919
10°...............	0,0067	60°...............	0,3110
20°...............	0,0270	70°...............	0,4660
30°...............	0,0625	80°...............	0,7603
40°...............	0,1158	90°...............	∞

Le premier des termes ne doit être compté que pour moitié. Le dernier est nul.

La figure 93, pl. XXVII, indique la répartition des débits suivant les directions. Chaque rayon vecteur est égal à l'un des termes sous le signe $\sum$ de la formule ci-dessus. On a figuré aussi les débits correspondants au cas de la galerie vide. Ils sont représentés pour chaque rayon vecteur par l'expression :

$$(294) \qquad \frac{1 - \frac{R}{c}\cos\alpha}{\log\frac{c}{R} + \log\left(\frac{1}{\cos\alpha}\right)}.$$

C'est au moyen des formules (292) et (293) qu'ont été calculés les chiffres du tableau M ci-après.

Application numérique. — Pour un *tuyau de drainage* placé dans une fouille de 0,05 de rayon, sous un massif aquifère de 1 mètre de hauteur, et coulant à plein tuyau, sur un fond supposé imperméable, on aurait :

$$c = 1,00, \quad c' = 0,05, \quad R = 0,05, \quad (c - c') = 0.95 \quad \frac{c}{R} = 20 \quad B = 2,994,$$

soit environ

$$B = 3,00.$$

On trouve, par la formule (292) :

$$q = \frac{m}{\mu} \times 0^{m}860.$$

Remarquons que le développement de la demi-circonférence de rayon $0^{m}05$ est égal à $0,157$.

Le rapport $\frac{0,860}{0,157} = 5,47$. Par conséquent la vitesse moyenne d'entrée des filets liquides dans la galerie est égale à plus de cinq fois $\frac{1}{\mu}$, vitesse maxima des filets liquides dans un massif cylindrique vertical. L'entrée des filets liquides se fait donc par écoulement *forcé*.

Il serait facile de tirer des formules du présent chapitre une *théorie du drainage*, mais cela nous entraînerait hors de notre sujet.

Cas ordinaire d'une galerie de captage. (Fig. 94, pl. XXVII.) — Dans les cas que nous venons d'examiner, nous avons supposé que l'alimentation superficielle du massif aquifère est assez puissante pour que la surface extérieure de l'eau conserve l'horizontalité.

Dans les galeries de captage, il n'en est pas ainsi. Les nappes qui affluent à la galerie ont un profil courbe, et les filets liquides qui les composent sont normaux à des orthogonales qui tournent leur concavité vers la galerie.

Ces courbes sont sensiblement des cercles DK, lorsque la nappe a atteint sa hauteur minima donnée par l'équation (28 *bis*).

Elles ont une forme du genre elliptique dans les autres cas.

Le long du cercle DK la pression suit la loi hydrostatique.

En raison de l'appel produit par la galerie, les filets liquides décrivent des trajectoires courbes dirigées vers son centre. Nous admettrons que ces trajectoires sont des rayons tels que OF.

Dans son trajet le long d'un rayon, le filet éprouve une perte de charge qui peut se calculer par les formules précédentes en y faisant $\cos \alpha = 1$.

On a donc, pour le débit qui traverse la demi-circonférence ACA′ (équation 290) :

$$(295) \qquad q = \frac{m}{\mu} \frac{(c - c')}{\log \text{nep} \frac{c}{R}}.$$

Tel est le débit de la galerie.

Le débit réel est même plus grand, puisque l'orthogonale, au lieu d'être un quart de cercle, est ordinairement une courbe contenue à l'intérieur de ce quart de cercle. La méthode qui conduit à la formule (295) exagère donc le chemin parcouru par chaque filet liquide dans la chute de pression $(c - c')$ et évalue par défaut le débit.

En adoptant comme débit maximum dont est capable la galerie celui qui est donné par cette formule, on est certain de rester au-dessous de la réalité.

En pratique, les galeries n'ont pas exactement la forme d'un demi-cercle, mais si la hauteur de charge c est assez grande par rapport au rayon moyen de la galerie, on pourra encore appliquer la formule (295), en calculant le rayon fictif R de la galerie par la relation :

$$(296) \qquad \pi R_1 = l, \qquad \text{d'où} \qquad R_1 = \frac{l}{\pi},$$

l étant le périmètre de la galerie.

Cela suppose que la galerie repose sur un fond imperméable.

Si elle est placée dans l'intérieur d'une nappe (fig. 95), de sorte qu'elle s'alimente par le fond aussi bien que par les côtés, il faut l'assimiler à un *cercle complet* et poser, pour le calcul du rayon équivalent R_2, la formule :

$$(297) \qquad 2\pi R_2 = l, \qquad \text{d'où} \qquad R_2 = \frac{l}{2\pi}.$$

Dans ce cas, il faut remplacer, dans la formule (295), R par R_2. Il est rationnel de considérer séparément les deux moitiés du cercle qui sont séparées par le diamètre horizontal et de leur appliquer séparément la formule (295).

Pour ces deux moitiés de la galerie, le numérateur de cette formule reste le même, c'est la charge motrice du captage. Elle est toujours $(c - c')$.

Mais au dénominateur figure le terme $\frac{c}{R_2}$, et dans ce terme c représente l'épaisseur de terrain traversée par les filets qui convergent vers la galerie.

C'est OD ou c pour le haut; OD′, que nous appellerons d, pour le bas.

On aura donc pour le débit par mètre courant d'une galerie de captage située dans l'intérieur d'une nappe :

$$(298) \qquad q = \frac{m}{\mu} \frac{\pi (c - c')}{\log \text{nep} \frac{c}{R_2}} + \frac{m}{\mu} \frac{\pi (c - c')}{\log \text{nep} \frac{d}{R_2}}.$$

$(c + d)$ étant la hauteur fictive de la nappe au droit de la galerie (fig. 95, pl. XXVII).

Tableau M. — Le tableau suivant évitera tout calcul pour les cas les plus usuels.

La formule du débit par mètre courant d'une galerie de captage *en demi-cercle*, sous une nappe horizontale, peut s'écrire (équation 292) :

$$(299) \qquad\qquad q = \frac{m}{\mu}(c - c')\,M,$$

M étant un coefficient qui est fonction de $\frac{c}{R}$.

Lorsque la nappe alimentaire a la forme terminale d'un entonnoir tangent à la verticale, la formule a la même forme (équation 295) :

$$(300) \qquad\qquad q = \frac{m}{\mu}(c - c')\,N,$$

N étant un autre coefficient.

Tableau M.

DÉBIT CAPTÉ PAR UNE GALERIE (PAR MÈTRE LINÉAIRE), POUR UNE GALERIE EN DEMI-CERCLE.

VALEUR de $\frac{c}{R}$.	Log nep $\frac{c}{R} = $ B.	NAPPE À SURFACE HORIZONTALE M. (Équation 299.)	NAPPE EN ENTONNOIR N. (Équation 300.)
1,60	0,470	4,23	6,69
2,00	0,693	2,92	4,52
3,00	1,099	2,01	2,85
4,00	1,386	1,66	2,26
5,00	1,609	1,47	1,95
6,00	1,792	1,34	1,75
8,00	2,079	1,19	1,51
10,00	2,302	1,08	1,37
15,00	2,708	0,95	1,16
20,00	2,995	0.86	1,05
100,00	4,604	0,61	0,68

Comme on le voit, la galerie captante dans la nappe en entonnoir débite de 58 p. 100 à 22 p. 100 de plus que la nappe située dans une nappe à surface horizontale.

D'ordinaire, les nappes permanentes qui alimentent une galerie sont fort loin de satisfaire à la condition d'aborder la galerie avec une vitesse limite égale à $\frac{1}{\mu}$. On devra donc presque toujours se servir de la formule (299) et non de la formule (300).

Dans les cas où l'on aurait besoin d'une plus grande précision, il faudrait interpoler entre ces deux formules.

50. Résumé sur les galeries de captage. — Notre étude sur les *galeries de captage* se prêterait à beaucoup de développements qui excéderaient les bornes d'un *exposé* *de principes et de méthodes.* Nous nous bornerons à résumer les résultats auxquels nous sommes parvenu.

A. Nappes à deux versants.

1° Nous divisons les galeries en galeries parallèles aux versants ou *galeries de captage* proprement dites et galeries normales aux versants ou *galeries de pénétration.*

2° *Galeries de captage parallèles aux versants.* — Les points de partage des eaux qui s'établissent entre la galerie et les deux thalwegs dont la nappe naturelle est tributaire, sont situés sur deux courbes de genre hyperbolique qui partent toutes deux du point de partage naturel des eaux et qui aboutissent, l'une à la source du versant, l'autre à la source du contreversant. La construction de ces deux courbes doit être la base de l'étude d'un projet de captage, soit par galerie, soit par puits.

3° Ces mêmes points de partage sont situés sur un autre lieu géométrique passant par le sommet de la contrecharge sur la verticale de la galerie, et facile à construire au moyen des deux courbes du paragraphe 2°.

4° Les points de partage des eaux sont situés aux points de rencontre des deux lieux géométriques qui viennent d'être définis. La distance horizontale entre ces deux points mesure la largeur du bassin alimentaire de la galerie.

5° Le débit permanent de la galerie est sensiblement proportionnel à la hauteur de la dépression des eaux sur l'axe de la galerie.

6° Il existe un volume d'eau contenu dans les vides du terrain perméable, qui appartient nécessairement à la galerie, et qu'on peut appeler sa réserve. Quand les eaux sont descendues à leur plus bas niveau, cette réserve est nulle; dans de certaines limites, elle croît à peu près proportionnellement à la hauteur de la contrecharge.

7° La théorie démontre qu'il est indispensable, pour la bonne utilisation des eaux, qu'une galerie de captage soit pourvue d'une ou plusieurs vannes régulatrices qui permettent d'interrompre complètement le débit ou de le réduire, de manière à le mettre à chaque instant en rapport avec les besoins de la consommation et à conserver en réserve des volumes d'eau qui sans cela s'écouleraient en pure perte.

On peut retrouver ces volumes d'eau à tout instant. Il suffit d'ouvrir plus ou moins la vanne régulatrice. Le débit que peut alors fournir la galerie est d'autant plus grand que la contrecharge est plus forte. Il dépasse de beaucoup le débit permanent. On peut donc dire que le volume d'eau de la réserve, emmagasiné dans le terrain perméable, est toujours disponible, comme si on avait affaire à un véritable réservoir d'eau, pourvu d'une bonde de fond.

8° L'ouverture d'une galerie de captage affecte généralement les deux versants. Elle en diminue le débit de toute la quantité que la galerie reçoit elle-même. C'est le versant dont la galerie est le plus rapprochée qui est proportionnellement le plus affecté.

9° Pour des galeries placées sur une même verticale, le débit permanent augmente à peu près proportionnellement à la profondeur de la galerie.

10° Une galerie placée au-dessous de la ligne des sources naturelles peut affecter les bassins voisins et capter une partie notable de leur débit.

B. Nappes à un seul versant.

11° Pour qu'une galerie de captage ouverte parallèlement au versant d'une pareille nappe ait des chances d'avoir un débit permanent d'une certaine stabilité, il faut que la galerie soit placée aussi bas que possible au-dessous du plan horizontal qui passe par la source de la nappe et aussi loin que possible de celle-ci.

12° Il est indispensable que cette galerie soit pourvue d'une ou plusieurs vannes régulatrices au moyen desquelles on pourra créer une réserve d'autant plus importante que la galerie sera placée plus bas.

13° *Galeries de pénétration.* — On peut déterminer théoriquement leur débit dans le cas d'une nappe d'affleurement cylindrique à fond horizontal, la galerie étant supposée établie sur le fond.

Nous en avons déduit la *règle pratique I*, qui est applicable à une nappe quelconque à fond horizontal.

Pour tous les cas, en général, la *règle pratique II* fournit une solution qui semble même plus exacte que la règle I, d'après les applications que nous avons pu en faire.

CHAPITRE VI.

DES PUITS DE CAPTAGE.

Définition. — Nous appelons *puits de captage* un puits qui pénètre dans la profondeur d'une nappe aquifère, et dans lequel les eaux sont élevées au moyen de pompes puissantes qui permettent d'extraire une notable partie du volume que la nappe traversée peut débiter.

Un semblable puits semble ne différer d'un puits ordinaire que par ses dimensions plus grandes, mais il en diffère surtout parce que son influence se fait sentir à de grandes distances et peut modifier considérablement le régime des eaux souterraines, dans un grand rayon autour du puits.

Le problème qui nous occupe peut être traité de la même manière que le précédent, et la théorie des galeries de captage va nous permettre de simplifier beaucoup celle des puits de captage.

Régime permanent du puits. — Dans tout ce chapitre, et à moins d'une indication contraire, nous ne traiterons que du *régime permanent d'un puits*, c'est-à-dire du régime qui s'établit, lorsque le volume d'eau enlevé par les pompes est exactement égal à celui que fournissent les apports pluviaux.

Le niveau de l'eau dans le puits reste invariable. Il en est de même des nappes qui se réalisent alors, pourvu bien entendu qu'il n'y ait ni crue ni décrue provoquée par une modification dans les apports pluviaux.

51. Puits de captage ouvert dans une nappe à deux versants. — Répartition des filets liquides. — Entonnoir du puits. — L'ouverture d'un puits détermine, dans la nappe qui l'entoure, la formation d'une dépression que nous appellerons *l'entonnoir d'appel*, et qui n'est autre chose que la surface extérieure de la nappe à filets convergents qui coule vers le puits. Les directions suivies par ces filets différant évidemment très peu de celles des plans verticaux passant par l'axe du puits, nous supposerons que les filets liquides sont dirigés *exactement* suivant ces plans.

La *nappe du puits* est donc, pour nous, l'ensemble des filets liquides qui convergent vers le puits et qui sont contenus dans un contour cylindrique à génératrices verticales. Sa surface libre est généralement en forme d'*entonnoir*.

Nous appellerons *élément de la nappe du puits*, l'ensemble des filets contenus entre deux plans verticaux passant par l'axe du puits et faisant entre eux un angle infiniment petit $d\alpha$. Sa section horizontale est un triangle ayant pour sommet le centre du puits, moins toutefois la petite partie contenue à l'intérieur des parois du puits et qui est généralement négligeable.

Nous appellerons *élément de la nappe du versant* ou du contreversant, l'ensemble des filets liquides contenus entre deux plans verticaux parallèles, infiniment voisins, dirigés suivant le courant, c'est-à-dire normalement à la ligne de faîte.

Cela posé, soient en plan BB′ (fig. 96, pl. XXVIII) la ligne de faîte, P le puits, DD′ la courbe fermée qui figure la projection horizontale de l'entonnoir.

Considérons les filets liquides situés dans le plan médian B_0T.

Du côté de l'aval, le filet du versant FT se dirige nécessairement vers le thalweg, tandis que le filet PF qui lui est directement opposé se dirige vers le puits. Ce dernier ne peut donc fournir aucun apport au premier et le filet de la nappe du puits a un débit nul à son origine F; la tangente à son profil en ce point est horizontale. Ce filet FP n'amène au puits que les eaux pluviales qu'il reçoit de sa propre surface.

Du côté de l'amont, au contraire, l'élément B_0E de la nappe du versant pénètre nécessairement dans l'entonnoir du puits et son débit est absorbé par l'élément de la nappe du puits qui va de E à P. Cet élément triangulaire débite ainsi non seulement l'eau pluviale qui est tombée sur sa propre surface, mais encore celle qui est tombée sur l'élément rectangulaire B_0E de la nappe du versant.

Le raisonnement qui vient d'être fait en ce qui concerne les éléments situés dans le plan médian peut évidemment s'appliquer aux éléments situés de part et d'autre de ce plan.

On voit donc qu'il faut distinguer deux genres d'éléments de la nappe du puits. Ceux qui ne débitent que le volume d'eau tombé sur leur propre surface et ceux qui débitent, en outre, l'eau tombée sur l'élément rectangulaire de la nappe du versant qui s'étend depuis le contour de l'entonnoir jusqu'à la ligne du faîte naturel des nappes.

La séparation des deux genres d'éléments est évidemment faite par les deux éléments extrêmes BD, B′D′ de la nappe du versant, qui sont *tangents au contour*. Ces éléments n'introduisent aucune partie de leur débit dans l'entonnoir, mais tous les éléments de la nappe du versant qui aboutissent sur la partie DED′ du contour, c'est-à-dire du côté *de l'amont* par rapport au centre du puits, entre les tangentes extrêmes, viennent alimenter le puits.

Au contraire, les éléments de la nappe du puits issus de la partie DFD′ du contour située à l'aval entre les tangentes extrêmes, ne reçoivent que le débit de l'eau tombée sur leur propre surface. Leur tangente à l'origine est horizontale.

On peut donc formuler la proposition suivante :

PROPOSITION I. *Les plans verticaux normaux à la ligne de faîte, menés tangentiellement à la surface cylindrique qui enveloppe la nappe du puits, divisent cette nappe en deux régions. Dans la région d'amont, chaque élément de la nappe du puits débite, outre le volume d'eau pluviale tombé sur sa propre surface, le volume d'eau tombé sur l'élément de la nappe qui lui correspond. Dans la région d'aval, les éléments de la nappe du puits ne débitent que le volume d'eau tombé sur leur propre surface. Pour les éléments de la première région, la tangente à l'élément à l'origine plonge vers l'axe du puits. Pour les éléments de la deuxième région, la tangente à l'origine est horizontale.*

Nous considérons tout de suite le cas général, et qui comprend tous les autres, d'une nappe de thalweg à deux versants.

Nous établirons d'abord les équations du profil de la nappe du puits.

52. Équation du profil de la nappe du puits. — Courbe P. (Fig. 97, pl. XXVIII.)

— 1er cas. *L'élément de la nappe du puits a sa tangente horizontale à l'origine. Courbe et surface P.*

Prenons pour axe des yy l'axe du puits et pour axe des xx l'horizontale passant par le centre de la base du puits et par le milieu de l'élément médian de la nappe du puits.

Appelons :

R, le rayon du puits;

G, sa profondeur;

H, l'ordonnée OH du point le plus élevé de la nappe d'appel;

X, son abscisse PO;

Y, la profondeur de l'eau sur le fond du puits PC;

y, x, les coordonnées d'un point quelconque R de la nappe du puits;

P, la profondeur moyenne du fond imperméable au-dessous du fond du puits, terrain que dans l'étendue de la zone d'action du puits *nous considérerons comme horizontal.* Cette hypothèse n'est pas exacte, mais c'est une simplification à peu près indispensable pour l'exposé de la théorie et sur laquelle, d'ailleurs, nous reviendrons. Au point de vue qui nous intéresse, à savoir la détermination du débit du puits, elle ne saurait causer une bien grande erreur. Il faut remarquer, en effet, que les filets liquides qui se dirigent vers le puits coulent suivant leur orientation sur un fond imperméable dont les pentes varient depuis $-\varepsilon$ jusqu'à $+\varepsilon$, en passant par zéro.

En supposant que tous ces filets liquides coulent sur un fond horizontal, nous augmenterons la section d'écoulement pour ceux d'amont et nous la diminuerons pour ceux d'aval, nous ne la changerons pas pour les filets qui sont situés dans le plan vertical parallèle au versant. Le résultat final sera de donner un profil de nappe situé au-dessous du profil réel à l'amont, au-dessus du profil réel à l'aval, mais il est évident que le résultat final, à savoir la surface du bassin qui alimente le puits, ne sera pas très sensiblement changé.

La nappe HC, de forme angulaire en plan, pénètre dans le puits sur la hauteur PC$=$Y.

La nappe et la contrenappe se touchent donc par un axe séparatif dont la position peut être déterminée par la formule 178.

On a

$$(301) \quad \begin{cases} HS = (H-Y)\dfrac{H+P}{H+P-Y} & CL = (H-Y)\dfrac{Y}{H+P-Y} \\[2mm] SF = P\dfrac{H+P}{H+P-Y} & LP = P\dfrac{Y}{H+P-Y}. \end{cases}$$

Ici le rapport $K=\dfrac{P}{H-Y}$.

Cela posé, on a pour le débit de l'élément vertical qui se projette en R :

$$(302) \qquad dQ = \frac{m}{\mu}(y-LP)\frac{dy}{dx}(1+K)\,xd\alpha.$$

$d\alpha$ étant l'angle au centre de l'élément considéré.

Puisque, par hypothèse, le point H est un point de partage des eaux entre le puits et la nappe qui l'entoure, les eaux qui traversent la section R dans le régime permanent sont celles qui proviennent du bassin trapézoïdal de longueur $R_0 H_0$ qui a pour surface

$$\frac{d\alpha}{2}(X^2 - x^2)$$

et dont le débit permanent est égal à (équation 23) :

$$(303) \qquad dQ = \frac{m}{\mu}\frac{\delta^2}{2}(X^2 - x^2)d\alpha.$$

Égalant ces deux expressions du débit et divisant par $\frac{m}{\mu} x d\alpha$, on a l'équation :

$$(y - LP)\frac{dy}{dx}(1 + K) = \frac{\delta^2}{2}\left(\frac{X^2}{x} - x\right).$$

Intégrant, il vient

$$(y - LP)^2(1 + K) = \delta^2\left(X^2 \log \text{nep } x - \frac{x^2}{2}\right) + \text{constante}.$$

Pour déterminer la constante, on remarquera qu'en raison des équations (301), pour $x = R$, on a : $y = CP = Y$.

Remplaçant LP et K par leurs valeurs, on aura :

$$(304) \qquad \begin{cases} \left(y - Y\frac{P}{H + P - Y}\right)^2 = Y^2\frac{(H - Y)^2}{(H + P - Y)^2} \\ \quad + \frac{H - Y}{H + P - Y}\delta^2\left(X^2 \log \text{nep }\frac{x}{R} - \frac{x^2}{2} + \frac{R^2}{2}\right). \end{cases}$$

Telle est l'équation du profil de la nappe du puits, dans le cas où cette nappe n'est alimentée que par les eaux qui tombent sur sa propre surface.

Pour avoir une équation qui donne le débit ou son équivalent, le terme δ^2, il suffit d'appliquer l'équation précédente au point de partage H, en y remplaçant x par X et y par H; on trouve après réductions :

$$(305) \qquad H(H + P) - Y(Y + P) = \delta^2 X^2\left(\log \text{nep }\frac{X}{R} - \frac{1}{2} + \frac{1}{2}\frac{R^2}{X^2}\right).$$

Le terme $\frac{1}{2}\frac{R^2}{X^2}$ qui figure au second membre est négligeable, parce que le rayon du puits est toujours beaucoup plus petit que son rayon d'action.

Nous appliquerons cette équation à la nappe *théorique* qu'on obtiendrait si la contre-charge au fond du puits pouvait être considérée comme égale à zéro; nous supposerons $Y = 0$.

L'équation (305) se réduira à la suivante :

$$(306) \qquad H(H + P) = \delta^2 X^2\left(\log \text{nep }\frac{X}{R} - \frac{1}{2}\right)$$

d'où l'on tire

$$(307) \qquad H = -\frac{P}{2} + \sqrt{\frac{P^2}{4} + \delta^2 X^2\left(\log \text{nep }\frac{X}{R} - \frac{1}{2}\right)}.$$

Si, dans l'équation (305) ou dans l'équation (306), on considère Y et R comme données, H comme une ordonnée et X comme une abscisse variables, cette équation représente un lieu géométrique de faîtes, une courbe analogue à la courbe G que nous avons obtenue dans le cas d'une galerie de captage. Nous l'appellerons *la courbe P*.

Dans ces équations (306), (307), le terme $\frac{1}{2}$ est égal à log nep $\sqrt{e}$ ou log nep $\sqrt{2,718}$ ou log nep 1,65.

Le deuxième membre peut s'écrire

$$\delta^2\,X^2 \log \text{nep} \left(\frac{X}{1.65\,R}\right).$$

La courbe de l'équation (305) présente les caractères suivants :

Elle est symétrique par rapport à l'axe vertical; elle est tangente au plan d'eau dans le puits. Elle n'a pas d'asymptote, car la limite du rapport $\frac{H}{X}$ tend vers l'infini.

Son ascension se fait d'abord rapidement parce que le terme logarithmique atteint promptement une valeur supérieure à l'unité, mais ensuite l'augmentation de ce terme est très lente, car si on fait $X = 10\,R$, sa valeur est égale à 3,20, et si on fait $X = 100\,R$, on trouve que le terme en question n'est égal qu'à 6,40.

C'est ce que l'on voit sur la figure 97.

2ᵉ cas. L'élément de la nappe du puits reçoit le débit d'un élément de la nappe du versant.

Dans ce cas (fig. 96 à droite) la tangente ou point de raccordement D de la nappe du puits avec la nappe du versant n'est plus horizontale, elle plonge vers l'axe du puits.

Cela tient à ce que l'élément de la nappe du puits débite non seulement l'eau pluviale qui est tombée sur sa surface, mais encore l'eau tombée sur l'élément rectangulaire $D_0 B_0$, qui part de la ligne du faîte naturel. (Voir le plan, fig. 97.)

Pour tenir compte de cette circonstance, il faut ajouter au deuxième membre de l'équation (303) un terme exprimant le débit permanent qui provient de cette surface.

Appelant d la distance $P_0 B_0$ du puits à la ligne de faîte, on aura pour le débit de l'élément de nappe du puits :

$$(308) \qquad dQ = \frac{m}{\mu}\frac{\delta^2}{2}\left(X^2 - x^2\right) d\alpha + \frac{m}{\mu}\delta^2\,X\,(d - X)\,d\alpha.$$

Par suite de cette addition, les deuxièmes membres des équations (304), (305) et (306) contiennent un nouveau terme :

$$2\delta^2 X\,(d - X) \log \text{nep}\,\frac{x}{R},$$

et l'équation (305) devient :

$$(309) \qquad H(H + P) - Y(Y + P) = \delta^2\left[\left(2dX - X^2\right) \log \text{nep}\,\frac{X}{R} - \frac{X^2}{2} + \frac{R^2}{2}\right].$$

Dans cette équation, H représente l'ordonnée du point de raccordement D de la nappe du puits avec la nappe du versant, dont X est l'abscisse. L'équation (309) représente donc un lieu géométrique sur lequel est nécessairement situé le point de contact des deux profils, dans le plan médian.

Il est facile de voir que les valeurs de H tirées de cette nouvelle équation sont, pour une même valeur de X, supérieures à celles qui sont données par l'équation (305). En effet on a

$$d > X; \qquad 2\,Xd > 2X^2; \qquad 2Xd - X^2 > X^2.$$

Les points de raccordement sont donc toujours situés à *l'intérieur de la courbe P* tracée dans le plan vertical de l'élément considéré.

Il est évident qu'on arriverait au même résultat si, au lieu de considérer deux éléments de la nappe du versant et du puits situés dans le plan vertical médian et se faisant suite directement, on considérait deux éléments faisant entre eux un angle comme les éléments PG, GB″ de la figure 96. Les points de raccordement sont toujours situés à l'intérieur de la courbe P, mais ils se rapprochent d'autant plus de cette courbe qu'on considère des éléments de la nappe du puits plus rapprochés des points limites D et D′.

Nous allons maintenant entrer dans l'étude des divers cas qui peuvent se présenter. On peut en distinguer trois, suivant les positions qu'occupe le fond du puits par rapport aux nappes naturelles.

53. **Puits de captage. — 1er cas. Le fond du puits est situé à l'intérieur de l'angle formé par les courbes V et V′ et reçoit des eaux des deux versants.** — C'est le cas représenté par le graphique 96, pl. XXVIII. Le tracé du bassin alimentaire du puits est la conséquence de trois propositions que nous allons établir.

PROPOSITION II. *Les lignes de partage d'eau de l'entonnoir d'appel et des nappes au milieu desquels est ouvert le puits sont situées sur une surface de révolution ayant pour génératrice la courbe P.*

Cette proposition est évidente. En établissant l'équation (305) qui représente la courbe P, nous n'avons fait aucune hypothèse sur l'orientation du plan vertical qui contient la portion de la nappe du puits considérée. Elle est simplement une conséquence de l'hypothèse que nous avons faite de la convergence des filets liquides vers l'axe du puits. Cette équation est donc applicable dans tous les plans verticaux qui passent par cet axe. Conséquemment, la surface de révolution engendrée par cette ligne, en tournant autour dudit axe, contient tous les points de partage possibles de la nappe du puits avec les nappes qui l'environnent.

Cela posé, considérons (fig. 98) une nappe à deux versants et faisons une coupe normale à sa ligne de faîte supposée rectiligne. D'après la proposition I du chapitre précédent, les points de partage des eaux des nappes d'amont et d'aval avec une galerie de captage sont situés sur deux surfaces cylindriques ayant pour directrices les courbes TVB, BT′ du genre hyperbolique. Cette propriété est absolument générale et indépendante du mode de captage des eaux, attendu qu'elle est purement et simplement une conséquence des équations de leur mouvement.

Elle suppose seulement que le mouvement dans les nappes s'effectue par tranches parallèles normales à la ligne de faîte. Lorsqu'il s'agit de l'appel produit par un puits, cette hypothèse n'est pas rigoureusement exacte. Dans le voisinage du bord de l'entonnoir, les filets liquides prennent évidemment des directions obliques, de telle sorte qu'ils se séparent dans un plan vertical normal au plan de la courbe séparative. C'est dans ce plan seulement que la tangente à la surface supérieure est horizontale, mais il est évident qu'en raison de la faible inclinaison transversale de cette surface, on ne commet pas une erreur appréciable en considérant le plan tangent à la surface supérieure comme horizontal.

Les considérations ci-dessus démontrent la proposition suivante :

PROPOSITION III. *Les points de partage à tangente horizontale où la nappe alimentaire du puits se sépare des nappes des versants appartiennent à la courbe formée par l'intersection de la surface de révolution P, définie à la proposition II, avec les surfaces cylindriques à génératrice horizontale qui ont pour directrices les lieux géométriques V et V' relatifs au versant et au contreversant de la nappe naturelle.*

La recherche de l'intersection de deux surfaces est un problème de géométrie descriptive fort simple. Nous rappellerons seulement la solution.

Soit α l'angle d'un plan méridien de la surface P avec le plan normal à la ligne du faîte naturel (fig. 99, pl. XXVIII). Il suffit de réduire dans le rapport de 1 à cos α les abscisses de la courbe méridienne dans le plan considéré. On trace ainsi la courbe 4 qui coupe la courbe V au point a. En menant le rayon ba4, on a en b4 la vraie distance du point de partage cherché au centre du puits. Il suffit de porter cette longueur sur le plan en $P_0$4 pour avoir la projection horizontale de ce même point. Le lieu des points ainsi trouvés 1.2.3.4.5 donne la projection horizontale de l'entonnoir à l'aval, et le long de cette ligne la nappe du puits et la nappe du versant forment une ligne commune de partage d'eau.

On obtient de la même manière la projection horizontale 6.7.8.9.10 de la ligne de partage d'eau commune entre la nappe du puits et la nappe du contreversant qui se projette sur la courbe V' de B à 10.

On n'a représenté que la moitié du plan de ces courbes, l'autre moitié étant symétrique.

On voit qu'il reste encore une région dont nous n'avons pas défini le contour. C'est celle qui existe entre les points 5 et 6 et qui se projette dans la coupe verticale, au-dessus du point C. Nous y parviendrons au moyen de la proposition suivante :

PROPOSITION IV. *Si l'on trace, en partant du thalweg T, tous les profils de nappes du versant, tangents à la surface P, mais passant au-dessus du point C, et aussi tous les profils de nappes passant par la courbe CDC, intersection des surfaces V et P, en aval de l'axe du puits, tous ces profils forment une surface continue qui n'est autre chose que la nappe que forment les eaux en aval du puits.*

Nous allons démontrer cette proposition.

La surface formée par les filets tangents à la surface P forme *enveloppe* autour de cette dernière. Pour rappeler cette propriété et simplifier le langage, nous l'appellerons la surface E.

Déterminons d'abord le mode de génération de cette dernière surface (fig. 108 à 111, pl. XXXI).

Nous savons que tous les profils de nappes issus du thalweg T ont leur faîte situé sur la surface V. Le faisceau des profils en question se compose donc de courbes telles que la courbe T n m m', qui a une tangente horizontale en m' et qui coupe le plan vertical transversal du puits au point m. En ce point, la tangente est inclinée vers l'aval.

13.

Si l'on veut trouver le point de contact de ce filet avec la surface P, il suffit de projeter sur le plan horizontal la section de cette surface par la surface cylindrique à génératrices horizontales, qui a le filet en question pour directrice. Faisant d'abord cette construction pour le filet supérieur FH, on obtient en projection une courbe qui est sensiblement une ellipse et qui est projetée horizontalement en $F_0 K_0 H_0$ (fig. 109). Menant à cette courbe les deux tangentes extrêmes $K_0 b$, $K_0 b'$, perpendiculaires à la ligne du faîte naturel, on trouve deux points de contact K_0 qui, au moyen d'une verticale, donnent en K la position du point de contact pour le filet supérieur. Il est évident qu'en raison du sens de la courbe, ce point de contact se trouve un peu en amont de l'axe du puits, mais il est suffisamment exact, pour déterminer ce point de contact, de prendre tout simplement le milieu de la corde FH et d'élever par ce point milieu une verticale qui coupe l'arc au point de contact cherché.

C'est ainsi qu'on a déterminé le point K qui se rapporte au profil de nappe le plus élevé, celui de la nappe naturelle TMB.

Le point C appartient, au contraire, au profil de la nappe la plus basse. Il se projette sur l'axe du puits.

La ligne des contacts de la surface E avec la surface P va donc en projection verticale du point K au point C. On peut pratiquement la considérer comme une ligne droite.

Sur la coupe transversale (fig. 110), les éléments de nappes tangents à la surface P se présentent sous la forme de deux séries de bandes verticales, l'une à droite, l'autre à gauche, comprises entre les verticales des profils extrêmes qui passent par les points K et C.

Je dis que la surface E constitue bien la surface libre de la nappe du versant en aval du puits.

En effet chacun de ces éléments étant contenu dans un plan vertical et tangent à la surface P, l'élément de nappe du puits qui part de son point de contact a nécessairement sa tangente horizontale. Cette condition est nécessaire, car, d'après la proposition I, tous les éléments de la nappe du puits situés en aval des plans tangents extrêmes à ladite nappe ont leur tangente horizontale à l'origine. Or les points de contact de ces plans tangents extrêmes sont les points K, K', et tous les éléments de la nappe du puits dont il s'agit sont effectivement situés en aval de ces points.

Il faut donc que la courbe CK, d'où partent les profils des éléments de la nappe du versant à l'aval du puits, soit située sur la surface P, mais il faut de plus que lesdits éléments soient tangents à cette surface.

Considérons, en effet, l'un de ces éléments Tmm' qui, dans la coupe 110, se projette sur la bande verticale mm_0.

Si cet élément, au lieu d'être tangent à la surface P, la coupait en m_1, par exemple, le point m_1 serait nécessairement situé en *aval* du point de tangence m.

Par conséquent les filets liquides de la nappe du puits et les filets liquides de la nappe du versant feraient entre eux un angle obtus (fig. 111). Le filet de la nappe du versant qui est incliné sur l'horizontale exercerait un *appel* sur le filet de la nappe du puits. Ce dernier devrait donc présenter un point de partage situé à l'*intérieur* de la surface P, ce qui est impossible.

Donc le point m_1 est situé sur la ligne des contacts CK, et la surface E est la seule que puisse affecter la nappe du versant à l'aval du puits entre les points K et C.

Déjà, nous avions établi par la proposition III, que la surface des filets liquides passant par CDC', intersection de la surface P et de la surface V, appartient également à la nappe du versant à l'aval du puits. Par conséquent, le contour séparatif de l'amont à l'aval de l'entonnoir du puits est le contour KCDC'K'. Nous appellerons désormais *surface* E, la surface formée par les filets liquides qui passent par ce contour. La proposition IV est démontrée.

Nous parviendrons maintenant facilement au but que nous poursuivons et qui est de déterminer le débit permanent du puits, ou, ce qui est équivalent, la surface du bassin qui l'alimente. Ce sera l'objet d'une nouvelle proposition.

PROPOSITION V. *L'intersection de la surface enveloppe E avec la surface V forme avec la ligne de faîte un contour fermé. La projection de ce contour sur le plan horizontal représente le bassin alimentaire du puits du côté du versant. On obtient, de la même manière, la représentation du bassin alimentaire du puits, du côté du contreversant* (fig. 109).

Il résulte de ce que nous venons de démontrer que la nappe du versant qui prend naissance entre les verticales des points C et K forme son débit au détriment de la nappe du puits. C'est une *restitution* que fait la nappe du puits, ou si l'on aime mieux, chaque élément de la nappe du versant tel que Tm qui arrive à l'entonnoir du puits avec un débit correspondant au bassin $\widehat{Bm}$, abandonne un débit correspondant à $\widehat{Bm'}$ à la nappe du puits, et continue son écoulement vers le thalweg avec un débit réduit à $\widehat{mm'}$.

Il se passe là un phénomène compliqué, analogue à celui que nous avons eu l'occasion de signaler dans l'étude des galeries de captage, et que les conditions physiques du système rendent *nécessaire*.

On voit que du débit permanent qui arrive à l'entonnoir, il faut retrancher celui qu'emportent les éléments de la nappe du versant à l'aval de cet entonnoir.

Au lieu de considérer les débits, il reviendra au même de considérer les surfaces des bassins alimentaires, puisque le débit permanent est connu dès qu'on connaît la surface du bassin qui l'alimente.

D'après la fig. 96, la surface du bassin alimentaire de l'entonnoir est celle du contour BDFD'B' formé : 1° des deux tangentes extrêmes perpendiculaires à la ligne de faîte BD, B'D'; 2° du contour DFD' de l'entonnoir du côté de l'aval; 3° de la ligne de faîte BB'.

Pour la figure 109 cette surface sera $bK_0C_0D_0C_0K_0b'$.

Mais la proposition IV nous démontre qu'il faut retrancher de cette surface celle qui correspond au débit des éléments des nappes du versant qui prennent naissance le long des lignes CK, représentées en C_0K_0. Soit m_0m_0' le plan de l'élément mm'.

Ce plan représente la surface du bassin alimentaire de cet élément, puisque sa tangente est horizontale au point $(m'-m_0')$.

Si l'on trace le plan de tous les éléments, tels que m_0m_0', le long de la ligne des contacts CK, il est clair que les points tels que m_0' formeront une ligne continue, qui n'est autre chose que l'intersection de la surface V par la surface E, ce qui démontre le premier point de la proposition V.

Mais cette surface de l'élément m_0m_0' vient en déduction de la surface du bassin alimentaire du puits, puisqu'elle correspond au débit de l'élément de la nappe qui coule vers le thalweg.

Il faudra donc retrancher de la surface du bassin alimentaire du puits la somme de tous les rectangles élémentaires tels que $m_0'm_0$. Or cette somme, cette surface totale à retrancher forme la surface des deux triangles C_0K_0b, C_0K_0b'.

Ce qui restera, pour représenter la surface du bassin alimentaire du puits, c'est le contour $bC_0D_0C_0b'$, qui est bien la projection horizontale de l'intersection de la surface E par la surface V. C. q. f. d.

Tracé du contour du bassin du puits. — Tracés des profils de nappes par interpolation graphique. — La solution à laquelle nous venons de parvenir exige qu'on trace sur le plan horizontal la projection de l'intersection des deux surfaces E et V. Il faut donc dessiner divers profils de nappes, tels que Tmm', assez nombreux pour pouvoir obtenir un tracé graphique des courbes C_0b, C_0b' (fig. 109).

Les profils de nappes correspondant à des valeurs de la pente hydraulique z, procédant par dixième, 0,10, 0,20, 0,30, etc., sont faciles à dessiner au moyen de la table F, mais on peut voir, par les graphiques, qu'il existe toujours un grand espace vide entre le profil de la nappe naturelle et celle qui la suit immédiatement. Dans la figure 113, pl. XXXIII, ce sont les profils $z = 0,3$ et $z = 0,4$ qui présentent cette particularité, mais on l'observe dans tous les cas. Il faut donc pouvoir tracer des profils de nappes intermédiaires pour des valeurs décimales de z.

En y regardant de plus près, on reconnaît qu'il n'est même pas besoin de tracer un profil de nappe tout entier. Il suffit de pouvoir calculer la position des points de passage (m_0-m), $m_0'-m'$ (fig. 108-109) où ces nappes coupent la verticale du puits et la courbe V.

On peut y parvenir par l'interpolation graphique, en utilisant les profils types de nappes du graphique 36 (pl. XIII), et les courbes du graphique 35 (pl. XI).

La première chose à faire, c'est de calculer, pour les nappes intermédiaires, les abscisses et les ordonnées des points de faîte, dont la courbe V est le lieu géométrique. On appliquera pour cela les formules 248, 249, 250 et l'on formera un tableau semblable au tableau I en relevant les constantes γ, β, sur le graphique 35. C'est ce qu'on a fait dans le tableau N qui a servi à faire le graphique 113 (pl. XXXIII).

TABLEAU N.

$$p = 22,00; \qquad \delta = 0,0089; \qquad z_0 = 0,25; \qquad z = 0.30.$$

z'.	RELEVÉ sur LE GRAPHIQUE 35.		FAÎTE m' (fig. 108).		CALCUL DE $\left(\dfrac{x}{a}\right)$ POUR LA VERTICALE DU PUITS.	
	γ.	β.	ORDONNÉES $m'S$ (Équation 249).	ABSCISSES TS (Équation 249).	2ᵉ CAS : $\dfrac{x}{a} = \dfrac{TS - 6000}{TS}$	3ᵉ CAS : $\dfrac{x}{a} = \dfrac{TS - 300}{TS}$
0,31	0,536	0,667	32,80	86 20	0,300	0,652
0,32	0,522	0,660	27,39	75 20	0,202	0,601
0,34	0,496	0,646	19,86	61 80	0,029	0,510
0,36	0,470	0,631	15,18	53 20	"	0,436
0,38	0,436	0,615	11,77	46 40	"	0,354

Le tableau précédent donne la valeur de $\left(\dfrac{x}{a}\right)$ sur la verticale du puits, pour chacune des nappes

$$z' = 0,31; \quad 0,32; \quad 0,34; \quad 0,36; \quad 0,38;$$

mais nous n'avons pas les profils de ces nappes, et leur calcul serait très pénible. C'est ici qu'intervient utilement l'interpolation graphique.

Relevons sur le graphique 36, par la méthode de l'échelle des $\left(\dfrac{y}{b_0}\right)$ que nous avons indiquée au paragraphe 21, les $\left(\dfrac{y}{b_0}\right)$ qui correspondent, pour 4 nappes successives $z' = 0,20, 0,30, 0,40, 0,50$, aux valeurs de $\left(\dfrac{x}{a}\right)$ qui figurent dans les sixième et septième colonnes du tableau N ; nous formerons le tableau suivant :

TABLEAU N'.

z'.	$\dfrac{x}{a}$.	RELEVÉ SUR L'ÉCHELLE DES ORDONNÉES DU GRAPHIQUE 36, $\left(\dfrac{y}{b_0}\right)$.			
		$z' = 0,20$.	0,30.	0,40.	0,50.
2ᵉ CAS : DISTANCE DU PUITS AU THALWEG, $D = 6.000^m$.					
0,31	0,300	1,085	1,19	1,44	1,70
0,32	0.202	1,070	1,155	1,30	1,47
0,34	0,029	1,000	1,02	1,03	1.10
3ᵉ CAS : DISTANCE DU PUITS AU THALWEG, $D = 3.000^m$.					
0,31	0,652	0,95	1,14	1,42	1,81
0,32	0,601	1,01	1,16	1,47	1,83
0,34	0,510	1,07	1,20	1,49	1,85
0,36	0,436	1,07	1,22	1,49	1,85
0,38	0,354	1,11	1,22	1,47	1,81
0,40	0,282	1,10	1,18	1,44	1,71

Nous avons rapporté les $\left(\dfrac{y}{b_0}\right)$ sur un graphique (fig. 112), en prenant les z pour abscisses.

Chaque courbe nous donne la valeur de $\left(\dfrac{y}{b_0}\right)$ en fonction de z, pour une même valeur du rapport $\left(\dfrac{x}{a}\right)$.

Nous pouvons relever les $\left(\dfrac{y}{b_0}\right)$ relatifs aux nappes intermédiaires que nous cherchons.

Bien que les tracés présentent une certaine courbure, il est à remarquer, cependant, qu'on ne se tromperait pas beaucoup en admettant la proportionnalité des $\left(\dfrac{y}{b_0}\right)$ aux z dans l'intervalle des valeurs entières de z, $z = 0,30$, $z = 0,40$.

En multipliant une valeur de $\left(\dfrac{y}{b_0}\right)$ ainsi obtenue par l'ordonnée b_0 qui est ici la hauteur $m'S$ (fig. 108), on obtiendra la hauteur du point de passage de la nappe sur la verticale du puits, c'est-à-dire Qm.

On peut admettre que les tangentes aux points de passage passent toutes sensiblement par un point fixe tel que C_2 (fig. 113), qui serait pris à l'intersection de MC_2 tangente de la nappe naturelle en K avec l'horizontale menée par le point commun à la courbe V et à l'axe du puits.

Menant l'horizontale mG (fig. 108), on aura la demi-largeur de la courbe P à ce niveau. Cette largeur doit être portée sur le plan en Jm'_0; on obtient ainsi le point m'_0 qui appartient au contour du bassin du puits.

Il est clair que cette construction peut être répétée pour autant de points qu'on voudra. On arrivera donc à tracer de cette manière, en projection horizontale, le contour du bassin alimentaire du puits.

Au point où nous en sommes arrivés, le problème des puits de captage dans le 1er cas, le cas de la figure 98, est facile à achever.

Nous avons déjà obtenu les contours :

P_0 1.2.3.4.5 P_0 sur le versant;

B_0 6.7.8.9.10 P_0 sur le contreversant.

qui représentent sur le plan, fig. 99, la surface du bassin alimentaire du puits correspondant aux arcs projetés en CDC, BD'B sur la figure 98.

La courbe de contact CK des profils tangents à la surface P est très petite dans le cas de la figure 98. Elle se projette en $5K_0$ sur le plan horizontal.

La tangente extrême est ici $K_0 6$, et la surface du bassin alimentaire du puits se termine sur 5.6, ligne fort courte et sensiblement rectiligne.

Le contour de la moitié du bassin du puits est délimité par un liséré gris, c'est :

$$1.2.3.4.5.\ 6.7.\ 8.\ 9.10.$$

Il est formé à peu près de deux portions d'ellipses.

Le contour de la moitié de l'entonnoir est :

$$1.2.3.4.5.\ K_0 6.7.8.9.10.$$

La figure 100 montre les coupes des sillons creusés dans les nappes, par l'appel du puits sur les points 10 et 1.

54. Puits de captage. — 2e cas. Le fond du puits est situé à l'intérieur de l'angle formé par les courbes V et V′, et ne reçoit les eaux que d'un seul versant. (Fig. 101, pl. XXIX.)

Supposons que le puits soit situé du côté du versant; le raisonnement serait le même s'il était situé du côté du contreversant.

Lorsque la courbe P ne rencontre plus la courbe V′, mais coupe encore la courbe V à l'aval de l'axe, le puits ne reçoit plus d'eaux provenant du contreversant, et la nappe naturelle dans le voisinage du faîte n'est plus modifiée par l'appel du puits. Mais il y a encore un point de partage des eaux du côté de l'aval, entre la nappe du puits et celle du versant.

Ce cas est représenté sur le graphique 101 avec les mêmes données que pour le graphique 98.

Toutes les propositions I à V sont encore applicables, et leur application donne les résultats suivants :

La ligne de contact de la surface E tangente à la surface P est projetée en CK sur la coupe longitudinale de la nappe, en $C_0 K_0$ sur le plan. Cette ligne a beaucoup plus d'importance que dans le graphique 98. En revanche, la courbe 1.C projetée horizontalement en 1.2.3.4.5, le long de laquelle les éléments de la nappe du puits et ceux de la nappe du versant forment partage d'eaux, est moins étendue que dans le premier graphique.

La courbe relative au contreversant a naturellement disparu, puisqu'il n'est plus atteint par la nappe du puits.

La forme du bassin alimentaire du puits a donc une forme très différente de celle que nous avions trouvée dans le premier cas. Son demi-plan est le contour :

$$1.2.3.4.5.B_0'.B_0$$

bordé d'un liséré gris.

Le contour de l'entonnoir est 1.2.3.4.5.6.7, le point 7 étant déterminé par l'intersection du profil de la nappe naturelle et du lieu géométrique de l'équation 309.

On remarquera la forme de l'entonnoir d'appel représenté par la figure 103 en élévation, et en plan par la figure 102. Contrairement à l'idée reçue, il est beaucoup plus large que long. Il est vrai que son action se fait sentir théoriquement jusqu'au thalweg.

55. Puits de captage. — 3ᵉ cas. Le fond du puits est situé à l'extérieur de l'angle formé par les courbes V et V', et ne reçoit les eaux que d'un seul versant. (Fig. 104, pl. XXX.)

Dans ce cas, la courbe P ne rencontre plus les courbes V, V'; il n'y a plus de point de partage d'eau entre la nappe du puits et la nappe du versant. La portion de courbe CDC de la figure 98 a disparu, et la surface enveloppe E est formée entièrement par les profils de nappes du versant tangents à la surface P.

Le contour du bassin alimentaire du puits conserve la même forme que dans le deuxième cas, excepté que, pour une même profondeur du puits, sa surface est augmentée (fig. 105).

Pour dessiner les graphiques 98, 101, 104, on s'est borné à tracer la nappe naturelle TB au moyen des chiffres du tableau F, pour $z' = 0,30$.

On a ensuite tracé les profils de nappes 2 et 1 correspondant à $z' = 0,40$ et $z = 0,50$ au moyen de deux points seulement, leur point de faîte et leur point à ordonnée maxima, tableau E.

La courbe de contact PK passe tout près du fond du puits, et en coupe longitudinale, elle se présente sensiblement sous la forme d'une ligne droite. Mais sa courbure est sensible en projection horizontale.

L'entonnoir d'appel se réduit ici en plan à un croissant très mince. Cela vient de ce que la nappe du puits 4P dans la section médiane est très courte et présente une pente très accentuée.

Le captage des eaux par le puits détermine à l'aval, comme dans le cas précédent, mais d'une manière encore plus sensible, la formation d'un sillon profond qui se propage jusqu'au thalweg.

La figure 106 représente, vue de l'aval, l'élévation de l'entonnoir d'appel du puits.

Sur la figure 107 on a fait le graphique du débit du puits pour les diverses hauteurs de contrecharges, et l'on constate que ce débit est à peu près proportionnel à la profondeur d'épuisement au-dessous de la nappe naturelle.

56. Puits de captage. — Graphique général pour des hauteurs d'exhaustion quelconques. (Fig. 113, pl. XXXIII.)

— Dans tout ce qui précède, et dans les graphiques 98, 101, 104, nous n'avons considéré que le cas où la hauteur de l'eau dans le puits est égale à zéro et la hauteur d'aspiration égale à la profondeur du puits. C'est là un cas purement théorique, mais l'exposé des principes s'en trouvait simplifié.

Lorsqu'il y a dans le puits une certaine hauteur d'eau Y au-dessus du fond, ce que nous avons appelé une contrecharge, il faut employer dans leur généralité les formules (305) et (306).

La formule (305) est celle qui donne l'équation de la courbe P qui joue un rôle capital dans le fonctionnement du puits. Elle donne pour le cas où Y = zéro :

$$(310) \qquad H(H+P) = \delta^2 X^2 \left(\log \text{nep} \frac{X}{R} - \frac{1}{2} \right).$$

Lorsque Y n'est pas nul, la hauteur qu'on obtient pour une même valeur de X est différente, nous l'appellerons H'; on a alors :

$$(311) \qquad H'(H'+P) - Y(Y+P) = \delta^2 X^2 \left(\log \frac{X}{R} - \frac{1}{2} \right).$$

Retranchant ces deux équations membre à membre, on en déduit :

$$(312) \qquad H'(H'+P) = Y(Y+P) + H(H+P),$$

d'où l'on tire :

$$(313) \qquad H' = -\frac{P}{2} + \sqrt{H(H+P) + Y(Y+P) + \frac{P^2}{4}}.$$

Le graphique général 113 a été dressé pour montrer quels sont les éléments indispensables dans l'épure d'un puits de captage. La forme des nappes d'accès au puits n'y figure pas. Elle n'est d'aucune utilité pour résoudre le problème.

Les données du graphique sont les suivantes :

R rayon du puits = 1 m. 50;
a longueur du versant = 10.000 mètres;
p hauteur de la contrenappe = 22 mètres;
b_0 hauteur de la nappe au faîte = 41 m. 20:
ε = 0,00445;
δ = 0,0089;
$\frac{\varepsilon}{2\delta} = 0,25$;
$\frac{m}{\mu} = \frac{1}{10.000}$.

Il s'agit, par conséquent, d'un terrain perméable, dans le genre de ceux où l'on fait ordinairement des captages. La profondeur du puits a été supposée de 35 mètres. On a tracé les courbes P correspondant aux hypothèses de contrecharges suivantes :

$$Y = 0^m; \qquad Y = 10^m; \qquad Y = 20^m.$$

On pourrait croire que le calcul des ordonnées des courbes P est compliqué; il est au contraire fort simple en s'aidant des tables numériques usuelles, et nous pensons qu'il est utile d'indiquer, à titre de spécimen, celui que nous avons fait pour le graphique 113, 3ᵉ cas.

TABLEAU O.

CALCUL DES ORDONNÉES DE LA COURBE P.

(Équation 305 ou 306.)

CAS DE Y = ZÉRO.				
X.............................	600^m	1.200^m	1.800^m	2.400^m
$\frac{X}{R}$.............................	400^m	800^m	1.200^m	1.600^m
$\left(2,3026 \log \frac{X}{R} - \frac{1}{2}\right)$........	5^m484	6^m181	6^m585	7^m278
$\delta^2 X^2$.............................	28 8	115 2	259 2	460 8
$\delta^2 X^2 \left(\log \text{nep} \frac{X}{R} - \frac{1}{2}\right)$	157^m8	712^m	1.706^m	3.107^m
$\frac{P^2}{4}$	225 0	225	225	225
SOMME (1)...........	382 8	937	1.931	3.332
$\sqrt{}$.............................	19^m57	30^m61	43^m95	58^m25
$\frac{P}{2}$.............................	15 00	15 00	15 00	15 00
VALEUR DE H........	4 57	15 61	28 95	43 25
Y = 10 MÈTRES.				
Somme (1).............	382^m8	937^m	1.931^m	3.392^m
Y (Y + P).............	400 0	400	400	400
TOTAL.............	782 8	1.337	2.331	3.792
$\sqrt{}$.............	27^m98	36^m56	48^m28	61^m58
$\frac{P}{2}$.............	15 00	15 00	15 00	15 00
VALEUR DE H........	12 98	21 56	33 28	46 58
Y = 20 MÈTRES.				
Somme (1).............	382^m8	937	1.931	3.392
Y (Y + P).............	1.000	1.000	1.000	1.000
TOTAL.............	1.383	1.937	2 931	4.392
$\sqrt{}$.............	37^m20	44^m00	54^m15	66^m27
$\frac{P}{2}$.............	15 00	15 00	15 00	15 00
VALEUR DE H........	22 20	29 00	39 15	51 27

Calcul direct de X. — On peut aussi calculer directement la valeur du rayon d'appel X au moyen du tableau numérique P, qui est établi de la manière suivante.

La formule (311) peut s'écrire :

$$(311 \text{ bis}) \qquad \varphi(X) = \frac{0,434 \left[H(H+P) - Y(Y+P) \right]}{\delta^2 (1,65 R)^2} = \left(\frac{X}{1,65 R} \right)^2 \log \left(\frac{X}{1,65 R} \right)$$

le logarithme du second membre étant un logarithme vulgaire. Ce second membre est fonction de $\left(\dfrac{X}{1,65 R} \right)$. Nous en avons calculé la valeur pour divers cas. En formant la valeur du premier membre de la formule ci-dessus au moyen des données de la question, on obtiendra un nombre qui se trouvera compris entre deux des nombres du tableau. Une interpolation donnera la valeur de $\left(\dfrac{X}{1,65 R} \right)$ correspondante et par suite la valeur de X.

TABLEAU P.

CALCUL DU RAYON D'APPEL TRANSVERSAL X.

$\left(\dfrac{X}{1,65 R} \right)$	$\varphi(X)$	$\left(\dfrac{X}{1,65 R} \right)$	$\varphi(X)$	$\left(\dfrac{X}{1,65 R} \right)$	$\varphi(X)$	$\left(\dfrac{X}{1,65 R} \right)$	$\varphi(X)$
1	0,000	17	367,5	46	3 514	140	41 980
2	1,204	18	406,3	48	3 870	150	48 910
3	4,294	19	461,1	50	4 243	160	56 400
4	9,633	20	520,4	55	5 295	170	64 420
5	17,47	22	649,2	60	6 396	180	73 030
6	28,02	24	794,4	65	7 655	190	82 210
7	41,41	26	956,1	70	9 036	200	92 040
8	57,80	28	1 161	75	10 538	250	149 810
9	77,29	30	1 330	80	12 178	300	221 930
10	100,00	32	1 539	85	13 930	350	311 200
11	125,9	34	1 765	90	15 730	400	416 200
12	154,7	36	2 007	95	17 840	450	536 800
13	187,9	38	2 276	100	20 000	500	674 300
14	234,6	40	2 562	110	24 690	600	1 000 100
15	264,1	42	2 857	120	29 870	800	1 857 000
16	308,0	44	3 173	130	35 690	1000	4 000 000

Revenons maintenant à l'épure, fig. 113; elle donne les résultats suivants :

La forme des contours des bassins alimentaires du puits pour les niveaux $Y = 10$, $Y = 20$, est similaire de celle qui correspond au niveau théorique $Y = 0$;

mais les surfaces et par conséquent les débits vont en diminuant à mesure que la contrecharge augmente, ainsi qu'on peut le voir par le tableau suivant :

PUITS DE CAPTAGE. — SURFACES ALIMENTAIRES.

(Graphique 102.)

CONTRECHARGE Y.	SURFACES ALIMENTAIRES (HECTARES).			RAYON D'APPEL DANS LA SECTION TRANSVERSALE.		
	1er CAS.	2e CAS.	3e CAS.	1er CAS.	2e CAS.	3e CAS.
PUITS DE 35 MÈTRES DE PROFONDEUR.						
20 mètres	420	520	885	1.625	1.740	1.810
10 mètres	720	945	1.430	1.925	2.110	2.080
0 mètre.....	945	1.180	1.915	2.110	2.300	2.250
PUITS DESCENDU SUR LE FOND IMPERMÉABLE. P = 0.00.						
Profondeur....	67^m	71^m	66^m	"	"	"
Y = 0	1.690	2.245	3.075	2.840	3.150	3.125

Le graphique 113$_a$, pl. XXXIII, fait voir que *le débit peut être considéré pratiquement comme proportionnel à la profondeur de l'eau au-dessous de la surface de la nappe.* C'est donc la même loi que pour les galeries de captage.

Variations du débit suivant la position du puits. — Si maintenant on compare les débits que donne le puits pour une même valeur de la contrecharge, quand on passe d'une position à une autre, on reconnaît que le *débit augmente considérablement à mesure que le puits s'abaisse et s'éloigne du faîte.*

Dans le troisième cas, le débit est plus que double de celui qu'on trouve dans le premier cas.

Un puits établi à flanc de coteau doit donc avoir à égalité de profondeur un débit plus grand qu'un puits établi près du faîte.

Cette loi est générale, et se vérifie quelle que soit la profondeur du puits.

Sur le graphique 113, nous avons tracé en rouge, pour éviter la confusion, le graphique relatif à un puits dont la base reposerait sur le fond imperméable. Les contours des surfaces alimentaires correspondent au cas théorique d'une contrecharge nulle. On peut voir sur l'épure que, dans ce cas, les courbes P se réduisent presque à deux droites symétriques. Cela s'explique par la forme que prend alors l'équation (307) de la courbe P, qui pour P = 0 donne :

$$H = \delta X \sqrt{\log \text{nep} \frac{X}{R} - \frac{1}{2}}.$$

Dès que le rapport $\frac{X}{R}$ dépasse 100, le radical a une valeur presque constante.

Les surfaces alimentaires et les débits augmentent beaucoup dans le puits descendu au niveau du fond imperméable tout en restant cependant au-dessous de ce que donnerait la loi de proportionnalité trouvée dans le graphique 113ₐ.

Rayons d'action du puits. — Les nombres qui figurent au tableau P montrent que les *rayons d'action* du puits dans la section transversale atteignent et dépassent 2 kilomètres.

Si le puits est voisin du faîte, il se fait autour un entonnoir fermé. C'est le cas du graphique 98. À mesure que le puits s'éloigne du faîte, l'influence qu'il exerce en amont se fait sentir à une distance de plus en plus petite, ainsi qu'on peut le voir par les graphiques 101 et 104.

En aval du puits, le *sillon* creusé par son appel devrait persister jusqu'au thalweg, tout en allant en s'atténuant, mais il faut compter avec la propagation latérale du mouvement qui tend à combler le creux ainsi formé.

Il serait fort intéressant de vérifier l'exactitude de ces diverses indications d'une théorie qui n'a d'ailleurs qu'un caractère de solution approchée.

Calcul du débit. — Pour passer des surfaces alimentaires aux débits théoriques, il n'y a qu'à appliquer la formule connue :

$$(314) \qquad\qquad Q = \frac{m}{\mu} \delta^2 S,$$

S étant la surface en mètres carrés.

$\frac{m}{\mu}\delta^2$ est égal à la hauteur de l'apport pluvial annuel h réparti par seconde.

On a donc :

$$\frac{m}{\mu}\delta^2 = \frac{h}{31,6 \times 10^6}.$$

Dans le cas du graphique 113, on trouve pour le débit maximum théorique :

$$\frac{m}{\mu}\delta^2 S = \frac{1}{10.000} \times 0,000079 \times 1.915 \times 10^4 = 0^{mc}152.$$

Cela correspond à une valeur de $h = 0^m 25$ par an.

Mais ce débit théorique est loin de pouvoir être réalisé. C'est ce que nous verrons dans le paragraphe suivant.

Simplification du graphique. — **Le point K se confond avec le point M.** — Rappelons que pour faire la théorie du *régime permanent*, nous avons supposé que la nappe dont les filets convergent vers le puits coulait sur un fond imperméable horizontal. C'est au moyen de cette hypothèse que nous avons écrit l'équation (305) de *la courbe* P.

En réalité, le fond imperméable est incliné; il en résulte que le lieu géométrique P n'est pas une surface de révolution à axe vertical, mais bien une surface dissymétrique, semblable à celle qu'on obtiendrait en faisant tourner la surface P vers l'aval, autour d'un axe horizontal transversal passant par le centre du fond du puits. C'est ce qu'indique le tracé P_1CP_1 fait en pointillé sur le graphique 104. Dans ces conditions, le point K se déplace vers l'aval et vient se confondre en projection verticale avec le point M, centre de l'orifice du puits sur la nappe naturelle.

En effet si l'on projette sur le plan horizontal (fig. 108, pl. XXXI) le filet K_0P_0 qui converge vers le puits, et le filet bK_0 de la nappe naturelle qui passe par le même point K_0, tangentiellement à la surface P, ces deux projections devront être normales l'une à l'autre. Sans cela, la vitesse horizontale dont est animé l'élément de la nappe naturelle bK_0 donnerait une composante horizontale désignée suivant le rayon K_0P_0. Or les filets de la nappe naturelle bK_0 tangents à la surface P ne doivent évidemment fournir aucune contribution au puits, car leur mouvement s'effectue comme si le puits n'existait pas. Donc le plan CK se confond avec le plan vertical transversal du puits, et le *point K se confond en projection verticale avec le point M.*

Comme l'élément de la nappe du puits qui est contenu dans le plan vertical transversal PM coule sur un fond horizontal, le profil de cet élément est encore déterminé par l'équation (304), et l'équation (305) de la courbe P lui est donc encore applicable.

En somme, *rien n'est changé à la construction de la courbe* P, mais la suppression du point K a les conséquences suivantes.

Il faut corriger les graphiques 98, 101, 104, 113, qui se trouvent ainsi simplifiés.

De plus, les surfaces alimentaires du puits et les rayons d'appel subissent de ce fait une réduction de quelques centièmes.

Sur le graphique 120 (pl. XXXV), on a inscrit en noir les solutions obtenues en utilisant le point K, et *en rouge* les solutions obtenues en confondant le point K avec le point M. Celles-ci doivent être considérées comme plus exactes.

57. Limitation du débit d'un puits par suite du minimum de hauteur que doit avoir la nappe au droit du puits. — Régime normal. — Régime forcé. — Dans l'établissement d'un grand puits, on se propose de concentrer et d'écouler par une surface cylindrique très petite les eaux qui proviennent d'un territoire relativement considérable, mais on ne peut pas pousser l'épuisement trop bas parce qu'on est arrêté par la condition de la hauteur minima nécessaire à la nappe.

Nous savons que les formules théoriques dont nous nous servons ne tiennent pas compte de cette condition, et qu'il faut qu'une nappe présente une certaine hauteur minima pour pouvoir donner passage à un volume d'eau déterminé (§ 11).

Dans la marche d'un puits soumis à des épuisements, il faut distinguer deux régimes :

1° *Le régime normal,* dans lequel la nappe du puits affleure constamment le niveau de l'eau dans le puits;

2° *Le régime forcé,* dans lequel le niveau de l'eau dans le puits descend au-dessous du niveau d'affleurement de la nappe.

Pour étudier ce qui se passe dans ces deux régimes, nous aurons recours aux notions théoriques du chapitre II.

Les corollaires que nous avons déduits du théorème sur la répartition des pressions dans une nappe aquifère peuvent être étendus aux puits, et nous en ferons l'application à l'étude des phénomènes qui accompagnent l'introduction de l'eau dans le puits.

Premier cas. — *Régime normal.* **—** D'après le corollaire III, les filets liquides pénètrent dans le puits avec une direction normale à la paroi, à l'exception du filet supérieur. La verticale de la paroi est une orthogonale, et la vitesse d'introduction la plus grande que puissent prendre les filets est égale à $\frac{1}{\mu}$ (fig. 114, pl. XXXI). R étant le rayon du puits et Y la hauteur de la nappe, le débit maximum que puisse avoir la nappe est égal à (équation 29) :

$$(315) \qquad\qquad Q = \frac{m}{\mu}\, 2\pi R Y.$$

Deuxième cas. — *Régime forcé.* — D'après le corollaire VIII, établi pour le cas d'une nappe à tranches parallèles, le débit d'une nappe de 1 mètre de largeur, qui débouche à l'air libre par une paroi verticale sur la hauteur C, est égal à :

$$\frac{m}{\mu}\,\frac{\pi}{2}\,C.$$

Dans le cas d'une nappe qui débouche dans un puits, cette formule ne peut plus s'appliquer, parce que les filets liquides, au lieu de couler dans des plans parallèles, convergent vers l'axe du puits (fig. 115, pl. XXXI).

L'étude mathématique exacte de ce qui se passe dans ce cas nous paraît fort difficile, et nous avons été conduit à adopter une solution approximative qui est la suivante :

Si les filets coulaient par tranches parallèles, une coupe verticale passant par l'axe du puits donnerait pour *orthogonale* le quart de cercle ABC. Mais la convergence des filets a pour résultat d'augmenter leur vitesse à mesure qu'ils s'approchent de l'axe du puits, et, par suite, leur résistance au mouvement et leur perte de charge.

Pour une même perte de charge, l'épaisseur du terrain traversé doit être moindre pour la nappe du puits que pour la nappe à tranches parallèles.

Pour cette dernière, nous avons admis que le débit était le même que si l'orthogonale correspondant au point B, *terminus* du filet supérieur, était un quart de cercle ABC (§ 11). Pour la nappe du puits, l'orthogonale correspondant au même point B sera nécessairement une courbe ayant plus ou moins la forme d'une ellipse ABD, telle que, la charge consommée par les filets convergents dans le trajet de la section BD à la section BA soit la même que la charge consommée par les filets parallèles dans le trajet de la section BC à la section BA.

On peut admettre que deux filets M, N, partant de la même hauteur, sur les deux nappes, sortent au jour à la même hauteur E, de sorte qu'il suffira pour obtenir l'égalité entre les résistances éprouvées par les filets dans les deux nappes, de réaliser l'égalité de résistance pour les filets inférieurs CA, DA.

Soient $A_0 D_0$, le plan de la tranche convergente de la nappe du puits, F_0 une section quelconque de cette tranche; appelons :

x, la distance $A_0 F_0$;

u, la vitesse des filets dans cette section F_0;

r, la longueur AD;

R, le rayon du puits;

C, la hauteur AB de la nappe, qu'on pourrait appeler la *surhauteur* d'épuisement.

Pour une longueur dx, la perte de charge du filet liquide considéré est égale à (équation 1) :

$$\mu u dx.$$

Dans la section D_0 située sur l'orthogonale BD, la vitesse des filets liquides est égale à :

$$\frac{1}{\mu}.$$

Le débit d'un filet liquide étant constant, le produit de la vitesse par la section est aussi constant. On a donc :

$$\frac{1}{\mu} \times (R + r) = u \times (R + x).$$

La perte de charge calculée ci-dessus peut donc s'écrire :

$$\frac{R + r}{R + x} dx.$$

Sa valeur totale de D à A est ·

$$\int_0^r \left(\frac{R + r}{R + x} \right) dx = (R + r) \log \text{nep} \left(\frac{R + r}{R} \right).$$

Pour exprimer que cette perte de charge est égale à celle qui est dépensée par la nappe à filets parallèles de C en A, il faut l'égaler à C.

Divisant par R, on aura l'équation :

$$(3 \cdot 6) \qquad \frac{C}{R} = \left(1 + \frac{r}{R} \right) \log \text{nep} \left(1 + \frac{r}{R} \right)$$

Cette équation donne les résultats numériques qui sont contenus dans le tableau Q.

D'après ce tableau, on voit que le rapport $\frac{r}{C}$ varie, en définitive, dans des limites assez restreintes et que dans les cas ordinaires il est compris entre 0,70 et 0,50.

La convergence réduit donc de 30 à 50 p. 100 l'épaisseur de la zone terminale de la nappe.

Débit de la nappe. - -- La vitesse des filets liquides étant égale à $\frac{1}{\mu}$ sur toute l'étendue de la surface de révolution qui a pour méridien le profil elliptique BD, on obtiendra le débit de la nappe en multipliant par $\frac{1}{\mu}$ cette surface. Il faut donc la calculer.

Nous supposerons que la courbe BD est un quart d'ellipse exacte dont les axes sont C et r.

Appelons :

g, la distance du centre de gravité de cette courbe à son grand axe AB.

ÉTUDES SUR LES SOURCES.   14

Nous aurons pour la valeur de la surface de la révolution σ, que nous avons à calculer :

$$(317) \qquad \sigma = 2\,\pi\,(g+\mathrm{R}) \times \text{courbe BD}.$$

e étant l'excentricité de cette ellipse,

$$e = \frac{\sqrt{\mathrm{C}^2 - r^2}}{\mathrm{C}}.$$

On a, pour la longueur de la courbe BD, en s'arrêtant au deuxième terme du développement en série :

$$(318) \qquad \text{courbe BD} = \frac{\pi \mathrm{C}}{2}\left(1 - \frac{e^2}{4}\right).$$

La hauteur g s'obtiendra en divisant la somme des moments des éléments de courbe ds par rapport à l'axe AB, par la longueur ci-dessus de la courbe BD. On trouvera successivement :

$$(319)\quad
\begin{cases}
g = \displaystyle\int_0^C \frac{x\,ds}{\text{courbe B D}} = \frac{2}{\pi \mathrm{C}\left(1-\frac{e^2}{4}\right)}\int_0^C \frac{r}{\mathrm{C}}\,dy\,\sqrt{\mathrm{C}^2 - e^2 y^2}\\[2mm]
= \frac{1}{\pi \mathrm{C}\left(1-\frac{e^2}{4}\right)}\frac{r}{\mathrm{C}}\left[y\sqrt{\mathrm{C}^2-e^2y^2} + \frac{\mathrm{C}^2}{e}\arcsin\frac{e\,y}{\mathrm{C}}\right] + \text{const.}\\[2mm]
= \frac{r}{\pi}\frac{1}{\left(1-\frac{e^2}{4}\right)}\left(\frac{r}{\mathrm{C}} + \frac{\arcsin e}{e}\right)
\end{cases}$$

Portant les valeurs (318), (319) dans (317), on trouve finalement pour la surface de révolution par laquelle s'écoule la nappe dans le puits :

$$\sigma = \mathrm{R}\,\mathrm{C}\left[\frac{\pi r}{\mathrm{R}}\left(\frac{r}{\mathrm{C}} + \frac{\arcsin e}{e}\right) + \pi^2\left(1-\frac{e^2}{4}\right)\right].$$

Voici les résultats numériques que donnent les formules ci-dessus :

TABLEAU Q.

PUITS DE CAPTAGE. — RÉGIME FORCÉ. CALCUL DU DÉBIT.

VALEUR de $\frac{r}{\mathrm{R}}$	$\frac{\mathrm{C}}{\mathrm{R}}$ (équation 220).	$\frac{r}{\mathrm{C}}$	$e = \frac{\sqrt{\mathrm{C}^2-r^2}}{\mathrm{C}}$	arc sin e.	$\frac{\sigma}{\mathrm{CR}}$		
					1ᵉʳ TERME.	2ᵉ TERME.	TOTAL.
1........	1,39	0,720	0,694	1,105	5,73	8,68	14,41
2........	3,29	0,610	0,762	1,153	11,07	8,32	19,39
3........	5,54	0,540	0,841	1,188	16,28	8,12	24,40
4........	7,98	0,500	0,866	1,205	21,36	8,02	29,38
5.......	10,65	0,469	0,883	1,222	26,49	7,94	34,43
6........	13,61	0,440	0,898	1,241	31,58	7,88	39,46
9........	23,02	0,391	0,920	1,264	46,69	7,77	54,46

En traçant une courbe des valeurs de $\frac{\sigma}{RC}$, on reconnaît que cette quantité croît à peu près proportionnellement à $\frac{C}{R}$, suivant la formule :

$$\frac{\sigma}{RC} = 2,1 \left(\frac{C}{R} + 5,8 \right)$$

d'où :

(321)
$$\sigma = 2,1\, C\,(C + 5,8\, R),$$

formule qui donne un moyen facile de calculer la surface σ et qui est applicable depuis $\frac{C}{R} = 1,40$ jusqu'à $\frac{C}{R} = 20,0$.

Connaissant la surface σ, on a, pour le débit de la partie de la nappe qui se déverse dans le vide :

$$\frac{m}{\mu}\,\sigma.$$

Pour avoir le débit total de la nappe, il faut ajouter au débit ci-dessus calculé le débit de la partie de la nappe qui s'échappe à l'air libre, sur la hauteur (Y-C). D'après la formule (315), le débit de cette partie de la nappe est égal à :

$$\frac{m}{\mu}\,2\,\pi R\,(Y - C).$$

Le débit total maximum d'une nappe de puits, de la hauteur totale Y, ayant une hauteur C hors de l'eau, est égal à :

(322)
$$Q = \frac{m}{\mu}\,\sigma + \frac{m}{\mu}\,2\pi R\,(Y - C).$$

Cette formule renferme deux variables Y et C, mais cette dernière est arbitraire. On peut se la donner à l'avance. Si la hauteur C devient grande, le débit qu'on peut extraire du puits augmente, mais la hauteur d'épuisement et par suite le travail à dépenser augmentent aussi. Il y a un choix à faire. Admettons qu'il soit fait et que C soit connu.

Dans ce cas, l'équation (322) contient Y au premier degré. C'est l'équation d'une ligne droite.

D'autre part, le débit Q est donné pour toutes les hauteurs de contrecharge possibles Y, par un graphique semblable au graphique 107 ou au graphique 113$_a$.

Il suffit donc de tracer la courbe figurée par l'équation (322) pour obtenir par l'intersection des deux lignes, la hauteur Y qui répond au débit réel du puits.

On peut aussi calculer cette hauteur par une formule, avec une approximation suffisante, en tenant compte de cette propriété que possède la courbe du débit d'être à peu près rectiligne. On a sensiblement :

(323)
$$Q = \frac{m}{\mu}\,\delta^2 S\,\frac{G - Y}{G}\;(\text{G profondeur du puits}),$$

S étant la surface du bassin alimentaire du puits correspondant au cas théorique de $Y = 0$.

Égalant les deux expressions du débit, (322), (323), on en tire, pour la contrecharge :

$$(324) \qquad Y = G\, \frac{\delta^2 S + 2\pi R G - \sigma}{\delta^2 S + 2\pi R G}.$$

Portant cette valeur dans (323) on a le débit du puits fonctionnant au régime forcé :

$$(325) \qquad Q . \frac{m}{\mu}\, \delta^2 S\, \frac{2\pi R (G - C) + \sigma}{\delta^2 S + 2\pi R G}.$$

Au régime normal, on a $C = 0$, $\sigma = 0$ et les équations (324), (325) donnent, en affectant de l'indice zéro, les lettres relatives à ce cas :

$$(326) \qquad Y_0 = G\, \frac{\delta^2 S}{\delta^2 S + 2\pi R G}; \qquad Q_0 = \frac{m}{\mu}\, \delta^2 S\, \frac{2\pi R G}{\delta^2 S + 2\pi R G}.$$

Les équations (321), (324), (325), (326) fournissent le moyen de calculer pratiquement le débit d'un puits fonctionnant soit sous le régime normal, soit sous le régime forcé, quand on s'est donné la *surhauteur d'épuisement* C, que l'on accepte. Ce premier résultat obtenu, on peut préciser la solution par la méthode graphique, en traçant la courbe des débits qui résulterait de la combinaison des équations (321), (324), (325).

Calcul du débit maximum d'un puits. — Si on veut connaître le *débit maximum* dont est capable le puits, au régime forcé, il faut faire, dans les équations (321), (324), (325),

$$C = Y.$$

On trouvera alors une équation du second degré en Y, d'où on tirera la valeur suivante, qui donne le minimum de cette hauteur Y_m :

$$(327) \qquad Y_m = \frac{\left(12,18\,R + \dfrac{\delta^2 S}{G}\right) + \sqrt{\left(12,18\,R + \dfrac{\delta^2 S}{G}\right)^2 + 8,4\,\delta^2 S}}{4,2}.$$

Dans ce cas, l'eau dans le puits descend au niveau du fond.

Cette valeur de Y_m étant introduite à la place de C dans la formule (325), cette dernière donne le *débit maximum* du puits.

Force en chevaux de la machine d'épuisement. — On évaluera en chevaux-vapeur l'accroissement de travail mécanique occasionné par la surhauteur de l'épuisement, et l'accroissement du débit par la formule suivante :

$$(328) \qquad T = \frac{Q\,(h + G - Y + C) - Q_0\,(h + G - Y_0)}{75}$$

où h représente la hauteur de la machine d'épuisement au-dessus de la nappe naturelle. On aura donc tous les éléments nécessaires de la solution à adopter.

Applications numériques. — Nous appliquerons ces formules aux puits de captage des graphiques 104, 113.

Puits du graphique 104. — *3ᵉ cas.*

$$G = 70; \qquad \delta = 0,045.$$

On prendra R = 2,00, rayon du terrain perméable.
On a :

$$\frac{m}{\mu} = \frac{2,37}{10^6}.$$

Il s'agit d'un terrain *très peu perméable*, presque imperméable. L'épure donne pour Y = 0, avec les données du graphique 104, correspondant à un apport pluvial de 0,15 par an :

$$S = 410 \text{ hectares} = 4 \times 10^6 \text{ mètres carrés.}$$

On trouvera, d'abord pour le régime normal (équation 306) :

$$Y_0 = 32.74; \qquad Q_0 = 0 \text{ m}^3 00108.$$

Ainsi, ce puits de 70 mètres ne pourrait fournir, au régime normal, que 1 litre par seconde, c'est-à-dire un débit insignifiant, et la profondeur d'épuisement au-dessous de la surface supérieure de la nappe serait de 37 m. 26.

Le débit maximum en régime forcé se produirait d'après l'équation (327) pour $Y_m = 12$ m. 90.

On aurait alors : $Q_m = 0$ m³ 00157.

Le débit n'atteindrait pas deux litres, et la hauteur d'épuisement serait alors de 70 mètres, outre la hauteur à compter hors de la nappe.

Ces résultats démontrent que dans les terrains peu perméables, les puits ne peuvent donner aucun résultat pratique.

Puits du graphique 113. — *3ᵉ cas.* — On a :

$$G = 35 \text{ mètres}; \qquad \delta = 0,0089; \qquad S = 1.915 \text{ hectares} = 19,15 \times 10^6.$$

On admettra, pour la hauteur de la machine au-dessus de la nappe, $h = 10$ mètres et un apport pluvial annuel de 0 m. 25 :

$$\frac{m}{\mu} \delta^2 = \frac{0,25}{31,5 \times 10^6} = \frac{7,9}{10^9} \quad \text{d'où} \quad \frac{m}{\mu} = \frac{1}{10.000}$$

Débit théorique maximum $\frac{m}{\mu} \delta^2 S = 0,152$ lit.

Il s'agit d'un terrain très perméable.

Au régime normal du puits, on trouve, équation (326) :

$$Y_0 = 27,12 \qquad Q_0 = 0,0338.$$

Hauteur d'épuisement : 10 mètres + 7,88 = 17,88.

Force nécessaire : 8 ch. 04.

L'épuisement normal ne fait baisser le niveau de l'eau que de 7 m. 88 et ne donne qu'un débit de 33 lit. 8.

Au régime forcé, pour une surhauteur d'épuisement de 10 mètres, on trouve les résultats suivants (équations 324 et 325) :

$$C = 10 \text{ mètres}; \qquad \sigma = 688 \text{ m}^2; \qquad Y = 22 \text{ m}. 82; \qquad Q = 0 \text{ m}^3 0775;$$

$$\text{Hauteur d'épuisement : } 10 \text{ mètres} + 35 - 22,82 + 10 = 32 \text{ m}. 18;$$

$$\text{Force nécessaire : } \frac{32,18 \times 77,5}{75} = 33 \text{ ch}. 24.$$

Pour le débit *maximum*, les conditions sont les suivantes (équation 327) :

$$C = Y_m = 15 \text{ m}. 20; \qquad Q_m = 0 \text{ m}^3 0902;$$

$$\text{Hauteur d'épuisement : } 10 \text{ mètres} + 35 = 45;$$

$$\text{Force nécessaire : } \frac{45 \times 90,2}{75} = 54 \text{ chevaux}.$$

Ces chiffres montrent, ainsi qu'on pouvait le prévoir, l'accroissement considérable de force qu'exige le puisage d'un litre par seconde, à mesure que le débit et la profondeur d'épuisement augmentent.

La force dépensée par litre est de, savoir :

Régime normal, avec le débit de 33 lit. 8 = 0 ch. 24.

Régime forcé $\begin{cases} \text{avec le débit de 77 lit. 5} = 0,43. \\ \text{avec le débit maximum de 90,2} = 0,60. \end{cases}$

58. Amélioration du fonctionnement d'un puits de captage par la création de galeries au fond.

— On vient de voir qu'il est indispensable, pour pouvoir recueillir une fraction notable du débit dont un puits est théoriquement capable, d'augmenter considérablement la surface annulaire $2\pi RY$, par laquelle les filets liquides de la nappe sortent du massif perméable pour pénétrer dans le puits avec la vitesse $\frac{1}{\mu}$.

On y parvient en abaissant le plan d'eau, par un épuisement énergique. C'est ce que nous avons appelé le *régime forcé*. Ce régime a pour effet de forcer les filets liquides à prendre cette vitesse $\frac{1}{\mu}$ non plus sur la surface $2\pi RY$, mais sur une surface de révolution σ, qui est beaucoup plus grande que la première.

Mais cet avantage est chèrement payé, parce que les eaux de la nappe sourdent sur toute la hauteur C du régime forcé, tombent dans le puits, et que la force vive de cette chute est perdue.

Aussi le régime forcé exige-t-il une très grande puissance mécanique et coûte-t-il très cher. Il y a intérêt à l'éviter.

En somme, ce qu'il faut, c'est augmenter la surface d'introduction des eaux dans le puits. La première idée qui se présente consiste à augmenter le diamètre du puits, mais on reconnaît bien vite que ce moyen ne donne qu'une ressource insignifiante tout en étant très onéreux.

D'où la nécessité d'établir des galeries au fond, galeries auxquelles on ne paraît pas avoir toujours assigné jusqu'ici leur véritable rôle.

On les a généralement représentées comme des ouvrages destinés à pénétrer dans la masse aquifère pour augmenter les chances de rencontrer des fissures, *des veines d'eau.* Cette explication peut convenir à certains terrains, mais la nécessité des galeries de fond pour le captage s'applique à tous les puits profonds, quelle que soit la nature du terrain. Elle est une conséquence des conditions physiques nécessaires à l'écoulement de l'eau à travers les terrains perméables en général.

Le tracé de la galerie de fond n'est pas indifférent. Pour ne pas troubler le mouvement naturel des filets liquides, il est évident que la meilleure forme à lui donner serait celle d'un cercle concentrique au puits rattaché à ce dernier par un ou deux rayons.

La galerie circulaire jouerait à l'égard de la nappe le même rôle qu'un puits ayant pour rayon sa distance à l'axe du puits primitif, et une hauteur réduite que nos calculs détermineront.

La figure 116, pl. XXXIV, représente la coupe schématique d'un puits pourvu d'une galerie de captage.

Le puits ayant une contrecharge PC, la galerie fonctionne comme un puits fictif concentrique au premier, dont le fond serait en F, et dans lequel l'eau occuperait une hauteur FD. Les filets convergents forment une nappe DN, dont le point de partage réel ou fictif est en B. Le lieu des points de partage réels est une courbe P_1, comme celle dont la formule (305) donne l'équation.

Entre la galerie et le puits il s'établit une deuxième nappe à filets convergents DC, plus basse que la première, et qui porte au puits la portion du débit que la galerie n'a pas absorbée (fig. 118, pl. XXXII, et fig. 116).

Prenons comme axes des coordonnées l'axe du puits PM et l'horizontale PQ passant par le centre du fond du puits.

Appelons :

H, l'ordonnée d'un point quelconque de la courbe P_1, relative à la galerie;

X, son abscisse;

K, le coefficient habituel d'une nappe de thalweg, paragraphe 35;

Y, la hauteur de l'eau dans le puits ou contrecharge PC;

Y', l'ordonnée ED de la nappe à filets convergents au droit de la galerie;

Y_1, la hauteur fictive FD de cette nappe, y compris sa contrenappe au droit de la galerie. Le point F est le fond fictif du puits tracé par la galerie;

P, la hauteur du fond du puits réel au-dessus du terrain imperméable PR;

P_1, la hauteur du fond du puits fictif au-dessus du même terrain;

ρ, la distance de la galerie au puits. C'est le rayon GI suivant lequel elle est tracée;

R, le rayon extérieur du puits ou plutôt le rayon du cercle suivant lequel est foré le terrain perméable.

Débit de la nappe annulaire du puits. -- La nappe annulaire qui coule entre la galerie et le puits porte la partie du débit total que la galerie n'a pas absorbée.

Soit *q* ce débit.

On peut négliger l'influence de la pluie tombée sur la surface relativement très petite de cette nappe annulaire, de sorte que le débit *q* est un débit constant pour toutes les sections circulaires, verticales, concentriques au puits.

Régime normal du puits. — On a évidemment, pour le débit de la nappe qui est une nappe de thalweg :

$$(329) \qquad q = \frac{m}{\mu}\, 2\pi xy\, (1 + \mathrm{K})\frac{dy}{dx},$$

et la plus grande valeur que puisse atteindre ce débit s'obtiendra en supposant que la vitesse des filets liquides dans la section terminale est égale à $\frac{1}{\mu}$. On fera donc :

$$x = \mathrm{R}; \qquad y\,(1 + \mathrm{K}) = \mathrm{Y}; \qquad \frac{dy}{dx} = 1.$$

Et on aura pour ce débit maximum :

$$(330) \qquad \mathrm{Q_p} = \frac{m}{\mu}\, 2\pi \mathrm{RY}.$$

Intégrant l'équation (329), on trouve :

$$y^2\,(1 + \mathrm{K}) = \frac{\mu q}{m\pi}\, \log \mathrm{nep}\, x + \text{constante}.$$

L'intégration doit se faire entre les limites suivantes, pour :

$$x = \mathrm{R}, \qquad x = \rho;$$

on a successivement :

$$y = \frac{\mathrm{Y}}{1 + \mathrm{K}}; \qquad y = \frac{\mathrm{Y}_1}{1 + \mathrm{K}}.$$

D'après les équations (301) :

$$(331) \qquad \mathrm{K} = \frac{\mathrm{P}}{\mathrm{H} - \mathrm{Y}}; \qquad \mathrm{Y}_1 = \mathrm{Y}' + \mathrm{K}(\mathrm{Y}' - \mathrm{Y}).$$

L'intégrale définie devient

$$(332) \qquad \mathrm{Y}_1^2 - \mathrm{Y}^2 = (1 + \mathrm{K})\frac{\mu \mathrm{Q}}{m\pi}\, \log \mathrm{nep}\, \frac{\rho}{\mathrm{R}}.$$

On admettra que le puits donne tout le débit dont il est capable; on remplacera Q par sa valeur maxima (équation 330) et on aura :

$$(333) \qquad \mathrm{Y}_1^2 - \mathrm{Y}^2 = \frac{(\mathrm{H} + \mathrm{P} - \mathrm{Y})}{(\mathrm{H} - \mathrm{Y})}\, 2\mathrm{RY} \log \mathrm{nep}\, \frac{\rho}{\mathrm{R}}.$$

Dans cette équation, H représente l'ordonnée du point de partage de la nappe considérée; elle fournira Y_1, quand on se sera donné H et Y. De l'équation 331 on tirera ensuite la valeur de Y', savoir :

$$(334) \qquad \mathrm{Y}' = \mathrm{Y} + (\mathrm{Y}_1 - \mathrm{Y})\frac{(\mathrm{H} - \mathrm{Y})}{(\mathrm{H} + \mathrm{P} - \mathrm{Y})}.$$

Régime forcé du puits. — Généralement, lorsqu'un puits a assez d'importance pour qu'on lui adjoigne une galerie, on se donne à l'avance un niveau d'épuisement qu'on veut atteindre, et on marche au *régime forcé*.

Appelons h la cote de ce niveau au-dessus du fond de la galerie, et σ la surface de captage du puits, paragraphe 57; on aura pour son débit maximum :

$$Q_p = \frac{m}{\mu}\,\sigma,$$

soit, d'après la formule (321) :

$$(335)\qquad Q_p = \frac{m}{\mu}\left[2,1\,(Y-h)^2 + 12,18\,R(Y-h)\right].$$

Remplaçant Q par cette valeur dans l'équation (332), elle deviendra

$$(336)\qquad Y_1^2 - Y^2 = \frac{(H+P-Y)}{(H-Y)}\frac{1}{\pi}\left[2,1\,(Y-h)^2 + 12,18\,R(Y-h)\right]\log \mathrm{nep}\,\frac{\rho}{R}.$$

Cette équation fournira Y_1, quand on se sera donné H et Y.
On calculera ensuite Y' par l'équation (334), comme ci-dessus.

Débit capté par la galerie. — Pour évaluer ce débit, nous nous reporterons aux considérations développées dans le paragraphe 49, en les adaptant au cas présent.

Nous supposerons la galerie ouverte directement dans le terrain perméable, sans revêtement, ou si elle est revêtue en maçonnerie, nous la supposerons percée de barbacanes sur toutes ses parois, afin que les filets liquides puissent y pénétrer dans toutes les directions.

Pour le calcul, nous lui substituerons un cercle équivalent dont nous appellerons le rayon R_2.

$$(337)\qquad R_2 = \frac{l}{2\pi},$$

l étant le périmètre de la section ouverte dans le terrain perméable. Nous supposerons, en outre, ainsi que cela a lieu d'ordinaire, que *le radier de la galerie est placé au fond du puits* :

1° *Lorsque le puits de captage occupe la position du premier cas* (fig. 118, pl. XXXII), la nappe à filets convergents qui l'alimente présente des faîtes séparatifs tout autour du puits. À son passage sur la galerie circulaire, le profil de cette nappe a une chute, une forme plongeante (fig. 117).

L'évaluation du débit captable par la galerie est susceptible de recevoir deux solutions.

On peut assimiler la galerie tracée en forme de *tore* à une galerie rectiligne et ne pas tenir compte de sa courbure en plan; c'est ce que nous ferons ici.

On peut tenir compte de cette courbure.

Dans le premier cas il est clair que l'on estime par défaut, au-dessous de sa valeur réelle, *le débit captable par la galerie*; mais comme, en ces matières, il vaut mieux pécher par défaut que par excès, ce mode de procéder peut se justifier.

Divisons la galerie par un plan vertical passant par son axe; nous la partagerons en deux moitiés, *une moitié extérieure* qui est dominée par la partie plongeante de la nappe à filets convergents, *une moitié intérieure* au-dessus de laquelle la nappe est sensiblement horizontale ou faiblement inclinée.

La première effectue son captage dans les conditions de la figure 94, prise d'un côté seulement, la deuxième dans les conditions de la figure 91, prise d'un seul côté également.

Il faut appliquer les formules (299), (300) en y remplaçant les lettres de la manière que nous allons indiquer.

Moitié extérieure, quadrant du haut, *bc*. Il faut remplacer dans la formule (295) la charge $(c - c')$ par $(Y' - h)$,

$$(338) \qquad \log \text{nep} \frac{c}{R_2} \qquad \text{par} \qquad \log \text{nep} \frac{(Y' - R_2)}{R_2}$$

et prendre pour longueur d'application $\pi\rho$.

La formule devient, débit sur

$$(339) \qquad bc = \frac{m}{\mu} \pi\rho \, (Y' - h) N.$$

Moitié intérieure. Quadrant du haut *cd*. Mêmes données, mais il faut employer la formule (299), débit sur :

$$cd = \frac{m}{\mu} \pi\rho \, (Y' - h) M.$$

Moitié du bas, *bad*.

Il faut remplacer dans la formule (298) :

$$\log \text{nep} \frac{d}{R_2} \qquad \text{par} \qquad \log \text{nep} \frac{(P + R_2)}{R_2}.$$

La longueur d'application est $2\pi\rho$.

On a donc, débit sur :

$$(340) \qquad bad = \frac{m}{\mu} \, 2\pi\rho \, (Y' - h) M'.$$

Le débit total de la galerie est la somme des trois débits partiels (338, 339, 340).

$$(341) \qquad Q = \frac{m}{\mu} \pi\rho \, (Y' - h) \, [N + M + 2M'].$$

2° *Lorsque le puits est placé dans la position correspondant au troisième cas*, il n'y a plus de faîte séparatif dans la nappe à filets convergents que du côté de l'amont. La figure 119, pl. XXXII, donne une idée de ce qui se passe dans ce cas.

À l'intérieur du cercle formé par la galerie, les filets liquides ne convergent pas tous vers l'axe du puits; dans leur ensemble, ils se dirigent vers le demi-cercle formé par la galerie d'aval, mais au milieu de ce courant général, le puits exerce un puissant appel et il se forme tout autour un entonnoir à surface très déclive.

Si le puits fonctionnait au régime normal, il est évident que la hauteur GH de la nappe, au droit de la galerie à l'aval, serait moindre que la contrecharge du puits KL = Y; par conséquent la galerie d'aval, au lieu d'être *captante*, serait *perdante*; elle laisserait échapper l'eau qu'elle contient et ferait remonter le niveau de la nappe en *mn*. Il faut donc nécessairement, dans ce cas, pour que la galerie d'aval produise un résultat utile, que le puits fonctionne au *régime forcé*, et que l'épuisement soit conduit assez bas pour que la galerie d'aval soit toujours captante.

En réalité, la charge qui produit le captage de la galerie va en diminuant progressivement de l'amont à l'aval.

À l'amont elle est égale à $(Y' — h)$.

Dans la partie médiane, elle doit être supérieure à $(Y — h)$.

En aval, elle est probablement moindre; nous pensons qu'on tiendra compte de ces différences, en admettant que la charge est égale à $(Y' — h)$ dans le demi-cercle d'amont, et à $(Y — h)$ dans le demi-cercle d'aval.

En ce qui concerne le terme $\frac{c}{R_2}$ qui donne la valeur des coefficients N, M, on le remplacera :

Galerie d'amont :

Pour le quadrant *bc*, par $\frac{(Y' — R_2)}{R_2}$ coefficient N;

Pour le quadrant *cd*, par $\frac{(Y' — R_2)}{R_2}$ coefficient M;

Pour les quadrants *ba*, *ab*, par $\frac{P + R_2}{R_2}$ coefficient M″.

Galerie d'aval :

Pour les deux quadrants du haut, *ec*, *ck*, par $\frac{Y — R_2}{R_2}$ coefficient M′;

Pour les deux quadrants du bas, *eG*, *GK*, par $\frac{P + R_2}{R_2}$ coefficient M″.

Le débit total de la galerie sera donc égal à :

$$(342) \qquad Q = \frac{m}{\mu} \pi \rho (Y' — h) \left(\frac{N}{2} + \frac{M}{2} + M'' \right) + \frac{m}{\mu} \pi \rho (Y — h) [M' + M''].$$

Les coefficients entre parenthèses des formules (341, 342) pourront être calculés facilement par interpolation au moyen des nombres inscrits dans le tableau M, ou au moyen des formules du paragraphe 49.

Débit de la nappe à filets convergents. — Nous avons dit que cette nappe est celle d'un puits fictif de rayon ρ, dont le fond serait établi à la hauteur P_1, au-dessus du terrain imperméable, et dans lequel la hauteur de la contrecharge serait égale à Y_1.

Dans l'équation (307) les coordonnées de la courbe P sont rapportées à des axes passant par la base du puits. Ici cette base du puits fictif est située en F, fig. 116. Pour rapporter la courbe P à des axes passant par la base du puits réel, il faut remplacer dans l'équation (305) :

$$H \text{ par } H + K(Y' — Y); \qquad Y \text{ par } Y_1; \qquad P \text{ par } P_1; \qquad R \text{ par } \rho.$$

On aura donc pour l'équation de la courbe P :

$$(343) \qquad [H + K(Y' — Y)](H + P) — Y_1(Y_1 + P_1) = \delta^2 X^2 \left[\log \text{nep} \frac{X}{\rho} — \frac{1}{2} \right].$$

On remplacera Y_1 par sa valeur en fonction de Y' (équation 334), et on remarquera que l'on a :

$$Y_1 + P_1 = Y' + P.$$

L'équation (343) prendra la forme :

$$(344) \quad H(H + P) - Y'(Y' + P) + K(H - Y')(Y' - Y) = \delta^2 X^2 \left(\log \text{nep} \frac{\rho}{R} - \frac{1}{2} \right).$$

Dans cette équation de la courbe P, l'ordonnée H est rapportée au plan horizontal qui passe par le fond du puits, point pris pour origine des axes.

Cette équation donne $H = Y'$ pour $X = \rho$, à la condition de tenir compte du terme $\frac{1}{2} \frac{\rho^2}{X^2}$, qui devrait figurer dans la parenthèse du deuxième membre, et qui d'ordinaire n'a qu'une valeur négligeable. Si on compare le premier membre de l'équation (344) au premier membre de l'équation (307), on voit que la courbe P relative à la galerie a des ordonnées moindres que la courbe P relative au puits, ce qui démontre que la galerie a pour effet d'*augmenter la surface du bassin alimentaire du puits.*

Achèvement du problème par la méthode graphique. — Nous supposerons connus :

Le rayon ρ, suivant lequel est tracée la galerie ;

Le rayon équivalent R_2 de sa section au point de vue du captage ;

Le rayon R du puits ;

La profondeur du puits G et sa position sur la nappe naturelle, dont le tracé est aussi connu.

À chaque niveau Y de la contrecharge au droit du puits correspond une courbe P, qui, nous le savons, donne pour ce niveau, par le graphique déjà étudié, le débit de la nappe du puits.

Il faut donc pouvoir construire la courbe P pour une valeur donnée de Y.

On prendra *l'ordonnée H pour variable indépendante.*

On possède les quatre équations (331), (333), (336) et (343) ou (344), et il y a, pour *une valeur donnée de H,* quatre quantités à déterminer :

$$K, \quad Y_1, \quad Y', \quad X.$$

Nous transcrivons ici les équations dans l'ordre où elles doivent être employées. Donnée Y.

On se donnera une valeur arbitraire de H ; on aura successivement :

$$K = \frac{P}{H - Y},$$

$$Y_1 = \sqrt{Y^2 + \frac{(1 + K)}{\pi} [2,1 (Y - h)^2 + 12,18 R (Y - h)] \log \text{nep} \frac{\rho}{R}},$$

$$Y' = Y + \frac{(Y_1 - Y)}{(1 + K)},$$

$$(345) \quad \delta^2 X^2 \left(\log \text{nep} \frac{X}{\rho} - \frac{1}{2} \right) = H(H + P) - Y'(Y' + P) + K(H - Y)(Y' - Y).$$

La première équation donne K;
La deuxième équation donne Y_1;
La troisième équation donne Y';
Et la quatrième est transcendante à l'égard de X, mais pour la résoudre il n'y a qu'à employer le tableau P, ou à construire graphiquement la courbe :

$$(346) \qquad f(X) = \delta^2 X^2 \left(\log \text{ nep} \frac{X}{\rho} - \frac{1}{2} \right).$$

Comme tout est connu dans le second membre de l'équation (345), l'ordonnée de la courbe égale à la valeur de ce second membre fournira l'abscisse X cherchée.

On pourra donc tracer point par point la courbe P correspondante à la valeur Y qu'on aura choisie.

Le sommet de cette courbe est situé sur la verticale passant par l'axe de la galerie, et nous avons dit qu'en ce point on a :

$$X = \rho; \qquad H = Y'.$$

Il est intéressant de déterminer les valeurs de Y qui satisfont à cette condition, afin de faire passer les diverses courbes P par des points correspondant à des valeurs connues de z, par exemple dans le cas de notre graphique 120, pl. XXXV,

$z = 0,40$ pour lequel on a :
$$Y' = 5;$$

$z = 0,38$ pour lequel on a :
$$Y' = 12,50;$$

$z = 0,32$ pour lequel on a :
$$Y' = 25.$$

Si dans les quatre équations (345), on fait :

$$H = Y', \qquad X = \rho,$$

la dernière se vérifie identiquement (en tenant compte dans le premier membre du terme $\frac{1}{2} \frac{\rho^2}{X^2}$ que nous avons négligé); la troisième, combinée avec la première, conduit à :

$$Y_1 = Y' + P.$$

Si dans la deuxième équation on élève les deux membres au carré et qu'on remplace $(1 + K)$ par

$$\frac{Y' + P - Y}{Y' - Y},$$

on trouve :

$$Y_1^2 - Y^2 = (Y' + P)^2 - Y^2 = (Y' + P - Y)(Y' + P + Y)$$
$$= \frac{(Y' + P - Y)}{(Y' - Y)} \frac{\sigma}{\pi} \log \text{ nep} \frac{\rho}{R}.$$

Simplifiant et remplaçant σ par sa valeur, on a une équation qui ne renferme plus Y qu'au second degré, savoir :

$$(347) \quad Y(Y+P) + \frac{1}{\pi} \log \text{nep} \frac{\rho}{R} \left[2,1 (Y-h)^2 + 12,18 R (Y-h) \right] = Y'(Y'+P).$$

Cette équation donnera la valeur de Y quand on se sera donné la valeur Y_0^1 qui correspond au sommet de la courbe P.

Le problème s'achève comme celui du graphique général 102.

On arrivera comme nous venons de le montrer à tracer un graphique des surfaces alimentaires du système de captage composé de la galerie et du puits semblable au graphique 113.

On passera des surfaces aux débits, en multipliant les surfaces par $\frac{m}{\mu} \delta^2$. On pourra donc construire la courbe des débits en fonction des hauteurs de contrecharge Y.

Pour chaque hauteur de la contrecharge, le débit de la nappe doit être absorbé par le puits et la galerie fonctionnant ensemble.

Additionnant (330) ou (335) avec (341) ou (342), on aura le débit total capté par ces ouvrages :

$$Q = Q_P + Q_G.$$

La courbe construite avec cette formule, en prenant Y pour abscisse, rencontrera la courbe des débits ci-dessus indiqués en un point qui donnera la hauteur de contrecharge cherchée, et le débit normal de l'appareil de captage, puits et galerie. Le problème est ainsi résolu.

Application numérique (fig. 120, pl. XXXV). — Appliquons cette théorie au puits du graphique 113, en supposant une galerie de captage établie dans le plan du fond du puits et tracée suivant un rayon de 50 mètres. Cette galerie aura le profil indiqué par la figure 122, le vide pratiqué pour son passage dans le terrain perméable présentera un périmètre de 8 m. 23.

On aura donc :

$$\delta = 50 \text{ mètres};$$

$$R_2 = \frac{8,23}{2\pi} = 1^m 31.$$

L'épure de la figure 120 a été faite comme celle de la figure 113, 3e cas, et avec les mêmes données qui sont les suivantes :

Rayon du puits :

$$R = 1,50;$$

Rayon du tracé de la galerie :

$$\rho = 50 \text{ mètres};$$

Rayon équivalent du profil de la galerie :

$$R_2 = 1,31 ;$$

Hauteur du fond du puits sur le fond imperméable :

$$P = 30 \text{ mètres};$$
$$\delta = 0,0089 ;$$
$$\delta^2 = 0,000079 ;$$
$$\frac{1}{\pi} \log \text{nep} \frac{P}{R} = 1,158.$$

On supposera la galerie vide :

$$h = \text{zéro}.$$

On tracera les courbes P pour les quatre valeurs suivantes de Y_0' :

$Y_0' = 0$, correspondant au fond du puits;
$Y_0' = 5$ mètres, correspondant à $z = 0,40$;
$Y_0' = 12 \text{ m}. 50$, correspondant à $z = 0,36$;
$Y_0' = 25 \text{ m}. 00$, correspondant à $z = 0,32$.

En portant ces valeurs de Y_0' dans l'équation (347) qui sert à déterminer les valeurs de la contrecharge Y en fonction de la valeur de Y' au sommet de chaque courbe P, on arrive à l'équation suivante :

$$3,431 \, Y^2 + 51,07 \, Y - Y_0'(Y_0' + 30) = 0,$$

dont la résolution donne la valeur de Y :
Pour

$$Y_0' = \text{zéro}, \qquad Y = \text{zéro};$$
$$Y_0' = 5,00, \qquad Y = 2,86;$$
$$Y_0' = 12,50, \qquad Y = 7,04;$$
$$Y_0' = 28,00, \qquad Y = 13,91.$$

En partant de ces quatre valeurs de Y, on peut maintenant calculer successivement les quatre équations (345) :

1° $Y = 0$.
Pour $Y = 0$, on a $Y' = 0$; $Y_1 = 0$, et la quatrième équation (345) se réduit à :

$$H(H + P) = \delta^2 X^2 \left(\log \text{nep} \frac{X}{\rho} - \frac{1}{2} \right),$$

équation identique à l'équation (306) de la courbe P relative à un puits de rayon égal à ρ.

L'influence de la galerie se fait ici sentir et il est clair que son effet est d'augmenter les abscisses X de la courbe pour une même ordonnée H, et par conséquent d'accroître le rayon d'appel du puits de captage et par suite son débit.

2° $Y = 2,86$.

Nous reproduisons ci-dessous, à titre de spécimen, les calculs relatifs à ce cas :

H............. =	5^m	10	16	24	36	50	70
$K = \dfrac{30}{H-2,86}$..... =		4,20	2,28	1,42	0,906	0,636	0,447
$\sigma = 69\,\dfrac{\sigma}{\pi}\log\text{ nep }\dfrac{\rho}{R} =$		80,3	80,3	80,3	80,3	80,3	80,3
$(1+K)\dfrac{\sigma}{\pi}\log\text{ nep }\dfrac{\rho}{R} =$		417,6	263,3	194,3	153,0	131,4	116,2
Y^2............. =		8,18	8,2	8,2	8,2	8,2	8,2
Y_1^2........... =		425,8	271,5	202,5	161,2	139,6	124,4
Y_1............. =		20,6	16,5	14,2	12,7	11,8	11,15
$\dfrac{1}{1+K}$........... =		0,192	0,305	0,413	0,523	0,610	0,690
$(Y_1 - Y)$........ =		17,74	13,64	11,34	9,84	8,94	8,29
$Y' - Y = \dfrac{Y_1 - Y}{1+K}$... —		3,40	4,16	4,68	5,15	5,45	5,72
Y'............. =	5,00	5,26	7,02	7,54	8,00	8,31	8,58
$Y' - Y$.......... =		3,40	4,16	4,68	5,15	5,45	5,72
$H - Y'$.......... =	Zéro.	4,74	8,98	16,46	28,00	41,69	61,42
K............. =		4,20	2,28	1,42	0,906	0,636	0,447
$K(Y' - Y)(H - Y')$. =		67,7	85,1	109,2	130,6	144,4	157,0
$H(H + P)$........ =		400,0	736,0	1.296,0	2.376,0	4.000,0	7.000,0
Totaux......		468	821	1.405	2.506	4.144	7.157
$-Y'(Y + P)$..... =		185	260	283	304	318	331
$f(X)$.... .... =	Zéro.	283	561	1.122	2.202	3.826	6.826

Nota. — Le graphique 123 donne les valeurs de X qui ont servi à tracer la courbe.

On calcule de la même manière les valeurs correspondantes aux cas de :

$$Y = 7,04, \qquad Y = 13,91.$$

Le graphique s'achève par la méthode déjà exposée. Les surfaces des bassins alimentaires mesurées au planimètre et le rayon d'appel transversal sont les suivants :

CONTRECHARGE sur LA GALERIE Y′.	SURFACES ALIMENTAIRES.	RAYON D'APPEL DANS LA SECTION TRANSVERSALE.
mètres.	hectares.	mètres.
25	840	2.370
12.50	1.880	2.870
5	2.345	3.020
0	2.630	3.110

Les surfaces alimentaires et, par suite, les débits dépassent de près de moitié ceux que nous avons trouvés dans le cas d'un puits sans galerie. Les rayons d'appel présentent un accroissement encore plus sensible.

Le graphique 121 montre que les débits de la nappe $\frac{m}{\mu}\delta^2 S$ *sont à peu près proportionnels à la profondeur de l'eau au droit de la galerie amont*. C'est cette profondeur qui règle la loi de proportionnalité, et non plus la profondeur de l'eau au droit du puits, et cela se conçoit, puisque c'est la galerie circulaire qui est en réalité le *puits fictif* auquel s'appliquent les courbes P de l'épure.

Calculons maintenant les débits susceptibles d'être captés par la galerie et par le puits. Nous appliquerons au calcul du débit captable par la galerie la formule (342); mais, pour rester au-dessous de la réalité, nous supposerons que le débit est le même que si la surface de la nappe était horizontale. Nous aurons donc :
Pour le demi-cercle d'amont de la galerie :

$$\text{Débit} = \frac{m}{\mu}\pi\rho(Y' - h)(M + M'').$$

Pour le débit du demi-cercle d'aval :

$$\text{Débit} = \frac{m}{\mu}\pi\rho(Y - h)(M' + M'').$$

Comme la galerie est supposée vide, on fera $h = \frac{R_i}{2}$.

Pour le débit du puits, on appliquera la formule 335 :

$$Q_p = \frac{m}{\mu}\sigma.$$

Voici, dans le tableau suivant, les calculs :

Tableau R.

CALCUL DES DÉBITS CAPTABLES PAR LA GALERIE ET LE PUITS.

$$\left(\frac{m}{\mu} = 0,0001\right).$$

			DÉBIT CAPTABLE PAR LA GALERIE.										PUITS.	DÉBIT
			VALEUR DE			COEFFICIENT DU TABLEAU L.			DÉBITS GALERIE				DÉBIT du PUITS.	TOTAL des GALERIES et puits.
Y'.	$Y - \frac{R_2}{2}$	$Y - \frac{R_2}{2}$	M'. $\left(\frac{c}{R_2}\right)$	M'. $\left(\frac{c}{R_2}\right)$	M''. $\left(\frac{d}{R_2}\right)$	M.	M'.	M''.	AMONT.	AVAL.	TOTAL. Q_c.	σ.	Q_r.	$Q_c + Q_r$.
m.	m.	m.							m³.	m³.	m³.	m³.	m³.	m³.
5	4,35	2,21	2,81	1,18	22,8	2,19	4,85	0,84	0,219	0,153	0,372	69	0,0069	0,441
12,5	11,85	6,39	9,54	5,34	24,8	1,03	1,42	0,84	0,441	0,289	0,730	233	0,023	0,753
25	24,35	11,09	19,1	10,6	22,8	0,89	1,06	0,84	0,841	0,420	1,261	660	0,066	1,327

Ce tableau fait ressortir le rôle très secondaire du puits dans le captage de la nappe. Il ne prend que 2 à 3 p. 100 du débit. Son rôle est négligeable.

Sur le graphique 121 on a tracé les courbes des surfaces alimentaires et des débits de la nappe et la courbe des débits captables par la galerie et le puits.

Cette courbe est rapidement ascendante. Elle coupe la courbe du débit de la nappe au point N correspondant aux solutions suivantes :

$$Y' = 2,00, \qquad Y = 1,15, \qquad \text{Débit} = 210 \text{ litres.}$$

La galerie de captage permettrait donc de recueillir presque tout le *débit théorique* de la nappe, qui est de 220 litres.

En admettant comme précédemment une hauteur à pomper de 10 mètres hors de la nappe, on aurait :

Hauteur ascensionnelle : $35 + 10 = 45$ mètres;

Débit élevé : 210 litres;

Force en chevaux nécessaire (brut) : 126 chevaux-vapeur;

Soit, par litre : 0 ch. 600.

Nous avions trouvé antérieurement pour le *régime forcé*, pour un puits, sans galerie :

Débit maximum : 90 lit. 2.

Force par litre : 0 ch. 60.

La force à dépenser est donc la même, mais la galerie permet d'augmenter le débit dans la proportion de 3 à 7.

Conclusion. — On peut en conclure que si le rayon de la galerie est un peu grand par rapport au rayon du puits, on peut négliger l'influence de celui-ci et traiter le problème comme si l'on avait affaire à un puits de captage d'un rayon égal au rayon moyen suivant lequel est tracée la galerie autour de l'axe du puits.

On se trouve alors ramené à la méthode plus simple qui nous a conduit au tracé du graphique 113.

Cette conclusion nous paraît bien faire ressortir le rôle et l'utilité des galeries de fond.

Dispositions à donner à la galerie. — Galerie circulaire équivalente. — Ainsi que nous l'avons dit, le tracé circulaire de la galerie est celui qui trouble le moins la convergence des filets liquides vers le puits, et à ce titre c'est celui qu'il faut recommander.

Mais une galerie circulaire offre quelques difficultés d'exécution et on trouvera avantage à substituer au cercle un polygone qui s'en éloigne peu, par exemple, un octogone ou un hexagone, ou même un carré.

L'un de ces polygones n'est pas beaucoup plus difficile à exécuter que l'autre; par ce motif, nous croyons préférable d'adopter un polygone au moins hexagonal.

Mais souvent on se contente d'exécuter une galerie suivant un simple rayon passant par l'axe du puits, ou bien un rayon pourvu à ses extrémités de deux branches transversales formant un T.

Dans ces divers cas, c'est évidemment du *côté de l'amont* que doivent être disposées ces galeries incomplètes, les rayons étant tracés suivant la direction des filets liquides de la nappe naturelle, et les branches du T étant plus ou moins normales à ces rayons. C'est, en effet, du côté de l'amont qu'arrivent les filets liquides qui alimentent le puits. Le captage qui se fait par l'aval est beaucoup moins important.

La figure 124, pl. XXXVI, représente deux dispositions de galeries incomplètes. On y a tracé en traits pointillés un cercle qui représente dans chaque cas *la galerie circulaire complète équivalente, au point de vue du captage,* à la galerie réelle.

Il est impossible de calculer exactement le rayon ρ suivant lequel devrait être tracée *la galerie équivalente,* et le rayon équivalent R_2 de sa section transversale, mais nous pensons qu'on peut les déterminer avec une exactitude suffisante par les considérations suivantes :

Ce qui contribue le plus à augmenter la capacité de captage d'un ouvrage analogue à un puits, c'est-à-dire d'un ouvrage qui détermine dans la masse liquide environnante un appel de filets convergents, c'est le développement de l'ouvrage.

Lorsqu'on a affaire à des galeries rectilignes superposées et disposées normalement à la direction des filets liquides de la nappe naturelle, c'est le développement le plus long L qu'il faut considérer.

S'il y avait équivalence complète entre deux systèmes de galeries de même longueur quel que fût leur tracé, la circonférence de la galerie équivalente serait égale à la longueur L. Mais une galerie rectiligne cause une certaine perturbation dans la marche convergente des filets liquides. Il faut donc compter sur une perte de rendement et affecter le rayon ainsi calculé d'un coefficient de **réduction** qui ne pourra être déterminé par l'expérience que lorsqu'on aura appliqué nos formules à des cas pratiques et que, pour le moment, nous estimons à 0,80.

On ferait donc ·

$$(348) \qquad \rho = 0,80 \, \frac{L}{2\pi} = 0,127 \, L.$$

Ce coefficient 0,80 devrait encore être diminué assez notablement si la galerie, au lieu de barrer le courant, était disposée parallèlement à sa direction.

Quant à la surface captante de la galerie équivalente, on la prendra égale à la surface captante totale *du puits et des galeries réunies.*

Soit S cette surface; on aura, pour le rayon équivalent du profil transversal de la galerie en forme de tore :

$$S = 2\pi\rho \times 2\pi R_2,$$

d'où

(348 *bis*) $$R_2 = \frac{S}{0,80 \times 2\pi L} = 0,2\,\frac{S}{L}.$$

Les formules (348), (348 *bis*) détermineront complètement le système *de la galerie équivalente*, et ainsi que nous l'avons dit ci-dessus, cette galerie peut elle-même être traitée comme s'il s'agissait d'un puits de rayon ρ.

Nous donnons ci-après des applications pratiques qui paraissent confirmer les règles ci-dessus.

59. Formules usuelles concernant les galeries et les puits de captage. — Quand on examine la série des constructions géométriques qui sont nécessaires pour déterminer le débit soit d'une galerie, soit d'un puits de captage, on reconnaît combien il est difficile de calculer ce débit par des formules, même approximatives.

La complication vient principalement de la forme des nappes, dont l'équation contient deux fonctions transcendantes, un logarithme népérien et un arc-tangente, fonctions qui n'ont entre elles aucun rapport exprimable par une relation simple.

On ne peut avoir de simplification notable que dans le cas où on peut faire dans les équations $p = 0$, c'est-à-dire dans le cas où on a affaire à une galerie tracée sur le fond imperméable d'une *nappe d'affleurement,* et encore, même dans ce cas, il paraît impossible de se passer de l'usage des tables ou des graphiques.

Formules relatives aux galeries. — Le cas le plus simple est celui d'une galerie ouverte dans une nappe d'affleurement sur le fond imperméable à une distance C de la source du versant; la largeur de son bassin alimentaire est donnée par la formule (273).

En la multipliant par le facteur $\frac{m}{\mu}\delta^2$, on a pour le débit de la galerie, pour une bande de 1 mètre :

$$q = \frac{m}{\mu}\delta^2\,\frac{aL - C\,(2a - L)}{L}.$$

Mais il faut déterminer δ, et ce coefficient ne peut pas être calculé sans l'usage du graphique 20, qui contient les courbes des valeurs de :

$$\frac{b_0}{\delta a}, \qquad \frac{a}{L},$$

en fonction de la pente hydraulique :

$$z = \frac{\varepsilon}{2\delta}.$$

L'observation géologique donne les longueurs a, L, et la pente ε; on connaît donc le rapport $\frac{a}{L}$. Le graphique 20 fournit la valeur de z correspondante d'où l'on déduit la valeur de δ, puisque ε est connu.

Ainsi, même dans ce cas simple, l'usage des tables ou des graphiques qui en tiennent lieu est indispensable.

On ne pourrait s'en passer que dans le cas d'un fond horizontal.

On a alors :

$$\varepsilon = 0; \qquad z = 0;$$
$$\delta = \frac{b}{a}; \qquad L = 2a;$$

d'où le débit de la galerie :

$$q = \frac{m}{\mu} \frac{b^2}{a}.$$

C'est la formule parabolique bien connue.

Mais ce cas est d'une application restreinte. Il se rencontre rarement dans les nappes naturelles.

Formules relatives aux puits. — Nous avons donné au paragraphe 7 la théorie de *Dupuit*. Cet éminent ingénieur suppose un massif perméable cylindrique reposant sur un fond imperméable et au centre duquel on a percé un puits. Ce massif est entouré d'eau.

On épuise à l'intérieur du puits, et quand le régime normal est établi, la nappe à filets convergents forme un entonnoir régulier, une surface de révolution dont la courbe méridienne a pour équation, d'après les notations du présent chapitre :

$$(349) \qquad y^2 - Y^2 = \frac{\mu Q}{m\pi} \log \mathrm{nep} \frac{x}{R}.$$

Remplaçant dans cette équation les variables y, x par l'ordonnée H et le rayon X du bord de l'entonnoir d'appel, on a une équation d'où l'on tire la valeur du débit :

$$(350) \qquad Q = \frac{m\pi}{\mu} \frac{(H^2 - Y^2)}{\log \mathrm{nep} \frac{X}{R}}.$$

Nous savons d'ailleurs qu'eu égard aux conditions physiques nécessaires à l'introduction des eaux dans le puits, la plus grande valeur que puisse prendre le débit est (équation 330) :

$$(351) \qquad Q = \frac{m}{\mu} 2\pi RY.$$

Éliminant Q entre cette équation et la précédente, on a une équation qui fournit la valeur minima que doit avoir le rayon d'action X du puits pour une hauteur d'aspiration donnée (H — Y); elle est donnée par son logarithme :

$$(352) \qquad \log \text{nep} \frac{X_m}{R} = \frac{H^2 - Y^2}{2RY}.$$

On peut calculer le volume de l'entonnoir d'appel. Ce volume est égal à :

$$(353) \qquad V = 2m\pi \int_R^X (H - y)\, x\, dx.$$

En éliminant Q entre les deux formules (349, 350), on a une équation d'où l'on tire :

$$\frac{y^2 - Y^2}{H^2 - Y^2} = \frac{\log \text{nep} \dfrac{x}{R}}{\log \text{nep} \dfrac{X}{R}}.$$

En retranchant les dénominateurs des numérateurs :

$$\frac{y^2 - H^2}{H^2 - Y^2} = \frac{\log \text{nep} \dfrac{x}{X}}{\log \text{nep} \dfrac{X}{R}},$$

d'où la valeur de y :

$$y = \sqrt{H^2 - (H^2 - Y^2) \frac{\log \text{nep} \dfrac{X}{x}}{\log \text{nep} \dfrac{X}{R}}}.$$

Le deuxième terme sous le radical étant petit par rapport au premier, on peut, après avoir divisé par H, développer le radical en série, en s'arrêtant au deuxième terme, ce qui donne :

$$y = H - \frac{(H^2 - Y^2)}{2H} \frac{\log \text{nep} \dfrac{X}{x}}{\log \text{nep} \dfrac{X}{R}}.$$

Pour calculer le volume V, on a alors à intégrer l'expression suivante :

$$V = \frac{m\pi(H^2 - Y^2)}{H \log \text{nep} \dfrac{X}{R}} \int_R^X dx\, x \log \text{nep} \frac{X}{x}.$$

En intégrant par parties, on trouve pour l'intégrale :

$$\frac{x^2}{2} \log \text{nep} \frac{X}{x} + \frac{x^2}{4} + \text{const.}.$$

et finalement, en prenant comme limites d'intégration $x = R$ et $x = X$, et en négligeant les termes en R^2 qui sont relativement petits :

(354)
$$V = \frac{m \pi X^2 (H^2 - Y^2)}{4H \log \text{nep} \frac{X}{R}}.$$

Divers auteurs appliquent les formules ci-dessus pour le calcul des conditions d'établissement du puits.

Nous croyons ces équations exactes et susceptibles d'être appliquées, mais seulement dans l'hypothèse pour laquelle elles sont faites, c'est-à-dire quand les conditions suivantes sont remplies :

1° Nappe à surface horizontale, à alimentation indéfinie, ou encore, épuisement de courte durée, pendant laquelle l'alimentation est négligeable ;

2° Fond imperméable horizontal ;

3° Puits reposant directement sur ce fond.

Les deux dernières conditions ne se rencontrent guère dans la pratique.

Cependant on peut se demander si la formule de Dupuit n'est pas susceptible d'être appliquée à titre de formule approximative même pour l'étude du régime permanent d'un puits. Pour le savoir, il faut chercher quelle est sa vraie signification.

Lorsqu'un puits est descendu sur un fond imperméable, comme le suppose la formule de Dupuit, on a $P = 0$, et l'équation (305) donne :

$$\frac{H^2 - Y^2}{\log \text{nep} \frac{X}{R} - \frac{1}{2}} = \delta^2 X^2.$$

La formule de Dupuit équivaut donc, à peu près, à la suivante :

$$Q = \frac{m}{\mu} \delta^2 \pi X^2.$$

Elle exprime que le bassin alimentaire du puits a pour surface :

$$\pi X^2,$$

c'est-à-dire le cercle tracé avec X pour rayon. X est ici un rayon *inconnu*, puisque la formule de Dupuit est unique, et ne donne aucun moyen de déterminer ce rayon ; mais si nous lui assignons sa valeur réelle, celle que nous fait découvrir le graphique général, fig. 102, c'est-à-dire le rayon de la courbe P qui passe par le point M, on voit que la formule de Dupuit équivaut à substituer un cercle πX^2 au contour du bassin de forme parabolique que nous donne l'épure.

Dans le tableau suivant nous avons comparé les surfaces de ces contours avec celles du cercle pour les données du graphique 113.

TABLEAU S.

COMPARAISON DE LA FORMULE DUPUIT AVEC LA MÉTHODE GRAPHIQUE.

	SURFACES DES BASSINS ALIMENTAIRES DU PUITS EN HECTARES.								
	FORMULE DUPUIT πX^2.	GRA- PHIQUE 96.	ERREUR de LA FORMULE.	FORMULE DUPUIT πX^2.	GRA- PHIQUE 96.	ERREUR de LA FORMULE.	FORMULE DUPUIT πX^2.	GRA- PHIQUE. 96.	ERREUR de LA FORMULE.
	1° LE FOND DU PUITS ÉTANT AU-DESSUS DU FOND IMPERMÉABLE.								
	1er CAS.			2e CAS.			3e CAS.		
Y=10..	845	420	+ 100 o/o	1.017	520	+ 47 o/o	1.046	885	+ 18 o/o
Y=20..	1.194	720	+ 65 o/o	1.398	945	+ 48 o/o	1.346	1.430	— 6 o/o
Y=zéro.	1.418	945	+ 50 o/o	1.676	1.280	+ 31 o/o	1.590	1.915	— 17 o/o
	2° LE FOND DU PUITS REPOSANT SUR LE FOND IMPERMÉABLE.								
Y=zéro.	2.569	1.690	+ 57 o/o	3.137	2.245	+ 40 o/o	3.097	3.075	+ 1 o/o

La première partie du tableau est relative au cas où le fond du puits est situé au-dessus du fond imperméable, hypothèse contraire à celle qui a servi à l'établissement de la formule.

Cette dernière donne partout des résultats trop forts. L'erreur varie de + 100 p. 100 à — 17 p. 100. Elle va régulièrement en diminuant depuis le premier cas, où elle est la plus forte, jusqu'au troisième cas, où elle est moindre, et où elle change de signe.

Or le premier cas suppose le puits placé presque sur le faîte, c'est-à-dire la nappe presque horizontale. Il semble que ce sont là des conditions favorables à l'application de la formule de Dupuit, et il arrive au contraire que c'est dans ce cas que la formule donne les résultats les plus exagérés.

Dans la deuxième partie du tableau, le fond du puits est supposé reposant sur le fond imperméable, ce qui est conforme à l'hypothèse de Dupuit. Les erreurs sont moindres, mais elles sont toutes par excès et varient de 57 à 1 p. 100. Ici encore, c'est pour la position voisine du faîte que l'erreur est la plus forte.

En examinant le détail de l'épure 113, on se rend parfaitement compte des causes de cette erreur. La formule de Dupuit ne tient pas compte du rétrécissement causé au bassin alimentaire, dans le sens de la marche des filets liquides, par l'influence des courbes V, V'; c'est ce qui explique les débits exagérés donnés par ladite formule dans le 1er et le 2e cas.

À vrai dire, cette formule ne peut conduire à aucun résultat quand on l'applique au calcul d'un puits à *établir*, parce qu'on ne connaît pas la grandeur du rayon d'appel X et que la théorie de Dupuit ne donne aucun moyen de la déterminer.

L'équation (350), la seule que l'on possède, contient deux inconnues :

$$\frac{m}{\mu} \quad \text{et} \quad X.$$

Si l'on voulait se servir de l'équation (354), qui exprime le volume de l'entonnoir d'appel, on n'aurait rien gagné, parce que cette formule introduit une nouvelle inconnue *m*.

On est donc obligé de se donner soit le coefficient *m*, soit la valeur du rayon d'appel.

La théorie de Dupuit laisse donc le problème *indéterminé*, parce qu'elle ne tient pas compte du seul élément qui puisse lever l'indétermination, c'est-à-dire du régime de la nappe au milieu de laquelle est ouvert le puits.

Serait-il possible d'établir pour le cas général une formule qui donnerait le débit permanent d'un puits, en mettant en formule la construction graphique à laquelle la théorie nous a conduit?

Cela nous paraît fort difficile, et une pareille formule serait dans tous les cas très compliquée.

60. Nouvelles formules dérivées de la formule de Dupuit.

— La simplicité de la formule de Dupuit fait qu'elle est fréquemment appliquée, malgré son imperfection. Nous pensons qu'elle est, en effet, applicable dans le cas de puisages temporaires de peu de durée.

Cette formule suppose que le fond du puits repose sur le terrain imperméable. Elle ne tient compte que du rayon du puits, sans s'occuper des galeries de captage qui peuvent lui être annexées.

On peut améliorer cette formule et la rendre plus exacte, en y faisant entrer les éléments qu'elle néglige.

Formule du débit dans le cas d'un puits simple. — Nous admettrons que la nappe supérieure et la contrenappe qui s'établissent dans le réseau des filets liquides qui convergent vers le puits sont séparées par un plan dont la position peut se déterminer par les formules des paragraphes 37 et 52.

Prenons les notations du paragraphe 52.

Soient K le rapport du débit de la contrenappe à celui de la nappe supérieure,
d la hauteur du plan séparatif au-dessus du fond du puits.

Le débit des filets liquides qui traversent la section cylindrique de rayon x s'exprime par la formule suivante :

$$(355) \qquad Q = \frac{2m\pi}{\mu}(y-d)(1+K)\,x\,\frac{dy}{dx}.$$

D'après le paragraphe 37 on a :

$$d = P\,\frac{Y}{H+P-Y}; \qquad 1+K = \frac{H+P-Y}{H-Y}.$$

De l'équation (355) on tire :

$$(y-d)\,dy = \frac{\mu Q}{2m\pi(1+K)}\frac{dx}{x}.$$

Intégrant depuis $x = R$, $y = Y$, il vient :

$$(356) \qquad (y-d)^2 - (Y-d)^2 = \frac{\mu Q}{m\pi(1+K)}\log\mathrm{nep}\,\frac{x}{R}.$$

Cette équation donne le profil de la nappe convergente.

Faisant $x = X$, $y = H$, et remplaçant d, K, par leurs valeurs ci-dessus, on trouve facilement :

$$(357) \qquad Q = \frac{m\pi}{\mu} \frac{H(H+P) - Y(Y+P)}{\log \text{nep} \left(\frac{X}{R}\right)}.$$

Telle est la formule de Dupuit étendue aux cas où le fond du puits est placé à une hauteur P au-dessus du fond imperméable.

En y faisant $P = $ zéro, on retrouve la formule ordinaire.

Volume de l'entonnoir. — On calculera le volume de l'entonnoir comme on l'a fait ci-dessus. Ce volume est égal à :

$$(358) \qquad V = 2m\pi \int_R^X (H - y)\, x\, dx.$$

En faisant, dans l'équation (356), $y = H$, $x = X$, on a :

$$(359) \qquad (H - d)^2 - (Y - d)^2 = \frac{\mu Q}{m\pi(1+K)} \log \text{nep} \left(\frac{X}{R}\right).$$

Retranchant l'une de l'autre les équations (359) et (356), et extrayant la racine carrée, il vient :

$$y = d + \sqrt{(H-d)^2 - \frac{\mu Q}{m\pi(1+K)} \log \text{nep} \left(\frac{X}{x}\right)}.$$

Il est facile de reconnaître que le deuxième terme sous le radical est notablement plus petit que le premier. On peut mettre $(H - d)$ en facteur commun et développer en série en s'arrêtant au 3ᵉ terme; on trouve ainsi :

$$y = d + (H-d)\left[1 - \frac{\mu Q}{2m\pi(1+K)(H-d)^2} \log \text{nep} \frac{X}{x} - \left[\frac{\mu Q}{8m\pi(1+K)(H-d)^2}\right]\left(\log \text{nep} \frac{X}{x}\right)^2 \right].$$

Remarquons qu'on a :

$$(1+K)(H-d) = (H+P); \qquad H - d = \frac{(H-Y)(H+P)}{H+P-Y}.$$

Posons :

$$\frac{Q}{2\pi(H+P)} = M; \qquad \frac{M^2}{2}\frac{(H+P-Y)}{(H+P)(H-Y)} = N.$$

Formons la quantité $(H - y)$, portons sa valeur dans (358), et nous trouverons :

$$V = 2m\pi \int_\rho^X \frac{\mu}{m} M\, x\, dx \log \text{nep} \frac{X}{x} + 2m\pi \int_\rho^X \frac{\mu^2}{m^2} N\, x\, dx \left(\log \text{nep} \frac{X}{x}\right)^2.$$

En intégrant par parties, on a :

$$\int xdx \log \text{nep} \frac{X}{x} = \frac{x^2}{2} \log \text{nep} \frac{X}{x} + \frac{x^2}{4} + \text{const.}$$

$$\int xdx \left(\log \text{nep} \frac{X}{x}\right)^2 = \frac{x^2}{2}\left(\log \text{nep} \frac{X}{x}\right)^2 + \frac{x^2}{2} \log \text{nep} \frac{X}{x} + \frac{x^2}{4} + \text{const.}$$

On trouve pour les intégrales définies, respectivement :

$$\frac{X^2}{4} - \frac{\rho^2}{4} - \frac{\rho^2}{2} \log \text{nep} \left(\frac{X}{\rho}\right),$$

et

$$\frac{X^2}{4} - \frac{\rho^2}{4} - \frac{\rho^2}{2} \log \text{nep} \frac{X}{\rho} - \frac{\rho^2}{2}\left(\log \text{nep} \frac{X}{\rho}\right)^2.$$

Portant ces valeurs dans l'expression de V et négligeant le terme :

$$N \frac{\rho^2}{2}\left(\log \text{nep} \frac{X}{\rho}\right)^2,$$

qui est beaucoup plus petit que les autres, on a :

$$(36o) \qquad V = 2m\pi \left(\frac{\mu}{m} M + \frac{\mu^2}{m^2} N\right)\left(\frac{X^2}{4} - \frac{\rho^2}{4} - \frac{\rho^2}{2} \log \text{nep} \frac{X}{\rho}\right).$$

Si le rapport $\frac{X}{\rho}$ est assez grand, on peut négliger tous les termes, à l'exception des premiers de chaque parenthèse, et en remplaçant M par sa valeur on a simplement :

$$(361) \qquad X^2 = \frac{4(H+P)V}{\mu Q} = \frac{4(H+P)t}{\mu},$$

t désignant le temps écoulé depuis le commencement de l'épuisement supposé effectué à débit constant.

Dans ce cas, la surface comprise dans les limites du rayon d'appel n'étant autre chose que πX^2, on voit que cette surface croît proportionnellement au temps.

Cas où il y a des galeries de captage annexées au puits. — Si ces galeries de captage sont assez importantes pour rendre tout à fait secondaire l'influence du puits, il faut admettre que l'axe séparatif de la nappe et de la contrenappe passe par le radier de la galerie, ou même par le milieu de la hauteur de la galerie, si cette hauteur n'est pas négligeable.

Dans ce cas les formules se modifient :

On a :

$$d = o \qquad\qquad 1 + K = \frac{H+P}{H};$$

$$M = \frac{Q}{2\pi(H+P)} \qquad N = \frac{M^2}{2H}.$$

L'équation (360) donne après transformations :

(360 *bis*)
$$\frac{4\,(H+P)\,t}{\mu} = \left(1 + \frac{\mu}{m}\,\frac{M}{2\,H}\right)\left(X^2 - \rho^2 - 2\rho^2\log\,\text{nep}\,\frac{X}{\rho}\right),$$

et le débit s'exprime par la formule :

(357 *bis*)
$$Q = \frac{m\pi\,(H^2 - Y^2)\,(1+K)}{\mu}\cdot\frac{1}{\log\,\text{nep}\left(\dfrac{X}{\rho}\right)}.$$

ρ étant le rayon du puits fictif équivalent à la galerie.

Conditions d'application de la formule de Dupuit modifiée. — Le régime permanent d'un puits de captage met beaucoup de temps à se réaliser, pour peu que ce puits soit important.

Dans la période d'épuisement, la nappe à filets convergents qui alimente le puits n'est pas une nappe permanente, et on ne peut pas lui appliquer les procédés graphiques que nous avons donnés dans ce chapitre et qui concernent spécialement le régime permanent.

Beaucoup de puits industriels, ceux des sucreries notamment, ne marchent chaque année que pendant une période de temps relativement courte.

Enfin, on fait souvent des *essais* sur des puits existants. Dans ces divers cas, les formules (357), (360), (361), dérivées de la théorie de Dupuit sont susceptibles d'être utilisées.

Cependant les phénomènes qui se passent au début du pompage d'un puits sont loin d'être identiques avec ceux que suppose ladite théorie. Dans ce cas, en effet, l'eau qui alimente le puits n'est pas fournie par la surface extérieure d'un îlot cylindrique, car les filets liquides mettraient à traverser ce massif un temps incomparablement plus long que celui du pompage.

Les choses se passent tout différemment.

C'est, en définitive, au vide formé par la dénivellation, c'est-à-dire la surface libre de l'entonnoir, que sont empruntés les volumes d'eau qui arrivent au puits.

Le calcul fait par les méthodes du paragraphe 10 *bis* démontre que, dans l'hypothèse de Dupuit, les filets liquides sont des courbes qu'on obtient en réduisant les ordonnées du profil de la surface libre par un coefficient arbitraire. Leur équation est :

$$y_1 = C\left(\frac{y}{Y}\right),$$

C étant un coefficient plus petit que 1.

En réalité, puisque pendant la période d'épuisement que nous considérons, le puits est alimenté par les eaux qui proviennent de l'entonnoir, il faut que les filets liquides aient une composante verticale. La nappe qui se forme ressemble à une nappe de sécheresse.

La figure 127, pl. XXXVI, indique les deux systèmes de tracés des filets liquides.

À gauche le tracé, dans le cas où l'hypothèse de Dupuit se réaliserait;

À droite, le tracé approximatif des filets réels.

On remarquera que la nappe de droite ne diffère pas comme disposition générale de la nappe du *régime permanent*. C'est encore *une nappe alimentée par sa surface libre.*

En appliquant la formule de Dupuit au calcul du débit de la nappe d'épuisement, on fait une application de la méthode des *moyennes*. On substitue une nappe moyenne AB à la nappe réelle AC.

Dans cette dernière, le débit d'une section verticale va en croissant depuis la section CD, qui limite l'appel du puits et qui forme *faîte*, section où le débit est nul, jusqu'au puits où le débit est égal à Q.

Dans la nappe AB, le débit est uniforme et égal à Q pour toutes les sections. Cette nappe est donc nécessairement plus courte et plus déclive que la nappe réelle AC, mais les deux courbes ont même ordonnée et même tangente sur la paroi du puits.

La nappe de la formule de Dupuit étant une nappe *moyenne*, on s'explique que, malgré la différence complète des tracés des filets liquides dans ces deux nappes, ladite formule puisse cependant donner le débit avec une certaine approximation, quand on tient compte de tous les éléments de la question, c'est-à-dire de la contre-nappe et des surfaces captantes annexées au puits, s'il en existe.

Cette approximation va nécessairement en diminuant à mesure que l'épuisement s'avance et qu'on approche du moment où le débit extrait du puits est précisément égal au débit du régime permanent.

Il faut d'ailleurs reconnaître qu'il existe peu de puits à fonctionnement continu. La plupart des puits industriels sont à fonctionnement intermittent. Dans l'intervalle des campagnes, l'entonnoir se comble, la nappe naturelle se reforme et ces puits se retrouvent à chaque campagne nouvelle dans les conditions où l'application de la formule de Dupuit est possible.

Cette question ayant une certaine importance, nous donnerons deux exemples intéressants, que nous avons pu traiter, parce que les coefficients m, μ, qui entrent dans les équations, et qu'il est fort rare qu'on connaisse exactement, nous sont connus, par suite des observations faites sur les galeries de captage de la ville de Liège, et des valeurs de ces coefficients que nous en avons déduites. (Voir chapitre XII.) Nous profiterons de quelques observations qui ont été faites sur des puits de la région de Liège pourvus de galeries annexes, pour déterminer le rayon du puits fictif équivalent à ces galeries.

Puits de Fexhe-le-haut-Clocher, près Liège. — Ce puits est établi dans un terrain de craie très homogène, à environ 1,200 mètres du faîte de la nappe de la figure 187, pl. LX.

Voici ses caractéristiques [1] (fig. 188, pl. LXI :

Le puits a 38 mètres de profondeur sous le sol. Il a 2 mètres de diamètre. Il est maçonné jusqu'aux pompes qui sont installées à 15 m. 25 du fond. La partie inférieure est simplement creusée dans la craie sans aucun revêtement.

Un tronçon de galerie filtrante de 4 mètres de longueur, 2 mètres de largeur et 3 m. 50 de hauteur vient déboucher au fond du puits.

Deux autres galeries de 0 m. 80 de largeur, 4 mètres de hauteur et ayant ensemble

---

[1] Tous ces renseignements sont extraits du Rapport du 15 février 1898, de M. Brouhon, ingénieur du service municipal de la ville de Liège, rapport qui a été imprimé et dont nous devons la communication à l'obligeance de M. Brouhon, à qui nous adressons ici nos remerciements.

70 mètres de longueur, destinées surtout à servir de réservoirs, ont été creusées à 5 mètres au-dessus de la précédente, distance mesurée entre les radiers.

Le 7 octobre 1897, les pompes fonctionnaient normalement depuis huit jours, sauf un repos de 12 heures le dimanche, et l'eau avait baissé à 11 mètres du fond des puits.

D'après la coupe de la figure 188, nous voyons que l'axe séparatif serait situé en A, pour la galerie de 70 mètres, en B pour celle de 4 mètres, et qu'on peut admettre que l'axe résultant est situé en C à 7 mètres au-dessus du fond du puits.

Nous aurons pour données du problème :

$$H = 7^m; \qquad Q = \frac{15 \times 735}{16 \times 86.400} = 0,008;$$

$$Y = 4^m;$$

$$P = 11^m;$$

$$\frac{\mu}{m} = 14.400; \qquad t = 86.400 \times 7,5 = 648.000";$$

$$m = 0,20 \text{ (voir chapitre XII);}$$

$$\mu = 2,880.$$

La hauteur de la contrenappe n'est pas connue.

D'après la position du puits par rapport à la galerie de Liège, nous avons admis qu'elle est de 11 mètres.

La surface captante totale est de 785 mètres carrés.

Appliquant les formules (360), (360 *bis*), (357 *bis*), nous aurons :

$$M = \frac{0,008}{2 \times 3,14 \times 18} = 0,000071; \qquad M \frac{\mu}{m} = 1,02; \qquad 1 + K = 2,57.$$

L'équation (360) donne :

(362) $$15.100 = X^2 - \rho^2 - 2\rho^2 \log \text{nep} \frac{X}{\rho}.$$

De l'équation (357 *bis*) on tire :

$$\log \text{nep} \frac{X}{\rho} = \frac{3,14 (49 - 16) 2,57}{14.400 \times 0,008} = 2,30,$$

d'où

$$X = 9,95\rho.$$

Substituant cette valeur de X dans (362), on a une équation qui ne contient plus que ρ, savoir :

$$15.100 = (99 - 1 - 2 \times 2,30) \rho^2,$$

d'où l'on tire :

$$\rho = 12,69; \qquad X = 126^m 30.$$

Le détail du calcul que nous avons donné fait voir que les termes en ρ^2 de l'équation (360) ne sont pas négligeables et que la formule (361) n'est qu'approximative.

La valeur $\rho = 12,69$ que nous venons d'obtenir est à peu près égale aux $176/1000^e$ du développement extérieur des galeries et puits. Ce développement est de 72 mètres.

Puits d'Alleur, près Liège. — Le puits de la sucrerie d'Alleur est situé dans le même terrain que le précédent. Nous avons sur ce puits des documents plus récents et plus détaillés.

Dans une notice publiée en 1902, dans les *Annales de la Société géologique de Belgique*, M. P. Questienne, ingénieur, a fait connaître des observations qu'il a faites sur les variations du niveau de l'eau dans quelques puits de la commune d'Alleur, en vue de déterminer l'influence du puisage intense effectué à la sucrerie dans la campagne de 1901.

Le puits d'Alleur a 33 mètres de profondeur sous le sol. Il est maçonné jusqu'à une profondeur de 24 m. 50. Son diamètre est de 2 m. 20, jusqu'à la profondeur de 28 mètres, mais il se réduit ensuite à 1 m. 50 pour diminuer encore jusqu'au fond où il n'est plus que de 0 m. 80.

Au niveau du fond se trouve creusée une galerie collectrice de 32 mètres de longueur, 8 mètres de hauteur et 0 m. 80 de largeur. À 9 mètres plus haut se trouve une autre galerie semblable.

En 1899, on a creusé une nouvelle galerie transversale de 85 mètres de longueur au niveau du fond.

Deux systèmes de pompes sont établis, le premier pour les hauts niveaux à l'étage de 18 m. 50, le second pour les bas niveaux à l'étage de 24 m. 50.

Le débit des pompes est constamment de 960 mètres cubes par jour. Il y a un repos de 12 heures le dimanche.

On a reconnu par un sondage que le terrain imperméable se rencontre à 8 mètres en contre-bas du fond du puits.

Expérience de 1897. — M. l'ingénieur Brouhon rapporte l'observation suivante faite du 1er au 7 octobre 1897.

Niveau au-dessus du fond avant la mise en marche : 14 m. 35.

Baisse en 6 jours : 2 m. 90.

La construction ordinaire démontre que l'axe séparatif doit être placé à peu près au milieu de la hauteur de la galerie. Les données seraient donc les suivantes :

$$H = 13,10; \qquad Q = \frac{960 \times 11}{86.400 \times 12} = 0,0102;$$

$$Y = 10,20;$$

$$P = 9,25 \qquad t = 475.200'';$$

$$\frac{\mu}{m} = 14,400;$$

$$m = 0,20 \text{ (voir chapitre XII)};$$

$$\mu = 2,880.$$

Appliquant les formules ci-dessus indiquées, nous aurons :

$$M = 0,0000728; \qquad \frac{M\mu}{m} = 1,048; \qquad 1 + K = 1,71.$$

On tire de l'équation (360 *bis*) :

(363)
$$14.150 = X^2 - \rho^2 - 2\rho^2 \log \text{nep} \frac{X}{\rho},$$

et de (157) :

$$\log \text{nep} \frac{X}{\rho} = \frac{3,14\,(171,6 - 104,0)\,1,71}{14.400 \times 0,0102} = 2,47,$$

d'où

$$X = 11,76\rho.$$

Substituant cette valeur dans (363) on obtient :

$$\rho = 10,33; \qquad X = 121^m 20.$$

Le rayon est égal aux 30/100ᵉ du développement de la galerie et du puits, qui est de $32 + 2 = 34$ mètres.

Expériences de 1901. — Les puits dont on examinait les niveaux sont échelonnés en amont du puits de la sucrerie, fig. 190, pl. LXI, sur une longueur de 1.700 mètres. Bien que le niveau de l'eau ait été abaissé en 51 jours de 10 m. 87, on n'a constaté d'abaissement que dans les puits les plus rapprochés, l'un au Sud, à 340 mètres de distance, l'autre à l'Est, à 380 mètres, le troisième au Sud-Est, à 580 mètres. Cet abaissement n'a pas dépassé 0 m. 76. Immédiatement après la cessation de la fabrication, le niveau s'est relevé très rapidement de 10 mètres en 7 jours. (Voir les graphiques, fig. 191, 192, pl. LXII.)

Dans la première observation, le niveau, qui était à 12 m. 10 au-dessus du fond, a baissé en 3 jours et demi de 2 mètres.

Le débit des pompes était toujours de 960 mètres cubes par 24 heures.

Nous avons déjà dit que l'appareil de captage avait été augmenté par l'établissement d'une galerie de 85 mètres de longueur, ayant en travers $2^m \times 2^m$.

Cette circonstance a dû faire baisser l'axe séparatif d'environ $0^m 60$.

Nous aurons donc les données suivantes :

$$H = 10,70; \qquad t = 302.000'';$$
$$Y = 8,70; \qquad M = 0,0000795;$$
$$P = 9,40; \qquad \frac{M\mu}{m} = 1,14;$$
$$1 + K = 1,87.$$

On trouve par la même marche que ci-dessus :

$$\text{Log nep} \frac{X}{\rho} = 1.548; \qquad X = 4,69\rho.$$

Puis l'équation (360 *bis*) devient :

$$8.424 = (1 + 0,053)\,[22,00 - 1 - 3,01]\,\rho^2,$$

d'où, par suite :

$$\rho = 21^m 07, \qquad X = 98^m 77.$$

Ici le rayon du puits fictif est égal 17,7/100° du développement des galeries et puits, qui est de $32 + 85 + 2 = 119$ mètres.

Nous avons donc trouvé dans les trois observations que nous venons de calculer les chiffres suivants pour les rapports du rayon ρ du puits fictif au développement horizontal des galeries et du puits réel :

		DÉVELOPPEMENT.	RAPPORT.
Fexhe		72^m 00	0,177
Alleur	1897	34 00	0,30
	1901	119 00	0,177

Si la même longueur de galerie était établie suivant une forme circulaire, la fraction qui mesure le rayon fictif serait égale à $\frac{1}{2\pi} = 0,159$.

Il semblerait d'après cela que le tracé des galeries est indifférent et que leur longueur totale a seule de l'importance.

Mais il faut faire la part des incertitudes des données dans les problèmes ci-dessus, et c'est pourquoi nous pensons qu'il serait prudent d'adopter, pour la valeur du rayon fictif les 80/100es du quotient $\frac{L}{2\pi}$, L étant le développement total des galeries.

Débits des puits de Fexhe et Alleur au régime permanent. (Fig. 187, pl. LX.) — On a indiqué sur la figure la position approximative de ces puits par rapport à la nappe naturelle.

Les puits en question fonctionnent, non plus dans la nappe primitive, mais dans la nappe actuelle dont la nouvelle ligne V est tracée en pointillé noir sur la figure. Elle aboutit au nouveau faîte B".

On a fait pour les deux cas considérés ci-dessus (Fexhe 1897, Alleur 1897) la construction déjà indiquée pour obtenir la longueur du bassin alimentaire. On a obtenu ainsi :

$$\widehat{\alpha B''} = 480^m \text{ pour Fexhe,}$$

$$\widehat{\beta B''} = 640^m \text{ pour Alleur.}$$

D'autre part, on a calculé le rayon d'appel transversal des puits au moyen de la formule (34 bis) et du tableau ρ. Voici les calculs :
Puits de Fexhe :

$$\varphi(X) = \frac{0,434 [7 \times 18 - 4 \times 15]}{0,000066 (1,65 \times 31,1)^2} = 159.$$

Le tableau P donne, par interpolation :

$$X = 684^m.$$

Puits d'Alleur :

$$\varphi(X) = \frac{0,434 [10,7 \times 20,1 - 8,7 \times 18,1]}{0,000066 (1,65 \times 49,9)^2} = 127.9.$$

Le tableau P donne :

$$X = 907^m.$$

Assimilant les contours des bassins à des paraboles, on aura pour les surfaces des bassins alimentaires :

Puits de Fexhe :

$$\frac{4}{3} \times 684 \times 480 = 43,77 \text{ hectares.}$$

Dépression 3 mètres.

Puits d'Alleur :

$$\frac{4}{3} \times 907 \times 640 = 77,37 \text{ hectares.}$$

Dépression 2 m. 90.

On obtiendra le débit au régime permanent par jour en multipliant par :

$$\frac{m}{\mu} \delta^2 \times 86.400 \times 10^4,$$

quantité qui, nous l'avons vu, est sensiblement égale à 4 mètres cubes par hectare.

Les débits permanents sont donc :

175 mètres cubes pour le puits de Fexhe.

309 mètres cubes pour le puits d'Alleur.

Les débits des pompes : 735 mètres cubes, 960 mètres cubes, représentent donc respectivement 4,2 et 3,1 fois le débit permanent.

Disposition des galeries. — Il résulte des considérations que nous suggère l'observation, que la partie postérieure d'un puits, c'est-à-dire le demi-cylindre tourné vers l'aval, n'exerce qu'une influence secondaire sur le débit. D'où cette conséquence, que dans le cas où on annexe des galeries à un puits, l'essentiel est de leur donner un grand développement normalement au courant, plutôt que de les disposer en un contour fermé complet.

Par exemple, la disposition en chevron B (fig. 192 *bis*, pl. LXI), formée de deux côtés de longueur 2c chacun, sera préférable à la disposition en carré A, formée de quatre côtés ayant chacun la longueur c. Dans le premier dispositif, la longueur ρ du rayon fictif sera plus grande que dans le deuxième dispositif.

Réserve d'un puits. — **Durée de l'épuisement.** — Les considérations que nous avons présentées dans ce chapitre sont loin d'avoir épuisé la question des puits de captage. — Il y aurait encore à étudier la *réserve* d'un puits, et aussi une autre question qui se rattache à celle de la réserve, à savoir : la *durée de l'épuisement.*

Sans être pratiquement insolubles, ces questions présentent de très grandes difficultés. Après en avoir amorcé l'étude, nous y avons renoncé, afin de ne pas compliquer un exposé qui déjà sort un peu de l'objet précis de cet ouvrage.

61. Résumé sur les puits de captage. — La théorie des puits de captage que nous avons exposée paraît au premier abord un peu compliquée, mais une fois qu'on a saisi le mécanisme du graphique, l'application en est facile. Nous allons résumer les principes et les méthodes :

1° L'hypothèse fondamentale consiste à admettre que les filets liquides qui convergent vers le puits sont contenus dans des plans verticaux passant par l'axe du puits.

2° Si l'on fait mouvoir une ligne verticale en la faisant passer par les points de la nappe naturelle où les filets abandonnent leur direction normale pour se diriger vers le puits, on aura circonscrit dans un cylindre ce que nous appelons *l'entonnoir* du puits (fig. 96).

3° Si l'axe du puits est placé sur le *faîte* séparatif du versant et du contreversant, le contour de l'entonnoir rencontre du côté du versant des filets liquides qui s'éloignent du faîte en allant vers le thalweg, et qui coulent, par conséquent, dans un sens opposé au puits. Il faut donc qu'il s'établisse entre ces filets liquides et les filets qui convergent vers le puits une zone à vitesse *nulle*, où la surface des eaux est horizontale. C'est une *ligne de partage d'eau*, une ligne de faîte. Le contour de l'entonnoir forme ligne de partage d'eau du côté du versant.

Il est évident que la même chose se passe du côté du contreversant.

Par conséquent, dans ce cas, le contour de l'entonnoir forme ligne de faîte dans toute son étendue.

4° Lorsque l'axe du puits est placé à une grande distance du faîte, l'entonnoir ne s'étend pas jusqu'au faîte, et les filets liquides qui y pénètrent par l'amont ont déjà parcouru une certaine longueur sur la nappe naturelle depuis le faîte jusqu'au bord de l'entonnoir.

Au point où le filet de la nappe naturelle aborde l'entonnoir, ce filet entre complètement dans l'entonnoir; seulement sa vitesse change de direction. Mais *il n'y a plus de point de partage*.

Il faut donc considérer deux genres de filets liquides convergeant vers le puits : 1° ceux qui sont issus d'un point de partage et qui ne peuvent, par conséquent, s'alimenter que par l'apport pluvial qui parvient sur leur surface, et 2° ceux qui ne sont pas issus d'un point de partage, et qui, en outre de leur apport pluvial propre, reçoivent le débit des filets liquides de la nappe naturelle auxquels ils font suite.

5° On doit se rappeler que, dans une nappe à deux versants, le point de partage des filets liquides qui aboutissent à un thalweg donné, ou, comme nous le disons, dans un sens purement géométrique, *les profils des filets liquides issus d'un point de source donné* ont tous, leurs faîtes ou points de partage situés sur un *lieu géométrique* que nous avons appelé *la courbe* V pour les filets liquides tributaires du versant et *la courbe* V' pour les filets liquides tributaires du contreversant (chapitre v) et que nous avons appris à construire. Ces courbes V, V' peuvent servir de génératrices à des surfaces cylindriques, engendrées par le mouvement d'une droite horizontale parallèle à la ligne de faîte de la nappe naturelle.

Nous appelons ces surfaces *les surfaces* V et V'.

6° Si l'on considère un filet liquide compris entre deux plans verticaux passant par l'axe du puits, et faisant entre eux un angle infiniment petit, on aura *un filet convergent élémentaire*.

Nous avons établi que tous les points de partage ou faîtes des filets convergents élémentaires sont situés sur une courbe de forme parabolique, tangente au niveau de l'eau dans le puits, et ayant pour axe l'axe du puits. Nous l'avons appelée *la courbe* P.

7° Si l'on fait tourner la courbe P autour de l'axe du puits, on engendre une surface de révolution, qui est nécessairement le *lieu géométrique* de tous les points de partage des filets qui convergent vers le puits. Nous l'avons appelée *la surface* P.

8° Les points de partage des filets de la nappe naturelle devant nécessairement se trouver sur la courbe V ou sur la courbe V', et les points de partage des filets convergents devant tous se trouver sur la surface P, il est évident que les points de partage communs à ces filets liquides sont tous situés sur l'intersection des surfaces P et V ou P et V'.

Pour être des *points de partage réels*, ces points d'intersection doivent nécessairement se trouver entre le plan transversal passant par l'axe du puits et le thalweg, du côté considéré, versant ou contreversant. Ceux qui sont situés entre ce même plan transversal et la ligne de faîte de la nappe naturelle ne sont pas des *points de partage*. En ces derniers points, le filet de la nappe du puits *fait suite* au filet de la nappe naturelle.

9° De là trois cas à considérer :

1er cas. Le fond du puits est situé à l'intérieur de l'angle formé par les surfaces V et V', et reçoit des eaux des deux versants (fig. 98).

Dans ce cas, la courbe P coupe les deux courbes V et V'. Une grande partie du contour de l'entonnoir correspond à des points de partage.

2e cas. Le fond du puits est situé à l'intérieur de l'angle formé par les surfaces V et V' et ne reçoit les eaux que d'un seul versant (fig. 101).

Dans ce cas, la surface P ne rencontre que l'une des surfaces V ou V'.

L'entonnoir n'a plus de points de partage que d'un seul côté, entre le plan transversal passant par l'axe du puits et le thalweg.

3e cas. Le fond du puits est situé à l'extérieur de l'angle formé par les surfaces V et V' et ne reçoit les eaux que d'un seul versant (fig. 104).

Dans ce cas, la surface P ne rencontre plus ni l'une ni l'autre des surfaces V, V'. Il n'y a plus de point de partage.

Ces trois cas sont réunis dans le graphique général (fig. 113).

10° Considérons le 3e cas, celui où la nappe à filets convergents n'a pas de points de partage. Supposons un puits établi sur le versant.

Menons par le thalweg des profils de nappes tangents à la surface P; tous ces profils ont leurs points de partage situés sur la surface V.

Tous ces profils tangents à la surface P forment eux-mêmes une surface courbe enveloppant la surface P et que, pour ce motif, nous appelons la surface E.

L'intersection de la surface E *avec la surface* V *donne un contour dont la projection sur le plan horizontal est précisément la surface du bassin alimentaire du puits.*

En multipliant cette surface par $\frac{m}{\mu} \delta^2$, on obtient *le débit de la nappe du puits* au niveau considéré.

11° Lorsque la nappe du puits a des *points de partage*, les profils de nappes issus du thalweg, comme il vient d'être dit, doivent passer par ces points de partage.

Par conséquent, entre les plans verticaux extrêmes qui limitent la zone des points de partage, la surface E n'est plus l'enveloppe de la surface P (fig. 98).

12° Il résulte de cette théorie que dans le 3° cas, c'est-à-dire quand la nappe du puits n'a plus de point de partage, il n'existe d'entonnoir proprement dit que du côté de l'amont.

À l'aval du puits, les filets liquides coulent vers le thalweg, en formant un sillon plus ou moins profond, qui se comble peu à peu par l'affaissement de ses côtés.

13° Le rayon d'appel d'un puits est *maximum dans la section transversale* et *minimum dans la section longitudinale* passant par l'axe du puits et normale à la ligne du faîte naturel.

C'est le contraire de ce qu'on admet généralement, quand on représente l'entonnoir d'appel comme une courbe ellipsoïdale dont le grand axe est situé dans la section longitudinale.

14° Un puits ne capte pas nécessairement tout le débit que la nappe à filets convergents peut théoriquement lui apporter.

Pour qu'il puisse capter ce débit, il faut qu'il ait *une surface de captage suffisante*.

De là deux régimes à considérer :

Dans le *régime normal*, le niveau de l'eau dans le puits est le même que le niveau de la nappe du puits. Le débit du puits peut atteindre au maximum la valeur $\frac{m}{\mu} 2\pi RY$, valeur de beaucoup inférieure au débit de la nappe, pour peu que le puits soit important.

Dans le *régime forcé*, le niveau de l'eau dans le puits est plus bas que le niveau de la nappe du puits, et les filets liquides *tombent* dans le puits.

La théorie démontre que, dans ce cas, ce n'est plus sur la surface $2\pi RY$, contour extérieur du puits, que se produit la vitesse maxima $\frac{1}{\mu}$ des filets liquides, mais bien sur une surface de révolution concentrique au puits et beaucoup plus grande que la première, surface que nous avons calculée (équation 321).

Le régime forcé permet d'augmenter considérablement le débit du puits, mais il coûte cher, parce que la force vive résultant de la chute de l'eau dans le puits est perdue. On peut diminuer ces pertes en recueillant l'eau par étages sur chacun desquels il y aurait une pompe élévatoire.

15° Le seul moyen d'augmenter dans de grandes proportions le débit *captable* par un puits consiste à lui adjoindre *des galeries de captage au fond*.

La meilleure disposition à adopter théoriquement consiste à tracer une galerie suivant un cercle concentrique au puits.

Une pareille galerie fonctionne comme un *puits fictif* et jouit des mêmes propriétés qu'un vrai puits.

On peut encore, dans ce cas, tracer la courbe P; mais cette courbe est alors plus étendue que dans le cas d'un puits ordinaire, parce que, dans l'équation (344) qui la donne, le terme qui multiplie X^2 n'est plus $\left(\log \text{nep} \frac{X}{R} - \frac{1}{2}\right)$, mais bien $\left(\log \text{nep} \frac{X}{\rho} - \frac{1}{2}\right)$, où ρ représente le rayon suivant lequel est tracée la galerie. Comme ce rayon est toujours beaucoup plus grand que le rayon du puits, le terme qui multiplie X^2 est plus petit et par suite X est plus grand.

Le rayon d'appel du puits étant plus grand, le *débit captable* est plus grand aussi que dans le cas d'un puits sans galerie.

16° La théorie exposée au paragraphe 58 et le tableau numérique qui l'accompagne permettent de calculer, dans tous les cas, d'une manière suffisamment approchée, le débit des galeries de fond. On constatera généralement que pour peu que ces galeries aient une certaine importance, le rôle du puits au point de vue du captage devient presque négligeable.

17° Nous avons exprimé l'avis qu'en dehors des cas très simples tels que celui des nappes à fond horizontal, il était à peu près impossible d'établir des formules commodes pour résoudre les problèmes qui se posent à propos des galeries de captage et des puits de captage.

Il faut nécessairement recourir à la méthode graphique, qui présente pour des problèmes de ce genre des avantages très importants.

La formule de Dupuit relative aux puits ne s'applique qu'à un cas spécial exceptionnel, qui ne se rencontre pas dans la pratique.

Elle ne peut être d'aucune utilité pour l'établissement d'un puits nouveau, puisqu'elle renferme deux inconnues.

Même si l'on pouvait connaître à l'avance le rayon d'appel transversal X du puits, cette formule donnerait pour le débit des résultats généralement exagérés, parce qu'elle revient à assigner au bassin alimentaire du puits une surface égale à πX^2, tandis que la surface réelle est plus petite.

Mais on peut modifier la formule de Dupuit et la rendre utilement applicable dans tous les cas où il ne s'agit que d'établir les conditions d'un épuisement temporaire où le débit des pompes d'aspiration dépasse de beaucoup le débit du régime permanent.

CHAPITRE VII.

DES PUITS ORDINAIRES.

62. Établissement d'une formule donnant le débit d'un puits ordinaire. — Variations du débit suivant la position du puits. — Les puits ordinaires ne sont autre chose que des puits de captage de peu de profondeur et dans lesquels le puisage ne fait jamais baisser l'eau d'une hauteur notable. Cette circonstance permet d'introduire diverses simplifications dans les formules et d'arriver à des conclusions générales fort intéressantes sur les variations qu'éprouve le débit suivant la position qu'un puits occupe sur la nappe qui l'alimente.

Reprenons l'équation générale (305) de la courbe P :

$$H(H + P) - Y(Y + P) = \delta^2 X^2 \left(\log \text{nep} \frac{X}{R} - \frac{1}{2} \right),$$

dans laquelle P est la profondeur totale de la nappe au-dessous du fond du puits et Y la hauteur d'eau dans le puits.

Appelons η l'ordonnée du point (H, X) de la surface P au-dessus du niveau de l'eau dans le puits; on aura :

$$\eta = H - Y.$$

Le premier membre deviendra :

$$\eta (2Y + P + \eta).$$

En raison de la petitesse de la hauteur η, la quantité $(Y + P + \eta)$ diffère peu de la hauteur totale de la nappe qui est égale à $(G + P)$, G étant la profondeur du puits.

On a donc simplement, dans ce cas :

$$(367) \qquad \eta = \frac{\delta^2 X^2}{(G + P + Y)} \left(\log \text{nep} \frac{X}{R} - \frac{1}{2} \right).$$

Dans les terrains perméables, il suffit d'entretenir une très faible baisse des eaux pour déterminer un appel qui s'étend à quelques centaines de mètres.

Admettons par exemple :

$$R = 1 \text{ mètre}; \qquad (G + Y + P) = 20 \text{ mètres}.$$

Donnons à δ^2 les deux valeurs que nous avons employées dans nos graphiques; nous trouverons les chiffres suivants :

	VALEUR DE η.	
RAYON D'APPEL TRANSVERSAL X.	TERRAIN PEU PERMÉABLE $\delta = 0,045$.	TERRAIN PERMÉABLE $\delta = 0,0089$.
25 mètres........................	$0^m 169$	$0^m 0106$
100 mètres........................	2 62	0 164
200 mètres........................	//	1 20

Ainsi une baisse permanente de 0 m. 17 environ se fait sentir dans le plan transversal du puits à une distance de 25 mètres pour le terrain peu perméable, de 100 mètres pour le terrain perméable.

On se rappelle que, pour obtenir le contour du bassin alimentaire d'un puits, il faut :

1° Chercher la projection horizontale de l'intersection de la surface P par la surface V en aval de l'axe du puits, et la projection horizontale de l'intersection de la surface P par la surface V en amont de l'axe du puits;

2° Compléter le contour en menant par la courbe E, enveloppe de la surface P, des profils de nappes issues du thalweg situé sur le même versant; la projection sur le plan horizontal de l'intersection de cette surface enveloppe avec la surface V ou la surface V' suivant la position du puits, complète le contour cherché.

C'est ainsi qu'ont été tracés les contours du bassin alimentaire dans les graphiques 98, 101, 104, 113.

Quand il s'agit d'un puits ordinaire où l'abaissement du niveau n est relativement petit, il ne peut plus être question de l'intersection de la surface P par la surface V ou par la surface V'. La surface P est généralement située au-dessus d'elles, *excepté dans le cas où le puits est situé sur le faîte* lui-même ou dans son voisinage immédiat. C'est ce qu'on peut voir sur la figure 128 (pl. XXXVI), qui représente divers puits placés le long des versants d'une nappe.

Nous considérons successivement les deux cas.

1° *Puits ordinaire situé sur le faîte* (fig. 128). — La surface P coupe les surfaces V et V' suivant deux lignes qui, projetées sur le plan horizontal, donnent un contour a_0b_0 composé de deux courbes sensiblement elliptiques appliquées l'une contre l'autre par leur base.

Ce contour se trace par la méthode que nous avons décrite.

Le débit du puits sera :

$$Q = \frac{m}{\mu} \delta^2 X \text{ surface } a_0b_0.$$

Cette formule ne conduit à un résultat simple que lorsque le fond est horizontal et qu'en outre le terrain est perméable et que par suite δ est très petit. Dans ce cas, la nappe naturelle est très aplatie, les courbes V, V' se confondent presque avec l'horizontale, et l'intersection de la surface P et des surfaces V et V' est un cercle de rayon égal à X. On a donc, pour le débit du puits :

$$Q = \frac{m}{\mu} \delta^2 \pi X^2.$$

Remplaçant $\delta^2 X^2$ par sa valeur tirée de l'équation (367), on obtient :

$$(368) \qquad Q = \frac{m}{\mu} \frac{\pi n (G + P + Y)}{\log \text{nep} \frac{X}{R} - \frac{1}{2}}.$$

Dans la formule de Dupuit, on désigne habituellement la profondeur du puits *sup*·

posé descendu jusqu'au terrain imperméable par H, la hauteur de l'eau dans le puits par *h*, et le rayon d'action X par L, de sorte que nos notations équivalent, savoir :

G à H;

Y à *h*;

η à (H − *h*);

P = zéro.

Avec ces nouvelles notations, la formule ci-dessus devient :

$$Q = \frac{(H^2 - h^2)}{\log \text{nep} \frac{L}{R} - \frac{1}{2}}.$$

Cette formule ne diffère de la formule de Dupuit que par le dénominateur. La formule de Dupuit porte seulement :

$$\log \text{nep} \frac{L}{R}.$$

Les deux formules s'identifient en admettant que :

$$X = Le; \qquad e = 2,71828\ldots$$

et cette différence vient de ce que Dupuit considère la nappe à filets convergents comme ayant un débit uniforme, tandis que pour nous, son débit va en croissant depuis sa circonférence, où il est nul, jusqu'à la circonférence du puits, où il atteint son maximum.

2° *Puits ordinaire ouvert sur un point quelconque d'une nappe d'affleurement* (fig. 129). — Lorsqu'un puits ordinaire n'est pas ouvert sur le faîte ou dans son voisinage immédiat, la courbe P ne coupe plus l'une des courbes V et V' et l'on se trouve dans ce que nous avons appelé le 3ᵉ cas (graphique 98).

Si on appelle ω l'aire transversale de la courbe P, on voit qu'on aura pour le débit du puits :

(369) $$Q = \frac{m}{\mu} \delta^2 \omega \frac{ED}{CM} = \frac{m}{\mu} \delta^2 \omega \frac{ED}{n}.$$

ED pouvant être confondu avec sa projection horizontale en raison de la petitesse habituelle de la pente du terrain.

La surface ω est facile à calculer, quand on connaît le rayon d'appel transversal X.

En effet, l'aire de la courbe NCN' (fig. 129 *bis*) est égale à :

$$\omega = 2\eta X - 2 \int \eta dX.$$

Remplaçant η par sa valeur (367) et intégrant par parties, on trouve facilement :

$$\int \eta \, dX = \frac{\delta^2 X^3}{3\,(G+P+Y)}\left(\log \text{ nep } \frac{X}{R} - \frac{5}{6}\right);$$

d'où :

$$(370) \qquad \omega = \frac{4}{3}\,\frac{\delta^2 X^3}{(G+P+Y)}\left(\log \text{ nep } \frac{X}{R} - \frac{5}{6}\right);$$

ou bien :

$$\omega = \frac{4}{3}\eta X \left(1 - \frac{1}{3\log \text{ nep } \frac{X}{R} - \frac{3}{2}}\right);$$

ou sensiblement :

$$(371) \qquad \omega = \frac{4}{3}\eta X.$$

Le terme $\frac{5}{6}$ est le logarithme népérien de $2,3$. Dès que le rayon d'appel X atteint une certaine importance, le logarithme népérien varie relativement peu, et on peut dire que la surface ω varie proportionnellement au cube de X, ou à la puissance $\frac{3}{2}$ de la profondeur de puisage.

Quant au rapport $\frac{ED}{CM}$, dans le cas général, il n'a pas de valeur exprimable par une formule simple. La formule qui donne le débit d'un *puits ordinaire* est donc encore très complexe.

Elle ne se simplifie que dans le cas où la nappe naturelle est une nappe d'affleurement.

La courbe V se réduit alors à une ligne droite. Tous les profils de nappes issus de la source A, tels que ACD, sont semblables au profil de la nappe naturelle AMB.

Calculons, dans ce cas, la valeur de ED qui entre dans la formule (369).

Dans la figure 129 (pl. XXXVII), sur le profil de nappe ACD, le point F est l'homologue du point M de la courbe AMB.

Menons FG parallèle au fond de la nappe AO.

Appelons :

y, l'ordonnée de la nappe naturelle à l'emplacement du puits MG_0;

x, la distance du puits à la source A, AG_0;

y', le coefficient différentiel de la courbe AMB, au point M, par rapport aux axes obliques.

On a, par similitude :

$$\frac{ED}{OA} = \frac{ED}{a} = \frac{MF}{MA} = \frac{MG}{y} = \frac{\eta}{y}\frac{MG}{MC}.$$

La profondeur du puisage η étant supposée petite, on peut admettre que la ligne FG est sensiblement parallèle à la tangente en M à la nappe naturelle. On a donc :

$$\frac{MG}{FG} = \frac{y}{x},$$

$$\frac{MC}{FG} = \frac{y}{x} - y',$$

et finalement :

$$ED = a\,\frac{\eta}{y}\,\frac{\dfrac{y}{x}}{\left(\dfrac{y}{x} - y'\right)} = \frac{a\eta}{y - xy'}.$$

Portant cette valeur dans (369) et (371) combinées, on a :

$$(372) \qquad Q = \frac{4}{3}\frac{m}{\mu}\delta^2\,\frac{a\eta X}{y - xy'}.$$

Telle serait la formule du *débit d'un puits ordinaire*.
Elle peut s'écrire de la manière suivante :

$$(373) \qquad Q = \left(\frac{m}{\mu}\frac{\delta^2 a}{y}\right)\left(\frac{4}{3}\eta X\right)\left(\frac{1}{1 - \dfrac{xy'}{y}}\right).$$

Nous poserons :

$$(374) \qquad A = \left(\frac{1}{1 - \dfrac{xy'}{y}}\right).$$

La formule ci-dessus fournit une interprétation intéressante de la formation du débit.

$\frac{m}{\mu}\delta^2 a$ est le débit de la source du versant par mètre courant de thalweg,

$\frac{m}{\mu}\delta^2\frac{a}{y}$ représente ce même débit par mètre carré, supposé réparti dans toute la hauteur de la nappe au **droit** du puits,

$\frac{4}{3}\eta X$ est la section transversale de la surface P. C'est comme l'orifice du vase que représente le puits et dans lequel se déverseraient les eaux.

Le coefficient A est un coefficient de correction; il représente deux influences. Au point x où est placé le puits, le débit par mètre courant de thalweg n'est pas $\frac{m}{\mu}\delta^2 a$, mais bien $\frac{m}{\mu}\delta^2(a - x)$. Ensuite, toute l'eau qui pénètre par l'orifice $\left(\frac{4}{3}\eta X\right)$ et se dirige vers le puits n'y reste pas, une partie retourne au thalweg. Le coefficient en question représente cette double influence.

Il est facile de calculer le coefficient de correction A au moyen du tableau E, qui donne pour divers points les valeurs de $\frac{y}{b}$, $\frac{y'}{\varepsilon}$. Il faut noter que dans ce tableau, les abscisses partent du point de faîte; les $\frac{x}{a}$ qui y figurent équivalent, dans le système de notre notation actuelle, à $\left(1 - \frac{x}{a}\right)$.

Le coefficient de réduction ci-dessus peut s'écrire :

$$\cfrac{1}{1 - \cfrac{\left(\dfrac{x}{a}\right)}{\left(\dfrac{y}{b_0}\right)} \, 2 : \dfrac{y'}{y} \, \dfrac{y'}{\varepsilon}}$$

Voici les valeurs de ce coefficient pour divers cas :

TABLEAU T.

PUITS ORDINAIRE. — COEFFICIENT DE CORRECTION $\left(\cfrac{1}{1 - \dfrac{xy'}{y}}\right) = A.$

VALEURS de $\frac{y'}{\varepsilon}$.	∞ SOURCE A.	5	2	1	PROFON- DEUR MAXIMUM. — zéro.	FAÎTE. — — 1.
$z = 0.20.$						
$\frac{x}{a}$............	zéro,	0,085	0,268	0,435	0,698	1,000
Coefficient A..........	2	1,80	1,53	1,33	1,000	0,632
$z = 0.60.$						
$\frac{x}{a}$............	zéro,	0,0077	0,0434	0,107	0,400	1,000
Coefficient A.........	2	"	1,64	1,52	1,000	0,137

Dans le cas où $z = 0$, la nappe est une ellipse, et le coefficient est égal à :

$$\left(2 - \frac{x}{a}\right).$$

De la source au faîte, il varie de 2 à 1.

La formule du coefficient A se présente sous la forme $\frac{0}{0}$ pour $x = 0$; mais, en en cherchant la valeur réelle par la méthode ordinaire, on trouve qu'elle est égale à 2 dans tous les cas.

Au point de profondeur maxima, on a $y' = 0$, et le coefficient se réduit à l'unité.

Au faîte on a :

$$\frac{y'}{\varepsilon} = -\,1\,;\qquad \frac{x}{a} = 1\,;\qquad \frac{y}{b_0} = 1,$$

et le coefficient est égal à

$$\left(\frac{y}{y+2z}\right) = \frac{1}{1+\left(\frac{2z}{y}\right)}.$$

D'après le tableau E, on voit que ce rapport diminue rapidement à mesure que la pente hydraulique de la nappe augmente. Quand la nappe n'a plus qu'un seul versant, ce coefficient est égal à zéro. Effectivement, dans ce cas, la profondeur est nulle; il n'y a plus de puits.

Finalement la formule complète du débit d'un puits ordinaire ouvert dans une nappe d'affleurement serait la suivante :

$$(376)\qquad\qquad Q = \frac{4}{3}\frac{m}{\mu}\,\delta^2 a\,\frac{nX}{y}\,A,$$

A étant le coefficient de correction que nous avons défini par la formule (374).

La formule (376), qui s'applique à un puits placé sur un versant, peut être étendue au cas d'un puits placé sur un contreversant. Il suffit de changer a en $(L - a)$.

L'étude que nous venons de faire nous permet de formuler les propriétés suivantes pour un puits établi dans les conditions que nous avons supposées, c'est-à-dire *sur une nappe d'affleurement* :

1° *Le débit d'un puits ordinaire est proportionnel au débit de la source du versant auquel il appartient, au rapport de sa dépression à la hauteur totale de la nappe en ce point, à son rayon d'appel dans la section transversale, et à un coefficient A, qui représente l'influence de sa position.*

2° *Le coefficient A varie de 1 à 2 quand le puits passe du point de profondeur maxima de la nappe au point de source. Il diminue beaucoup à mesure que le puits se rapproche du faîte, et d'autant plus que la pente hydraulique de la nappe est plus forte.*

En résumé, *toutes choses égales d'ailleurs, les puits ordinaires établis le long d'une nappe débitent d'autant plus qu'ils sont placés plus bas, et la différence est d'autant plus considérable que la pente hydraulique est plus accentuée.*

Il est évident que cette loi est encore vraie dans son sens général, pour les puits ordinaires établis sur des nappes de thalweg; c'est ce que nous allons voir.

3° *Puits ordinaire ouvert dans un point quelconque d'une nappe de thalweg* (fig. 131).
Nous appliquerons dans ce cas les mêmes raisonnements que dans le cas précédent. Nous aurons encore, pour le débit du puits (équation 369) :

$$(377)\qquad\qquad Q = \frac{m}{p}\,\delta^2 \omega\,\frac{ED}{n}\,;$$

mais ici le point D n'est plus le point de rencontre de la ligne droite AB avec le profil de nappe AC qui passe par le fond de la dépression de l'eau dans le puits. Ce point D est situé sur la courbe V, et le profil de la nappe coupe la ligne AB en un point D'.

On peut admettre, avec une certaine approximation, que les deux courbes AB, AD sont encore semblables, et l'analyse précédente peut se poursuivre en substituant à ED la quantité égale :

$$E'D' \times \frac{ED}{E'D'};$$

on trouvera finalement que le débit a la même expression, excepté qu'il faut la multiplier par la fraction $\frac{ED}{E'D'}$.

On se rappelle que nous avons appelé φ le coefficient angulaire de la tangente à la courbe V au faîte et que nous en avons donné la valeur dans l'équation (239).

Dans le cas d'un puits ordinaire, c'est-à-dire à faible profondeur de puisage, l'arc de courbe BD se confond sensiblement avec la tangente au faîte, et l'on a :

$$(378) \qquad \frac{ED}{E'D'} = \frac{DK}{D'K} = \frac{IH}{AH} = \left(\frac{\frac{b_0}{a}+\varepsilon}{\varphi+\varepsilon}\right) = C.$$

Nous désignons par C ce coefficient de réduction spécial aux nappes de thalweg et qui devient égal à 1 quand celles-ci deviennent des nappes d'affleurement.

La formule définitive du débit d'un puits ordinaire ouvert dans une nappe de thalweg sera :

$$(379) \qquad Q = \frac{4}{3}\frac{m}{\mu}\,\delta^2 a\,\frac{n\lambda}{y}\,AC,$$

A, C étant deux coefficients donnés par les formules (374), (378).

Par conséquent, toutes les propriétés que nous avons établies concernant les puits ouverts dans les nappes d'affleurement, subsistent pour les nappes de thalweg, avec cette différence que, dans ces dernières, le débit subit une réduction d'autant plus grande que la contrenappe est plus prononcée.

En résumé, et toutes choses égales d'ailleurs, *un puits débite d'autant moins que la nappe qui l'alimente est plus profonde*, et ce résultat s'explique facilement, si l'on réfléchit que l'apport pluvial étant supposé le même, le volume d'eau qu'il produit se répartit dans la hauteur de la nappe et donne un débit par mètres carré d'autant moindre que cette hauteur est plus grande.

On pourrait appeler *densité de la nappe* son débit par mètre carré vertical, et dire que, pour une position donnée, *la densité de la nappe diminue quand la profondeur devient plus grande*.

63. Jaugeage du débit d'un puits ordinaire. — Calcul de δ^2 au moyen d'une double épreuve. — Calcul de $\frac{m}{\mu}$, quand la nappe est connue.

— Le débit normal d'un puits existant se détermine par l'expérience. Il n'y a qu'une précaution à prendre, c'est d'organiser l'épuisement de manière que le niveau de l'eau dans le puits reste invariable. C'est seulement alors que le débit du puits correspond à très peu près au régime normal de la nappe au milieu de laquelle il est placé.

Nous avons établi deux équations. L'une donne une relation entre η, la dépression, et X, le rayon transversal d'appel du puits.

L'autre donne le débit du puits. Nous les transcrivons ici.

$$(367) \qquad \eta = \frac{\delta^2 X^2}{G + P + Y} \left(\log \text{nep} \frac{X}{R} - \frac{1}{2} \right).$$

$$(379) \qquad Q = \frac{4}{3} \frac{m}{\mu} \delta^2 a \frac{\eta X}{y} AC.$$

Ces équations renferment explicitement ou implicitement, par les coefficients A, C, douze quantités distinctes, savoir :

1° 3 quantités qui dépendent de l'expérience : η, X, Q [la quantité Y est égale à $(G - \eta)$];

2° 3 quantités qui dépendent de la position du puits : x, y, tang α [la quantité y' est égale à $(\text{tang } \alpha - \varepsilon)$];

3° 4 quantités qui dépendent de la forme de la nappe : a, b_0, ε;

4° 2 quantités qui dépendent de la perméabilité du terrain : $\frac{m}{\mu}$, δ^2.

Si l'on connaît tous les éléments qui constituent le régime de la nappe et la position du puits, les deux équations (367), (379) peuvent donner, pour chaque valeur de la dépression η, la valeur de X et celle du débit.

Mais cette circonstance sera bien rare.

Il est évident, cependant, que l'examen des lieux et notamment les résultats donnés par les puits existants fourniront des renseignements qui, en tenant compte des formules, permettront de calculer avec quelque approximation le débit probable d'un puits nouveau.

Pour une position donnée d'un puits, les quantités qui figurent dans les paragraphes 2°, 3°, 4° ci-dessus, sont déterminées et invariables.

Une épreuve de jaugeage d'un puits fournit par l'observation :

La dépression η,

Le débit normal Q.

Si l'on fait une deuxième épreuve avec une dépression η', un débit Q', on peut établir quatre équations.

En divisant membre à membre les équations similaires, on fait disparaître les coefficients A, C et l'on a deux équations :

$$(380) \qquad \frac{\eta}{\eta'} = \frac{X^2 \left(\log \text{nep} \frac{X}{R} - \frac{1}{2} \right)}{X'^2 \left(\log \text{nep} \frac{X'}{R} - \frac{1}{2} \right)}$$

$$\frac{Q}{Q'} = \frac{\eta X}{\eta' X'}.$$

De cette dernière on tire :

$$X' = \frac{\eta Q'}{\eta' Q} X.$$

En portant cette valeur dans la première équation, on en a une troisième qui ne renferme plus qu'une seule inconnue X, sous son logarithme, d'où l'on tire :

$$(38_1) \qquad \log \text{nep} \frac{X}{R} = \frac{\frac{1}{2} + \frac{\eta^3 Q'^2}{\eta'^3 Q^2}\left(\log \text{nep} \frac{\eta'Q}{\eta Q'} - \frac{1}{2}\right)}{1 - \frac{\eta^3 Q'^2}{\eta'^3 Q^2}}.$$

X étant connu, l'équation (36_7) fournit la valeur de δ^2, le coefficient d'apport pluvial, qui, on le sait, joue un rôle capital dans le régime des nappes et qui est une des caractéristiques du terrain.

Si le coefficient δ^2 était connu par la forme de la nappe, les coefficients A, C, le seraient aussi ; et, dans ce cas, une épreuve unique permettrait de calculer le coefficient de débit $\left(\frac{m}{\mu}\right)$, toujours fort difficile à déterminer.

Les puits offrent donc des ressources très importantes, tant pour l'observation des niveaux des nappes que pour la détermination des coefficients caractéristiques du terrain. Nous reviendrons sur ce sujet au chapitre IX.

CHAPITRE VIII.

DE L'AMÉLIORATION DU RÉGIME DES SOURCES PAR L'ABAISSEMENT OU L'EXHAUSSEMENT ARTIFICIEL DE LEUR NIVEAU.

Les sources sont des manifestations extérieures des nappes aquifères. C'est par elles que les eaux infiltrées dans le sol reviennent au jour, et peuvent être le plus facilement utilisées par nous. Toutes les améliorations qu'on peut espérer réaliser sur le régime des nappes doivent donc porter sur les sources.

Si l'on y réfléchit, on est conduit à reconnaître que les sources ne se prêtent guère qu'à une seule nature de modifications; c'est l'exhaussement ou l'abaissement artificiel de leur niveau d'émergence.

Il importe donc de faire la théorie de cette opération, afin de savoir quel parti la pratique peut en retirer.

Nous continuerons à donner à l'expression *source* le sens que nous lui avons donné dans les chapitres III et IV, c'est-à-dire que nous considérons une ligne indéfinie de sources continues, émergeant soit sur un affleurement rectiligne, soit dans un thalweg rectiligne.

Nous étudierons ce qui se passe sur une bande de 1 mètre de largeur mesurée normalement à la ligne d'affleurement, et c'est le produit de la nappe qui existe sur cette bande de 1 mètre de largeur que nous appelons *la source*.

64. Des nappes de thalweg non régulières. — Dans le chapitre IV, nous avons étudié les nappes de thalweg dans lesquelles *la ligne des sources est parallèle au fond imperméable*.

Ces nappes peuvent s'appeler *nappes régulières*.

Par opposition, nous appellerons *nappes non régulières*, celles dans lesquelles la ligne des sources n'est pas parallèle au fond.

Ces nappes sont les plus fréquentes dans la nature.

Leur théorie se ramène très simplement à celle des nappes régulières. Nous en ferons l'objet de plusieurs propositions.

PROPOSITION I. *Toute nappe non régulière est formée de deux nappes régulières, l'une pour le versant, l'autre pour le contreversant.*

Soit TMM'T' une nappe établie entre deux thalwegs parallèles T et T' (fig. 132, pl. XXXVII). Cette nappe a nécessairement un point haut, un faîte B, où la tangente est horizontale et qui forme point de partage des eaux.

Menons le plan vertical OB. Dans toute la hauteur de ce plan, la vitesse de l'eau est nulle. On pourrait matérialiser ce plan vertical, et le remplacer par une paroi étanche; rien ne serait changé au mouvement des eaux.

On pourrait donc substituer à la nappe BT' une nappe de contreversant BT" dans laquelle le point de source T" serait situé sur la parallèle au fond menée par le point T, mais alors on aurait entre T et T" une nappe *régulière* complète.

Par conséquent, la nappe BT qui existe sur le versant est une nappe de versant régulière.

La démonstration serait la même pour la nappe BT′ située sur le contreversant. Celle-ci est donc aussi *régulière*.

COROLLAIRE. Étant donnée une nappe non régulière, si l'on mène par le point de source du versant une parallèle au fond, cette parallèle est la ligne séparative de la nappe et de la contrenappe pour le versant.

La parallèle au fond menée par le point de source du contreversant est la ligne séparative de la nappe et de la contrenappe pour le contreversant.

PROPOSITION II. *Tous les faîtes des nappes qui ont le point T pour point de source du côté du versant sont situés sur une courbe V, qui se compose d'une partie droite TV située sur la parallèle au fond menée par le point T, suivie d'une courbe du genre hyperbolique, qui lui est tangente en V.* (Fig. 133, pl. XXXVII.)

Cette propriété a été démontrée au paragraphe 45 pour une nappe régulière, et puisque la nappe considérée est régulière, cette propriété lui est applicable.

PROPOSITION III. *Tous les faîtes de nappes qui ont le point T pour point de source du côté du contreversant sont situés sur une courbe du genre hyperbolique BT, qui passe par ce point, mais non tangente à la parallèle au fond.*

Cette propriété a été démontrée comme la précédente au paragraphe 45, et elle s'applique nécessairement à une nappe de contreversant quelconque, puisque cette dernière est régulière.

PROPOSITION IV. *Étant donnés deux thalwegs T, T′, un fond imperméable, et deux points de source choisis sur les verticales passant par ces thalwegs, la nappe qui s'établira entre ces deux points aura son faîte au point d'intersection des courbes V et V′, menées par les points T et V′.* (Fig. 133.)

C'est la conséquence des deux propositions précédentes.

PROPOSITION V. *Si l'on exhausse ou si l'on abaisse le niveau de la source du versant en la maintenant dans son plan vertical, pour chaque position de la source, il s'établira sur le versant une nappe régulière de thalweg.*

Les courbes V relatives à ces diverses nappes sont toutes semblables entre elles et leur lieu de similitude est situé sur le fond imperméable, au pied de la verticale du point de source.

Cette proposition a été démontrée d'une façon générale par la proposition III du paragraphe 45, à laquelle nous nous référons.

Elle a pour conséquence que, dès qu'on a construit la courbe V pour une position donnée de la source, on peut obtenir cette courbe pour une position différente de la source, par la simple construction d'une nouvelle courbe V semblable à la première.

On peut y parvenir de deux manières.

Supposons que la source ait été abaissée.

Soient TB la courbe V relative à la nappe naturelle;

T_1B_1 la courbe V relative à la nouvelle position T_1 de la source du versant.

Appelons P, p, les hauteurs FT, FT′, au-dessus du fond imperméable, de la source primitive du versant et de la source du contreversant, u la fraction dont la hauteur de la contrenappe P a été diminuée.

La contrenappe nouvelle a une hauteur égale à :

$$FT_1 = P(1 - u).$$

Considérons un point quelconque E de la courbe V primitive, joignons TE, FE.

Par le point T_1 menons une parallèle à TE. Cette ligne rencontrera FE au point E_1.

Le point E_1 appartient à la nouvelle courbe V_1 et on peut construire de cette manière autant de points qu'on voudra.

Les points T, T_1 ne sont pas favorables à l'exactitude du tracé, parce que les lignes TE croisent les lignes FE sous un angle trop aigu. On peut substituer aux points T, T_1 pour le tracé des parallèles, deux points quelconques H, H_1, pris sur la verticale FT, pourvu qu'on ait :

$$\frac{FH_1}{FH} = \frac{FT_1}{FT} = 1 - u.$$

On peut aussi employer un autre procédé. On a :

$$\frac{FE_1}{FE} = 1 - u.$$

De sorte qu'on peut encore construire la nouvelle courbe V_1, en réduisant dans le rapport $(1 - u)$ tous les rayons vecteurs FE.

Quant à la construction des courbes V et V_1 nous avons donné, au paragraphe 45, tous les détails nécessaires pour y parvenir. Il nous paraît inutile d'y revenir.

COROLLAIRE. La proposition V s'applique évidemment au contreversant; il suffit d'y changer l'expression versant en contreversant et *vice versa*, et V en V'.

65. **Effets produits par l'abaissement ou l'exhaussement d'une source. Points limites du tarissement.** (Fig. 134, pl. XXXVIII). — Supposons d'abord qu'on abaisse une source de versant, et qu'on lui fasse occuper les positions $T_1, T_2\ldots$.; on voit sur la figure que les courbes $V_1, V_2\ldots$., relatives aux nouvelles positions de la source, viendront rencontrer la courbe V' du contreversant en des points $B_1 B_2$ qui se rapprocheront de plus en plus du thalweg du contreversant. Ce sont les nouveaux points de partage des eaux.

Le bassin du versant, qui était $\overset{\frown}{TB}$, devient $\overset{\frown}{TB_1}, \overset{\frown}{TB_2}$ (le signe $\frown$ indiquant une distance horizontale). Il augmente.

Le bassin du contreversant diminue de la même longueur. Le débit de la source du versant augmente; celui de la source du contreversant diminue de la même quantité.

Si, au lieu d'un abaissement, la source du versant éprouve un exhaussement, les nouvelles courbes V_4, V_5 rencontrent la courbe du contreversant V' en des points B_4. $B_5\ldots$. de plus en plus élevés. Le bassin alimentaire du versant diminue, ainsi que son débit. Le bassin alimentaire du contreversant et son débit éprouvent des augmentations respectivement égales.

Il est évident que ces propriétés s'appliquent aussi au contreversant.

Nous pouvons donc formuler la proposition suivante :

PROPOSITION VI. *L'abaissement d'une source abaisse en même temps le faîte de la nappe permanente. Il augmente le débit de cette source, et diminue d'autant le débit de la source de l'autre versant.*

L'exhaussement d'une source produit des effets contraires.

Ainsi se trouve démontrée une propriété des sources, qui a été énoncée dans des termes moins généraux par Darcy, et contestée depuis par plusieurs ingénieurs, notamment par Belgrand.

Étudions de plus près les variations du débit de la source du versant en fonction de l'abaissement ou de l'exhaussement de la source.

1° *Abaissement.* — L'abaissement a une *limite*, c'est lorsque la source est abaissée jusqu'au fond imperméable en F (fig. 134).

La courbe V se réduit alors à une ligne droite, FB$_0$, pour laquelle on a (équation 240) :

$$\frac{y}{x} = \delta\gamma_0.$$

C'est l'inclinaison commune des *asymptotes* de toutes les courbes V.

L'augmentation de débit de la source du versant atteint alors le maximum de ce qu'il soit possible d'obtenir par un abaissement de cette source.

La figure 134 montre que les choses se passent de la même manière du côté du contreversant.

De ce côté, à mesure qu'on abaisse la source T', les courbes V' s'abaissent elles-mêmes, et lorsque la source est descendue à son point le plus bas, c'est-à-dire sur le fond imperméable en F', la courbe V' se réduit à la droite F'B' qui a pour inclinaison :

$$\frac{\delta}{\beta} \quad \text{ou} \quad \delta'\gamma_0',$$

et qui est parallèle aux *asymptotes* des courbes V'. (Équation 247.)

Lorsque la source du contreversant est abaissée en F', sur le fond imperméable, elle atteint le débit maximum qu'elle puisse prendre par le fait d'un abaissement.

Prolongeons les droites FB$_0$, F'B'$_0$ jusqu'aux verticales des sources; elles les rencontrent en deux points J, J', qui sont des *points limites*.

Si la source du contreversant était placée en J', et la source du versant à son point le plus bas en F, tout le débit de la nappe irait au versant, la source du contreversant serait *tarie*.

Si la source du contreversant était placée au-dessus du point J', l'abaissement progressif de la source du versant tarirait celle du contreversant avant d'être arrivé jusqu'au point F.

Si la source du contreversant était placée au-dessous du point J', l'abaissement de la source du versant, même poussé jusqu'au fond imperméable, ne pourrait pas tarir la source du contreversant.

Le point J, situé sur la verticale du thalweg du versant, jouit de propriétés réciproques.

2° *Exhaussement.* Si l'abaissement d'une source a une limite, son exhaussement a aussi une limite; c'est celle qu'on atteint lorsque tout le débit du bassin s'écoule vers la source du versant opposé.

Considérons sur la figure 134 la courbe V' prolongée. Elle rencontre au point L la verticale du thalweg du versant. C'est *le point limite de l'exhaussement.* Il est évident, en effet, que si la source du versant était exhaussée jusqu'en L, *le versant n'aurait plus de source, et toutes les eaux s'écouleraient vers le thalweg du contreversant.*

À mesure qu'on exhausse la source T en T_4, T_5, la partie droite de la courbe V prend les positions T_4V_4, T_5V_5, les points V, V_4, V_5, étant en ligne droite. Dans cette dernière position T_5, le point V_5 est situé sur la courbe V'; la pente hydraulique de la nappe du versant est alors égale à 1 (§ 45). Au delà de T_5, cette nappe n'est plus qu'une nappe à un seul versant, elle ne peut plus avoir de tangente horizontale; il n'y aurait plus de point de partage.

Cette solution est donc *impossible,* et il faut admettre que l'hypothèse fondamentale que nous avons faite sur la répartition du débit d'une nappe de thalweg entre la nappe et la contrenappe n'est plus acceptable lorsque le rapport K prend une trop grande valeur. C'est ce que nous avions déjà indiqué au paragraphe 32.

Il n'y a aucune raison de supposer que le point limite L serait modifié par suite de cette circonstance; mais il faut admettre que le point V, extrémité de la partie droite de la courbe V, se maintient sur la courbe V', ou bien, qu'au lieu de se maintenir sur cette courbe prolongée, il suit un lieu géométrique tel que F, S, U, qui, à partir d'une certaine hauteur, s'infléchit vers le point L par lequel il passe.

Ces considérations ne présentent d'ailleurs qu'un intérêt théorique, l'exhaussement d'une source à une grande hauteur étant une opération pour laquelle on ne voit d'application possible que dans des cas exceptionnels.

On remarquera une différence essentielle entre les points J et les points L.

Ces derniers ne sont pas fixes. Leur position est liée à la position du faîte, c'est-à-dire au rapport $\frac{L-a}{a}$ des longueurs des deux versants.

Les points J, au contraire, sont *fixes.* Leurs hauteurs au-dessus du fond imperméable, qui sont respectivement :

$$L\,\delta\gamma_0'$$

pour le point J,

$$L\,\delta\gamma_0$$

pour le point J', ne dépendent que de la pente hydraulique absolue du terrain $\left(\frac{\varepsilon}{2\delta}\right)$, dont γ_0, γ_0' sont les coefficients, colonnes 2 et 5 du tableau E.

Au fond, les points J, J', sont les *limites extrêmes, inférieures,* qu'atteignent les points L, L′, lorsque les sources du contreversant ou du versant sont abaissées respectivement jusqu'au fond imperméable.

On peut résumer cette analyse dans la proposition suivante :

PROPOSITION VII. *Il existe sur la verticale de chaque source deux points limites* L, J; L′, J′.

Si l'on maintient l'une des sources dans sa position naturelle et qu'on exhausse l'autre source jusqu'au point L, *tout le débit de la nappe s'écoulera par la première.*

Si l'on maintient l'une des sources au point J *et qu'on abaisse la deuxième au niveau du fond perméable, tout le débit de la nappe s'écoulera vers cette dernière.*

Ces points limites d'abaissement J, J′, *ont une position fixe, qui ne dépend que de la pente géométrique ε de la nappe et de son coefficient d'absorption δ.*

Si l'une des sources est située au-dessus du point J, *elle peut être tarie par l'abaissement de l'autre, avant même que cette dernière soit abaissée au niveau du fond imperméable.*

C'est pourquoi on peut appeler les points J, J′, *points limites du tarissement.*

66. **Détermination du débit permanent d'une source abaissée ou exhaussée.** — Deux méthodes, l'une graphique, l'autre de calcul, peuvent être employées pour déterminer un pareil débit.

Préalablement à l'emploi de toute méthode, il faut déterminer les éléments spécifiques de la nappe naturelle. Nous indiquerons au chapitre IX comment on y parvient.

Ces éléments sont au nombre de 9, que nous appellerons :

H, hauteur totale de la nappe au faîte, depuis la surface jusqu'au fond imperméable;

p, hauteur de la source du versant au-dessus du fond ;

a, longueur du versant;

$p′$, (L — a) les quantités analogues pour le contreversant ;

$ε$, la pente du fond;

$δ$, le coefficient d'absorption total du terrain ;

z, la pente hydraulique de la nappe naturelle du versant;

$z′$, la pente hydraulique de la nappe naturelle du contreversant.

Détermination du nouveau débit par la méthode graphique. — La nappe naturelle étant ainsi complètement déterminée, on fera le calcul des courbes V et V′ pour cette nappe, par la méthode exposée au paragraphe 45.

Si c'est la source du versant qui est exhaussée ou abaissée, on construira les nouvelles courbes V, semblables à la première, par application de la proposition V.

Les points de rencontre de ces courbes avec la courbe du contreversant V′, qui n'a pas changé, permettront de mesurer sur l'épure le relèvement ou l'abaissement de la nappe et la diminution ou l'accroissement de son bassin alimentaire, et, par suite, de son débit.

La méthode sera la même si c'est la source du contreversant qui est exhaussée ou abaissée, celle du versant restant sans changement.

Détermination du nouveau débit par un calcul approximatif. — Si, comme cela arrive souvent, la modification apportée dans le niveau de l'une des sources n'est pas très grande, on peut considérer les courbes V et V′ comme se confondant avec leurs tangentes dans l'étendue de la modification, et alors le problème se simplifie beaucoup.

Il se réduit à trouver l'intersection de deux lignes droites.

1° *Changement de niveau de la source du versant.* — Nous prendrons pour origine des coordonnées le pied de la verticale du point de source du versant sur le fond : le point F (fig. 134). Les axes obliques seront donc cette verticale et la ligne du fond.

φ et φ' étant les coefficients différentiels des tangentes aux courbes V et V', au faîte, dont les coordonnées rapportées au point de source du versant sont b_0, a, on aura pour l'équation de ces deux tangentes (équation 245) :

Tangente à la courbe V :

$$(382) \qquad \frac{y - H}{x - a} = \varphi.$$

Tangente à la courbe V' :

$$(383) \qquad \frac{y - H}{x - a} = -\varphi'.$$

Dans le deuxième membre de cette dernière équation, il faut mettre le signe moins, parce que la tangente φ' se rapportait au point de source du contreversant, tandis que nous rapportons cette droite au point de source du versant pris pour origine des coordonnées.

Supposons maintenant qu'on modifie par exhaussement ou abaissement la source du versant.

Soit u la fraction de la hauteur de la contrenappe p, dont le niveau est *abaissé.* S'il s'agit d'un exhaussement, on fera u négatif.

Par le fait de l'abaissement, toutes les coordonnées de la courbe V décroissent dans le rapport de

$$1 \quad \text{à} \quad (1 - u).$$

On aura donc, pour l'équation de la tangente à la nouvelle courbe :

$$(384) \qquad \frac{y - H(1 - u)}{x - a(1 - u)} = \varphi.$$

Les coordonnées du point de rencontre de la courbe V modifiée seront données par la résolution des deux équations du premier degré (383) et (384); on trouve :

Abaissement de la nappe :

$$(385) \qquad H - y = u(H - u\varphi)\left(\frac{\varphi'}{\varphi + \varphi'}\right).$$

Augmentation relative de la longueur du bassin alimentaire et par suite du débit de la source du versant :

$$(386) \qquad \frac{x - a}{a} = \left(\frac{u}{\varphi + \varphi'}\right)\left(\frac{H}{a} - \varphi\right).$$

2° *Changement de niveau de la source du contreversant.* — Nous prendrons, dans ce cas, pour origine des coordonnées, le pied de la verticale menée par le point de source du contreversant sur le fond imperméable, en conservant le même axe des x, mais pris en sens contraire.

La fraction u qui mesure l'abaissement de la source sera prise par rapport à la hauteur de la contrenappe du contreversant p'.

Les équations (383), (384) peuvent être encore appliquées, en changeant :

$$a \quad \text{en} \quad \text{L} - a.$$
$$\varphi' \quad \text{en} \quad \varphi$$

et inversement.

Les solutions seront données par les équations (385), (386), en introduisant les mêmes changements. On trouve ainsi :

Abaissement de la nappe :

(385 *bis*)
$$\text{H} - y = u\,(\text{H} - [\text{L} - a]\,\varphi')\left(\frac{\varphi}{\varphi + \varphi'}\right).$$

Augmentation relative du débit de la source du contreversant :

(386 *bis*)
$$\frac{x - a}{a} = \left(\frac{u}{\varphi + \varphi'}\right)\left(\frac{\text{H}}{\text{L} - a} - \varphi'\right)$$

Les équations (385), (386), (385 *bis*), (386 *bis*), permettront de résoudre très simplement le problème de l'abaissement ou de l'exhaussement d'une source, sans faire de graphique, dans le cas où ces modifications seront peu importantes.

Cas d'une nappe d'affleurement. — Les calculs précédents s'appliquent à une nappe de thalweg.

Dans le cas d'une nappe d'affleurement, $p = 0$, et les calculs pour la construction des courbes V, V' tombent en défaut.

En effet, dans ce cas, la courbe V de la nappe naturelle du versant se réduit à la ligne droite, fig. 134, qui passe par le point de similitude F, de sorte qu'on ne peut plus construire des courbes V qui lui soient semblables.

Il est clair que si l'on connaissait une seule de ces courbes, cela suffirait pour construire les autres, et le problème serait ramené au précédent. Nous rappellerons la solution déjà exposée au chapitre V.

On calculera d'abord la pente hydraulique de la nappe naturelle du versant par la formule ordinaire $\frac{b_0}{\delta a} = \gamma$, qui, en remplaçant b_0 par H et δ par sa valeur $\frac{\varepsilon}{2z}$, devient ici :

(387)
$$\frac{2\text{H}}{\varepsilon a} = \frac{\gamma_0}{z_0}.$$

On en déduira la valeur de δ :

(388)
$$\delta = \frac{\varepsilon}{2z_0}.$$

Cela fait, soit B une hauteur quelconque d'exhaussement de la source du versant.

Appelant y, x les coordonnées du nouveau faîte, on aura, en vertu de la relation $\frac{b_0}{\delta a} = \gamma$:

$$\frac{y - B}{\delta x} \frac{z}{z_0} = \gamma.$$

On a, d'ailleurs, en vertu de la théorie des courbes V, § 45 :

$$\left(\frac{z}{z_0}\right)^2 - 1 = K - \frac{B\theta}{y - B},$$

d'où :

(389)
$$y - B = \frac{B\theta}{\left(\frac{z}{z_0}\right)^2 - 1}.$$

Cette équation fournira $(y - B)$, quand on se sera donné z. Portant cette valeur dans l'équation précédente, on aura :

(390)
$$x = \frac{\left(\frac{z}{z_0}\right)}{\left(\frac{z}{z_0}\right)^2 - 1} \frac{B}{\beta\delta}.$$

β, θ étant les coefficients des colonnes 3 et 7 du tableau E.

Au moyen de ces deux dernières équations et en donnant à z des valeurs successives, on obtiendra, pour chacune de ces valeurs, les coordonnées y et x du faîte correspondant.

On pourra donc construire la courbe V correspondante, et celle-là une fois tracée, on tracera les autres courbes V par voie de similitude. La difficulté relative aux nappes d'affleurement est ainsi levée.

Appliquons la méthode graphique à une nappe de thalweg.

Application numérique à une nappe de thalweg. — Nous supposons qu'on a affaire à la nappe déterminée par l'observation au chapitre IX et qui présente les éléments suivants :

$$L = 1.000^m; \qquad p = 10^m; \qquad p' = 5^m; \qquad \varepsilon = 0,01.$$
$$a = 700^m; \qquad \delta = 0,0188; \qquad z = 0,51; \qquad r' = 0,33.$$
$$L - a = 300; \qquad z_0 = \frac{\varepsilon}{2\delta} = 0,266; \qquad K = \left(\frac{z}{z_0}\right)^2 - 1 = 2,67.$$

On trouvera :

$$\varphi = 0,00972 \text{ (équation 245)}.$$

Inclinaison de l'asymptote, côté versant :

$$\delta\gamma_0 = 0,0188 \times 0,602 = 0,0113.$$

On trouvera de même :

$$\varphi' = 0,0136.$$

Inclinaison de l'asymptote, côté contreversant :

$$\frac{\delta}{\beta_0} = 0,0269.$$

Voici maintenant le tableau des calculs d'un certain nombre de points des courbes V et V' :

TABLEAU U.

ABAISSEMENT OU EXHAUSSEMENT DES SOURCES. — APPLICATION NUMÉRIQUE.
CALCUL DES COURBES V ET V'.

z'.	$Z = \dfrac{p}{\left(\dfrac{z'}{z_0}\right)^2 - 1}$	$y = \theta z$.	$x = \dfrac{Z}{\beta\delta}\dfrac{z'}{z_0}$.	OBSERVATIONS.
	mètres.			
		Courbe V. (Versant.)		
0,35	13,73	10,45	1.502	θ, β, β' sont calculés par interpolation, avec le tableau E. (Nappe naturelle.)
0,40	7,92	5,53	1.048	
0,45	5,37	3,34	840	
0,51	3,745	1,98	700	
0,55	3,05	1,41	640	
0,60	2,44	0,93	588	
0,70	1,69	0,36	516	
0,80	1,24	0,10	465	
1,00	0,762	Zéro.	414	
		Courbe V'. (Contreversant.)		
0,29	29,40	24,50	963	$x' = \dfrac{Z}{\beta'\delta}\dfrac{z'}{z_0}$.
0,31	13,92	11,32	464	
0,33	9,29	7,30	311	Nappe naturelle.
0,35	6,83	5,20	228	
0,40	3,96	2,76	134	
0,50	1,975	1,78	57	
0,70	0,844	0,184	12	

Les chiffres trouvés pour la nappe naturelle ne coïncident pas tout à fait avec les données, parce que nous n'avons pas procédé avec une rigoureuse exactitude, mais la correction est facile à faire sur l'épure (fig. 134).

On a tracé quatre courbes V correspondant à un abaissement de la nappe du versant de :

$$2^m 50; \qquad 5^m 00; \qquad 7^m 50; \qquad 10^m 00.$$

Quand l'abaissement atteint 10 mètres, la source est située sur le fond imperméable. C'est l'abaissement *limite*.

Comme nous l'avons déjà vu, la courbe V se réduit alors à une ligne droite FJ', *qui est l'asymptote des courbes V*.

Elle donne l'augmentation maxima de la longueur du bassin du versant. Dans l'épure de la figure 134, cette augmentation est de 107 mètres et correspond à une augmentation de 15 p. 100 du débit permanent.

Pour des abaissements moindres, l'augmentation de débit est proportionnellement plus grande.

On voit sur l'épure que, pour des exhaussements successifs de 2ᵐ 50, l'écart des courbes V successives va en augmentant, à mesure que la source se relève.

On constate aussi qu'entre les abaissements extrêmes, zéro et 10 mètres, la courbe V' se confond presque exactement avec sa tangente, de sorte qu'on pourrait se passer de tracer la courbe V pour le versant dont la source n'est pas modifiée.

Pour ne pas surcharger le graphique, on n'a pas tracé les courbes V' correspondant à des exhaussements ou à des abaissements de la source du contreversant.

On n'a tracé que la droite F'J qui marque la limite des abaissements de cette source. Il est évident que les résultats qu'on obtiendrait pour les points intermédiaires seraient similaires de ceux que nous venons de signaler pour l'abaissement de la source du versant.

66 *bis.* **Formule définitive pour le calcul du débit d'une source abaissée.**

1° *Cas d'abaissement de la source du versant.* — L'examen de l'épure suggère une remarque qui permet d'établir une formule donnant le débit d'une source après abaissement, avec une exactitude aussi grande que le graphique.

Nous avons dit qu'en menant par le point F, pied de la verticale du point de source du versant, une droite ayant l'inclinaison des asymptotes des courbes V, on a *la courbe V limite.* Son intersection en B_0 avec la courbe V' fournit *le faîte le plus bas* que la nappe du versant puisse atteindre, et aussi *le bassin alimentaire le plus long, le débit le plus grand,* que cette nappe puisse donner, par suite de l'abaissement de la source.

Cette droite a pour équation :

$$(391) \qquad y = \delta\gamma_0 x.$$

Elle coupe au point B_0 la tangente au faîte de la courbe V' du contreversant dont l'équation est donnée par l'équation suivante :

$$(392) \qquad \frac{y - H}{x - a} = -\varphi'.$$

En éliminant y entre ces deux équations, on obtient les coordonnées y et x du point B_0. On en déduit l'augmentation de la longueur du bassin du versant, quand l'abaissement de la source est égal à p.

Il est égal à :

$$(393) \qquad x - a = \frac{H - \delta\gamma_0 a}{\delta\gamma_0 + \varphi'}.$$

La formule (386) nous avait donné pour cette augmentation, quand l'abaissement de la source est très petit et égal à $p\,u$:

$$(394) \qquad x - a = u\,\frac{H - a\varphi}{\varphi + \varphi'}.$$

Le coefficient qui multiplie u passe donc de

$$\frac{H - \delta\gamma_0 a}{\delta\gamma_0 + \varphi'}, \qquad \text{à} \qquad \frac{H - a\varphi}{\varphi + \varphi'},$$

quand u passe de

$$u = 1 \qquad \text{à} \qquad u = \text{zéro}.$$

On peut admettre que ce coefficient varie proportionnellement entre ces deux extrêmes; il a par conséquent pour valeur :

$$\left(\frac{H - \delta\gamma_0 a}{\delta\gamma_0 + \varphi'}\right) u + \left(\frac{H - u\varphi}{\varphi + \varphi'}\right)(1 - u).$$

Cette formule reproduit, en effet, les deux valeurs ci-dessus quand on y fait successivement :

$$a = \text{zéro}; \qquad u = 1.$$

Nous aurons donc pour la valeur à peu près exacte de *l'augmentation de longueur du bassin du versant*, pour un abaissement $p\,u$ de sa source :

$$(395) \qquad x - a = u\left[\left(\frac{H - \delta\gamma_0 a}{\delta\gamma + \varphi'}\right) u + \left(\frac{H - a\varphi}{\varphi + \varphi'}\right)(1 - u)\right].$$

Cette formule parabolique a probablement une exactitude plus grande que le graphique, à cause des imperfections inévitables du dessin.

Appliquons la formule au graphique 134, et plaçons en regard des résultats qu'elle fournit les solutions que donne l'épure et celles que donnerait l'application pure et simple de la formule linéaire (394); nous trouverons les résultats suivants :

TABLEAU V.

ABAISSEMENT OU EXHAUSSEMENT D'UNE SOURCE DE VERSANT. — COMPARAISON
DU GRAPHIQUE 134 ET DES FORMULES (394) ET (395).

HAUTEUR de L'EXHAUSSEMENT ou DE L'ABAISSEMENT.	VALEUR de u.	DIMINUTION OU ALLONGEMENT DU BASSIN.			OBSERVATIONS.
		GRAPHIQUE 134.	FORMULE LINÉAIRE (394).	FORMULE PARABOLIQUE (395).	
		mètres.	mètres.		
4,40	0,44	97	62,5	71,02	Exhaussement.
2,50	0,25	44	35,5	38,6	
Zéro.	Zéro.	"	"	"	
2,50	0,25	33	35,5	34,1	Abaissement.
5,00	0,50	59,5	71	63,8	
7,50	0,75	85	106,5	89,0	
10,00	1,00	107	142,1	109.5	
Limite.	"	"	"	"	

La formule (395) concorde bien avec le graphique dans la zone de l'abaissement pour laquelle elle a été faite.

Elle donne des résultats trop faibles pour l'exhaussement.

La formule linéaire donne des résultats trop forts pour l'abaissement, trop faibles pour l'exhaussement. Elle ne convient qu'aux très petites valeurs de u.

L'exhaussement d'une source peut procurer l'augmentation du débit de la source du versant opposé. Nous n'entrevoyons que peu de circonstances où il serait possible d'utiliser cette propriété. Quoi qu'il en soit, dans ce cas, le graphique serait nécessaire pour parvenir à une prévision tant soit peu exacte des résultats de l'opération.

Pour le cas de l'abaissement d'une source, au contraire, la formule (395) nous paraît donner une solution très simple et suffisamment exacte.

2° *Cas d'abaissement de la source du contreversant.* — La formule (395) peut s'appliquer au contreversant en y changeant :

$$\varphi \quad \text{en} \quad \varphi',$$

et vice versa,

$$a \quad \text{en} \quad L - a,$$

$$\delta\gamma_0 \quad \text{en} \quad \frac{\delta}{\beta_0}.$$

On aura donc l'augmentation du débit de la source du contreversant :

$$x - (L - a) = \left[\left(\frac{H - \frac{\delta}{\beta_0}(L - a)}{\frac{\delta}{\beta_0} + \varphi} \right) u + \left(\frac{H - (L - a)\varphi'}{\varphi + \varphi'} \right)(1 - u) \right].$$

67. Conditions qui font varier le bénéfice de débit procuré par l'abaissement d'une source. — Les circonstances favorables peuvent être envisagées à deux points de vue :

A. Au point de vue de la plus grande augmentation relative du débit;

B. Au point de vue du plus grand bénéfice de débit à obtenir pour un abaissement de 1 mètre de la source.

A. D'après la formule 395, l'augmentation relative du débit d'une source de versant abaissée est égale à :

$$(397) \qquad \frac{x - a}{a} = \left(\frac{\frac{H}{\delta a} - \gamma_0}{\gamma_0 + \frac{\varphi'}{\delta}} \right) u^2 + \left(\frac{\frac{H}{\delta a} - \frac{\varphi}{\delta}}{\frac{\varphi}{\delta} + \frac{\varphi'}{\delta}} \right) u(1 - u).$$

Lorsque $u = 1$, l'augmentation est maxima et la formule se réduit au premier terme.

Ce premier terme a donc une influence prépondérante quand il s'agit de mesurer le bénéfice de débit maximum que peut procurer l'abaissement d'une source. C'est celui que nous examinerons.

Circonstances qui rendent maximum le coefficient :

$$(398) \qquad M = \left(\dfrac{\dfrac{H}{\delta a} - \gamma_0}{\gamma_0 + \dfrac{\varphi'}{\delta}} \right).$$

Supposons que la ligne des sources soit parallèle au fond.
On a, dans ce cas :

$$H = b_0 + p,$$

$$\frac{H}{\delta a} = \frac{b_0}{\delta a} + \frac{p}{\delta a}.$$

Dans ces formules, δ est le coefficient d'absorption total. La valeur du coefficient relatif à la nappe supérieure est égale à :

$$\delta \sqrt{1 + K}.$$

Appelons γ, β, les coefficients du tableau E pour la nappe supérieure.
On a :

$$\frac{b_0}{\delta a} = \frac{\gamma}{\sqrt{1 + K}}.$$

$$\frac{p}{\delta a} = \frac{K b}{\delta a} = \frac{K \beta}{\sqrt{1 + K}}.$$

On calcule φ et φ' par les équations 245, en divisant par $\delta \sqrt{1 + K}$.

$$\frac{\varphi}{\delta} = \frac{\gamma}{\sqrt{1 + K}} \frac{1 + K + KR}{1 + \dfrac{K}{2} - KS},$$

$$\frac{\varphi'}{\delta} = \frac{\gamma'}{\sqrt{1 + K}} \frac{1 + K + KR}{1 + \dfrac{K}{2} + KT}.$$

On peut donc écrire, pour la valeur du coefficient M dont on cherche le maximum :

$$(399) \qquad M = \dfrac{\dfrac{\gamma + K\beta}{\sqrt{1 + K}} - \gamma_0}{\gamma_0 + \dfrac{\varphi'}{\delta}}.$$

On trouvera de même, pour le coefficient relatif au contreversant :

$$(399 \; bis) \qquad M' = \dfrac{\dfrac{\gamma' + K\beta'}{\sqrt{1 + K}} - \gamma'}{\gamma' + \dfrac{\varphi}{\delta}}.$$

La recherche des maximums de ces coefficients est assez laborieuse, et nous préférons examiner la question au moyen d'exemples numériques.

Le tableau suivant, qui donne divers résultats s'appliquant aux cas extrêmes et à un cas moyen, a été calculé par la méthode ci-dessus.

TABLEAU X.
ABAISSEMENT D'UNE SOURCE. (NAPPE RÉGULIÈRE.)

	K = 1			K = 2.			K = 3.		
$Z_0 =$	o″	0,3	0,63	o″	0,3	0,52	o″	0,25	0,45
$Z =$	o″	0,423	0,9	o″	0,519	0,9	o″	0,5	0,9
$\frac{\varphi}{\delta}$	0,942	0,533	0,047	0,865	0,495	0,053	0,800	0,455	0,068
$\frac{\varphi'}{\delta}$	0,942	1,355	1,804	0,865	1,216	1,475	0,800	1,048	1,278
γ_0	1,000	0,553	0,163	1,000	0,553	0,276	1,000	0,624	0,359
γ'_0 ou $\frac{1}{\beta_0}$	1,000	1,490	2,057	1,000	1,490	1,865	1,000	1,400	1,742
$\gamma = \frac{1}{\beta'}$	1,000	0,393	0,004	1,000	0,278	0,004	1,000	0,298	0,004
$\beta = \frac{1}{\gamma'}$	1,000	0,590	0,395	1,000	0,537	0,395	1,000	0,546	0,395
$\frac{H}{\delta a}$	1,414	0,695	0,282	1,731	0,780	0,458	2,000	0,968	0,594
$\frac{H}{\delta (L = a)}$	1,414	3,044	1,869	1,731	5,347	308,0	2,000	5,935	394,0
ABAISSEMENT DE LA SOURCE DU VERSANT.									
M..........	0,213	0,074	0,030	0,392	0,128	0,104	0,555	2,432	216,0
(h)..........	0,301	0,270	0,107	0,337	0,208	0,226	0,370	0,483	0,243
ABAISSEMENT DE LA SOURCE DU CONTREVERSANT.									
(M')..........	0,213	0,760	87,2	0,392	1,945	156,8	0,555	0,205	0,144
(h')..........	0,301	0,421	0,475	0,337	0,454	0,521	0,370	0,223	0,555

On a supposé K = 1, 2, 3. Au delà de cette valeur, il est probable que la loi que nous avons admise pour le calcul du débit d'une nappe de thalweg n'est plus bien exacte.

Le tableau X fait ressortir très clairement les lois suivantes :

Pour une nappe régulière, l'augmentation relative du débit que procure l'abaissement de la source du versant est :

1° *Sensiblement proportionnelle au rapport K;*

2° *D'autant plus grande que la pente hydraulique totale $\frac{c}{2\delta}$ est plus petite.*

Dans les mêmes conditions, l'augmentation relative du débit que procure l'abaissement de la source du contreversant est :

1° *Sensiblement proportionnelle au rapport K;*

2° *D'autant plus grande que la pente hydraulique totale est plus grande.*

Lorsque la pente hydraulique est très forte, l'abaissement de la source du contreversant peut donner un résultat relativement considérable.

Dans leur sens général, ces propriétés sont encore vraies, lorsque, au lieu d'avoir affaire à une nappe régulière, on a affaire à une nappe non régulière, c'est-à-dire que :

1° *Pour une nappe quelconque, l'augmentation du coefficient K augmente à peu près proportionnellement le bénéfice relatif du débit;*

2° *Ce même bénéfice relatif croît avec la pente hydraulique pour un abaissement de la source du contreversant et en sens inverse pour un abaissement de la source du versant.*

B. Considérons maintenant l'accroissement de débit que procure un abaissement de 1 mètre de hauteur de l'une des sources.

L'accroissement total du débit est égal à (équation 34) :

$$(1) \qquad \frac{m}{\mu}\delta^2 a\left(\frac{x-a}{a}\right).$$

D'un autre côté, l'abaissement de la source se fait sur la hauteur p. On a :

$$p = Kb; \qquad \frac{b}{\delta a}\sqrt{1+K} = \beta.$$

Par conséquent, la hauteur de l'abaissement de la source peut s'écrire :

$$(2) \qquad p = \frac{K}{\sqrt{1+K}}\beta\delta a.$$

Divisant (1) par (2), on a *l'accroissement de débit obtenu par mètre de hauteur d'abaissement de la source.*

Il est égal à :

$$\frac{m}{\mu}\delta\left(\frac{x-a}{a}\right)\frac{\sqrt{1+K}}{K\beta}.$$

Le facteur $\frac{m}{\mu}\delta$ est constant et ne dépend que de la nature du terrain. On a donc, pour représenter l'accroissement de débit unitaire que nous cherchons, un coefficient que nous avons désigné dans le tableau X par (h) pour le versant, (h') pour le contre-versant, et qui est :

$$(400) \qquad (h) = \left(\frac{x+a}{4a}\right)\frac{\sqrt{1+K}}{K\beta} \quad (h') = \left(\frac{x-(L-a)}{(L-a)}\right)\frac{\sqrt{1+K}}{K\beta'}.$$

Les nombres qui ont été calculés au moyen de ces formules dans le tableau X montrent que :

Le bénéfice de débit procuré par un abaissement de 1 mètre de la source du versant :

1° Croît assez lentement avec le coefficient K :

2° Diminue quand la pente hydraulique totale augmente.

Pour le contreversant, ce bénéfice de débit :

1° Croît assez lentement avec le coefficient K :

2° Augmente quand la pente hydraulique augmente.

Cas des nappes en ellipse. — On a vu dans le tableau X que les nappes à fond horizontal, les nappes en ellipse, sont celles qui procurent la plus grande augmentation relative du débit et qui procurent le plus grand bénéfice de débit par mètre d'abaissement.

Il y a intérêt à examiner ce cas particulier, d'autant plus que la simplification de l'équation de la nappe permet de résoudre le problème entièrement, par le calcul, sans graphique.

Supposons que la source du versant soit abaissée de pu.

Prenons pour origine des coordonnées l'une des sources que nous appellerons *source du versant* bien qu'il n'y ait plus ici de pente du fond. Ce versant pourra d'ailleurs être le plus petit ou le plus grand des deux versants de la nappe. Égalons le débit d'une section (x, y) de la nappe en ellipse au débit du bassin $(a - x)$ qui la traverse. On a :

$$\frac{m}{\mu} y \frac{dy}{dx}(1+K) = \frac{m}{\mu}\delta^2 (a - x).$$

Intégrant de $y = 0$, $x = 0$ à $y = b$, $x = a$, et remplaçant le coefficient K par sa valeur $\frac{p}{b}$, on arrive à l'équation :

$$b(b+p) = \delta^2 a^2.$$

Appelant comme ci-dessus H la hauteur totale de la nappe au faîte, nous pourrons remplacer b par $(H - p)$ et écrire :

$$(401) \qquad H(H - p) = \delta^2 a^2.$$

On aura de même pour le contreversant :

$$(402) \qquad H(H - p') = \delta^2 (L - a)^2.$$

Appelons y, x les cordonnées du faîte après l'abaissement pu, l'axe des xx étant transporté sur le fond imperméable.

Les équations (401), (402) seront applicables en y changeant :

$$H \quad \text{en} \quad y;$$

$$a \quad \text{en} \quad x;$$

$$p \quad \text{en} \quad p(1-u).$$

Elles deviennent :

(403) $$y(y-p[1-u]) = \delta^2 x^2.$$

(404) $$y(y-p') = \delta^2 (L-x)^2.$$

Des quatre équations 401 à 404, on peut tirer x et y, après avoir éliminé H et δ, et résoudre le problème exactement.

Nous nous bornerons à calculer y et x pour le cas où l'abaissement est maximum et égal à p.

Faisons $u = 1$, l'équation (403) se simplifie et devient :

(405) $$y^2 = \delta^2 x^2.$$

Retranchant (404) de cette dernière équation, on obtient :

$$y = \frac{\delta^2 (2Lx - L^2)}{p'}.$$

D'autre part, en extrayant la racine carrée de 405, on a :

$$y = \delta x.$$

De ces deux relations on tire :

(406) $$x = \frac{\delta L^2}{2\delta L - p'}.$$

Telle est la nouvelle longueur du versant.

$$\text{Si } p' = \delta L, \quad x = L.$$

La source du contreversant est *tarie*. δL est en effet l'ordonnée du point *limite du tarissement* (65).

Si p' est plus grand que δL, la formule (406) fournit pour x des valeurs plus grandes que L, ce qui veut dire que le tarissement du contreversant est obtenu pour des abaissements de la source du versant moindres que p.

Si l'on veut s'imposer la condition de *doubler le débit de la source du versant*, il faut écrire (équation 406) :

(407) $$x = \frac{\delta L^2}{2\delta L^2 - p'} = 2a,$$

d'où l'on tire :

$$p' = \frac{\delta L}{2a}(L - 4a).$$

Il y a deux cas extrêmes à considérer :

1er cas. — On doit avoir $p' > 0$. La limite inférieure sera donc $p' = 0$. (407) donne :

$$p' = 0 \qquad a = \frac{L}{4} \qquad x = \frac{L}{2}.$$

De (401), (402), on tire :

$$p = \frac{2\delta L}{3} \qquad H = \frac{3}{5}\delta L$$

et. par suite :

$$K = \frac{p}{H - p} = 8.$$

2e cas. — La plus grande valeur possible de p sera celle qui correspond à $x = L$, en même temps que $x = 2a$, ce qui suppose $a = \frac{L}{2}$. Dans ce cas, la nappe naturelle est symétrique; les équations (401), (402) donnent :

$$p = p' = \delta L; \quad H = \frac{\delta L}{2} = \frac{\delta L}{\sqrt{2}} = 1,207\,\delta L,$$

et par suite :

$$K = 4,82.$$

Pour des valeurs moindres de K, on ne pourrait pas *doubler le débit* par l'abaissement de la source.

Les figures 135, 136, pl. XXXVII, représentent les nappes en ellipse, dans les deux cas extrêmes. Dans la plus basse, $K = 8,00$; dans la plus haute, $K = 4,82$.

Dans la première, la source du contreversant est située sur le fond imperméable. Dans la deuxième, cette source est située à la hauteur δL au-dessus de ce fond.

Les limites extrêmes de la longueur du bassin de la source abaissée sont $a = \frac{L}{4}, a = \frac{L}{2}$.

Si la longueur de ce bassin est plus grande que L, on ne peut plus doubler le débit par l'abaissement, à moins que la source du contreversant soit située au-dessus du point limite du tarissement, ordonnées δL.

Résumé. — En résumé, les circonstances qui influent sur le résultat à attendre de l'abaissement d'une source sont les suivants :

Les nappes les plus profondes sont aussi les plus favorables à l'abaissement des sources.

L'augmentation relative du débit permanent peut varier dans les limites les plus étendues, suivant le niveau absolu des sources par rapport aux points limites de tarissement, et suivant leurs niveaux relatifs, l'une par rapport à l'autre.

Plus une source est élevée par rapport à l'autre, plus est grand le bénéfice relatif que procure son abaissement.

18.

Aussi ce bénéfice relatif sera-t-il ordinairement plus grand pour les sources de contreversant que pour les sources de versant.

Dans une nappe régulière. un abaissement de 1 mètre procure aussi un plus grand bénéfice absolu de débit pour une source de contreversant que pour une source de versant.

68. **De l'abaissement ou de l'exhaussement intermittent des sources.** — Nous avons démontré que par l'abaissement du point d'émergence d'une source, on peut augmenter son *débit permanent;* on peut parvenir au même résultat en exhaussant le point d'émergence de la source du versant opposé.

On peut mettre à profit d'une autre manière cette importante propriété.

La plupart des sources ont un débit suffisant et même surabondant pour les besoins, pendant une partie de l'année. C'est seulement pendant la période de sécheresse que leur débit diminue considérablement jusqu'au point de tarir, et que les besoins à desservir sont en souffrance.

On peut parer à cette situation de la même manière que pour les galeries de captage, c'est-à-dire en mettant à profit les volumes de la *réserve* qu'une nappe emmagasine entre deux niveaux donnés.

L'abaissement d'une source n'est, au fond, qu'un *cas particulier des galeries de captage,* car, pour le réaliser, il faut nécessairement creuser une tranchée ou une galerie à un niveau inférieur au niveau d'émergence de la source. Dans la théorie des galeries de captage, nous avons démontré que c'est dans cette position, c'est-à-dire *sous la source,* qu'une galerie atteint son maximum de rendement, puisqu'elle peut capter dans cette position *tout l'apport pluvial* que reçoit la nappe.

Dès lors, on entrevoit que l'abaissement d'une source permet d'utiliser d'une manière *aussi parfaite que possible* les eaux de la nappe qui l'alimente.

· Pour faire saisir toute l'importance de la question, il nous suffira de comparer sur un graphique les débits d'une source avec les besoins de la consommation qu'elle est appelée à desservir.

La courbe 1, fig. 137, pl. XXXIX, représente les débits d'une des sources qui alimentent la ville de Paris, aux diverses époques de l'année. Le débit moyen de cette source est de 190 litres. En année moyenne, il atteint son maximum de 238 litres en avril et son minimum de 141 litres en octobre.

En année de grande sécheresse, le débit maximum s'abaisse à 133 litres en février, et le minimum à 72 litres en novembre. C'est la courbe 2.

La courbe pointillée 3 représente un débit moyen de 180 litres réparti par mois proportionnellement aux volumes d'eau consommés par la ville de Paris.

On voit qu'en raison de l'accroissement considérable de la consommation en été, pendant les mois de juin à octobre, le débit de la source indiqué par la courbe 1 présente un déficit considérable qui atteint son maximum en août, septembre et octobre. Ce déficit est de 70 litres, soit de 46 p. 100 du débit de la source à la même époque.

Pendant près de sept mois, au contraire, du 15 novembre au 5 juin, la source présenterait un débit excédant les besoins.

Pendant les années de grande sécheresse, le déficit est permanent pendant les douze mois de l'année, et s'élève en octobre jusqu'à 190 p. 100 du débit de la source à la même époque.

Le régime artificiel qui serait créé par l'abaissement intermittent de la source permettrait de recueillir toute l'eau de la nappe et de·n'en laisser perdre aucune quantité.

Il permettrait de réaliser le débit conformément aux besoins représentés par la courbe 3.

Mais il faut aussi prévoir les années de grande sécheresse qui peuvent former des périodes plus ou moins longues et pendant lesquelles on aurait à distribuer cependant un volume d'eau correspondant au débit moyen.

Pour parvenir à ce résultat d'une manière certaine, il est nécessaire de posséder en tout temps *une réserve*, c'est-à-dire un volume d'eau réservé au-dessus de la nappe la plus basse, et correspondant à une ou deux ou trois..... années moyennes. Il y aura une étude à faire dans chaque cas, mais nous estimons que pour l'alimentation d'une grande ville, il sera prudent de se donner une réserve d'au moins une à deux années. Admettons plus généralement qu'on doive réserver un volume donné R.

La galerie qui réalise l'abaissement de la source devra donc être placée à un niveau tel qu'entre la nappe permanente du régime moyen de la nappe naturelle et la nappe permanente qui passe par le niveau le plus bas assigné à l'eau dans la galerie, le massif perméable puisse emmagasiner ce volume d'eau R, dont on pourra à tout instant prélever une fraction plus ou moins grande en levant la vanne régulatrice qui ferme la galerie.

Soit (fig. 138) TB le profil de la nappe permanente qui alimente une source. Les profils de crues et de sécheresse sont figurés en traits pointillés.

Soit $T_1 B_1$ le profil de la nappe abaissée. C'est le quadrilatère curviligne, bordé d'un liséré gris $TBB_1 T_1$, qui représente le volume $\frac{R}{m}$.

Dans les paragraphes précédents, nous avons donné des formules qui permettent de calculer l'allongement $BD = (x - a)$ du bassin alimentaire de la source abaissée. Ce sont les formules $(395, 397)$.

Les formules $(388, 389)$ donnent l'abaissement du faîte de la nappe $D B_1 = (H - y)$, en fonction de $(x - a)$.

On peut ensuite calculer le volume des nappes $TB, T_1 B_1$ par les formules exactes que nous avons données au chapitre III (équation $34, 34$ *bis*).

Mais ce calcul exact peut être remplacé par le calcul approximatif suivant qui sera généralement suffisant.

Le quadrilatère curviligne $T B, T_1 B_1$ peut être supposé rectifié et assimilé à un trapèze ayant pour ordonnées extrêmes :

$$TT_1 = pu,$$
$$DB_1 = H - y.$$

et pour longueur :

$$TB + \frac{BD}{2} = a + \frac{x - a}{2}.$$

Posons :

$$\frac{x - a}{a} \cdot \xi.$$

Les formules des paragraphes 62, 63 donnent :

$$H - y = \begin{cases} \varphi' a \xi \text{ s'il s'agit de la source du versant;} \\ \varphi a \xi' \text{ s'il s'agit de la source du contreversant.} \end{cases}$$

On aura donc, pour le volume de la réserve, dans le premier cas :

$$(409) \qquad R = ma \left(pu + \varphi' a \xi \right) \left(\frac{2 + \xi}{4} \right),$$

sauf à remplacer φ et ξ par φ' et ξ' dans le deuxième cas.

En remplaçant dans cette formule ξ par sa valeur (395) ou (397), en fonction de u, on aura une équation du 4ᵉ degré en u, facile à résoudre avec des données numériques.

On aura donc ainsi déterminé la profondeur $p\,u$ à laquelle il faut établir la galerie pour réaliser par l'abaissement de la source la réserve R qu'on s'est imposée.

Le fonctionnement du système serait le suivant :

1° Toutes les fois que la source naturelle ne donnera pas tout le débit normal réclamé par la consommation, eu égard à l'époque, on lèvera la vanne régulatrice suffisamment pour compléter ce débit.

2° Si les choses sont bien réglées, la source naturelle ne débitera jamais un volume d'eau supérieur aux besoins de la consommation et, à la fin de la période de sécheresse, la nappe sera assez abaissée pour pouvoir recueillir les apports qui arrivent pendant la saison pluvieuse, de manière qu'il n'y ait aucune déperdition.

3° Pendant les périodes d'années très sèches, il pourra arriver que la source naturelle ne fonctionne pas.

La figure 138 démontre que le débit *moyen* dont on pourra disposer avec la source à abaissement intermittent, fonctionnant entre les faîtes B et B_1, sera égal à :

$$\frac{m}{\mu} \delta^2 a \left(1 + \frac{\xi}{2} \right).$$

Ce débit moyen dépasse le débit moyen de la source naturelle de la fraction $\frac{\xi}{2}$.

En résumé, l'abaissement intermittent d'une source par le moyen d'une galerie de captage procure les avantages suivants :

1° *Il permet de mettre, à toute époque de l'année, dans les années sèches comme dans les années humides, le débit capté en rapport avec les besoins de la consommation.*

2° *Il augmente la valeur du débit moyen extrait du massif aquifère.*

3° *Il évite les déperditions qui se produisent pendant la saison humide, par suite du débit surabondant de la source, et par ce double motif, il augmente, dans une proportion considérable, l'utilisation de la source.*

Comme moyen d'exécution, il nécessite l'établissement d'une galerie de captage qui, théoriquement, devrait avoir la longueur de la nappe, et qui, pratiquement, ainsi que nous le verrons, peut être considérablement réduite.

Cette galerie prolongée doit se raccorder avec les conduites d'amenée des eaux de source, ou si ces dernières sont trop hautes, elle doit déboucher dans un puits d'où les eaux seront élevées par une pompe dans lesdites conduites d'amenée.

69. **Des sources naturelles. — Localisation des sources.** — Les développements dans lesquels nous sommes entré démontrent suffisamment que l'abaissement permanent ou intermittent du niveau d'émergence des sources constitue une ressource très précieuse pour l'augmentation de leur débit permanent ou l'amélioration de leur régime.

Est-il possible d'utiliser ces propriétés dans la pratique ? C'est maintenant ce que nous avons à examiner.

En réalité, les sources naturelles diffèrent beaucoup, en apparence, de celles que nous avons étudiées.

Nous avons supposé que les eaux d'une nappe aquifère sourdent le long de l'affleurement, ou du thalweg qu'elles desservent, en se répartissant uniformément, proportionnellement à la longueur.

Les choses se passent ainsi quelquefois. Il n'est pas rare de voir des terrains parsemés de petites sources, tellement nombreuses qu'on peut dire qu'elles forment un cordon continu.

Mais d'ordinaire les sources naturelles sont *localisées*.

Il y a le long de la ligne d'affleurement d'une nappe, ou le long du thalweg, des points d'élection, où l'on voit l'eau sortir, et entre ces points l'eau n'apparaît pas.

Ces points sont ce qu'on appelle dans le langage ordinaire, *les sources*.

Nous examinerons successivement les sources d'affleurement et les sources de thalweg.

1° *Sources d'affleurement.* — Quelles sont les causes de la localisation des sources ? Cette question ne semble pas avoir fait jusqu'à présent l'objet d'études expérimentales directes, mais certaines actions bien connues de l'eau en mouvement sur les terrains perméables qu'elles traversent, permettent de définir avec assez de certitude les causes que nous recherchons.

Ces actions sont au nombre de deux :

1. La corrosion ;

2. L'érosion.

1. La corrosion est due à la dissolution chimique. Elle est le mode d'action primordial de l'eau sur les terrains perméables, le moyen préparatoire qu'elle emploie pour les pénétrer. L'eau météorique renferme plusieurs corps susceptibles d'exercer une action chimique, de l'acide carbonique, de l'oxygène, de l'acide nitrique, etc..... La puissance de dissolution de l'eau météorique est très petite, si l'on ne considère que des périodes de temps comparables à la durée de nos observations humaines; elle est considérable, si l'on considère les périodes de temps séculaires.

On pourrait dire qu'il y a deux chimies, très différentes : la chimie ordinaire, à réactions rapides, immédiates, c'est celle que nous connaissons, et la chimie du temps, qui semble quelquefois procéder d'autres principes, qui défait ce que l'autre avait édifié, et réciproquement. Ces questions sont peu connues, et ne le seront peut-être jamais. Ce que nous savons, c'est que le temps est un facteur d'une puissance incomparable.

Les terrains de sédiment qui forment aujourd'hui une bonne partie de l'écorce terrestre ont été, à l'origine, des massifs plus ou moins incohérents. Leur agrégation, leur solidité, leur dureté sont un effet du temps. Mais si le temps édifie, consolide, souvent aussi il désagrège, il démolit. De ce genre est la corrosion qui s'exerce à la surface des terrains calcaires, qui donne lieu aux bétoires, aux avens, et qui laisse comme témoins de son action les argiles rouges ou les argiles à silex, qui sont le résidu de la décalcication. Les granits eux-mêmes, malgré leur résistance apparente, n'échappent pas à l'action corrosive des eaux et de l'air. L'eau les décompose, entraîne l'argile, et laisse en place les arènes. Il est probable que toutes les roches, même les plus réfractaires, subissent plus ou moins des actions semblables.

2. Lorsque par corrosion chimique, l'eau a préparé dans les roches des vides quelconques qui lui permettent de circuler, ou lorsque ces vides sont préexistants, par suite de la structure arénacée de la roche, ou par suite de diaclases résultant du retrait ou des mouvements de l'écorce terrestre, alors commence un nouveau mode d'action de l'eau, l'*érosion*, qui agit mécaniquement, par entraînement des particules les plus ténues des terrains traversés.

L'eau toute seule peut faire cet entraînement lorsque déjà la séparation des parties fines est préparée par une corrosion chimique. Mais lorsqu'elle contient des matières en suspension, l'érosion est bien autrement puissante. Ces matières usent les parois qui contiennent et dirigent l'eau, élargissent peu à peu les diaclases et laissent comme témoins de leur action, des raies, des stries qui apparaissent fréquemment à la surface, des fissures ou des cavernes souterraines.

C'est à cette double action, corrosion, érosion, qu'est due la localisation des sources naturelles. Pour qu'elle se produise, il suffit qu'à une certaine époque, le massif perméable ait présenté, dans la direction de l'emplacement que les eaux ont définitivement choisi pour paraître au jour, des facilités d'écoulement qui les aient dirigées principalement vers ce point. La corrosion et l'érosion ont alors exercé leurs actions d'une manière plus intense sur les canaux souterrains qui y conduisaient; elles les ont élargis. Une fois élargis, ces canaux ont débité davantage, ce qui a donné lieu à un nouvel élargissement, à un nouvel afflux de filets liquides, jusqu'à ce qu'enfin les eaux de toute une région se soient concentrées dans cet orifice unique qu'on appelle la source.

Diverses circonstances ont pu préparer à l'origine l'élection du point de source :

1. La surface du fond imperméable n'est jamais parfaitement plane. Elle a un vallonnement plus ou moins accentué, avec des points bas qui attirent les eaux, des points hauts qui les repoussent. Ces points bas sont des points de sources possibles;

2. Le terrain perméable n'est jamais parfaitement homogène, il contient des zones plus perméables que les autres et qui favorisent l'émission des eaux dans les points de la ligne d'affleurement où elles aboutissent;

3. Le fond imperméable n'est pas toujours imperméable dans toutes ses parties.

Ainsi, fréquemment, il présente des couches d'une perméabilité relative, à travers lesquelles les eaux peuvent descendre en profondeur pour aller alimenter les nappes d'un niveau inférieur. On ne pourrait pas expliquer autrement les niveaux d'eau qui émergent à des hauteurs différentes sur les flancs d'une même colline.

Ces circonstances initiales accumulent les eaux vers certaines zones, mais parmi celles-ci il se fait peu à peu une sélection, par suite de la plus grande capacité de débit qu'acquièrent avec le temps celles qui à l'origine étaient les plus favorablement disposées pour devenir des points de sources.

Les petites sources des zones intermédiaires vont en diminuant progressivement et elles finissent par disparaître. Celles qui tendraient à émerger sont aveuglées par les apports limoneux, les alluvions plus ou moins argileuses, qui recouvrent presque partout le sol et constituent la terre végétale. C'est la dernière phase des phénomènes qui aboutissent à la formation de la source. À partir du moment où le manteau limoneux a définitivement fermé les petites sources intermédiaires, la source unique est définitivement constituée.

L'expérience démontre tous les jours qu'il suffit fréquemment, au flanc d'un coteau, de creuser légèrement la terre végétale pour déterminer des suintements, qui étaient arrêtés par la mince pellicule argileuse qui recouvrait le sol. Ces petits filets d'eau sont les témoins de la nappe qui viendrait sourdre tout le long de l'affleurement, si elle n'était absorbée entièrement par la source. La chaleur solaire en évapore une bonne partie; la végétation prend le reste.

Il résulte de ces considérations *qu'une source d'affleurement est un organisme préparé par une longue action des eaux*, que sa position n'est pas l'effet du hasard, mais bien une conséquence des circonstances initiales et des modifications que les plissements des couches géologiques ont pu y apporter dans la suite des temps.

Nous devons tirer de ces considérations une autre conséquence très importante pour notre théorie, c'est que les canaux conducteurs qui amènent les eaux à une source sont beaucoup plus perméables que le reste du massif aquifère, et que cette perméabilité est d'autant plus grande qu'on considère des sections plus voisines de la source.

Examinons maintenant la composition de la nappe aquifère qui aboutit à ce point de concentration qu'on appelle une source.

À une grande distance de ce point, près du faîte, l'influence de la localisation de la source ne se fait pas sentir. Les eaux descendent le versant en filets liquides qui sont contenus dans des plans parallèles, et tout le bassin tributaire de la source est contenu entre deux plans extrêmes CB, $C'B'$, fig. 139, pl. XXXIX.

Dans la partie supérieure de cette zone, la nappe a un profil superficiel qui obéit aux lois géométriques que nous avons définies dans le chapitre III. Elle se prolonge ainsi plus ou moins loin du faîte, mais à une certaine distance l'influence de la source commence à se faire sentir. Les filets s'infléchissent peu à peu vers cette dernière, et l'on peut admettre pour simplifier que les filets liquides sont contenus dans des plans verticaux qui convergent vers la source; nous arrivons à cette conséquence très intéressante :

Théoriquement, la source localisée fonctionne comme un puits dans le troisième cas examiné au paragraphe 55.

Les filets liquides affectent donc en plan une disposition plus ou moins semblable à celle de la figure 139. Dans la partie haute de la nappe, ils coulent dans des plans parallèles, c'est la zone qui va du faîte BB′ au contour DMD′.

Ce contour DMD′ est le bord de l'entonnoir à partir duquel les filets liquides convergent vers le point de source. Dans les zones réduites de forme triangulaire CDS, C′D′S, situées en bordure de la ligne d'affleurement, les apports pluviaux, ou bien se dirigent également vers la source, ou bien sont évaporés par la chaleur solaire, ou bien pénètrent lentement dans le fond imperméable, dont l'imperméabilité est rarement absolue.

Cependant l'assimilation d'une source localisée à un puits comporte une différence essentielle : c'est que dans la zone des filets convergents, la perméabilité du terrain est plus ou moins augmentée par les actions diverses que nous avons appelées d'un seul mot qui les résume : l'action du temps. Il en résulte que le profil de la nappe à filets convergents doit être bien loin de présenter les pentes accusées qu'indique la figure 104, que ces pentes sont beaucoup plus adoucies, et que, bien souvent, elles ne doivent pas différer sensiblement du profil de la nappe à filets parallèles. C'est ce dont on peut se rendre compte par les considérations suivantes.

Soit B′ES, fig. 140, le profil d'une nappe qui aboutit à la source S. De B′ à E, ce profil est celui d'une nappe d'affleurement ordinaire, comme celles que nous avons étudiées au chapitre III, c'est-à-dire *cylindrique*.

De E à S, c'est le profil d'une nappe à filets convergents. Si la nappe ordinaire B′E était prolongée jusqu'au fond imperméable, elle aboutirait en S′.

Soit BMS, le profil d'une nappe ordinaire d'affleurement qui aurait le point S comme point de source.

Considérons une section DN, et comparons les ordonnées et les tangentes des deux nappes dans cette section.

Prenons pour origine des cordonnées le point de source S.

Soient σ' la surface du bassin afférent à la section ND;

σ, la surface du bassin afférent à la section MD;

m, μ, les constantes relatives à la masse du terrain aquifère;

m', μ', les constantes spéciales à la section ND;

C, la longueur SC de la zone à filets convergents;

y', l'ordonnée DN;

y, l'ordonnée DM.

Soient FG = 1 la longueur de la bande considérée et αx la largeur de l'élément convergent au droit de DN.

On a pour le débit de chacune de ces sections :

Section ND :

$$\frac{m}{\mu}\,\delta^2\sigma';$$

Section MD :

$$\frac{m}{\mu}\,\delta^2\sigma.$$

D'autre part, on a pour le débit de la section ND :

$$\frac{m'}{\mu'} \alpha x y' \left(\frac{dy'}{dx} + \varepsilon\right).$$

Et pour celui de la section MD :

$$\frac{m}{\mu} y \left(\frac{dy}{dx} + \varepsilon\right).$$

Égalant respectivement ces expressions, on trouve en éliminant δ^2 :

$$\frac{y'\left(\frac{dy'}{dx} + \varepsilon\right)}{y\left(\frac{dy}{dx} + \varepsilon\right)} = \frac{\mu'}{\alpha x m'} \frac{m}{\mu} \frac{\sigma'}{\sigma}.$$

Les surfaces σ', σ diffèrent l'une de l'autre par le double de la surface d'un triangle qui, au maximum, est égal à $S_0 GH$; leur différence ne saurait être bien considérable.

Les deux ordonnées y', y seraient donc sensiblement égales si le rapport $\left(\frac{\mu'}{m'}\right)$ décroissait proportionnellement à la distance à la source x de la section considérée.

Cette décroissance n'a rien d'impossible. Le coefficient du vide m' ne varie pas dans des limites bien étendues. Il ne dépasse guère 0,40. Mais le coefficient de résistance au mouvement de l'eau μ' décroît dans des proportions considérables à mesure que la dimension des vides du terrain perméable augmente. La formule de Poiseuille fait varier cette résistance en raison inverse de la 5ᵉ puissance du diamètre des vides, de sorte que des vides quatre fois plus grands offriraient une résistance au mouvement de l'eau 500 fois plus petite.

On peut donc présumer avec quelque probabilité que, dans beaucoup de cas, la localisation des sources ne modifie pas d'une manière très importante les profils des nappes, tels que nous les avons établis pour le cas où les filets liquides coulent dans des plans parallèles.

2° *Sources de thalweg*. — Les considérations que nous venons de développer peuvent être appliquées en grande partie aux sources de thalweg; pourtant on ne peut plus invoquer ici comme cause préexistante, pour déterminer la localisation d'une source, le vallonnement du fond imperméable.

Aussi le phénomène, privé de cette cause à laquelle nous attribuons une influence prépondérante, présente-t-il ici beaucoup moins de netteté.

En réalité, *les sources de thalweg sont moins localisées que les sources d'affleurement.*

Le long des cours d'eau où elles se déversent, elles forment des cordons presque continus, qui révèlent leur existence lorsque, pour une cause quelconque, on abaisse l'eau d'une rivière sur une grande étendue.

Leur existence se prouve encore par le débit des cours d'eau qui va en augmentant régulièrement quand il traverse un terrain perméable au travers duquel coule une nappe permanente dont le niveau piézométrique dépasse le niveau du sol.

On rencontre fréquemment, le long d'un cours d'eau coulant en terrain perméable, des zones dépourvues de sources; mais, dans ce cas, on peut affirmer que, presque toujours, ces zones dépourvues de sources sont des zones *absorbantes*, où le niveau piézométrique de la nappe est inférieur au niveau du sol.

Un pareil cours d'eau offre donc une succession de zones de sources émissives alternant avec des zones absorbantes.

Mais le phénomène de l'émission ou de l'absorption présente généralement de la continuité. Il n'y a d'exception que si le terrain est percé de canaux naturels plus ou moins larges, comme cela se rencontre dans les *bétoires* des terrains calcaires, qui constituent des localisations accidentelles.

On peut donc, avec une probabilité encore plus grande que pour les sources d'affleurement, présumer que, généralement, on n'a pas besoin de tenir compte de la localisation des sources de thalweg et qu'on peut faire l'étude des nappes de ce genre, comme si les sources formaient un cordon continu.

Nécessité de bien connaître le point de source. — Théoriquement, une nappe devrait présenter un profil plus ou moins bombé en amont d'une source, et cela exige que le terrain dans lequel elle est formée se relève comme elle, et même plus rapidement qu'elle. Or, on observe souvent que le terrain à l'amont d'une source ne présente pas cette disposition, et qu'il est plus ou moins plat. Cela démontre que le point d'émergence n'est pas véritablement le point de source, et que cette dernière est située plus en amont. Entre la source et l'émergence, les eaux suivent des issues larges et faciles, sables, graviers, fissures qui offrent très peu de résistance à leur mouvement et consomment peu de pente.

Quelquefois les eaux sourdent au pied d'une colline, alors que la source est située beaucoup plus haut. Dans ce cas, les eaux cheminent sous des éboulis et il est clair que des travaux d'amélioration exécutés au point d'émergence des eaux ne produiraient aucun effet sur le régime de la source.

Ces diverses circonstances doivent être relevées avec soin, quand on a en vue des travaux d'amélioration.

70. Des divers modes d'amélioration du régime des sources. — Les améliorations qu'on peut apporter au régime d'une source peuvent être envisagées à divers points de vue, qui sont les suivants :

1° Utiliser tout le débit naturel de la source, de manière qu'aucun volume d'eau ne soit perdu ;

2° Augmenter son débit permanent ou ordinaire;

3° Augmenter son débit en temps de sécheresse.

L'amélioration du premier genre ne nécessite aucun travail spécial à la source; elle exige seulement la construction d'un *réservoir*.

Si, au lieu de laisser couler constamment jour et nuit l'eau d'une source, on l'emmagasinait à mesure qu'elle coule dans un réservoir creusé en contre-bas de la source, ou établi près du village et relié à la source par une conduite, on augmenterait ainsi dans une proportion considérable l'utilisation des eaux et on aurait constamment de l'eau disponible pour les usages privés et pour les incendies.

Un réservoir est l'organe *indispensable* d'une alimentation en eau potable.

Nous n'insisterons pas sur cette question, qui est du domaine des choses connues, mais souvent négligées.

Reste à considérer deux améliorations possibles du régime d'une source : augmentation de son débit ordinaire, ou augmentation de son débit de sécheresse.

Quand on peut réaliser l'amélioration du régime par voie d'abaissement de la source, ces deux résultats sont obtenus du même coup.

L'exhaussement des sources ou des nappes, les galeries, les puits de captage fournissent diverses solutions. Le choix à faire entre elles dépend de la nature de la nappe d'affleurement ou nappe de thalweg. Elle dépend aussi des circonstances locales qui peuvent être extrêmement variées.

71. Amélioration du régime d'une source d'affleurement. — D'après ce que nous avons vu au paragraphe 69, les résultats à attendre d'un abaissement ou d'un exhaussement d'une source naturelle peuvent se calculer comme s'il s'agissait d'une source théorique à filets parallèles, sauf à prévoir une certaine *perte d'effet utile*, qui, dans le cas des nappes de thalweg, sera à peu près nulle et qui n'aurait quelque importance que pour les sources d'affleurement.

C'est ici le lieu de remarquer que, malheureusement, *les sources d'affleurement ne se prêtent pas à l'abaissement artificiel direct de leur niveau.*

En effet, si l'on abaisse le niveau d'une source d'affleurement, on pénètre nécessairement dans le fond imperméable qui forme la base de la nappe. Mais on ne modifie nullement le profil des filets liquides qui se réunissent à la source. On a simplement creusé un sillon dans lequel tombent les eaux de cette source, mais on n'a pas changé son mode d'alimentation, l'étendue de son bassin. Le résultat utile est donc nul.

Si la couche imperméable est mince, et si la galerie d'abaissement est ouverte dans la couche de terrain perméable sous-jacente, le résultat peut être pire, parce qu'il est possible qu'une partie des eaux de la source s'engage dans le terrain perméable et échappe à la galerie dont le débit se trouverait diminué d'autant.

Amélioration par exhaussement en amont de la source. — Le relèvement artificiel apparaît donc comme le seul moyen d'agir efficacement sur une source d'affleurement. Mais, pour l'effectuer sur la source elle-même, il faudrait élever une digue étanche et, à moins de circonstances exceptionnelles, un pareil travail serait gênant et coûterait cher.

Au contraire, il paraît possible, dans un grand nombre de cas, de réaliser l'exhaussement artificiel des eaux en barrant la vallée en amont de la source.

Les figures 141, 142, 143, 144 (pl. XL) indiquent les dispositions qui nous paraîtraient devoir atteindre le but le plus simplement.

On creuserait en travers de la vallée, sous le sol, une tranchée LM, fig. 141, descendue jusqu'à la couche imperméable. Elle pourrait avoir de o m. 60 à o m. 80 de largeur au fond. Cette tranchée serait remplie d'argile tassée et pilonnée jusqu'à une hauteur de o m. 50 à o m. 60 sous la surface du sol (coupe 143).

Du côté intérieur de la tranchée on remblaierait avec les terres les plus perméables et on établirait au pied un dalot à pierres sèches pour drainer les eaux.

Le barrage souterrain ainsi constitué serait pourvu vers son milieu, en face de la source, d'un regard en maçonnerie, du fond duquel partirait un tuyau de conduite, pourvu en tête d'une vanne dont la tige de manœuvre s'élèverait jusqu'au sol, de manière à pouvoir être manœuvrée du dehors (fig. 142).

La hauteur à donner au barrage résulte des considérations suivantes (fig. 144) :

Avant la construction du barrage la nappe permanente aboutissant à la source était la courbe 2.

Le barrage supprime la portion AF de cette nappe, mais laisse subsister le reste. Appelons α le rapport $\dfrac{AF}{a}$. Le débit permanent diminue de la fraction α.

Si l'on transporte la source de A en F, la nappe permanente devient la courbe 1. le faîte se transporte de B en B_0, et la diminution relative de débit permanent n'est plus que de la fraction :

$$\frac{AF - \widehat{BB_0}}{AO} = \alpha\,\frac{a}{L}.$$

Entre les courbes 1 et 2, il y a une *réserve*, et l'on peut s'arranger pour qu'elle soit entièrement disponible au commencement de la saison sèche. Mais cette réserve peut être augmentée en donnant au barrage imperméable une hauteur FE plus grande que la hauteur de la nappe permanente FD. La nappe prend alors la position B, le faîte remonte en B_1. Le débit de la source diminue relativement pendant la saison humide, mais comme, durant cette période, ce débit est ordinairement surabondant, il sera encore suffisant. L'essentiel, c'est qu'on dispose d'une réserve bien plus considérable (3,1) pour traverser la période de sécheresse.

Ce motif sera presque toujours prédominant et rendra avantageuse la solution proposée.

Les paragraphes précédents contiennent tous les développements nécessaires pour permettre d'en calculer l'effet utile.

Le mode d'amélioration par barrage imperméable convient surtout aux nappes peu profondes, c'est-à-dire aux *terrains très perméables*, parce qu'alors les tranchées sont d'une hauteur modérée, et que ces nappes, qui s'épuisent facilement pendant les périodes de sécheresse, ont besoin d'être réglées dans leurs débits.

Amélioration par galerie de captage. — Quand il s'agit de grandes sources, les tranchées à ouvrir en vertu de la solution précédente seraient très profondes et très développées.

On pourra trouver avantage, dans ce cas, à adopter une galerie de captage, établie sur le fond imperméable.

En temps ordinaire, on n'utiliserait que le débit de la source A (fig. 83, pl. XXV).

Pendant la période de sécheresse, on compléterait le débit de la source au moyen du débit fourni par la galerie de captage.

En appelant α le rapport $\dfrac{AG}{a}$ des distances de la source à la galerie et au faîte, on voit que le débit de la galerie de captage ajouté à celui de la source A donne un débit total qui est à celui de cette dernière comme

$$1 \quad \text{est à} \quad 1 + \alpha\left(\frac{L - a}{L}\right).$$

Le même procédé conviendrait pour améliorer le régime de la source du contre-versant, et même le résultat serait encore relativement meilleur, puisque la longueur du bassin alimentaire serait portée de OA' à EA'; mais, dans ce cas, les eaux de la galerie seraient rendues au jour à un niveau inférieur à celui de la source.

Nous avons donné, au paragraphe 45, toute la théorie de cette opération et indiqué le moyen de calculer la *réserve*, dont l'utilisation pendant la sécheresse constitue le plus grand avantage de la galerie de captage, et en fait le mode le plus parfait d'utilisation des nappes aquifères.

72. Amélioration du régime d'une source de thalweg. — Amélioration par abaissement de la source, avec galeries ou drains.

— Nous nous sommes longue-ment étendu sur la théorie de cette opération, qui convient spécialement aux nappes de thalweg.

Quant à sa réalisation technique, c'est au moyen d'une galerie ou d'un drain établi sous le thalweg qu'on y parviendra.

Ici se présente une distinction très importante.

Si la source localisée dont on veut améliorer le régime est située, comme cela arrive le plus souvent, dans le fond de la vallée, elle recueille les eaux des deux ver-sants, et la galerie d'abaissement qu'on lui adjoindra recueillera également le débit des deux versants, mais amélioré par suite de l'allongement du bassin alimentaire pour chacun d'eux (§ 64).

Si, au contraire, par suite de certaines circonstances géologiques particulières, la source est située, non pas dans le fond de la vallée, mais bien au-dessus de ce fond, la galerie d'abaissement recueillera non seulement le débit amélioré du versant en question, mais encore le débit de l'autre versant de la même vallée, qui n'apportait rien à la source. C'est ce que montre la figure 145, pl. XLII.

Dans ce cas, non seulement on aura amélioré le régime de la source en question, mais encore on aura capté le débit d'un autre versant.

Quelle longueur devra-t-on donner à la galerie d'abaissement? Doit-elle s'étendre tout le long du versant alimentaire de la source?

Théoriquement, il y aurait avantage à donner à la galerie le plus grand développe-ment.

Pratiquement, on pourra le plus souvent réduire sa longueur. Ce sera une étude à faire dans chaque cas particulier au moyen des méthodes théoriques que nous avons développées, en tenant compte des circonstances locales.

Amélioration par abaissement avec puits et galeries.

— Si la pente de la vallée est assez grande, la galerie de captage sortira au jour à une distance acceptable de la source.

Si, au contraire, cette pente est faible, on aura avantage à extraire les eaux recueil-lies dans un puits.

On a démontré, au chapitre VI, la puissance d'appel et de rendement que possède un puits pourvu de galerie de fond. L'amélioration du régime d'une source au moyen d'un pareil puits sera souvent la meilleure solution, parce que les galeries profondes coûtent toujours fort cher à établir, tandis qu'un puits est d'une exécution relative-ment facile.

Le choix d'une solution dépend de beaucoup de circonstances qui regardent plutôt l'ingénieur que l'hydrologue.

On concevrait même qu'il fût plus avantageux, pour capter les eaux d'une vallée, de creuser un certain nombre de puits pourvus de galeries au fond, et de les actionner par transmission électrique, au moyen d'une usine centrale.

D'ailleurs, si une source a un débit suffisant pendant la saison humide, le pompage par puits n'a à fonctionner que pendant la saison sèche, et les pluies de la saison humide reconstituent rapidement les réserves.

CHAPITRE IX.

DÉTERMINATION, PAR L'OBSERVATION, DES CONSTANTES SPÉCIFIQUES DES NAPPES. — STATISTIQUE DES DÉBITS DES SOURCES. — DÉTERMINATION DU DÉBIT D'ÉTIAGE D'UNE SOURCE.

73. Des nappes naturelles. — Rappelons que les nappes que nous avons étudiées tout d'abord sous le nom de *nappes régulières* sont des nappes dans lesquelles : 1° la ligne de faîte est parallèle aux lignes d'affleurement ou de thalweg; 2° les filets liquides coulent normalement à ces lignes; 3° dans le cas d'une nappe de thalweg, la ligne des sources est parallèle à la ligne du fond imperméable.

Lorsque la ligne des sources n'est pas parallèle à la ligne du fond, les autres conditions restant remplies, nous avons ce que nous avons appelé des nappes *non régulières*.

Dans les *nappes naturelles*, ces conditions ne se rencontrent presque jamais d'une manière rigoureuse. Mais il existe beaucoup de cas où elles sont réalisées d'une manière assez approchée pour qu'on puisse appliquer la théorie sans grande erreur.

C'est ce qui arrive, par exemple, dans le voisinage du faîte général de toutes les nappes, ou dans le voisinage des cols ou dépressions, ou bien, sur d'assez grandes étendues, dans les nappes qui coulent sous des versants réguliers et très allongés, sous les plateaux à pente douce et régulière qui forment les massifs crayeux, ou bien encore sous la surface des larges vallées.

Nous examinerons plus loin comment on peut ramener à l'étude des nappes régulières ou non celle des nappes naturelles.

74. Constantes spécifiques qui déterminent une nappe régulière ou non régulière. — Lorsqu'on aura à étudier une nappe régulière ou non régulière, pour calculer, par exemple, les conséquences de l'établissement, dans cette nappe, d'une galerie ou d'un puits de captage, ou bien celles d'un abaissement ou d'un exhaussement de source, ou simplement les variations du débit des sources qu'elle alimente, on devra chercher à connaître ses éléments constitutifs, ou en d'autres termes ses *constantes spécifiques*.

Dans le cas général d'une nappe non régulière, les constantes spécifiques de cette nappe sont au nombre de *onze*.

Neuf déterminent la forme géométrique de la nappe.

Deux déterminent les variations de son débit.

Les *neuf* constantes qui déterminent la forme de la nappe sont :

H, hauteur totale de la nappe au faîte, depuis la surface jusqu'au fond imperméable;

p, p', hauteurs des sources du versant et du contreversant au-dessus du fond, c'est-à-dire hauteurs de la *contrenappe* du versant et du contreversant;

a, la longueur du versant;

$(L - a)$, longueur du contreversant;

ε, pente du fond imperméable;

δ, coefficient d'absorption total du terrain;

i, pente hydraulique de la nappe du versant;

z', pente hydraulique de la nappe du contreversant.

De ces 9 éléments on voit que les 5 premiers sont des longueurs.

Le 6e est un angle.

Les 7e, 8e, 9e sont des coefficients numériques. Ces éléments suffisent pour déterminer la forme géométrique de la nappe, mais son débit reste encore indéterminé. Pour le connaître, il faut avoir le rapport $\frac{m}{\mu}$. Cette donnée ne suffirait pas encore pour calculer les variations de la nappe par les crues et les décrues; il faut y ajouter la connaissance séparée des éléments m, μ :

m, coefficient du vide;

$\frac{1}{\mu}$, coefficient de perméabilité.

La détermination complète du fonctionnement d'une *nappe non régulière à deux versants*, ce qui est le cas théorique le plus général, comprend donc *onze constantes spécifiques*.

Cas d'une nappe à un seul versant. — Si la nappe considérée est à un seul versant. on a :

$$H = o ;$$
$$p' = o ;$$
$$a = L ;$$
$$z' = o.$$

Il ne reste plus que cinq constantes nécessaires pour déterminer la nappe.

Cas d'une nappe d'affleurement. — Dans ce cas on a :

$$p = o ; \qquad p' = o.$$

Il ne reste plus dans ce cas que sept constantes nécessaires pour déterminer la nappe.

75. Détermination, par l'observation, des constantes spécifiques d'une nappe. — D'ordinaire, on pourra déterminer, par l'observation directe sur le terrain ou par l'étude géologique :

1° La longueur totale d'une nappe d'un thalweg à l'autre L;

2° La position du fond imperméable et sa pente ε;

3° Les hauteurs p, p' des sources au-dessus du fond imperméable;

4° La hauteur Δ au-dessus de la source du versant de la nappe au faîte, ou dans le voisinage du faîte, ce qui suffira, puisque, le faîte étant un point à tangente horizontale, le niveau de la nappe ne change pas sensiblement dans une certaine étendue autour de ce point. On a la relation :

$$(410) \qquad H - p = \Delta - \varepsilon a.$$

Ces cinq éléments suffisent, ainsi que nous allons le voir, pour calculer les quatre éléments inconnus.

Calcul des éléments de la nappe. — Entre les neuf éléments d'une nappe, on a quatre relations.

Pour une nappe quelconque, on a ($ 18$) :

$$\frac{b_0}{\delta_0} = \gamma \quad \text{et} \quad \frac{\varepsilon}{2\delta} = z ;$$

par conséquent :

$$\frac{2b_0}{\varepsilon a} = \frac{\gamma}{z}.$$

Avec nos notations, b_0 est égal à $(H - p)$ pour le versant, $(H - p')$ pour le contreversant.

La relation ci-dessus donnera pour le versant :

(411)
$$\frac{2(H - p)}{\varepsilon a} = \frac{\gamma}{z}.$$

et pour le contreversant :

(412)
$$\frac{2(H - p')}{\varepsilon(L - a)} = \frac{\gamma'}{z'}.$$

$\frac{\gamma}{z}$ est le coefficient de la colonne 10 du tableau E.

On a, en général, pour la pente hydraulique d'une nappe de thalweg la relation ($ 35$) :

(412 *bis*)
$$z = \frac{\varepsilon}{2\delta}\sqrt{1 + K},$$

formule où :

$$K = \frac{p}{b} = \frac{p\theta}{b_0} ;$$

θ étant le rapport $\left(\frac{b_0}{b}\right)$ du tableau E (col. 7).

Par suite :

$$z = \frac{\varepsilon}{2\delta}\sqrt{1 + \frac{p\theta}{b_0}}.$$

Remplaçant b_0 par sa valeur $(H - p)$, on aura, pour la nappe du versant :

$$z = \frac{\varepsilon}{2\delta}\sqrt{1 + \frac{p\theta}{H - p}},$$

d'où l'on tire :

(413)
$$\delta = \frac{\varepsilon}{2z}\sqrt{1 + \frac{p\theta}{H - p}}.$$

On trouverait de même, pour la nappe du contreversant :

(414)
$$\delta = \frac{\varepsilon}{2z'}\sqrt{1 + \frac{p'\theta'}{H - p'}},$$

θ' étant le rapport $\left(\frac{b_0}{b}\right)$ relatif à la nappe (z').

Les quatre équations (411), (412), (413), (414), sont les seules relations que nous ayons entre les neuf quantités qu'il est nécessaire de connaître pour définir complètement la nappe naturelle.

Il faut donc qu'il y en ait cinq de données.

Si la nappe était régulière, on aurait une cinquième relation :

$$p = p'$$

et il faudrait qu'il y eût quatre quantités de données; d'où cette proposition :

PROPOSITION VIII. *Il faut 5 conditions pour déterminer une nappe non régulière.*
Il n'en faut que 4 pour déterminer une nappe régulière.
Dans le cas général, 5 éléments doivent être déterminés par l'observation.

La résolution des équations (411) à (414) se fera de la manière suivante :

On se donnera une valeur de a;
(410) donnera $(H - p)$;
(411) déterminera la pente hydraulique z;
(412) déterminera la pente hydraulique z'.

Les deux valeurs de δ données par les équations (413), (414), devront être égales. On devra avoir :

$$(415) \qquad \frac{1}{2z}\sqrt{1 + \frac{p\theta}{H-p}} - \frac{1}{2z'}\sqrt{1 + \frac{p'\theta'}{H-p'}} = 0.$$

C'est l'équation de condition.

On essaiera diverses valeurs de a, et on interpolera entre les résultats obtenus.

Application numérique. — Supposons que l'observation ait donné :

$$L = 1.000^m; \qquad p = 10^m; \qquad p' = 5^m; \qquad \Delta = 9^m; \qquad \varepsilon = 0,01.$$

En reportant ces données sur le papier, on reconnaît à vue d'œil que a doit être voisin de 6 à 700 mètres.

1° On essaiera $a = 600^m$. On tire successivement de (410) :

$$H - p = 3; \qquad H = 13; \qquad H - p' = 8.$$

De (411), (412) :

$$\frac{\gamma}{z} = 1; \qquad \frac{\gamma'}{z'} = 4.$$

Le graphique 36 donne (pl. XIII), par interpolation :

$$z = 0,408; \qquad \theta = 0,686;$$
$$z' = 0,425; \qquad \theta' = 0,660:$$

et (415) donne :

$$2,229 - 1,393 = 0,836.$$

La valeur $a = 600^m$ est trop petite;

2° On essaiera $a = 700^m$. On aura, comme ci-dessus, de (410) :

$$H - p = 2; \qquad H = 12; \qquad H - p' = 7;$$

de (411), (412) :

$$\frac{\gamma}{z} = 0{,}572; \qquad \frac{\gamma'}{z} = 4.67;$$

et par interpolation du graphique 36 :

$$z = 0{,}510; \qquad \theta = 0{,}530;$$
$$z' = 0.33; \qquad \theta' = 0{,}795;$$

l'équation de condition (415) devient :

$$1{,}872 - 1{,}896 = -0{,}024;$$

3° L'équation (415) donne donc :

$$0{,}836 \quad \text{pour} \quad a = 600^m;$$
$$-0{,}024 \quad \text{pour} \quad a = 700^m.$$

L'interpolation entre ces valeurs conduirait à :

$$a = 697^m.$$

On prendra :

$$a = 700^m.$$

Cette valeur étant admise, on trouve, par l'équation (413) :

$$\delta = 0{,}0188.$$

Les neuf quantités qui déterminent la nappe naturelle sont maintenant connues; ce sont les suivantes :

$$H = 12; \qquad p = 10^m; \qquad p' = 5^m;$$
$$\varepsilon = 0{,}01; \qquad a = 700^m; \qquad L - a = 300^m;$$
$$\delta = 0{,}0188; \qquad z = 0{,}51; \qquad z' = 0.33.$$

On peut construire les courbes V et V'.

Courbe V. On a successivement :

$$z_0 = \frac{\varepsilon}{2\delta} = 0{,}266;$$

(Équation 412 bis) $\qquad K = \left(\frac{z}{z_0}\right)^2 - 1 = 2{,}67;$

(Équation 245) $\qquad \varphi = \frac{2}{700} \cdot \frac{1 + 2{,}67 + 2{,}67 \times 0{,}796}{1 + 1{,}335 - 2{,}67 \times 0{,}279} = 0{,}00972.$

Inclinaison de l'asymptote :

$$\delta\gamma_0 = 0{,}0188 \times 0{,}602 = 0{,}0113.$$

Courbe V' :

(Équation 412 *bis*) $K = \left(\dfrac{z'}{z_0}\right)^2 - 1 = 0{,}538 ;$

(Équation 245) $\varphi' = \dfrac{7}{300} \dfrac{1 + 0{,}538 + 0{,}538 \times 0{,}265}{1 + 0{,}264 + 0{,}538 \times 0{,}446} = 0{,}0260 :$

(Équation 246) $\varphi'' = 0{,}136.$

Inclinaison de l'asymptote :

$$\frac{\delta}{\beta_0} = 0{,}0269.$$

On n'aura plus, pour construire les courbes V, V', qu'à employer les formules appliquées au paragraphe 45.

Les calculs précédents nous paraissent indiquer clairement comment, au moyen de cinq observations, il est possible de déterminer tous les éléments géométriques d'une nappe.

Cette méthode nous paraît susceptible de varier beaucoup dans la pratique.

76. Détermination des constantes par l'observation des crues et décrues des sources. — Graphique F. — On a établi aux chapitres III et IV deux formules générales qui s'appliquent aux crues et décrues des nappes de thalweg régulières :

1° La formule (168) donne l'ordonnée au faîte y d'une nappe en crue en fonction de l'ordonnée au faîte b_0 dans le régime permanent;

2° La formule (169) donne le débit d'une source en crue en fonction de son débit dans le régime permanent.

Cette dernière formule, établie pour une source de versant, s'applique à une source de contreversant, en multipliant son second membre par $\left(\dfrac{L-a}{a}\right)$. Mais le résultat serait peu exact si l'augmentation du débit était relativement importante, en raison de l'influence de la rétrogradation horizontale du faîte, dont la formule (169) ne tient pas compte.

Rappelons, d'ailleurs, que cette formule (169) n'a pas été déduite d'une théorie exacte, et qu'elle n'a que le caractère d'une formule empirique.

En pratique, c'est toujours aux graphiques C (pl. LXXX) et F (pl. LXXXI) qu'il conviendra d'avoir recours.

Nous donnons, à la fin du présent chapitre, les deux tables numériques Y et Z, que nous avons calculées et qui nous ont servi à construire ces graphiques.

La note A fournit des indications importantes sur l'établissement du graphique F et sur ses conditions d'application.

Les graphiques C et F équivalent en définitive à deux équations.

77. Détermination de la pente ε. Usage de la Carte géologique au $\frac{1}{80000}$. ——Parmi les éléments spécifiques, il y en a un dont l'importance est capitale, et qui sera souvent difficile à observer; c'est la position du fond imperméable. Le problème à résoudre consiste, en définitive, à tracer une ou plusieurs coupes géologiques à l'emplacement de la nappe à étudier, problème difficile et qui exige de suffisantes connaissances en géologie. Très souvent, lorsque les éléments relevés directement sur le sol feront défaut, lorsqu'on n'aura ni puits, ni sondages spéciaux pour se guider, on pourra recourir à la Carte géologique au $\frac{1}{80000}$, complétée par les notices et les coupes qui l'accompagnent. Cette carte, œuvre considérable, qui fait honneur à la science française, trop peu connue, et pas assez consultée par les ingénieurs, donne des renseignements précieux, et qui pourraient être utilisés dans une foule de circonstances.

Malheureusement la Carte géologique au 1/80000° ne porte que de très rares cotes d'altitude, et ce défaut capital fait que ce document, d'une importance exceptionnelle, qui pourrait rendre des services inappréciables dans les travaux publics, l'agriculture, l'hydraulique agricole, ne peut que bien rarement fournir les renseignements dont on a besoin.

Nous savons que le Service de la Carte géologique a demandé instamment qu'on lui fournît la carte de France au 1/50000° avec courbes de niveau. L'application des compartiments géologiques sur une pareille carte en ferait un guide d'une utilité pratique considérable. Il est à désirer qu'on se décide à exécuter enfin ce grand travail de la carte de France au 1/50000° avec courbes de niveau, qui, en raison des progrès considérables accomplis depuis quelques années dans les instruments géodésiques, n'offre plus de difficultés insurmontables.

Aujourd'hui, pour faire usage de la Carte géologique dans les études hydrauliques des nappes aquifères et des sources, il faut nécessairement compléter les cotes d'altitude trop peu nombreuses qui y figurent par un nombre de cotes supplémentaires suffisant pour pouvoir dessiner le relief du sol par courbes de niveau. Sur ce calque ainsi complété, il est facile de faire des coupes et de déterminer les affleurements de la couche imperméable qui sert de base à la nappe que l'on étudie.

S'il s'agit d'une nappe d'affleurement, les deux affleurements du versant et du contre-versant pourront être relevés et on en déduira la pente du fond imperméable.

Nous écartons, bien entendu, l'hypothèse où il existerait des failles, dont la présence mettrait en défaut l'application de la théorie.

S'il s'agit d'une nappe de thalweg, la question de la détermination de la pente du fond est beaucoup plus difficile. L'inclinaison des couches ne peut être connue que lorsqu'il a été fait, dans la région, des puits, sondages ou forages, dans lesquels on a rencontré la base du terrain perméable en question.

Quelquefois, mais rarement, la notice explicative de la Carte géologique donne des renseignements de ce genre. Elle fournit, par exemple, l'épaisseur des assises des divers terrains, ou, tout au moins, les limites entre lesquelles cette épaisseur varie.

Une interprétation judicieuse de ces divers renseignements conduira quelquefois à une connaissance suffisamment approchée de la vraie position du fond imperméable.

Si l'on possède un assez grand nombre de sondages pour pouvoir tracer un profil transversal de la nappe, les calculs pourront se trouver simplifiés. Mais il arrivera rarement que les formes trouvées pour le profil des nappes concordent exactement avec les profils théoriques. On relèvera presque toujours des irrégularités qui tiennent au défaut d'exactitude des hypothèses de la théorie. Nous estimons qu'il n'y a pas lieu de s'arrêter aux irrégularités qui n'ont qu'un caractère local et qu'on devra toujours considérer la nappe théorique constituée par la base L et par la hauteur du faîte, cette hauteur étant réellement l'élément principal, dominant, le *moteur* du fonctionnement de la nappe.

78. Détermination complète d'une nappe d'affleurement quand on connaît les débits ordinaires des sources de versant et de contreversant et leurs niveaux.

On connaît, par hypothèse :

Les débits q, q' du versant et du contreversant ;

La pente du fond ε ;

La longueur totale de la nappe L.

Le rapport des longueurs du versant et du contreversant est égal au rapport des débits. On a donc :

$$\frac{a}{L-a}=\frac{q}{q'}; \qquad \left(\frac{a}{L}\right)=\frac{q}{q+q'},$$

ce qui donne la position du faîte.

Le rapport $\left(\frac{a}{L}\right)$ figure dans la quatrième colonne du tableau E et la figure 35 (pl. XI) en donne le graphique. On en déduit la pente hydraulique z de la nappe. Cette constante étant connue, on peut tracer le profil de la nappe.

On a ensuite, pour le coefficient d'absorption :

$$\delta=\frac{\varepsilon}{2z};$$

puis on exprime que l'apport pluvial total est égal au débit total :

$$\frac{m}{\mu}\delta^2L=q+q'.$$

On en tire :

$$\frac{m}{\mu}=\frac{q+q'}{L\delta^2}.$$

Il reste à connaître séparément m et μ. C'est l'objet du paragraphe 80.

On trouvera une application de la méthode qui vient d'être exposée au chapitre XVI.

79. Détermination de δ par le jaugeage du débit d'un puits. — Nous avons indiqué au paragraphe 63 une méthode qui permet de calculer le coefficient d'absorption d'un terrain, par le jaugeage du débit d'un puits au moyen d'une double épreuve.

Quand il s'agira d'appliquer le résultat ainsi obtenu, il faudra examiner si le terrain perméable dans lequel on opère a une composition assez homogène pour que la valeur de δ ainsi trouvée pour les couches de la surface puisse être légitimement appliquée à l'ensemble de la nappe.

80. Détermination, par l'observation, des constantes m, μ. — Supposons qu'on connaisse déjà, par la méthode qui vient d'être exposée, la forme géométrique de la nappe considérée, il reste à déterminer les constantes m et μ.

Ces constantes peuvent se déterminer :

a. Par le débit ordinaire des sources;

b. Par les abaissements du faîte de la nappe ou la diminution du débit des sources en temps de sécheresse absolue;

c. Par les abaissements du faîte de la nappe ou la diminution du débit des sources en temps de sécheresse relative;

d. Par les relèvements du faîte de la nappe ou l'augmentation du débit des sources en temps de crues;

e. Par les montées du faîte en temps de fortes pluies.

a. **Par le débit ordinaire des sources.** — Le débit permanent ou ordinaire d'une source dont le bassin alimentaire a une surface S est, nous le savons, égal à :

$$(416) \qquad \frac{m}{\mu} \delta^2 s.$$

δ étant connu par l'étude géométrique de la nappe, cette formule donne le rapport $\frac{m}{\mu}$, quand S est connu.

Toute la question se réduit donc à déterminer le bassin alimentaire d'une source.

Cas d'une nappe d'affleurement. — Si l'on possédait un plan avec courbes de niveau de la surface de la nappe (fig. 146, pl. XLI), les lignes orthogonales tracées par les faîtes secondaires indiqués par les parties saillantes des courbes FG, entre deux sources consécutives, donneraient évidemment les limites séparatives des bassins alimentaires de chacune d'elles. Mais il est à peine besoin de faire observer qu'on ne possédera jamais, sauf dans des cas exceptionnels, un plan de cette nature.

La fixation du bassin alimentaire d'une source localisée appartenant à une nappe d'affleurement est un problème indéterminé, qui ne peut se résoudre que par une appréciation raisonnée des circonstances locales. Pour y parvenir, on considérera un certain nombre de sources consécutives, entre lesquelles la source considérée est intercalée, et par la comparaison des débits de chacune d'elles, on arrivera à arbitrer la surface de bassin afférente à ladite source.

Cas d'une nappe de thalweg. — Pour une nappe de thalweg, la difficulté paraît moins grande, parce que les sources de ce genre sont moins localisées; mais elles ne sont pas visibles, et elles émergent dans le cours d'eau qui coule dans le thalweg.

On jaugera le débit de ce cours d'eau entre deux points donnés et la différence du débit constatée à l'amont et à l'aval donnera le débit cumulé des nappes des deux versants dans le même intervalle.

Cela suppose, bien entendu, qu'il n'y a pas d'écoulement parallèle au thalweg et que, par conséquent, les courbes de niveau de la nappe sont sensiblement parallèles à ce même thalweg.

Si, comme cela arrivera le plus souvent, les deux versants qui versent leurs eaux dans le thalweg sont composés des mêmes terrains géologiques, le débit total trouvé devra être réparti entre les deux versants proportionnellement à leurs largeurs, que l'étude géométrique des nappes aura révélées.

On connaîtra donc le débit afférent à la portion de nappe que l'on considère et la surface de bassin correspondante; on en conclura la valeur cherchée du rapport $\frac{m}{\mu}$ par la formule $\frac{m}{\mu} = \frac{Q}{\mathcal{F}^2 S}$.

b. **Par les abaissements du faîte de la nappe ou la diminution du débit des sources en temps de sécheresse.** — Nous avons vu aux chapitres III et IV que, en temps de sécheresse, l'abaissement du faîte d'une nappe à fond horizontal obéissait à la loi :

(Équation 74) $$y - \frac{b}{1 + \alpha t},$$

formule où b, y, expriment les hauteurs du faîte au-dessus de la ligne des sources au commencement de la période de sécheresse et au bout du temps t secondes.

α est un coefficient qui a pour valeur (équations 73 et 174) :

$$\alpha = \frac{b}{\mu a^2}$$

pour une nappe d'affleurement;

$$\alpha = \frac{b + p}{\mu a^2} = \frac{b(1 + K)}{\mu a^2}$$

pour une nappe de thalweg.

Si donc on peut déterminer par l'observation l'abaissement que prend le faîte d'une nappe par suite de la sécheresse pendant un temps t, on pourra calculer le coefficient α et en déduire la valeur de la constante μ, ou bien calculer directement μ, savoir :

(417) $$\mu = \frac{bt}{a^2}\left(\frac{b}{(b-y)} - 1\right)$$

nappe d'affleurement;

(417 *bis*) $$\mu = \frac{(b+p)t}{a^2}\left(\frac{b}{(b-y)} - 1\right)$$

nappe de thalweg.

Ces formules ne sont rigoureusement vraies que pour les nappes à fond horizontal; mais nous avons vu qu'on peut les étendre aux nappes à fond incliné, en y changeant

$$b \quad \text{en} \quad b_0 + \frac{B \varepsilon a}{2};$$

$$y \quad \text{en} \quad y + \frac{B \varepsilon a}{2};$$

$$a \quad \text{en} \quad A a.$$

Tout est connu dans ces formules, puisque nous supposons la forme géométrique de la nappe déterminée préalablement.

Outre l'observation de l'abaissement du faîte de la nappe, on peut aussi observer le débit de ses sources.

Soient Q le débit observé de la source au bout du temps t compté à partir du moment où ce débit était égal à celui du régime permanent Q_o; F le rapport $\dfrac{Q}{Q_o}$.

On cherchera dans la courbe H = zéro du graphique F, pl. LXXXI, le point qui a F pour ordonnée. L'abscisse x, comptée à partir du point où la courbe pointillée marquée AB coupe l'axe horizontal du régime permanent, est égale à :

$$(418) \qquad\qquad x = (1 + K) \alpha t.$$

Dans cette formule, tout est connu, par hypothèse, excepté α; on en déduira cette inconnue.

Lorsque les éléments géométriques de la nappe sont connus, on voit qu'on a trois équations (416), (417), (418) pour déterminer les deux inconnues m, μ. Il y aura donc une équation de condition qui devra être satisfaite, si les hypothèses faites sont exactes.

Dans le cas où cette équation ne serait pas satisfaite, cela démontrerait, ou bien que l'hypothèse de la *sécheresse absolue* n'est pas exacte, ou bien que les hypothèses de la théorie ne sont pas applicables dans le cas présent, soit que le massif perméable ne soit pas homogène, soit pour tout autre motif.

c. **Par les observations faites en temps de sécheresse relative.** — Dans les régions où le climat n'est pas très sec, il est rare qu'on puisse compter sur une *sécheresse absolue*, au point de vue de l'apport pluvial d'une nappe, et qu'on puisse supposer $\left(\dfrac{H}{h}\right) = 0$ pendant une longue période.

D'ordinaire, il faudra admettre un apport pluvial égal à une fraction.

Ainsi que nous l'avons dit au paragraphe 76, l'observation de la baisse du faîte et de la diminution du débit en décrue fournit deux équations qui peuvent donner la valeur des coefficients m et μ.

Malheureusement, on ignore la valeur de l'apport pluvial réel $\left(\dfrac{H}{h}\right)$ et on est obligé de l'évaluer par appréciation.

Les considérations que nous exposerons au paragraphe 80 et les données numériques que nous fournirons au chapitre XVII permettront de procéder avec quelque chance d'exactitude.

On en trouvera une application au chapitre XVI, § 2.

d. **Par les observations faites en temps de crue.** — Ce procédé, en tant que méthode, ne diffère pas du précédent, mais il est plus incertain.

Dans les deux cas *c* et *d*, nous estimons qu'il y aura toujours avantage à considérer des périodes de décrue ou de crue un peu longues, de trois ou quatre mois, pour éliminer plus sûrement les erreurs accidentelles.

e. **Par l'observation de la montée du faîte, à la suite des fortes pluies.** — On a, pour la vitesse de montée du faîte d'une nappe coulant sur un fond horizontal :

$$(\text{Équation } 69) \qquad\qquad \frac{dy}{dt} = \frac{H - h}{m},$$

H étant l'apport pluvial que reçoit la nappe par seconde;

h, celui qu'elle devrait recevoir pour entretenir le régime permanent à la hauteur du faîte considéré.

On tire de cette relation :

$$dy = \frac{1}{m}(\mathrm{H}dt - hdt).$$

Intégrant cette équation depuis le moment où la nappe commence à s'élever jusqu'au moment où son niveau recommence à baisser, on aura, pour la montée totale :

$$(419) \qquad\qquad y - b = \frac{1}{m}(\mathrm{P} - h_m t).$$

P étant la hauteur totale de pluie qui est parvenue à la nappe; h_m la hauteur moyenne de l'apport pluvial du régime permanent qui correspond sensiblement à la moyenne des positions occupées par le faîte dans son ascension ; t la durée en secondes du temps compris entre le commencement et la fin de ladite ascension.

Si la hauteur P est grande, on ne commettra pas une grande erreur en remplaçant la hauteur moyenne h_m par la hauteur de l'apport pluvial du régime permanent, laquelle est égale au débit ordinaire de la source par mètre carré de bassin.

Il ne reste plus à connaître que la hauteur de l'apport pluvial P.

Cet apport représente la hauteur de l'eau qui s'est réellement infiltrée dans le sol. Il n'y a guère d'autre moyen pratique de la déterminer que d'appliquer à la pluie tombée les coefficients d'infiltration qui auront été calculés par les méthodes du paragraphe 82 pour la région considérée. On fera choix du coefficient suivant l'époque et les circonstances.

La détermination de l'apport pluvial P comporte donc, au fond, un arbitrage approximatif. Mais à mesure qu'on connaîtra mieux ces questions, par les applications qu'on aura faites de la théorie, on arrivera à une approximation plus grande dans le choix des coefficients à adopter.

Tout étant connu dans la formule 419, celle-ci donnera la valeur du coefficient m.

Le procédé que nous venons d'indiquer pour la détermination de la constante m exige quelques précautions.

C'est naturellement au moyen des puits que l'on déterminera les niveaux de la nappe. Il est donc nécessaire que, dans les puits considérés, le niveau de l'eau représente bien le niveau de la nappe. Or, pendant les fortes pluies, le niveau de l'eau dans un puits est quelquefois bien plus élevé que celui de la nappe. Cela tient à ce que le vide d'un puits fait appel autour de lui et offre un chemin facile aux filets liquides qui descendent verticalement dans le terrain environnant.

Ce phénomène s'observe surtout dans les terrains calcaires pourvus de larges fissures.

Après la cessation de la pluie, l'eau baisse plus ou moins rapidement dans le puits, et l'équilibre de niveau tend à s'établir entre ce dernier et la nappe. On ne considérera la période de l'expérience comme terminée que lorsque cet équilibre se sera réalisé, ce que le graphique des niveaux de l'eau dans le puits permettra d'apprécier assez facilement.

Les observations et les calculs qui conduisent à la connaissance de la constante m

permettent aussi de calculer la constante μ. En effet, on a dû nécessairement calculer la hauteur h de l'apport pluvial moyen. Elle est égale, comme nous l'avons déjà dit, au débit moyen de la source, c'est-à-dire à son produit annuel divisé par $31.500.000$ secondes.

Or on a :

$$(420) \qquad\qquad h = \frac{m}{\mu}\delta^2,$$

formule où h et δ sont connus, puisque, par hypothèse, tous les éléments géométriques de la nappe sont déterminés. Elle fournit donc le rapport $\frac{m}{\mu}$.

Les méthodes que nous venons d'indiquer pour déterminer les *constantes spécifiques* des nappes, particulièrement du procédé *b* applicable aux périodes de sécheresse absolue, nous paraissent les plus simples et les plus susceptibles de devenir *usuelles*. Mais on peut en trouver d'autres, susceptibles de mieux s'adapter à des observations d'une nature déterminée. La théorie fournira dans chaque cas particulier les équations d'où l'on pourra déduire les valeurs numériques des constantes spécifiques que l'on cherche. (Voir chapitres xiv et xvii.)

81. **Détermination des constantes spécifiques dans le cas des nappes naturelles.** — Lorsque les nappes ne peuvent plus être considérées comme satisfaisant à peu près aux conditions fondamentales qui caractérisent les nappes théoriques, régulières ou non régulières, c'est-à-dire ne peuvent pas être assimilées à des nappes cylindriques, on se trouve en présence de *nappes naturelles*, et on est obligé de recourir pour la recherche des constantes spécifiques à des méthodes approximatives basées sur quelques principes que nous allons exposer.

On pourra arriver à un résultat assez exact, si l'on possède une *représentation par courbes de niveau* de la nappe en question, suffisante pour que l'on puisse y tracer par des lignes orthogonales auxdites courbes de niveau *les directions des filets liquides* de la nappe.

Nous avons vu, au chapitre iv, qu'une nappe complète se répartit généralement entre trois thalwegs, *deux primaires* et *un secondaire*.

La figure 147, pl. XLI, représente une nappe de ce genre.

Près du faîte principal, les orthogonales se rapprochent beaucoup les unes des autres et on peut leur substituer une seule ligne DE pour figurer le faîte principal, avec deux faîtes secondaires DC, DF aboutissant aux confluents des thalwegs.

Moyennant cette simplification, le versant primaire, le contreversant primaire et le versant secondaire se trouvent parfaitement séparés.

A cette première simplification nous en ajouterons une deuxième. Les filets liquides, nous le savons, rayonnent tous du faîte général, mais ils se rapprochent beaucoup les uns des autres le long de la ligne du faîte principal DE. On peut substituer au filet liquide compris entre les deux courbes MM', NN', un filet liquide fictif compris entre les deux lignes droites MP, NQ, qui embrassent la plus grande partie du filet liquide réel. Le faîte du filet liquide fictif serait supposé en PQ sur le faîte général. Cette simplification a pour effet de supprimer toute la partie angulaire étroite du filet liquide MM'NN' qui aboutit au faîte général. L'erreur commise ne peut donc pas être très importante.

Traçant d'autres lignes droites M_1P_1, M_2P_2, en remplacement des lignes courbes correspondantes, on remplacera des filets liquides réels par des filets *fictifs*, dont les débits seront peu différents des débits des premiers, et dont la surface en plan sera exactement égale à celle des filets réels.

La même transformation pourra être faite pour les filets liquides du contreversant, et les filets fictifs limités par les lignes droites PS, P_1S_1, P_2S_2, remplaceront les filets réels qui aboutissaient aux mêmes points S, S_1, S_2, sur le thalweg du contreversant.

Nous allons démontrer que chacun des filets liquides fictifs ayant en plan une forme trapézoïdale peut être assimilé à un filet de nappe permanente, calculable par les méthodes applicables aux nappes à filets parallèles.

Nappes à filets divergents ou semi-divergents. — Nous appelons nappe à filets divergents, une nappe dans laquelle tous les filets liquides divergent d'un *point de faîte unique*, en restant contenus dans des plans verticaux qui passent par la verticale du point de faîte.

Une pareille nappe a, par conséquent, la forme d'un *dôme* plus ou moins régulier.

Elle est, pour ainsi dire, le contraire de la nappe à *filets convergents* ou nappe de puits, où tous les éléments convergent vers un point unique.

Comme nous l'avons fait pour la nappe à filets convergents, nous admettrons que chaque élément de la nappe à filets divergents, c'est-à-dire chaque portion de cette nappe comprise entre deux plans verticaux faisant entre eux un angle infiniment petit, se comporte isolément et indépendamment des éléments voisins.

PROPOSITION I. *Dans un terrain où le coefficient d'absorption est δ, le profil d'un élément de la nappe à filets divergents est le même que le profil d'une nappe à filets parallèles dans laquelle le coefficient d'absorption serait :*

$$(421) \qquad\qquad \delta' = \frac{\delta}{V^2}.$$

Considérons en plan un élément de nappe divergente B_0A_0, qui part d'un faîte B_0 pour se déverser sur une ligne d'affleurement CD (fig. 148, pl. XLI).

Soient :

MP, une section verticale quelconque normale à l'élément;

x, l'abscisse OP;

y, l'ordonnée MP;

α, l'angle très petit compris entre les plans B_0M', B_0M'';

ε, la pente du fond, le long de l'élément B_0A_0.

Le débit qui passe dans la section $M'M''$ est dû à l'apport pluvial reçu par la surface triangulaire $B_0M'M''$.

Il est égal à :

$$\frac{m}{\mu}\,\delta^2\,\frac{\alpha x^2}{2}.$$

D'autre part, ce débit est exprimé par :

$$-\frac{m}{\mu}\,y\left(\frac{dy}{dx} - \varepsilon\right)\alpha x.$$

Égalant ces deux expressions et supprimant le facteur commun $\frac{m}{\mu}\alpha x$, il reste :

$$- y\left(\frac{dy}{dx} - \varepsilon\right) = \frac{\delta^2 x}{2}.$$

Il est facile de voir que cette équation est identique à celle que l'on écrirait par application de l'équation (25), pour une nappe à éléments parallèles dans laquelle le coefficient d'absorption δ serait remplacé par $\frac{\delta}{\sqrt{2}}$; dans ce cas, en effet, le carré de ce coefficient serait égal à $\frac{\delta^2}{2}$. La proposition I est ainsi démontrée.

Nous appelons nappe à *filets semi-divergents*, une nappe dans laquelle chaque filet liquide a en plan la forme d'un *trapèze* dont la largeur augmente dans le sens de la vitesse des filets liquides. C'est, par conséquent, un filet liquide, comme les filets liquides fictifs MPQN, PQRS..... de la figure 147. Les deux côtés prolongés d'un pareil filet liquide convergent en un point T qui est le centre de courbure moyen des orthogonales des filets liquides.

Appelons a la longueur MP d'un filet liquide depuis son faîte P jusqu'à sa source M, R la longueur du rayon de courbure MT.

PROPOSITION II. *Dans un terrain où le coefficient d'absorption est δ, le profil d'un élément de la nappe à filets semi-divergents est sensiblement le même que celui d'une nappe à filets parallèles dans laquelle le coefficient d'absorption δ serait égal à :*

$$(422) \qquad \delta' = \delta\sqrt{1 - \frac{a}{2R}}.$$

Égalons le débit dans une section quelconque, située à une distance x du faîte, au produit de l'apport pluvial, qui parvient à cette section ; nous aurons :

$$- \frac{m}{\mu} y\left(\frac{dy}{dx} - \varepsilon\right)\left[\alpha(R - a) + \alpha x\right] = \frac{m}{\mu}\delta^2\left[\alpha(-R a)x + \alpha\frac{x^2}{2}\right],$$

ou, en supprimant les facteurs communs :

$$- y\left(\frac{dy}{dx} - \varepsilon\right) = \delta^2 x\left[1 - \frac{\frac{x}{2}}{R - a + x}\right].$$

Pour $x = 0$, la parenthèse est égale à 1.

Pour $x = a$, la parenthèse est égale à $\left(1 - \frac{a}{2R}\right)$.

Si l'on remplace la nappe que représente l'équation ci-dessus par une nappe à filets pour laquelle on aura :

$$\delta'^2 = \delta^2\left(1 - \frac{a}{2R}\right),$$

on diminuera la valeur de la parenthèse, et, par suite, celle du débit, mais seulement pour les petites valeurs de x, c'est-à-dire pour les petites valeurs du débit.

On aura donc ainsi une nappe à filets parallèles, d'un débit sensiblement égal, mais un peu inférieur au débit de la nappe à filets semi-divergents.

La valeur ci-dessus de δ donne :

Pour le cas d'une nappe à filets parallèles :

$$R = \infty ; \qquad \delta'^2 = \delta^2 ;$$

Et pour le cas d'une nappe à filets divergents :

$$R = a \qquad \delta'^2 = \frac{\delta^2}{2}.$$

Elle satisfait ainsi la proposition I ci-dessus démontrée.

Si donc on détermine, par la méthode déjà indiquée au paragraphe 75, les éléments d'une nappe qui aurait pour profil la coupe faite sur MP, en considérant le point P comme son faîte, on trouvera pour coefficient d'absorption de cette nappe un certain coefficient δ', et l'on aura pour le coefficient d'absorption réel du terrain :

$$\delta = \frac{\delta'}{\sqrt{1 - \dfrac{a}{2R}}}.$$

La méthode que nous venons d'indiquer permettra de déterminer la vraie valeur du coefficient d'absorption δ d'un élément trapézoïdal de nappe, quand on connaîtra d'une manière assez approchée la direction des filets liquides dans le voisinage de la zone considérée.

Toutefois cette méthode exige qu'on possède le plan à courbes de niveau de la nappe. Si on ne le possède pas, il faudra employer la méthode plus simple, mais moins exacte que nous allons indiquer.

Méthode des profils transversaux de la vallée. — Cette méthode n'est applicable qu'aux parties des versants, et surtout du versant principal, assez éloignées du thalweg secondaire pour que les lignes orthogonales ne soient pas trop obliques sur le thalweg du versant et sur la ligne de faîte. Dans ce cas, une coupe transversale XY (fig. 147), faite sur les deux versants, donne un profil de nappe qui, par hypothèse, représente le profil qui se produirait s'il n'y avait pas de nappe secondaire.

La méthode revient donc à ne pas tenir compte de la nappe secondaire.

On relèvera les dimensions de ce profil.

On possédera alors toutes les données du paragraphe 74 et on pourra calculer les pentes hydrauliques z, z' des nappes du versant et du contreversant. Puis on calculera δ séparément pour le versant et pour le contreversant. Les deux valeurs ainsi trouvées ne seront pas égales entre elles. Elles seront toutes deux inférieures à la vraie valeur du coefficient d'absorption δ, puisque, en chaque point du plan, l'apport pluvial se décompose en deux parts, une qui s'incorpore à la nappe primaire, une autre qui s'incorpore à la nappe secondaire, et que la méthode ne tient compte que de la première.

Néanmoins la méthode des profils transversaux conduit généralement à assigner

aux débits des nappes primaires des valeurs assez approchées, si la direction de la
pente du fond ne diffère pas trop de la direction des thalwegs et du faîte.

Il existe certaines parties des nappes qui se prêtent tout particulièrement à l'application de cette méthode.

Ce sont les *faîtes* et surtout les *cols* ou dépressions.

Les courbes de niveau y affectent des tracés à peu près parallèles sur une certaine
étendue. Nous avons utilisé cette propriété au chapitre XI pour la détermination des
constantes de la nappe du Hain.

82. **Importance de la détermination pratique des constantes** δ, m, μ. — Parmi
les constantes spécifiques des nappes, il y en a qui dépendent des *circonstances topo-
graphiques locales*. Telles sont la longueur de la nappe, la pente du fond, la profondeur de la contrenappe.

Deux de ces constantes caractérisent la nature du sol au point de vue de sa perméabilité. Ce sont les coefficients m et μ.

Le coefficient d'absorption δ dépend non seulement de la nature intrinsèque du
massif perméable, mais encore de la hauteur de l'apport pluvial, de la nature de la
couche superficielle du sol et de la nature du fond imperméable.

Si la couche superficielle du sol est peu perméable, elle ne laissera passer qu'une
petite quantité d'eaux d'infiltration, l'apport pluvial sera petit et le coefficient δ sera
petit également.

Si le fond imperméable n'a qu'une imperméabilité relative, et s'il se laisse traverser
par des volumes d'eau assez importants, qui vont alimenter les nappes des étages inférieurs, l'apport pluvial conservé par la nappe se trouve encore diminué.

Le coefficient δ est donc influencé par toutes les circonstances géologiques locales,
c'est-à-dire par la perméabilité du massif propre de la nappe, et par celles du massif
perméable de la couche superficielle et du fond imperméable.

Cependant les quelques recherches que nous avons eu l'occasion de faire tendent à
démontrer que ce coefficient suit des lois assez régulières. Sa valeur numérique est
faible pour les terrains perméables et forte pour les terrains imperméables.

Les constantes m, μ, s'appliquent à la couche perméable elle-même, et par conséquent on doit s'attendre à ce que ces coefficients *caractérisent* chaque terrain. Il est
très probable que, pour des terrains de même nature, leurs variations sont renfermées
dans des limites assez restreintes.

Il serait donc possible qu'on arrivât par la pratique à définir à première vue la valeur des constantes m, μ, pour un terrain donné. Ce serait là un *criterium* très important, qui permettrait de résoudre, sans nouvelles recherches, d'intéressants problèmes
concernant les nappes et les sources.

Nous exprimons le vœu que les ingénieurs qui auront à s'occuper de ces questions
ne négligent pas la détermination de ces coefficients dans toutes les circonstances où
cela sera possible. Nous donnerons au chapitre XVII les données numériques auxquelles
nous sommes parvenu jusqu'à présent, et qui permettront de résoudre d'une manière
assez approchée certains problèmes pratiques.

83. **De l'utilité des statistiques des débits des sources et des hauteurs de
pluies.** — **Résultats qu'on peut en tirer.** — Les statistiques des débits des sources,

si ces débits ont été soigneusement observés et si l'on a fait en même temps des observations pluviométriques dans le voisinage du bassin considéré, fournissent des renseignements précieux que rien ne peut remplacer.

Pour être facilement utilisables, les statistiques doivent donner les débits d'une source à des dates assez rapprochées pour qu'en traçant la courbe de ces débits on puisse y relever la valeur du débit à une date déterminée de chaque mois, par exemple à la date du 1er, celles du *débit maximum* et du *débit minimum* annuels et celle du *débit moyen* qui, d'après nos définitions, correspond au *régime permanent*.

Afin d'éliminer l'influence des causes perturbatrices et l'imperfection des observations, surtout en ce qui concerne la pluie, il est désirable d'opérer sur les moyennes de plusieurs années.

C'est au moyen du tableau Z ou du graphique F que l'on peut interpréter les statistiques des débits et en tirer des résultats importants.

Le tableau et le graphique contiennent trois quantités :

1° Le rapport $\left(\dfrac{H}{h}\right)$ de l'apport pluvial réel, dans la période considérée, à l'apport pluvial du régime permanent;

2° Le terme $x = (1 + K)\,\alpha t$, qui est égal au produit du coefficient spécifique de la nappe $(1 + K)\,\alpha$ par le temps t (évalué en secondes), durée de ladite période;

3° Enfin le rapport F du débit de crue au débit permanent.

Si l'observation donne deux de ces quantités, par exemple $(1 + K)\,\alpha t$ et F, le graphique fournit la troisième $\left(\dfrac{H}{h}\right)$.

Nous verrons même que, d'une statistique qui comprend les moyennes d'une année entière, on peut déduire le rapport $(1 + K)\,\alpha$.

Nous allons examiner les divers résultats que peut fournir une pareille statistique.

Détermination des apports pluviaux d'une nappe suivant les saisons. — Une statistique des débits moyens appuyée par des observations pluviométriques permet de résoudre un problème resté fort obscur jusqu'à présent, c'est la détermination des quantités d'eaux pluviales qui s'infiltrent dans le sol, en d'autres termes, des apports pluviaux que reçoivent les nappes aux diverses époques de l'année.

Considérons la courbe des débits d'une source (fig. 137, pl. XXXIX). En éliminant les variations de détail, elle se présentera sous la forme d'une sinusoïde plus ou moins régulière, tracée au-dessus et au-dessous de l'horizontale qui figure le *débit permanent* ou le débit moyen (pl. LXXX).

À partir d'une date A, en octobre, novembre ou décembre, le débit, qui est alors égal au débit moyen, s'élève jusqu'à un maximum B, qui se produit dans le courant de l'hiver. C'est la *crue d'hiver.*

Puis le débit diminue jusqu'à ce qu'il repasse par sa valeur moyenne en C, en avril, mai ou juin. C'est la *décrue de printemps.*

La décroissance continue jusqu'au *minimum*, qui se produit à la fin de l'été, et même bien au delà, point D. CD correspond à la *décrue d'été.*

Avec les pluies de l'arrière-saison, le débit croît et regagne sa valeur moyenne avant l'hiver; c'est la *crue d'automne.* Point E de la courbe qui reproduit le point A.

Il y a donc quatre périodes à considérer. Dans chacune d'elles, le débit permanent forme l'une des limites de la période, soit au commencement, soit à la fin. Si c'est au commencement, c'est la partie de droite du graphique F qui est applicable, et si c'est à la fin, c'est la partie de gauche.

Nous admettons qu'on connaît par l'étude de la nappe qui alimente la source le rapport $(1 + K)\alpha$. On formera alors la quantité $(1 + K)\alpha t$ pour chacune des quatre périodes. Q, Q_M, Q_m étant les débits permanent, maximum et minimum, les rapports des quatre périodes successives seront :

$$\frac{Q_M}{Q}, \qquad \frac{Q_M}{Q}, \qquad \frac{Q_m}{Q}, \qquad \frac{Q_m}{Q}.$$

On aura donc toutes les données nécessaires pour relever sur le graphique F les valeurs moyennes du rapport $\left(\dfrac{H}{h}\right)$ pour chacune des quatre périodes qui correspondent plus ou moins exactement aux quatre saisons.

Détermination des coefficients d'infiltration par saison. — Soient :

θ, la fraction de la hauteur de pluie qui pénètre dans le sol pendant une période;

θ_m, la fraction moyenne pour toute l'année;

p, la hauteur de pluie pour la période considérée;

P, la hauteur de pluie pour toute l'année;

n, le nombre de jours de la période;

$\left(\dfrac{H_n}{h}\right)$, le rapport de l'apport pluvial réel à l'apport pluvial moyen relevé sur le graphique comme il vient d'être dit.

La hauteur d'eau qui pénètre dans le sol par mètre carré dans une période est :

$$\theta p.$$

D'autre part, cette hauteur est égale à :

$$\theta_m P \left(\frac{H_n}{h}\right) \frac{n}{365}.$$

Ces deux quantités sont égales, ce qui donne :

$$(424) \qquad \left(\frac{\theta}{\theta_m}\right) = \frac{nP}{365\,p}\left(\frac{H_n}{h}\right).$$

Remplaçant dans cette formule $\left(\dfrac{H_n}{h}\right)$ par les quatre valeurs trouvées ci-dessus, on aura la valeur moyenne du rapport $\left(\dfrac{\theta}{\theta_m}\right)$ pour les quatre périodes. On pourra ensuite, par un tracé qui ne laisse pas beaucoup d'incertitude, obtenir le rapport $\left(\dfrac{\theta}{\theta_m}\right)$ pour chaque mois de l'année.

Détermination des apports pluviaux et des coefficients d'infiltration par mois. — On peut aller plus loin, serrer de plus près les faits et calculer les apports pluviaux et les coefficients d'infiltration par mois.

Soient a, b, c . . ., les points de division par mois.

Considérons par exemple la première période, celle de la crue d'hiver.

Nous supposons qu'on connaît les débits à la date du 1er du mois :

$$Q' \text{ en } a, \qquad Q'' \text{ en } b, \qquad Q''' \text{ en } c,$$

et ensuite le débit moyen Q en A et le débit maximum Q_M en B. On calculera les rapports :

$$\frac{Q'}{Q}, \qquad \frac{Q''}{Q}, \qquad \frac{Q'''}{Q}, \qquad \frac{Q_M}{Q};$$

soient n', n'', n''', n^{IV} les durées des intervalles :

$$Aa, \qquad Ab, \qquad Ac, \qquad AB.$$

Au moyen des quatre rapports de débits ci-dessus calculés et des quatre valeurs correspondantes du coefficient $(1 + K)\,\alpha t$, on déterminera par le graphique 221, pl. LXXXI, les valeurs du rapport $\left(\dfrac{H}{h}\right)$ pour les quatre périodes :

$$Aa, \qquad Ab, \qquad Ac, \qquad AB,$$

rapports que nous appellerons a, b, c, B.

Ces quantités étant connues, il est facile de voir que les apports pluviaux spéciaux aux quatre intervalles mensuels se détermineront par les formules suivantes :

$$(425) \quad \begin{cases} \left(\dfrac{H'}{h}\right) = a\,; \\[2mm] \left(\dfrac{H''}{h}\right) = \dfrac{bn'' - an'}{n'' - n'}\,; \\[2mm] \left(\dfrac{H'''}{h}\right) = \dfrac{cn''' - bn''}{n''' - n''}\,; \\[2mm] \left(\dfrac{H^{IV}}{h}\right) = \dfrac{Bn^{IV} - cn'''}{n^{IV} - n'''}. \end{cases}$$

Le même procédé pourra être appliqué aux autres périodes BC, CD, DE. On se rappellera que pour les périodes où le débit permanent se produit à la fin et non au commencement, telles que BC et DE, le temps t à introduire dans le calcul est négatif. La solution doit être cherchée sur le graphique 221 du côté des $(1 + K)\,\alpha t$ négatifs.

Les apports pluviaux étant connus, on calculera les coefficients d'infiltration par mois, au moyen de la formule (421).

On trouvera au chapitre XIV une application de ces procédés.

Détermination du coefficient $(1 + K)\,\alpha$. — La méthode que nous venons d'indiquer conduit à un résultat qui nous semble particulièrement intéressant, c'est qu'elle permet de calculer le coefficient $(1 + K)\,\alpha$.

En effet, la moyenne géométrique des quatre valeurs de $\left(\dfrac{H}{h}\right)$ qui se rapportent aux quatre saisons et que nous avons appris à calculer ci-dessus, *doit être évidemment égale à l'unité*.

On doit avoir :

$$(426) \qquad \frac{1}{365}\left[\left(\frac{H_1}{h}\right)n_1 + \left(\frac{H_2}{h}\right)n_2 + \left(\frac{H_3}{h}\right)n_3 + \left(\frac{H_4}{h}\right)n_4\right] = 1,$$

n_1, n_2, n_3, n_4, étant les nombres de jours de chaque période.

Cette condition détermine la valeur à donner à $(1+K)\alpha$. Deux essais suffiront généralement pour déterminer cette quantité par interpolation.

Cependant les applications que nous avons faites de ce procédé nous ont démontré qu'en raison de la précision insuffisante des graphiques, il ne conduisait pas toujours à un résultat bien net. La méthode que nous allons exposer est beaucoup plus exacte.

84. **Coefficient caractéristique du régime d'une source.** — **Sa détermination par la courbe des débits en temps de sécheresse. Méthode du point d'inflexion.** — Le coefficient $(1+K)\alpha$ entre dans toutes les formules relatives aux crues ou décrues des sources. Lorsqu'on possède une statistique des débits d'une source, sans connaître aucun des éléments de la nappe aquifère qui l'alimente, il semble qu'on n'ait aucun moyen d'avoir la valeur de ce coefficient. Nous allons voir cependant qu'on peut le déduire de l'examen du graphique des débits de la source, et même de l'observation des débits, soigneusement faite pendant une seule période de sécheresse, vers la fin du printemps, alors que le débit n'est pas éloigné du débit moyen.

Toutes les courbes de débit d'une source présentent dans *la décrue un ou plusieurs points d'inflexion A* (fig. 208, 209, pl. LXXI). La courbe est concave avant ce point et convexe après. Il est facile de voir que ce point d'inflexion marque à très peu près le *minimum d'apport pluvial par seconde*. La courbe des débits y atteint son inclinaison maxima sur l'axe du temps et cette inclinaison est d'autant plus grande que l'apport pluvial devient plus petit. Si cet apport devient *nul*, c'est-à-dire si l'on est dans une période de sécheresse absolue, l'inclinaison de la courbe au point d'inflexion atteint sa valeur *maxima absolue*.

Il est bien rare que dans une série d'années un peu longue, on ne puisse trouver une période de sécheresse en juin ou juillet.

Après avoir fait le graphique des débits, on opérera de la manière suivante :

RÈGLE. *On choisira le point d'inflexion A où la courbe présente la plus forte inclinaison sur la ligne des temps, et on considérera l'apport pluvial comme nul dans la période qui commence en ce point. On tracera aussi exactement que possible la tangente AC au point d'inflexion. On mènera la verticale AB; on déterminera ainsi une sous-tangente BC et on aura très sensiblement :*

$$(427) \qquad (1+K)\alpha = \frac{1}{3BC}.$$

BC étant un temps exprimé en secondes.

Pour démontrer cette règle, reprenons la formule approximative du débit d'une source de thalweg sur fond horizontal (équation 165). Cette formule est applicable, si conformément à notre hypothèse le débit diffère peu du débit moyen.

$$(428) \qquad q = q_0 \left(\frac{1 + \frac{H}{h}(1 + K)\alpha t}{1 + (1 + K)\alpha t} \right) \left[1 + \left(\frac{H}{h} - 1 \right)(1 + K)\alpha t \right].$$

Rappelons que s'il s'agit d'une nappe d'affleurement, il faut faire $K = 0$.

Dans la formule ci-dessus, H représente l'apport pluvial moyen par seconde pendant le temps t, ce temps commençant au point M, où la courbe des débits coupe l'horizontale du débit permanent.

Appelons P l'apport pluvial total reçu par la nappe de o à t; on aura :

$$P = Ht,$$

P étant une fonction du temps.

La formule (428) deviendra :

$$(429) \qquad q = q_0 \left(\frac{1 + \frac{P}{h}(1 + K)\alpha}{1 + (1 + K)\alpha t} \right) \left[1 + \frac{P}{h}(1 + K)\alpha - (1 + K)\alpha t \right].$$

Prenons les logarithmes népériens des deux membres, et prenons ensuite les dérivées par rapport au temps, en remarquant que, par hypothèse, l'apport pluvial dans la période qui suit le point A est nul et que, par conséquent, on a : $\left(\frac{dP}{dt} \right) = 0$. Nous obtiendrons simplement :

$$(430) \qquad -\frac{1}{q}\left(\frac{dq}{dt} \right) = \frac{(1 + K)\alpha}{1 + \frac{P}{h}(1 + K)\alpha - (1 + K)\alpha t} + \frac{2(1 + K)\alpha}{1 + (1 + K)\alpha t}$$

$$= \frac{(1 + K)\alpha}{1 + \left(\frac{H}{h} - 1 \right)(1 + K)\alpha t} + \frac{2(1 + K)\alpha}{1 + (1 + K)\alpha t}.$$

Les quantités qui figurent aux dénominateurs du deuxième membre sont petites par rapport à l'unité. On peut développer en série, en s'arrêtant au 2ᵉ terme. On trouve :

$$(431) \qquad -\frac{1}{q}\left(\frac{dq}{dt} \right) = (1 + K)\alpha \left[3 - \left(1 + \frac{H}{h} \right)(1 + K)\alpha t \right].$$

$\left(\frac{H}{h} \right)$ est nécessairement plus petit que l'unité; αt est petit. On aura donc pour valeur approchée de $(1 + K)\alpha$:

$$(1 + K)\alpha = -\frac{1}{3}\frac{1}{q}\left(\frac{dq}{dt} \right).$$

Cette quantité est facile à calculer au moyen du graphique. On a :

$$-\left(\frac{dq}{dt} \right) = \frac{AB}{BC}; \qquad q = AB;$$

donc :

(432)
$$(1+K)\alpha = \frac{1}{3BC},$$

ce qui démontre la règle énoncée plus haut.

Si l'on veut une plus grande approximation, on se servira de cette première valeur de $(1+K)\alpha$ pour calculer $\left(\frac{H}{h}\right)$ au moyen du graphique (fig. 221). Les données sont :

$$F = \frac{q}{q_0} = \frac{AB}{MN};$$

$$t = NB;$$

$$x = (1+K)\alpha t.$$

Le graphique F fournira ainsi la valeur de $\left(\frac{H}{h}\right)$ correspondante. Substituant cette valeur dans l'équation (430), on obtiendra une équation qui donnera une nouvelle valeur de $(1+K)\alpha T$.

Posons :

$$(1+K)\alpha t = u;$$

$$\left(\frac{t}{BC}\right) = M;$$

l'équation à résoudre sera du second degré en u, savoir :

(432 *bis*)
$$\left[1 + (2-M)\left(\frac{H}{h}-1\right)\right]u^2 + \left(3 - \frac{MH}{h}\right)u - M = 0.$$

On aura ensuite pour la valeur du coefficient caractéristique :

$$(1+K)\alpha T = \frac{365\,u}{t},$$

t étant ici exprimé en jours.

On trouvera au chapitre xiv des applications de cette méthode.

Les considérations ci-dessus démontrent que la détermination des débits d'une source au voisinage de son débit moyen en temps de sécheresse, a une importance exceptionnelle au point de vue de son régime.

On peut dire en effet que *la valeur du coefficient* $(1+K)\alpha$ *caractérise une source, et que son régime peut être prévu dès qu'on connaît la valeur de ce coefficient.*

Comme ce coefficient est très petit, qu'il est de l'ordre des dix-millionièmes, il vaut mieux considérer pour les applications un nombre plus simple. Il est naturel de prendre *le coefficient annuel* :

(433)
$$(1+K)\alpha T,$$

où T représente le nombre de secondes contenues dans une année entière, c'est-à-dire

31.500.000 sec ndes. Ce coefficient est généralement plus ou moins voisin de l'unité.

Nous appellerons désormais *caractéristique d'une source*, le coefficient $(1 + K)\alpha T$.

Vérification de la théorie. — Si la forme de la nappe est connue, α est donné par les formules (73) ou (97) suivant que la nappe est à fond horizontal ou à fond incliné.

S'il s'agit d'une *nappe d'affleurement*, la comparaison de la valeur de α calculée par ces formules avec celle qui résulte de le statistique des débits permettra de faire *une vérification de la théorie* et d'apprécier son degré d'exactitude. Ce sera là un des moyens les plus sûrs de faire cette vérification et de rechercher les amendements à y apporter pour la rendre plus exacte.

Détermination du rapport K des nappes de thalwegs. — S'il s'agit d'une nappe de thalweg, dont on connaît suffisamment la forme de la nappe supérieure pour calculer le coefficient α, la détermination du terme $(1 + K)\alpha$ fera connaître le rapport K *qu'il est impossible de connaître par observation directe.*

On pourra apprécier, de cette manière, la profondeur de la contrenappe à laquelle notre *hypothèse fondamentale* doit s'appliquer (§ 35).

En résumé, il semble qu'il y ait des résultats très importants à attendre des calculs basés sur la statistique des débits et des hauteurs de la pluie, et il est à désirer que les ingénieurs qui en auront la possibilité s'appliquent à organiser ces observations dans un certain nombre de cas judicieusement choisis.

85. Détermination du débit d'étiage d'une source. — Lorsqu'on doit dériver une source pour l'alimentation d'une ville ou d'une commune, la question vraiment importante est de savoir si cette source sera capable d'assurer le service pendant les fortes sécheresses d'été. Il faut donc connaître le débit d'étiage de la source.

Il est bien rare que l'on ait quelque notion précise à ce sujet. La plupart du temps, les projets d'adduction d'eaux de sources sont préparés rapidement, avec quelques jaugeages faits à une époque où l'on considère le débit comme ordinaire. Pour apprécier ce qui peut arriver à la fin des années sèches, on se contente des renseignements fournis par les habitants.

De là de fréquentes déceptions, qui seraient évitées si l'on procédait, à défaut de longues observations, qui seraient évidemment préférables, à une étude préalable, par la méthode simplifiée que nous allons indiquer, et qui n'est qu'une application du paragraphe précédent.

On organiserait, vers la fin du printemps, des observations suivies du débit de la source, en vue de déterminer son *coefficient caractéristique* par la méthode du point d'inflexion.

Pour que cette méthode donne des résultats un peu exacts, il est nécessaire que la courbe des débits soit tracée avec un assez grand nombre de points, et que par conséquents les débits soient relevés pendant la période de sécheresse, sinon d'une manière continue, à l'*enregistreur*, ce qui serait l'idéal, du moins à des intervalles assez rapprochés, par exemple, tous les deux ou trois jours.

Le débit ordinaire ou *permanent* de la source Q_o aura été observé à l'époque où il se produit d'ordinaire sur les cours d'eau de la région.

On déterminera ainsi le coefficient caractéristique $(1 + K) \alpha T$ du paragraphe 84.

Pour achever le problème, il faut connaître : 1° le nombre de jours n qui s'écoule, dans les années les plus sèches, entre la date du passage de la source par son débit moyen, et la date de son étiage minimum; 2° l'apport pluvial relatif $\left(\frac{H}{h}\right)$ que la nappe alimentaire de la source reçoit durant cette période de n jours.

On trouvera aux chapitres XIV et XVII quelques données malheureusement insuffisantes à ce sujet. Mais ces données d'expérience deviendront plus nombreuses à mesure qu'on appliquera la théorie.

n et $\left(\frac{H}{h}\right)$ étant connus, on aura pour l'abscisse du graphique F :

$$(434) \qquad x = (1 + K) \alpha T \frac{n}{365}.$$

On cherchera sur le graphique F de la planche LXXXI, par interpolation, la valeur de F correspondante aux données, x et $\left(\frac{H}{h}\right)$.

Le débit d'étiage de la source est égal à $Q_o F$.

86. Étude d'un groupe de sources dans un bassin de composition homogène.
— Ainsi que nous l'avons dit, les sources sont *localisées* et chacune d'elles nécessite théoriquement une étude spéciale pour que ses éléments spécifiques soient connus.

Quand il s'agit d'une alimentation urbaine qui se fait au moyen du produit de plusieurs sources, cette étude est souvent impossible à faire, en raison de la complexité des nappes naturelles et de la difficulté matérielle d'exécuter les observations et notamment les sondages qui seraient indispensables pour parvenir à un résultat, surtout si la région est dépourvue de puits, ou n'en possède qu'un très petit nombre.

Cela est surtout impossible dans les groupes de sources des terrains fissurés, comme la craie et certains calcaires, où chaque source, produite par un massif particulier formant une partie plus ou moins importante du massif général, se jette dans un canal souterrain, non apparent, situé sous un thalweg. Ces canaux souterrains, véritables collecteurs de sources, se réunissent entre eux dans les thalwegs principaux, pour former la source ou le groupe de sources terminal que l'on va capter ou dériver pour le conduire à la ville qui doit l'utiliser pour son alimentation.

On peut considérer le groupe de sources comme une source unique et lui appliquer les formules (165), (169) du débit, et le graphique F, pourvu que le bassin alimentaire de ces sources remplisse les conditions suivantes :

1° Que les terrains qui composent le bassin alimentaire des sources puissent être considérés comme homogènes; nous entendons par là, que les terrains ont les mêmes constantes spécifiques, savoir :

Même coefficient de porosité moyen, m;
Même coefficient de résistance moyenne, μ;
Même coefficient d'absorption total, δ;

2° Qu'ils soient soumis au même régime d'apport pluvial, de sorte que pour chacune des sources composant le groupe, l'apport pluvial relatif $\left(\frac{H}{h}\right)$ soit le même pour chaque période de l'année ;

3° Que la pente du fond imperméable ne soit pas trop forte, afin que toutes les nappes élémentaires entre lesquelles on peut diviser le bassin tout entier, conformément à la méthode du paragraphe 81, soient des nappes à deux versants.

PROPOSITION. *Le cours d'eau formé par le groupement de toutes les sources du bassin homogène se comporte à peu près comme une source unique qui serait placée dans les mêmes terrains.*

Le débit q d'une source à un instant donné, est le produit du débit permanent q_0 de cette source par un coefficient F dont les valeurs sont données par le graphique F (pl. LXXXI), en fonction de deux variables, l'apport pluvial relatif $\left(\frac{H}{h}\right)$ et l'abscisse x.

On a, d'après l'équation (177), pour un élément de nappe à deux versants :

$$(435) \qquad = (1 + K)\,\alpha t = \frac{\delta t \sqrt{1+K}}{\mu A a} = \frac{\delta t}{\mu}\left(\frac{\sqrt{1+K}}{Aa}\right).$$

S'il s'agit d'éléments de nappe comme ceux que considère le paragraphe 81, il faut multiplier δ par le coefficient de réduction de l'équation (422), ce qui donne pour la valeur de x dans ce cas :

$$(436) \qquad x = \frac{\delta t}{\mu}\left(\frac{\sqrt{1+K}\sqrt{1-\frac{a}{2R}}}{Aa}\right).$$

Pour toutes les sources du groupe, le temps t est le même. En effet, ce temps est l'intervalle écoulé entre l'instant où le débit de chaque source a passé par la valeur du débit permanent et l'instant considéré. Ce temps t ne dépend donc que de la répartition dans l'année des apports pluviaux, laquelle est la même pour toutes les sources puisque le bassin est supposé homogène.

Donc le temps t, l'apport pluvial relatif $\left(\frac{H}{h}\right)$, le coefficient d'absorption δ et le coefficient de résistance μ sont les mêmes pour toutes les sources du groupe.

Dans l'expression (435) de x, le facteur entre parenthèses $\left(\frac{\sqrt{1+K}}{Aa}\right)$ a une valeur spéciale pour chaque source. Il est à considérer cependant que les nappes élémentaires entre lesquelles on peut diviser le bassin, conformément à la méthode exposée au paragraphe 81, ont des dimensions comparables. Les longueurs des versants a diffèrent peu. Les coefficients A (courbe 4 du graphique 35 *bis*. pl. XII) diffèrent peu également, puisque, en raison de la faiblesse de la pente, les nappes élémentaires ont une pente hydraulique assez faible. Nous admettons d'ailleurs que le coefficient K doit être habituellement inférieur à 1, et il n'intervient que sous une racine carrée. Quant au coefficient $\sqrt{1-\frac{a}{2R}}$, il varie de 1 à 0,707. On peut donc admettre que les coefficients x, tout en étant différents pour chaque source du groupe, ne diffèrent pas beaucoup entre eux.

Soit OX (fig. 201 *bis*, pl. LXVIII) la courbe du graphique F relative à l'apport pluvial $\left(\frac{H}{h}\right)$. Pour avoir le facteur F applicable à chaque source, on portera des abscisses OA, OB, OC..., OV. Les ordonnées correspondantes Oa, Ob, Oc..., Ov, de la courbe $\left(\frac{H}{h}\right)$ donneront les facteurs F afférents à chaque source.

La division du bassin en nappes élémentaires, conformément au paragraphe 81, étant arbitraire, supposons qu'on ait fait cette division de manière que chaque source élémentaire ait le même débit q. Le débit total du groupe serait égal à Nq, N étant le nombre des sources composantes.

Considérons une source unique de débit égal à Nq, pour laquelle l'abscisse x_m serait la moyenne des abscisses des sources particulières, c'est-à-dire :

$$x_m = \frac{1}{N}\frac{\delta t}{\mu}\sum\left(\frac{\sqrt{1+K}}{Aa}\right).$$

Cette abscisse conduirait sur l'axe des x, à un point M, qui serait au centre de gravité des points A, B, C..., V. Pour obtenir l'ordonnée Mm qui donnerait le coefficient F relatif à cette source unique, il faudrait évidemment prendre le point m au centre de gravité des points a, b, c..., v, c'est-à-dire aux 3/5 de la flèche np comptés à partir de la courbe.

Ce point serait donc situé sur une courbe $\left(\frac{H'}{h}\right)$ inférieure à la courbe OX, s'il s'agit d'une crue; supérieure à la courbe OX', s'il s'agit d'une décrue. L'écart serait d'autant plus grand que la courbure de la courbe est plus forte.

Lorsque le temps t augmente, le faisceau AV se déplace proportionnellement vers la droite, et sa longueur augmente aussi proportionnellement.

Si l'on étudie sur le graphique F (pl. LXVIII) les conséquences de cette progression du temps, on constate les propriétés suivantes :

Du côté droit (crues et décrues postérieures), à mesure que le temps t augmente et que l'on s'éloigne du point central O, les courbes, qui, nous l'avons vu (note A), sont asymptotes à l'horizontale $\left(\frac{H}{h}\right)$, s'orientent horizontalement; de sorte que leur courbure diminue beaucoup et que l'ordonnée Mm se confond à peu près exactement avec la courbe qui passe par les points a, b, c..., v. La source résultante unique se comporte exactement comme les sources composantes.

Du côté gauche (crues et décrues antérieures), et pour des causes différentes, la conséquence est la même, tout en étant moins sensible.

En résumé, la loi suivie par le coefficient F de la source unique est sensiblement la même que celle des sources composantes. Les différences sont faibles. Elles sont nulles ou négligeables lorsque le débit approche du maximum ou du minimum. Elles sont un peu plus sensibles dans la région moyenne, sans être assez fortes pour infirmer la valeur pratique de la proposition formulée plus haut.

On pourra donc appliquer à un groupe de sources, avec toutes les réserves que comporte cette simplification, les procédés exposés au paragraphe 83, et arriver à calculer les constantes spécifiques en coordonnant les résultats ainsi obtenus avec ceux qui proviendront d'autres constatations.

87. Des cas où la théorie hydraulique des nappes et des sources est applicable.

I. *Cas des terrains arénacés.* — *a.* Si le terrain qui enveloppe la nappe n'est coupé par aucune vallée secondaire, et si la nappe peut être considérée comme intacte sur une certaine longueur, la théorie du régime *permanent* s'applique exactement.

b. Si le terrain est coupé par des vallées ou dépressions secondaires, on peut déterminer le profil du régime permanent de la nappe sur un profil donné situé entre deux dépressions secondaires, pourvu que ce profil ne soit pas influencé par lesdites dépressions (chap. xi, xvi).

On peut déterminer la zone influencée en considérant les thalwegs secondaires comme des galeries de pénétration et appliquant les règles pratiques du paragraphe 48.

c. Si le terrain est coupé par des dépressions assez rapprochées pour ne laisser intacte aucune partie de la nappe théorique, il n'est plus possible de tracer un profil de cette nappe. Il reste la ressource d'étudier le régime de la nappe, comme celui d'un groupe de sources, par la méthode du *coefficient caractéristique* (§ 84, 86).

II. *Cas des terrains fissurés.* — Nous admettons qu'il s'agit de terrains à petites fissures, remplies plus ou moins de petits matériaux perméables, dont quelques-unes seulement, plus grandes que les autres, sont vides et servent de canaux collecteurs des eaux. C'est le cas de presque tous les massifs de craie (chap. xii, xiii) et de beaucoup de terrains calcaires appartenant au jurassique ou aux terrains tertiaires.

d. Si le terrain qui enveloppe la nappe n'est coupé par aucune vallée secondaire et si la composition du massif perméable peut être considérée comme homogène dans l'ensemble ou seulement sur une certaine partie, il se forme une nappe *permanente*, justiciable de la théorie, soit dans l'ensemble, soit seulement sur la partie non influencée par les thalwegs secondaires (chap. xvi).

e. Mais la théorie des crues et décrues ne lui est pas applicable, à cause du fractionnement en nappes partielles que les canaux collecteurs déterminent dans la masse.

Dans la formule du coefficient caractéristique (équations 177, 433),

$$(1+K)\,\alpha T = \frac{\delta T \sqrt{1+K}}{\mu Aa};$$

la longueur moyenne *a* n'est pas égale à la longueur de la nappe dans son ensemble. Elle est beaucoup plus petite que cette dernière, pour qu'elle représente la longueur d'une nappe partielle déversant ses eaux dans un canal collecteur intérieur. Le coefficient de résistance μ n'est pas non plus celui de la nappe générale. Il est plus petit, si le terrain fissuré qui enveloppe la nappe est coupé par des vallées secondaires nombreuses et irrégulières; les formules du régime permanent ne s'appliquent plus. Il ne reste plus qu'à étudier le régime des débits du groupe de sources au moyen de la méthode du *coefficient caractéristique*.

III. *Cas des terrains très fissurés, à cavernes.* — *f.* Il n'y a plus ici d'applicable que la méthode du paragraphe *e*; encore faut-il faire beaucoup de réserves sur les résultats qu'elle serait susceptible de donner.

En résumé, il est très difficile de formuler une conclusion absolument générale, et la théorie est capable de fournir des renseignements inespérés dans des cas en apparence tout à fait rebelles à une application de ce genre.

TABL

$$C = \sqrt{H}\left(\frac{e^{2x\sqrt{H}} - \eta}{e^{2x\sqrt{H}} + \eta}\right);$$

VALEUR de x pour C = ZÉRO.	$\left(\dfrac{H}{h}\right)$.	VALEURS DE x.						
		— 1,40	— 1,00	— 0,70	— 0,60	— 0,50	— 0,40	— 0,3
//	Zéro.	Sécheresse absolue.			//	2,000	1,667	1,25
//	0,1	//	//	2,991	//	1,885	1,594	1,22
//	0,2	//	//	2,685	//	1,774	1,524	1,20
//	0,3	//	//	2,407	//	1,666	1,455	1,17
//	0,4	//	//	2,152	//	1,562	1,386	1,1
//	0,5	//	//	1,919	//	1,461	1,319	1,1
//	0,6	//	3,080	1,707	//	1,364	1,253	1,0
//	0,7	//	2,344	1,510	//	1,269	1,188	1,0
//	0,8	//	1,789	1,328	//	1,177	1,124	1,0
//	0,9	2,000	1,353	1,158	1,059	1,087	1,062	1,0
//	0,95	1,440	1,163	1,080	//	1,043	1,032	1,0
//	0,98	1,168	1,065	1,031	//	//	1,012	
— ∞	1,0	1,000	1,000	1,000	1,000	1,000	1,000	1,00
//	1,02	0,854	0,937	0,968	//	//	0,983	
— 2,227	1,05	0,664	0,850	0,827	0,945	0,959	0,972	0,9
— 1,783	1,1	0,399	0,708	0,852	//	0,886	0,939	0,9
— 1,410	1,2	0,012	0,462	0,714	//	0,830	0,879	0,9
— 1,195	1,3		0,250	0,583	//	0,755	0,820	0,9
— 1,046	1,4			0,460	//	0,676	0,763	0,9
— 0,934	1,5			0,340	//	0,588	0,704	0,8
— 0,846	1,6			0,235	//	0,520	0,649	0,8
— 0,776	1,7				0,296	0,450	0,594	0,8
— 0,716	1,8				0,210	0,376	0,539	0,8
— 0,666	1,9					0,305	0,500	0,7
— 0,623	2,0					0,240	0,432	0,7
— 0,473	2,5						0,179	0,6
— 0,380	3,0							0,5

MULE EXACTE).

ique 220, pl. LXXX).

$$x = (1 + K)\,\alpha t; \qquad \text{H mis pour} \left(\frac{H}{h} \right).$$

			VALEURS DE x.					
Eno.	0,20	0,40	0,70	1,00	1,30	1,60	2,00	$C = \sqrt[\infty]{H}.$
000	0,833	0,714	0,588	0,500	0,435	0,385	0,333	Zéro.
000	0,850	0,744	0,633	0,557	0,503	0,463	0,425	0,316
000	0,867	0,773	0,677	0,613	0,568	0,537	0,508	0,447
000	0,884	0,802	0,720	0,666	0,631	0,606	0,585	0,548
000	0,901	0,831	0,762	0,718	0,690	0,671	0,655	0,632
000	0,917	0,860	0,803	0,769	0,747	0,733	0,722	0,707
000	0,934	0,888	0,844	0,818	0,801	0,791	0,786	0,775
000	0,950	0,917	0,884	0,865	0,854	0,847	0,843	0,837
000	0,067	0,444	0,923	0,911	0,904	0,900	0,897	0,894
000	0,983	0,972	0,962	0,956	0,953	0,951	0,949	0,949
000	1,000	1,000	1,000	1,000	1,000	1,000	1,000	1,000
000	1,016	1,027	1,037	1,043	1,045	1,047	1,048	1,049
000	1,033	1,055	1,074	1,084	1,089	1,092	1,094	1,095
000	1,049	1,082	1,110	1,125	1,130	1,136	1,139	1,140
000	1,065	1,108	1,146	1,165	1,174	1,180	1,182	1,183
000	1,082	1,135	1,181	1,204	1,215	1,220	1,223	1,224
000	1,098	1,161	1,215	1,241	1,254	1,260	1,263	1,264
000	1,115	1,188	1,249	1,278	1,295	1,298	1,302	1,303
000	1,131	1,214	1,283	1,312	1,326	1,336	1,340	1,341
000	1,147	1,239	1,316	1,351	1,366	1,373	1,377	1,378
000	1,163	1,266	1,349	1,386	1,402	1,409	1,413	1,414
000	1,243	1,392	1,505	1,551	1,570	1,577	1,580	1,581
000	1,323	1,514	1,652	1,713	1,722	1,728	1,731	1,732

$$F = C^2 (1 \mp \beta x);$$

$\left(\dfrac{H}{h}\right)$.	VALEURS DE x (NÉGATIVES).							
	— 1,6	— 1,4	— 1,0	— 0,8	— 0,6	— 0 5	— 0,4	— 0,
Zéro.	//	ɩ	//	//	//	2,836	2,123	1,24
0,1	//	//	ʃ	//	//	2,602	1,992	1,39
0,2	//	//	//	//	//	2,387	1,875	1,35
0,3	//	//	//	//	//	2,160	1,735	1,31
0,4	//	//	//	//	2,531	2,096	1,640	1,27
0,5	//	//	//	//	1,190	1,806	1,523	1,23
0,6	//	//	//	//	1,96?	1,635	1,412	1,18
0,7	//	//	//	2,400	1,671	1,454	1,298	1,13
0,8	//	//	2,792	1,911	1,425	1,294	1,201	1,09
0,9	//	3,650	1,713	1,384	1,196	1,142	1,096	1,05
0,95	2,760	1,969	1,310	1,185	1,100	1,072	1,049	1,02
0,98	1,575	1,342	1,125	1,073	1,040	//	1,019	//
1,0	1,000	1,000	1,000	1,000	1,000	1,000	1,000	1,000
1,02	0,620	0,739	0,887	0,927	0,959	//	0,981	//
1,05	0,282	0,460	0,744	0,839	0,905	0,934	0,956	0,972
1,1	0,044	0,173	0,531	0,687	0,813	0,862	0,903	0,952
2,1	//	//	0,240	0,448	0,645	0,733	0,813	0,928
1,3	//	//	0,075	0,267	0,508	0,627	0,736	0,881
1,4	//	//	//	0,136	0,388	0,521	0,647	0,850
1,5	//	//	//	0,052	0,266	0,409	0,563	0,810
1,6	//	//	//	0,007	0,180	0,333	0,499	0,770
1,7	//	//	//	//	0,118	0,259	0,432	0,735
1,8	//	//	//	//	0,063	0,190	0,372	0,700
1,9	//	//	//	//	0,003	0,134	0,339	0,671
2,0	//	//	//	//	//	0,100	0,297	0,643
2,5	//	//	//	//	//	//	//	//
3,0	//	//	//	//	//	//	//	//

Nota. — Les chiffres de la colonne (— 0,20) appartiennent à la partie rectifiée de la courbe.

S SOURCES.

ITS (FORMULE DÉFINITIVE).

note A.)

$$F = C^2\left(1 + \frac{(H-1)x}{e^{nx}}\right); \qquad x = (1+K)\alpha t; \qquad H \text{ mis pour } \left(\frac{H}{h}\right).$$

ZÉRO.	VALEURS DE x (POSITIVES).							
	0,2	0,4	0,7	1,0	1,3	1,6	4,0	$F \overset{\infty}{=} H.$
1,000	0,573	0,355	0,197	0,125	0,0892	0,0698	0,0555	Zéro.
1,000	0,617	0,422	0,279	0,212	0,177	0,1566	0,1403	0,100
1,000	0,659	0,485	0,357	0,296	0,263	0,2494	0,2291	0,200
1,000	0,701	0,547	0,433	0,379	0,350	0,334	0,321	0,300
1,000	0,743	0,607	0,500	0,463	0,439	0,425	0,415	0,400
1,000	0,784	0,673	0,588	0,549	0,529	0,518	0,510	0,500
1,000	0,827	0,735	0,667	0,636	0,621	0,613	0,611	0,600
1,000	0,869	0,800	0,748	0,725	0,714	0,708	0,704	0,700
1,000	0,912	0,866	0,832	0,817	0,810	0,806	0,803	0,800
1,000	0,955	0,932	0,915	0,908	0,904	0,902	0,901	0,900
1,000	1,000	1,000	1,000	1,000	1,000	1,000	1,000	1,000
1,000	1,045	1,069	1,086	1,094	1,097	1,098	1,099	1,100
1,000	1,091	1,140	1,174	1,188	1,194	1,198	1,199	1,200
1,000	1,137	1,212	1,263	1,284	1,292	1,296	1,298	1,300
1,000	1,184	1,284	1.355	1,379	1,390	1,396	1,398	1,400
1,000	1,232	1,360	1,446	1,477	1,489	1,496	1,498	1,500
1,000	1,280	1,434	1,537	1,577	1,589	1,595	1,598	1,600
1,000	1,330	1,511	1,629	1,672	1,687	1,695	1,698	1,700
1,000	1,379	1,589	1,724	1,762	1,776	1,795	1,798	1,800
1,000	1,430	1,666	1,820	1,869	1,886	1,895	1,898	1,900
1,000	1,482	1,748	1,947	1,968	1,986	1,995	1,998	2,000
1,000	1,737	2,167	2,409	2,472	2,489	2,495	2,498	2,500
1,000	2,049	2,630	2,924	2,984	2,992	2,995	2,998	3,000

NOTE A.

FORMULE DONNANT LE DÉBIT D'UNE SOURCE EN CRUE OU EN DÉCRUE. CONSTRUCTION DU GRAPHIQUE **F**.

La recherche mathématique d'une formule exacte donnant le débit d'une source en crue, dans le cas le plus simple, celui d'une nappe d'affleurement cylindrique coulant sur un fond horizontal imperméable, consisterait à intégrer l'équation de continuité (21).

En faisant dans cette équation $z =$ zéro et remplaçant q' par sa valeur (22), on ramène cette équation à la forme suivante :

$$(1) \qquad y\left(\frac{d^2y}{dt^2}\right) + \left(\frac{dy}{dx}\right)^2 - \mu\left(\frac{dy}{dt}\right) + \frac{\mu H}{m} = 0.$$

L'intégration de cette équation aux différentielles partielles est probablement impossible.

Il est donc nécessaire de calculer le débit d'une source par une formule empirique, que nous représenterons ensuite par un graphique.

Supposons qu'une source qui, à l'origine du temps, est au *régime permanent*, entre en crue.

Appelons, comme aux chapitres III et IV :

H, l'apport pluvial par seconde et par mètre carré que reçoit la nappe;

h, l'apport pluvial du régime permanent;

C, le rapport $\left(\dfrac{y}{b}\right)$ de l'ordonnée au faîte aux instants t et *zéro*;

F, le rapport $\left(\dfrac{q}{q_0}\right)$ des débits aux mêmes instants;

x, le coefficient $(1 + K)$ αt (§ 36).

Pour simplifier l'écriture, nous désignerons dans la présente note le rapport $\left(\dfrac{H}{h}\right)$ par H simplement.

Dans ce qui va suivre, nous appellerons simplement C l'ordonnée au faîte et F le débit de la nappe, bien qu'il soit entendu que ces quantités ne sont que des rapports.

La méthode que nous emploierons pour calculer le débit de la source d'une nappe soumise à des apports pluviaux intermittents et plus ou moins intenses consiste à admettre que, depuis l'instant *zéro* jusqu'à l'instant t, la nappe reçoit un *apport pluvial moyen* H constant par seconde et par mètre carré (p. 103).

Nous avons vu au paragraphe 83 que l'année hydraulique d'une source peut se partager en quatre périodes : 1° une crue d'hiver; 2° une décrue de printemps; 3° une décrue d'été; 4° une crue d'automne. La nappe passe par le régime permanent entre les quatrième et première périodes, et entre la deuxième et la troisième. Ces instants sont les points de départ de la formule à établir.

Pour que ce procédé, fondé sur l'assimilation des crues et décrues réelles d'une source à des crues et décrues moyennes, ait des chances d'être exact, il faut évidemment appliquer la formule aux quatre périodes en les considérant de la manière suivante :

1° Une crue postérieure au régime permanent; 2° une décrue antérieure; 3° une décrue postérieure; 4° une crue antérieure.

Crues et décrues postérieures. — Nous pouvons poser diverses conditions auxquelles doit satisfaire la courbe des débits d'une source en crue :

1° D'abord la formule (165), qui nous donne ce débit avec une première approximation et qui doit être sensiblement exacte au commencement de la crue, c'est-à-dire lorsque la variable x est petite, nous donne à l'origine :

$$(2) \qquad \left(\frac{dq}{dx}\right) = 3\,(\mathrm{H} - 1).$$

Nous avons donc la direction de la tangente à l'origine de la courbe.

2° Nous pouvons calculer par la formule exacte (81) l'ordonnée au faîte de la nappe à l'instant t.

Des formules (80) et (77), on tire :

$$\zeta t = \frac{2bt}{\mu d^2}\sqrt{\frac{\mathrm{H}}{h}} = 2\,\alpha t\sqrt{\frac{\mathrm{H}}{h}} = 2x\sqrt{\frac{\mathrm{H}}{h}};$$

que nous écrivons, d'après la simplification indiquée plus haut, $2x\sqrt{\mathrm{H}}$.

Dans le cas général d'une nappe de thalweg, le coefficient α serait remplacé par $(1 + \mathrm{K})\,d$.

On aura donc, pour la valeur du rapport C :

$$(3) \qquad \mathrm{C} = \frac{y}{b} = \sqrt{\mathrm{H}}\left(\frac{e^{2x\sqrt{\mathrm{H}}} - \eta}{e^{2x\sqrt{\mathrm{H}}} + \eta}\right);$$

avec les définitions suivantes :

$$(4) \qquad \eta = \frac{\sqrt{\mathrm{H}} - 1}{\sqrt{\mathrm{H}} + 1}; \qquad x = (1 + \mathrm{K})\,\alpha t; \qquad \mathrm{H}\ \text{mis pour}\ \left(\frac{\mathrm{H}}{h}\right).$$

Nous avons calculé la formule (3) pour les cas usuels des applications pratiques de $x = -2,00$ à $x = +2,00$.

Les résultats numériques sont contenus dans le tableau Y, qui figure à la fin du chapitre ix; ils sont représentés par le graphique (fig. 220, pl. LXXX).

On voit, d'après ce graphique, que les courbes des ordonnées au faîte d'une nappe sont ascendantes et concaves dans le cas de crue, descendantes et convexes dans le cas de décrue.

Le graphique embrasse tous les cas, aussi bien les *antérieurs* que les *postérieurs*. Son étude offre le plus grand intérêt.

21.

3° A l'instant t, l'ordonnée au faîte est égale à bC. Une nappe permanente qui aurait cette même hauteur de faîte aurait pour débit (équation 31) :

$$(5) \qquad q_1 = \frac{m\, b^2 C^2}{\mu\ \ a} = q_0 C^2,$$

c'est-à-dire que son débit serait égal à celui de la nappe considérée à l'origine du temps, multiplié par C^2.

La courbe de C^2 ne serait autre chose que la courbe des débits permanents de la nappe pour les diverses valeurs de l'ordonnée au faîte.

S'il s'agit d'une crue, la courbe que nous cherchons est située *au-dessus* de la courbe C^2; elle est située *au-dessous* s'il s'agit d'une décrue.

4° À mesure que le temps croît et tend vers l'infini, l'ordonnée au faîte tend vers $\sqrt{H}$, la nappe de crue tend vers le profil de la nappe permanente qui correspondrait à un apport constant et égal à H, et son débit tend vers $q_0 H$.

On a donc à l'infini :

$$F = C^2 = H.$$

La courbe de crue a donc pour asymptote l'horizontale H.

5° Posons :

$$(6) \qquad \Delta = H - C^2$$

en valeur absolue. La différence Δ tend vers *zéro* lorsque x tend vers l'infini.

On verra, par les applications de la théorie, que le coefficient x, qui est proportionnel au temps, dépasse rarement la valeur $x = 2$, et même que, dans les cas ordinaires, il est notablement inférieur à cette valeur.

En calculant la différence Δ pour $x = 2$ et pour les diverses valeurs de H, on obtient les résultats suivants :

CRUES.			DÉCRUES.		
n.	H.	$\Delta = (H - C^2)$ pour $x = 2$.	H.	$\Delta = (C^2 - H)$ pour $x = 2$.	n.
4,461	3,0	0,0032	1,0	zéro	″
4,114	2,5	0,0040	0,9	0,0017	2,560
3,719	2,0	0,0047	0,8	0,0050	2,420
3,619	1,9	0,0049	0,7	0,0088	2,285
3,533	1,8	0,0049	0,6	0,0139	2,129
3,438	1,7	0,0049	0,5	0,0207	1,959
3,351	1,6	0,0047	0,4	0,0227	1,774
3,260	1,5	0,0044	0,3	0,0418	1,565
3,163	1,4	0,0040	0,2	0,0583	1,326
3,048	1,3	0,0035	0,1	0,0805	1,044
2,917	1,2	0,0028	zéro	0,1111	0,693
2,808	1,1	0,0016			

On voit que, pour toutes les crues, la différence Δ est presque négligeable pour $x = 2$, ce qui indique que la tangente de la courbe est presque horizontale en ce point. Avec cette condition et les conditions 1°, 2° et 3° ci-dessus indiquées, on peut faire un tracé de la courbe qui ne laisse pas beaucoup d'incertitude.

Pour le cas des crues, les différences présentent une certaine importance, mais pour les petites valeurs de H seulement.

Dans l'ignorance où nous sommes du point où doit passer chaque courbe, nous avons admis systématiquement qu'elle devait passer par le milieu de l'intervalle Δ, de sorte que, pour $x = 2$, on doit avoir :

$$(7) \qquad F = \frac{H + C^2}{2}.$$

6° Cherchant ensuite une formule empirique qui représenterait sensiblement les courbes des débits *de crues ou décrues postérieures*, nous nous sommes arrêté à la suivante :

$$(8) \qquad F = C^2 \left(1 + \frac{(H-1)x}{e^{nx}} \right),$$

dans laquelle n désigne une constante fonction de H.

La condition (7) détermine n. On trouve facilement :

$$(9) \qquad n = \frac{1}{2 \log e} \log \left[\frac{4(H-1)C^2}{\Delta} \right].$$

Les valeurs de n figurent dans le tableau précédent.

C'est au moyen de la formule (8) que nous avons calculé les valeurs de F qui figurent dans le tableau Z, à la fin du chapitre IX.

La figure F, pl. LXXXI, côté droit, en montre la représentation graphique. Les courbes situées au-dessus de l'horizontale du régime permanent donnent les valeurs de F relatives aux *crues postérieures*.

Les courbes situées au-dessous de la même horizontale donnent les valeurs de F relatives aux *décrues postérieures*, qui comprennent comme limite extrême le cas de la *sécheresse absolue*.

Crues et décrues antérieures. — Le tracé des courbes de débit des crues et décrues *antérieures* ne peut plus se déduire des conditions que nous avons posées plus haut. La formule (8), qui n'a qu'une valeur empirique, ne saurait s'appliquer au cas qui nous occupe. Il faut donc s'appuyer sur d'autres considérations.

On conçoit d'ailleurs que le système des courbes de débits *postérieures* entraîne nécessairement celui des courbes de débit antérieures. Pour être logique, il faut déduire les dernières des premières.

1° On doit se rappeler tout d'abord que pour une ordonnée au faîte déterminée C, la valeur du débit F est plus grande que C^2 dans le cas d'une crue et plus petite que C^2 dans le cas d'une décrue.

Si, pour un apport pluvial H, on construit les courbes C^2 et F, ces deux courbes s'écartent l'une de l'autre à partir de $x =$ zéro jusqu'à la distance OA de l'origine (fig. 193, pl. LXIII). Puis, elles se rapprochent et deviennent toutes deux asymptotes à l'horizontale H.

Au point A, l'écartement des deux courbes est maximum; ce point coïncide à peu près avec celui pour lequel le coefficient de correction :

$$1 + \frac{(H-1)x}{e^{nx}}$$

atteint son maximum, c'est-à-dire pour $x = \frac{1}{n}$.

C'est en ce point que la crue exerce sur la valeur du débit son influence maxima. Cette influence reste constante sur une certaine longueur. L'écart $BD = F - C^2$ mesure donc l'action exercée par l'excès $(H-1)$ de l'apport pluvial de la crue sur l'apport pluvial du régime permanent. Il est naturel d'admettre que, pour deux apports pluviaux *complémentaires*, l'un de crue,

$$H = 1 + \varepsilon,$$

l'autre de décrue,

$$H' = 1 - \varepsilon,$$

l'écart $(F - C^2)$ relatif à la crue est égal à l'écart $D'B' = (C^2 - F')$ relatif à la décrue.

Cette propriété est certainement exacte, lorsque l'excès ε est petit. Nous admettons qu'elle est pratiquement acceptable pour toutes les valeurs de $\varepsilon = $ zéro à $\varepsilon = 1$.

2° Appelons x et x' les abscisses des courbes postérieure et antérieure qui ont même ordonnée C et spécialement d et d' les abscisses des points A et A' (fig. 193).

On peut voir sur le graphique C que l'on a toujours $x' < x$, en valeur absolue.

Nous admettrons que pour un même apport pluvial H', les écarts $(C^2 - F')$ croissent proportionnellement à x'.

Cette propriété doit être à peu près exacte entre les valeurs $x' = 0$, $x' = d'$. Faute de mieux, nous l'admettrons encore comme exacte, quel que soit x', dans la limite des applications pratiques. Cette hypothèse se justifie dans une certaine mesure, si l'on remarque que du côté des crues et décrues antérieures, les courbes C^2 ayant une forme plus ou moins parabolique, l'inclinaison sur l'horizontale de la courbe F, qui mesure l'action de la crue, est à peu près proportionnelle au temps.

Les deux conditions ci-dessus résolvent le problème.

La valeur maxima du coefficient de correction de la formule (8) est :

$$\frac{(H-1)}{ne}.$$

Ayant relevé l'ordonnée C (côté postérieur) qui correspond à l'abscisse $x = \frac{1}{n}$, on cherche sur le graphique C du côté antérieur le point qui a même ordonnée. On a ainsi son abscisse d'. Posons :

(10)
$$\frac{(H-1)}{ned'} = \beta.$$

Nous aurons pour l'ordonnée de la courbe de débit de décrue antérieure

$$F' = C^2 (1 - \beta x').$$

Le coefficient $-\beta$ serait remplacé par un coefficient différent positif s'il s'agissait d'une crue antérieure.

Voici des exemples du calcul :

1er exemple. — Calculer la courbe du débit de décrue antérieure relative à $H' = 0,5$.

Pour la crue complémentaire, on a :

$$H = 1,5 ;$$
$$n = 3,26 ;$$
$$d = \frac{1}{n} = 0,307 ;$$
$$\frac{(H-1)}{ne} = 0,0564 ;$$
$$C = 1,114.$$

Sur la courbe C, côté antérieur, on trouve que cette ordonnée $1,114$ correspond à une abscisse $d' = 0,185$.

On a donc (équation 10) :

$$\beta = 0,3048,$$

et la formule cherchée est la suivante :

$$F' = C^2 (1 - 0,3048 \, x').$$

2e exemple. — Calcul de la courbe des débits de la crue antérieure relative à $H' = 2,0$.

La décrue complémentaire correspond à $H = $ zéro.

On a ici :

$$H = 0,$$
$$n = 0,693 ;$$
$$d = \frac{1}{n} = 1,443 ;$$
$$\frac{(H-1)}{ne} = 0,530 ;$$
$$C = 0,410.$$

Cette ordonnée $0,410$ correspond, du côté antérieur, à une abscisse $d' = 0,410$.

Le coefficient de correction à appliquer est égal à

$$\frac{(H-1)}{ned'} = 1,493,$$

et on a pour la formule cherchée :

$$F' = C^2 (1 + 1,493 \, x').$$

Modifications du tracé aux abords du point zéro. — Dans leur allure générale, les courbes ainsi construites sont similaires des courbes C² dont elles sont déduites, et elles aboutissent au point central C = 1, x = zéro.

En ce point, les courbes font avec l'horizontale des angles dont les tangentes sont :

$$2 (H - 1) - \beta,$$
$$2 (H - 1) + \beta_1,$$

suivant qu'il s'agit d'une décrue ou d'une crue.

Mais cela suppose que la décrue ou la crue se prolonge au delà du point zéro; en d'autres termes, la décrue et la crue sont supposées *continues*, de sorte que l'ordonnée au faîte passe par la valeur C = 1 correspondant au point zéro, sans que pour cela la nappe cesse d'avoir la forme *d'ellipse déprimée*, s'il s'agit d'une décrue, *d'ellipse renflée*, s'il s'agit d'une crue.

Or, notre théorie est établie dans l'hypothèse où la nappe prend toujours la forme d'ellipse correspondant au régime permanent, toutes les fois que l'ordonnée au faîte passe par la valeur 1, point zéro du temps, et où la tangente des courbes de crues ou de décrues autour de ce point zéro est égale à :

$$\pm 3 (H - 1).$$

Pour réaliser la continuité, il faut admettre que les courbes F que nous avons obtenues du côté antérieur prennent aux abords de ce point zéro un tracé sinueux de manière à se raccorder avec la tangente ± 3 (H − 1). Nous avons admis que le raccordement avait lieu sur la longueur de l'abscisse d'. Au delà de ce point, la courbe reprend son tracé normal défini plus haut.

Mode d'emploi du graphique F. (Pl. LXXXI.) — Les abscisses représentent la quantité :

$$x = (1 + K) \alpha t,$$

qui n'est autre chose que le produit du coefficient *caractéristique* par la fraction $\left(\dfrac{t}{T}\right)$ (§ 84).

Les ordonnées F représentent le rapport du débit à l'instant t au débit permanent, $\left(\dfrac{q}{q_0}\right)$.

Les courbes portent l'indication de l'apport pluvial relatif $\left(\dfrac{H}{h}\right)$, désigné simplement par H, auquel elles se rapportent

1ᵉʳ cas. x et F sont donnés. Calculer H. — On marque par un point au crayon, ou mieux par la pointe d'un compas, le point qui a pour abscisse et ordonnée x et F.

On mesure les distances *verticales* e, e' comprises entre le point marqué et les deux courbes consécutives H, (H + 0,10), entre lesquelles il est compris.

La solution cherchée est :

$$H + 0,1 \left(\frac{e}{e + e'} \right).$$

2e *cas. H et x sont donnés. Calculer* F. — L'apport pluvial donné H est compris entre deux courbes consécutives

$$H_1 \quad \text{et} \quad (H_1 + 0{,}10).$$

La première courbe a pour ordonnée F_1, la deuxième F_2.
La solution est évidemment :

$$F_1 + \frac{(H - H_1)}{0{,}10}(F_2 - F_1).$$

Crues et décrues continues. Remarques. — Pour ne laisser aucun doute dans l'esprit sur le vrai sens des graphiques F, nous ajouterons quelques remarques (fig. 194, pl. LXIII).

Si une nappe, sous l'action d'un apport pluvial H, éprouvait une ecrue continue, *sans arrêt*, son débit serait figuré par une courbe F ascendante, marquée (1) sur la figure. Cette courbe serait partout située au-dessus de la courbe C^2.

Si, sous l'action d'un apport pluvial (2 -- H), elle éprouvait une décrue continue, sans arrêt, son débit serait figuré par une courbe (3) constamment située au-dessous de la courbe (4) qui figure le carré de l'ordonnée C^2.

Le point A′ où les courbes F de crue et de décrue se croisent, n'est pas situé nécessairement sur l'horizontale AL du régime permanent; mais nous admettons qu'il remplit sensiblement cette condition.

On remarquera que le point de croisement A′ est situé à gauche du point A du côté des x négatifs. C'est qu'en effet, au point A, les deux courbes C^2 correspondent à une même valeur de l'ordonnée au faîte, $C = 1$.

Au point A′, où les deux nappes de crue et de décrue continues ont un débit égal à celui du régime permanent ($F = 1$), l'ordonnée C est plus grande que 1 pour la courbe de décrue, plus petite que 1 pour la courbe de crue, ainsi que cela doit être.

L'hypothèse que nous avons faite sur le graphique F consiste à admettre que, pratiquement et en raison des fluctuations très irrégulières qu'éprouvent les nappes naturelles par suite de l'intermittence des pluies, la nappe revient à la forme du régime permanent chaque fois que le débit passe par la valeur de ce régime permanent ($F = 1$).

Conséquemment, les courbes que nous avons dû adopter dans le voisinage du point central sont des raccordements AB, AC, AD, AE, tracés en pointillé sur la figure 194. Ces raccordements sont tracés de telle manière que les tangentes qu'ils forment avec l'horizontale, telles que MAL, M′AL, sont égales à 3 (H — 1), conformément à la propriété que nous avons établie au paragraphe 28.

Les courbes C^2 font, avec les mêmes horizontales au point A, des tangentes égales à 2 (H — 1).

La tangentes relatives aux courbes des crues et décrues continues doivent être comprises entre 2 (H — 1) et 3 (H — 1).

Décrue continue de sécheresse absolue. — Dans le cas où l'on aurait à considérer une crue ou une décrue continue, sous l'action d'un apport pluvial donné H, on obtiendrait la courbe réelle du débit en joignant par un tracé de raccordement fait à vue d'œil, les courbes H du graphique situées de chaque côté du point central. Le tracé ainsi fait ne laisserait pas beaucoup d'incertitude.

Le seul cas où la question présente de l'intérêt est celui de la sécheresse absolue. Nous avons fait le raccordement pour ce cas particulier sur le graphique F par une ligne pointillée AB. La tangente de cette ligne sur l'horizontale du régime permanent est égale à 2,32, tandis que la tangente de la courbe F, sur cette même horizontale, au point central, est égale à 3,00.

NOTE B.

THÉORIE EXACTE DES NAPPES AQUIFÈRES, PAR M. LIMASSET, INGÉNIEUR EN CHEF DES PONTS ET CHAUSSÉES.

Reprenons les équations générales (A), page 34, et admettons que les filets liquides forment à chaque instant des faisceaux constamment normaux à un système de surfaces qui les coupent orthogonalement.

Soit alors U une fonction de x, z, y, t.

Considérons les fonctions :

$$(1) \qquad U = \omega,$$

ω étant une constante.

Cette équation (1) représente, quand on fait varier la constante ω, un système de surfaces. Posons :

$$(2) \qquad u = \left(\frac{dU}{dx}\right); \qquad v = \left(\frac{dU}{dz}\right); \qquad w = \left(\frac{dU}{dy}\right).$$

On voit que les faisceaux de filets liquides sont constamment normaux aux surfaces (1).

Considérons maintenant les expressions telles que $\left(\frac{du}{dt}\right)$ qui entrent dans les équations (A).

u est une fonction de x, z, y, t; dès lors :

$$\left(\frac{du}{dt}\right) = \left(\frac{du}{dx}\right)\left(\frac{dx}{dt}\right) + \left(\frac{du}{dz}\right)\left(\frac{dz}{dt}\right) + \left(\frac{du}{dy}\right)\left(\frac{dy}{dt}\right) + \left(\frac{du}{dt}\right)$$

$$= \left(\frac{du}{dx}\right)u + \left(\frac{du}{dz}\right)v + \left(\frac{du}{dy}\right)w + \left(\frac{du}{dt}\right);$$

et en tenant compte de (2) :

$$\frac{du}{dt} = \left(\frac{d^2U}{dx^2}\right)\left(\frac{dU}{dx}\right) + \left(\frac{d^2U}{dzdx}\right)\left(\frac{dU}{dz}\right) + \left(\frac{d^2U}{dxdy}\right)\left(\frac{dU}{dy}\right) + \left(\frac{d^2U}{dxdt}\right).$$

On obtient des expressions analogues pour $\left(\frac{dv}{dt}\right)$ et $\left(\frac{dw}{dt}\right)$.

Remplaçons alors u, v, w, $\left(\frac{du}{dt}\right)$, $\left(\frac{dv}{dt}\right)$, $\left(\frac{dw}{dt}\right)$ par leurs valeurs ci-dessus dans les équations (A); multiplions ensuite respectivement par dx, dz, dy, et ajoutons; nous trouverons :

$$(3) \qquad dy + \mu dU + dp + \frac{d(V^2)}{2g} + \frac{1}{g}d\left(\frac{dU}{dt}\right) = 0,$$

dans laquelle il n'y a plus, sous le signe d, que des différentielles totales, et V vitesse absolue du filet liquide désignant :

$$(4) \qquad V^2 = \left(\frac{dU}{dx}\right)^2 + \left(\frac{dU}{dz}\right)^2 + \left(\frac{dU}{dy}\right)^2 = u^2 + v^2 + w^2.$$

L'équation (3) est immédiatement intégrable et donne :

$$(5) \qquad y + \mu U + p + \frac{V^2}{2g} + \frac{1}{g}\left(\frac{dU}{dt}\right) = 0 \, ^{(1)}.$$

Mais il faut encore tenir compte de l'équation de continuité, c'est-à-dire de la dernière du groupe (A) :

$$\left(\frac{du}{dx}\right) + \left(\frac{du}{dz}\right) + \left(\frac{du}{dy}\right) = 0.$$

Cela entraîne :

$$(6) \qquad \left(\frac{d^2U}{dx^2}\right) + \left(\frac{d^2U}{d^2z}\right) + \left(\frac{d^2U}{dy^2}\right) = 0.$$

Ainsi la solution du problème consiste à trouver une fonction U satisfaisant l'équation (6), à attribuer à u, v, w les valeurs (2), et à p la valeur qui résulte de (5).

La fonction U détermine donc toutes les inconnues du problème.

Les filets sont représentés par :

$$(7) \qquad \frac{dx}{\left(\frac{dU}{dx}\right)} = \frac{dz}{\left(\frac{dU}{dz}\right)} = \frac{dy}{\left(\frac{dU}{dy}\right)};$$

Les surfaces orthogonales par (1);

Les surfaces d'égale pression par (5), en attribuant à p une valeur constante.

En particulier pour $p = 0$, on a la surface libre :

$$(8) \qquad y + \mu U + \frac{V^2}{2g} + \frac{1}{g}\left(\frac{dU}{dt}\right) = 0.$$

En réalité, dans cette théorie, comme cela est toujours en algèbre, les équations généralisent. La surface libre n'apparaît pas comme la limite de la masse d'eau. C'est simplement une surface qui sépare l'espace en deux parties dans lesquelles la pression p est positive d'un côté et négative de l'autre. Pour que cela pût être, il faudrait que les liquides, tout en jouissant de la propriété de transmettre également les pressions dans tous les sens, fussent tout aussi inextensibles qu'ils sont incompressibles. Cette généralisation est incompatible avec les faits réels.

Les équations que nous venons d'écrire ne font plus aucune hypothèse restrictive relativement à la force vive et à la composante w; elles sont donc applicables à des masses d'eau continues de formes quelconques.

---

(1) C'est l'équation que nous avons établie directement au paragraphe 10 pour le mouvement permanent.

Ici se place une remarque importante. Pour une fonction U donnée, satisfaisant à (6), les expressions u, v, w, les équations des filets liquides et celles des surfaces orthogonales ne dépendent que de cette fonction U.

Seule l'équation (5) fait apparaître la force vive, qui n'influe dès lors que sur les pressions et la surface libre.

Ces observations doivent être complétées par les suivantes.

Entre la simplification extrême de la théorie ordinaire qui néglige μw et la théorie rigoureuse, il y a place pour une solution intermédiaire dans laquelle, gardant μw, on négligerait seulement la force vive. Cette simplification n'empêcherait pas la théorie d'être applicable aux nappes de formes quelconques. Elle donnerait une solution assez rigoureuse, tant que $\left(\dfrac{V^2}{2g}\right)$ serait négligeable, ce qui est presque toujours vrai, si ce n'est aux environs des points critiques qui rendent infinis un ou plusieurs des coefficients différentiels :

$$\left(\frac{dU}{dx}\right), \quad \left(\frac{dU}{dz}\right) \quad \text{et} \quad \left(\frac{dU}{dy}\right).$$

Mais alors, chaque fois que, pour un problème déterminé, on sera amené à considérer les phénomènes qui se passent aux abords des points critiques, il sera toujours aisé d'introduire dans les résultats les termes négligés. On en donnera ci-après un exemple.

Au surplus, il serait puéril au point de vue pratique d'attacher plus d'importance aux termes négligés.

La question, étant ainsi logiquement posée, consiste à trouver la fonction U convenable à chaque cas et satisfaisant à :

$$(9) \quad \begin{cases} (6) \qquad \left(\dfrac{d^2U}{dx^2}\right)+\left(\dfrac{d^2U}{dz^2}\right)+\left(\dfrac{d^2U}{dy^2}\right)=0. \\ \text{On n'aura plus qu'à écrire :} \\ u=\left(\dfrac{dU}{dx}\right); \quad v=\left(\dfrac{dU}{dz}\right); \quad w=\left(\dfrac{dU}{dy}\right); \quad \zeta z+p+\mu U=0. \end{cases}$$

Le problème ainsi limité est tout aussi exact. Il revient à l'étude des fonctions U qui satisfont à (6).

Si le problème qu'on envisage comporte des points critiques, on introduira les termes négligés, et il sera facile de voir les corrections que cela entraîne.

Ces considérations contiennent tout ce qu'il y a d'essentiel dans la théorie générale. Il reste à les adapter, pour chaque cas, au problème particulier qu'on se posera.

Cas général des nappes cylindriques. — Dans le cas général des nappes cylindriques, les équations (9) se réduisent à :

$$(10) \quad \begin{cases} \left(\dfrac{d^2U}{dx^2}\right)+\left(\dfrac{d^2U}{dy^2}\right)=0; \\ u=\left(\dfrac{dU}{dx}\right); \quad w=\left(\dfrac{dU}{dy}\right); \quad \zeta+p+\mu U=0. \end{cases}$$

La fonction U peut s'écrire, dans le cas le plus général, sous forme finie :

$$(11) \qquad U = f(\alpha) + \varphi(\beta),$$

f et φ étant des fonctions arbitraires et :

$$(12) \qquad \alpha = x + iy; \qquad \beta = x - iy; \qquad i = \sqrt{-1}.$$

Les trajectoires orthogonales des filets sont alors

$$(13) \qquad f(\alpha) + f(\beta) = \omega.$$

Les vitesses sont :

$$(14) \qquad u = f'(\alpha) + \varphi'(\beta); \qquad w = i\,[f'(\alpha) - \varphi'(\beta)].$$

Les filets ont pour équations :

$$(15) \qquad f(\alpha) - \varphi(\beta) = iF,$$

F étant une constante.

Les lignes d'égales pressions sont :

$$(16) \qquad y + \pi + \mu\,[f(\alpha) + \varphi(\beta)] = 0,$$

π étant une constante.

La surface libre sera :

$$(17) \qquad \frac{y}{\mu} + f(\alpha) + \varphi(\beta) = 0.$$

Les fonctions f et φ peuvent naturellement contenir la variable t d'une manière quelconque. Il suffira de les adapter aux conditions initiales, ce qui sera toujours possible, ne serait-ce qu'à l'aide des développements en série.

On va appliquer cette méthode à un exemple.

Nappe cylindrique permanente à débit uniforme, coulant sur un fond imperméable horizontal. — On doit avoir partout $w = 0$ pour $y = 0$.

Or :

$$w = i\,[f'(\alpha) - \varphi'(\beta)].$$

On doit donc avoir :

$$f'(\alpha) = \varphi'(\beta),$$

quel que soit x; d'où :

$$\varphi(x) = f(x) + K,$$

et, par suite :

$$(18) \qquad U = f(\alpha) + f(\beta) + K.$$

La surface libre de la nappe est :

$$(19) \qquad \frac{y}{\mu} + f(\alpha) + f(\beta) + K = 0.$$

Puisqu'il n'y a pas d'alimentation superficielle, cette surface libre coïncidera avec un filet liquide et devra pouvoir rentrer dans la forme :

$$(20) \qquad f(\alpha) - f(\beta) = i\mathrm{F},$$

en attribuant à F une valeur particulière.

Ainsi les équations (19) et (20) doivent pouvoir représenter la même ligne. Si donc nous prenons le coefficient angulaire de la tangente de chacune d'elles, il devra être identique et on pourra écrire :

$$- \frac{f'(\alpha) + f'(\beta)}{\frac{1}{\mu} + i\,[f'(\alpha) - f'(\beta)]} = - \frac{f'(\alpha) - f'(\beta)}{i\,[f'(\alpha) + f'(\beta)]},$$

équation qui, toute réduction faite, revient à :

$$(21) \qquad \frac{1}{f'(\alpha)} - \frac{1}{f'(\beta)} = -4\mu i.$$

Or cette nouvelle relation (21) entre x et y, résultant d'une combinaison des équations (19) et (20), qui doivent être identiques, ne peut être distincte de celles-ci. Cette équation (21) représente donc, elle aussi, la surface de la nappe.

Remarquons que les équations (20) et (21) sont de même forme. Chacune d'elles exprime qu'une fonction de β retranchée d'une fonction de α est égale à une constante.

Multipliant (21) par $\dfrac{Q}{4\mu}$; nous aurons :

$$(22) \qquad \frac{Q}{4\mu f'(\alpha)} - \frac{Q}{4\mu f'(\beta)} = -iQ.$$

Identifiant (20) et (22), on obtient :

$$(23) \qquad f(\alpha) = \frac{Q}{4\mu f'(\alpha)}; \qquad f(\beta) = \frac{Q}{4\mu f'(\beta)}.$$

L'intégration donne immédiatement :

$$f(\alpha)^2 = \frac{Q\alpha}{2\mu} + \text{const.}; \qquad f(\beta)^2 = \frac{Q\beta}{2\mu} + \text{const.}$$

On peut donc poser, en disposant de la constante par un choix convenable des axes :

$$f(\alpha) = \pm \sqrt{\frac{Q\alpha}{2\mu}}; \qquad f(\beta) = \pm \sqrt{\frac{Q\beta}{2\mu}}.$$

La fonction U sera donc :

$$\mathrm{U} = \pm \sqrt{\frac{Q}{2\mu}}\left(\sqrt{\alpha} + \sqrt{\beta}\right),$$

qui peut être facilement transformée et devenir (en changeant pour la commodité x en $-x$),

$$(24) \qquad U = - \sqrt{\frac{Q}{\mu}(r-x)},$$

r étant essentiellement positif et égal à $\sqrt{x^2 + y^2}$.

On peut du reste vérifier que la formule (24) satisfait à :

$$\left(\frac{d^2U}{dx^2}\right) + \left(\frac{d^2U}{dy^2}\right) = 0.$$

La fonction U étant maintenant connue, on aura pour la surface libre d'après (B), p. 35 :

$$(25) \qquad y = \sqrt{\mu Q}\sqrt{r-x},$$

d'où après plusieurs élévations au carré :

$$\left(\frac{y^2}{\mu Q} + x\right)^2 = r^2 = x^2 + y^2,$$

et, par suite :

$$(26) \qquad \frac{y^4}{\mu^2 Q^2} + \frac{2xy^2}{\mu Q} - y^2 = 0,$$

équation qui contient à la fois la droite et la parabole ci-dessous :

$$(27) \qquad y^2 = 0 ; \qquad y^2 = -2\mu Q\left(x - \frac{\mu Q}{2}\right).$$

Mais ces équations (27), obtenues après deux élévations au carré de l'équation (25), sont plus générales que celle-ci.

On voit d'abord que la forme $y = 0$ ne satisfait pas à (25) pour les valeurs négatives de x. Par contre, on satisfait à (25) quel que soit x, quand x est positif, en attribuant à y la valeur 0.

Il suit de là que la droite $y = 0$ ne rentre dans (25) qu'à partir de l'origine et seulement du côté des x positifs. On voit de même que la parabole (27) ne convient à (25) que pour la partie qui correspond aux y positifs.

Ainsi les portions du plan suivant lesquelles la pression p est nulle sont respectivement les parties de lignes OAX et ABC (fig. 24, pl. VI).

Limitons notre examen à ce qui se passe au-dessus de XX'. La pression est donnée par (équation B) :

$$(28) \qquad p = -y + \sqrt{\mu Q}\sqrt{r-x}.$$

On voit que pour tout point situé dans la zone X'OABC la pression est positive, puisque $y < \sqrt{\mu Q}\sqrt{r-x}$, ordonnée de la parabole.

Au contraire, dans la zone XABC, la pression p est négative. La nappe ne peut donc exister dans cette zone et il faut la limiter au contour CBA.

Les vitesses s'expriment par :

$$(29) \qquad u = \frac{1}{2}\sqrt{\frac{Q}{\mu}}\frac{\sqrt{r-x}}{r}; \qquad w = \frac{1}{2}\sqrt{\frac{Q}{\mu}}\frac{\sqrt{r+x}}{r}.$$

Quand $y = 0$ et x négatif, w est nul;

Quand $y = 0$ et x positif, $w = -\frac{1}{2}\sqrt{\frac{2Q}{\mu x}}$,
et inversement pour u.

Les trajectoires orthogonales $U = \omega$ donnent :

$$(30) \qquad y^2 = \frac{2\mu\omega^2}{Q}\left(x + \frac{\mu\omega^2}{2Q}\right).$$

Les filets sont :

$$(31) \qquad y^2 = -\frac{2\mu F^2}{Q}\left(x - \frac{\mu F^2}{2Q}\right).$$

Si on attribue à F les valeurs o et Q, on retombe comme cela doit être sur les équations (27).

Les paraboles (30) et (31) sont homofocales, l'origine est leur foyer commun.

Ainsi toute la masse liquide s'écoule conformément à la figure 24, pl. VI, et vient sortir par un orifice à air libre OA, tout le long duquel règne la pression atmosphérique $p = 0$.

Le débit total est Q.

Au lieu de supposer que l'eau sort à air libre suivant OA, on peut admettre que la surface débouche dans un cours d'eau. À la jonction de la nappe souterraine et de ce cours d'eau, il faut avoir une ligne suivant laquelle la pression varie suivant la loi hydrostatique, c'est-à-dire une courbe orthogonale telle que BE (fig. 25, pl. VI).

Si on compare cette solution à celle qui résulte de la théorie approximative (p. 36), on voit tout de suite que, à une certaine distance du point critique, les résultats sont les mêmes dans les deux cas. Au point critique même, ils sont au contraire très différents. Dans la théorie approximative, l'eau débouche à l'air libre par un point unique avec une vitesse *verticale infinie*. Dans la théorie plus exacte, cet écoulement a lieu par une surface finie OA, en raison de vitesses verticales qui sont en général finies, mais qui pourtant atteignent accidentellement une vitesse infinie au point O :

$$-\frac{1}{2}\sqrt{\frac{2Q}{\mu x}},$$

pour $x = 0$.

Il y a donc encore là un point dans le voisinage duquel nos résultats sont certainement inexacts parce que nous avons négligé la force vive.

Mais il est aisé de corriger les erreurs qui en résultent, en revenant aux équations rigoureuses. Ces équations pour les nappes cylindriques sont :

$$(32) \qquad \left(\frac{d^2U}{dx^2}\right) + \left(\frac{d^2U}{dy^2}\right) = 0.$$

$$(33) \qquad u = \left(\frac{dU}{dx}\right); \qquad w = \left(\frac{dU}{dy}\right).$$

$$(34) \qquad y + p + \mu U + \frac{V^2}{2g} + \frac{1}{g}\left(\frac{dU}{dt}\right) = 0.$$

Attribuons à U la valeur, comme précédemment :

$$U = -\sqrt{\frac{Q}{\mu}(r-x)}.$$

Les vitesses, les surfaces orthogonales et les filets liquides sont encore donnés par les équations (29), (30), (31), mais la surface du liquide, au lieu d'être (25), sera :

$$(35) \qquad y = \sqrt{\mu Q (r-x)} - \frac{Q}{4\mu g r}.$$

Si on suppose que $\frac{1}{\mu}$ est très petit, le second terme est négligeable vis-à-vis du premier tant que r est fini. Ce second terme contient du reste r en dénominateur et devient rigoureusement nul pour $r = \infty$; cette dernière considération montre que, indépendamment même de l'ordre de grandeur du terme négligé, la surface libre est asymptotique à la parabole (25) qui représente le premier terme de (35) (fig. 26, pl. VI).

Pour déterminer la forme du nouveau profil de la surface libre, il suffit de retrancher de l'ordonnée de la parabole le terme $\frac{Q}{4\mu g r}$.

À l'origine, pour $r = \frac{Q}{\mu}$, on trouve que la quantité à retrancher est $\frac{1}{4 g \mu^2}$, dont la valeur est pratiquement négligeable.

Si on suit le contour de la parabole, en allant de B vers A, l'importance du terme $\frac{Q}{4\mu g r}$ augmente quand celle de $\sqrt{\mu Q (r-x)}$ diminue; il devient indispensable, pour achever la détermination de la forme du profil, de rechercher les points où il coupe l'axe des y. Faisons dans (35) $x = 0$, nous obtenons :

$$(36) \qquad y - \sqrt{\mu Q}\, y + \frac{Q}{4\mu g y} = 0.$$

En substituant à y dans cette équation les trois valeurs suivantes, on aura :

1° $y = 0$, le premier terme est alors $+\infty$;

2° $y = \frac{\mu Q}{2}$, on trouve $-\frac{\mu Q}{2}\left(\sqrt{2}-1\right) + \frac{1}{2 g \mu^2}$ qui a le signe $-$;

3° $y = \mu Q$, on trouve $\frac{1}{2 g \mu^2}$ qui a le signe $+$.

L'équation (36) a donc une racine entre 0 et $\frac{\mu Q}{2}$ et une racine entre $\frac{\mu Q}{2}$ et μQ, cette dernière très voisine du point B, puisqu'elle n'en est distante que de $\frac{1}{2 g \mu^2}$.

$y = 0$ correspond à l'origine O (fig. 26).

$y = \frac{\mu Q}{2}$ au point milieu de OB.

$y = \mu Q$ au point B.

En appliquant le théorème de Rolle à l'équation (36), dans laquelle on prendrait $\sqrt{y}$ comme inconnue, on trouve même qu'il n'y a que ces deux racines réelles qui correspondent alors aux points a et B'.

Pour achever la détermination du profil, recherchons le point K où il vient couper l'axe des *x*. Faisons $y = 0$ dans (35). Si *x* est positif, nous trouverons $+\infty$, c'est une solution à écarter. Si *x* est négatif, nous aurons :

$$\sqrt{\mu Q\,(-2x)} + \frac{Q}{4\mu g x} = 0,$$

qui donne :

$$(37) \qquad x = -\frac{1}{2\mu}\sqrt[3]{\frac{Q}{4g^2}},$$

valeur qui correspond à un point K extrêmement voisin du point O. (Nous avons calculé numériquement BB', OK, O*a*, page 38, et démontré que ces quantités sont toujours négligeables.)

La vitesse au point O atteint la valeur :

$$(38) \qquad u = \sqrt[3]{4g^2 Q}.$$

En résumé, si l'on ne négligeait pas la force vive, au lieu de trouver pour la surface libre la parabole CBA (fig. 26), on obtiendrait une courbe K*ab*B'C' qui serait absolument confondue avec celle-ci pratiquement sur toute l'étendue de son parcours, mais qui s'en séparerait pour venir circonscrire le point critique O, de manière que la vitesse maxima de l'eau au point de source serait $\sqrt[3]{4g^2 Q}$.

Pratiquement, il faut admettre que le terrain forme en *ba*K une caverne qui épouse le profil de la courbe $p = 0$, les suintements qui se produisent sur tout le contour *ba*K constituant une source.

Les développements mathématiques donnés par M. Limasset à l'occasion d'un problème simple, on peut même dire le plus simple de tous les problèmes qui concernent les nappes aquifères, font comprendre que l'étude mathématique exacte de ces questions dans les cas ordinaires, c'est-à-dire quand il faut tenir compte à la fois de l'inclinaison du fond, de l'apport superficiel et, en outre, de l'influence de la contre-nappe, s'il s'agit d'une nappe de thalweg, est à peu près impossible. Cette conclusion justifie la méthode que nous avons adoptée et qui nous paraît susceptible de conduire plus facilement à des conséquences pratiques.

Pour la solution des problèmes, M. Limasset propose d'utiliser la propriété suivante.

Propriété générale des fonctions U. — Les fonctions U qui satisfont à l'équation de continuité (6) :

$$\left(\frac{d^2 U}{dx^2}\right) - \left(\frac{d^2 U}{dz^2}\right) + \left(\frac{d^2 U}{dy^2}\right) = 0$$

jouissent d'une propriété fort importante.

Si des fonctions U_1, U_2, U_3... satisfont à cette équation, la fonction

$$U = \sum_1^n U$$

y satisfera aussi, quelque grand que soit le nombre *n*.

De là vient à l'esprit cette notion fondamentale que les fonctions U qui forment la solution de l'équation (6) peuvent être représentées par des intégrales définies, dont chacun des éléments serait une intégrale particulière de la question.

Soit une fonction P qui dépend de x, y, z, t, et qui renferme en outre un paramètre a.

Supposons que l'on ait identiquement :

$$(39) \qquad \left(\frac{d^2P}{dx^2}\right)+\left(\frac{d^2P}{dz^2}\right)+\left(\frac{d^2P}{dy^2}\right)=0.$$

On pourra vérifier que l'intégrale définie

$$\int_{a_1}^{a_1} P da$$

effectuée en faisant varier, entre les limites voulues, le paramètre a sera aussi une solution de l'équation (39).

Si la fonction P, au lieu de ne contenir qu'un seul paramètre, en contient un plus grand nombre, soit trois par exemple, l'intégrale :

$$U=\iiint P da\, db\, dc.$$

effectuée suivant le contour d'un volume défini de l'espace, dont les coordonnées des divers points seraient les paramètres variables a, b, c, est également une solution.

Il faut cependant faire une réserve.

Pour que la différentiation sous le signe $\int$ soit possible, il faut que l'opération puisse se faire séparément en quelque sorte sur chacun des éléments de l'intégrale. Or il va de soi que cela n'est plus possible si certains de ces éléments deviennent infinis pour certaines valeurs de x, z, y, dans l'intérieur du contour.

Mais l'intégrale sera une solution de la question pour tous les points hors du contour.

Ces aperçus très originaux ouvrent la voie à des applications intéressantes.

Malheureusement, leur développement mathématique présente de très grandes difficultés, qui dépassent de beaucoup celles que les ingénieurs, même assez bien armés au point de vue mathématique, ont l'habitude d'aborder.

Dans l'étude hydraulique des nappes aquifères, il s'agit de phénomènes compliqués par une foule de contingences, qu'il est à peu près impossible d'introduire dans les équations.

Nous ne croyons guère à la possibilité d'arriver à des résultats pratiques par les méthodes mathématiques exactes.

ANNEXE

AU PARAGRAPHE 45, PAGE 168.

La formule (271) donne l'équation de la courbe V, ou lieu géométrique des faîtes des nappes qui alimentent une galerie horizontale, placée à une hauteur P au-dessus d'un fond imperméable également horizontal. Elle suppose que le *plan séparatif* de chaque nappe et de sa contrenappe est un plan horizontal passant par le radier de la galerie.

Cette supposition est probablement moins exacte que celle qui consiste à admettre que ce plan doit se déterminer par la construction géométrique de la figure 50, pl. XVI, expliquée au paragraphe 37.

Soient, d'après la figure 50 :

F, le fond imperméable;
A, le radier de la galerie;
B, le niveau de la contrecharge au droit de la galerie;
D, le faîte de la nappe qui alimente la galerie;
AL, l'axe des x;
EC, l'axe séparatif de la nappe et de la contrenappe.

On aura :

$$H = LD; \qquad P = LF; \qquad Y = AB; \qquad X = AL.$$

Appelons :

δ, le coefficient d'absorption total du terrain;
K, le rapport de la hauteur de la contrenappe à la hauteur de la nappe $= \dfrac{EF}{ED}$.

On trouve facilement :

$$K = \frac{P}{H - Y}.$$

On aura, pour le débit versé par la nappe BD, par mètre courant de galerie :

$$q = \frac{m}{\mu} \delta^2 X;$$

ou bien encore (§ 35), en appelant y l'ordonnée CB :

$$q = -\frac{m}{\mu} y \frac{dy}{dx} (1 + K).$$

Égalant ces deux expressions de q, on a l'équation :

(M) $$-y \frac{dy}{dx} (1 + K) = \delta^2 X.$$

Puisque la nappe BD est une ellipse, dont nous appellerons les axes a et b, on pourra écrire, pour un point quelconque, les relations :

$$a^2 y^2 + b^2 x^2 = a^2 b^2 ; \qquad y \frac{dy}{dx} = - \frac{b^2 - y^2}{x}.$$

S'il s'agit de la section BC, on a :

$$b = \mathrm{DE}; \qquad y = \mathrm{CB}; \qquad x = \mathrm{X}.$$

Les valeurs des longueurs DE, CB sont données au paragraphe 37; on a indiqué plus haut la valeur de K.

Remplaçant les quantités qui figurent à l'équation (M) par les valeurs ci-dessus, on trouve, après réductions, l'équation suivante :

$$(271 \ ter) \qquad \qquad \mathrm{H}(\mathrm{H} + \mathrm{P}) - \mathrm{Y}(\mathrm{Y} + \mathrm{P}) = \delta^2 \mathrm{X}^2.$$

H et X étant l'ordonnée et l'abscisse d'une courbe rapportée aux axes AL, AB, qui passent par le point A, centre du radier de la galerie, l'équation (271 ter) est celle d'une hyperbole qui a un sommet à tangente horizontale en B et qui forme une branche ascendante passant par le faîte D.

C'est le lieu géométrique des faîtes des nappes qui peuvent alimenter la galerie sous une contrecharge égale à Y.

APPLICATIONS

CHAPITRE X.

1. Régime des sources en terrain granitique. — Dans les terrains granitiques, les sources sont très nombreuses, fort petites et d'un débit très instable; on est donc obligé, pour obtenir un volume d'eau un peu considérable, comme celui qui est nécessaire pour l'alimentation d'une ville, de réunir un très grand nombre de sources.

Parmi ces sources, ce sont celles qui sont situées à flanc de coteau qui donnent les eaux les plus pures; mais elles sont sujettes à tarir rapidement en temps de sécheresse.

Les sources qui apparaissent au fond des vallées sont plus stables, mais assez souvent les eaux qu'elles donnent sont de mauvais goût, plus ou moins chargées de matières organiques et susceptibles de se troubler en temps de crues.

Ces particularités s'expliquent parfaitement lorsque l'on considère le profil en travers d'une vallée en terrain granitique (fig. 153, pl. XLIV).

Le fond de la vallée est constitué par une couche de terre de prairie argilo-sableuse qui se relève légèrement sur les côtés et dont l'épaisseur varie de 0 m. 40 à 2 mètres. Certaines parties de cette couche sont tourbeuses. Vers le milieu coule le ruisseau.

Au-dessus, on rencontre fréquemment une couche de pierres, graviers et sables, puis une couche d'argile mélangée de cailloux anguleux dont les angles sont seulement émoussés. Cette argile est le produit de la décomposition du granit superficiel. Elle occupe le fond de la vallée et remonte un peu sur les flancs. L'épaisseur de la couche d'argile et cailloux varie de 0 m. 50 à 4 mètres.

Au-dessous, on trouve le granit en place, mais décomposé, dépourvu d'une grande partie de son feldspath, réduit par conséquent au quartz, au mica et à une partie du feldspath. On l'appelle souvent *tuf granitique* ou *arène*.

Le tuf granitique est désagrégé et entièrement perméable. C'est un sable. Il couvre le fond de la vallée où il a une épaisseur de plusieurs mètres; il remonte sur les flancs et il occupe également les plateaux. Sur les fortes pentes, il disparaît et ses matériaux désagrégés sont entraînés par les eaux.

À mesure qu'on s'enfonce dans le tuf granitique, l'intensité de la décomposition est moins marquée. On retrouve bientôt le roc granitique intact, mais, si compact qu'il soit, il n'en contient pas moins des diaclases assez nombreuses, susceptibles de livrer passage à l'eau. Dans tous les terrains de granit, en creusant un puits, on rencontre la nappe d'eau à une profondeur de quelques mètres.

Il résulte de cette constitution d'une vallée granitique qu'en temps ordinaire, le terrain profond est imbibé par une nappe aquifère NNABNN, épousant la forme transversale de la vallée et possédant une pente dans le sens longitudinal. Son profil transversal présente deux parties distinctes, les déclivités NN, NN qui correspondent à la masse granitique plus ou moins décomposée, et la ligne AB qui correspond au tuf granitique. Cette ligne est presque horizontale, parce que le tuf est très perméable. Les lignes NN au contraire sont très déclives, parce que la circulation de l'eau dans les diaclases très minces et souvent très rares du granit se fait lentement. Cette nappe aquifère représente comme une rivière souterraine AB, qui serait alimentée par des versants NN. Lorsqu'il a beaucoup plu, la nappe aquifère se relève en MM, et ce relèvement donne lieu à des phénomènes nouveaux.

Il peut arriver qu'en se rapprochant du tuf superficiel, cette nappe rencontre, sur les flancs de la vallée, quelques fissures où l'eau trouve un facile écoulement vers le dehors. Elle apparaît alors sous la forme d'une source S. Une pareille source aura évidemment un débit très instable, et souvent elle disparaîtra pendant la saison sèche.

Au fond de la cuvette formée par le granit, les pluies relèveront la nappe de AB en CD, ou même en EF. Ainsi emprisonnée sous la couche d'argile et la terre de prairie dont nous avons parlé, elle tendra à soulever ces couches, surtout la couche superficielle, et elle y parviendra fréquemment.

C'est ce qui explique l'existence des fondrières tourbeuses si fréquentes dans les vallées granitiques. Si les circonstances ne sont pas favorables à un soulèvement de la terre, tout au moins l'eau de la nappe aquifère tendra à sourdre au travers des couches superficielles et elle y réussira dès qu'elle aura trouvé une veine un peu perméable. Elle apparaîtra alors au jour et donnera lieu à des sources telles que S'S'.

Dans beaucoup de points où l'épaisseur du tuf granitique sera faible, il arrivera que la nappe aquifère restera toujours assez élevée pour alimenter les sources de la vallée telles que S". Celles-ci seront donc pérennes.

Le ruisseau sera alimenté par ces sources et, en outre, par l'eau qui imbibe la masse spongieuse et plus ou moins tourbeuse de la terre de prairie et dont la provision se renouvelle à chaque pluie.

Quant aux qualités de l'eau, il est facile de comprendre que tandis que les sources qui apparaissent sur les flancs de la vallée donneront des eaux pures filtrées à travers le tuf granitique, celles des sources du fond de la vallée donneront des eaux plus ou moins louches et souvent chargées de matières organiques.

Ces considérations expliquent le régime des sources tel qu'on peut l'observer dans les vallées granitiques.

2. **Galeries de captage en terrain granitique.** — Vers 1850, Belgrand, chargé de l'alimentation en eau de la ville d'Avallon, dériva plusieurs sources dans une vallée granitique. Ces sources étaient simplement introduites dans des tuyaux étanches, mais c'étaient des sources de fond de vallée, présentant tous les inconvénients que nous avons signalés, c'est-à-dire multiplicité des sources et, par suite, multiplicité des prises, qualité médiocre de l'eau au point de vue potable, surtout en temps de pluie.

Ce système allait être appliqué à la ville de Limoges par M. l'ingénieur Lesguillier, qui avait été le collaborateur de Belgrand, lorsqu'il se produisit un incident qui révéla des faits entièrement nouveaux pour les ingénieurs et qui conduisit au vrai système de l'approvisionnement des eaux en terrains granitiques.

Dans le Limousin, pays presque entièrement granitique, où les irrigations ont pris une importance exceptionnelle, *les Renardiers*, c'est ainsi qu'on désigne les ouvriers spéciaux des irrigations, connaissaient depuis longtemps l'existence de la nappe souterraine des vallées granitiques, et c'était dans cette nappe qu'ils allaient chercher, quelquefois à de grandes profondeurs, les eaux nécessaires aux irrigations pour les conduire le long des flancs très abrupts des vallées.

À la suite des études qui furent faites sur ces indications, les ingénieurs reconnurent que les eaux recueillies dans les tranchées profondes des vallées granitiques étaient abondantes et d'excellente qualité. Dès lors, on abandonna l'idée d'utiliser les sources superficielles et on adopta un système nouveau qui est le suivant :

Creuser une tranchée profonde de 1 m. 20 de largeur suivant la direction générale de la vallée et la descendre sur le granit. Établir dans le fond un dallot en pierres sèches de 0 m. 40 sur 0 m. 40 de section libre. Le recouvrir de gravier. Établir sur le tout un lit de mottes de mousse pour faire un matelas imperméable. Remblayer ensuite en pilonnant avec les produits de la fouille, et dans l'ordre naturel des couches. Achever par la couche de terre. C'est le profil (fig. 154, pl. XLV).

Les travaux exécutés à Limoges par MM. les ingénieurs Lesguillier et Soulié, en 1875 et 1876, donnèrent des résultats satisfaisants.

L'eau est de qualité excellente. Elle est seulement un peu terreuse par les temps de pluie. Depuis la nouvelle distribution, la fièvre typhoïde, autrefois fréquente, a subi une notable diminution.

Appelé en 1880 à alimenter en eau la ville de Rennes, M. l'ingénieur Soulié se résolut à appliquer le système qui avait fait ses preuves à Limoges, mais profitant de l'expérience acquise, il chercha les moyens de préserver les eaux de captage de tout mélange avec l'argile des remblais de la fouille entraînée par les eaux de pluie, et il prit le parti de descendre le drain ou aqueduc de captage dans le granit même (fig. 155). De cette manière, les eaux de pluie ne parviennent à la galerie qu'après avoir traversé toute l'épaisseur du tuf granitique et les diaclases du granit, ce qui retarde leur mélange avec les eaux de la nappe générale et leur donne le temps de se dépouiller des impuretés qu'elles tiennent en suspension.

A Vitré et à Fougères, on a employé le même système qu'à Rennes, en modifiant plus ou moins les dimensions et le mode de construction de l'aqueduc en pierres sèches, mais on a remplacé la couche de mousse, qui se détruit à la longue, par une chape en mortier de ciment. C'est une amélioration notable (fig. 156 et 157), car on avait constaté à Rennes que, par suite de la disparition de la mousse, les terres du remblai étaient entraînées peu à peu par les eaux d'infiltration et qu'elles venaient obstruer l'aqueduc de captage et en diminuer le débit.

À Rennes, dans ces dernières années, on a adopté également la chape en mortier de ciment et, en outre, on a remplacé la couche de gravier qui était placée au-dessous par une couche de béton de ciment (fig. 158). La séparation de l'aqueduc de captage d'avec le remblai de la tranchée est ainsi bien assurée, et ces modifications ont produit d'excellents résultats, tant au point de vue de l'accroissement du débit qu'au point de vue de la qualité des eaux. Ces dispositions étaient d'ailleurs inspirées par celles que M. l'ingénieur Soulié avait appliquées antérieurement aux captages destinés à la ville de Lorient (1887). Il a hourdé en mortier de ciment toute la maçonnerie de l'aqueduc qui, on s'en souvient, était en pierres sèches, et il a établi directement sur le dallage la chape en ciment (fig. 159). Dans ces conditions, l'eau de la nappe n'arrive plus à l'aqueduc que par l'assise de la base qui est posée à sec.

Malgré cette précaution, des eaux impures se sont introduites sur certains points dans les aqueducs de Lorient. Après avoir examiné les choses de près, on a constaté qu'elles n'avaient pu pénétrer que par des fissures un peu larges, telles que *bac*, qui font communiquer le fond de la tranchée avec sa paroi. En appliquant contre la paroi un enduit tel que *db*, on a pu aveugler ces fissures.

Enfin à Quimper, et malgré les accidents de Lorient, M. Considère, alors ingénieur en chef du département, n'a pas hésité à conseiller à la municipalité de cette ville l'exécution du projet de captages qui avait été dressé par M. Soulié, mais en y introduisant certaines précautions supplémentaires (fig. 160).

M. Considère [1] conserve le massif de maçonnerie de ciment pour constituer l'aqueduc de captage dont il réduit la section à 0 m. 25 sur 0 m. 25. Il laisse, entre la paroi du granit et le parement extérieur du bajoyer de l'aqueduc, un petit espace vide qu'il remplit de pierres cassées pour faciliter l'accès des eaux qui arrivent par les parois verticales du granit. Il recouvre le dallage de l'aqueduc d'une couche de béton de ciment et d'une chape. Enfin, et c'est là le point essentiel, il remblaye le fond de la tranchée sur 0 m. 75 à 0 m. 80 d'épaisseur, au moyen de sable de mer assez fin pour filtrer parfaitement. Ce sable est versé de manière à avoir son point bas au milieu et à masquer ainsi les fissures des parois de la tranchée sur la plus grande hauteur possible. Après l'exécution de cette couche de sable, on a continué le remblai en employant d'abord et en pilonnant les parties les plus sablonneuses. On constituait ainsi un second filtre, beaucoup moins parfait que le premier, mais qui néanmoins ajoutait son effet à celui du sable.

Dans ces conditions, on conçoit qu'aucun filet d'eau ne peut parvenir à l'aqueduc sans traverser, outre le granit vif et fissuré, une épaisseur de sable pur ou d'arène remaniée suffisante pour assurer sa filtration complète.

Enfin on a dressé le remblai terreux ou argileux de la couche supérieure en forme de dos d'âne, de manière à préserver autant que possible le remblai contre l'infiltration des eaux pluviales.

Grâce à ces précautions, les eaux de Quimper sont restées constamment limpides, même à la suite des plus fortes pluies.

3. Longueurs et profils des galeries ou aqueducs de captage. — Eaux de Rennes.

— Le volume des eaux captées par les aqueducs dépend évidemment de la perméabilité plus ou moins grande des massifs granitiques; *il dépend aussi de leur longueur.*

En somme, l'aqueduc fonctionne comme une galerie de captage. S'il s'étendait dans toute la longueur d'une vallée, depuis le confluent jusqu'au faîte, il exercerait un appel dans toutes les sections transversales, et il abaisserait trop promptement la nappe aquifère.

Dans une vallée étroite, il arriverait alors ce qui arrive pour les *drains* ordinaires : c'est que pendant la saison sèche ils ne donnent plus d'eau.

Il doit donc y avoir un certain rapport à établir entre la longueur des captages et la longueur et même la largeur de la vallée.

On admet qu'il ne faut pas faire les aqueducs de captage trop longs et qu'il faut laisser une certaine distance entre leur extrémité et le sommet des vallées. Cette partie du bassin non drainée directement n'écoule que peu à peu ses réserves d'eau et régularise ainsi le débit de l'aqueduc qui, sans cela, atteindrait son maximum au moment des pluies et décroîtrait ensuite rapidement.

Grâce à l'obligeance de M. Blin, directeur des eaux à Rennes, nous avons des do-

[1] *Annales des ponts et chaussées,* avril 1896.

cuments très complets sur les captages exécutés pour l'alimentation de cette ville. Ils s'étendent sur les deux bassins limitrophes de la Loysance et de la Minette, rivières qui sont toutes deux affluents du Couesnon. Il y a treize vallées pourvues d'un captage distinct.

Le tableau suivant donne les maxima, les minima et les moyennes des éléments les plus intéressants de ces captages, dont la figure 161, pl. XLVI, donne le plan avec des cotes d'altitude.

TABLEAU I.

CAPTAGE DES EAUX DE RENNES.

Nombre de vallées.	13
Surface versante totale.	3.300 hectares.
Longueur totale des aqueducs de captage.	9.300 mètres.
Longueur totale des conduites étanches secondaires à l'aval des captages, tuyaux de ciment de 0 m. 30 à 0 m. 50.	12.000
Conduite principale jusqu'à Rennes.	42.157

Dont	en tunnels.	4.968
	en siphons.	8.260

CAPTAGE (DONNÉES MOYENNES).

DÉSIGNATION.	MAXIMUM.	MINIMUM.	MOYENNE.
Surface versante d'un bassin S.	600^{ha}	70^{ha}	250^{ha}
Longueur d'une vallée depuis l'aval du captage jusqu'au faîte séparatif L.	3.600^{m}	400^{m}	1.800^{m}
Largeur d'une vallée $2\,l = \dfrac{S}{L}$	2.650	430	1.400
Longueur de l'aqueduc de captage C.	1.200	350	700
Longueur de la conduite secondaire étanche depuis le captage jusqu'au confluent du ruisseau.	1.000	300	400
Rapport $\dfrac{C}{L}$	0,69	0,17	0,388
Rapport $\dfrac{C}{S}$	10,00	1,13	2,75
Pente moyenne de la vallée $\dfrac{H}{L}$	"	"	0,0181
Pente transversale de la vallée $\dfrac{h}{l}$	"	"	0,037

De ce tableau il ressort que si l'on considère une vallée prise comme *type moyen*, cette vallée a 1.800 mètres de longueur, 1.400 mètres de largeur, 250 hectares de superficie, que sa pente moyenne longitudinale est de 0,081, sa pente transversale de 0,037, que la longueur du captage est de 700 mètres, soit des 0,35 centièmes de la longueur totale ou de 2 m. 75 par hectare. En fait, ce dernier rapport varie dans de larges proportions de 0,69 à 0,17.

Moyennement, on peut admettre que les deux tiers du bassin qui sont dépourvus de drainage direct fonctionnent comme réservoir pour régulariser le débit.

4. Périmètre de protection. — La conservation en bon état des captages et la préservation des eaux captées exigent deux précautions principales.

Pour éviter la formation dans les aqueducs des végétations appelées *queues de renard*, qui se développent très rapidement quand des racines ont pénétré dans les drains et menacent de les obstruer, on doit abattre les arbres et interdire toute plantation dans une zone de 10 à 15 mètres de chaque côté de l'aqueduc.

Pour assurer la pureté des eaux et empêcher leur contamination par des matières organiques provenant des déjections des animaux ou du répandage des engrais, il est prudent d'acquérir les prairies dans une certaine zone autour des captages et de les louer avec interdiction d'y laisser paître des animaux et d'y répandre autre chose que des engrais minéraux. À Quimper, la ville a acquis les prairies jusqu'à 50 mètres en amont de leur origine.

5. Débits comparés des captages. — Des considérations que nous avons exposées il résulte que les eaux captées sont fournies par la nappe aquifère qui pénètre les tufs granitiques et les diaclases de la masse granitique. Cette nappe sera d'autant plus abondante que les vides seront plus importants et aussi que la hauteur de pluie sera plus considérable.

Dans les régions où le granit est très dur, très compact et peu décomposé, les eaux de pluie, après avoir traversé la couche superficielle, ne trouvent pas une pénétration facile dans la masse; elles s'écoulent en forte proportion par les sources et vont alimenter les rivières. C'est le contraire lorsque l'épaisseur du tuf granitique est grande et que les diaclases du granit sont nombreuses.

Voici quelques chiffres :

TABLEAU II.

DÉBITS D'ÉTIAGE DES CAPTAGES.

VILLES.	ANNÉES.	HAUTEURS de PLUIES ORDINAIRES.	SUPERFICIE du BASSIN.	ALTITUDE.	DÉBIT D'ÉTIAGE PAR JOUR.	LONGUEUR DE DRAIN PAR HECTARE.	DÉBIT par HECTARE et PAR AN.
		mètres.	hectares.	mètres.	mètr. cubes.	mètres.	mètr. cubes.
Rennes........	1895	0 886	3.300	147	5.800	2 75	1.400
Dinan.........	1899	»	1.380	100	250	1 45	160?
Quimper......	1895	1 10	250	100	1.197	7 50	3.620?
Limoges......	1878	0 967	734	400	6.260	[1] 25 80	4.670

[1] Dont moitié en drains secondaires.

Les différences de débits entre Rennes et Quimper s'expliquent en partie par la différence de hauteur de la pluie, mais la longueur des drains est beaucoup plus grande à Quimper. Elle est encore plus grande à Limoges, et il paraît certain que la longueur du drain de captage joue un rôle important dans les différences que fait ressortir le tableau ci-dessus.

Il est à remarquer notamment qu'à Rennes certains drains de captage n'ont qu'une longueur égale aux 0,17 centièmes de la longueur de la vallée, longueur certainement insuffisante; il est probable que, dans ces conditions, une notable partie des eaux de la nappe souterraine échappe au captage.

Remarquons aussi que le granit de Quimper est du granulite ou granit à mica blanc. Peut-être cette variété de granit est-elle plus facilement décomposable. Il est vrai d'ajouter qu'à Limoges on a aussi affaire à du granit.

En ce qui concerne Dinan, M. Blin, l'auteur du projet, fait remarquer que le massif granitique est étroit, resserré entre des massifs de schistes très feuilletés où se diffusent les eaux, peu boisé, souvent dénudé, et que l'on rencontre souvent le rocher à fleur de sol, ce qui indique une faible épaisseur du tuf granitique; aussi les sources et les ruisseaux y tarissent en été. C'est le contraire à Rennes où le bassin de captage est très étendu, très boisé, les sources et les ruisseaux très abondants et toujours alimentés.

Enfin, à Dinan, il y a une circonstance particulièrement défavorable : c'est l'altitude élevée des captages et leur voisinage de la grande coupure de la Rance, où toutes les eaux de la région s'écoulent rapidement.

En résumé, dans cette question du débit des captages, les circonstances locales jouent un rôle important, mais les résultats obtenus à Limoges et à Quimper paraissent démontrer qu'il y a intérêt à faire des galeries de captage d'une longueur assez grande, et même des drains secondaires.

6. **Variations du débit.** — Pour les captages de Rennes, nous possédons les débits moyens par vingt-quatre heures, pour tous les mois des années 1882 à 1901, et les hauteurs de pluies correspondantes. Ces hauteurs sont déterminées par la moyenne des hauteurs observées aux pluviomètres des deux stations les plus voisines, Fougères et Autrain.

La hauteur annuelle de la pluie s'élève au maximum à 1 m. 206, au minimum à 0 m. 709; elle descend exceptionnellement à 0 m. 575 (1898). La moyenne est de 0 m. 886.

Les débits moyens par jour de la conduite collectrice ont atteint un maximum de 28.000 mètres cubes en janvier 1887, et un minimum de 6.600 mètres cubes en septembre 1893. La moyenne générale est de 14.350 mètres cubes. Le plus faible débit observé dans une journée a été de 5.800 mètres cubes.

Voici un tableau des débits par jour et des hauteurs de pluie pour les douze mois de l'année. Ce sont les moyennes des douze années 1889-1890 à 1900-1901 comptées du 1er octobre. (La figure 162, pl. XLIV, donne le graphique de ce tableau.)

TABLEAU III.

CAPTAGES DE RENNES (MOYENNES DE 12 ANNÉES).

MOIS.	HAUTEURS de PLUIES.	DÉBITS par JOUR.	MOIS.	HAUTEURS de PLUIES.	DÉBITS par JOUR.
	millimètres.	mètr. cubes.		millimètres.	mètr. cubes.
Octobre...............	138 50	10.800	Avril................	61 5	15.500
Novembre...........	75 1	11.300	Mai.................	57	14.300
Décembre............	88 0	12.500	Juin................	66 9	13.000
Janvier...............	75 4	14.900	Juillet..............	74 1	11.400
Février..............	57 9	16.000	Août................	72 6	10.700
Mars	54 8	14.700	Septembre...........	71 9	9.560

Le débit moyen *maximum* se produit en février, le *minimum* en septembre. Le rapport du second au premier est égal à 0,56.

À Quimper, les variations du débit sont beaucoup moins grandes. M. Considère donne comme maximum du débit journalier 3.779 mètres cubes et comme minimum 1.197 mètres cubes. Le rapport est 3,14, tandis qu'à Rennes le rapport des débits extrêmes dépasse $\frac{28.000}{5.800} = 4,82$.

On conçoit que ces variations du débit sont extrêmement fâcheuses. En hiver, on a beaucoup plus d'eau qu'il n'en faut, et en été l'eau fait défaut au moment où on en aurait le plus besoin.

Ainsi, à Rennes, le débit journalier du mois de septembre descend fréquemment à 7.000 mètres cubes par jour et, dans ces conditions, la quantité d'eau distribuée n'est plus que de 100 litres par jour et par habitant. Il se produit même des minima de 5.800 mètres cubes par jour qui réduisent la distribution à 83 litres. Ces volumes d'eau sont insuffisants.

Cette situation nous paraît susceptible d'être améliorée. C'est ce qui résultera de l'application de l'hydraulique à l'étude des galeries de captage de Rennes.

7. **Calculs des volumes débités et des réserves.** — Considérons une année météorologique partant du 1er octobre.

Au 30 septembre de chaque année, c'est-à-dire à la fin de la saison sèche, il existe, dans les vides du massif aquifère, une certaine réserve d'eau qui est fonction de la hauteur des pluies tombées pendant l'année écoulée et de la réserve qui existait au 30 septembre de l'année précédente.

Le débit qui se produit dans cette période finale est évidemment en rapport avec l'importance de la réserve. Car si cette réserve augmente, la nappe aquifère se relève, la charge qui détermine l'introduction des eaux dans les drains de captage augmente et on peut admettre, à titre de première approximation, que les accroissements de la réserve sont proportionnels aux accroissements du débit journalier du mois de septembre, d'une année à l'autre.

Appelons :

H, la hauteur de pluie d'une année;

S, la surface du bassin alimentaire des captages;

α, la fraction de volume des pluies qui est captée dans les drains;

$J J_0$, les débits moyens journaliers du mois de septembre de l'année considérée et de l'année précédente;

β, un coefficient;

V, le volume d'eau débité par les drains pendant toute l'année. On peut poser :

$$(1) \qquad V = \alpha HS + \beta (J_0 - J).$$

En appliquant cette équation à chacune des seize années d'observations et en étudiant les résultats au moyen de graphiques, on arrive à assigner au coefficient β la valeur $\beta = 370$.

Ayant adopté cette valeur de β, on résout les seize équations pour en tirer les valeurs de α. En portant les résultats sur un graphique (fig. 163, pl. XLVII), on constate que ces coefficients varient à peu près suivant les ordonnées d'une ligne moyenne dont la valeur est :

$$\alpha = 0.066 + 0.111\text{H}. \tag{2}$$

Portant ces résultats dans la formule (1), on a finalement pour le volume débité dans une année par les captages de Rennes :

$$\text{V} = (2.180.000 + 3.660.000\,\text{H})\text{H} + 370\,(\text{J}_0 - \text{J}). \tag{3}$$

Cette formule concorde convenablement avec les volumes observés, sauf pour quatre années où l'on constate des anomalies, qui peuvent tenir à ce que les pluies réelles diffèrent de celles qui ont été observées sur les pluviomètres voisins.

La formule $\alpha = 0.066 + 0.111\,\text{H}$ satisfait à la loi bien connue en vertu de laquelle l'infiltration est d'autant plus intense que la pluie est plus abondante.

Pour les captages de Rennes, la hauteur moyenne des pluies est de 0,886; on aurait en moyenne, pour l'apport pluvial que reçoit la nappe qui alimente les galeries de captage, $\alpha = 0,164$. C'est-à-dire que les galeries débitent les 164 millièmes de la pluie tombée.

Au moyen de ces formules, on peut calculer la réserve qui existait dans le bassin de captage au moment où le service a été inauguré, le 1er juillet 1882, à la suite d'années pluvieuses. Voici les calculs :

TABLEAU IV.

CAPTAGES DE RENNES. —— CALCUL DE LA RÉSERVE À L'ORIGINE.

PÉRIODES.	HAUTEUR de PLUIE.	DÉBITS PAR JOUR.			DURÉE.	VOLUMES pris SUR LA RÉSERVE PROBABLE.
		RÉELS.	NORMAUX.	DIFFÉRENCE.		
	millimètres.	mètres cubes.	mètres cubes.	mètres cubes.	jours.	mètres cubes.
1882. Juillet	0 116	20.000	(1) 14.500	5.500	31	170.000
Août.......	0 056	22.200	13.000	9.200	31	285.000
Septembre..	0 110	25.000	12.000	13.000	30	390.000
ANNÉES ENTIÈRES.						845.000
Du 1er octobre 1882 au 30 septembre 1883.	1 082	7.259.000	(2) 6.600.000	659.000	365	800.000
Du 1er octobre 1883 au 30 septembre 1884.	0 738	5.946.000	5.256.000	690.000	365	500.000
TOTAL.....................						2.145.000

(1) Calculé par comparaison avec les années 1883-1899.
(2) Calculé par la formule (3).

En septembre 1884, le débit moyen était descendu à 10.200 mètres cubes par jour. C'est à peu près le débit moyen de septembre des seize années connues (graphique, fig. 163).

On peut admettre que les réserves ont été épuisées en deux ans et demi.

APPLICATION DE LA THÉORIE DES GALERIES DE CAPTAGE
AUX CAPTAGES EN TERRAIN GRANITIQUE.

8. Définition de la nappe théorique. — Considérons une vallée en terrain granitique dans laquelle on a établi une galerie de captage. On peut l'assimiler théoriquement à un rectangle allongé, dans lequel la ligne médiane figurerait le thalweg. En chaque point on peut considérer deux nappes, l'une primaire, l'autre secondaire (§ 39). Si le rectangle est assez allongé, et c'est ce qui a lieu ordinairement, on peut négliger l'influence perturbatrice de la nappe secondaire et étudier simplement l'écoulement des filets liquides dans la section transversale pour une tranche de 1 mètre de largeur, comme nous l'avons fait aux chapitres III et IV.

Ainsi que nous l'avons dit, l'écoulement des filets liquides a lieu presque exclusivement dans la masse de granit fissuré ou décomposé qui existe dans le voisinage de la surface extérieure jusqu'à une certaine profondeur; l'écoulement a lieu aussi dans la masse granitique non décomposée, située au-dessous de la couche superficielle, à travers les diaclases dont elle est toujours plus ou moins pourvue, mais le débit qui se produit à travers cette masse rocheuse est négligeable, en comparaison de celui de la couche superficielle.

On peut donc admettre, avec une approximation suffisante, que les eaux coulent normalement de chaque côté du thalweg, sur un fond pratiquement imperméable formant deux plans inclinés vers le thalweg, ainsi qu'on le voit sur la figure 164, pl. XLVIII.

Le fond de la vallée est rempli d'arène suivant une largeur plus ou moins grande. C'est dans ce lit perméable AA'D'D que s'écoulaient les eaux d'infiltration des versants avant l'exécution des travaux. Mais elles s'écoulaient aussi dans le cours d'eau R qui occupe le fond de la vallée. La nappe sous le versant ne saurait être double; il n'y a là qu'un terrain de granit plus ou moins décomposé, plus ou moins perméable par conséquent, mais pas de couche imperméable proprement dite qui puisse servir de base à une nappe d'un niveau supérieur.

Il n'y a donc qu'une nappe sous les versants. Mais il y deux nappes au droit du thalweg : 1° une nappe superficielle reposant sur la couche d'argile imperméable qui, nous l'avons vu, se rencontre toujours à 1 m. 50 ou 2 mètres de profondeur dans les alluvions d'une vallée granitique, et qui elle-même alimente le ruisseau; 2° une nappe inférieure, coulant dans l'arène perméable qui remplit le fond du thalweg proprement dit jusqu'au granit en place.

La nappe superficielle du thalweg est alimentée par les sources qui se forment aux dépens de la nappe du versant, à travers des fissures favorablement disposées pour dériver les eaux, et qui sourdent soit sur le flanc du coteau, si elles sont visibles, soit dans le terrain alluvial qui tapisse le fond de la vallée où elles sont invisibles.

La nappe d'un versant éprouve donc, dans sa partie basse surtout, des pertes d'eau qui modifient son profil et son débit. Mais ces pertes doivent peu modifier le régime du faîte de la nappe. C'est pourquoi nous la calculerons comme si ces pertes n'existaient pas et comme si la nappe avait son point de source au niveau du fond de granit qu'on rencontre sous le thalweg.

9. Débits respectifs du ruisseau et de la galerie de captage. — M. Blin nous a communiqué les jaugeages qui ont été faits chaque année, de 1895 à 1899, pendant cinq ans, pour déterminer le débit du cours d'eau et celui des galeries de captage au point terminus de chacune d'elles. Les moyennes ainsi obtenues sont les suivantes :

Débit d'étiage des galeries de captage........................... 87,70 litres.
Débit d'étiage des cours d'eau................................ 77,30

Le rapport de ce dernier chiffre au premier est de 0,87.

Il faut donc multiplier le débit des galeries de captage par 1,87 pour avoir le débit total des nappes sous les versants.

Il a paru résulter d'une expertise qui a été faite en 1892, que les captages n'ont pas très sensiblement diminué le débit des cours d'eau.

Nous admettrons que le rapport 1,87 peut encore être conservé pour le cas des eaux ordinaires.

10. Premières données d'observation. — Pour obtenir les dimensions du profil de la nappe, nous avons d'abord les moyennes qui figurent dans le tableau I.

Longueur d'un versant $AB = 650$ mètres.

Pente transversale du terrain $= 0,037$.

Profondeur de la vallée sous le faîte séparatif, $700 \times 0,037 = 26$ mètres.

D'autre part, M. Blin nous a fourni les altitudes du terrain, de l'eau et du fond pour tous les puits de la région des captages. Elles ont été relevées aux mois d'avril et mai 1900, à une époque où le débit des galeries avait à peu près sa valeur moyenne. Ces puits sont au nombre de 370. Sur ce nombre, nous avons considéré 51 puits qui sont situés dans le voisinage des faîtes transversaux des vallées; la hauteur comprise entre le niveau du sol et l'eau des puits a été trouvée en moyenne de 6 mètres.

Nous avons admis que le *point de source* de la nappe transversale est situé dans le plan horizontal qui passe par le radier de la galerie de captage. Ces radiers sont placés à 5 mètres en moyenne sous le sol de la vallée. La hauteur du faîte de la nappe au-dessus de son point de source est donc de $26 + 5 - 6 = 25$ mètres, et la longueur du versant est de 650 mètres. Telles sont les dimensions fondamentales de la nappe.

Cette nappe est nécessairement une *nappe de thalweg*, qui coule sur un fond *fictif* dont la position et la pente sont à déterminer. Nous verrons que les résultats auxquels nous serons conduits justifieront cette hypothèse, qui, *a priori*, est conforme à l'observation, puisque lors de l'exécution des fouilles des galeries, on a vu l'eau sourdre, et même souvent jaillir par les fissures du fond des fouilles.

11. Calcul de la nappe permanente actuelle. — Appelons, comme aux chapitres III et IV (fig. 164) :

a, la longueur du versant $= 650$ mètres;

b_0, la hauteur de la nappe permanente actuelle, OB ;

ε, la pente du fond pratiquement imperméable;

z, la pente hydraulique propre à la nappe supérieure;

δ, le coefficient d'absorption propre à la nappe supérieure;

23.

α, le coefficient de l'équation 97 pour la nappe supérieure actuelle;

m, le coefficient moyen des vides dans cette nappe supérieure;

μ, son coefficient de résistance;

K, le rapport $\frac{p}{b}$ de la hauteur inconnue de la contrenappe à l'ordonnée maxima de la nappe actuelle (§ 35);

p, la hauteur de cette contrenappe.

Entre les neuf premières quantités, toutes inconnues, nous établirons huit équations numérotées de 4 à 11.

En voici d'abord quatre qui sont relatives à la nappe supérieure permanente actuelle :

$$(4) \qquad b_0 + 650\,\varepsilon = 25 \text{ mètres.}$$

$$(5) \qquad b_0 = 650\,\delta\gamma,$$

γ étant le coefficient numérique du tableau E;

$$(6) \qquad z = \frac{\varepsilon}{2\delta}$$

$$(7) \qquad \frac{m}{\mu}\,\delta^2 (1 + \text{K}) = h$$

h étant l'apport pluvial réel par seconde et par mètre carré que reçoit la nappe permanente considérée.

Nous écrirons maintenant les équations qui sont relatives à une décrue de la nappe. Nous prendrons les quatre années à été sec finissant au 1er octobre de :

$$1893 ; \qquad 1895 ; \qquad 1898 ; \qquad 1899 ;$$

et nous considérerons la période du 15 mai au 15 septembre.

Pendant ces années, les débits moyens du mois de septembre ont été, par jour, de :

$$6.600^{\text{me}} ; \qquad 9.700^{\text{me}} ; \qquad 8.000^{\text{me}} ; \qquad 7.100^{\text{me}}.$$

Moyenne : 7.350 mètres cubes.

Nous prendrons les rapports de ces débits à ceux des mois de mai précédents, qui étaient de :

$$9.100^{\text{me}} ; \qquad 16.100^{\text{me}} ; \qquad 13.400^{\text{me}} ; \qquad 12.500^{\text{me}}.$$

Moyenne : 12.800 mètres cubes.

Ces rapports sont égaux à :

$$0,724 ; \qquad 0,478 ; \qquad 0,596 ; \qquad 0,568.$$

La moyenne est de 0,60.

Le débit moyen de 12.800 mètres cubes au mois de mai est exactement celui du régime permanent de la nappe moyenne actuelle. Il y a donc eu une perte de 40 p. 100.

Mais cette perte se répartit inégalement entre les terrains drainés directement par la galerie et ceux qui l'alimentent par l'amont. La galerie a une longueur égale aux 0,40 centièmes environ de la longueur totale d'une vallée. En amont, son influence se fait sentir par un remous d'abaissement qui va *decrescendo* jusqu'au faîte de la vallée. Nous admettrons que les choses se passent comme s'il y avait une galerie ayant une longueur relative égale à 0,70, les 0,30 de l'amont n'éprouvant plus qu'une perte de débit de 20 p. 100. On aurait donc, pour la perte de débit propre à la nappe qui alimente directement la galerie, $\dfrac{0,40 - 0,30 \times 0,2}{0,70} = 0,50$ environ.

Pendant les quatre mois considérés, il est tombé 222 millim. 6 de pluie, ce qui représenterait proportionnellement une hauteur de 662 millim. 7 par an, alors que la moyenne annuelle est de 894 millimètres (voir graphique 162, pl. XLIV).

Nous calculerons l'apport pluvial relatif $\left(\dfrac{H}{h}\right)$ de ces quatre mois, en ayant recours à l'équation 169 (§ 29) et au graphique 221, pl. LXXXI.

Cette équation nous donne le rapport F du débit d'une source en crue ou en décrue à son débit permanent, et le graphique nous en donne la représentation en fonction des deux variables $\left(\dfrac{H}{h}\right)$ et $(1+K)\alpha t$ ou x, qui entrent dans la formule. On a donc :

$$(8) \qquad F = C^2 \left(1 + \frac{\left(\dfrac{H}{h} - 1\right) x}{e^{nx}} \right).$$

Le coefficient *caractéristique* $(1+K)\alpha$ nous sera donné en appliquant la *méthode du point d'inflexion* (§ 84).

Nous avons choisi, dans les douze années d'observations, les périodes de sécheresse où la baisse du débit a été à la fois rapide et régulière, et nous nous sommes arrêté à la période commençant le 10 juillet 1891. La figure 165, pl. XLVII, en donne le graphique. On trouve :

$$(1+K)\alpha T = \frac{365^1}{3 \times 22^1} = 5,56,$$

T étant le nombre de secondes contenues dans une année. On aura pour une durée de quatre mois :

$$(1+K)\alpha t = 1,87.$$

Pour $x = (1+K)\alpha t = 1,87$, $F = 0,50$, le graphique 221 donne ·

$$\left(\frac{H}{h}\right) = 0,488.$$

La sixième équation nous sera fournie par la valeur de α (équation 97) :

$$(9) \qquad \alpha = \frac{b_0 + \dfrac{B\varepsilon\rho}{2}}{\mu A^2 a^2}.$$

L'observation de l'*abaissement du faîte* de la nappe nous donnera une septième équation. On n'a pas observé directement cet abaissement dans les puits situés sur les faîtes, ce qui serait nécessaire pour avoir un résultat tout à fait exact; mais nous avons noté quels sont les puits situés dans le voisinage des faîtes qui *tarissent* dans les années sèches. Nous en avons trouvé quatorze qui tarissent et trente-deux qui ne tarissent pas.

La hauteur ordinaire de l'eau est de 1 m. 27 en moyenne pour les premiers, de 1 m. 49 pour les seconds. La moyenne serait de 1 m. 38. Il faut noter qu'un puits est considéré comme tari lorsqu'il contient encore une hauteur d'eau de 10 à 12 centimètres.

Quelques-uns des puits en question sont à une certaine distance du faîte proprement dit, de sorte que l'abaissement qui y a été observé dépasse l'abaissement qu'on aurait observé au faîte, le seul qui entre dans nos calculs. Par ces motifs, nous adoptons le chiffre de 0 m. 80 pour l'abaissement moyen de la nappe sur le faîte.

L'équation (168) nous donne la hauteur de l'eau au faîte à l'instant t, dans une nappe de thalweg en crue ou en décrue. On en tire, pour la valeur de l'abaissement du niveau, qui doit être égal à 0,80 :

$$(10) \qquad b_0 - y = \left(b_0 + \frac{B\varepsilon a}{2} \right)(1 - C) - 0,80.$$

Enfin, nous avons la relation (§ 35) :

$$(11) \qquad K = \frac{p}{b}.$$

Nous n'avons donc que huit équations pour neuf inconnues. Il y a une indéterminée, qui sera la hauteur p de la contrenappe.

12. Résolution des équations. — L'équation (8) ne contient qu'une inconnue, c'est $(1 + K)\alpha t$, qui est déjà connue par la méthode du point d'inflexion. On a :

$$(12) \qquad x = (1 + K)\alpha t = 1,87,$$

et comme le temps t est de quatre mois ou 10.000.000 secondes :

$$(13) \qquad (1 + K)\alpha = \frac{1,76}{10^7}.$$

Pour $x = 1,87$, $\left(\dfrac{H}{b} \right) = 0,488$, le graphique 221 donne $C = 0,72$. Substituant cette valeur dans (10), il vient :

$$(14) \qquad b_0 + 325\,B\varepsilon = 2,24.$$

Les équations 5, 6, donnent en éliminant δ :

$$(15) \qquad b_0 = 325\,\varepsilon \left(\frac{\gamma}{2} \right).$$

On a d'ailleurs :

$$(4) \qquad b_0 + 650\,\varepsilon = 25.$$

Éliminant b_0 et ε entre (14), (15) et (4), on arrive à l'équation .

$$B + 0{,}910\left(\frac{\gamma}{z}\right) = 0{,}179.$$

Les coefficients numériques B et $\left(\frac{\gamma}{z}\right)$ sont calculés dans le tableau E, pour des valeurs de z, de $0{,}10$ en $0{,}10$.

On trouve :

Pour $z = 0{,}80$,

$$B + 0{,}910\left(\frac{\gamma}{z}\right) - 0{,}179 = 0{,}372;$$

Pour $z = 0{,}90$,

$$B + 0{,}910\left(\frac{\gamma}{z}\right) - 0{,}179 = -0{,}031.$$

L'interpolation graphique donne pour solution :

$$z = 0{,}892; \quad A = 0{,}158; \quad B = 0{,}172; \quad \left(\frac{\gamma}{z}\right) = 0{,}0068.$$

Les équations (4), (14) et (15) donnent alors :

$$b_0 = 0{,}10; \quad \varepsilon = 0{,}0384; \quad \delta = 0{,}0215$$

Substituant (13) et (14) dans (9), on trouve :

$(16\ bis)$
$$\frac{\mu}{1+K} = 1210.$$

Portant cette valeur dans (7), on peut calculer m.

Il suffit de remarquer, d'après ce que nous avons dit plus haut, que l'apport pluvial moyen h par mètre carré et par seconde du régime permanent est égal à :

$$h = \frac{12.800 \times 1{,}87}{86.400 \times 3.300^{\mathrm{ha}} \times 10.000} = \frac{8{,}37}{10^9}$$

L'équation (7) donne alors :

$$m = 0{,}0219.$$

La nappe permanente moyenne est donc une nappe à deux versants, à pente hydraulique très élevée, $z = 0{,}892$, c'est-à-dire une nappe très instable.

Pour achever le problème et déterminer la valeur de K, qui nous donnerait en même temps la profondeur de la contrenappe, il faudrait connaître la forme de la nappe primitive avant l'ouverture de la galerie de captage. Malheureusement, nous n'avons aucune indication sur le niveau qu'elle occupait. Nous pouvons seulement émettre quelques probabilités à ce sujet.

Remarquons que l'arène granitique présente à peu près la consistance des sables moyennement fins, pour lesquels on a :

$$m = 0,20; \qquad \mu = 1.800 \text{ environ.}$$

On aurait donc :

$$K = \frac{1800}{1210} - 1 = 0,50.$$

L'ordonnée maxima de la nappe étant égale à $5^m 54$, la profondeur de la contrenappe doit être au moins de $2,77$. En réalité, elle doit être supérieure à ce chiffre, parce que la fraction du granit qui est transformée en arène doit diminuer à mesure que la profondeur augmente.

Sur le graphique 164, pl. XLVIII, on a supposé $p = 4$ mètres.

Le tableau suivant contient les résultats auxquels nous sommes parvenu.

TABLEAU V.

ÉLÉMENTS DE LA NAPPE MOYENNE ACTUELLE.

DÉSIGNATION.	RÉSULTATS.
Longueur de la nappe......................................	$a = 650^m$
Ordonnée au faîte..	$b_0 = 0^m 10$
Pente du fond relativement imperméable......................	$\varepsilon = 0,0384$
Pente hydraulique.......................................	$\imath = 0,892$
Coefficient d'absorption de la nappe supérieure..................	$\delta = 0,0215$
Coefficient moyen des vides................................	$m = 0,0219$
Coefficient de résistance..................................	$\mu = 1,800$
Ordonnée maxima..	$b = 5,44$
Hauteur de la contrenappe.................................	$p = 2,77$ (au moins)
Distance au faîte de l'ordonnée maxima.......................	460^{cl}

Le graphique 164 donne la forme générale des nappes primitive et actuelle. Il a été fait avec des données un peu différentes de celles du tableau ci-dessus, mais cela n'altère pas sa physionomie générale.

Conclusions. — De l'étude que nous venons de faire, on peut tirer les conclusions suivantes :

1° La nappe alimentaire *théorique* d'une galerie de captage établie sous le thalweg d'une vallée granitique semblable à celle des eaux de Rennes, est une nappe de thalweg à deux versants, mais la nappe du versant proprement dit existe seule : celle du contreversant est *virtuelle*. Les nappes de deux vallées voisines sont accolées par leurs faîtes.

2° La pente hydraulique de cette nappe est forte : $z = 0,892$, ce qui indique une grande instabilité dans le débit. Effectivement ce débit varie dans le cours d'une année du simple au quadruple, et le débit des galeries est très sensible aux moindres chutes de pluie;

3° Le coefficient de perméabilité est assimilable à celui du sable moyennement fin. $\left(\dfrac{\mu}{1+K}\right)$ égale au moins 1.210, et comme le coefficient μ doit approcher de 1.800, cela démontre que le fond pratiquement imperméable doit être situé à 3 ou 4 mètres au moins au-dessous de la ligne des sources;

4° La faible valeur du coefficient moyen des vides, $m = 0,0219$, indique que la proportion de granit décomposé n'atteint en moyenne que le huitième ou le dixième de la masse, car le coefficient du vide de l'arène doit être compris entre 0,15 et 0,25;

5° Tous ces résultats sont extrêmement rationnels, conformes à l'observation, et nous paraissent fournir une probabilité satisfaisante de l'exactitude de la théorie;

6° Des nappes discontinues peuvent donc se former dans le granit, de même que dans la craie et les calcaires. Il suffit pour cela que le granit soit décomposé ou fissuré sur une certaine épaisseur au-dessous du sol, c'est-à-dire dans la zone où les eaux météoriques peuvent s'écouler facilement vers le fond de la vallée, et où l'air peut circuler et exercer son action dissolvante.

On peut ainsi faire fonctionner des captages dans un terrain qui semble au premier abord réfractaire à une pareille application.

13. **Amélioration du régime du captage par l'emploi de vannes régulatrices.** — Puisque les captages en terrains granitiques fonctionnent comme les captages au moyen de galeries, que nous avons étudiés au chapitre v, rien ne s'oppose à ce qu'on leur applique des *vannes régulatrices* ayant pour but d'empêcher l'écoulement des volumes d'eau qui excèdent les besoins de la consommation, de ménager ainsi la *réserve*, qui pourra être utilisée pendant la saison sèche, c'est-à-dire à une époque où les besoins d'eau sont plus intenses, et où, au contraire, le débit des nappes a diminué.

Entre la nappe primitive et la nappe actuelle, le terrain granitique peut emmagasiner un volume d'eau que nous avons évalué à 2.300.000 mètres cubes. C'est une réserve qu'on pourrait reconstituer si l'on fermait instantanément toutes les galeries de captage.

Mais cette reconstitution aurait des inconvénients, parce qu'on relèverait d'une manière excessive le plan d'eau dans le thalweg perméable. Il n'est pas nécessaire d'aller jusque-là.

Pour le faire comprendre, reportons-nous au graphique (fig. 162, pl. XLIV) qui donne le régime moyen des captages.

La moyenne du débit journalier est de 12.880 mètres cubes.

Cela donne, par an, 4.700.000 mètres cubes.

Du 24 décembre au 19 juin, le débit moyen de 12.880 mètres cubes est dépassé. En calculant le volume total débité pendant ces 177 jours, on trouve 2.660.000 mètres cubes.

Il reste donc, pour le volume d'eau distribué pendant 187 jours de la saison la plus chaude, 2.040.000 mètres cubes.

Il y aurait évidemment intérêt à retourner la situation et à distribuer pendant la saison la plus sèche et la plus chaude un volume d'eau plus grand, sauf à diminuer le volume d'eau distribué pendant la saison la plus froide et la plus humide.

On pourrait, par exemple, établir la proportion suivante :

Saison froide : 177 jours à 11.000^{mc}............................	1.947.000^{mc}
Saison moyenne : 128 jours à 12.880^{mc}.......................	1.648.000
Saison chaude : 60 jours à 14.610^{mc}........................	876.000
TOTAL DISTRIBUÉ.........................	4.471.000
Ressources	4.700.000
RESTE pour pertes..........	229.000

D'après cela, dans le régime moyen, la *réserve* d'hiver serait égale à

$$2.660.000 - 1.947.000 = 713.000$$

et la perte admise de 229.000 représenterait un tiers environ de la réserve.

Mais cette réserve serait insuffisante pour les années très sèches. Par exemple, du 1er décembre 1898 au 1er décembre 1899, les captages n'ont débité que 3,700,000 mètres cubes. Il y a donc un manquant de 1 million de mètres cubes par rapport à l'année moyenne. Or, pour que la réserve soit suffisante, il est nécessaire, non seulement qu'elle permette de combler les insuffisances habituelles du débit du captage pendant l'été, mais encore qu'elle puisse faire face aux insuffisances d'une année très sèche.

D'après cela, nous sommes porté à penser que la réserve devrait être de 1.200.000 à 1.300.000 mètres cubes. Lorsque cette réserve serait entamée, on s'efforcerait de la rétablir dès que les circonstances le permettraient.

14. Disposition des vannes régulatrices ou d'arrêt. — Dans le cas présent, l'établissement des vannes régulatrices qui, ainsi qu'on va le voir, sont surtout des vannes d'arrêt, exige des dispositions spéciales, car la présence de la galerie facilite l'écoulement des eaux par le thalweg perméable, et par conséquent les pertes d'eau, qui ne profitent pas au service.

Soit (fig. 166, pl. XLIX) une galerie fg, avec un regard R_2, pourvu d'une vanne.

Si l'on vient à fermer cette vanne, la galerie sera bientôt entièrement remplie par les eaux de captage. Le regard fonctionnera comme un tube piézométrique et l'eau tendra à s'y élever jusqu'au niveau du point de départ de la galerie. Elle dépassera par conséquent la margelle du regard et se déversera par-dessus.

Il est donc indispensable que le niveau piézométrique de l'eau au droit de la vanne ne dépasse pas le niveau du terrain, le point A. Par le point A menons une horizontale, et nous obtiendrons à la rencontre du profil en long de la galerie un point B, où il faut nécessairement établir une autre vanne d'arrêt.

Supposons cette vanne fermée; soit MM le niveau du courant qui s'établit alors dans le thalweg perméable. Dans la section cg, les eaux exercent au niveau de la galerie une pression cg du dehors au dedans et une pression bg du dedans au dehors. Les eaux ont donc une tendance à rentrer dans l'aqueduc avec une pression égale à bc. La galerie *draine* le terrain perméable qui l'environne.

Au point D, intersection de l'horizontale AB avec la courbe MM, la pression extérieure est égale à la pression intérieure.

En aval, dans une section af, la galerie supporte une pression ef du dehors et une pression af du dedans. Il y a donc écoulement de l'eau de la galerie dans le terrain perméable avec une charge égale à ae.

En résumé, la galerie draine le terrain de B à D, et l'alimente au contraire de D à A. Comme le volume d'eau reçu par la galerie supposée fermée à ses deux extrémités est égal à celui qu'elle perd, le point D est nécessairement situé au milieu de la distance AB, ce qui donne un moyen de déterminer ce point et de connaître ainsi le niveau piézométrique du courant qui s'établit dans le thalweg.

De ces considérations il résulte le principe suivant : *Les vannes d'arrêt doivent être placées à des intervalles égaux au plus à* $\dfrac{H}{i}$, H *étant la hauteur d'un regard, et* i *la pente du sol.*

Si par exemple,

$$R = 5^m oo, \qquad i = 0,015,$$

on a, pour l'intervalle maximum de deux vannes d'arrêt,

$$\frac{5}{0,015} = 333^m oo.$$

Mais un pareil écartement serait probablement trop grand. Il y a intérêt à abaisser davantage le niveau de l'eau dans le thalweg, afin de diminuer la puissance de son débit, et à placer une vanne d'arrêt dans chaque regard de surveillance; ces regards ne sont pas distants de beaucoup plus de 100 mètres.

Il est à peine besoin de faire remarquer que les puits des regards doivent être construits assez solidement pour résister à la pression intérieure qu'ils peuvent être appelés à supporter. Nous nous bornons à cette observation, sans insister sur les moyens d'exécution. Pour des ouvrages neufs, le plus simple et le plus sûr serait de construire ces puits en béton armé.

Il y a une autre raison qui fait que les vannes d'arrêt doivent être assez rapprochées les unes des autres : c'est qu'il importe que la présence de la galerie n'augmente pas la facilité d'écoulement des eaux qui filtrent à travers le massif perméable du thalweg.

Soient R_1, R_2 deux regards consécutifs pourvus de vannes d'arrêt, L leur écartement, l la largeur de la vallée (fig. 167, pl. XLIX); x, y, deux distances AB, BC, d'un point quelconque à la section du regard d'amont et à la galerie.

Nous avons vu que dans la première moitié de la longueur L, la galerie était absorbante, et qu'elle était émissive sur la seconde moitié. Une molécule quelconque parcourra le chemin AB + BC pour entrer dans la galerie, soit, en moyenne :

$$\frac{L}{4} + \frac{l}{4},$$

et autant pour en sortir en C'B' et B'A'. Au total elle aura parcouru :

$$\frac{L}{2} + \frac{l}{2}.$$

Or s'il n'y avait pas eu de galerie, la molécule aurait parcouru le trajet AA'=L. Pour que la présence de la galerie n'accélère pas le mouvement des filets liquides, il faut évidemment que l'on ait

$$L < l,$$

c'est-à-dire que *l'écartement des vannes d'arrêt doit être moindre que la largeur de la vallée.*

15. Barrages transversaux. — Il y a un moyen de ralentir le courant des filets liquides le long du thalweg, tout en conservant à son niveau piézométrique une hauteur assez grande qui est *indispensable pour relever les nappes des versants* et déterminer la formation de la réserve.

Il consiste à réduire la section d'écoulement du thalweg au moyen de barrages transversaux établis sur le fond granitique, et formant écran. Ces barrages pourraient consister tout simplement en une fouille remplie par de *l'argile pilonnée*, car généralement l'argile est abondante dans les terrains granitiques. On pourrait aussi employer de la maçonnerie avec mortier maigre. Le premier moyen nous paraît préférable et aussi plus économique.

Ces barrages pourraient affecter diverses dispositions. Nous pensons que le dispositif le plus simple et le plus efficace consisterait à barrer la vallée partiellement au droit de chaque regard, comme l'indique le plan (fig. 168, pl. XLIX) en ménageant des passages libres aux positions contrariées A, B, C, D. Ce système aboutirait en définitive à *rétrécir* la section d'écoulement dans le thalweg. Le courant, obligé de suivre un parcours allongé, suivant le tracé sinusoïdal de la ligne pointillée R_{10}ABCD, et de passer à travers les étranglements formés par les barrages, serait obligé d'exhausser son niveau piézométrique, afin de regagner en hauteur ce qu'il perd en largeur.

Quant à la hauteur à donner aux barrages en argile, au-dessus du fond, elle se déterminera d'après la hauteur AD, fig. 164, que la nappe primitive occupait dans le thalweg avant les captages à Rennes. Elle serait, d'après nos renseignements, d'environ 2 mètres en moyenne.

L'expérience indiquera d'ailleurs si ces barrages de rétrécissement sont indispensables. On ne devra les faire que si l'expérience démontre que la seule fermeture des vannes ne suffit pas à élever suffisamment le niveau piézométrique du courant dans le thalweg.

Barrage terminal. — Il y a d'ailleurs un moyen bien simple de supprimer tout inconvénient provenant de la trop grande importance du volume d'eau débité par le thalweg : c'est de *barrer entièrement la vallée au droit du dernier regard au moyen d'un barrage étanche* et assez élevé pour ne pouvoir pas être surmonté par la nappe souterraine du thalweg.

Ce *barrage terminal*, MN (fig. 168, pl. XLIX), nous paraît *indispensable dans tous les cas.* Il assurera l'introduction dans l'aqueduc collecteur de toutes les eaux captées dans la vallée.

16. **Manœuvre du système des vannes régulatrices.** — On peut maintenant se rendre compte de la manière dont il faudrait appliquer le système des vannes régulatrices et des résultats à en attendre (fig. 169, pl. XLIX).

Les regards seraient placés tous les 100 ou 150 mètres. Chaque regard consisterait en un puits de 0m90 à 1 mètre de diamètre, en maçonnerie ou en béton armé, assez solide pour résister à la charge de l'eau qu'il aura à supporter.

Chaque regard serait muni d'une vanne, d'une section un peu moindre que celle de la galerie; cette vanne serait appuyée sur un siège en pierre de taille ou en fonte, formant seuil au niveau du radier de la galerie, de manière à donner une fermeture étanche. Cette vanne pourrait être manœuvrée à la main.

Dès que les premières pluies de l'hiver ont augmenté le débit au-dessus de ce qui est nécessaire pour satisfaire aux besoins réels de la consommation, on ferme la première vanne d'amont, celle du regard R₁, puis la suivante R₂, etc., de manière à ramener le débit de l'aqueduc au chiffre fixé.

Si le débit réalisé vient à diminuer, on rouvre une ou plusieurs vannes en commençant par celles qui ont été fermées les dernières.

Il sera toujours possible, pour l'ouverture ou la fermeture des vannes, d'augmenter ou de diminuer le débit, de manière à le ramener au minimum fixé. La seule règle à observer est que les *vannes fermées doivent former une série ininterrompue depuis la première vanne d'amont.*

Dans le courant de l'hiver, les captages présenteraient, par exemple, la disposition indiquée dans la figure 169. Sur 10 vannes, les 6 premières seraient fermées. Dans toute la partie de la vallée qui leur correspond, la nappe aquifère prendrait un profil MM, qui se rapprocherait plus ou moins de son profil primitif antérieur aux captages.

Dans la partie d'aval où les vannes seraient toutes levées, la nappe des versants aurait son profil actuel, et l'eau coulerait sous une petite épaisseur seulement sur le radier de la galerie.

Au lieu de fermer hermétiquement un certain nombre de vannes à l'amont, en laissant ouvertes celles d'aval, il serait peut-être préférable de lever *partiellement* toutes les vannes et de répartir ainsi la réserve uniformément dans toute la longueur de la galerie. L'expérience indiquera quel est le meilleur système pratique.

Mais quelle que soit la méthode adoptée, le résultat n'est pas douteux. En l'appliquant rigoureusement, on arrivera promptement à reconstituer presque intégralement les anciennes réserves et *à assurer l'alimentation en eau de la ville dans des conditions satisfaisantes, non seulement dans la saison sèche de chaque année, mais encore dans les années les plus sèches* où la pénurie se fait sentir pendant six ou huit mois de l'année.

Pour parvenir à ce résultat, on doit s'imposer une règle pratique, qui sera quelquefois d'une application difficile, mais qui est pourtant indispensable : c'est de ne *jamais prendre dans les galeries un volume d'eau qui excède les besoins réels de la consommation.*

17. **Allongement des galeries.** — Pour être bien maître des débits qu'on veut distribuer et pouvoir extraire les eaux du massif perméable qui les contient, comme on peut le faire par la bonde de fond d'un réservoir, il nous paraît nécessaire d'avoir des galeries de captage assez longues, plus longues que celles qu'on a faites jusqu'à présent. Nous pensons que les galeries devraient avoir une longueur égale aux 70 ou

75 centièmes de la longueur de la vallée. On pourrait d'ailleurs, avant d'appliquer cette règle à tout un réseau, expérimenter sur une vallée déterminée et dont le régime serait bien connu les résultats que donnerait un allongement des galeries de captage.

18. Résumé. — En résumé, les régions granitiques qui paraissent déshéritées au point de vue des ressources en eaux potables sont, au contraire, dans des conditions très favorables. On possède aujourd'hui un moyen pratique de se procurer des eaux pures et d'excellente qualité dans ces régions en établissant des galeries de captage sous le thalweg des vallées, suivant les règles que nous avons indiquées. La dépense de ces travaux n'est pas très élevée, elle s'élève à 3o ou 4o francs par mètre linéaire.

L'inconvénient de ce procédé est qu'il donne des débits très variables, forts et exagérés en hiver, trop faibles pendant l'été. L'application du principe des vannes régulatrices permet de remédier à cette difficulté. Il paraît utile de faire des galeries assez longues, qui doivent atteindre les 0,70 ou 0,75 centièmes de la longueur de la vallée.

Chaque galerie doit être coupée par des puits ou regards pourvus chacun d'une vanne de fermeture de la galerie. Ces regards seront placés généralement tous les 100 à 200 mètres, d'après les principes que nous avons donnés.

Pendant la saison humide, ou devra tenir fermées un nombre plus ou moins grand de vannes, en partant toujours de l'amont, de manière à ne recevoir dans la galerie que le volume d'eau strictement nécessaire pour la consommation. Une partie du volume d'eau ainsi économisé restera en réserve dans le bassin drainé.

Pendant la saison sèche, on ouvrira successivement les vannes qui étaient fermées, en commençant par celle d'aval et remontant progressivement de manière à réserver l'ouverture des dernières à l'amont pour les mois d'étiage, septembre ou octobre. On devra arriver à constituer une réserve assez forte pour que les vannes extrêmes d'amont n'aient besoin d'être ouvertes que dans les années exceptionnellement sèches.

Il arrivera, dans les années très humides, qu'un grand nombre de vannes d'amont resteront fermées; alors la réserve s'accroîtra beaucoup.

Lorsqu'il s'agit d'inaugurer la mise en service de captages nouvellement établis, il faut éviter à l'origine de gaspiller la réserve primitive, mais procéder au contraire avec économie, en ne demandant jamais aux captages pendant la saison humide plus d'eau qu'il n'est nécessaire pour les besoins.

Avec ces précautions, nous pensons que les captages d'eau en terrains granitiques constitueront un des moyens les plus parfaits et les plus économiques que l'on ait d'obtenir des eaux potables et que certaines villes éloignées auront même avantage, pour se procurer des eaux d'alimentation, à recourir à ce moyen plutôt qu'à d'autres, en raison de la grande pureté des eaux qu'il permet de se procurer.

CHAPITRE XI.

EAUX DE BRUXELLES. — GALERIES DE CAPTAGE.

1. **Description.** — La ville de Bruxelles possède à proximité de son territoire, vers le Sud, des réserves d'eau considérables, d'une qualité parfaite, qui ne paraissent avoir été bien connues que vers le milieu du dernier siècle, et qui ont donné lieu à des travaux de captage très remarquables.

Nous avons visité quelques parties de ces travaux en 1900, mais nous n'avions pu obtenir les documents techniques qui nous étaient nécessaires pour tirer de leur étude, au point de vue de l'hydraulique, les enseignements qu'ils comportent.

Cette lacune s'est trouvée comblée par la notice intitulée : *Les Eaux de Bruxelles en 1902*, que M. E. Putzeys, ingénieur en chef des travaux publics et du service des eaux, vient de publier, et dont il a bien voulu nous envoyer un exemplaire.

Cette notice contient des appréciations fort intéressantes sur les diverses questions techniques et hygiéniques que comporte un pareil sujet, mais nous limiterons notre examen au point de vue exclusif de l'hydraulique des nappes aquifères et des sources.

La figure 170, planche L, donne un plan synoptique des environs de Bruxelles. Les eaux que la ville utilise viennent de deux bassins distincts. En quittant Bruxelles par le Sud, on rencontre aux portes de la ville le *bois de la Cambre*, lieu de promenade, bien connu de tous les étrangers qui ont visité cette capitale. Le bois de la Cambre s'allonge sous la forme d'une bande étroite dans la direction S.-S.-E. et se prolonge par la *forêt de Soignes*, dont il est l'entrée. Ce terrain forme, à l'altitude de 90 à 130 mètres, une croupe élevée qui domine la ville.

Il est constitué par des sables tertiaires reposant en profondeur sur le terrain primaire rocheux et schisteux. Ce dernier forme un plan incliné, dont la pente d'environ 5 mètres par kilomètre est dirigée vers le N-.N.-O.

Les couches tertiaires portent de bas en haut les noms de *Landénien*, *Yprésien*, *Bruxellien*, *Ledien*, *Asschien* et *Tongrien*. Au-dessus s'étend par places un manteau ondulé de dépôts quaternaires.

Le *Landénien* n'existe pas partout; son rôle est secondaire. Ce sont les terrains *Yprésien* et *Bruxellien* qui contiennent la nappe aquifère. L'Yprésien est argileux et imperméable dans sa partie inférieure. Plus haut, il est perméable et formé de sable fin sur une quinzaine de mètres d'épaisseur.

Le Bruxellien, qui surmonte l'Yprésien, est uniquement composé de sables souvent rudes et siliceux vers le bas, à grain moyen et calcareux vers le haut. Terrain éminemment perméable.

Les couches supérieures de sables, le *Ledien* et le *Tongrien*, sont fréquemment imprégnées d'argiles et par conséquent moins perméables.

La nappe aquifère a généralement une épaisseur d'une trentaine de mètres. C'est dans ce massif perméable, à une profondeur de 30 à 50 mètres sous le sol, que la ville de Bruxelles a établi une galerie souterraine de 3,600 mètres de longueur, qui, avec les tranchements qui lui ont été annexés, pour accroître son pouvoir de captage, représente une longueur totale de plus de 7,000 mètres.

Les travaux proposés en 1872 par M. l'ingénieur Verstraeten, alors chef du service, entamés en 1873, malgré des prédictions pessimistes, ont été terminés vers 1898. Ils ont donné les résultats qui avaient été annoncés par l'auteur du projet, c'est-à-dire un débit normal d'environ 7,000 mètres cubes par jour.

La *galerie de la forêt de Soignes* est tracée en rouge sur la figure 170. Sur la même figure, on aperçoit l'*aqueduc du Hain*.

Le Hain est une petite rivière qui prend naissance à 5 kilomètres de la ville de Nivelles à la cote 120, près du village de *Lillois-Witterzée*. Son bassin paraît formé des mêmes terrains que la forêt de Soignes.

Presque toutes les sources de la vallée du Hain sont captées et amenées à Bruxelles par un aqueduc fermé. Les sources *hautes*, qui émergent au-dessus de la cote 95, arrivent par la gravité; les sources dites *basses* (de 92 à 80) sont relevées à l'aide d'une usine hydraulique installée à Braine-l'Alleud.

Les sources supérieures du Hain, ayant donné lieu dès les premières sécheresses à de sérieux mécomptes, furent en partie captées au moyen de galeries.

La principale de ces galeries, celle de Lillois-Witterzée, tracée en rouge sur la figure 170, a une longueur de plus de 4.000 mètres. Elle est commandée par des *vannes de serrement*, qui régularisent les débits et permettent d'emmagasiner des volumes d'eau considérables, utilisés à volonté à l'époque des sécheresses.

C'est à Liège, en 1856, que l'ingénieur des mines belge *Dumont* a, pour la première fois, conçu et appliqué le principe des *serrements*, et les travaux du même genre faits à Bruxelles n'ont été qu'une application heureuse et bien comprise de l'invention de cet éminent ingénieur.

L'étude du système des eaux de Bruxelles, et particulièrement des galeries de captage du Hain et de la forêt de Soignes, va nous fournir l'occasion d'appliquer notre théorie et d'en tirer des confirmations importantes.

2. Bassin du Hain. — À la notice de M. l'ingénieur en chef Putzeys est annexée une carte du bassin du Hain au 1/40.000ᵉ avec des courbes de niveau équidistantes de 5 mètres (fig. 171, pl. LI). Ces courbes se rapportent à l'état de la nappe aquifère avant les captages.

Il est très facile de tracer une *ligne de faîte* de cette nappe, qui coupe partout orthogonalement les courbes de niveau, et qui, partant de l'usine hydraulique de Braine-l'Alleud, revient au même point, après avoir fait le tour du bassin. Nous avons tracé cette ligne en pointillé bleu. Elle circonscrit une surface de 3.622 hectares.

M. Putzeys estime le débit permanent des captages du Hain à 24.000 mètres cubes par jour, savoir :

Sources	16.000 mètres cubes.
Galerie de Lillois-Witterzée	8.000
Total	24.000

Mais, comme on le verra plus loin, il convient de déduire de ce chiffre 3.500 mètres cubes environ qui proviennent de l'appel fait par la galerie de pénétration au delà de la ligne de faîte du bassin du Hain.

Le produit du bassin du Hain proprement dit serait donc de :

$$\frac{20.500^{mc}}{3.622} = 5^{mc}66$$

par hauteur et par jour, ce qui correspond à un apport pluvial annuel de :

$$\frac{5,66 \times 365}{10.000} = 0^m206.$$

C'est à peu près les 30 centièmes de la pluie tombée, qu'on évalue à une hauteur de 0 m. 70 en moyenne par an. C'est une proportion fréquemment observée dans les terrains perméables.

D'après le produit du bassin par hectare et par jour, on a, pour l'apport pluvial par seconde et par mètre carré (équation 34) :

(1) $$\frac{m}{\mu}\delta^2 = \frac{5,66}{10.000 \times 86.400} = \frac{6,55}{10^9}.$$

Calcul de δ, m, μ. — Si l'on considère les courbes de niveau de la figure 171, on reconnaît qu'il est possible de tracer entre le thalweg du Hain et celui de la Thines une orthogonale XYZ, près de laquelle les lignes de niveau conservent leur parallélisme sur une assez grande longueur de chaque côté de son tracé.

Dans ces conditions, le profil que coupe le cylindre à génératrices verticales XYZ peut être traité comme celui d'une nappe cylindrique.

Ce profil, tracé au moyen du plan à courbes de niveau (fig. 171), est représenté sur la figure 172, pl. L.

Il s'étend du thalweg du Hain (cote 106) au thalweg de la Thines (cote 100), sur un développement de 4.600 mètres. Ces cotes sont un peu incertaines, en raison de l'insuffisance du plan coté. Pour faire un tracé exact de la nappe, qui théoriquement s'établit entre les points X et Z, il faudrait avoir des indications sur la pente du fond imperméable.

L'aspect de la courbe indique nettement l'existence d'une certaine pente de fond vers le Nord. Cette pente est faible et ne dépasse probablement pas 0,002.

Dans tous les cas, la nappe théorique n'aurait qu'une pente hydraulique $\left(\frac{\varepsilon}{2\delta}\right)$ faible également et voisine de 0,10.

Dans l'impossibilité où nous sommes de la fixer, nous avons admis un fond imperméable horizontal, à la cote moyenne 100. Dans ces conditions, la position du faîte se calcule de la manière suivante.

Soient :

a, la longueur du versant du côté du Hain ;
$L-a$, la longueur du versant du côté de la Thines ;
b, l'ordonnée de la nappe au faîte, côté du Hain ;
p, la hauteur de la contrenappe ;
δ, le coefficient d'absorption absolu ;
δ', le coefficient d'absorption de la nappe côté du Hain ;
K, le coefficient du paragraphe 35.

D'après nos hypothèses, il y aurait une nappe d'effleurement elliptique de hauteur $(b+p)$ du côté de la Thines et une nappe de thalweg de même hauteur totale $(b+p)$ avec une contrenappe de hauteur p du côté du Hain.

On doit avoir ($\S$ 35) :

$$\text{(2)} \qquad K = \frac{b}{p}; \qquad \delta' = \frac{\delta}{\sqrt{1+K}}; \qquad \delta' = \frac{b}{a}; \qquad \delta = \frac{p+b}{L-a}.$$

De ces équations on tire :

$$\frac{(L-a)^2}{a^2} = \frac{b+p}{p} = \frac{26}{20} = 1,30 .$$

d'où :

$$\text{(3)} \qquad \begin{cases} a = 2.150 \\[2mm] L - a = 2.450 \\[2mm] \delta = \dfrac{26}{2.450} = 0,01061 \\[2mm] \delta^2 = 0,0001125 \end{cases}$$

Sur la coupe (fig. 172) on a tracé les ellipses qui correspondraient de chaque côté du faîte aux valeurs qui viennent d'être calculées. L'ellipse de gauche est au-dessus de la nappe réelle; l'ellipse de droite est au-dessous de la nappe réelle. L'hypothèse d'un fond horizontal semble donner une solution moyenne.

Portant la valeur de δ^2 dans la formule (1), on en tire :

$$\text{(4)} \qquad \frac{m}{\mu} = \frac{1}{17.500} ;$$

et comme on estime à 0,225 le coefficient des vides m (notice, page 27), on a :

$$\text{(5)} \qquad m = 0,225; \qquad \mu = 3.870.$$

La valeur de $\frac{m}{\mu}$ à laquelle nous parvenons nous paraîtrait plutôt faible que forte, et nous inclinerions à croire que la hauteur de la nappe serait plutôt inférieure à 26 mètres.

3. **Galerie de la forêt de Soignes.** — L'axe de la galerie de la forêt de Soignes, à peu près rectiligne et orienté N.-S., a 3.640 mètres de longueur. La galerie est pourvue de quatre vannes de serrement, savoir : un serrement régulateur en tête et trois serrements de retenue.

Dans le but d'augmenter la puissance de captage de la galerie, on lui a annexé des branches supplémentaires qui portent la longueur totale du système des drains à près de 7.000 mètres.

Il ne semble pas, d'après l'allure des courbes de niveau, que ces galeries supplémentaires aient augmenté de beaucoup la surface du bassin alimentaire de la galerie, ou, tout au moins, elles ne l'ont pas augmenté en proportion de leur longueur.

La figure 174, pl. LII, donne le plan et la coupe verticale de la nappe aquifère aux abords de la galerie de la forêt de Soignes, avant et après son ouverture. Elle présente un intérêt tout particulier, en ce sens qu'il n'existe pas, à notre connaissance, un autre relevé aussi détaillé d'un phénomène très complexe.

Les courbes de niveau embrassent, en effet, une étendue de 8 kilomètres en longueur et de près de 2 kilomètres en largeur.

Les courbes vertes donnent l'allure de la nappe avant l'ouverture de la galerie. On voit qu'elle formait une croupe arrondie, circonstance plutôt *défavorable* pour l'établissement d'une galerie de captage.

L'appel de la galerie a déterminé la formation d'un sillon dont les coupes transversales de la figure 176, pl. LIII, donnent la forme, autant qu'on peut l'apprécier d'après le plan. Le fond du sillon a été figuré arrondi; il est probable plutôt qu'il a un profil plus ou moins aigu en forme de V.

Les courbes bleues se rapportent à l'état de la nappe figurée en *a b c d* sur le profil en long. Nous avons pu tracer une ligne partant de l'entrée de la galerie et coupant orthogonalement les lignes de niveau. Elle circonscrit *la limite du bassin alimentaire de la galerie.* Le tracé, assez exact du côté gauche de la galerie, présente de l'incertitude du côté droit, les courbes bleues ne s'étendant pas à une distance suffisante de ce côté.

Le bassin alimentaire de la galerie présente la forme d'un fuseau de 6.750 mètres de longueur, qui atteint sa largeur maxima au droit de l'entrée d'amont de la galerie. Elle est de 2.300 mètres. Mesurée au planimètre, la surface de ce bassin alimentaire est de 910 hectares.

D'autre part, M. Putzeys évalue de 6 à 7.000 mètres cubes par jour le débit normal de la galerie.

En adoptant la moyenne de ces deux nombres, on aurait pour le débit par hectare et par jour :

$$\frac{6.500}{910} = 7^{mc},15.$$

Ce chiffre dépasse de 26 p. 100 celui que nous avons trouvé pour le bassin du Hain et qui était de 5,66.

Cette différence nous paraît s'expliquer par ce fait que la région de la forêt de Soignes étant boisée, il est naturel que l'apport pluvial des nappes aquifères y dépasse celui des régions cultivées.

Nous avons appliqué au calcul du bassin fictif de la galerie la méthode pratique qui a été indiquée au paragraphe 48, mais pour le côté gauche seulement, les renseignements concernant le côté droit n'étant pas suffisants.

La galerie a une direction N.-S. sensiblement parallèle à la direction de la pente du fond; en conséquence, on a pu considérer le fond comme horizontal dans chaque section transversale.

La figure 176, pl. LIII, contient quatre profils transversaux, sur chacun desquels on a tracé :

1° Le profil de la nappe avant le captage;

2° Le profil de la nappe actuelle (celle de la figure 174);

24.

3° La courbe G' qui a pour équation (équation 271) :

$$(6) \qquad X = \frac{1}{\delta} \sqrt{\left(\frac{H+P}{H}\right)(H^2 - Y^2)}.$$

formule dans laquelle :

Y représente l'ordonnée du fond du sillon au-dessus du radier de la galerie ;

P, la hauteur du radier de la galerie au-dessus du fond imperméable ;

X, l'abscisse d'un point de la courbe par rapport à l'axe vertical passant par l'axe de la galerie ;

δ, le coefficient d'absorption ; en raison de la similitude des couches géologiques dans la région des captages, nous avons pris pour δ le chiffre déjà trouvé pour le bassin du Hain : $\delta = 0,01061$.

Nous avons reporté sur le plan de la figure 174 les largeurs du bassin alimentaire fictif en ABCDEF (rouge), côté gauche.

La surface comprise dans ce contour est de 325 hectares.

Il convient d'augmenter l'apport pluvial dans la proportion de 26 p. 100 que nous avons relevée plus haut, c'est-à-dire δ dans la proportion de 13 p. 100. Les valeurs de X fournies par l'équation (6) diminueraient dans la proportion de 1,26 à 1. Nous trouverions, pour le bassin fictif, une surface moindre de 10 p. 100. Cette surface ne serait plus que de 293 hectares.

Mais la tête amont de la galerie a été renforcée au point de vue du captage par deux autres galeries en éventail. Il y a lieu de tenir compte de l'accroissement de débit que cette disposition peut procurer (§ 48).

Pour faire l'épure du *puits fictif* que constitue l'entrée de la galerie, épure tracée en rouge sur la figure 174, on a supposé $\delta = 0,01061$, et on a considéré la nappe naturelle comme assimilable à une nappe cylindrique dans la zone d'influence du puits, ce qui est suffisamment exact.

Le point où la pente de la nappe naturelle primitive est parallèle au fond est situé à 1.240 mètres en aval de la tête amont de la galerie.

On a donc pris ce point pour le point de profondeur maxima. Employant les notations du chapitre III, nous avons pour la nappe fictive que nous substituerons à la nappe naturelle pour le calcul du bassin alimentaire du puits fictif :

$$\frac{b}{\delta} = a\beta ; \qquad z = \frac{\varepsilon}{2\delta}.$$

Cette dernière équation donne :

$$z = \frac{0,004}{2 \times 0,0106} = 0,19.$$

On a :

$$b = 14^m.$$

Par suite :

$$\beta = 0,768 ; \qquad a = 3.923^m.$$

On trouve ainsi que la nappe fictive a son faîte précisément au droit de la tête amont de la galerie. C'est le point marqué B.

On a donc pu tracer les lignes V et V' et achever le problème par la méthode indiquée au chapitre v, page 179.

On a tenu compte des trois têtes de la galerie en juxtaposant les contours des trois puits fictifs.

La surface totale de la moitié du bassin alimentaire est de 79 hectares, que pour les raisons déjà données nous compterons pour 71 hectares seulement; mais au point de vue de l'application de *la règle pratique I*, il n'y a lieu de tenir compte que de l'excédent de surface procuré par l'appel de la galerie supplémentaire de gauche, et qui est circonscrit par des hachures.

La surface est de 24 hectares, que nous réduirons à 22 hectares.

Appliquons *la règle pratique I.*

Cette règle n'est applicable ici que d'une manière approximative, puisque le fond de la nappe n'est pas horizontal. On adoptera néanmoins la formule (287), qui donne le coefficient de correction n, en prenant les données suivantes :

$$\frac{c}{a} = 1 ; \qquad n_0 = 0,955 : \qquad b = 14^m ; \qquad h = 2^m 75.$$

On trouve :

$$n = 0,955 \frac{1}{1 - \left(\frac{2,75}{14}\right)^2} = 0,994.$$

La surface du bassin fictif étant de 293 hectares, la règle I nous donne :

$$293 \times 0,994 = 291 \text{ hectares.}$$

Ajoutant l'excédent calculé ci-dessus pour la tête amont, 22 hectares, nous arrivons à un total de :

$$313 \text{ hectares.}$$

Tel est le chiffre auquel nous conduit l'application de la règle I.

En vertu de la règle II nous aurons à ajouter au bassin fictif de la galerie le bassin du puits fictif, ce qui nous donne :

$$293 + 71 = 364 \text{ hectares.}$$

Le bassin réel ayant une surface de 332 hectares, on voit que les résultats auxquels nous conduit l'application de notre théorie sont en erreur de :

$$- 5,7 \text{ o/o pour la règle I,}$$
$$+ 9,6 \text{ o/o pour la règle II.}$$

Réserve de la galerie de la forêt de Soignes. — D'après la proposition VI du paragraphe 45, la réserve minima d'une galerie placée dans l'axe de la nappe est représentée dans chaque section par un pentagone courbe dont les cinq côtés sont :

1° Une courbe BRL (voir les figures) située hors de l'angle des courbes V et V' et qui va du faîte au point limite L ;

2° et 3° une partie des lieux géométriques V et V′;

4° et 5° les profils des nappes qui coulent vers la galerie.

Les coupes I, II, III, IV de la figure 176 permettent de tracer approximativement ce contour.

Il suffit d'admettre que les lieux géométriques V et V′ sont figurés par les lignes droites en pointillé, telles que BC, BD, profil III, qui joignent les faîtes primitifs de la nappe naturelle B aux faîtes actuels, C, D, des deux nappes secondaires qui alimentent la galerie et qu'en raison de la symétrie la portion BRL du tracé n'existe pas.

Les relevés sur l'épure donnent les résultats suivants :

NUMÉRO DU PROFIL.	SURFACE ABCD.	LONGUEUR D'APPLICATION.	CUBES PARTIELS.
	mètres carrés.		
IV..............................	9.900	500 + 500	9.900.000
III.............................	6.320	500 + 500	6.320.000
II..............................	2.820	500 + 500	2.820.000
I..............................	770	500 + 300	616.000
Cube total C..........................			19.656.000
VOLUME d'eau de la réserve 0,225 C = ...			4.422.000

Le volume d'eau disparu dans l'abaissement du niveau de la nappe de la cote 84,40 à la cote 74, soit de 10m 40, est d'environ 4.422.000 mètres cubes. Dans une nappe à fond horizontal, nous avons vu que le volume de la réserve est à peu près proportionnel à la hauteur de la dépression produite au terminus amont de la galerie; on aura pour le volume disparu à une cote h :

$$(7) \qquad 4.422.000 \frac{h}{10.4} = 425.000 \, h.$$

Le volume d'eau que procure l'abaissement d'un mètre de ce niveau régulateur serait donc un peu supérieur à 425.000 mètres cubes, car la réserve croît plus que proportionnellement.

L'état de la nappe qui correspond au profil abcd de la figure 174 n'est pas le plus bas qu'on puisse réaliser. Il semble qu'on pourrait encore abaisser la hauteur de la réserve de 3 à 4 mètres. Admettons 3 mètres.

La réserve disponible à une profondeur h serait :

$$R = (5.700.000 - 425.000 \, h).$$

Un abaissement de 3 mètres procurerait donc encore un volume d'eau de 1.300.000 mètres cubes.

M. l'ingénieur en chef Putzeys paraît estimer cette réserve à 1.500.000 mètres cubes, chiffre peu différent de celui que nous donne le calcul. Nous serions arrivés à un résultat semblable si nous avions tenu compte de l'accroissement réel de la réserve pour les niveaux inférieurs, accroissement qui, nous le savons, dépasse la loi de la proportionnalité et tend vers la loi parabolique.

Toutefois cette conclusion n'est qu'approximative, parce que la figure 174 ne donne pas des renseignements assez complets sur l'allure de la nappe du côté droit.

4. **Galerie du Hain.** — La galerie du Hain se compose de deux parties distinctes, la galerie de pénétration AK (fig. 171, pl. LI), qui est tracée normalement au versant, et a 2.200 mètres de longueur, et la galerie de captage proprement dite, MKL du plan, qui a 2.400 mètres de longueur et dont l'axe est sensiblement perpendiculaire à celui de l'autre galerie.

La première est pourvue de trois vannes de serrement aux points zéro, 1.502 mètres et 2.136 mètres comptés de l'origine. Il est question d'en établir un quatrième au P. 750.

La figure 177, pl. LIV, montre une coupe en long générale de la nappe suivant le plan vertical passant par l'axe des deux galeries. Dans la galerie de captage, le plan d'eau est sensiblement horizontal; le long de la galerie de pénétration, le niveau piézométrique affecte la forme d'une nappe plongeante, et les serrements soutiennent le niveau de l'eau à la façon des écluses qui soutiennent le niveau de l'eau dans un canal.

Jusqu'à présent, on a maintenu la nappe à peu près à son niveau primitif. Il ne semble pas que l'abaissement ait dépassé 3 ou 4 mètres depuis que les serrements fonctionnent. Cependant on a pu, grâce à la réserve, faire dans certaines saisons sèches des prélèvements qui ont atteint jusqu'à 25.000 mètres cubes par jour et qui auraient pu dépasser de beaucoup ce chiffre.

Sur le débit de la galerie de pénétration, la notice déjà citée (p. 90) donne les renseignements suivants.

Pendant 10 années, de 1872 à 1882, la galerie avait 1.633 mètres de longueur et elle avait un débit moyen journalier de 4.600 mètres cubes, dont 2.000 pris aux sources existantes et 2.500 mètres cubes de débit supplémentaire, empruntés par conséquent au bassin de l'autre versant.

Cherchons quel était dans ces conditions le contour du bassin alimentaire fictif de la galerie. Pour cela, divisons la longueur de 1.633 mètres en quatre parties et faisons passer par les points de division quatre plans normaux à la galerie. Nous obtiendrons la section de la nappe naturelle tracée en bleu dans les quatre tracés I, II, III, IV, de la figure 178, pl. LIV.

À l'inspection de ces coupes, on constate que la galerie du Hain a été établie dans un pli de la nappe naturelle, circonstance éminemment favorable au captage. C'est le contraire de ce qui a lieu pour la galerie de la forêt de Soignes.

L'écoulement se faisant librement pendant les années 1872 à 1882, on admettra que théoriquement le niveau de l'eau dans le fond du sillon était uniformément à la cote 107, le fond imperméable étant supposé à la cote 100.

Le lieu géométrique des faîtes des profils transversaux de la nappe fictive qui alimentait la galerie de captage est l'hyperbole donnée par l'équation (271) déjà citée de la courbe G' :

$$(6) \qquad X = \frac{1}{\delta} \sqrt{\left(\frac{H+P}{H}\right)(H^2 - Y^2)},$$

équation dans laquelle :

H représente l'ordonnée d'un point de la courbe G au-dessus de la cote 107;

X, l'abscisse de ce point par rapport à l'axe de la galerie;

P, la contrenappe, ici égale à 7 mètres;

δ, le coefficient d'absorption déjà calculé = 0,01061.

Au moyen de cette équation dans laquelle on a fait Y = 0, on a tracé l'hyperbole G' qui coupe les sections transversales I, II, III, IV, à des distances qui varient de :

2.100ᵐ à 2.640ᵐ à droite,

1.480ᵐ à 1.920ᵐ à gauche.

Portant ces abscisses sur les tracés correspondants des plans verticaux (fig. 171), on circonscrit un trapèze curviligne ABHEA, qui est le bassin alimentaire fictif de la galerie de 1.633 mètres. Il a une surface de 630 hectares.

L'apport pluvial ayant été trouvé de 5 m. c. 66 par hectare et par jour, cette surface correspond à un débit permanent de :

$$630 \times 5^{mc} 66 = 3.565^{mc}.$$

Multipliant ce chiffre par le coefficient de correction n_0, qui, d'après le tableau L, est égal pour :

$$\frac{c}{a} = \frac{1.623}{2.150} = 0,759, \text{ à } 1,134,$$

on trouve pour débit par 24 heures :

$$3.565 \times 1,134 = 3.938.$$

Le débit réel de la galerie étant de 4.600 mètres cubes, le rapport pour la règle pratique du débit calculé au débit réel est de :

$$\frac{3.938}{4.600} = 0,855.$$

La *règle pratique II* conduit à un débit de 4.667 mètres cubes.

L'erreur commise en appliquant la règle pratique II n'atteint pas 2 p. 100 et l'exactitude de la méthode est ici bien vérifiée.

Le prolongement de la galerie de pénétration depuis le point H jusqu'à son terminus sur 567 mètres de longueur ajoute la surface du trapèze BCDE (fig. 171) à celle du bassin alimentaire fictif.

La coupe (fig. 178, pl. LIV) donne, sur le profil V, les largeurs du sillon correspondantes, 2.800 mètres à droite, 2.060 mètres à gauche.

La surface du rectangle BCDE est de 267 hectares. Admettant les mêmes données que ci-dessus, on aura pour le débit permanent de la galerie de pénétration entière ,

$$4.600 + \frac{267}{630} \times 4.600 = 6.550^{mc}.$$

Galerie de captage. — La galerie de captage LKM ajoute son action à celle de la galerie de pénétration, mais il est aisé de comprendre que cette influence est très restreinte, en raison de ce que les abaissements de niveau qui déterminent les afflux d'eau vers ladite galerie sont déjà produits par l'appel de la galerie de pénétration.

Sur le graphique (fig. 173, pl. L), on a fait l'épure de la galerie de captage, d'après les règles posées au paragraphe 45, en la considérant comme isolée de la galerie de pénétration et tracée en ligne droite sous le faîte de la nappe naturelle cylindrique que donnerait le profil XYZ. Ces conditions ne s'éloignent pas beaucoup de la réalité.

Pour le tracé des courbes G, on a appliqué l'équation (6) déjà écrite plus haut :

$$(6) \qquad X = \frac{1}{\delta} \sqrt{\frac{H+P}{H}(H^2 - Y^2)}.$$

équation dans laquelle on a fait :

$$Y = 0 \qquad P = 6^m \qquad \text{et } \delta^2 = 0,000112,$$

valeur déjà trouvée.

L'épure donne les résultats suivants, pour le régime permanent de la galerie :

LARGEUR DU BASSIN ALIMENTAIRE.

	CÔTÉ DU BAIN.	CÔTÉ DE LA THINES.
Au niveau (106)........................	1.060^m	1.090^m
Au niveau (107), calcul proportionnel $\left(\frac{19}{20}\right)$........	1.007	1.035
Au niveau (122)........................	300	320

Projetée sur son axe moyen, la galerie a une longueur réduite de 2.100 mètres. Dans le cas où elle est vide, le bassin alimentaire côté de la Thines peut être considéré comme ayant une superficie égale à 1.035 × 2.100 mètres. Mais à la longueur de 2.100 mètres il faut ajouter une certaine longueur supplémentaire pour tenir compte de l'appel fait par les deux bouts de la galerie. On peut les considérer comme les deux moitiés d'un puits de captage.

Pour déterminer le rayon d'appel transversal de ce puits, on écrira l'équation (§ 52) :

$$(8) \qquad H(H+P) - Y(Y+P) = \delta^2 X^2 \left(\log \text{nep} \frac{X}{R} - \frac{1}{2} \right).$$

Considérant le cas où l'eau descend dans la galerie au plus bas niveau, on fera :

$$P = 107 - 100 = 7^m,$$
$$Y = 0,$$
$$H = 26 - 7 = 19,$$

demi-largeur de la galerie,

$$\rho = 0,80,$$
$$H(H+P) = 194.$$

Le tableau P donne, par interpolation :

$$X = 820^m.$$

Portant cette longueur en LR, MP (fig. 171) en prolongement de la galerie, on obtiendra les points R, P, qui appartiennent au contour extérieur théorique du bassin alimentaire de la galerie, lequel peut être figuré par la ligne courbe BPQR, le bassin, côté du Hain, se confondant avec celui de la galerie de pénétration.

Le bassin alimentaire de surface maxima propre à la galerie de captage est donc représenté par la surface comprise entre l'axe de ladite galerie et le contour BPQR. Il représente 403 hectares.

La galerie de captage entièrement ouverte pourrait donc débiter par jour :

$$403^h \times 5^m66 \dots\dots\dots\dots\dots\dots\dots\dots\dots\dots\dots = 2.280^{mc}$$

Ajoutant à ce volume celui qui est propre à la galerie de pénétration. $\quad$ 6.550

on arrive à un total de $\dots\dots\dots\dots\dots\dots\dots\dots\dots\dots\dots\dots$ $\overline{\quad 8.830}$

qui représente le débit maximum dont serait capable la galerie du Hain fonctionnant au régime permanent.

Appelons H la hauteur de la nappe naturelle au-dessus de la cote 107 ($H = 26^m$), Y la hauteur de l'eau dans la galerie de captage au-dessus du même niveau, P la contrenappe = 7 mètres.

On pourra poser la formule suivante, pour le débit de la galerie du Hain à la hauteur Y :

$$(9) \qquad Q = 6.550 \left(\frac{H^2 - Y^2}{H^2}\right) + 2.280 \left(\frac{H - Y}{H}\right).$$

Faisant dans cette formule $Y = 4^m$, on trouve :

$$Q = 2.655^{mc}.$$

C'est à peu près ce que devait donner la galerie dans ces dernières années.

Réserve de la galerie du Hain. — La galerie de captage n'augmente que d'une faible fraction le débit permanent dont on dispose, mais elle offre l'avantage de mettre à la disposition du service des eaux une réserve considérable, toujours disponible.

Si la galerie se vidait entièrement et lentement, le volume d'eau écoulé serait représenté (par mètre courant) par la surface du quadrilatère BDGE (fig. 173). C'est le volume théorique de la réserve. On en calcule facilement la surface, savoir :

À gauche :

$$\left(\frac{7,60 + 19}{2}\right) \times 1.060 - \frac{\pi}{4} \times 7,60 \times 1.060 = 7.775^{mq};$$

À droite :

$$\left(\frac{7,30 + 19}{2}\right) \times 1.090 - \frac{\pi}{4} \times 7,30 \times 1.090 = 8.090$$

TOTAL 15.865

Le volume d'eau correspondant est égal à :

$$15.865 \times 0,225 = 3.570^{m3};$$

soit pour :

$$2.100^m \text{ de longueur} = 7.500.000^{m3}.$$

À ce volume il faut ajouter la réserve correspondant aux puits fictifs qui forment les deux bouts de la galerie. Nous avons trouvé plus haut que le rayon d'appel transversal de ce puits serait de 820 mètres.

D'après cela, la réserve correspondante serait à peu près égale à :

$$\frac{4}{3} \times 3.570 \times 820 = 3.900.000^{m3}.$$

La réserve totale de la galerie de captage du Hain serait donc de :

$$7.500.000 + 3.900.000 = 11.400.000^{m3}.$$

Cette évaluation ne tient pas compte de la réserve propre à la galerie de pénétration.

Puisque le bassin réel de la galerie est, à une fraction près, égal au bassin fictif, on peut calculer la réserve réelle au moyen de celle du bassin fictif. Cette dernière se déterminera par le vide compris entre les ellipses qui forment les parois du sillon fictif (fig. 173) et l'ancien profil de la nappe naturelle.

Pour le profil V, par exemple, on trouve un vide égal à 11.080 mètres carrés. On pourrait faire la même mesure pour les profils IV, III, II, I, mais, pour simplifier un calcul qui n'a qu'une valeur d'approximation, on assimilera le volume à mesurer à une pyramide ayant pour base cette surface de 11.080 mètres carrés du profil V, et pour hauteur, la longueur de la galerie. Ce sera donc :

$$\frac{1}{3} \times 11.080 \times 2.200 = 8.120.000^{m3};$$

soit en eau :

$$8.120.000 \times 0,225 = 1.827.000^{m3}.$$

On voit combien cette réserve fictive, même multipliée par un coefficient pour la transformer en la valeur de la réserve réelle, est petite par rapport à celle de la galerie de captage.

Cette dernière englobe d'ailleurs, dans son étendue, la plus grande partie de la première.

Il n'y a donc pas lieu de tenir compte de la galerie de pénétration, au point de vue de la réserve, et l'on peut dire que le volume de cette réserve est égal à 11.400.000 mètres cubes pour un abaissement de 19 mètres.

Nous avons vu que pour une galerie placée dans l'axe d'une galerie d'affleurement à fond horizontal, la réserve croît en raison de la profondeur, suivant une loi qui s'écarte assez notablement de la proportionnalité. C'est ce que montre la figure 77, pl. XXIV (côté droit).

Jusqu'à présent, l'abaissement qu'on a réalisé n'a pas dépassé 4 mètres, c'est-à-dire les 15/100es de la hauteur totale. Pour une pareille profondeur, le graphique (77) indique une réserve de 4 à 5 p. 100. Il resterait donc disponible un volume d'environ 10.700.000 mètres cubes.

En se référant à ce graphique (77) et aux observations ci-dessus, on pourrait établir de la manière suivante la situation de la galerie du Hain :

	DÉBIT PAR JOUR.	VOLUME DE LA RÉSERVE.
L'eau étant dans la galerie de captage à la cote (126) et la galerie de pénétration étant fermée..........	zéro.	11.400.000
L'eau étant à la cote (122) et le niveau étant soutenu par les serrements...........................	2.655	10.700.000
L'eau étant à la cote (114) et le niveau étant soutenu par les serrements...........................	6.680	6.600.000
L'eau étant à la cote (107) et les vannes levées.......	8.830	zéro.

La galerie du Hain pourrait donc fournir un débit permanent plus grand que celui qu'on utilise aujourd'hui, tout en conservant une réserve en eau considérable, capable de satisfaire à tous les besoins.

Il est vrai de dire qu'une partie du débit qu'elle ne prend pas à la galerie lui est restituée par les sources.

On peut dire que la ville de Bruxelles possède des richesses en eau exceptionnelles auxquelles elle a à peine touché.

5. **Résumé.** — La *Notice sur les eaux de Bruxelles en 1902* est venue à point pour nous fournir l'occasion d'appliquer quelques-unes des théories exposées dans le cours de cette étude. Grâce aux documents très détaillés que le Service des eaux de Bruxelles a recueillis, et dont nous ne connaissons pas d'autre exemple, nous avons pu pousser cette application assez loin.

Bien que nos calculs se corroborent les uns les autres d'une manière remarquable et démontrent la quasi-exactitude des hypothèses que nous avons dû faire, il est évident qu'il serait nécessaire d'avoir certains renseignements complémentaires pour obtenir une exactitude tout à fait satisfaisante.

CHAPITRE XII.

EAUX DE LIÈGE. — GALERIES DE CAPTAGE (PUITS).

1. Exposé. — L'alimentation en eau de la ville de Liège est faite au moyen de galeries de captage ouvertes dans la craie blanche, sous le plateau dit *de la Hesbaye*, qui domine la ville du côté du Nord. Son étude présente un intérêt spécial, en ce sens que c'est à Liège qu'on a appliqué pour la première fois le principe *des serrements* [1].

Assise sur les deux rives de la Meuse, la ville de Liège est bâtie sur des alluvions qui recouvrent le terrain houiller (fig. 179, pl. LV). Sur la rive gauche, qui court à peu près de l'Ouest à l'Est, le terrain se relève rapidement. On rencontre sur le versant les couches géologiques suivantes :

En bas, des schistes houillers, psammites et grès;

Au-dessus, le calcaire carbonifère, fissuré par des lithoclases;

Puis l'argile hervienne, sur 4 ou 5 mètres d'épaisseur;

La craie glauconieuse, sur 1 mètre;

La craie blanche, sur 20 à 30 mètres. Cette craie est fissurée et pourvue de canaux dont quelques-uns sont assez importants; au-dessus, on rencontre des blocs de silex provenant de la décalcification de la craie;

Puis les sables tongriens, par vestiges seulement;

Au-dessus encore, un manteau irrégulier de sables quaternaires.

Il résulte de cette description que sur le versant qui regarde la Meuse, il existe un niveau de sources à l'affleurement de l'argile hervienne, mais il est peu important, parce que les couches géologiques plongent vers le Nord avec une pente de 1 centimètre par mètre.

Avant 1869, la ville de Liège n'était alimentée en eau potable que d'une façon fort incomplète à l'aide de puits particuliers et d'un certain nombre de galeries et arènes de construction très ancienne.

Les arènes, dont quelques-unes sont aujourd'hui taries, ont été creusées exclusivement en vue de dégager les eaux qui inondaient les massifs houillers des hauteurs de la ville. Ces galeries constituaient donc surtout un moyen d'exploitation. Elles fournissaient de l'eau de qualité médiocre, environ 600 mètres cubes par jour.

On avait aussi creusé quelques galeries à travers le sous-sol crayeux des coteaux qui avoisinent la ville, mais leur produit n'était que de 1.000 mètres cubes par jour, volume tout à fait insuffisant pour une population de 75.000 habitants.

Le surplus de l'approvisionnement était obtenu par des puits particuliers.

Le problème de l'alimentation en eau se posa d'une manière plus pressante en 1847, époque à laquelle l'une des galeries vint à tarir. La municipalité confia l'étude de la question à une commission spéciale, qui, après avoir rejeté l'emploi des eaux de la

---

[1] Les renseignements avec lesquels nous avons rédigé cette note sont extraits des documents que M. Brouhon, ingénieur de la ville de Liège, a bien voulu mettre à notre disposition. Nous lui adressons nos remerciements.

Meuse filtrées artificiellement, se prononça pour le captage, au moyen de galeries, des eaux du sous-sol de la Hesbaye. L'élaboration du projet définitif fut confiée à M. Gustave Dumont, ingénieur de l'administration des Mines de Belgique.

Après avoir approfondi la question, cet ingénieur déposa, le 16 février 1856, le magistral rapport souvent cité depuis, où il décrit le projet des galeries à établir, en même temps que le mode à employer pour en tirer le meilleur parti possible.

Le projet de M. Dumont comportait l'établissement d'une galerie principale, AB, du plan, aboutissant à Ans à la cote 121, 66, et remontant vers le Nord avec une pente de 0,0015 par mètre en traversant successivement le terrain houiller, l'argile hervienne et le terrain crayeux (fig. 180, pl. LVI).

Cette galerie s'arrêtait au delà du village de Lantin, après un parcours de 4.730 mètres, en un point situé à plus de 20 mètres au-dessus de l'argile hervienne, c'est-à-dire de la couche imperméable.

Deux galeries latérales de 2.250 mètres de longueur chacune, se dirigeant respectivement vers l'Est et vers l'Ouest, venaient se brancher sur l'extrémité de la précédente, complétant ainsi le système de captage que l'auteur du projet prévoyait, du reste, devoir être étendu ultérieurement.

Mais ce qui constituait la caractéristique du projet de M. Dumont, c'était cette disposition ingénieuse et sans précédent, qui permettait de se servir du sous-sol lui-même comme d'un vaste réservoir naturel, destiné à régulariser le système de la distribution. M. Dumont obtint ce résultat en interceptant l'écoulement dans la galerie au moyen d'une *vanne* établie en un point C où la galerie est établie dans le terrain imperméable, et en ne livrant ainsi passage qu'à la quantité d'eau strictement nécessaire à l'alimentation de la ville tout en réservant l'excédent pour les besoins futurs.

Les travaux, commencés en 1863, furent terminés en 1869. Conformément aux prévisions de l'auteur du projet, la galerie fournit un volume d'eau de 6.000 mètres cubes par jour.

Mais cette ressource fut jugée bientôt insuffisante. On regretta alors de n'avoir pas donné suite au premier projet de la Commission, projet plus coûteux, mais aussi plus avantageux, qui consistait à placer la galerie de pénétration à 8 mètres au-dessous du niveau qui lui avait été donné. On prit le parti de prolonger la galerie de l'Ouest de 5.000 mètres en réduisant sa pente à o m. 0003 par mètre, de manière à la maintenir à une profondeur aussi grande que possible dans la nappe aquifère.

2. **Étude hydraulique de la galerie.** — Le système de captage comprend en définitive (fig. 179) : une galerie de pénétration de 4.730 mètres de longueur, dont 1.700 mètres captant :

Deux galeries de captage Est et Ouest ayant respectivement 2.750 et 7.750 mètres de longueur, ensemble 10.500 mètres.

Les figures 180 et 181 représentent les profils en long de ces galeries.

Une étude complète aurait exigé que nous pussions faire plusieurs coupes normales sur les galeries, mais les documents que nous avions entre les mains ne nous le permettaient pas. Nous avons dû nous borner à faire une coupe LDCMBA' (fig. 182, pl. LVII), normale à la galerie de l'Ouest, suivant une direction figurée en XXX sur le plan.

Nappes naturelles primitives. — La nappe tracée au moyen du plan coté est très régulière. C'est une nappe à deux versants Nord, Sud. Celui du Sud est très court. Il n'a que 1.200 mètres de longueur (fig. 182).

Le versant Nord se poursuit jusqu'à la rivière le Geer, sur une longueur de 12.400 mètres. Cette rivière, qui draine une partie des eaux du plateau de la Hesbaye, a une direction à peu près parallèle au faîte de la nappe.

Ce faîte B, sur la coupe, fig. 182, est à l'altitude de 159 mètres; l'affleurement du fond imperméable du côté de la Meuse (point A′) est à la cote 150. Le Geer est à la cote 92,00.

Calcul de la nappe du contreversant. — La nappe A′B est une nappe d'affleurement ordinaire de contreversant et l'on peut calculer ses éléments de la manière suivante, en conservant les notations du chapitre III.

On a, pour l'ordonnée au faîte :

$$b_0 = 159 - 146 = 13^m.$$

Longueur du contreversant :

$$L - a = 1.200^m.$$

Pente du fond :

$$\varepsilon' = \frac{150 - 146}{1.200} = 0,00333.$$

On a la relation (tableau E);

$$\frac{(L-a)}{b_0} = \gamma'\delta = \frac{\varepsilon}{2}\left(\frac{\gamma'}{z}\right),$$

d'où, en remplaçant les lettres par les chiffres,

$$\left(\frac{\gamma'}{z}\right) = 6,50.$$

On en déduit, au moyen d'une interpolation graphique :

$$z = 0,205,$$

et, par suite :

$$\delta = 0,00812.$$

Calcul de la nappe du versant. — Pour la nappe du versant, la pente du fond imperméable qui résulte des sondages est égale à 0,01045 par mètre. Cette pente est régulière.

On a donc, pour la pente hydraulique de cette nappe :

$$z = \frac{\varepsilon}{2\delta} = \frac{0,01045}{2 \times 0,00812} = 0,644.$$

Le graphique (pl. XI) donne alors :

$$\gamma = \frac{b_0}{\delta a} = 0,147, \quad \text{d'où } a = 11.940^m \quad \text{soit } 12.000^m.$$

Les éléments de la nappe sont maintenant connus. Ce sont les suivants :

Pente hydraulique :

$$z = 0,644.$$

Ordonnée au faîte :

$$b_0 = 13^m.$$

Longueur du versant :

$$a = 12.000^m.$$

En nous aidant des profils de la pl. XIII, nous avons calculé par interpolation les ordonnées de la courbe, et nous avons pu la tracer. Les points noirs cotés (117), (124), (130), a..., appartiennent à la nappe naturelle. On peut constater qu'ils sont situés presque exactement sur la courbe théorique. Cette dernière se confond à peu près identiquement avec le profil de la nappe naturelle dans toute la partie CMB, c'est-à-dire sur 7.000 mètres, et cette coïncidence nous paraît une confirmation remarquable de l'exactitude de notre théorie. Elle prouve notamment que l'hypothèse d'une répartition uniforme des apports pluviaux est ici bien conforme à la réalité.

La coïncidence des deux courbes n'a lieu que jusqu'au point C situé à 6.800 mètres du faîte. En aval de ce point, la nappe naturelle semble former un profil concave qui passe par le niveau piézométrique de la rivière le Geer. Mais les renseignements que nous possédons ne nous permettent pas de préciser davantage l'allure de la nappe.

Si réellement le profil de la nappe affecte dans cette partie CL la forme que nous avons tracée en pointillé sur la figure 182, on a affaire à une courbe de remous du deuxième genre (§ 19), qui peut être due soit à une retenue causée à l'aval et à un changement brusque de la pente du fond imperméable au point C, soit tout simplement à un changement dans la perméabilité du terrain traversé par les eaux.

Quoi qu'il en soit, les choses se passent en amont du point C comme si, en aval de ce point, la nappe se prolongeait réellement jusqu'à un point de source A, situé à 12.000 mètres du faîte. C'est une *nappe fictive*.

Débit de la galerie. — En raison même du fonctionnement de la vanne de serrement, le débit de la galerie est essentiellement variable. A un moment donné, ce débit est d'autant plus grand que l'apport pluvial est lui-même plus grand et d'autant plus petit que le fond du sillon est plus élevé. Pour arriver à connaître les lois que suit ce débit, il faut considérer des périodes nombreuses et un peu longues.

C'est ce que nous avons pu faire au moyen des observations que M. Brouhon relate dans son rapport précité, pages 21 à 29 (fig. 186, pl. LIX).

Le niveau de l'eau de la réserve est mesuré journellement au puits 23, point de jonction des galeries de captage avec la galerie de pénétration. Ce niveau était de 3 m. 50 au 1er janvier 1890 et au 1er août 1895. Pendant ces 67 mois, le débit total a été de 26.779.000 mètres cubes, ce qui donne une moyenne journalière de 14.170 mètres cubes. Pendant ce même intervalle de temps, la hauteur de la réserve a varié de 3 m. 50 à o m. 50. La moyenne géométrique a été de 1 m. 80.

Pour déterminer les largeurs ξ du bassin alimentaire, nous appliquerons les principes posés au paragraphe 46, concernant les galeries de captage ouvertes dans les nappes d'affleurement (fig. 182).

Soient a_0, b_0, c_0, les points de la verticale de la galerie qui marquent les fonds du sillon pour diverses hauteurs de la nappe. Menons les lignes Aa_0, Ab_0, Ac_0, et prolongeons-les jusqu'à la rencontre de la nappe naturelle en a, b, c. Joignons ces points au faîte B, puis menons par les points a_0, b_0, c_0 des parallèles à ces lignes a_0a', b_0b', c_0c', elles couperont la courbe V (qui est ici une ligne droite AB) en des points a', b', c', qui sont les faîtes des nappes du versant correspondant aux positions a_0, b_0, c_0 du fond du sillon.

Les distances des points a', b', c' à la verticale OB ne sont autre chose que les largeurs ξ du bassin alimentaire de la galerie du côté du versant pour les points considérés.

On trouve les résultats suivants :

HAUTEUR DE L'EAU AU-DESSUS DU RADIER DE LA GALERIE (V).	VALEURS DE ξ.
zéro	2.500
1m00	2.360
1m80	2.200
3m50	2.000
6m40	1.600
9m30	1.160
16m30	zéro.

Les largeurs ξ sont très sensiblement proportionnelles à la profondeur du fond du sillon.

Observations sur la forme de la nappe qui alimente la galerie (fig. 182). — Si on appliquait la proposition III du paragraphe 46, on reconnaîtrait facilement que la nappe qui, d'après notre théorie, devrait se former en amont de la galerie devrait avoir son faîte au-dessus du point B, ce qui serait absurde, et tout au moins en B, sur le faîte naturel lui-même. Il n'en est pas ainsi; le faîte réel de cette nappe est situé sur le lieu géométrique V' du contreversant, qui est ici la ligne droite BA'.

En examinant la courbe de la nappe B'F qui alimente la galerie au niveau 137, on remarque la *similitude géométrique* que cette courbe présente avec celle de la nappe naturelle BMC.

Pour vérifier ce fait, nous avons, pour un certain nombre de sections, calculé le débit ou tout au moins le terme

$$y\left(\frac{dy}{dx}\right),$$

qui lui est proportionnel, $\left(\frac{dy}{dx}\right)$ étant la tangente avec l'horizontale.

Par exemple, pour l'intervalle des deux points cotés 150, 155, nous avons eu, pour la pente moyenne :

$$\left(\frac{dy}{dx}\right) = \frac{5^m}{960^m} = 0,00521.$$

Nous avons appliqué cette pente au point milieu qui est situé à 2.408 mètres de l'axe du faîte de la nappe naturelle, et dont l'ordonnée est égale à :

$$y = 20^m80.$$

Le produit, que nous pourrons appeler le débit, est :

$$y\left(\frac{dy}{dx}\right) = 0,1084.$$

La figure 182 a donne le graphique de ces débits. Ce sont les points marqués a.

On remarque qu'à une distance de la galerie supérieure à 400 mètres, ces points sont situés sur une ligne droite O'A qui coupe la ligne de base en O' à 200 mètres de l'origine O.

D'un autre côté, si l'on construit la ligne des produits $y\left(\frac{dy}{dx}\right)$ pour la nappe naturelle, on trouve une ligne droite OB qui est exactement parallèle à la précédente et qui passe par le point O. En aval de la galerie, la ligne des débits devrait être figurée par CD, qui est bien, en effet, une ligne moyenne entre les points a qui sont situés, les uns au-dessus, les autres au-dessous d'elle.

La région marquée b b b est d'ailleurs influencée par le remous d'abaissement de la nappe du deuxième genre qui se dirige vers le Geer.

On peut dire que : *dans la partie située en amont de la galerie, la nappe qui alimente ladite galerie est une nappe d'affleurement géométriquement semblable à la nappe naturelle et le centre de similitude des deux courbes n'est autre chose que le point A", qui est l'intersection de la ligne du fond imperméable prolongée jusqu'à sa rencontre avec la ligne V' de la nappe du contreversant.*

De là un moyen simple de tracer la courbe formée par la nappe abaissée en amont de la galerie, quand on connaît le fond du sillon.

Nous l'avons appliqué sur la figure 183, pl. LVIII, pour le tracé de la nappe de la galerie de l'Est.

On a d'abord tracé une partie de la nappe naturelle BDA dont la pente hydraulique peut se déduire de sa pente $\varepsilon' = 0,0118$, et du coefficient d'absorption déjà calculé plus haut, $\delta = 0,00812$. On a pour la pente hydraulique :

$$z' = \frac{0,0118}{2 \times 0,00812} = 0,728.$$

C étant le fond du sillon donné sur la verticale de la galerie et A' le point de source du contreversant, on a tiré la ligne A'C. Son prolongement va couper la courbe de la nappe naturelle au point D.

C'est dans le rapport

$$\left(\frac{A'C}{A'D}\right) = 0,28$$

qu'il faut réduire tous les rayons A'1, A'2, A'3, A'B. On obtient ainsi les points 1', 2', 3', B', qui appartiennent à la nappe qui alimente la galerie. Le point B' est le faîte de cette nappe.

Le même procédé a été appliqué pour tracer la nappe GB" (fig. 182, tracé pointillé rouge) qui se formerait en amont de la galerie de l'Ouest si la contrecharge était égale à zéro.

Revenant au graphique 182, nous remarquerons que le tracé de la courbe de la nappe alimentaire de la galerie présente une anomalie aux abords de ladite galerie. Le fond du sillon b_0 est en réalité plus élevé que le point β par où devrait passer la courbe B'α (qui, ainsi que nous venons de le voir, est géométriquement semblable à la nappe naturelle), si cette courbe B'α était prolongée jusqu'à la verticale de la galerie. C'est ce qu'on voit sur la figure 185, où les choses ont été exagérées pour les rendre plus sensibles. Dans le graphique 182, la hauteur $b_0\beta$ paraît être de 0 m. 50 à 0 m. 75, c'est-à-dire une faible portion de la contrecharge sur le radier de la galerie qui est de 9 m.30 (37 — 27,70).

En aval de la verticale de la galerie, nous remarquerons un fait analogue. La courbe γA, qui est géométriquement semblable à la nappe naturelle, ne commence qu'à une certaine distance $b_0\gamma$, en aval de la galerie. Elle se prolonge *virtuellement* jusqu'au point β.

Entre les points b_0 et γ, la courbe présente une partie de faible pente, suivie d'une pente forte.

La zone d'anomalie $\alpha\gamma$ s'étend sur environ 500 mètres en amont et 1.200 mètres au aval de la galerie. Dans cette zone, la loi fondamentale de la théorie en vertu de laquelle les vitesses sont les mêmes sur toute la hauteur d'une verticale est en défaut. Cela tient évidemment à la convergence que doivent prendre certains filets liquides pour pénétrer dans les galeries et à la divergence qu'ils doivent prendre ensuite pour redevenir parallèles.

Mais, en négligeant la petite hauteur $b_0\beta$, on peut tracer les courbes des nappes d'amont et d'aval de la galerie comme des courbes semblables à la nappe naturelle, assujetties à passer par le point b_0. C'est-à-dire que la proposition III du paragraphe 46 ne se vérifie pas; les choses se passent comme si la galerie était établie sur le fond imperméable. C'est la proposition III *bis* qui se réalise.

Cette constatation est très importante et aurait besoin d'être vérifiée dans d'autres applications, parce qu'elle simplifierait notablement la théorie.

Largeurs du bassin alimentaire de la galerie de captage. — Ajoutant aux largeurs ξ du bassin alimentaire de la galerie du côté du versant les largeurs ξ' de ce bassin alimentaire du côté du contreversant, on obtient les largeurs totales aux différents niveaux de contrecharge.

HAUTEUR DE L'EAU AU-DESSUS DU RADIER DE LA GALERIE (Y).	LARGEURS $(\xi + \xi')$.
zéro	2.930^m
1^{m}00	2.750
1^{m}80	2.600
3^{m}50	2.320
6^{m}40	1.860
9^{m}30	1.360
16^{m}30	zéro.

25.

Lorsque la réserve est à la cote 1,80 au puits 23, ce même niveau s'étend à 2,750 mètres à l'Ouest et à l'Est. Dans le reste de la galerie de l'Ouest, les eaux descendent à leur plus bas niveau. Nous admettons que le minimum de hauteur, qui est théoriquement égal à $\frac{\mu q}{m}$ (équation 29), est de o m. 50 (fig. 184).

Pour la galerie de l'Ouest, la hauteur moyenne de l'eau est égale à :

$$\frac{(1,80 + 0,50)\, 1.375 + 0,50 \times 5.000}{7750} = 0,73.$$

La largeur du bassin alimentaire est, par suite, de 2.800 mètres.

Pour la galerie de l'Est, sur la figure 183, nous avons fait une épure semblable au graphique 182, mais réduit aux lignes nécessaires. On a pour le profil de la nappe, de ce côté :

$$b_0 = 162 - 149 = 13^m,$$
$$z = 0,728; \qquad \delta = 0,00812,$$

valeur déjà trouvée.

Le graphique 35 donne $\gamma = 0,083$.

On a, par suite, pour la longueur du versant fictif :

$$a = \frac{b_0}{\delta \gamma} = 19.300^m.$$

L'épure de la figure 183 donne pour largeur du bassin alimentaire de la galerie au niveau 1,80 :

$$3.050 \text{ mètres.}$$

Les surfaces des bassins alimentaires, pour ce même niveau, seraient donc les suivantes.

Pour la galerie de l'Ouest :

$$2.800 \times 7.750^m = 2.170 \text{ hectares.}$$

Pour la galerie de l'Est :

$$3.050 \times 2.750^m = 839 \text{ hectares.}$$

Le premier de ces chiffres appelle une rectification.

En effet, le bassin versant se compose :

De la surface du rectangle curviligne compris entre la galerie Ouest, la ligne de faîte, l'axe de la galerie de pénétration et la normale à la galerie menée à son extrémité Ouest. Cette surface est de . . . . 3.032 hectares.

Nous en déduisons la moitié de la surface des bassins des houillères des Français et de Coq-Fontaine, limitée par des hachures sur le plan, bassins qui sont partiellement exploités 165

Il reste à compter 2.867

La longueur de la galerie Ouest est de . . . . 7.750^m

La largeur moyenne du bassin ressort à :

$$\frac{28.670.000}{7.750} = 3.691^{m}.$$

Cette largeur est, avec la largeur du bassin au droit de la coupe X, dans le rapport :

$$\frac{3.691}{3.800} = 0,97.$$

Le même calcul fait pour la galerie de l'Est donne les résultats suivants :

Surface du rectangle... 908 hectares.
À déduire la moitié de la surface des bassins déjà exploités.............. 42

RESTE à compter.............................. 866

Largeur moyenne du bassin :

$$\frac{8.660.000}{2.750} = 3.140^{m}.$$

C'est cette largeur qui nous a servi pour l'épure de la figure 183.

Nous aurons donc, pour surface rectifiée du bassin alimentaire des galeries de captage :

$$2.197 \times 0,97 + 839 = 2.944 \text{ hectares.}$$

Galerie de pénétration. — Avant l'exécution des travaux, les courbes de niveau de la nappe avaient une direction régulière et à peu près parallèle à la ligne de faîte, la nappe générale était à peu près cylindrique.

Depuis l'ouverture des galeries, les courbes de niveau se sont infléchies de manière que leurs trajectoires orthogonales tendent vers la galerie de pénétration, celles de l'Ouest convergeant vers l'Est, celles de l'Est convergeant vers l'Ouest. C'est une conséquence de l'appel exercé par la galerie de pénétration qui est normale aux deux autres.

Pour apprécier le débit de la galerie de pénétration, nous appliquerons la *règle pratique II* du paragraphe 48, en vertu de laquelle la surface alimentaire de cette galerie est équivalente au *bassin fictif* normal à cette galerie. Nous ne tenons pas compte de la surface correspondante au *puits fictif*, parce que la face terminale de la galerie est ici noyée dans l'aqueduc étanche qui lui fait suite.

Sur la figure 180, pl. LVI, on a tracé le profil probable qu'aurait la nappe qui alimenterait la galerie de captage, s'il n'y avait pas de galerie de pénétration. On a supposé une contrecharge $Y = 1^{m}80$ seulement.

Ce profil a été tracé par comparaison entre les profils 182 et 183 de la nappe en amont de la galerie de captage.

Il donne les hauteurs H de la nappe au-dessus du radier de la galerie de pénétration.

On calcule la largeur X du bassin fictif par la formule (271 *ter*, p. 342) :

$$H(H+P) - Y(Y+P) = \delta^2 X^2.$$

Voici les résultats :

Profil I.   H = 1,24;   Y = 1,24;   P = 23,10;   X = 0.

II.   H = 12,07;   Y = 1,66;   P = 10,65;   X = 1.957^m.

III.   H = 21,61;   Y = 2,10;   P = 0;   X = 2.645^m.

Sur la figure 180, on a tracé avec ces chiffres la moitié du contour du bassin fictif. Il a une surface de 610 hectares. Le volume d'eau correspondant à cette surface est fourni en grande partie par les terrains latéraux, contigus aux limites HH, LL du bassin normal à la galerie de captage, et situés en dehors de ce bassin (fig. 179). L'appel de la galerie de pénétration et même des galeries de captage s'y fait sentir.

Apports latéraux. — Nous ne savons pas calculer exactement la surface qui alimente ces apports. Nous admettons qu'elle équivaut à la surface alimentaire de deux demi-puits (un à chaque extrémité) ayant pour diamètre la largeur découpée par la galerie dans le terrain perméable.

Nous aurons, pour déterminer la courbe P d'un pareil puits, l'équation (équation 305) :

$$H(H+P) - Y(Y+P) = \delta^2 X^2 \left(\log \text{nep} \frac{X}{R} - \frac{1}{3} \right),$$

formule où il faut faire :

H = 16^m;   Y = 0;   P = 19^m; δ = 0,00852;   R = 1,00.

Appliquons la formule (311 *bis*). On a :

$$\varphi(X) = \frac{0,434 \times 16 \times 35}{0,000066 \times (1,65)^2} = 1.340.000.$$

Le tableau P donne par interpolation, X = 1.170^m.
La surface du bassin alimentaire est sensiblement égale à :

$$2 \times \frac{2}{3} \times 1.170 \times 2.400 = 374 \text{ hectares.}$$

Le bassin alimentaire total des galeries comprend donc les surfaces suivantes :

Galeries de captage.. 2.944 hectares.
Galerie de pénétration... 610
Apports latéraux... 374

Mais on doit présumer qu'une bonne partie des apports latéraux ne fait que combler la perte que l'appel de la galerie de pénétration ferait subir aux galeries de captage, si ces apports latéraux n'existaient pas. Nous pensons, en conséquence, qu'il n'y a pas lieu de les compter, et qu'il faut se borner à compter les deux premières surfaces. Le bassin alimentaire réel est donc de :

$$2.944 + 610 = 3.554 \text{ hectares.}$$

D'après cela, les captages de Liège fournissent, par *hectare utile* et par jour, un débit égal à :

$$\frac{14.100}{3.554} = 3^{m3}96,$$

ce qui est une proportion peu élevée.

La hauteur de l'apport pluvial annuel est égale à :

$$3,96 \times 0,0365 = 0^m,145.$$

Détermination de $\frac{m}{\mu}$. — On a pour le débit par mètre carré et par seconde :

(Équation 34) $\frac{m}{\mu} \delta^2.$

Le débit moyen des galeries par jour étant de 14.100 mètres cubes, soit de 0 m. c. 1631 par seconde (au niveau 1,80), on écrira l'équation :

$$\frac{m}{\mu} \delta^2 \times 35.560.000 = 0,1631.$$

Nous avons trouvé plus haut :

$$\delta^2 = 0,000.066;$$

par suite, la formule ci-dessus donne :

$$\frac{m}{\mu} = \frac{1}{14.400}.$$

Dans le rapport précité, on avait déduit de certaines hypothèses :

$$\frac{m}{\mu} = \frac{1}{7.100},$$

chiffre notablement différent du précédent.

Réserve. — Le fait le plus saillant dans les observations qui sont représentées sur le graphique 186, c'est la montée du niveau de la réserve de la cote 0,50 à la cote 6,10, du 1er octobre 1894 au 1er janvier 1896, c'est-à-dire en quinze mois. Ce niveau s'est maintenu jusqu'au 1er mai, époque à laquelle le niveau a commencé à baisser.

Pendant ces 19 mois, le niveau moyen de la réserve a été de 3 m. 87, et le débit moyen fourni par les galeries a été de 14.300 mètres cubes par jour, soit de 8.175.000 mètres cubes pour 570 jours.

Au niveau 3,87, en régime permanent, les galeries ne peuvent fournir que 12.080 mètres cubes par jour, d'après les chiffres que nous avons donnés plus haut. Il y a donc eu un volume de 2.320 mètres cubes par jour ou 1.322.000 mètres cubes pour les 570 jours de la période qui a été emprunté à la réserve.

Admettons que le mouvement de hausse a eu lieu assez lentement pour que l'on puisse admettre que la galerie n'a reçu de ce volume que la portion qu'elle recevrait si le régime était permanent, et appliquons ici la proposition VI du paragraphe 45.

Au niveau 6,10, la galerie reçoit une fraction égale à :

$$\frac{1.800}{4.060} = 0,443.$$

Au niveau 0,50, elle reçoit

$$\frac{2.800}{4.200} = 0,666.$$

La moyenne est 0,555.

C'est donc cette fraction du volume d'eau compris entre les nappes des niveaux 6,10 et 0,50 qui représente la réserve de la galerie.

On trouve facilement sur l'épure 182 que ces deux courbes sont distantes verticalement de 0,97 au faîte et que leur longueur moyenne est de 4.000 mètres. On a donc sensiblement, pour la surface comprise entre les deux courbes :

$$\frac{5,60 + 0,97}{2} \times 4.000 = 13.120^{m2}.$$

Admettant que la longueur à laquelle s'applique ce profil est de 11.000 mètres, on aura, pour le volume total de la réserve théorique, de la cote 0,50 à la cote 6,10 :

$$m \times 0,55 \times 11.000 \times 13.120 = 80,1 \times 10^6 \times m.$$

Ce chiffre doit subir une réduction, par ce motif que la section longitudinale de la nappe, lorsque $Y = 0,50$, n'est pas un rectangle, mais une surface formée de deux trapèzes (fig. 184). La section à compter avec la hauteur 5,60 n'est que les 0,864 de la section rectangulaire. Le volume que nous avons trouvé doit donc être réduit à 70.300.000 m.

D'un autre côté, c'est faire une supposition extrême que de supposer que l'apport pluvial versé sur la nappe dans une année très pluvieuse atteigne le double de l'apport d'une année ordinaire. Si l'on admet cette proportion, on aura pour l'apport afférent à la galerie pendant dix-neuf mois comprenant deux saisons d'hiver, un volume maximum égal à quatre fois l'apport annuel ordinaire, soit :

$$4 \times 5.150.000 = 20.600.000^{m3}.$$

Cet apport devrait faire face au volume d'eau reçu effectivement par la galerie et au volume d'eau emmagasiné dans sa réserve. On aurait donc l'équation :

$$20.600.000 = 8.175.000 + 70.300.000 \ m,$$

d'où l'on tire :

$$m = 0,168.$$

La valeur que nous avons assignée à la réserve est un minimum, et d'ailleurs l'hypothèse que nous avons faite sur l'apport pluvial exceptionnel des hivers 1894, 1895, semble bien un maximum. Ces deux circonstances tendraient à faire considérer la valeur du coefficient m à laquelle nous parvenons comme maximum ; mais, d'autre part, le régime n'étant pas permanent et étant un régime de hausse, le coefficient 0,55 est probablement trop fort, et cette circonstance conduirait à une valeur trop faible du coefficient m. Nous admettons qu'il est égal à 0,20.

La réserve du système des galeries de Liège n'est pas aussi importante qu'il serait nécessaire, en raison de ce que la galerie a été placée trop haut.

Quel eût été le débit si les galeries avaient été placées 10 mètres plus bas ? — Il est très facile de répondre à cette question au moyen du graphique 182.

X étant la portion de la nouvelle galerie, on voit qu'elle serait située très près de la ligne V. Par conséquent, la nappe AX prolongée en amont du point X se confond sensiblement avec l'horizontale. Menant cette horizontale, qu'on prolonge jusqu'à la verticale passant par le faîte très voisin du point A″, on trouve que la largeur du bassin alimentaire de la nouvelle galerie serait, pour une contrecharge nulle, de 4.360 mètres, et pour une contrecharge de 1 m. 80, de 4.240 mètres.

Dans la position actuelle de la galerie, la largeur du bassin alimentaire correspondant au même niveau 180 est de 2.600 mètres.

Le débit permanent de la galerie aurait donc été augmenté dans le rapport de 2.600 à 4.240, c'est-à-dire de 63 pour cent ; il serait passé de 14.100 mètres cubes à 23.000 mètres cubes par jour.

La réserve aurait été augmentée dans une plus grande proportion.

3. **Puits projeté.** — Pour augmenter les ressources en eau de la ville de Liège, M. l'ingénieur Brouhon a proposé d'établir un puits de captage au lieu dit *La Jemenne*, à 1.800 mètres au Nord de la galerie Ouest. (Voir le plan, fig. 179.)

Les eaux extraites de ce puits seraient versées dans un aqueduc fermé qui les conduirait dans la galerie Ouest.

Le système de captage comprendrait :

1° Un puits principal de 3 mètres de diamètre intérieur et 50 mètres de profondeur totale.

Comme le niveau correspondant de la nappe souterraine se trouvait, en 1897, à la cote 124,50, la hauteur H de l'eau dans le puits serait, pour ce niveau, de :
124,50 − 98 = 26,50.

Pour le niveau observé en 1894 (122,50), cette hauteur se réduirait à 24,50 ;

2° Un puits secondaire de 2 mètres de diamètre intérieur ;

3° Une galerie de captage disposée en carré et d'un développement total de 400 mètres. La hauteur de cette galerie serait de 2 mètres, et sa largeur de 1 m. 20. Son radier serait établi à 2 m. 50 au-dessus du fond du puits principal, c'est-à-dire à la cote (100,50).

Les puits doivent être établis aux angles opposés du carré, sur le plan médian parallèle aux filets liquides de la nappe naturelle.

L'étude hydraulique du régime permanent d'un pareil puits est facile, au moyen de la méthode que nous avons développée au paragraphe 58.

Comme il ne s'agit ici que d'une étude sommaire, on voit tout de suite qu'en raison de la grande régularité en plan de la galerie de captage, il suffit de considérer le système de captage proposé comme un puits fictif unique dont le rayon ρ serait donné par l'équation :

$$2\pi\rho = 400 \quad \text{d'où} \quad \rho = 63^{m},70.$$

Le résultat auquel on arrivera ainsi ne différera que très peu de celui auquel on parviendrait en tenant compte de tous les éléments de la question.

Le point de vue spécialement intéressant du problème au point de vue hydraulique, c'est que le puits en question exerce son appel, non pas dans la nappe naturelle, mais dans la nappe déjà appauvrie par le prélèvement de la galerie de captage et même relevée par le remous que subit la nappe qui se dirige vers le Geer.

Nous établirons notre calcul comme si la nappe dans laquelle le puits exerce son action était la nappe fictive de la figure 182.

Il est à noter qu'à l'emplacement du puits projeté et en amont, le fond imperméable présente un certain approfondissement. Nous y reviendrons.

La figure 187, pl. LX, représente le graphique ordinaire de la figure 113, pl. XXXIII, appliqué au puits projeté. La figure 187 aurait pu être très simplifiée. Elle ne contient d'essentiel que :

Le tracé de la nappe actuelle B'A, dont le faîte virtuel est en B';

La ligne V;

et les tracés en rouge.

On a admis les données suivantes :

Niveau de la nappe actuelle au droit du puits (122,50);

Niveau de l'eau au fond du puits (100,50);

Distance du puits à la galerie, 1.800 mètres.

Graphique. — L'épure comporte les constructions suivantes :

1° Tracé de la courbe P au moyen de l'équation (305), qui, dans le cas où $Y = o$, se réduit à :

$$H(H + P) = \delta^{2}X^{2}\left(\log \text{nep}\frac{X}{\rho} - \frac{1}{2}\right),$$

formule dans laquelle :

H représente une ordonnée quelconque de la courbe P au-dessus du plan horizontal passant par le fond du puits;

X, une abscisse horizontale par rapport à l'axe vertical du puits;

P, la hauteur du fond du puits au-dessus du fond imperméable; elle est égale ici à 12 m. 50;

ρ, le rayon du puits fictif $= 63$ m. 70.

La formule ci-dessus donne :

$$H = -6,25 + \sqrt{39,06 + \delta^2 X^2 \left(\log \text{ nep } \frac{X}{\rho} - \frac{1}{2} \right)}.$$

Voici les calculs :

$\dfrac{X}{\rho}$ $=$	10	20	30	40
X $=$	637^m	1.274^m	1.911^m	2.548^m
Log nep $\dfrac{X}{\rho}$ $=$	2.302	2.995	3.397	3.686
$\delta^2 X^2$ $=$	26 77	107 08	240 93	438 32
$\delta^2 X^2 \left(\log \text{ nep } \dfrac{X}{\rho} - \dfrac{1}{2} \right)$ $=$	48^m77	266^m50	696^m80	1.363^m0
$\dfrac{P^2}{h}$ $=$	39 06	39 06	39 06	39 1
Somme $=$	87^m83	305^m56	735^m86	1.402^m1
$\sqrt{\quad}$ $=$	9^m38	17^m50	27^m12	37^m40
$\dfrac{P}{2}$ $=$	6 25	6 25	6 25	6 25
H $=$	3^m13	11^m25	20^m87	31^m15

Les quatre valeurs de H ci-dessus calculées suffisent pour tracer la courbe P.

2° On prend un certain nombre de points a, numérotés 1.2.3.4.5 sur l'axe du puits.

On mène les rayons Aab qui partent du point de source du versant fictif de la nappe et qui coupent cette nappe aux points b.

Par les points a_1, a_2 ..... on mène des parallèles ac aux lignes B′b_1, B′b_2 .....; ces parallèles coupent la ligne V, lieu géométrique des faîtes des nappes secondaires, en des points C_1, C_2 ..... qui sont les faîtes de ces nappes; cela résulte de ce que les nappes secondaires sont toutes semblables à la nappe naturelle, et que le centre de similitude est le point A.

Par les points C on abaisse des perpendiculaires sur une ligne de base $B_0 f_1$ qui figure l'axe du bassin alimentaire du puits.

Portant ensuite en ef les largeurs ad correspondantes de la courbe P, on a le contour du demi-bassin alimentaire du puits.

D'après la mesure faite au planimètre, la surface du bassin complet est de 908 hectares.

D'autre part, nous avons trouvé plus haut :

$$\frac{m}{\mu} = \frac{1}{14.400}; \qquad \delta^2 = 0,000066.$$

On a donc, pour le *débit par jour au régime permanent* du puits projeté :

$$\frac{m}{\mu}\delta^2 \times 9.080.000 \times 86.400 = 3.595 \text{ mètres cubes.}$$

Le débit sur lequel on compte est de 6.000 mètres cubes par jour.
Il sera intéressant de vérifier l'exactitude de la théorie.

Il importe de remarquer que deux circonstances de sens contraire tendent à modifier le débit qu'aurait le puits dans une nappe régulière. Nous avons déjà signalé la première; elle consiste en ce qu'à l'emplacement projeté du puits, le fond de la nappe présente une certaine dépression. Cela revient à une augmentation de la hauteur P de la contrenappe.

Cette circonstance est favorable, mais l'accroissement de hauteur ne paraît pas bien considérable et l'influence du terme P est de second ordre.

La deuxième circonstance tient à la forme que prend la nappe réelle en aval du puits. Son niveau est plus élevé qu'il ne serait si la nappe réelle avait la forme de la nappe fictive. Nous avons vu, au paragraphe 56, que, toutes choses égales d'ailleurs, les puits placés dans la position du 1er cas, c'est-à-dire près du faîte, débitent moins que ceux qui sont placés dans la position du 3e cas, c'est-à-dire loin du faîte. Cela démontre qu'une forte pente de la nappe à l'aval du puits est favorable au débit. Conséquemment, la forme de la nappe qui se dirige vers le Geer est défavorable au débit du puits.

Rappelons enfin que le régime permanent suppose un pompage continu.

Si les machines ne sont mises en mouvement qu'à de certaines époques, les niveaux se reconstituent plus ou moins exactement dans l'intervalle des opérations, et l'on peut, dans ces conditions, obtenir un débit plus fort que le débit permanent. C'est ce qui paraît devoir se faire à Liège, et, dans ces conditions, on pourra compter sur le débit journalier de 6,000 mètres cubes dont on a besoin. Théoriquement, il suffira, pour y parvenir, que les chômages aient lieu pendant les deux cinquièmes de l'année.

Disposition des galeries. — Par l'étude des observations faites sur les puits de Fexhe et d'ailleurs, nous avons été conduit à admettre qu'il n'y a pas d'intérêt, quand on annexe des galeries à un puits, à les disposer en un contour fermé. La partie postérieure de ce contour par rapport au courant de la nappe naturelle n'exerce qu'un effet utile secondaire. L'essentiel est d'offrir normalement au courant un large développement de galeries. Par suite de ces considérations, la meilleure disposition serait probablement celle de galeries disposées en chevron, telle que l'indique la figure 192 *bis*, pl. LXI. Le rayon fictif étant à peu près proportionnel au développement des galeries qui font face à l'amont, on voit que la forme en chevron donnerait un rayon de puits fictif plus grand que celui que donnerait un contour carré de même développement, figure A. Le débit serait donc augmenté.

CHAPITRE XIII.

ÉTUDE SUR LES SOURCES HAUTES DE LA VANNE

(EAUX DE PARIS).

La rivière de la Vanne prend sa source dans le département de l'Aube, à Font-vanne, près d'Estissac, à la limite des plaines crayeuses de la Champagne, et à 14 kilo-mètres de Troyes. La direction générale de son cours est de l'Est à l'Ouest. Elle se jette dans l'Yonne, un peu en amont de la ville de Sens, après un parcours d'environ 50 kilomètres.

Son bassin a 965 kilomètres carrés de superficie, dont les trois cinquièmes sont situés sur la rive gauche, c'est-à-dire au Sud de la rivière. (Voir la Carte, fig. 195, pl. LXIV).

1. Géologie. — M. Michel Lévy, Directeur du Service de la Carte géologique, a bien voulu autoriser M. Thomas, chef des travaux graphiques de la Carte, à dresser, d'après les documents du Service, une coupe, direction N.-O.–S.-E., passant par Ville-neuve-l'Archevêque et Saint-Florentin (fig. 196, pl. LXV). Elle traverse le bassin des hautes sources. Il n'a été fait malheureusement aucun forage dans toute cette région, de sorte que l'on ne connaît l'inclinaison des couches que dans le voisinage de leurs affleurements.

En s'aidant de cette coupe et des appréciations de M. Janet, ingénieur en chef des Mines, on peut se former une idée assez exacte de la géologie de la région.

Les vallées de l'Yonne et de la Vanne sont bordées par les coteaux qui les dominent d'environ 150 mètres et qui sont constitués presque entièrement par de la craie. Les plateaux sont recouverts par de l'argile à silex, des lambeaux discontinus de terrains tertiaires et un peu de limon. Le fond des vallées de l'Yonne et de la Vanne est garni d'alluvions.

Les assises géologiques, presque horizontales, présentent un relèvement marqué vers le Sud-Est.

Dans la vallée inférieure de la Vanne, c'est-à-dire dans la région où sont situées les sources captées par la ville de Paris, la craie qui constitue les coteaux voisins appar-tient à l'étage *sénonien* et comprend principalement de la *craie à micraster* (C^7), recou-verte par une faible épaisseur de *craie à bélemnites* (C^8). C'est une craie blanche, tendre, traçante et renfermant d'assez nombreux silex.

Cette craie est recouverte, surtout dans les vallées et sur les pentes, d'une certaine épaisseur de craie remaniée, constituée surtout par des fragments de craie jaunie et du limon.

Les couches successives des terrains étant emboîtées les unes au-dessus des autres, ainsi que cela a lieu dans la cuvette autour de Paris, on voit apparaître des couches de plus en plus anciennes à mesure qu'on remonte vers le Sud-Est. C'est ainsi que sur la coupe (fig. 196) l'assise C^7 disparaît à 2 kilomètres au delà du faîte. La *craie turonienne* ou *craie marneuse* C⁶ affleure ensuite sur 650 mètres de longueur. Puis la *craie glauconieuse* C⁴, recouverte par les dépôts des pentes depuis les Fourneaux jusqu'à Venizy. Toutes ces assises sont perméables; cependant la perméabilité diminue en profondeur.

L'assise C³, *argiles de Brienne*, appartenant à l'étage albien, est relativement imperméable et peut être considérée comme le fond de la nappe qui alimente les sources de la Vanne dans la région que nous considérons.

L'argile à silex atteint une épaisseur de 10 à 20 mètres sur les plateaux. Elle provient de la décalcification de la craie par les eaux pluviales chargées d'acide carbonique. Elle appartient à toutes les époques et se forme encore de nos jours.

Le limon des plateaux est toujours peu épais.

2. **Hydrologie.** — En raison de la perméabilité des thalwegs, les cours d'eau affluents de la Vanne sont essentiellement temporaires. Ils n'écoulent des eaux apparentes qu'à la suite des fortes pluies. Ils présentent des alternances de zones émissives et de zones absorbantes.

L'argile à silex et le limon des plateaux, bien que peu perméables, ne sont pas capables cependant de retenir les eaux. Dans certaines parties, ils peuvent donner lieu à la formation de nappes distinctes. Mais la plus grande partie des eaux pluviales traverse assez facilement le manteau qui recouvre les plateaux et pénètre dans la craie.

Ajoutons que le faîte du bassin est couvert par la forêt d'Othe, qui y occupe une largeur variable entre 2 et 6 kilomètres. Conformément à la loi bien connue, cette forêt favorise l'infiltration des eaux.

La craie est traversée par des diaclases et même par de vrais canaux, pouvant être parcourus par un homme dans certaines parties. Elle a en outre, à notre avis, une perméabilité propre.

Nous admettons que toute la craie est pénétrée par l'eau, jusqu'au fond imperméable constitué par les marnes de Brienne.

La corrosion de la craie produite par les eaux a donné naissance à des effondrements assez nombreux, surtout dans la région de l'Ouest. C'est ce qu'on peut voir sur la figure 195, où les principaux d'entre eux sont indiqués. Ce sont les *bétoires* dans les thalwegs et les *mardelles* hors des thalwegs. Ces effondrements sont toujours en voie de formation et il s'en est produit de tout récents.

3. **Description des sources.** — Toutes les sources de la Vanne captées par la ville de Paris sont situées dans la vallée au pied du coteau de la rive gauche, à l'exception d'une seule, la source de Cérilly, située à 24 mètres au-dessus de la vallée, dans un ravin secondaire, le ru de Cérilly. Toutes ces sources sont des *sources de thalweg*.

Émergeant au niveau des prairies plates qui garnissent le fond de la vallée, ces sources les transformaient autrefois en marais. Les travaux d'aménagement et de captage entrepris par Belgrand ont eu pour résultat, en abaissant le niveau hydrostatique de la nappe, de tarir les petites sources et de localiser les fortes sources en un petit nombre de points.

On divise ces sources en sources *hautes* et sources *basses*.

Les sources hautes sont captées entre les cotes 108 et 113, à l'exception d'une seule, la source de Cérilly, qui émerge à la cote 137.

Les sources basses sont captées entre les cotes 84 et 93.

Voici le tableau des sources :

SOURCES DE LA VANNE.

DÉSIGNATION.	ALTITUDE.	DÉBIT PAR SECONDE.	TOTAUX.
Sources hautes.	mètres.	litres.	
Cérilly (Aube)................	136	170	
Bouillarde (Aube).............	113	37	
Armentières..................	113	400	716
Gaudin (Yonne)..............	107	17	
Drains de Flacy............ .	"	92	
Sources basses.			1.400 litres.
Chigy et Marois..............	93	180	
Saint-Philbert................	89	85	
Malhortie....................	88	6	
Caprais-Roy..................	87	20	684
Theil........................	89	215	
Noé.........................	84	68	
Drains du Maroy.............	"	97	
Drains de Saint-Philbert et du Theil.	"	13	
Vallée de l'Yonne.			
Sources de Cochepies..........	"	390	390 litres.

Les débits qui figurent dans le tableau ci-dessus dépassent de 6 ou 7 p. 100 le débit moyen.

Les drains indiqués dans le même tableau sont des aqueducs souterrains qui recueillent une partie des eaux des sources dans les prairies. On remonte ces eaux mécaniquement dans l'aqueduc de conduite.

En résumé, cet aqueduc recueille à peu près toutes les eaux qui émergent sur le côté gauche de la vallée de la Vanne, depuis la source de la Bouillarde jusqu'à la source de Noé, sur 23 kilomètres.

Il reçoit, en outre, par une dérivation, les eaux des sources de Cochepies (Yonne) qui émergent dans la vallée de l'Yonne et dont le débit est de 400 litres. Le bassin alimentaire de ces sources est limitrophe de celui de la Vanne. Il figure sur la carte (fig. 195).

Si l'on se reporte à la figure 60, planche XVIII, qui indique les trajectoires des filets liquides dans une nappe, les sources de la Vanne représenteraient les eaux débitées sur les deux tiers inférieurs du thalweg primaire GD. Les sources de Cochepies représenteraient les eaux débitées le long du thalweg secondaire DE.

4. **Études récentes sur les sources de la Vanne.** — Il ne paraît avoir été fait, jusqu'à ce jour, aucune étude hydraulique proprement dite sur les sources de la Vanne et les nappes aquifères qui leur donnent naissance. On s'est borné à observer les débits.

C'est seulement dans ces dernières années, en 1900, 1901, que, dans le but d'étudier les causes de contamination auxquelles peuvent être exposées les eaux des sources, l'administration a fait faire des études sur les communications qui peuvent exister entre les eaux superficielles, les eaux souterraines et les sources.

Des expériences faites avec la fluorescéine et la levure de bière ont démontré le fait de cette communication entre divers points très éloignés les uns des autres, situés même dans des bassins limitrophes, mais différents. On en a conclu que des germes pathogènes versés aux points en question pouvaient parvenir aux sources.

À notre avis, cette conclusion ne découle pas nécessairement des résultats des expériences, et celles-ci établissent seulement le fait de la communication géométrique des points de versement avec les sources par une série ininterrompue de vides remplis d'eau. En effet, la propagation des matières colorantes versées en grande quantité dans une masse d'eau ne se fait pas seulement suivant les filets liquides en nombre restreint qui les ont reçues à l'origine; elle se fait encore par *propagation latérale*, par *diffusion* dans la masse liquide, de sorte que, de proche en proche, ces matières peuvent colorer des filets liquides qui suivent une direction très différente de celle des filets d'origine.

Ce fait est conforme à une expérience bien connue. Si l'on verse une liqueur colorée au milieu du courant d'une rivière, la coloration s'étend peu à peu, latéralement, progresse en largeur avec le courant et finit par occuper toute la largeur de la rivière. La propagation latérale est d'autant plus rapide que le courant est plus lent. Il n'y a aucune raison pour que les choses se passent autrement dans les nappes souterraines. La lenteur extrême de vitesse de leurs filets liquides, qui est généralement inférieure à un dixième de millimètre, favorise la diffusion des matières colorantes, dont la vitesse de propagation est bien supérieure à ce dernier chiffre. Elle dépasse un ou deux millimètres par seconde.

Les microbes pathogènes, en nombre restreint, qui peuvent avoir été déposés accidentellement en un point d'une nappe aquifère ne peuvent cheminer que suivant les filets liquides qui les ont reçus. Le seul moyen de connaître la trajectoire de ces filets liquides serait d'avoir un plan avec courbes de niveau de la surface de la nappe. C'est ce travail qui a été fait aux eaux de Bruxelles, mais qui n'existe pas encore pour les eaux de Paris.

Quoi qu'il en soit, les recherches faites dans ces derniers temps ont fait connaître dans le bassin des sources de la Vanne de nombreuses bétoires et mardelles, des canaux souterrains, et révélé les courants auxquels ils donnent naissance.

5. **Observations de puits en 1902-1903.** — Au point de vue de notre théorie, il était intéressant de connaître les montées et les baisses de la nappe.

Nous avions été très frappé par une appréciation qui figure dans un rapport de M. Janet, de novembre 1900, qu'on trouve dans le premier volume des *Rapports de la Commission d'études des eaux de l'Avre et de la Vanne* (1901). D'après cet ingénieur, « les variations du niveau piézométrique dans les saisons sèche et pluvieuse sont beaucoup plus fortes sur les plateaux qu'au voisinage de la vallée de la Vanne; dans le premier cas, elles peuvent atteindre 15 à 20 mètres, tandis que dans le second cas, elles ne paraissent pas dépasser 2 à 3 mètres».

De pareilles variations dépasseraient tout ce que nous connaissons et supposeraient une perméabilité très grande du terrain. Il était intéressant d'être fixé sur ce point.

Sur notre demande, M. l'ingénieur en chef Bechmann a fait observer les niveaux de l'eau dans un certain nombre de puits qui avoisinent la région de la source de Cérilly. Ces observations ont été faites, du 21 juin 1902 au 7 janvier 1904, deux fois par mois.

Les puits étaient au nombre de treize, savoir (voir la carte, fig. 195) :

Puits nos 1, 2, 3, au village de Coulours, situé sur un faîte qui sépare le bassin des hautes sources de celui des sources basses; altitudes de la margelle : 218, 221, 223 mètres;

Un puits n° 4 à Beauchêne, point haut, altitude : 222 mètres;

Un puits n° 5 à Villesabot, point haut, altitude : 224 mètres;

Deux puits nos 6 et 7 au village des Cormiers, sur le ru de Cérilly; altitudes : 160 et 158 mètres;

Un puits n° 8 au village de Vallée de Cérilly; altitude : 150 mètres;

Un puits n° 9 au village de Vieux-Vergers, point haut, altitude : 222 mètres;

Un puits n° 10 à Cérilly, à 200 mètres en aval du Bime de la source; altitude : 138 mètres;

Le bassin du Bime de la source n° 11; altitude : 137 mètres;

Deux puits nos 12 et 13 à Bérulles, près du ru de Tiremont; altitude : 145 mètres.

Les graphiques de la figure 197, pl. LXVI, donnent les hauteurs relevées dans chacun des douze puits et au Bime de la source.

Les minimums se sont produits pour tous les puits à la même date à peu près : aux environs du 5 décembre pour tous les puits des faîtes; un peu plus tôt, vers le 22 novembre, pour les puits des vallées, les nos 6, 8, 10, 12, 13.

Les dates des maximums ont présenté au contraire d'assez grandes différences : du 8 janvier au 5 juin pour les puits des faîtes; dans la vallée, les puits ont atteint leur niveau maximum vers le 22 janvier.

Ces résultats s'expliquent très bien si l'on considère que le minimum est un phénomène général pour tout le massif. Il constate l'abaissement de la nappe aquifère, le débit minimum des sources, à une époque où ce débit n'est alimenté que par le massif perméable de la craie. Le maximum, au contraire, est influencé par les pluies, dont la répartition peut varier d'un point à un autre.

Les plus grandes différences de niveau constatées se réfèrent au maximum et au minimum de l'année 1903.

On a trouvé, pour les points situés sur les faîtes, des abaissements de :

$$2^m11, \quad 2^m90, \quad 2^m57, \quad 1^m54, \quad 3^m52, \quad 1^m63$$

pour les puits nos 1,   2,   3,   4,   5,   9;

et pour les puits des vallées, des abaissements de :

$$5^m46, \quad 3^m07, \quad 2^m08$$

pour les puits nos 6,   8,   10.

On remarquera que les abaissements qui concernent les puits des vallées sont supérieurs à ceux des puits des coteaux. Ce fait est contraire à ce qui se passe sur les nappes aquifères des terrains perméables non fissurés. Sur ces dernières, le niveau de la nappe dans la vallée, c'est-à-dire au point de source, change peu; c'est aux faîtes que les montées ou les baisses de la nappe sont les plus fortes.

La propriété en question caractérise les terrains fissurés. Pour que le niveau de l'eau dans les puits de la vallée éprouve des abaissements deux ou trois fois plus forts que dans les puits des faîtes, comme cela a lieu pour le puits des Cormiers (n° 6), il faut nécessairement que, sous le thalweg, le terrain soit percé de larges fissures. Cette propriété est commune à tous les terrains susceptibles de donner lieu à la formation de fissures, de canaux souterrains, de cavernes par l'érosion et la corrosion des eaux. C'est dans les thalwegs que se concentrent les eaux et que leur vitesse est la plus forte. C'est aussi dans les thalwegs que la proportion de ces vides est la plus grande. Il existe sous chaque thalweg un véritable canal collecteur.

6. **Application de l'hydraulique des nappes.** — Dans un pareil terrain, il semble que la théorie est absolument en défaut. Comment saisir dans la réalité la position de ces divers canaux et faire entrer dans une théorie la mesure de leur action? Cependant, ici encore, les terrains offrent une constitution moyenne, et le mouvement des eaux obéit à des lois positives. La théorie pourrait s'y appliquer, au moins à titre d'approximation, si les nappes restaient entières, comme nous l'avons vu pour les terrains de Liège (chap. xii), qui présentent beaucoup d'analogie avec ceux de la Vanne. La véritable complication vient de l'existence des thalwegs profonds, le ru de Cérilly et le ru de Tiremont, qui fonctionnent à peu près à la manière de galeries de pénétration irrégulières, coupent les nappes et abaissent leurs niveaux.

Cependant il existe, entre les deux vallées formées par ces cours d'eau, une croupe allongée qui s'élève régulièrement jusque vers le faîte général avec une largeur d'environ 3 kilomètres. Il y a lieu de croire que vers sa partie centrale, la nappe liquide conserve à peu près la hauteur et le profil d'une nappe cylindrique. Cette croupe se termine brusquement sur le ru de Tiremont. Si cette coupure n'existait pas, la nappe se prolongerait sans interruption jusqu'aux sources qui émergent dans la vallée de la Vanne, Bouillarde, Armentières, etc.

La figure 198, pl. LXVII, représente une coupe légèrement incurvée, exécutée suivant cette direction, et qui coïncide à peu près avec la trajectoire des filets liquides (fig. 60, pl. XVIII).

Sous cette coupe, on a superposé une autre coupe passant par le ru de Cérilly. On y a indiqué les niveaux de la nappe qui coule sous le thalweg, niveaux que nous connaissons par l'observation des puits n°s 10, 8, 6 dont il a été parlé plus haut, et par le niveau d'émergence de la source Sévy, qui figure sur la carte de l'État-Major.

Enfin, on a indiqué, sur le contreversant qui regarde la vallée de la Brumance, le profil qu'aurait la nappe théorique de contreversant, si le terrain enveloppait la nappe, et n'était pas coupé par des dépressions qui déterminent la production de sources à diverses hauteurs. Mais, de ce côté, la figure 198 n'a que le caractère d'un schéma.

Pour déterminer la nappe théorique, on a appliqué les règles des chapitres iii et iv.

Le fond imperméable constitué par la couche C³ de la carte géologique a une pente de 0,00645.

Il affleure sur le contreversant dans la vallée de la Brumance, mais il passe à 143 mètres sous les sources d'Armentières et de la Bouillarde [1].

Nous plaçons la cote des eaux ordinaires du faîte à 230. Ce chiffre résulte de ce que, au village de la Rue-Chèvre, situé à une distance de 1,000 mètres du faîte orographique, il existe un puits ouvert en pleine craie sur une profondeur de 44 m. 80. L'eau s'y trouvait, le 15 janvier 1904, à la cote 229. Le même jour, les observations de puits, résumées dans la figure 197, indiquent que les eaux se trouvaient à la moitié de la hauteur totale de la baisse. Les variations du niveau du puits de la Rue-Chèvre sont d'ailleurs considérables. Il avait 8 m. 80 de profondeur d'eau le 15 janvier, et des habitants se souviennent d'avoir vu ce puits tari.

Il existe à 500 mètres plus bas, au hameau du Fort-Sublot, un autre puits d'une quarantaine de mètres, foré au-dessus d'un courant d'eau très violent. Cette particularité indique que ce puits est situé à une assez grande distance du faîte.

Par ces diverses considérations, nous estimons que le faîte de la nappe coïncide à peu près exactement avec le faîte orographique et que l'eau ordinaire y est à l'altitude 230.

Sur la verticale du faîte, les eaux sont nécessairement immobiles. Par conséquent, les eaux du contreversant se dirigent toutes vers l'affleurement A', situé à la cote 121. La nappe du contreversant est nécessairement *une nappe d'affleurement*.

Du côté du versant, la nappe est nécessairement *une nappe de thalweg*. Mais alors se pose la question suivante : le soulèvement des eaux se fait-il sentir jusqu'au fond de la nappe à 145 mètres de profondeur sous les sources, à 161 mètres sous le faîte? En d'autres termes, y a-t-il une nappe de fond? et une partie des eaux infiltrées dans le sol échappe-t-elle au bassin de la Vanne?

On va voir que cela est impossible.

En effet, sur la rive droite de la Vanne, les assises de craie se retrouvent. Elles descendent vers le Nord-Ouest avec une pente de 0,0065, qui doit aller probablement en diminuant. La carte hypsométrique de la surface de la craie, dressée par M. Gustave-F. Dollfus (*Bulletin des services de la Carte géologique de France*, juillet 1890), place la craie à l'altitude 180 à Bray-sur-Seine, situé à 30 kilomètres de Villeneuve-l'Archevêque. D'autre part, le profil géologique (fig. 201) assigne la cote 218 à la craie blanche C⁸, près de la route de Flacy. La pente moyenne de la surface de la craie ne serait que de 1 millimètre par mètre.

Il est possible et même probable que l'épaisseur des couches profondes augmente en allant vers le N.-O., et la prolongation de la pente 0,00645 pour l'assise C³ nous paraît probable, au moins sur la rive droite de la Vanne.

Le faîte séparatif du bassin de la Vanne sur la rive droite est situé à une distance d'environ 10 kilomètres. Dans ces conditions, on peut prévoir que le faîte de la nappe sur cette rive est assez élevé et doit atteindre la cote 190 ou 200. Un filet liquide parti du pied de la Vanne avec un niveau piézométrique égal à 115 aurait donc à franchir une contrecharge de 75 à 85 mètres, pour sortir du bassin de cette rivière.

C'est évidemment impossible.

---

[1] Les cotes de la figure 198 sont celles de la carte de l'État-Major au $\frac{1}{80000}$. Elles présentent des différences de 5 à 7 mètres avec les cotes d'observation de puits.

Concluons que tout le produit du bassin des hautes sources de la Vanne entre dans la conduite de dérivation de la Ville de Paris, sauf la petite quantité qui émerge dans les prairies et qui va directement à la rivière, sauf aussi un certain volume d'eau qui descend à travers le fond réputé imperméable C³, ainsi que nous le verrons plus loin.

Nappe du versant. — Cette nappe a son faîte à la cote 230, et son point de source en A, au pied du coteau qui borde le côté gauche de la vallée du ru de Tiremont. En réalité, les sources n'existent pas en ce point. Les eaux sont captées par des canaux souterrains qui les conduisent en presque totalité aux sources de la Bouillarde et d'Armentières.

Nous admettrons néanmoins que les choses se passent comme s'il y avait un point de source en A, à la cote 140. Le fond imperméable FO ayant une pente de 0,00645, c'est aussi la pente de la base de la nappe supérieure AC. La longueur AC de la nappe est de 11.800 mètres.

Les principaux éléments de la nappe sont donc connus.

Il n'y a plus à calculer que sa pente hydraulique et le coefficient d'absorption δ du terrain.

Nous ferons le même calcul pour la nappe du contreversant A'MB dont nous connaissons l'ordonnée au faîte OB, la longueur OA' et la pente du fond.

Voici les calculs. (Pour les notations se reporter au chapitre III ou au tableau W.)

TABLEAU (a).

NAPPE DU VERSANT.		NAPPE DU CONTREVERSANT.	
$a = AC$ =	11.800^m	$(L - a) = OA'$ =	8.000^m
$b_0 = BC$ =	13,93	$b_0 = OB$ =	162
ε =	0,00645	$\varepsilon (L - a)$ =	52
$\dfrac{b_0}{\varepsilon a} = \dfrac{\delta' \gamma a}{2 \delta' z a} = \left(\dfrac{\gamma}{2z}\right)$ =	0,1827	$\dfrac{b_0}{\varepsilon(L-a)} = \dfrac{(L-a)\delta'\gamma}{2\delta z(L-a)} = \left(\dfrac{\gamma'}{2z}\right)$ =	3,11
z (graph. 35 *bis*, courbe 3) =	0,577		
$\delta' = \dfrac{\varepsilon}{2z}$ =	0,005585	Au moyen du tableau E, on trouve par interpolation graphique :	
$b = \dfrac{b_0}{\theta}$ (graph. 35, courbe 2) =	33^{m}00	z que nous appellerons z_1 pour cette nappe =	0,220
$p = OC$ =	146 67	$\delta_1 = \dfrac{\varepsilon}{2z_1}$ =	0,01476
$K = \dfrac{p}{b}$ =	4 44		
δ'^2 =	0,00003118		
$\delta^2 = \delta'^2 (1 + K)$ =	0,0001695	δ_1^2 =	0,0002180

Si les terrains composant le versant et le contreversant étaient identiques, l'apport pluvial par mètre carré devrait être le même pour les deux côtés.

Or, l'apport pluvial est égal à $\dfrac{m}{\mu} \delta^2$ pour le versant, $\dfrac{m}{\mu} \delta_1^2$ pour le contreversant.

Les deux nombres 2180 et 1695 diffèrent, et leur rapport est 1,28. Pour que les apports pluviaux soient les mêmes, il faut que les coefficients $\frac{m}{\mu}$ soient dans un rapport inverse. Or, si on se reporte à la coupe géologique (fig. 196) on constate que c'est bien ainsi que les choses doivent être. Le terrain du contreversant est formé en grande proportion de couches de craie C^6, C^4, beaucoup plus argileuses que C^8, C^7. Il existe sur le contreversant, à l'affleurement de C^6, des sources dont la présence n'est certainement pas fortuite et qui démontrent la moindre perméabilité de la craie glauconieuse C^4.

Le résultat du calcul est donc rationnel.

Nous avons construit, par interpolation, au moyen du tableau F, les profils des nappes AB, A′MB.

Le premier fournit une vérification. Il indique, pour niveau de l'eau au droit du puits de Vieux-Vergers, la cote 195. Or, le niveau moyen de l'eau de ce puits est 192. La coïncidence est même meilleure en réalité, car, ainsi que l'indique le profil (fig. 199) mené transversalement suivant xy du plan (fig. 195), la cote de l'eau au point le plus élevé sur le tracé XY doit approcher de 195. Il y aurait donc coïncidence parfaite avec le niveau de la nappe calculée par nos formules.

Les sources hautes de la Vanne débitent moyennement, savoir :

Bouillarde, Armentières, Cérilly, Gaudin	567 litres.
Drains de Flacy..	84
	651
Nous ajoutons 49 litres pour tenir compte des eaux qui échappent au captage.	49
et nous arrivons à	700

La surface du bassin des hautes sources étant estimée à 14.700 hectares, on arrive ainsi à un débit moyen de 0 lit. 0476 par hectare et par seconde, ou de $0,476 \times 10^{-8}$ par mètre carré. C'est l'apport pluvial h. On a (équation 34) :

$$(1) \qquad h = \frac{m}{\mu} \delta^2.$$

Substituant la valeur de δ^2 calculée dans le tableau ci-dessus, on trouve :

$$\frac{m}{\mu} = \frac{1}{35.500}.$$

Ce chiffre indique que ce terrain est peu perméable dans les parties qui ne sont pas très fissurées par les eaux.

L'apport pluvial de 0 lit. 0476 par hectare et par seconde concorde à peu près avec les renseignements que nous avons sur la partie supérieure du bassin de la Vanne. Les ingénieurs du service hydraulique estiment à 2.000 litres le débit moyen de la Vanne au moulin d'Armentières. Nous évaluons le bassin versant en ce point à 46.400 hectares. Le débit moyen par hectare ressort donc à 0 lit. 0431, chiffre égal au précédent, à 10 p. 100 près. Il faut remarquer que le chiffre de 2.000 litres n'est donné que comme une évaluation approximative.

Perméabilité relative du fond C³. — Le produit de 0 lit. 0476 par hectare et par seconde représente une hauteur de pluie de

$$0,0476 \times 10^{-4} \times 31,5 \times 10^6 = 0^m 15 \text{ par an.}$$

C'est environ le cinquième de la pluie tombée dans l'année. Nous estimons que cette proportion est trop faible, et nous considérons comme certain qu'une partie des eaux infiltrées dans le sol pénètre dans la couche géologique C³ et y descend verticalement, probablement jusqu'à la couche des sables verts C¹, qui, grâce à sa perméabilité, peut véhiculer horizontalement de grandes masses d'eau, et qui alimente un grand nombre de puits artésiens dans le bassin de Paris. Ce mécanisme est probablement très général, et il expliquerait que la couche des sables verts ne s'épuise pas, malgré le nombre croissant des puits qui s'y alimentent. La pénétration des eaux à travers la couche C³, qui ne serait que d'une imperméabilité relative, peut aussi s'effectuer par des failles plus ou moins nombreuses.

Débits respectifs des nappes primaire et secondaire. — La figure 200, pl. LXVIII, représente le schéma du bassin fictif de la Vanne, ramené à la forme d'un rectangle, comme nous l'avons indiqué au paragraphe 39. La forme de ce bassin se prête bien à cette simplification. Le rectangle aurait 48 kilomètres de longueur pour le versant de la Vanne, *versant primaire*, et 16 kilomètres pour le versant de l'Yonne, versant secondaire.

Vérifions dans quelle mesure s'applique la règle approximative que nous avons donnée pour le calcul du rapport des débits primaires et secondaires (formule 200). Ce rapport est sensiblement égal à :

$$(2) \qquad \frac{Q''}{Q'} = \frac{A''}{A'} \frac{a^2}{c^2}.$$

Ici A″ est la différence de niveau du faîte général et de l'Yonne à Villeneuve-sur-Yonne, soit $(230 - 84) = 146^m$. Le faîte général ne paraît pas avoir une altitude supérieure à celle du faîte séparatif, ce que nous avons admis dans la coupe de la figure 196.

A′ est la différence de niveau du faîte général et de la Vanne à Flacy, soit

$$(230 - 115) = 115^m.$$

a et c sont respectivement égaux à 16 et 48 kilomètres, qu'on peut remplacer par 1 et 3.

On trouve :

$$\frac{Q''}{Q'} = \frac{1}{7,32}.$$

Ce résultat se vérifie. En effet, les surfaces versantes de la rive gauche de la Vanne ont une superficie totale de :

	hectares.
En amont du bassin des hautes sources.........................	33.770
Pour le bassin des hautes sources	14.700
Pour le bassin des sources basses............................	14.600
Pour un bassin isolé entre Flacy et Chigy	1.100
Pour la partie en aval de Malay-le-Petit.....................	860
TOTAL......	65.030

qui, à raison de 0 lit. 047 par hectare, débitent $Q'' = 3^{me} 055$.

D'un autre côté, les sources de Cochepies débitent $0^m 390$ que nous augmenterons de $\frac{1}{13}$, pour tenir compte des volumes d'eau qui échappent au captage, comme nous l'avons fait pour les hautes sources de la Vanne. Nous ferons donc $Q' = 0,420$.

Le rapport $\frac{Q''}{Q'} = 7,26$.

La coïncidence est remarquable.

Faisons observer que l'influence de la pente ne trouble pas ici le rapport des débits, car la direction de cette pente, qui est N.-O., favorise à peu près également chacun des versants primaire et secondaire (fig. 200).

Position des sources à débit maximum. — Appliquons encore la règle du paragraphe 42, qui donne la position de sources à débit maximum dans une nappe à fond incliné. Ces sources sont situées dans le voisinage de la ligne de plus grande pente issue du faîte général et du côté où la ligne d'émergence se rapproche du faîte général.

D'après la figure 200, la direction de la pente issue du faîte général BN passe précisément par Estissac, un peu en amont de la source de Fontvanne, première source importante de la Vanne.

On doit aussi conclure de l'application de la règle que les sources de la région amont de la Vanne doivent être plus importantes que celles de la région moyenne ou d'aval. Rappelons qu'ici le mot *source* doit être entendu dans le sens du débit par mètre courant de thalweg.

En recherchant graphiquement la valeur de la pente moyenne entre le faîte général et un point quelconque du thalweg, suivant la méthode du paragraphe 42, on trouve que le débit des sources les plus basses de la Vanne, à Flacy, étant pris pour unité, on devrait avoir les résultats suivants :

Débit de sources par mètre courant de rivière.	A Malay...........................	0,75
	A Flacy...........................	1,00
	A Estissac (maximum)...............	1,33

Mais il est à remarquer que la même règle qui donne la position de la source à débit maximum sur le versant de rive gauche de la Vanne, donne sur la rive droite la position de la source à débit minimum. De l'influence contraire de la pente sur le débit des deux versants résulte pour la rivière un débit à peu près proportionnel à la distance comptée depuis l'origine du bassin.

Modification du régime des sources par le fait de la fissuration et de l'existence des thalwegs secondaires. — L'application des formules qui concernent les crues et décrues des nappes révèle les modifications considérables que la fissuration de la craie et l'existence des thalwegs secondaires apportent dans la région des hautes sources.

Le coefficient caractéristique d'une source de thalweg a pour expression $(1+K)\,\alpha T$ (formule 433), et a pour valeur (équation 177) :

$$(3) \qquad (1+K)\,\alpha T = \frac{\delta T\sqrt{1+K}}{\mu A a}.$$

Substituant, dans cette formule, les chiffres du tableau (a), p. 404 :

$\delta = 0{,}013$;
$K = 4{,}44$;
$a = 11.800^m$;
$A = 0{,}82$ (graphique 35 ^{bis}, $z = 0{,}577$) ;
$\mu = 7.100$ (en supposant $m = 0{,}20$) ;
$T = 31.500.000$ secondes,

on trouve :

$$(1+K)\,\alpha T = 0{,}0142.$$

Ce coefficient est extrêmement petit. Si la nappe AB était entière, la variation de hauteur de son faîte après 120 jours de sécheresse ne serait que de 0^m25, et son débit ne diminuerait que de 1,4 p. 100, c'est-à-dire qu'il serait pratiquement invariable. Mais il n'en est pas ainsi.

Nous verrons au chapitre xiv que le groupe des sources hautes a un coefficient caractéristique égal à 1,260, c'est-à-dire 89 fois plus fort que le chiffre trouvé plus haut. Cela prouve que l'ensemble du bassin est formé d'une grande quantité de nappes dont les éléments sont très différents de ceux qui entrent dans la formule (3) ci-dessus.

En mettant dans (3) la valeur de δ tirée de (1), on remplace l'expression (3) par la suivante :

$$(4) \qquad \frac{T}{Aa}\sqrt{\frac{h}{m\mu}}\sqrt{1+K}.$$

T et h sont invariables. Lorsque les nappes deviennent plus petites et s'orientent dans des directions différentes de celles de la coupe XY, leur pente moyenne diminue, leur pente hydraulique diminue également. A augmente et K diminue. Mais ces changements sont contenus dans des limites peu étendues. D'ailleurs, le terme K n'intervient que sous une racine carrée. Un changement même important sur la valeur de μ, en raison de ce que cette quantité figure seulement par sa racine carrée, ne pourrait pas rendre la formule (4) 89 fois plus petite. Il faut admettre que le changement porte principalement sur la valeur de a, c'est-à-dire sur l'espace à parcourir par un filet liquide filtrant à travers la craie, pour parvenir à une fissure qui le recueille et lui sert de canal collecteur, comme une rivière recueille une source. En faisant diverses hypothèses sur K, A, μ, on reconnaît que la longueur a ne dépasse probablement pas sensiblement 300 à 400 mètres. L'espacement moyen des canaux collecteurs serait du double de ces chiffres.

7. Amélioration du régime des sources.

— Si l'on voulait améliorer le régime des sources et augmenter notamment leur débit d'étiage, il faudrait avoir recours aux moyens que nous avons indiqués pour les nappes de thalwegs au paragraphe 72 : soit une galerie de captage, soit des puits de captage qui n'auraient à fonctionner que pendant la période du déficit. Il y aurait une comparaison à faire entre ces deux moyens pour déterminer leur valeur respective.

Mais, *a priori*, il semble qu'il y aurait avantage à opter pour une galerie. L'avantage d'une galerie de captage serait de n'exiger aucune élévation mécanique des eaux, et surtout de pouvoir être prolongée à volonté hors du bassin des hautes sources, d'augmenter par conséquent l'importance du volume d'eau dérivé.

La figure 201, pl. LXVIII, représente l'application au profil de la figure 198 du graphique d'une galerie de captage indiqué au chapitre v.

Cette galerie, établie sous le faîte et parallèlement à sa direction, verserait ses eaux dans une galerie de pénétration LG établie sous le thalweg du ru de Cérilly.

Le radier de la galerie de captage serait établi à la cote 152, c'est-à-dire 78 mètres sous le faîte de la nappe.

Nous avons construit les courbes V, V', G du paragraphe 45. Leur intersection indique que le bassin versant dans la galerie aurait une largeur de 7.800 mètres et pourrait débiter, au régime permanent, $7.800 \times 4,76 = 37$ lit. 12 par kilomètre. Mais ce chiffre est un minimum. En raison de la fissuration de la craie, les courbes G seraient plus ouvertes, les courbes V, V' plus basses, et les points de rencontre des courbes seraient plus écartés ; le bassin versant serait plus large.

La galerie de pénétration et la galerie de captage seraient, bien entendu, pourvues de *vannes de serrement* (page 165) qui permettraient de régler le débit d'après les besoins de la consommation et de supprimer les pénuries d'été. C'est-à-dire qu'on pourrait disposer à peu près en tout temps du débit moyen de 660 litres, tandis qu'actuellement ce débit s'abaisse quelquefois à la fin d'août à 310 litres, et à la fin de septembre à 280 litres. La régularisation du débit d'été serait le principal avantage du système, si l'on se bornait à exécuter la galerie de captage dans le bassin des hautes sources.

Si, au contraire, on prolongeait la galerie au delà de ce bassin, on recueillerait alors de nouveaux volumes, qui accroîtraient les ressources en eau de la Ville de Paris, volumes d'autant plus importants qu'ainsi que nous l'avons vu, le débit par mètre carré augmente dans une assez forte proportion à mesure qu'on remonte vers l'amont du bassin.

Le complément indispensable du système consisterait à restituer les eaux à tous les usagers qui se trouveraient lésés par l'abaissement de la nappe. Ce serait l'objet d'une distribution d'eau qui améliorerait d'ailleurs la situation des intéressés, car, actuellement, ils ne se procurent de l'eau que très difficilement en l'élevant dans des puits très profonds. Mais il ne semble pas que le volume d'eau à distribuer dépasserait 20 ou 25 litres par seconde.

Quant à l'exécution matérielle des galeries de captage dans la craie, nous croyons qu'elle ne présenterait aujourd'hui aucune difficulté. En effet, la principale sujétion d'un travail de cette nature provient des épuisements à faire au front d'avancement. Ces épuisements seraient considérablement facilités maintenant qu'on peut actionner les pompes au moyen de transmissions électriques.

Jusqu'à présent, la Ville de Paris s'est bornée à dériver des eaux de sources naturelles, et s'est montrée peu disposée à exécuter des captages proprement dits. Cependant ce mode d'approvisionnement présente de nombreux avantages, au point de vue de la quantité d'eau. Il présente des avantages non moins appréciables au point de vue de la qualité. L'eau puisée dans la nappe profonde échappe à de nombreuses causes de contamination par les influences extérieures; elle est nécessairement mieux filtrée, puisqu'elle traverse une plus grande épaisseur de terrain perméable.

Ainsi que nous l'avons vu aux chapitres XI et XII, des villes de bien moindre importance que Paris n'ont pas hésité à établir des longueurs considérables de galerie pour se procurer de l'eau ou améliorer leur alimentation.

Liège a établi, dans la craie, 15.000 mètres de galerie qui ne lui donnent que 165 litres par seconde.

Bruxelles a établi, dans des sables peu consistants, 13.600 mètres de galerie, qui fournissent 167 litres par seconde.

D'ailleurs les grosses sources sont fort rares; elles n'existent que dans les terrains crétacés ou calcaires. Elles sont instables et leur débit en temps de sécheresse est très inférieur au débit normal. Les galeries de captage sont la solution de l'avenir. Elles s'imposeront nécessairement, parce que, seules, elles permettent de régler rationnellement la distribution des eaux, et de réaliser ce desideratum : attribuer l'eau en proportion des besoins et non en proportion du débit naturel des sources.

8. Résumé. — En résumé, il résulte de l'étude que nous venons de faire, les conclusions suivantes :

1° Les hautes sources de la Vanne sont alimentées par une nappe aquifère, à peu près continue, dont la largeur est de près de 15 kilomètres, dont la hauteur au-dessus des sources n'est que de 115 mètres, et dont la profondeur au-dessous atteint 140 mètres.

Bien que très important, ce dernier chiffre est loin des 300 ou 400 mètres qu'on a cités antérieurement.

2° Cette nappe verse toutes les eaux qu'elle reçoit des pluies dans l'aqueduc de la Ville de Paris, à l'exception d'un volume de 7 à 8 p. 100 qui va directement à la rivière.

3° Ce volume d'eau correspond à un apport moyen de 4 lit. 76 par seconde et par kilomètre carré, et représente une hauteur d'eau de 0 m. 15 par an, soit les 0,25 centièmes de la pluie tombée à Flacy, et plus exactement les 0,21 centièmes de la pluie tombée sur son bassin orographique. C'est une proportion relativement faible.

4° La craie est percée de fissures nombreuses, et munies de canaux de dimensions notables, principalement sous chaque thalweg, où ils font fonction de drains collecteurs. Ces drains découpent la masse de la craie en nappes partielles et leur écartement ne dépasse probablement pas 600 à 800 mètres.

5° Une galerie de captage établie sous le faîte à une profondeur de 80 mètres aurait un bassin versant de plus de 8.000 mètres de largeur. Elle débiterait un volume d'eau d'au moins 38 litres par seconde et par kilomètre de longueur. Ce débit par kilomètre augmenterait à mesure qu'on pénétrerait vers l'amont, les filets liquides devenant plus denses. Cette galerie serait naturellement pourvue de vannes de serrement qui permettraient de conserver une réserve toujours disponible, et de distribuer, pendant les pénuries d'été, où le débit descend actuellement à 50 p. 100 du débit moyen, un volume d'eau au moins égal au débit moyen.

En définitive, avec une galerie de pénétration de 8 kilomètres et une galerie de captage de 20 kilomètres, en tout 28 kilomètres de galerie, on augmenterait probablement le débit ordinaire de la conduite des eaux de la Ville de Paris, de 500 litres en temps ordinaire et de 800 litres dans la période de sécheresse. Une pareille augmentation serait une ressource fort importante à un moment où le débit des sources alimentant la Ville de Paris descend de 3.350 litres qu'il est habituellement, à 2.430 litres seulement.

La dépense à faire, quelque importante qu'elle soit, serait relativement faible, si l'on considère que le mètre cube d'eau de source à Paris est revenu jusqu'à ce jour à 50 ou 60 millions pour les travaux de premier établissement.

CHAPITRE XIV.

RECHERCHE DES VALEURS PRATIQUES DES APPORTS PLUVIAUX $\left(\frac{H}{h}\right)$ ET DES COEFFICIENTS D'INFILTRATION θ.

1. Utilité de la recherche des valeurs numériques des apports pluviaux relatifs et des coefficients d'infiltration. — Toutes les questions de la théorie renferment comme donnée l'apport pluvial, ou, plus exactement, l'*apport pluvial relatif* $\left(\frac{H}{h}\right)$, c'est-à-dire le rapport de l'apport pluvial au moment considéré à l'apport pluvial du régime permanent. Il est donc nécessaire de connaître ces rapports pour les cas les plus intéressants.

Les calculs suivants ont pour but de les déterminer.

Ces calculs sont basés sur des statistiques de débits de sources relevés pendant un assez grand nombre d'années, condition indispensable pour éviter les erreurs accidentelles.

Malheureusement les observations régulières de débits de sources sont très rares, et nous n'avons que peu de documents à notre disposition.

C'est naturellement aux services de distribution d'eaux de sources qu'il appartiendrait de faire de pareilles observations. Mais les municipalités sont, en général, très indifférentes aux statistiques de ce genre, même dans les grandes villes, à part quelques rares exceptions; on n'a pour ainsi dire aucune donnée exacte sur ce que débitent les sources aux diverses époques de l'année.

Quant aux *coefficients d'infiltration*, pour pouvoir les déduire de la connaissance des apports pluviaux relatifs, il faudrait avoir la statistique des pluies sur le bassin des sources. Ici encore tout manque, ou à peu près. Dans la plupart des départements, il existe une commission météorologique, mais les observations sont souvent établies à une grande distance du bassin des sources que l'on considère, et celles qu'on a à sa disposition ne conviennent que très approximativement au bassin lui-même.

Enfin, dans d'autres départements, il n'existe pas d'observations météorologiques.

Les calculs que nous allons développer pourront servir aux ingénieurs chargés de services d'eaux de sources pour l'établissement de calculs semblables dans les circonstances où ils sont placés.

2. Galeries de captage de Rennes. — Ces galeries, étudiées au chapitre x, ne sont autre chose, en définitive, que la collection et la dérivation de sources dont le niveau d'émergence a été abaissé dans les conditions du chapitre vIII.

La figure 202, pl. LXIX, représente la courbe des débits moyens par jour et par mois, pour douze années, de 1889 à 1901, commençant le 1er octobre. On y voit que le débit de captage varie beaucoup d'une année à l'autre. Ce débit est très instable.

C'est une conséquence de la forme des nappes, dont la pente hydraulique est très forte, et de la faible longueur des versants, qui n'est en moyenne que de 650 mètres. Ce sont de *petites sources* (p. 88).

La figure 205, pl. LXX, représente la courbe des débits moyens par jour et par mois pour les douze années réunies. Le débit moyen est de 12.870 mètres cubes par jour. Il se produit le 27 décembre et le 16 juin.

Le débit *maximum* se produit le 17 février et s'élève à 16.040 mètres cubes.

Le débit *minimum* se produit le 16 septembre; il est de 9.260 mètres cubes.

I.   La crue d'hiver dure 52 jours;

II. La décrue de printemps, 119 jours;

III. La décrue d'été, 92 jours;

IV. La crue d'automne, 102 jours.

On remarquera que la somme des périodes I et III donne 144 jours, soit 5 mois, tandis que la somme des périodes II et IV dure 221 jours, soit 7 mois.

Cette propriété s'observe pour toutes les sources.

Détermination du coefficient caractéristique. — La première chose à faire est de déterminer le *coefficient caractéristique* de la source, conformément à la méthode du point d'inflexion, indiquée au paragraphe 84. Pour cela, nous avons recherché, sur les cahiers d'observations qui nous ont été communiqués par M. Blin, les périodes de sécheresse les plus favorables, c'est-à-dire les périodes de sécheresse les plus voisines de l'époque où le débit de la source est égal au débit permanent (fig. 208, pl. LXXI).

Nous nous sommes arrêté à deux périodes de l'année 1891. La première nous a donné un point d'inflexion le 27 juin, avec une sous-tangente BC = 23 jours. La deuxième présente un point d'inflexion au 11 juillet avec BC = 22 jours. Les débits sont respectivement 17.200 mètres cubes et 14.100 mètres cubes. Nous avons adopté la deuxième période, qui nous donne pour la valeur du coefficient caractéristique :

Par an :

$$(1 + K)\alpha T = \frac{365}{3 \times 22} = 5,56.$$

Par jour :

$$0,01515.$$

Calcul des apports pluviaux relatifs. — Pour calculer l'apport pluvial relatif à chaque période et à chaque mois, nous appliquerons la méthode exposée au paragraphe 83, et afin d'en faire saisir le mécanisme, nous donnerons deux exemples :

I. Crue d'hiver. Calculer $\left(\frac{H}{h}\right)$ pour la période commençant le 27 décembre, au passage par le régime permanent et finissant le 1er février.

On a ici :

$$n = 36 \text{ jours.}$$

$$x = (1 + K)\alpha t = 0,01515 \times 36 = 0,548.$$

Rapport des débits :

$$F = \frac{15.660}{12.870} = 1,216.$$

Cherchant dans le graphique F (fig. 22), quadrant I, la valeur de $\left(\frac{H}{h}\right)$ correspondant aux données ci-dessus, on trouve en interpolant :

$$\left(\frac{H}{h}\right) = 1,264.$$

II. Décrue de printemps. Calculer $\left(\frac{H}{h}\right)$ pour les périodes commençant le 1er mars et finissant le 16 juin.

$$n = 107 \text{ jours.}$$
$$x = (1 + K)\,\alpha t = 0,01515 \times 107 = 1,627.$$

Rapport des débits :

$$F = \frac{15.400}{12.870} = 1,196.$$

Cherchant dans le graphique F, quadrant II, on trouve par interpolation :

$$\left(\frac{H}{h}\right) = 0,9938.$$

Connaissant les valeurs de $\left(\frac{H}{h}\right)$ relatives à deux dates consécutives, on calcule la valeur de $\left(\frac{H}{h}\right)$ afférente à la période comprise entre ces deux dates en appliquant la formule (425).

Par exemple on a dans la décrue de printemps :

Au 1er avril :

$$\left(\frac{H}{h}\right) = 0,9800,$$
$$n = 76.$$

Au 1er mai :

$$\left(\frac{H}{h}\right) = 0,9338,$$
$$n = 46.$$

Ce qui donne pour l'apport pluvial relatif au mois d'avril (équation 425) :

$$\frac{0,9800 \times 76 - 0,9338 \times 46}{30} = 1,051.$$

Voici le tableau des calculs des apports pluviaux relatifs :

TABLEAU 1.

CALCUL DES APPORTS PLUVIAUX RELATIFS $\left(\dfrac{H}{h}\right)$.

$Q_0 = 12.870^{mc}; \quad x = 0,01515 \times n.$

PÉRIODES.	JOURS. n.	DÉBIT. Q.	RAPPORT $F = \dfrac{Q}{Q_0}$.	x.	$\left(\dfrac{H}{h}\right)$ calculés pour la PÉRIODE.	PAR MOIS.
I. CRUE D'HIVER.						
Du 27 décembre au 1er janvier....	5	13.000	1,015	0,076	1,070	(1)
Du 27 décembre au 1er février	36	15.660	1,216	0,548	1,264	Janvier 1,292.
Du 27 décembre au 17 février.....	52	16.040	1,246	0,791	1,272	
II. DÉCRUE DE PRINTEMPS.						Février 1,129.
Du 17 février au 16 juin.........	119	16.040	1,246	1,810	0,9952	
Du 1er mars au 16 juin..........	107	15.400	1,196	1,627	0,9938	Mars 1,026.
Du 1er avril au 16 juin..........	76	15.120	1,175	1,155	0,9800	Avril 1,051.
Du 1er mai au 16 juin..........	46	15.200	1,181	0,700	0,9338	Mai 0,948.
Du 1er juin au 16 juin.........	15	13.660	1,060	0,229	0,9000	
III. DÉCRUE D'ÉTÉ.						Juin 0,878.
Du 16 juin au 1er juillet........	15	12.000	0,932	0,228	0,856	
Du 16 juin au 1er août.........	46	10.900	0,846	0,700	0,812	Juillet 0,790.
Du 16 juin au 1er septembre.....	77	10.000	0,777	1,172	0,762	Août 0,688.
Du 16 juin au 16 septembre......	92	9.250	0,719	1,400	0,703	
IV. CRUE D'AUTOMNE.						Septembre 0,854.
Du 16 septembre au 27 décembre..	102	9.250	0,719	1,550	1,016	
Du 1er octobre au 27 décembre....	87	10.300	0,800	1,323	1,0178	Octobre 0,980.
Du 1er novembre au 27 décembre..	56	11.100	0,862	0,852	1,0374	Novembre 0,983.
Du 1er décembre au 27 décembre..	26	11.700	0,909	0,396	1,100	Décembre 1,095.

(1) Décembre : $(1,070 \times 5 + 1,100 \times 26) \dfrac{1}{31} = 1,095.$

La vérification de l'équation (426) donne les résultats suivants :

Total des 5 valeurs de $\left(\dfrac{H}{h}\right)$ mensuelles et relatives aux crues.......... 5,583

Total des 7 valeurs de $\left(\dfrac{H}{h}\right)$ relatives aux décrues.................... 6,111

TOTAL...................... 11,694

Le total devrait être égal à...................................... 12,000

L'erreur est donc de.. 0,306

Soit 20 p. 100 du total des $(H-1)$ pris en valeur absolue, qui est de :

$$0,583 + 0,889 = 1,472.$$

Cette erreur est forte et tient évidemment aux conditions du problème. La nappe théorique des captages de Rennes a une pente hydraulique élevée, égale à 0,892, de sorte qu'elle s'éloigne probablement des conditions d'application de nos formules.

Calcul des coefficients d'infiltration. — Le débit annuel des captages est égal à

$$12.870 \times 365 = 4.690.000^{mc}.$$

Mais, ainsi qu'on l'a vu, la nappe alimente aussi les cours d'eau des thalwegs et leur fournit un débit égal aux 0,87 centièmes de son propre débit. Le volume d'eau total infiltré dans le sol doit donc être compté pour :

$$4.690.000 \times 1,87 = 8.764.000^{mc}.$$

La hauteur des pluies annuelles est de $0^m 893$ et la surface du bassin versant est de 3.330 hectares, ce qui donne pour le volume d'eau de la pluie annuelle :

$$3.330 \times 10 \times 0,893 = 29.649.000^{mc}.$$

On a donc pour le coefficient d'infiltration annuel :

$$\theta_m = \frac{8.764.000}{29.649.000} = 0,295.$$

La formule (424) nous donne pour le coefficient d'infiltration mensuel :

$$\theta = \frac{893\,n}{365\,p}\left(\frac{H}{h}\right) \times 0,295 = 0,721\,\frac{n}{p}\left(\frac{H}{h}\right),$$

p étant la hauteur de pluie du mois, évaluée en millimètres, et $\left(\frac{H}{h}\right)$ l'apport pluvial de ce même mois qui figure dans le tableau 1 ci-dessus.

Voici les calculs :

TABLEAU 2.

CALCUL DES COEFFICIENTS D'INFILTRATION θ.

MOIS.	n.	$\left(\frac{H}{h}\right)$.	p.	θ CALCULÉ.
			millim.	
Janvier	31	1,292	75 4	0,382
Février	28	1,129	57 9	0,393
Mars	31	1,026	54 8	0,396
Avril	30	1,051	61 5	0,374
Mai	31	0,948	57 0	0,371

MOIS.	$n.$	$\left(\dfrac{H}{h}\right).$	$p.$	θ CALCULÉ.
			millim.	
Juin.............................	30	0.878	66 9	0,301
Juillet...........................	31	0,790	74 1	0,237
Août.............................	31	0,688	72 6	0,210
Septembre........................	30	0,854	71 9	0,257
Octobre..........................	31	0,980	138 5	0,158
Novembre........................	30	0,983	75 1	0,283
Décembre........................	31	1,085	88 1	0,275

Le chiffre relatif à octobre présente une anomalie qui ne peut guère s'expliquer que par une erreur dans le chiffre donné pour la pluie 138,5.

Les coefficients d'infiltration varient peu, seulement de 0,210 (août) à 0,396 (mars). Cela tient évidemment à l'état hygrométrique de l'air toujours chargé d'humidité en Bretagne. L'exemple suivant nous donnera des chiffres très différents.

Apports pluviaux dans les années sèches. — La connaissance de ces derniers chiffres présente un grand intérêt, car ce qui importe dans l'étude d'une source, ce n'est pas tant de connaître son débit moyen (des observations très simples peuvent le fournir) que de connaître son débit d'étiage.

Voici les résultats que nous ont donnés les statistiques des captages de Rennes, en employant la méthode déjà appliquée plus haut :

TABLEAU 3.

APPORTS PLUVIAUX DANS LES ANNÉES SÈCHES.

ANNÉES.	PÉRIODE DE DÉCRUE.	JOURS.	DÉBIT MINIMUM $Q.$	RAPPORT $F=\dfrac{Q}{Q_0}.$	$x.$	$\left(\dfrac{H}{h}\right)$ CALCULÉ.
			litres.			
1892	Du 1er juillet au 15 septembre.......	77	7.500	0,690	1.172	0,668
1895	Du 1er juillet au 15 octobre.........	107	5.800	0,534	1.627	0,517
1898	Du 12 juin au 15 novembre.........	157	6.500	0,598	2.160	0,598

La période la plus intéressante est celle de 1895, où la crue d'été a duré 107 jours et où l'apport pluvial relatif durant cette période est descendu à 0,517.

Le rapport minimum $F = 0,534$ est les 0,74 centièmes du rapport $F = 0,719$ relatif à l'étiage des années ordinaires, qui figure à la 4e colonne du tableau 1.

3. Hautes sources de la Vanne. (Eaux de Paris.) — Dans l'étude sommaire que nous avons faite au chapitre précédent, nous avons dit que les terrains perméables qui alimentent les sources de la Vanne sont fissurés et pourvus de canaux de dimensions notables, principalement dans les thalwegs. À la suite de pluies un peu fortes, les sources reçoivent des eaux de ruissellement peu ou pas filtrées, qui se mélangent avec les eaux filtrées par les massifs perméables. Les sources de la Vanne sont un peu vauclusiennes.

La pente du fond des nappes est petite. D'autre part, en restreignant notre étude au groupe des hautes sources, il semble que nous serons dans les conditions d'application du paragraphe 86, et que nous pourrons traiter ce groupe comme une source unique.

Ce groupe comprend trois sources principales, savoir : Bouillarde et Armentières, qui débitent respectivement par seconde, en moyenne, 30 litres et 363 litres, et qui sont situées dans la vallée de la Vanne, au pied des coteaux de la rive gauche à la cote 113; Cérilly, qui est située dans un thalweg secondaire, à la cote 136, et qui débite 159 litres. Nous comptons pour 1/20e du débit d'Armentières le débit de la petite source Gaudin (cote 93).

Il y aurait à tenir compte aussi du volume d'eau qui s'écoule directement par des sources nombreuses émergeant dans la prairie, en aval de Flacy.

Ces sources sont captées en grande partie par ce qu'on nomme les *drains de Flacy*, qui ont un débit de plus de 80 litres. Nous admettrons que leur débit est proportionnel à celui des sources principales.

Nous avons donc fait entrer ces dernières dans le calcul des $\left(\frac{H}{h}\right)$, ce qui n'altère pas les résultats.

Nous avons d'abord tracé la courbe des débits moyens par seconde, pour chaque mois, et pour les 10 années de 1893 à 1903 (fig. 203, pl. LXIX). On peut constater, à l'inspection de cette courbe, que les maxima annuels sont très variables; les minima, au contraire, se tiennent dans des limites de variation assez modérées. Ce double fait s'explique parfaitement, si l'on remarque que les maxima sont produits, non seulement par les crues des nappes aquifères, mais encore par les eaux de ruissellement qui viennent se mélanger avec les eaux de source à la suite des fortes pluies. Les minima, au contraire, sont dus uniquement aux sources.

L'année 1896–1897 est exceptionnelle et semble due à des pluies extraordinaires qui sont tombées sur la partie supérieure du bassin et que le pluviomètre de Flacy n'a pas enregistrées.

La figure 206, pl. LXX, donne la courbe des débits par seconde et par mois (moyenne générale des 10 années). Elle présente la forme d'une sinusoïde très régulière. On n'y constate qu'un relèvement suivi d'une baisse un peu sensible, en novembre, due à ce qu'on nomme l'été de la Saint-Martin, dont l'existence se trouve ainsi bien démontrée.

Le débit passe par sa valeur moyenne, 567 litres, les 20 janvier et 30 juillet.

Il atteint son maximum, 740 litres, le 1er avril, et son minimum, 413 litres, le 16 octobre. Rappelons qu'il s'agit de moyennes mensuelles :

   I.   La crue d'hiver dure 71 jours;

   II.   La décrue de printemps dure 129 jours;

   III. La décrue d'été dure 78 jours;

   IV. La crue d'automne dure 96 jours.

La durée totale des périodes I et III est de 149 jours; celle des périodes II et IV, de 225 jours. Ces chiffres diffèrent peu de ceux que nous avons trouvés pour les galeries de Rennes.

Détermination du coefficient caractéristique. — La figure 209 indique l'application de la méthode du point d'inflexion (§ 84) au mois d'août 1903.

L'épure donne BC = 103 jours; NB = 65 jours.

Par suite, on a pour première approximation :

$$(1 + K)\,\alpha T = \frac{365}{3 \times 103} = 1,181.$$

Soit par jour 0,00324.

Il y a une correction à faire, puisque le débit au 16 août, point d'inflexion, n'est que de 440 litres.

On a ici :

$$t = 65 \text{ jours};$$

$$F = \frac{440}{567} = 0,776;$$

$$x = 0,00324 \times 65 = 0,210.$$

Avec ces données, le graphique F donne :

$$\left(\frac{H}{h}\right) = 0,500$$

Posant :

$$u = (1 + K)\,\alpha t$$

(t étant en secondes),

$$M = \frac{65}{103} = 0,630,$$

on a à résoudre l'équation (432 bis) :

$$0,315\,u^2 + 2,685\,u - 0,630 = 0$$

qui donne :

$$u = 0,2262.$$

Le coefficient caractéristique est égal à :

$$(1 + K)\,\alpha T = 0,22162 \times \frac{365}{65} = 1,270.$$

Nous nous sommes arrêté à la valeur 1,260, soit par jour 0,00346.

Voici le calcul des apports pluviaux relatifs :

TABLEAU 4.

CALCUL DES APPORTS PLUVIAUX RELATIFS $\left(\frac{H}{h}\right)$.
(Hautes sources de la Vanne.)

$$Q_0 = 567 \text{ litres}; \qquad x = 0.00346\,n.$$

PÉRIODES.	JOURS. n.	DÉBIT. Q.	RAPPORT $F = \dfrac{Q}{Q_0}$.	x.	$\left(\dfrac{H}{h}\right)$ calculés par PÉRIODE.	PAR MOIS.
I. CRUE D'HIVER.						
vrier.......	12	606	1,068	0,041	1,552	Janvier 1,826 [1].
Du 20 janvier au 1er mars........	40	690	1,216	0,138	1,580	Février 1,592.
Du 20 janvier au 1er avril........	71	740	1,304	0,246	1,566	Mars 1,547.
II. DÉCRUE DE PRINTEMPS.						
Du 1er avril au 30 juillet........	120	740	1,304	0,415	0,709	Avril 0,829.
Du 1er mai au 30 juillet........	90	702	1,237	0,311	0,669	Mai 0,515.
Du 1er juin au 30 juillet........	59	635	1,119	0,204	0,750	Juin 0,632.
Du 1er juillet au 30 juillet........	29	587	1,034	0,100	0,870	
III. DÉCRUE D'ÉTÉ.						Juillet 0,809.
Du 30 juillet au 1er août........	2	557	0,981	0,007	0,100	
Du 30 juillet au 1er septembre.....	33	473	0,833	0,114	0,410	Août 0,430.
Du 30 juillet au 1er octobre.......	63	425	0,749	0,218	0,444	Septembre 0,481.
Du 30 juillet au 16 octobre.......	78	413	0,728	0,270	0,476	
IV. CRUE D'AUTOMNE.						Octobre 0,962.
Du 16 octobre au 20 janvier......	96	413	0,728	0,332	1,400	
Du 1er novembre au 20 janvier....	80	446	0,786	0,277	1,390	Novembre 1,040.
Du 1er décembre au 20 janvier....	50	452	0,797	0,173	1,600	Décembre 1,356.
Du 1er janvier au 20 janvier......	19	474	0,835	0,066	2,000	

[1] Janvier : $(1,552 \times 12 + 2,000 \times 19)\frac{1}{31} = 1,826.$

On peut voir que les apports pluviaux mensuels sont beaucoup plus variables que pour les terrains granitiques des captages de Rennes. C'est une conséquence du climat plus sec, du sol plus perméable et de l'existence des canaux fissurés qui amènent aux sources un certain volume supplémentaire d'eau de ruissellement. En totalisant séparément les apports pluviaux plus grands que 1 et plus petits que 1, on trouve :

Total des différences $\left(\dfrac{H}{h} - 1\right)$ pour 5 mois, 2,360.

Total des différences $\left(1 - \dfrac{H}{h}\right)$ pour 7 mois, 2,342.

La différence est insignifiante et l'équation de condition (426) est vérifiée.

Calcul des coefficients d'infiltration. — Le débit moyen des sources est égal à 567 litres. Il convient d'ajouter à ce chiffre 84 litres pour le débit des drains de Flacy et environ 49 litres pour les sources qui émergent directement dans la prairie en aval de Flacy. Total : 700 litres.

Le volume annuel est de :

$$0,700 \times 31.500.000'' = 22.050.000^{mc}.$$

D'autre part, la surface du bassin des hautes sources peut être évaluée à :

$$14.700 \text{ hectares.}$$

La pluie annuelle observée au pluviomètre de Flacy a une hauteur moyenne de 0,593, mais Flacy est à la cote 107. Le bassin alimentaire des sources a une altitude comprise entre 107 et 290 mètres. Nous admettons qu'il doit recevoir au moins 20 p. 100 d'eaux météoriques de plus que Flacy, ce qui porterait à 0 m. 712 la hauteur moyenne de pluie sur le bassin des hautes sources. Le volume annuel de la pluie serait ainsi de :

$$0,712 \times 14.400 \times 10^4 = 102.500.000^{mc}$$

et le coefficient annuel d'infiltration resterait à

$$\theta_m = \frac{22.050.000}{102.500.000} = 0,215.$$

Le coefficient d'infiltration mensuel sera (équation 424) :

$$\theta = \frac{593\,n}{365\,p} \left(\frac{H}{h} \right) \times 0,215 = 0,341 \frac{n}{p} \left(\frac{H}{h} \right).$$

Dans cette formule, les hauteurs de pluies annuelles et mensuelles 593 et p n'entrent que par leur rapport. On a donc conservé les hauteurs observées à Flacy, et on a admis implicitement que les hauteurs des pluies réellement tombées sur le bassin des sources sont proportionnelles à celles qui ont été recueillies à Flacy.

TABLEAU 5.

CALCUL DES COEFFICIENTS D'INFILTRATION θ.

MOIS.	n.	$\left(\dfrac{H}{h}\right)$.	p.	θ CALCULÉ.
			millim.	
Janvier......................	31	1,826	40 8	0,471
Février......................	28	1,592	42 4	0,357
Mars.........................	31	1,547	42 2	0,385
Avril........................	30	0,829	42 5	0,199
Mai..........................	31	0,515	47 1	0,116

MOIS.	n.	$\left(\dfrac{H}{h}\right)$.	p.	θ CALCULÉ.
			millim.	
Juin......................	30	0,623	59 2	0,102
Juillet....................	31	0,809	65 4	0,130
Août......................	31	0,430	49 7	0,091
Septembre................	30	0,481	49 8	0,098
Octobre...................	31	0,962	65 8	0,155
Novembre.................	30	1,040	36 0	0,294
Décembre.................	31	1,356	51 8	0,275

En comparant le tableau 5 au tableau 2, on constate que les coefficients θ sont ici plus variables que les précédents. En hiver, l'infiltration s'élève à 47,1 p. 100; elle ne dépassait pas 39,6 p. 100. En été, elle s'abaisse au mois d'août à 9,1 p. 100, tandis qu'elle ne descendait pas au-dessous de 21 p. 100 au mois d'août. Ces différences s'expliquent bien par les différences de climat.

Apports pluviaux dans les années sèches. — Nous donnons dans le tableau 6 le calcul des $\left(\dfrac{H}{h}\right)$ pour les périodes de décrue d'été des dix années 1893-1902, fait au moyen du graphique F.

TABLEAU 6.

APPORTS PLUVIAUX DES PÉRIODES DE DÉCRUE D'ÉTÉ

(Pour les 3 sources Bouillarde, Armentières, Cérilly).

ANNÉES.	PÉRIODE DE DÉCRUE.	JOURS.	DÉBIT MINIMUM.	RAPPORT $F = \dfrac{Q}{Q_0}$.	x.	$\left(\dfrac{H}{h}\right)$. (Calcul graphique F.)
			litres.			
1893	Du 13 juillet au 15 décembre........	155	349	0,634	0,536	0,517
1894	Du 19 avril au 11 décembre........	236	286	0,519	0,816	0,440
1895	Du 19 avril au 5 novembre........	"	264	0,479	"	"
1896	Du 25 mai au 22 septembre........	121	344	0,625	0,418	0,436
1897	Du 31 octobre au 7 décembre......	37	503	0,914	0,128	0,722
1898	Du 12 juillet au 27 décembre......	168	333	0,605	0,581	0,490
1899	Du 14 août au 27 décembre........	135	340	0,618	0,470	0,459
1900	Du 21 mai au 4 octobre..........	136	296	0,537	0,473	0,340
1901	Du 5 août au 28 octobre..........	85	430	0,781	0,294	0,600
1902	Du 19 août au 25 novembre........	98	394	0,715	0,339	0,522

Nous avions trouvé au tableau 4, pour la période moyenne de décrue d'été, une durée de 78 jours et un rapport $\left(\dfrac{H}{h}\right)$ égal à 0,476.

Les calculs du tableau 6 nous donnent quatre valeurs de l'apport pluvial plus petites que la moyenne; 3 valeurs relatives à des années sèches ordinaires, 0,440, 0,436, 0,459, et une valeur 0,340 relative à une année de sécheresse exceptionnelle, l'année 1900. Il est à remarquer que, cette année, le minimum du débit s'est produit le 4 octobre, tandis que, dans les trois autres années, il s'est produit une fois le 22 septembre. Quant aux nombres de jours qui se sont écoulés entre le passage au débit moyen, ils sont respectivement de 236, 121, 135, 136 jours.

La date de passage du débit par la valeur moyenne s'écarte beaucoup en plus ou en moins de la date moyenne du 30 juillet donnée par le graphique de la figure 206.

En résumé, les décrues des sources de la Vanne se produisent plutôt tardivement, ce qui est un avantage au point de vue de l'alimentation en eau de la Ville de Paris.

Pour terminer, comparons les rapports F des années de sécheresse au rapport relatif aux étiages des années moyennes, F = 0,728 (Tableau 4, 5ᵉ colonne).

Le tableau 6 contient deux minimums, l'un de 0,436, l'autre de 0,340.

Les rapports sont respectivement :

$$\frac{0,436}{0,728} = 0,60; \qquad \frac{0,340}{0,728} = 0,47.$$

Le dernier, 0,47, s'applique évidemment à une sécheresse tout à fait exceptionnelle.

CHAPITRE XV.

ÉTUDES HYDRAULIQUES DE LA FONTAINE DE VAUCLUSE.

1. Fontaine de Vaucluse. — *Études antérieures.* — La fontaine de Vaucluse est la source la plus considérable que l'on connaisse en France. Elle débite 4 m³ 50 au plus bas étiage, 8 mètres cubes à l'étiage des années ordinaires, 150 mètres cubes lors des plus fortes crues. Elle donne naissance à une rivière dénommée la Sorgue. Son bassin hydrographique est de 1.650 kilomètres carrés.

On trouvera au *Bulletin de l'hydraulique agricole* (fascicule Q, page 69), un mémoire de M. l'ingénieur en chef Dyrion sur la fontaine de Vaucluse, sous le titre : *Mécanisme de la fontaine de Vaucluse et moyens d'en régulariser le débit* (1893).

Nous avons nous-même publié, au même Bulletin, une *Note sur la fontaine de Vaucluse et sur les moyens d'augmenter son débit d'étiage* (fascicule Y, page 194 [année 1901]).

Comme M. Dyrion, nous aboutissons à une conclusion pratique que nous considérons comme très probable, *c'est qu'un captage des eaux de la fontaine qui serait fait au-dessous du zéro de l'étiage permettrait d'extraire et d'utiliser, durant la saison sèche, des volumes d'eau considérables qui sont actuellement perdus.*

Les eaux de la fontaine de Vaucluse sortent d'un gouffre à peu près cylindrique, incliné d'environ 45 degrés sur la verticale, d'un diamètre d'environ 5 mètres, orienté Nord-Est; l'orifice du gouffre a un diamètre de 8 à 10 mètres. Ce gouffre a été reconnu par M. l'inspecteur général Bouvier jusqu'à une profondeur de 53 mètres au-dessous de sa crête. Il est nécessairement alimenté par le fond, car on ne concevrait pas que les eaux aient creusé une pareille conduite si elles n'arrivaient pas en masse par le fond.

Ce gouffre forme la base d'une grotte ouverte dans un rocher massif de 200 mètres de hauteur, surplombant légèrement sur la verticale. Ce rocher est du calcaire urgonien, sous-étage du néocomien. Il est très fissuré et percé de nombreuses cavernes dues à la corrosion et à l'érosion des eaux.

Par son extrême fissuration, ce terrain est très perméable. Sa perméabilité est prouvée par les avens verticaux très nombreux qui existent à la surface du sol, dont l'un, l'aven *Jean Nouveau*, a 163 mètres de hauteur verticale. Les effondrements à la surface du sol sont fréquents. Il s'en est produit de considérables dans ces dernières années.

L'urgonien repose sur des assises de calcaire néocomien rendues imperméables par l'intercalation de lits marneux. Elles forment une vaste cuvette, très profonde, dont la ligne de plus grande pente aboutit à la fontaine. C'est le *fond imperméable* de la nappe.

La fontaine de Vaucluse est considérée comme le prototype des sources de terrains fissurés, et on leur a donné son nom. On les appelle *sources vauclusiennes.*

Ces sources sont caractérisées par la montée rapide des crues, après la pluie. Cette montée résulte de ce que les eaux pluviales sont reçues dans un réseau de canaux souterrains qui communiquent entre eux à la manière d'une rivière avec ses affluents, et qui conduisent rapidement les eaux au gouffre de la fontaine. Après des pluies un peu fortes, les eaux sont louches, ocreuses, chargées de limon, et elles ne recouvrent leur limpidité qu'après que les canaux souterrains de dimensions finies se sont vidés.

Le massif perméable retient néanmoins la plus grande partie des eaux et les restitue peu à peu comme le font les sources.

En temps ordinaire, les eaux se tiennent au-dessous du seuil du gouffre; elles s'écoulent à l'air libre par des fissures qui sont réparties dans le lit de la Sorgue sur 3oo ou 4oo mètres de longueur et à trois niveaux principaux.

Les niveaux de l'eau, dans le gouffre de la fontaine, sont rapportés à une échelle verticale appelée le sorguomètre; son zéro est au plus bas étiage, à peu près. Le débit est alors de 5 m³ 19.

À la cote 12 mètres du sorguomètre, le débit est de............... 14 m³ 88.
À la cote 21 mètres du sorguomètre, le débit est de............ 22 m³ 27.

C'est à cette cote, qui est celle du seuil du gouffre, que les eaux commencent à déborder.

Elles atteignent leur débit maximum, 150 mètres cubes, à la cote 24 m. 15.

Courbes des débits. — La figure 204, pl. LXIX, représente la courbe des débits moyens par seconde et par mois de la fontaine de Vaucluse, pour les dix années de 1894 à 1903, commençant le 1ᵉʳ octobre. L'aspect général de cette courbe est très différent de celui des courbes de débits 202 et 203. Les montées y sont plus brusques et on constate l'existence de plusieurs maximums dans une année.

La figure 207, pl. LXX, synthétise les observations. C'est la courbe des débits moyens par seconde et par mois pour les dix années ensemble. Le débit moyen général ressort à 22 m³ 95, soit 23 mètres cubes par seconde, et représente 722 millions de mètres cubes par an.

La courbe présente deux maximums et deux minimums.

Le 25 octobre (débit moyen)............................ 22,95
Le 19 décembre (débit maximum)........................ 28,70
Le 15 février (débit minimum)........................... 23,70
Le 22 mars (débit maximum principal)................... 29,75
Le 24 juin (débit moyen)............................... 22,95
Le 14 septembre (débit minimum principal).............. 9,40

La première crue d'hiver dure.................... 55 jours.   //
La décrue d'hiver dure...........................   //   58 jours.
La deuxième décrue d'hiver dure.................. 35 jours.   //
La décrue de printemps dure......................   //   94 jours.
La décrue d'été dure.............................   //   82 jours.
La crue d'automne dure........................... 41 jours.   //

                        TOTAUX..... 131 jours.   234 jours.

La durée des décrues est presque double de celle des crues.

La décrue d'hiver, qui se produit pendant le mois de février, est évidemment causée par la période de gelée, qui arrête les infiltrations sur les montagnes et produit le même effet qu'une période de sécheresse. Les sommets qui délimitent le bassin de la fontaine sont, en effet, très élevés. C'est le mont Ventoux (1,900 m.), la montagne de Lure (1,500 m.).

La courbe des débits (fig. 201) est semblable à celle de tous les cours d'eau descendant des Alpes et notamment de la Durance. Mais le phénomène le plus remarquable dans la région de la Fontaine consiste dans l'extrême lenteur avec laquelle se fait l'abaissement du niveau et du débit, au-dessous de la cote 4 du sorguomètre.

2. Étude hydraulique de la fontaine de Vaucluse.

— Pour étudier le régime de la Fontaine, M. Dyrion a eu l'idée de calculer, pour chaque cote de l'eau, *le volume débité par mètre d'abaissement en temps de sécheresse*. Nous l'appelons B.

On possède des observations nombreuses de débits et de hauteurs en temps de sécheresse, qui ont permis de calculer les nombres B. Nous renvoyons, sur ce point, à notre note de 1901, déjà citée, et nous nous bornerons à donner les valeurs de ces nombres.

TABLEAU 7.

FONTAINE DE VAUCLUSE.

COTE DE L'EAU.	DÉBIT.	B (en millions de mètres cubes).	COTE DE L'EAU.	DÉBIT.	B (en millions de mètres cubes).
	mètres cubes.			mètres cubes.	
19 mètres........	21,32	0,6	9 mètres.........	13,53	2,4
18...............	20,72	6,3	8...............	12,97	2,5
17...............	19,80	11,5	7...............	12,08	2,2
16...............	18,42	19,1	6...............	11,42	3,4
15...............	17,14	7,0	5...............	10,46	3,2
14...............	16,51	3,7	4...............	9,80	2,6
13...............	15,65	2,9	3...............	9,08	9,8
12...............	14,88	2,4	2...............	7,90	16,5
11...............	14,48	2,1	1...............	6,80	23,7
10...............	14,05	1,8	0...............	5,20	42,3

Nous avons été conduit à expliquer l'accroissement considérable que présente le nombre B entre les cotes 18 et 15 et pour les cotes 3, 2, 1, zéro, par l'existence de vides considérables, fissures, cavernes, conduits souterrains, qui constituent à chaque niveau un véritable réservoir. Il existe, dans la partie basse du massif, une nappe d'eau continue, en ce sens que toutes ses parties communiquent entre elles et communiquent par une sorte de rivière principale et ses affluents de divers ordres avec les orifices de la fontaine situés aux cotes

$$- 2,00; \qquad + 2,60; \qquad + 7,70.$$

Lorsque les eaux baissent, la fontaine est alimentée par les diverses nappes aquifères qui affluent vers les réservoirs, et aussi par les eaux du réservoir lui-même, qui soutiennent le débit et retardent l'abaissement du niveau.

Appelons, à un moment donné d'une baisse sans pluie :

x, la cote de l'eau au sorguomètre;

q, le débit par seconde de la fontaine;

q', le débit du groupe de sources qui constitue le bassin hydrographique de la fontaine;

S, la surface du réservoir formé par les vides du terrain perméable à la cote x;

B, le volume déjà défini, c'est-à-dire le volume débité par la fontaine pour 1 mètre d'abaissement;

t, le temps.

Dans un intervalle de temps infiniment petit, dt, le débit de la fontaine est :

$$qdt.$$

D'autre part, l'abaissement de la fontaine est :

$$- dx.$$

On a donc pour le volume B :

$$(1) \qquad B = -\frac{qdt}{dx}.$$

Le débit de la fontaine étant égal au débit du groupe de sources que donne le bassin hydrographique augmenté du volume fourni par le réservoir, on a :

$$(2) \qquad qdt = q'dt - Sdx.$$

Rapprochant (1) et (2), on a finalement :

$$(3) \qquad q' = q - \frac{qS}{B}.$$

Cette formule est générale et ne suppose aucune conception *a priori* du système de fonctionnement de la fontaine de Vaucluse. S'il n'y a pas de réservoir : S = zéro.

Considérée géométriquement, en prenant q' et S pour ordonnées et abscisses, l'équation (3) représente une ligne droite qui a une ordonnée égale à q sur l'axe des ordonnées, et une abscisse égale à B sur l'axe des abscisses.

En remplaçant q et B par leurs valeurs pour chaque cote x, on obtient un réseau de droites qui, par leurs intersections, forment une courbe *enveloppe* (fig. 210, pl. LXXI). Nous avons démontré, dans notre note de 1901, déjà citée, que cette courbe enveloppe donne les valeurs *maxima* des surfaces du réservoir, et les valeurs *minima* des débits du bassin propre à la fontaine pour chaque cote d'eau au sorguomètre.

L'application de cette propriété a permis de calculer les valeurs maxima de S et minima de q'; nous avons trouvé les résultats suivants :

TABLEAU 8.

COTES x	B (en millions de mètres cubes).	DÉBITS q	SURFACES S	DÉBITS q'
		mètres cubes.	hectares.	mètres cubes.
17m70	8,2	20.44	58	18,93
4 00	2,60	9,80	10	9,43
3 00	9,80	9,08	130	7,85
2 00	16,50	7,90	400	5,95
1 00	23,70	6,80	760	4,56
zéro	42,30	5,20	1.560	3,25

Le maximum de la surface du réservoir étant connu pour les diverses cotes, il faudrait, pour déterminer la vraie valeur de cette surface, avoir une nouvelle relation entre les inconnues q', S, et les quantités connues pour chaque cote q, B, c'est-à-dire une autre relation que l'équation (3).

On pourrait l'obtenir par un abaissement artificiel du niveau de la fontaine qu'on obtiendrait au moyen d'un pompage intense, ou en pratiquant une issue aux eaux au-dessous de la cote — 2,00. C'est ce qu'a proposé M. Dyrion.

Nous avons proposé l'opération inverse, c'est-à-dire un relèvement artificiel du niveau de la fontaine, au moyen d'un barrage partiel fait sur les issues que l'eau s'est creusées dans les parois rocheuses de la Sorgue.

Malheureusement, la première opération est très coûteuse. La deuxième présente également des difficultés sérieuses; bien qu'autorisée en principe, elle n'a pas été faite.

Nous allons examiner si les lois de l'écoulement des sources telles qu'elles résultent de la présente étude permettent de pénétrer plus avant dans la solution du problème.

Le bassin de la fontaine de Vaucluse, malgré son étendue, peut être considéré comme assez homogène et, *a priori*, il semble qu'on peut lui appliquer les propriétés indiquées au paragraphe 86 sur les *groupes de sources* en terrain homogène, c'est-à-dire l'assimiler à une source unique.

La figure 211 représente le graphique qui résulte de cette application.

Le tracé PRS représente la courbe des débits de la fontaine pendant une période de sécheresse absolue qui a duré trois mois, en juillet, août, septembre 1898.

Les 5 pluviomètres du bassin indiquent pour cette période des chutes de pluies insignifiantes dont voici l'état :

TABLEAU 9.

MOIS.	SAULT.	BEDOIN.	LAGARDE.	SAINT-CHRISTOL.	MURS.	MOYENNES.
	millim.	millim.	millim.	millim.	millim.	millim.
Juillet 1898........	0	0	0	0	1	0 2
Août 1898.........	9	24	15	31	22	20 2
Septembre 1898. ...	12	11	15	7	9	10 8
MOYENNES.....	7	11 7	10	12 7	10 7	10 4

Nous possédons d'autres observations antérieures de périodes de sécheresse; elles nous ont permis de prolonger la courbe des débits au-dessous du point R, cote 6, point à partir duquel l'influence des pluies de la fin d'août et de septembre s'est fait sentir dans l'observation de l'été 1898.

La courbe PRMGH représente les débits de la fontaine dans l'hypothèse d'une *sécheresse absolue* pendant 186 jours.

D'autre part les points ABB'CDE marquent les six ordonnées de la 5e colonne du tableau 8, qui donnent les valeurs *minima possibles* des débits du bassin propre de la fontaine.

La courbe réelle de ces débits doit être nécessairement comprise entre la courbe des débits réels et la suite des points qui viennent d'être indiqués.

Nous avons fait divers essais pour tracer la courbe q' des débits réels.

On a supposé d'abord que le débit moyen du bassin de la fontaine était égal à 16 mètres cubes, et on a assujetti la courbe q' à passer par le point A, dont l'ordonnée est 3,25.

On a donc fait :

$$q_0 = 16; \qquad q_1 = 3,25; \qquad F = \frac{3,25}{16} = 0,203.$$

Sur le graphique F (pl. LXXXI), la valeur de x correspondant sur la courbe de sécheresse absolue (H = zéro) à F = 0,203 est $x_1 = 0,682$.

Comme il s'agit ici d'une baisse *continue*, il faut adopter la courbe qui emprunte le tracé pointillé AB, et ajouter 0,025 à la valeur de x_1, pour avoir l'abscisse réelle du point A par rapport à l'origine.

D'autre part, sur la figure 211, il y a une durée de 180 jours entre le point A et le point K origine de la courbe.

Appelant n le nombre qui permettra de transformer les abscisses x en jours, on aura :

$$n = \frac{180}{0,682 + 0,025} = 254 \text{ jours.}$$

On formera alors le tableau suivant :

TABLEAU 10.

POINTS DU GRAPHIQUE F (H = zéro).		COURBE q'.	
F.	x.	ABSCISSE EN JOURS. $n (x + 0,025)$.	ORDONNÉE. 16 F.
1	— 0,225	0	16
0,9	0,020	11,4	14,4
0,8	0,070	24,1	12,8
0,7	0,125	38,1	11,2
0,6	0,181	52,3	9,6
0,5	0,253	70,5	8,0
0,4	0,350	95,2	6,4
0,3	0,482	129,0	4.8
0,2	0,693	182,0	3,2

Au moyen des abscisses en jours (3e colonne) et des ordonnées (4e colonne), on a construit la courbe en traits pointillés de la ligne de la figure 211, qui passe par le point K.

Cette courbe passe bien au-dessus des points limites ABB'CD, mais elle passe beaucoup au-dessous du point E.

Un nouvel essai pour $q_0 = 20$ nous a donné une deuxième courbe pointillée qui a pour origine le point L et qui, comme la précédente, est encore trop au-dessous du point E.

Une troisième courbe partant du point N, pour $q_0 = 24$, nous a donné un tracé qui est toujours satisfaisant pour les points bas du tracé et qui passe exactement par le point E.

Mais il est facile de voir que cette courbe ne saurait être la courbe vraie. Le débit moyen annuel étant égal à $22^{m3},95$, il est évident que le débit moyen du bassin propre de la fontaine doit être bien inférieur à ce chiffre, puisque dans le chiffre 22,95 sont comprises les eaux de ruissellement qui s'écoulent immédiatement après chaque pluie, sans avoir traversé le massif filtrant et qui ne sont pas des eaux de sources. Revenant à la courbe $q_0 = 20$, on reconnaît la possibilité de faire passer son tracé au-dessus des points limites en reculant son point de départ de L en V, soit de 2 jours. Le tracé passe à $0^m,16$ au-dessous du point E, mais cette différence est certainement inférieure aux erreurs qu'on a pu commettre sur la position exacte du point E.

La courbe $q_0 = 20$ nous paraît donc satisfaire aux conditions à remplir, et on peut admettre que le bassin propre de la fontaine fonctionne comme un *groupe de sources* avec un débit moyen égal à *20 mètres cubes* environ, pour la période de sécheresse.

Cette conclusion paraît pouvoir être étendue à la période de décrue, c'est-à-dire tant que le débit est inférieur à 20 mètres, mais non à la période de crues ($q > 20^{m3}$), parce qu'alors les eaux de ruissellement entrent pour une part trop importante dans le débit de la fontaine.

Connaissant la courbe des débits réels q', on appliquera la formule (3) et on calculera la surface réelle du réservoir pour les diverses cotes, q et B étant donnés par le tableau **7**.

Voici les résultats; formule à appliquer :

$$(4) \qquad S = B\left(\frac{q - q'}{q}\right).$$

TABLEAU 11.

SURFACES RÉELLES DU RÉSERVOIR. — DÉBITS PROPRES DU BASSIN.

COTES. x.	$(q-q')$.	q'.	S.	COTES. x.	$(q-q')$.	q'.	S.
mèt.	m. c.	m. c.	hect.	mèt.	m. c.	m. c.	hect.
19	2 10	19 22	5 90	9	0 94	12 59	16 7
18	1 90	18 82	5 7	8	1 00	11 97	19 2
17	1 70	18 10	98 7	7	0 90	11 18	16 3
16	1 70	16 72	111 6	6	0 80	10 62	23 8
15	0 94	16 20	38 5	5	0 16	10 30	4 9
14	0 70	15 81	15 7	4	0 00	9 80	0 0
13	0 60	15 05	11 1	3	0 20	8 88	21 6
12	0 86	14 08	12 9	2	0 60	7 30	125 2
11	0 90	13 58	13 0	1	1 60	5 20	557 0
10	0 84	13 21	10 7	0	1 94	3 25	1.580 0

Ainsi qu'on le voit par le tableau ci-dessus, les surfaces du réservoir aux diverses hauteurs de la fontaine sont très variées. Elles prennent une certaine importance de la cote 18 à la cote 15, et cela suffit pour augmenter le débit de la fontaine de près de 2 mètres cubes.

Mais c'est surtout au-dessous de la cote 3 que ces surfaces vont en augmentant considérablement. Elles atteignent 1.580 hectares à la cote zéro, et tout indique qu'elles vont en augmentant avec la profondeur.

En admettant une proportion de 800 hectares seulement par mètre, au lieu de 1.000 mètres que nous donnent les chiffres relatifs aux cotes +1 et zéro, la surface du réservoir à la cote —4 serait de 4.800 hectares. Le volume d'eau compris entre les cotes 0 et —4 serait de 126 millions de mètres cubes.

La conséquence pratique à tirer de ce fait, c'est que si l'on perçait une galerie aboutissant à la cote —4, on pourrait disposer pendant la période de pénurie d'un volume d'eau considérable.

Ce fait avait déjà été énoncé par MM. Marius Bouvier et Dyrion, tous deux ingénieurs en chef de Vaucluse, et ce dernier avait estimé à 100 millions de mètres cubes le volume d'eau susceptible d'être capté par une galerie aboutissant à la cote —4.

On admet que les usines et les irrigations desservies par la rivière de Sorgue commencent à souffrir lorsque le débit est inférieur à 18 mètres cubes par seconde. D'après le graphique 207 des débits de la fontaine, cette circonstance se présente en moyenne pendant 3 mois par an. Or le volume de 126 millions de mètres cubes représente un débit de 16 mètres cubes pendant 3 mois. On aurait donc de la marge.

Les résultats auxquels nous avons été conduit par l'application de la théorie à la fontaine de Vaucluse doivent faire considérer ces conclusions comme à peu près certaines.

L'existence des vides considérables que supposent les surfaces du réservoir n'ont rien d'invraisemblable. D'après les coupes géologiques faites en long et en travers sur le bassin de la fontaine (voir notre note déjà citée), une section faite au niveau du zéro du sorguomètre présenterait une longueur de 20 kilomètres et une largeur de 10 à 15 kilomètres. La surface serait d'environ 25.000 hectares. Celle de 4.800 hectares qu'on trouverait à la cote —4 représenterait 20 p. 100 de vides. Cette proportion est certainement considérable, mais elle ne nous paraît avoir rien d'impossible. De pareilles galeries offrent à l'écoulement des eaux de grandes facilités, et la section transversale libre doit atteindre plusieurs milliers de mètres carrés.

Comme le débit maximum de la fontaine est de 150 mètres cubes par seconde, on voit que la vitesse que prendrait l'eau dans les fissures ne dépasserait pas des centimètres, et le niveau de l'étiage y serait sensiblement horizontal sur une grande longueur.

La figure 212, pl. LXXII, représente la disposition probable du réservoir du fond de la cuvette. Toute la partie couverte de hachures horizontales indique le réservoir par zones. Ces zones figurent des groupes de fissures réparties comme les vides d'une éponge, suivant la comparaison de M. Daubrée. Elles sont plus serrées au-dessous de la cote zéro qu'au dessus. Elles sont plus serrées en amont qu'en aval. Autour du gouffre de la fontaine, le rocher est à peu près dépourvu de vides, et c'est ce qui explique la formation du gouffre. Les eaux n'ont pu trouver d'issue vers le jour qu'en se creusant un puits de sortie dont l'amorce avait été préparée par une fissure préexistante.

M. Dyrion admet même l'existence d'une faille, qui, à la vérité, ne figure pas sur les cartes de M. Kilian.

Coefficient caractéristique. — Il est intéressant d'appliquer à la fontaine de Vaucluse la théorie du coefficient caractéristique. La baisse de juillet 1898 se prête à cette détermination. En menant la tangente au point d'inflexion ($q = 18^m$) on trouve BC = 47 jours. On a donc pour première valeur du coefficient caractéristique :

$$(1 + K) \alpha T = \frac{365}{3 \times 47} = 2,59.$$

Pour avoir une valeur plus approchée, on appliquera la méthode du paragraphe 84.

Le débit moyen de la fontaine étant de 23 mètres cubes et le débit au point d'inflexion étant de 18 mètres cubes, on pose d'abord :

$$F = \frac{18}{23} = 0,782 ; \qquad t = NB = 18 \text{ jours.}$$

$$x = (1 + K) \alpha t = 2,59 \times \frac{18}{365} = 0,1276.$$

La courbe de décrue étant une courbe continue, il faut faire une petite correction à la valeur de x, soit :

$$x = 0,1276 - 0,025 = 0,1026.$$

Pour ces valeurs de F et de x, le graphique F donne :

$$\left(\frac{H}{h}\right) = 0,15.$$

On écrit alors l'équation (432 *bis*) en posant :

$$(1 + K) \alpha t = u ; \qquad \frac{t}{BC} = \frac{18}{47} = 0,383 = M ;$$

d'où l'équation :

$$0,374 u^2 - 2,943 u + 0,383 = 0,$$

d'où l'on tire :

$$u = 0,138.$$

La valeur du coefficient caractéristique est donc :

$$(1 + K) \alpha T = \frac{365 \times 0,138}{18} = 2,80.$$

Tel serait le coefficient caractéristique de la fontaine de Vaucluse si c'était une source ordinaire. Mais en raison des réservoirs qui modifient les lois de son écoulement, ce n'est là qu'un *coefficient apparent*.

On obtiendra le coefficient *vrai* en menant une tangente à l'origine de la courbe de décrue vraie, courbe tracée par des croix et qui est relative à un débit moyen de 20 mètres cubes. Cette tangente a pour sous-tangente $B'C' = 99$ jours.

Ce coefficient caractéristique *vrai* de la fontaine de Vaucluse est donc égal à :

$$(1 + K)\,\alpha T = \frac{365}{3 \times 99} = 1,23,$$

chiffre bien différent du précédent et qui classe la fontaine dans les sources moyennement stables.

CHAPITRE XVI.

ÉTUDE HYDRAULIQUE DE DIVERSES SOURCES

1. Sources du Taillan et de Cap de Bos (Eaux de Bordeaux et nappe des Landes).
— Les sources dont il s'agit, affluents de la rivière dénommée Jalle de Blanquefort, servent à l'alimentation de Bordeaux et de sa banlieue.

Elles présentent divers caractères qui les rendent extrêmement intéressantes. Tout d'abord elles appartiennent à une nappe très régulière qui n'a pas moins de 46 kilomètres de largeur, la *nappe des Landes*. Ensuite, leur débit est d'une constance remarquable. Elles doivent cette propriété à deux conditions qui ont été signalées au chapitre III, § 25, comme dérivant immédiatement de la théorie :

1° Ce sont des sources appartenant à une grande nappe.

2° Le terrain perméable qui les contient est formé en très grande partie de sables. Les canaux collecteurs des eaux y sont rares.

Géologie. — Toute la région comprise entre la Garonne et les étangs qui bordent le pied des dunes du littoral du côté des terres (voir la carte, fig. 213, pl. LXXIII) a un relief très régulier. C'est un plan légèrement bombé, avec une ligne de faîte qui court sensiblement suivant la bissectrice de l'angle formé par les dunes et par la Garonne, c'est-à-dire N.-N.-O.

À la hauteur de Bordeaux, la normale à la ligne de faîte va du bassin d'Arcachon (Arès) à la Garonne; ses deux extrémités sont sensiblement à la cote zéro, et sa longueur est de 51 kilomètres. Le faîte est à la cote 44. Il va en se relevant dans le Sud à la cote 60 près du chemin de fer de Bordeaux à Bayonne.

Un sondage dans les Landes rencontre les terrains suivants :

1° Les sables des Landes, sables fins, siliceux, entièrement perméables, qu'on rattache au pliocène. À 1 ou 2 mètres sous la surface du sol, on trouve de 0 m. 50 à 1 mètre d'*alios*. C'est un sable ferrugineux, agglutiné par des matières organiques qui le rendent imperméable. Cette imperméabilité n'est que relative, et les eaux, après avoir séjourné sur le sol, traversent l'alios et vont alimenter la nappe souterraine. L'eau de l'alios n'est guère potable; la nappe souterraine, au contraire, fournit une eau d'excellente qualité. L'assise des sables des Landes a une épaisseur de 50 mètres. (p_1 de la carte au $\frac{1}{80,000}$.)

2° Les *faluns de Salles*. — Ce sont des sables fins, agglutinés par un ciment quelquefois ferrugineux. Ils contiennent quelques assises calcaires. 30 mètres d'épaisseur. (m^3 de la carte.)

3° Les *faluns de Léognan*, sables fins coquilliers, agrégés par un ciment calcaire. (30 à 40 mètres d'épaisseur. ($m^{2.1}$ de la carte.)

4° Les *faluns de Bazas*. — En haut, calcaire argileux ou marneux. Au-dessous, sables argileux.) [m_* de la carte.]

5° *Calcaire à astéries* de Bourg. — Ce calcaire a beaucoup d'analogie avec le calcaire grossier des environs de Paris. (*m*ₐ de la carte.)

Tous ces terrains sont perméables. Mais les faluns de Bazas pourraient être considérés comme relativement imperméables, s'ils n'étaient fissurés.

Il a été fait plusieurs forages dans cette région, mais nous n'avons pu nous procurer que quelques résultats.

À Cap de Bos, sur la première source importante de la Jalle de Blanquefort, il a été fait un forage par la Société lyonnaise des eaux et de l'éclairage. Ce forage a été descendu jusqu'à 31 m. 12 au-dessous du niveau de la source. L'eau s'est élevée dans le tube à 0 m. 40 au-dessus de l'eau. On a rencontré des sables agglomérés par un ciment calcaire sur 21 mètres, du calcaire fin sur 4 m. 50, un sable gras légèrement argileux sur 3 m. 15. D'après le rapport de M. Vasseur, professeur à la Faculté des sciences de Marseille, les eaux de Cap de Bos se montrent au contact du sable des Landes et du terrain miocène constitué par des alternances de bancs sableux et gréso-calcarifères accompagnés de lits calcaires qui recouvrent une assise argileuse.

À Biganos, commune de Marcheprime, on a rencontré le sable des Landes jusqu'à 51 m. 70 de profondeur. On s'est arrêté dans le Falun de Salles ou de Léognan à 57 m. 24 de profondeur.

À Arcachon, un sondage de 126 m. 25 de profondeur a rencontré les terrains suivants[1] :

Dunes et alluvions marines sur...........................	12ᵐ 00
Les sables des Landes (en entier).......................	48 75
Les faluns de Salles (en entier).......................	29 35
Les faluns de Léognan (en partie).....................	36 15
TOTAL.....................	126ᵐ 25

On peut conclure de ces renseignements qu'il existe sous le plateau des Landes une nappe aquifère très étendue.

Étude hydraulique de la nappe. — La figure 214, pl. LXXIV, représente une coupe faite suivant le tracé rouge du plan. Elle part d'Arès, au fond du bassin d'Arcachon, en suivant la ligne de plus grande pente du sol, et se dirige vers le thalweg de la Jalle de Blanquefort, rivière qui prend sa source principale à Cap de Bos, à l'altitude 25 et descend vers la Garonne, après avoir traversé, sur 5.500 mètres, les marais de Blanquefort qui bordent ce fleuve sur une grande partie de sa rive gauche en aval de Bordeaux.

La source de *Cap de Bos* débite 70 litres environ. Le forage de 31 mètres exécuté à l'emplacement de cette source a été arrêté sur une couche de sable argileux, qui appartient probablement aux faluns de Léognan.

La source du *Taillan*, d'un débit moyen de 237 litres, paraît déterminée par la même couche des Faluns de Léognan dont le plan supérieur passe à fort peu près sous le griffon de la source et semble en avoir déterminé l'émergence.

Si l'on rattache ces points à ceux qui correspondent, sur la verticale d'Arès, au

[1] Ces renseignements nous ont été donnés par la maison E. Billiot de Bordeaux, qui a exécuté les sondages.

28.

sondage d'Arcachon, on arrive à construire la coupe de la figure 214, qui rend parfaitement compte du régime hydrologique de la région.

Le faîte orographique se trouve vers la cote 42-44. Il doit coïncider à peu près avec le faîte des eaux. Du côté de la Garonne, le versant a 18.000 mètres de largeur, depuis le faîte jusqu'au pied du coteau de Blanquefort. La plus grande partie des eaux est captée par la profonde coupure de la vallée de la Jalle, et se déverse dans cette petite rivière soit par les sources visibles (Cap de Bos, Taillan, etc.), soit par les sources qui naissent dans le lit de la rivière. Au pied du coteau de Blanquefort et dans le marais, sourdent les eaux non captées par la Jalle. Ce sont elles qui sont la cause du marais, et qui l'entretiennent.

Du côté de l'Océan, les couches géologiques descendent régulièrement avec une faible pente de 2 m. 27 par kilomètre.

Les sables des Landes sont très perméables. Les faluns de Salles le sont aussi, quoique un peu moins. Mais ils sont fissurés par places, en raison des bancs de sables calcaires qu'ils renferment. Les faluns de Léognan doivent être moins perméables. Les sondages cités plus haut indiquent qu'ils renferment quelques assises argileuses, capables de fonctionner comme fond imperméable.

En résumé, ces divers étages sont perméables, et il nous paraît impossible de dire à quelle profondeur il faudrait descendre pour trouver un *fond imperméable*.

Nous avons donc affaire à des nappes de thalweg, dont l'une, celle de l'Est, se déverserait entièrement dans les marais de Blanquefort et autres qui bordent la Garonne, si la coupure de la Jalle ne détournait une grande partie de ses eaux. C'est une nappe de contreversant. L'autre, celle de l'Ouest, se déverse dans le bassin d'Arcachon. C'est une nappe de versant.

Nous plaçons le faîte de la nappe à l'altitude 35 au-dessus du niveau de la mer. Nous admettons que le bassin d'Arcachon est à la cote zéro, et les marais de Blanquefort à la cote 2. Après divers tâtonnements qui seront expliqués plus loin, nous avons placé la verticale du faîte à 26.500 mètres du bassin d'Arcachon, et à 18.000 mètres du marais de Blanquefort.

Mais ici se présente une particularité. Si à la place du bassin d'Arcachon, on avait une plaine de sables, il y aurait des sources à Arès, tandis qu'il n'y en a que peu ou point. Il faut en conclure que les eaux de la nappe des Landes se rendent directement dans le bassin d'Arcachon à travers les sables des Landes, et se mélangent aux eaux de la mer par des sources de fond.

Dans le forage d'Arcachon, de 126 mètres de profondeur, l'eau s'est élevée dans le tube à 1 m. 50 au-dessus du sol, soit à 4 ou 5 mètres au-dessus du niveau de la mer. La hauteur du faîte des eaux de la nappe des Landes étant probablement vers la cote 40, il faut admettre que les filets liquides du fond de la nappe n'épuisent pas toute leur charge piézométrique à travers le sable des Landes et les terrains sous-jacents et qu'ils achèvent de dépenser cette charge en allant chercher leur point de source à une distance en mer égale à $\frac{5 \times 30}{40}$, soit 4 kilomètres environ.

Pour la coupe de la figure 214, nous avons admis que la charge piézométrique des filets liquides du fond de la nappe au droit d'Arès est de 4 mètres et que ces filets liquides vont sourdre à une distance en mer égale à $\frac{4}{39} \times 28.000 = 3$ kilomètres environ.

Le choses se passent comme si la nappe du versant avait une longueur de :

$$a = 28.000 + \frac{3.000}{2} = 29.500 \text{ mètres},$$

son altitude au faîte étant de 35 mètres.

Détermination de l'apport pluvial. — Sur le plan (fig. 213), on a tracé le contour probable du bassin de la Jalle au droit des sources du Taillan. Les cours d'eau sont assez nombreux pour que ce contour ne laisse guère d'incertitude sur la position réelle de la ligne du faîte séparatif des eaux. Elle coïncide avec le faîte orographique. Il n'y a de doute que pour le faîte général. Dans un premier essai, nous l'avons placé à 25.000 mètres du bassin d'Arcachon, mais la suite de notre étude nous a conduit à reculer de 1.500 mètres vers l'Est.

Le contour du bassin ainsi fixé contient 166 kilomètres carrés. Par une opération semblable, nous avons trouvé que le bassin qui alimente directement la Jalle entre le moulin de Caupian et la source du Taillan est de 15 kilomètres carrés. Il reste 166 − 15 = 151 kilomètres carrés pour les débits afférents à la Jalle, au moulin de Caupian et aux sources du Taillan.

On a jaugé la Jalle au moulin de Caupian en 1903, au mois d'août, et on lui a trouvé un débit de 440 litres par seconde.

En ce qui concerne les sources du Taillan qui alimentent la ville de Bordeaux, nous n'avons trouvé auprès du service municipal de cette ville que des renseignements très sommaires. On s'explique la négligence des petites villes dans l'observation des débits des sources qui les alimentent quand on voit une grande ville ne les jauger que six fois par an.

Les renseignements qui nous ont été remis se résument dans le tableau ci-après :

JAUGEAGE DES SOURCES DU TAILLAN (VILLE DE BORDEAUX).

(Litres par seconde.)

ANNÉES.	JANVIER.	FÉVRIER.	MARS.	AVRIL.	MAI.	JUIN.	JUILLET.	AOÛT.	SEPTEMBRE.	OCTOBRE.	NOVEMBRE.	DÉCEMBRE.
1896..........	273	271	272	258	259	//	262	//	238	//	//	//
1897..........	327	//	//	460	//	//	374	//	328	//	307	//
1898..........	285	//	275	//	255	258	276	//	243	//	223	//
1899..........	257	//	251	//	232	217	//	//	198	//	186	//
1900..........	175	//	265	285	//	281	255	242	//	219	218	//
1901..........	225	//	255	//	238	281	265	264	//	//	203	//
1902..........	//	//	//	//	273	//	235	//	//	199	//	//
1903........	221	//	197	//	210	//	198	//	//	186	//	//
MOYENNES [1]	239	//	253	//	245	//	248	//	226	//	207	//

[1] L'année 1897, qui est exceptionnelle, n'a pas été comptée.

En construisant le graphique des débits moyens, fig. 214 *bis*, on constate que le débit maximum se produit vers le 15 mars, il est de 253 litres, et que le débit minimum a lieu vers le 15 novembre, il est de 207 litres. La moyenne générale est de 237 litres. Elle se produit le 28 décembre et le 25 août. Le débit des sources varie peu; de 10 p. 100, en année moyenne, en plus ou en moins; de 15 p. 100 en plus ou en moins dans le cours d'une même année.

L'année 1903 a été plutôt sèche. Le débit des sources du Taillan, en août, n'était que de 190 litres.

On peut en déduire que le débit *moyen* de la Jalle à Caupian est de :

$$\frac{237}{190} \times 440$$

Soit. . . . . 549 litres.

Ajoutant le débit moyen des sources du Taillan. 237

On a un total de. . . . . $\overline{786}$

Ce chiffre représente l'apport pluvial sur 151 kilomètres carrés. On a pour le débit par kilomètre carré :

$$\frac{786}{151} = 5^l 20.$$

L'apport pluvial moyen est donc (Équation 34) :

(1) $$h = \frac{0,52}{10^8} = \frac{m}{\mu} \delta^2.$$

Il représente une hauteur d'eau annuelle de 0 m. 164.

Détermination des nappes du contreversant et du versant (voir pour les notations, le tableau W, § 4°). — Pour calculer les éléments des nappes, nous avons dû faire diverses hypothèses.

D'abord nous n'avons nulle part de fond imperméable directeur des mouvements. Nous pouvions faire toutes les hypothèses sur la pente du fond. Mais ces hypothèses se sont trouvées limitées par certaines conditions à remplir, et notamment par la suivante : c'est que le coefficient d'apport pluvial $h = \frac{m}{\mu} \delta^2$ soit le même pour le versant et le contreversant. Cela suppose un apport pluvial égal de chaque côté, mais nous n'avions pas de raison de croire à une inégalité un peu sensible.

Nous avons constaté qu'en appliquant au contreversant une pente sensible différente de la pente 0,0027 qui est l'inclinaison des couches, l'égalité des valeurs de $\frac{m}{\mu}$ pour des valeurs semblables de hauteur de la contrenappe ne se réalisait pas.

Nous avons donc admis que la pente du fond de la nappe du contreversant est égale à 0,00227.

Pour le versant, la pente devait être nécessairement plus faible que

$$\frac{35 + 4}{29.500} = 0,00132,$$

faute de quoi on aurait une ordonnée du faîte négative.

Nous avons constaté par divers essais que la pente de la nappe devait être à peu près nulle. Nous avons donc fait $\varepsilon = 0$. La nappe est une ellipse.

Les calculs sont faits au moyen de deux ou trois formules très simples, déjà employées dans les chapitres précédents et dont les valeurs graphiques sont données par le tableau E ou par les graphiques 35, 35 *bis*.

NAPPE DE CONTREVERSANT (EST).

NAPPE DE VERSANT (OUEST).
(NAPPE FICTIVE.)

Pente du fond :
$$\varepsilon = 0,00227.$$

Pente du fond :
$$\varepsilon = 0.$$

Ordonnée au faîte :
$$b_0 = 73^m,60.$$

Ordonnée au faîte :
$$b = 39.$$

Longueur du contreversant :
$$(L-a) = 18.000^m$$
$$\varepsilon(L-a) = 40,86$$
$$\frac{b_0}{\varepsilon(L-a)} = \left(\frac{\gamma'}{2z}\right) = 1,80.$$

Longueur du versant :
$$a = 29.500.$$

La nappe est une ellipse.

Par interpolation graphique du tableau E, 5e colonne :
$$z = 0,517.$$

Par graphique 35 *bis* :
$$\theta = 0,512$$
$$\frac{\varepsilon}{2z} = \quad \delta' = 0,00219$$
$$\delta'^2 = \frac{4,79}{10^6}$$
$$h = \frac{0,52}{10^8}$$
$$\frac{\delta'^2}{h} = 918.$$

$$\delta' = \frac{b}{a} = 0,001322$$
$$\delta'^2 = \frac{1,747}{10^5}$$
$$h = \frac{0,52}{10^8}$$
$$\frac{\delta'^2}{h} = 335.$$

$$\frac{\mu}{m} = \frac{\delta'^2}{h}(1+K).$$

$$\frac{\mu}{m} = \frac{\delta'^2}{h}(1+K).$$

La hauteur de la contrenappe est inconnue.
Soit :
$$p = 100$$
$$K = \frac{p\theta}{60} = 0,70$$
$$\frac{\mu}{m} = 918 \times 1,70 = 1.560.$$

La hauteur de la contrenappe est inconnue.
Soit :
$$p = 113^m$$
$$K = \frac{113}{39} = 2,90$$
$$\frac{\mu}{m} = 335 \times 3,90 = 1.305.$$

Soit :

$$p = 200$$

$$K = 1,40$$

$$\frac{\mu}{m} = 918 \times 2,4 = 2,200.$$

Soit :

$$p = 143$$

$$K = \frac{143}{39} = 3,66$$

$$\frac{\mu}{m} = 335 \times 4,66 = 1.566.$$

Soit :

$$p = 300$$

$$\frac{\mu}{m} = 2.850.$$

Soit :

$$p = 240$$

$$\frac{\mu}{m} = 2.392.$$

On a tracé sur la figure 214 les profils des nappes.

La nappe de contreversant sur la croupe de Blanquefort est théorique. Elle est peut-être coupée par les thalwegs secondaires voisins, tels que la Jalle. Nous ne l'avons pas vérifié.

La nappe du versant a son point de source sur le fond du bassin d'Arcachon. Elle est *fictive*. Pour obtenir la nappe réelle, il faut réduire proportionnellement les abscisses de la nappe fictive, de manière à la faire rentrer dans l'intérieur du massif perméable. Le tracé aux abords d'Arès présente nécessairement de l'incertitude.

Une lagune et une source que la carte au $\frac{1}{100\,000}$ mentionne aux cotes (20) et (28) indiquent que la nappe n'est pas loin.

Les valeurs obtenues pour le coefficient $\frac{\mu}{m}$ indiquent que la nappe est *très perméable et très profonde*, car il est difficile d'admettre que ce coefficient ait une valeur inférieure à 3000. Or on trouve les résultats suivants :

CONTREVERSANT.

Pour :

$$p = 100; \qquad \frac{\mu}{m} = 1.560.$$
$$200; \qquad 2.200.$$
$$300; \qquad 2.850.$$

VERSANT.

Pour :

$$p = 113; \qquad \frac{\mu}{m} = 1.305.$$
$$143; \qquad 1.566.$$
$$240; \qquad 2.392.$$

La nappe de versant étant contenue dans des couches géologiques, en majorité plus perméables que celles du contreversant, le coefficient $\frac{\mu}{m}$ doit avoir du côté du versant, à égalité de profondeur, une valeur moindre que du côté du contreversant. C'est ce qui arrive, si l'on met en regard les chiffres suivants :

(contreversant) $\qquad p = 200; \qquad \frac{\mu}{m} = 2.200.$

avec ceux-ci :

(versant) $$p = 143, \qquad \frac{\mu}{m} = 1.566.$$

La théorie de la nappe du versant indique qu'en faisant un forage sur le rivage, comme on l'a fait à Arcachon, on rencontrerait à la profondeur de 125 mètres des eaux qui remonteraient dans le tube à une hauteur de quelques mètres au-dessus du niveau de la mer. Conséquemment, la contrenappe s'étend au moins à cette profondeur. Mais les considérations que nous venons de présenter sur la valeur de $\frac{\mu}{m}$ nous paraissent démontrer que la nappe est notablement plus profonde.

2. **Source de Budos (Eaux de Bordeaux).** — Il faudrait une étude sur place pour se faire une opinion sur les circonstances qui président à la formation de cette belle source. La carte géologique au $\frac{1}{80\,000}$ de la région n'est pas encore publiée.

Budos est située vers la limite du terrain des Landes, et selon toute probabilité, c'est une source de contreversant, placée dans des conditions géologiques analogues à celles de la source du Taillan. La source émerge à travers de larges fissures dans une roche gréso-calcaire.

Son débit très constant, encore plus constant que celui de la source du Taillan, est en moyenne de 315 litres par seconde.

Pas plus que pour la source du Taillan, on ne possède d'observations régulières du débit de la source de Budos.

On jauge ce débit six fois par an, non pas à la source même, qui est située à 45 kilomètres de Bordeaux, mais dans les réservoirs de cette ville. Voici les renseignements qui nous ont été fournis par le service municipal :

JAUGEAGES DE LA SOURCE DE BUDOS (EAUX DE BORDEAUX).

(Litres par seconde.)

ANNÉES.	JANVIER.	FÉVRIER.	MARS.	AVRIL.	MAI.	JUIN.	JUILLET.	AOÛT.	SEPTEMBRE.	OCTOBRE.	NOVEMBRE.	DÉCEMBRE.
1896........	313	305	311	318	306	//	298	//	297	//	307	//
1897........	347	//	//	//	//	//	440	0	378	//	411	//
1898........	356	//	340	//	321	//	325	//	311	//	//	//
1899........	300	//	306	//	294	//	//	//	284	//	281	//
1900........	280	//	324	//	//	326	324	312	//	309	298	//
1901........	320	//	378	348	//	329	342	336	//	//	319	//
1902........	//	//	//	//	323	//	342	//	//	327	//	//
1903........	327	//	318	//	324	347	//	//	//	//	332	//
1904........	309	//	//	//	//	//	//	//	//	//	//	//
Moyennes [1] .	316	//	329,5	//	313,6	//	326,2	//	297	//	307	//

[1] 1897 et 1902 n'ont pas été comptées.

Il est bien difficile de tirer quelques conclusions des chiffres de ce tableau dont aucune colonne n'est complète. Le minimum semble se réaliser en septembre, mais c'est là certainement une inexactitude. Le minimum a lieu très probablement en novembre, comme pour la source du Taillan.

Ce qui est particulièrement remarquable, c'est la constance du débit dans une même année.

Il ne varie pas de plus de 8 p. 100 en plus ou en moins, et la variation n'était souvent pas 4 à 5 p. 100.

Une pareille constance dans le débit suppose une nappe très étendue à pente hydraulique faible. L'étude détaillée de cette source offrirait évidemment un grand intérêt.

3. Sources du plateau de la Traire (Haute-Marne). — Les coteaux qui dominent la vallée de la Traire (canton de Montigny-le-Roi) sont constitués par des couches calcaires argileuses, appartenant au lias supérieur, et couronnés par une falaise calcaire perméable; c'est l'oolithe inférieur ou le bajocien. Cette falaise a de 20 à 40 mètres d'épaisseur. De loin, la ligne séparative de ces deux natures de terrains se reconnaît facilement; tandis que les terrains du lias ont une pente peu accentuée, de 10 à 15 p. 100, la falaise bajocienne a une pente trois ou quatre fois plus forte.

Il y a un niveau d'eau à la séparation des deux terrains.

La figure 215, pl. LXXV, donne le plan, avec courbes de niveau, du plateau qui sépare les deux ruisseaux de la Traire à l'Est et de Poinson à l'Ouest. Tout le long de la ligne séparative du lias et du bajocien, on constate l'existence de sources ou groupes de petites sources. Il y en a treize sur le versant Ouest et dix sur le versant Est.

Les couches plongent vers l'Ouest, et la pente du plan séparatif du lias et de l'oolithe inférieur est déterminée par la différence des altitudes des sources.

Considérons, en particulier, la région comprise entre les parallèles MM, NN, orientées Est-Ouest. Les quatre sources de l'Ouest ont pour altitudes :

$$415; \quad 420; \quad 430; \quad 430.$$

Une cinquième source, celle du Chêne, a une altitude mal connue; cette source n'appartient pas à la ligne d'affleurement.

Les cinq sources de l'Est ont pour altitudes :

$$450; \quad 455; \quad 449; \quad 450.$$

Aucune de ces sources n'émerge à son emplacement vrai. Elles apparaissent au-dessous de ce niveau dans les éboulis argilo-calcaires qui recouvrent le pied de la falaise bajocienne, mais les différences de leurs niveaux d'émergence doivent être à peu près les mêmes que celles de leurs niveaux vrais.

Les deux lignes de sources sont parallèles, orientées Nord-Sud et distantes de 2.600 mètres. La différence de leurs niveaux d'émergence, pour les sources situées en face les unes des autres, varie de 35 mètres à l'amont à 20 mètres à l'aval. Elle est en moyenne de 26 mètres, de sorte que la pente moyenne du fond $\varepsilon = 0,01$.

Étude hydraulique de la nappe et des sources. — Entre les lignes MM, NN, la nappe peut être considérée comme cylindrique. C'est nécessairement une *nappe d'affleurement à fond incliné* (§ 17).

Le versant Ouest est le *versant* proprement dit. Le versant Est est le contreversant.

On n'a pas de jaugeages bien exacts de ces sources. Le service hydraulique évalue leurs débits de la manière suivante :

SOURCES DU PLATEAU BAJOCIEN.

SOURCES.	ALTITUDE.	DÉBIT ORDINAIRE par MINUTE.	RAPPORT AU DÉBIT ORDINAIRE DES DÉBITS		UTILISATION ACTUELLE OU PROJETÉE.
			maximum.	minimum.	
	mètres.	litres.			
VERSANT OUEST.					
du Bossu...........	430	60	4	$\frac{3}{4}$	
du Tertre de la Crey..	430	50	2	$\frac{2}{3}$	
Sources du Chêne..........	450	50	2	$\frac{2}{3}$	Ferme du Chêne.
du Tambour.	420	20	$\frac{3}{2}$	$\frac{3}{4}$	
du Bassin..........	415	40	3	$\frac{2}{3}$	Ferme de Coufevron.
TOTAUX ET MOYENNES.....		220	2,68	0,70	
VERSANT EST.					
de Bellevue	450	25	3	$\frac{3}{4}$	Alimente Bellevue.
de Chauffourt.......	449	25	"	"	Projetée pour Montigny.
Sources de Landrouyot	455	20	2	$\frac{3}{4}$	Alimente Chauffourt.
de Segré..........	450	40	2	$\frac{1}{2}$	*Idem.*
TOTAUX ET MOYENNES.....		110	2,29	0,63	

Dans le tableau ci-dessus, on n'a compté la source de Bellevue que pour moitié, parce qu'elle est située sur la ligne MM.

Le coefficient $\frac{3}{4}$ a été substitué pour cette même source au chiffre 1, qui figurait au tableau dressé par le service hydraulique, et qui paraît invraisemblable.

Il est à remarquer aussi que les rapports moyens 2,68, 2,29 sont inadmissibles, car, en temps de crue, l'augmentation relative du débit doit être plus grande pour les sources du contreversant que pour les sources du versant.

Le débit total des sources comprises dans le parallélogramme MM, NN est de 330 litres par minute, ou 5 lit. 5 par seconde.

Ces débits sont extrêmement petits. En effet, la surface rectangulaire comprise entre les lignes pointillées qui circonscrivent le bassin alimentaire des neuf sources ci-dessus désignées est de 800 hectares. On a donc pour l'apport pluvial :

Par mètre carré et par seconde :

$$\frac{0^{mc},0055}{800 \times 10^4} = \frac{6,88}{10^{10}} ;$$

Par mètre carré et par an :

$$\frac{6,88 \times 31,5}{10^4} = 0^m,0216.$$

La hauteur de pluie utilisée par la nappe du bajocien n'est donc que de $0^m,0216$. Il est évident que ce chiffre ne représente pas la totalité de la pluie infiltrée dans le sol. Il faut donc admettre que l'imperméabilité des couches du lias supérieur n'est que relative, et qu'une partie des eaux pluviales s'infiltre dans ces couches où elles forment une nappe de thalweg dont le fond est situé sur une couche franchement imperméable. En réalité, le lias est représenté ici par des couches de calcaires argileux un peu perméables, beaucoup moins perméables cependant que les calcaires bajociens.

Le 15 juin 1893, époque à laquelle les nappes étaient à peu près dans leur état moyen, le ruisseau de Poinson, jaugé un peu en amont de son confluent avec le ruisseau d'Ivry, débitait 28 litres par seconde.

À la même date, les sources débitaient, savoir :

		DÉBIT PAR MINUTE.
		litres.
Sources	du Bossu...	120
	du Tertre...	60
	du Chêne...	67
	du Tambour..	47
	du Bassin..	60
	du Lavoir..	64
	de la Roche Gilbert...................................	60
Pour quatre autres sources en aval de la source du Bossu..............		150
TOTAL..........................		628

Soit, par seconde, 10,4.

	DÉBIT PAR SECONDE.
	lit.
Il y avait donc un débit fourni par les sources du bajocien de	10 4
Et un débit fourni par la nappe de thalweg sous-jacente du lias de.......	17 6
TOTAL.......................	28 0

La nappe bajocienne ne retenait que les $\frac{37}{100}$ de la pluie tombée.

Nappe du plateau bajocien. — Prenons les notations ordinaires pour le cas des nappes d'affleurement (tableau W).

Le rapport des débits des sources de versant et de contreversant serait celui de 2 à 1. Mais l'évaluation faite par le service hydraulique pour les débits du versant nous paraît faible, si on les compare aux résultats des jaugeages de 1893. Nous admettrons, comme nous paraissant plus exact, le rapport de 3 à 1. On aurait donc :

Longueur du versant :

$$\frac{3}{4} \times 2.600 = 1.950^m = a;$$

Longueur du contreversant :

$$\frac{1}{4} \times 2.600 = 650 = (L - a).$$

Dans ces conditions, le faîte séparatif du versant et du contreversant coïnciderait avec le faîte orographique. Dans les nombreuses études que nous avons faites, nous avons reconnu que c'est là une concordance qui se réalise presque toujours. Et cela se comprend puisque, le faîte orographique étant horizontal, c'est un point où l'infiltration des eaux de pluies tend à atteindre son maximum.

On a donc, pour la nappe en question :

$$\frac{a}{L} = \frac{3}{4} = 0,75,$$

et les graphiques (fig. 35, pl. XI) nous donnent, pour la pente hydraulique de la nappe :

$$z = 0,33;$$

et ensuite :

$$\gamma = 0,51; \qquad \beta = 0,65.$$

Le coefficient d'absorption a pour valeur (§§ 16 et 20) :

$$\delta = \frac{\varepsilon}{2z} = \frac{0,01}{0,66} = 0,0151.$$

On calcule ensuite l'ordonnée au faîte, l'ordonnée maxima et la distance de cette dernière ordonnée au faîte (tableau E, p. 62) :

$$b_0 = a\delta\gamma = 1.950 \times 0,0151 \times 0,51 = 15^m,0;$$

$$b = a\delta\beta = 1.950 \times 0,0151 \times 0,65 = 19^m,1,$$

$$x_m = \frac{\varepsilon b}{\delta^2} = \frac{0,0151 \times 19,1}{0,0151^2} = 1.264^m.$$

Ces éléments suffisent pour construire grossièrement le profil de la nappe AA′ (fig. 216, pl. LXXVI).

Du côté du versant, le terrain est déprimé dans quelques parties et formé des plis qui viennent couper la nappe vers le point D. C'est ce qui donne lieu à la source du Chêne, qui doit être située vers la cote (455).

La surface versante du bajocien pour le débit de 10 lit. 4 étant d'environ 1.200 hectares, on a, pour le coefficient de perméabilité du terrain :

$$\frac{m}{\mu} = \frac{h}{\delta^2} = \frac{0,0104}{1.200 \times 10^4 \times 0,0151^2} = \frac{1}{263.000}.$$

Nappe du lias supérieur. — Ainsi que nous l'avons déjà dit, les eaux qui traversent le fond du plateau bajocien, aussi bien que celles qui tombent directement sur les versants liasiques, donnent lieu à une nappe de thalweg qui se déverse à ses deux extrémités dans le ruisseau de Poinson et dans celui de la Traire.

Le plan séparatif de la nappe supérieure et de la contrenappe est à peu près parallèle au plan AA', c'est-à-dire que sa pente est de 0,01.

Le profil de cette nappe peut se calculer de la manière suivante. (Pour les notations, voir tableau W, § 4°).

Nous admettons qu'en raison de la disposition des versants, cette nappe débite $\frac{2}{3}$ dans le ruisseau de Poinson, $\frac{1}{3}$ dans le ruisseau de la Traire. On a donc ici :

$$\frac{a}{L} = \frac{2}{3} \qquad \text{d'où} \qquad a = \frac{2}{3}\, 5.000^m = 3.33o^m.$$

Les graphiques 35 et 35 *bis* donnent :

$$z = o,22; \qquad \gamma = o,67; \qquad \beta = o,74;$$

$$\delta' = \frac{\varepsilon}{2z} = \frac{o,o1}{o,44} = 0,0227,$$

$$b_0 = a\delta'\gamma = 3.3oo \times 0,0227 \times 0,67 = 5o^m 64,$$

$$b = a\delta'\beta = 3.3oo \times 0,0227 \times 0,74 = 55^m 93,$$

$$x_m = \frac{\varepsilon b}{\delta'^2} = \frac{o,o1 \times 55,93}{0,0227^2} = 1,o84 \text{ m.}$$

Au moyen de ces éléments, on a tracé la courbe $A_1 B_1 A_1'$ de la figure 216. (Par suite d'une erreur matérielle, les ordonnées de cette courbe doivent être à peu près doublées.)

La surface du versant de·la nappe du lias correspondant au débit de 17 lit. 4 étant d'environ 2.200 hectares, on calculera le coefficient de perméabilité de cette nappe de la manière suivante :

$$K = \frac{p}{b} = \frac{1oo}{55.g3} = 1.79;$$

$$\delta^2 = \delta'^2 (1 + K) = \overline{0,0227}^2 \times 2.79 = 0,001437;$$

$$\frac{m'}{\mu'} = \frac{h}{\delta^2} = \frac{o,o176}{2.2oo \times 1o^4 \times 0,001437} = \frac{1}{1.8oo.ooo}.$$

Comparant les coefficients de perméabilité du lias et du bajocien, on reconnaît que le terrain bajocien est environ sept fois plus perméable que le lias. En raison de l'incertitude des données, tous ces calculs ne doivent être considérés que comme simplement approximatifs.

Cette étude nous a fourni l'occasion de soumettre à la théorie hydraulique un cas très intéressant et très fréquent dans la nature, celui de la superposition de deux nappes à des étages différents. La figure 8 nous en avait déjà donné un exemple remarquable, celui du plateau de Malzéville, qui présente non pas deux nappes, mais bien **trois nappes superposées.**

Crues et décrues des sources du plateau bajocien. — Nous n'avons sur les crues et décrues des sources en question que des renseignements insuffisants.

Nous avons déjà vu que les sources du versant Ouest, au nombre de six, ont été jaugées en 1893, le 15 juin et le 31 août, et qu'elles ont donné respectivement à ces deux dates 23 lit. 40 et 10 lit. 69. Mais nous ne connaissons pas le débit *permanent* de ces sources.

Dans ces conditions, il est impossible de leur appliquer la méthode du graphique F.

D'ailleurs, nous ne connaissons pas, pour la région où sont situées les sources, les valeurs spécifiques des apports pluviaux $\left(\dfrac{H}{h}\right)$. Il est évident que le régime hydrologique de cette région, située dans l'Est de la France, à l'altitude 400, est très différent de celui du bassin de Paris, à altitudes modérées.

Nous ne sommes donc pas en mesure de prévoir le *régime* des sources, même si nous connaissions leurs coefficients caractéristiques.

Les appréciations du service hydraulique indiquées plus haut nous donnent les valeurs de F, pour le cas de crue ou de décrue. Il s'agit évidemment des maximums et des minimums *ordinaires*.

Pour obtenir le débit d'*étiage extrême*, il faudrait multiplier les rapports F relatifs au minimum ordinaire du débit, par un coefficient de réduction. Nous avons trouvé au chapitre XIV, pour ces coefficients de réduction :

Captages de Rennes, 0,74;

Hautes sources de la Vanne, 0,60;

Exceptionnellement, 0,47.

Étant donné l'altitude des sources de la vallée de la Traire et le climat plutôt humide de la région, nous pensons que le coefficient 0,65 serait convenable.

On aurait donc pour première correction :

Versant Ouest :
$$0,70 \times 0,65 = 0,455.$$

Versant Est :
$$0,63 \times 0,65 = 0,409.$$

Il faudrait aussi tenir compte de l'effet du déplacement horizontal du faîte. D'après le tableau des sources, l'effet produit par une décrue ordinaire pour laquelle $F = 0,666$ en moyenne serait de :

$$\frac{0,70 - 0,63}{0,70 + 0,63} = 5,2 \text{ p. 100,}$$

au détriment du contreversant.

Pour une décrue de $0,666 \times 0,65 = 0,433$ en moyenne, l'effet produit serait au moins proportionnel et il donnerait lieu à une différence de au moins :

$$5,2 \times \frac{1 - 0,433}{1 - 0,666} = 8,82 \text{ p. 100.}$$

On trouve facilement que, dans ces conditions, les rapports seraient respectivement de :

Versant Ouest :

$$0,471;$$

Versant Est :

$$0,395 \quad \text{soit} \quad 0,40.$$

Il ressort de ces considérations qui, d'ailleurs, ne reposent que sur des assimilations un peu hypothétiques, que les sources du plateau bajocien pourraient avoir des débits minima extrêmes de $0,471$ du débit ordinaire pour le versant Ouest; de $0,400$ pour le versant Est.

Le terrain bajocien a des canaux collecteurs des eaux. — Dans le rapport géologique fourni sur les sources du versant Est, en vue de l'alimentation de Montigny-le-Roy, on lit les appréciations suivantes : « Les calcaires de la falaise bajocienne sont faiblement fissurés, mais ne renferment pas de fissures larges ni de fissures béantes; toutes sont remplies de terre, ce qui permet de considérer cet ensemble comme un excellent filtre. »

Le calcul démontre avec certitude que les fissures ne sont pas toutes remplies de matières perméables et que ce terrain est pourvu de collecteurs assez larges pour recueillir les eaux à l'intérieur du massif et les conduire au jour.

Cela ressort avec évidence des considérations suivantes. Si l'on fait $F = 0,70$, valeur du rapport des débits pour les décrues moyennes, le graphique F donne :

Pour :

$$\left(\frac{H}{h}\right) = 0,50 \qquad x = 0,350,$$
$$0,60 \qquad 0,530,$$
$$0,65 \qquad 0,750,$$
$$0,70 \qquad \infty.$$

Nous avons trouvé pour la période de décrue d'été :
Captages de Rennes :

$$\left(\frac{H}{h}\right) = 0,995; \qquad \text{Durée } n = 92 \text{ jours};$$

Sources de la Vanne :

$$\left(\frac{H}{h}\right) = 0,709; \qquad \text{Durée } n = 78 \text{ jours}.$$

Il paraît convenable d'admettre dans le cas présent $n = 90$ jours.
On aurait (équation 434) :

$$(1) \qquad x = \frac{\alpha T n}{365} \quad \text{d'où} \quad \alpha T = \frac{365 x}{n}.$$

Ce qui donne dans les quatre hypothèses ci-dessus posées :

$$\alpha T = 1,41 ; \qquad 2,15 ; \qquad 3,04 ; \qquad \infty.$$

La moindre valeur est $1,41$.

D'autre part, calculons le coefficient caractéristique par la formule (177) en faisant $K =$ zéro, puisqu'il s'agit d'une nappe d'affleurement.

On a :

$$\delta = 0,0151, \qquad a = 1.950;$$

et pour :

$$z = 0,33, \qquad A \text{ (graphique 35 } bis) = 0,96.$$

Par suite :

(2)
$$\alpha T = \frac{\delta T}{\mu A a} = \frac{0,0151 \times 31,5 \times 10^{6}}{\mu \times 0,96 \times 1,950} = \frac{252}{\mu}.$$

La plus forte valeur de μ sera obtenue quand on donnera à αT sa valeur minimum, $1,41$. On aura alors :

$$\mu = \frac{252}{1,41} = 176.$$

μ représente le coefficient de résistance des matières qui remplissent les fissures du calcaire bajocien. Ce coefficient est certainement égal à 3.000 ou 2.000, au moins.

Il y a donc incompatibilité entre les formules (1) et (2), la première déduite de l'observation des débits de décrue, et la deuxième déduite de la théorie.

Cela prouve que la nappe du plateau bajocien n'est pas une nappe continue et qu'elle a des canaux collecteurs. Il faut donc considérer cette nappe comme un *groupe de sources* (§ 86).

L'observation nous donne pour les coefficients caractéristiques : $\alpha T = 1,41$ au moins.

D'autre part, nous avons trouvé :

$$\frac{\mu}{m} = \frac{\delta^{2}}{h} = 263.000,$$

d'où :

$$m = \frac{\mu}{263.000}.$$

Cette formule permet de calculer m, quand on s'est donné μ. Nous calculerons la proportion des vides formés par les fissures à la masse totale, en supposant que les matières qui remplissent les fissures ont elles-mêmes 20 p. 100 de vides. Voici les résultats :

μ.	m.	PROPORTION DU VOLUME des fissures.
2.000	0,0076	0,038
4.000	0,0152	0,076
6.000	0,0228	0,114
8.000	0,0304	0,152

Il est impossible de choisir en toute sûreté, mais la valeur $\mu = 6.000$ nous paraît la plus probable.

Pour que la formule (2) donne une valeur du coefficient caractéristique concordant avec les résultats auxquels nous venons de nous arrêter, il faut supposer que le produit Aa a une valeur beaucoup plus petite que celle que nous lui avions donnée.

On posera :

$$\alpha T = \frac{\delta T}{\mu A_1 a_1} = 1,41.$$

Faisant :

$$\delta = 0,0151; \quad \mu = 6.000,$$

on trouvera :

$$A_1 a_1 = 56^m,20,$$

et comme les coefficients A sont très voisins de l'unité, on peut dire que les canaux collecteurs des eaux sont distants moyennement de 120 mètres.

4. Source de Vallan (Eaux d'Auxerre).

— La source de Vallan, que la ville d'Auxerre se propose de capter pour son alimentation, nous ayant été signalée comme ayant un débit très irrégulier, qui varie de 1 à 50 litres par seconde, nous avons pronostiqué immédiatement que cette source devait être une source à un seul versant, et cette appréciation s'est trouvée conforme à la réalité. L'étude de la source de Vallan offre d'autant plus d'intérêt que les sources à un seul versant sont rares parmi celles qui servent à alimenter des villes.

M. l'ingénieur en chef Alby a bien voulu nous fournir tous les renseignements utiles sur cette question, et notamment les observations de puits et de débits qu'il a fait exécuter en 1903-1904.

La figure 217, pl. LXXVII, donne la carte de la région au $\frac{1}{10,000}$ avec courbes de niveau. Les sources y sont représentées par des cercles bleus d'une section proportionnelle à leur débit.

La ville d'Auxerre, riveraine de la rivière d'Yonne, est assise sur des calcaires *portlandiens*, calcaires très fissurés et très perméables. Le *kimmeridgien* affleure dans le lit de la rivière vers la cote 100.

Le ru de Vallan coule dans une vallée orientée sensiblement du Sud au Nord. Le ru est l'égout de la nappe portlandienne, et la pente de la vallée suit celle des argiles kimmeridgiennes, que l'on trouve partout à une faible profondeur au-dessous du sol dans la vallée. La cote de cette argile est de 100 mètres à Auxerre, de 150 mètres en amont du village de Vallan (à 6 kilom. 500), de 180 mètres en amont du village de Gy-Lévêque (à 10 kilomètres), de 204 mètres à 1 kilomètre plus loin, de 260 mètres à 3 kilomètres plus loin et au delà de la ligne de faîte.

La pente de la couche imperméable qui forme le support de la nappe portlandienne varie donc, en descendant la vallée, de 18 millimètres par mètre pendant les quatre premiers kilomètres à 10 millim. 3 sur 3 kilom. 500, entre Gy et Vallan, et 7 kilom. 700 de Vallan à Auxerre.

Cette pente n'est pas uniforme. Le terrain de toute la région comprise entre les grandes failles de Quennes et de Chevanne se trouve très faillé, et les couches d'argile présentent des ondulations nombreuses. Ces accidents déterminent dans la région de l'écoulement des eaux des particularités diverses.

Une partie des eaux pénètre dans les assises peu perméables du kimmeridgien et.

cheminant à travers la masse, se dirige vers la vallée de l'Yonne, qui fait appel, et s'écoule finalement dans cette vallée, le long des affleurements des argiles des couches inférieures du kimmeridgien.

La perméabilité de la masse portlandienne est extrême : les bancs inférieurs contiennent quelque peu d'argile dans les lits, et les bancs qui forment la transition entre le portlandien et le kimmeridgien sont quelquefois très compacts. Grâce à cette circonstance, l'écoulement des eaux de pluies est ralenti et la limpidité des eaux souterraines n'est pour ainsi dire jamais troublée. Malheureusement, la réserve d'eau est très faible, et il suffit d'une période courte de sécheresse pour faire varier les débits dans des proportions considérables.

La figure 218, pl. LXXVIII, représente, sous les nos 2°, 3°, 4°, les observations du niveau dans trois puits situés dans le ru de Vallan, aux points marqués C, G, F. On voit combien sont importantes les variations de la hauteur d'eau dans ces puits. Par exemple, pour le puits C, à la suite des pluies du mois d'août, qui ont atteint 161 millimètres, l'eau s'est élevée de 3 m. 10, malgré la déperdition qu'éprouvent dans ce mois les quantités d'eau infiltrées dans le sol.

D'un autre côté, les pluies d'octobre, qui ont atteint une hauteur de 68 millim. 5, n'ont déterminé aucun relèvement dans la nappe. Cela tient évidemment à ce que le pluviomètre établi à Auxerre, et dont la figure 218, 1° donne les indications, ne reproduit pas exactement les chutes de pluies tombées sur le bassin du ru de Vallan.

Le puits F n'éprouve que des fluctuations insignifiantes. La montée d'août se traduit par une hauteur de 0 m. 40 seulement. À notre avis, cela doit tenir à ce que le puits F est placé au milieu d'un îlot de calcaires plus compacts, plus imperméables, isolés au milieu de la masse générale, et qui ne participent à son mouvement que dans une mesure très atténuée.

La source de Vallan, placée au point A, a vu son débit tomber, dans une année sèche, en 1874, à 1 lit. 61 par seconde, tandis qu'en février 1904 elle donnait 50 litres.

L'instabilité du débit est une règle commune à toutes les sources de cette vallée; il y a des degrés dans cette instabilité, qui est d'autant moins grande que l'on se trouve plus bas dans la vallée.

Étude hydraulique de la source de Vallan et de la nappe qui l'alimente. — Sur la carte, nous avons indiqué par un contour bleu avec des croix (contour intérieur) le bassin orographique de la source de Vallan. Ainsi qu'on le verra, comme conséquence de cette étude, ce bassin diffère sensiblement du bassin qui alimente réellement cette source.

Ce bassin comprend deux vallées principales qui sont sèches en temps ordinaire, sauf sur la partie inférieure de la principale, celle qui passe par Gy-Lévêque et qui se divise elle-même en trois vallées secondaires.

Les données que nous possédons nous permettent de déterminer d'une manière suffisante les éléments constitutifs de la nappe portlandienne.

La ligne des plus grandes pentes du terrain kimmeridgien est à peu près dirigée suivant la ligne XY du plan, laquelle est orientée N. $\frac{1}{4}$ O. (fig. 217).

La coupe transversale ZU, faite normalement à XY (fig. 218 ter), d'après la carte à courbe de niveaux, indique à peu près l'allure de la surface supérieure du kimmeridgien, laquelle présente un certain creux vers le milieu du bassin.

29.

La coupe XY de la figure 218 *bis* passe par la source de Vallan et Gy-Lévêque; elle est prolongée jusqu'à l'affleurement du kimmeridgien, vers la cote 250. D'après M. Alby, la pente de ce terrain est de 0 m. 018 par mètre sur 4 kilomètres, comptés de l'affleurement, et de 0 m. 0103 sur les 2.720 mètres suivants, jusqu'à la source.

On constate qu'il n'existe aucune source tout le long de l'affleurement, au Sud du bassin, non plus que sur le côté Est.

Au contraire, il existe des sources sur le contreversant, du côté Ouest, et cela exige que la pente transversale du kimmeridgien se rapproche de l'horizontale. C'est ce que fait voir la coupe, figure 218 *ter*. Il y a aussi une ligne de sources au pied des pentes, dans la vallée de l'Yonne.

La nappe se présente donc bien comme une nappe à *un seul versant*. Son bassin alimentaire se prolonge au Sud jusqu'aux affleurements du kimmeridgien, suivant la ligne de croix tracée en bleu (contour extérieur). La surface de ce bassin se trouve ainsi portée à 2.850 hectares.

Pour parvenir à une connaissance plus complète de cette nappe, nous admettrons que les eaux pluviales sont absorbées dans l'étendue de son bassin, comme sur le bassin des hautes sources de la Vanne, qui a sensiblement la même altitude, 150 à 300 mètres, et qui n'en est éloigné que d'une cinquantaine de kilomètres au Nord. Les coefficients d'infiltration θ du chapitre xiv, tableau 5, sont donc applicables.

Nous admettrons, enfin, que les hauteurs de pluie constatées à Auxerre sont les mêmes que celles du bassin de Vallan, et c'est peut-être cette dernière hypothèse qui est la moins exacte. Au moins peut-on admettre que, si elle n'est pas exacte dans le détail, elle l'est pour l'ensemble de l'année, et nous n'avons besoin que de cette hypothèse pour le moment.

Voici le calcul des volumes d'eau infiltrés du 1ᵉʳ juillet 1903 au 1ᵉʳ juillet 1904 :

MOIS.	HAUTEURS des PLUIES p.	COEFFICIENTS D'INFILTRATION θ.	PRODUITS $p\theta$.
	millimètres.		millimètres.
1903. Juillet........................	55,6	0,130	3,51
Août............................	160,6	0,091	14,61
Septembre......................	32,5	0,098	3,18
Octobre.........................	68,5	0,155	10,55
Novembre	36,0	0,294	10,56
Décembre.	26,5	0,275	7,22
1904. Janvier.....................	34,0	0,471	16,01
Février..........................	88,0	0,357	31,36
Mars............................	28,0	0,385	10,74
Avril	54,8	0,199	10,79
Mai	54,2	0,116	6,26
Juin............................	70,0	0,102	7,14
TOTAUX ET MOYENNES........	708,7	0,1856	131,93

Le volume d'eau total infiltré dans le bassin est donc :

$$0,13193 \times 2850 \times 10^4 = 3.750.000^{mc}.$$

D'autre part, en mesurant au planimètre l'ordonnée moyenne du graphique des débits, figure 218, 5°, on trouve que ce débit moyen est, par seconde, de :

$$25 \text{ lit. } 8,$$

ce qui donne pour l'année entière un débit total de :

$$0^{mc},0258 \times 31.500.000'' = 812.700^{mc}.$$

La source de Vallan est donc bien loin d'écouler toutes les eaux infiltrées. Il reste un volume de :

$$2.938.000^{mc}$$

qui lui échappe. Si l'on considère que cette source est située au confluent des deux thalwegs principaux de son bassin, qui s'y réunissent dans une gorge étroite; que cette source est d'ailleurs une *source d'affleurement* dont la nappe alimentaire est très mince, on doit considérer comme à peu près certain que la source de Vallan débite tout le débit de la nappe portlandienne et n'en laisse rien perdre.

Le volume d'eau restant de 2.938.000 mètres cubes s'infiltre dans les fissures du calcaire kimmeridgien, bien que ce terrain soit nettement argileux, et va sourdre dans la vallée de l'Yonne, au pied des versants, ou dans le lit de la rivière. Ce volume représente les 0,784 de l'apport pluvial total. La source n'en écoule que 0,216.

Calcul de la nappe portlandienne. — Appelant δ le coefficient d'absorption total du terrain, δ' le coefficient d'absorption de la nappe portlandienne considérée seule, on a pour l'apport pluvial total, par seconde (équation 34) :

$$(a) \qquad h = \frac{m}{\mu}\delta^2 = \frac{3.750.000}{31,5 \times 10^6 \times 2.850 \times 10^4} = \frac{0,42}{10^8}.$$

Puisque l'apport pluvial de la nappe portlandienne n'est que les 0,216 de l'apport pluvial total, il faut poser :

$$\frac{m}{\mu}\delta'^2 = 0,216\, \frac{m}{\mu}\delta^2,$$

d'où :

$$\delta' = 0,465\, \delta.$$

C'est là une première donnée.

La question à se poser est tout d'abord de savoir comment les eaux s'écoulent dans la nappe portlandienne.

Le terrain portlandien est essentiellement un terrain à fissures; on peut prévoir qu'il s'est formé dans le fond de chaque thalweg des fissures assez nombreuses et assez étendues pour former un véritable *canal collecteur* qui reçoit les eaux déversées par les surfaces imperméables comprises entre lesdits thalwegs. C'est bien ce qu'on a constaté dans le creusement des puits C, G, F, où l'on a vu l'eau occuper des hauteurs de 3, 4, 5, 6 mètres au-dessus de l'argile imperméable.

En raison de la grande perméabilité du portlandien et de la très petite valeur de δ', les nappes transversales de la coupe (fig. 218 *ter*) sont des nappes à un seul versant, excepté celle qui détermine la formation d'une source N, à l'Ouest du bassin. Comme la pente longitudinale du fond de la nappe est notablement plus grande que les pentes transversales, les trajectoires résultantes des filets liquides sont des courbes allongées comme celles de la figure 58, pl. XVIII.

On arrivera à une connaissance assez approchée du mode d'écoulement des eaux en négligeant l'influence de l'appel des thalwegs et en admettant qu'on a affaire purement et simplement à une nappe cylindrique qui coulerait sur un plan incliné à deux pentes, c'est-à-dire ayant une pente de 0 m. 018 dans sa partie supérieure et une pente de 0 m. 0103 dans sa partie inférieure.

Dans un terrain très perméable, le coefficient d'absorption totale est toujours inférieur à 0,008 (voir chap. XVII).

Mais ici, nous avons affaire à un terrain excessivement perméable; nous supposerons $\delta = 0,001$ seulement.

Voici les calculs :

Reportons-nous à la théorie des nappes à un seul versant, paragraphe 18, et appelons, comme dans ce paragraphe :

L, la longueur de la nappe depuis l'affleurement du kimmeridgien origine de la nappe jusqu'à la source; L = 6.720 mètres;

φ, l'inclinaison de la nappe à l'origine;

ε, la pente du fond égale à 0,018 dans la première nappe, celle du haut; 0,0103, celle du bas. Les deux profils de nappe se soudent l'un à l'autre au changement de pente;

z, la pente hydraulique de la nappe considérée;

b, l'ordonnée maxima de la nappe considérée.

Nous aurons successivement :

$$\delta = 0,001; \qquad \delta^2 = 0,000001;$$
$$\delta' = \delta \times 0,465 = 0.000465;$$
$$\delta'L = 0.000465 \times 6.720 = 3^m12.$$

Nappe du haut :

$$z = \frac{\varepsilon}{2\delta'} = \frac{0,018}{2 \times 0,000465} = 19,32.$$

Nappe du bas :

$$z = \frac{\varepsilon}{2\delta'} = \frac{0,0103}{2 \times 0,000465} = 11,05.$$

Ces deux valeurs de z sont beaucoup plus grandes que 1; donc, dans ses deux parties, la nappe est bien à *un seul versant* (§ 20).

On calculera $\frac{1}{z}$ qui sert d'entrée au graphique 35 (partie de droite) pour le calcul du rapport $\left(\frac{b}{\delta L}\right)$.

On trouvera les résultats suivants :

Nappe du haut :

$$\frac{1}{z} = 0,0518 ; \qquad \left(\frac{b}{\delta L}\right) = 0,027 ; \qquad b = 3,12 \times 0,027 = 0^m 084.$$

Nappe du bas :

$$\frac{1}{z} = 0,0909 ; \qquad \left(\frac{b}{\delta L}\right) = 0,044 ; \qquad b = 3,12 \times 0,044 = 0^m 137.$$

Pour construire le profil de la nappe, il faut encore connaître l'abscisse du point de plus grande profondeur (équation 43 *bis*) :

$$x_m = \frac{\epsilon b}{\delta'^2};$$

Remplaçant :

$$\epsilon \quad \text{par} \quad 0,0103,$$
$$b \quad \text{par} \quad 0,137,$$

parce qu'il s'agit de la nappe du bas;

$$\delta' \quad \text{par} \quad 0,000465,$$

on trouve :

$$x_m = 6.526^m,$$

c'est-à-dire que le point d'ordonnée maxima n'est qu'à 194 mètres du point de source.

La nappe consiste donc, dans l'hypothèse que nous avons faite, *en un mince filet d'eau.*

Volume d'eau contenu dans la nappe. — Il est donné par la formule 52 :

$$V = \frac{m}{2\epsilon} \delta'^2 L^2.$$

Faisant ici :

$$m = 0,30 ; \qquad \epsilon = 0,0103 ; \qquad \delta' L = 3,12,$$

on trouve $V = 142$. Il faut corriger ce volume de la réduction causée par la substitution d'une nappe plus mince dans la partie haute, ce qui ramène le volume réel à 120 mètres cubes par mètre de largeur, soit à $120 \times 4.230 = 508.000^{mc}$.

Comparé au volume d'eau total que débite la nappe tant par sa source que par son fond, et qui est de 3.750.000 mètres cubes par an, il représente une durée de formation de

$$\frac{508.000 \times 365}{3.750.000} = 49 \text{ jours.}$$

Avec ces données, la source de Vallan serait assurément très instable. Et pourtant elles sont **probablement au-dessous de la vérité.**

C'est ce qu'on peut vérifier en cherchant à se rendre compte de ce qui s'est passé dans le mois d'août 1903. À la suite de fortes pluies, la source a éprouvé, en 30 jours, une montée qui a porté son débit de 13 litres à 47 l. 5.

Faisons le bilan des apports et des pertes :

Hauteur de pluie, 0^m1606. Pour calculer l'apport pluvial, nous avons admis, dans le tableau inscrit plus haut, un coefficient d'infiltration égal à 0,091. Mais ce coefficient s'applique à des hauteurs de pluie normales de 50 à 70 millimètres; ici, nous avons affaire à une chute de pluie exceptionnelle, dans laquelle la proportion infiltrée est nécessairement beaucoup plus grande. Nous admettrons donc un coefficient double, soit de 0,20, et nous obtiendrons pour le volume d'eau infiltrée dans le sol :

$$0,1606 \times 0,20 \times 2.850 \times 10^4 \ldots\ldots\ldots\ldots\ldots\ldots\ldots\ldots\ldots = \quad 915.000 \text{ mèt. cub.}$$

Le massif kimmeridgien a enlevé par les fissures de sa surface le volume d'eau correspondant à un mois : $\dfrac{2.938.000}{12}$ $\ldots\ldots\ldots\ldots\ldots$ 244.800

La source de Vallan a eu son débit élevé de 13 litres à 47 l. 5, moyenne : 30 l. 5; débit pour 1 mois : 30 l. 5 $\times$ 86.400 $\times$ 31 $\ldots\ldots\ldots\ldots$ 80.860

$$\overline{\ 325.660}$$

RESTE pour le volume d'eau qui s'est incorporé à la nappe... 589.340

ce qui assignerait au volume ordinaire de la nappe un volume d'environ

$$\frac{589.340}{2} = 295.000^{mc}.$$

C'est moins que le volume que nous avons trouvé avec l'hypothèse $\delta = 0,001$ et qui est de 508.000 mètres cubes.

Les volumes étant proportionnels aux carrés de δ' et, par suite, aux carrés de δ, on voit que pour obtenir des résultats qui cadrent avec la montée d'août 1903, il faudrait prendre :

$$\delta = 0,001 \times \sqrt{\frac{295}{508}} = 0,00076.$$

Avec cette valeur, on aurait pour la valeur du coefficient $\dfrac{\mu}{m}$:

$$\frac{\mu}{m} = \frac{\delta^2}{h} = \frac{(0,00076)^2 \times 10^8}{0,42} = 137,$$

d'où, en faisant $m = 0,30$, $\mu = 41$.

De pareilles valeurs supposent un terrain fissuré d'une manière exceptionnelle.

L'analyse qui précède n'est pas entièrement conforme à la réalité des faits. Ainsi que nous l'avons dit, les trajectoires des filets liquides convergent vers les canaux collecteurs des thalwegs, qui les recueillent comme l'indique la figure 218 *ter*. L'analyse détaillée du phénomène exigerait d'assez longs développements qui ne présenteraient pas un très grand intérêt et ne conduiraient pas à des conclusions sensiblement différentes de celles auxquelles nous sommes parvenu en simplifiant le problème.

Résumé. — En résumé, la source de Vallan doit l'instabilité exceptionnelle de son débit à plusieurs causes, savoir :

1° À la perméabilité relative assez grande du massif kimmeridgien, dont les fissures enlèvent plus des trois quarts de l'apport pluvial moyen. Cette contribution est permanente et ne doit pas varier sensiblement avec le temps, de sorte que les sources de la vallée de l'Yonne ainsi alimentées doivent présenter une certaine stabilité;

2° À la perméabilité très grande du massif portlandien, qui doit être pourvu de nombreuses fissures, au moins dans son plan de contact avec le kimmeridgien, et surtout dans le fond des thalwegs, où il existe de véritables canaux collecteurs, dans lesquels l'eau éprouve des montées et des baisses de plusieurs mètres (voir puits C, fig. 218);

3° La réserve en eau de la source de Vallan est très faible. Elle doit être, en temps ordinaire, d'environ 300.000 mètres cubes, ce qui représente une hauteur d'eau moyenne de 11 millimètres, répartie sur 2.850 hectares.

L'amélioration du régime de cette source présente de grandes difficultés. Des solutions sont à l'étude. Nous bornerons donc notre exposé aux considérations qui précèdent.

Dans le cas de la source de Vallan, nous aboutissons, comme dans l'étude n° 3 des sources du plateau de la Traire, à constater l'importance considérable des volumes d'eau qui s'infiltrent à travers des terrains, en apparence imperméables, mais fissurés. Cette propriété doit être commune à presque toutes les assises des terrains jurassiques; ceux-ci sont presque partout fissurés et, par conséquent, ne sont jamais franchement imperméables. Les circonstances dans lesquelles des forages soit naturels, soit artificiels, pratiqués dans ces terrains donnent lieu à des eaux jaillissantes ou tout au moins ascendantes, doivent être très fréquentes. La théorie offre, comme on l'a vu, des criteriums très sûrs pour l'étude de ces questions.

CHAPITRE XVII.

VALEURS NUMÉRIQUES DES COEFFICIENTS PRATIQUES.

Nous donnons dans ce chapitre les valeurs numériques des coefficients pratiques que nous avons pu déterminer au cours de ces études. La liste en est malheureusement très courte. Mais c'est là un travail de longue haleine que nous ne pouvons qu'amorcer, espérant que les ingénieurs que ces questions intéressent voudront bien le continuer.

ε, pente du fond imperméable. — D'une manière générale, on peut dire que les pentes du fond imperméable qui dépassent o m. o1o par mètre sont assez rares.

Nous avons trouvé :

Pour les versants des terrains granitiques de Rennes, $\varepsilon = 0,038$. Mais c'est là un cas exceptionnel, théorique.

Eaux de Bruxelles, $\varepsilon = $ de 0,004 à 0,002.

Eaux de Liège, $\varepsilon = 0,0104$.

Hautes sources de la Vanne, $\varepsilon = 0,00645$.

Nappe des Landes, inclinaison des couches, 0,00227.

Plateau bajocien de la Traire, $\varepsilon = 0,010$.

z, pente hydraulique. — Dans les bassins des sources où les villes vont chercher les eaux nécessaires à leur alimentation, les nappes sont presque toujours à deux versants ($z < 1$) parce que les sources de ce genre sont les plus stables.

Le cas de la source de Vallan (eaux d'Auxerre), où l'on a affaire à une nappe à un seul versant, est très rare.

δ, coefficient d'absorption. — Ce coefficient exprime le rapport entre l'apport pluvial absorbé par la nappe tout entière (nappe supérieure et contrenappe comprises), par seconde et par mètre carré, et l'apport pluvial *maximum* que le terrain pourrait absorber, eu égard à sa nature. Ce rapport doit être *petit* pour les terrains perméables, *grand* pour les terrains peu perméables.

Voici les chiffres trouvés dans nos applications :

Nappe en terrain granitique (9/10 en granit)................. $\delta = 0,02632$

Nappe du Hain (sables, Bruxelles)........................ $\delta = 0,01061$

Nappe du plateau de la Hesbaye (craie blanche, Liège)......... $\delta = 0,00812$

Nappe des hautes sources de la Vanne (craie, C^8, C^7, C^6, C^4)...... $\delta = 0,013$

Nappe des Landes (sables divers), terrain très perméable. Nappe profonde de 300 mètres au moins..................... $\delta = 0,00407$

Nappe du plateau bajocien de la Traire (fissures remplies de matériaux, quelques canaux collecteurs intérieurs, fonds d'une imperméabilité relative)................................. $\delta = 0,0151$

K, rapport des débits de la contrenappe et de la nappe supérieure dans les nappes de thalwegs.

Nappe des hautes sources de la Vanne.......................... $K = 4,44$

Nappe des Landes, pour que l'on ait $\dfrac{m}{\mu} = \dfrac{1}{3000}$, il faut........... $K = 8,23$

h, apport pluvial de la nappe par seconde et par mètre carré $= \dfrac{m}{\mu}\delta^2$.

mètres.

Captages de Rennes.................................... $h = \dfrac{0,837}{10^8}$

Bassin du Hain (Bruxelles)............................. $h = \dfrac{0,654}{10^8}$

Bassin de la galerie de la forêt de Soignes (Bruxelles)............ $h = \dfrac{0,827}{10^8}$

Galeries de Liège.................................... $h = \dfrac{0,457}{10^8}$

Hautes sources de la Vanne............................. $h = \dfrac{0,476}{10^8}$

Nappe des Landes.................................... $h = \dfrac{0,52}{10^8}$

Nappe du plateau bajocien (fond perméable).................. $h = \dfrac{0,127}{10^8}$

Débit fourni par hectare et par jour. — Il s'obtient en multipliant h par (86.400×10^4).

Galeries en terrain granitique.

Rennes... 3,84 mètr. c.
Dinan... 0,436
Quimper... 9,92
Limoges... 12,79

Hauteur de pluie absorbée par an. — Elle s'obtient en multipliant h par 31.500.000 secondes.

Captages de Rennes.................................... 0,264 mètres.
Bassin du Hain.................................... 0,206
Bassin de la forêt de Soignes.................................... 0,266
Captages de Liège.................................... 0,144
Hautes sources de la Vanne.................................... 0,150
Nappe des Landes.................................... 0,164
Nappe du plateau bajocien.................................... 0,040

$\dfrac{m}{\mu}$, **coefficient de débit.** — m, **coefficient des vides.** — μ, **coefficient de résistance.** — Le coefficient de débit $\dfrac{m}{\mu}$ se calcule facilement. Il n'en est pas de même des coefficients m, μ, pris isolément, dont la détermination directe est toujours difficile. Nous n'avons même pu dans aucun cas déduire le coefficient m des données de la question. La détermination de ce coefficient exige nécessairement celle d'une décrue de sécheresse dans une nappe régulière avec un terrain sans canaux collecteurs intérieurs.

Le plus sûr serait l'observation de l'abaissement du faîte. Il est rare qu'on ait fait cette observation.

Voici les valeurs que nous avons trouvées et dont quelques-unes n'ont pu être arbitrées qu'au moyen d'une hypothèse :

DÉSIGNATION.	$\dfrac{\mu}{m}$.	μ.	m.	OBSERVATIONS.
Captages de Rennes........	82.000	1.800	0,0219	Hypothèse sur μ. 1/10 seulement de terrain perméable.
Bassin du Hain............	17.500	3.870	0,225	m est donné par le service local.
Captages de Liège	14.400	2.880	0,20	m est supposé. Un calcul probable avait donné $m = 0,168$. Le service local admet $m = 0,30$; ce chiffre paraît exagéré.
Hautes sources de la Vanne..	35.500	7.100	0,20	m est supposé.
Nappe des Landes.........	3.000	600	0,20	$\frac{\mu}{m}$ est supposé.

À ces renseignements ajoutons les suivants.
Expérience de Darcy sur un sable grossier (p. 14) :

$$\frac{\mu}{m} = 3.333; \qquad \mu = 1.266; \qquad m = 0,38.$$

Indication de Dupuit pour un sable fin (p. 14) :

$$\frac{\mu}{m} = 19.200; \qquad \mu = 5.760; \qquad m = 0,30.$$

Des matières versées dans un tonneau retiennent par mètre cube les volumes d'eau suivants :

Sable très fin homogène................................... 0,200
Sable fin ordinaire....................................... 0,300
Petit gravier jusqu'à 8 ou 10 millimètres...................... 0,350
Gravier jusqu'à 25 millimètres............................. 0,400
Cailloux roulés, galets jusqu'à 6 ou 7 centimètres................ 0,400 à 0,450
Gros cailloux jusqu'à 0,10................................. 0,450 à 0,500
Pierres de 0,10 à 0,20.................................... 0,500

Ces chiffres, aussi bien que ceux donnés par Darcy et Dupuit, ne sauraient être confondus avec la valeur du coefficient m qui figure dans les formules.

Les matériaux en place dans leur gisement géologique ont beaucoup moins de vides que des matériaux désagrégés et versés à la pelle.

Seules, des observations faites sur les nappes elles-mêmes peuvent conduire, au moyen de calculs rationnels, à des données exactes.

$\left(\dfrac{H}{h}\right)$, apport pluvial pour une période de décrue d'été. — Les valeurs moyennes de l'apport pluvial pour une période déterminée sont indispensables à connaître pour prévoir le débit d'une source à un moment donné.

Les apports pluviaux des périodes de crues sont très variables suivant les années. On ne peut en tirer aucun parti, mais ceux de la période de décrue d'été présentent de l'intérêt. Il est évident que cet apport $\left(\dfrac{H}{h}\right)$ pour la période de décrue d'été a un caractère *régional*.

Il est en rapport avec le nombre et la répartition des jours de pluie et des jours secs pendant l'été.

Il y a à considérer les *étiages ordinaires* et les *étiages exceptionnels*. De là deux coefficients à déterminer par région. Un pareil calcul suppose qu'on ait à sa disposition une statistique des débits assez détaillée et relevée pendant un assez grand nombre d'années. Si simples que soient de pareilles statistiques, on a pu voir qu'elles sont très rares. Dans presque aucune ville, on n'observe les débits des sources, du moins en France.

Nous n'avons fait les calculs que pour les captages de Rennes et pour les hautes sources de la Vanne. Le tableau suivant donne les résultats de la valeur de l'apport pluvial moyen $\left(\dfrac{H}{h}\right)$, depuis le passage par le débit permanent, au printemps, jusqu'à la date du *minimum de débit* dans les années ordinaires et dans les années de sécheresse exceptionnelle, c'est-à-dire pour la période III du paragraphe 83 et les valeurs du rapport des débits $F = \dfrac{Q}{Q_0}$.

ANNÉES.	PÉRIODES DE DÉCRUES D'ÉTÉ.	ANNÉES ORDINAIRES.			ANNÉES TRÈS SÈCHES.		
		DURÉE en JOURS.	$\left(\dfrac{H}{h}\right)$.	F.	DURÉE en JOURS.	$\left(\dfrac{H}{h}\right)$.	F.
	CAPTAGES DE RENNES.						
Moyenne générale.	Du 6 juin au 16 septembre	92	0,703	0,719	"	"	"
1892.	Du 1er juillet au 16 septembre......	77	0,668	0,690	"	"	"
1898.	Du 12 juin au 15 novembre........	142	0,598	0,598	"	"	"
1895.	Du 1er juillet au 15 octobre........	"	"	"	107	0,517	0,534
	HAUTES SOURCES DE LA VANNE.						
Moyenne générale.	Du 30 juillet au 16 octobre........	78	0,476	0,728	"	"	"
1898.	Du 12 juillet au 27 décembre......	148	0,462	0,605	"	"	"
1899.	Du 14 août au 27 décembre........	136	0 459	0,618	"	"	"
1896.	Du 25 mai au 18 septembre	121	0,436	0,625	"	"	"
1900.	Du 21 mai au 4 octobre	"	"	"	137	0,340	0,537

On remarquera que pour les sources à coefficient caractéristique élevé, les coefficients F et $\left(\dfrac{H}{h}\right)$ sont à peu près égaux à l'étiage.

θ, coefficients d'infiltration. — Si le phénomène de l'infiltration des eaux pluviales dans le sol était toujours identique et ne dépendait que de l'époque, la connaissance des coefficients d'infiltration permettrait de calculer les volumes d'eau apportés aux nappes pendant chaque mois. Il suffirait de multiplier les hauteurs mensuelles de la pluie par les valeurs du coefficient θ.

Il n'en est pas rigoureusement ainsi. Cependant les résultats ainsi obtenus pourront être utilisés dans certains cas. La première condition à remplir pour obtenir des chiffres un peu exacts serait de connaître les hauteurs de pluies réellement tombées sur le bassin considéré, et non celles qui peuvent être tombées sur une région voisine. Les différences, même pour des points kilométriquement rapprochés mais d'altitudes dissemblables, peuvent être assez considérables.

COEFFICIENTS D'INFILTRATION.

MOIS.	CAPTAGES de RENNES.	HAUTES SOURCES de LA VANNE.
Janvier...................................	0,382	0,471
Février....................................	0,393	0,357
Mars.....................	0,396	0,385
Avril.....................................	0,374	0,199
Mai.......................................	0,371	0,116
Juin......................................	0,301	0,102
Juillet...................................	0,237	0,130
Août......................	0,210	0,091
Septembre.................................	0,257	0,098
Octobre...................................	0,158	0,155
Novembre..................................	0,283	0,294
Décembre..................................	0,275	0,275
Moyennes annuelles..............	0,295	0,2105

Ces renseignements sont très incomplets. Il en faudrait de semblables pour huit ou dix régions de la France, caractérisées par leur climat et leur altitude.

$(1 + K)\alpha T$, **coefficient caractéristique.** — Ces coefficients sont essentiellement variables suivant une foule de conditions. C'est donc à titre de renseignements que nous rappelons les chiffres que nous avons obtenus d'après l'examen des graphiques détaillés des débits.

Captages de Rennes............................. $(1 + K)\alpha T =$ 5,56

Hautes sources de la Vanne.. 1,26

Fontaine de Vaucluse. $\begin{cases} \text{Coefficient apparent........................} & 2,80 \\ \text{Coefficient vrai..........................} & 1,23 \end{cases}$

CHAPITRE XVIII.

RÉSUMÉ DE L'HYDRAULIQUE DES NAPPES AQUIFÈRES
ET DES SOURCES.

Il nous paraît indispensable de présenter dans un exposé méthodique un résumé des résultats auxquels nous sommes parvenu dans l'hydraulique des nappes aquifères et des sources. Ce résumé évitera à certains ingénieurs la lecture de travaux mathématiques qu'ils n'ont pas le temps ou le goût de suivre. Nous répéterons quelquefois dans ce résumé les choses déjà dites, cela est inévitable. Nous compléterons en même temps par quelques développements d'un caractère pratique, les observations nécessairement brèves d'une étude théorique [1].

PRINCIPES DE LA THÉORIE.

1. Notions actuelles. — Expériences de Darcy. — Théorie de Dupuit. — Darcy avait reconnu par l'expérience que dans un filtre à sable, *le débit est proportionnel à la charge consommée.* C'est en 1857 que Dupuit présentait à l'Académie des sciences le mémoire remarquable où, s'appuyant sur les expériences de Darcy, il posait les bases de la théorie du mouvement de l'eau à travers les terrains perméables.

Le principe fondamental qui servait de fondement à sa théorie était le suivant :

Dans un terrain perméable, la perte de charge d'un filet liquide est proportionnelle à la vitesse.

(Équation 1) $$\sin i = \mu u.$$

Dupuit est amené à considérer deux coefficients spécifiques du terrain perméable :

m, le coefficient des vides;

μ, le coefficient de résistance au mouvement.

Le rapport $\dfrac{1}{\mu}$ exprime la vitesse que prend un filet liquide qui traverse verticalement une couche de terrain perméable d'une épaisseur égale à 1 mètre, en ne consommant qu'une charge de 1 mètre.

Pour écrire les équations du problème, Dupuit introduit une simplification dans la formule fondamentale; il substitue tang i à sin i, et est ainsi conduit à l'expression du débit d'une tranche de 1 mètre de largeur :

$$q = \frac{m}{\mu} y \left(\frac{dy}{dx} \right).$$

Dupuit applique sa théorie à deux cas :

1° Cas d'un courant à débit uniforme, coulant par tranches parallèles, sur un fond imperméable en pente uniforme;

[1] Voir pour les notations des cas ordinaires le tableau W, à la fin du volume.

2° Cas d'un courant à débit uniforme et à filets convergeant vers un centre. C'est le cas d'un puits.

Le premier cas pouvait seul présenter quelque analogie avec celui des nappes naturelles, mais il en différait beaucoup, en ce sens que le débit de ces nappes n'est pas uniforme et qu'il varie au contraire d'un point à un autre.

2. Nouveaux principes. — Équations générales du mouvement dans les nappes souterraines. — *Nouveaux principes.* — Nous avons reconnu que les formules posées par Dupuit ne suffisent pas pour résoudre tous les cas qui se présentent dans la théorie des nappes aquifères, notamment dans la théorie des puits.

Nous avons démontré le *théorème* suivant :

THÉORÈME. *Si l'on considère les filets liquides qui coulent par tranches parallèles à travers un terrain perméable, et les trajectoires orthogonales de ces filets liquides, le long de ces trajectoires orthogonales, la pression se transmet suivant la loi hydrostatique ; elle se transmet d'une manière différente dans toute autre direction.*

Ce théorème nous a conduit à divers corollaires qui sont les suivants :

I. *Dans une nappe aquifère, la hauteur piézométrique en un point donné est égale à la hauteur du point d'affleurement de l'orthogonale passant en ce point* (fig. 16, pl. V).

II. *La paroi d'un massif perméable, par laquelle pénètrent les eaux d'un réservoir pour y former une nappe aquifère, est nécessairement une surface orthogonale. Les filets liquides sont normaux à la paroi* (fig. 17).

III. *La paroi d'un massif perméable par laquelle les eaux de la nappe sortent sous le plan d'eau d'un réservoir est également une surface orthogonale de la nappe aquifère. Les filets liquides sont normaux à la paroi, à l'exception du filet supérieur* (fig. 18, 25).

IV. *Lorsqu'un massif perméable à coefficients* m, μ, *repose sur un autre massif à coefficients* m′, μ′, *les filets liquides éprouvent dans le plan de séparation une réfraction, de telle sorte qu'on ait, en appelant* α, α′ *les angles des filets avec l'horizontale* (fig. 19) :

$$\frac{m \tan\alpha}{\mu} = \frac{m' \tan\alpha'}{\mu'}.$$

V. *Dans une nappe aquifère, à une assez grande distance de la source, la vitesse des filets est sensiblement la même pour tous les points d'une orthogonale et égale à la vitesse à la surface.*

VI. *Dans les conditions du paragraphe précédent, le débit de l'eau qui traverse une orthogonale est égal au produit de la longueur développée de cette ligne par la vitesse à la surface et par le coefficient* m (fig. 16).

VII. *Dans les conditions des paragraphes V et VI, le débit de l'eau qui traverse une orthogonale est sensiblement égal à :*

$$q = \frac{m}{\mu} y \times \text{arc } \omega.$$

VIII. *Si l'on considère la paroi d'un massif perméable par laquelle les filets liquides s'écoulent à l'air libre, la vitesse des filets en chaque point de cette paroi ne dépend que des angles que font avec l'horizon la direction des filets liquides et la direction de la paroi* (fig. 20).

De ces corollaires on déduit que, à une assez grande distance de la source, l'orthogonale des filets liquides diffère peu de l'arc de cercle NP (fig. 21) qui est normal à la fois à la courbe du profil et à la ligne du fond imperméable, de sorte que l'équation du profil de la nappe serait :

$$y \, \text{arc tang} \left(\frac{dy}{dx} \right) = \frac{\mu q}{m} \, {}^{(1)}.$$

Nous avons tracé cette courbe dans le cas où le débit q est uniforme et montré qu'à une faible distance de la source, elle diffère très peu de la parabole à laquelle conduit la théorie de Dupuit.

3. **Hauteur minima de la nappe à sa source.** — Cette assimilation des deux courbes devient de plus en plus inexacte, à mesure qu'on s'approche de la source. Il faut distinguer deux cas :

1° *La source émerge sous un plan d'eau.* — Dans ce cas, l'orthogonale terminale n'est autre que la verticale (fig. 25) *et la hauteur minima de la nappe* à sa source, eu égard aux conditions physiques de l'écoulement, peut être prise égale à :

$$\frac{\mu q}{m}.$$

2° *La source émerge dans l'atmosphère.* — Dans ce cas, l'orthogonale terminale est sensiblement un quart d'ellipse, dont le grand axe est vertical (fig. 27) et le long de laquelle les vitesses des filets liquides vont en augmentant de haut en bas. Pratiquement et en raison de la désagrégation qui se produit toujours dans le voisinage de la paroi, on peut admettre que le quart d'ellipse se confond avec le quart de cercle (fig. 22), de sorte que *la hauteur minima de la nappe* à sa source est égale à :

$$\frac{2}{\pi} \frac{\mu q}{m}.$$

Ces propriétés jouent un rôle important dans la théorie des galeries et des puits de captage.

En dehors de cette zone voisine de l'affleurement, nos recherches démontrent que la formule de Dupuit peut être appliquée sans erreur sensible.

DES NAPPES D'AFFLEUREMENT.

4. **Hypothèse sur la répartition des apports pluviaux.** — **Nappe permanente.** — **Nappe cylindrique.** — C'est au moyen des eaux pluviales infiltrées dans le sol que s'alimentent les nappes aquifères. Comment s'en fait la répartition ?

Si l'on suppose un terrain parfaitement homogène et horizontal, la répartition sera uniforme, chaque mètre carré recevra le même *apport pluvial*.

Si le terrain est homogène tout en étant déclive, il semble que les parties les plus élevées seront les plus favorisées, parce que le terrain a généralement une forme

---

(1) q, débit de la nappe par mètre de largeur.

bombée, et qu'ainsi ces parties les plus élevées du sol sont aussi celles où le ruissellement a le moins de chances de se produire. D'un autre côté, les parties les moins élevées du sol reçoivent non seulement les eaux pluviales qui tombent directement sur leur surface, mais encore celles qui ruissellent des parties supérieures.

Nous admettons qu'il y a compensation et que *l'apport pluvial est uniforme dans toute l'étendue de la nappe considérée.*

Cette hypothèse est la base de notre étude. Les applications que nous avons faites semblent en confirmer l'exactitude.

Les chutes de pluies sont intermittentes, tandis que les sources alimentées par les nappes aquifères ont des débits sinon uniformes, du moins continus. Il arrive donc nécessairement que le volume des nappes varie d'une manière irrégulière.

Cependant, le jeu régulier des saisons amène le retour périodique des mêmes phénomènes météoriques, et, en définitive, le volume des nappes, tout en étant variable, oscille autour d'une *moyenne*. La constance du débit d'un grand nombre de sources démontre que les variations dans le volume des nappes sont souvent très restreintes.

Si l'apport pluvial de la nappe se répartissait d'une manière uniforme dans toute l'année, on aurait une nappe de volume constant et de régime permanent.

Ce sont les nappes de ce genre que nous appelons *nappes permanentes.*

La nappe permanente est donc celle qui se réaliserait si les apports pluviaux se répartissaient également pendant toute l'année, et uniformément sur la surface de la nappe.

De même qu'on dit les eaux ordinaires, par opposition aux eaux de crues, ou aux eaux d'étiage, on peut appeler la nappe *permanente* la nappe *ordinaire*, bien que, contrairement à l'opinion commune, ce débit ne se réalise que très rarement dans une année.

On peut comparer une nappe permanente au volant d'une machine qui devrait produire un travail continu et qui ne recevrait que des impulsions intermittentes.

Le débit des sources représente le travail continu, les apports pluviaux inégalement répartis dans le temps représentent les impulsions intermittentes. Grâce à la provision d'eau considérable contenue dans la nappe permanente, les irrégularités des apports sont très atténuées et deviennent quelquefois presque insensibles. Ce sont donc les plus grosses nappes qui devront donner les débits de sources les plus réguliers. Nous verrons que la théorie confirme parfaitement ces aperçus.

Dans la théorie, nous considérons seulement les *nappes cylindriques*, c'est-à-dire les nappes ayant une longueur indéfinie et coulant par tranches parallèles, normales à l'axe des thalwegs, supposés parallèles dans la région considérée; nous considérons les sources comme réparties uniformément sur une ligne droite; c'est pourquoi nous n'avons à considérer qu'une tranche de 1 mètre de largeur et le débit de la ligne des sources, sur un mètre de largeur, que nous appelons *la source.*

Dans le langage courant, le mot de nappe sera employé pour désigner, soit la masse d'eau qu'elle contient, soit le profil de sa surface. Ce double emploi, indispensable pour simplifier l'exposé, ne saurait prêter à aucune ambiguïté.

5. Nappe permanente d'affleurement coulant sur un fond horizontal. — Ellipse

(fig. 29). — Le calcul démontre qu'une pareille nappe est une *ellipse*. La nappe a donc *deux versants* et deux sources identiques.

On a, pour le débit des sources par seconde :

(Équation 31 [1].)
$$q = \frac{m}{\mu} \frac{b^2}{a}.$$

Ce débit est le même que celui d'un filtre oblique d'épaisseur a, de largeur b, qui fonctionnerait sous une inclinaison $\frac{b}{a}$ (fig. 30).

Trajectoires des filets liquides. — La figure 31, planche VIII, représente les trajectoires des filets liquides d'une nappe en ellipse. On peut constater que tous ces filets convergent vers le point de source et s'enveloppent successivement, de sorte que ce sont ceux qui sont issus du faîte de la nappe qui font le plus grand parcours.

6. Des divers éléments à considérer dans une nappe. Durée de formation. — Il faut distinguer dans une nappe :

1° Sa longueur;

2° Sa profondeur au *faîte* ou *point de partage des eaux*;

3° Sa profondeur maxima, qui est différente de la précédente quand la nappe n'est pas symétrique;

4° Son volume d'eau total, et le temps qui serait nécessaire pour sa formation si le service des sources était interrompu; c'est ce que nous appelons *la durée de formation*;

5° Son débit.

Dans la nappe en ellipse, la durée de formation, évaluée en secondes, est égale à :

(Équation 32.)
$$N = \frac{\pi}{4} \mu \frac{a^2}{b}.$$

Un exemple numérique nous a donné le résultat suivant :

Sable fin, $\mu = 10.000$. Durée de formation $= 20$ ans.

La durée de formation est en raison inverse de la perméabilité du sol. Elle est, par conséquent, très grande pour les terrains peu perméables. Cette déduction fait pressentir que les sources les plus stables sont celles des terrains peu perméables.

7. Du coefficient d'absorption δ^2. — Si on divise le débit q de la source d'une nappe en ellipse par la longueur a du versant qui l'alimente, on obtient le rapport :

$$\frac{q}{a}.$$

Ce rapport représente *l'apport pluvial* que reçoit la nappe *par mètre carré*.

---

[1] b, petit axe vertical de l'ellipse;
  a, grand axe horizontal.

Si la pluie, comme nous l'avons supposé, tombe d'une manière continue, l'eau pluviale descend sur la nappe par filets verticaux, avec une vitesse égale à $\frac{1}{\mu}$.

Si la pluie était assez intense pour que ces filets liquides constituassent une masse continue, le débit du courant vertical serait égal à $\frac{m}{\mu}$ par mètre carré.

Cette quantité représente donc l'apport pluvial maximum que puisse recevoir une nappe aquifère.

Si nous divisons $\left(\frac{q}{a}\right)$ par $\left(\frac{m}{\mu}\right)$, nous aurons un rapport qui exprimera ce qu'on pourrait appeler le coefficient d'utilisation de la puissance absorbante du terrain, ou *coefficient d'absorption*.

Nous appelons ce rapport δ^2 et nous posons (page 45) :

$$\delta^2 = \frac{\mu q}{ma}.$$

Ce rapport est nécessairement inférieur à l'unité, car l'apport pluvial effectif ne peut être qu'une fraction de l'apport pluvial maximum.

Si l'intensité de la pluie dépasse la faculté d'absorption du terrain, il y a saturation, et l'excédent des pluies ruisselle à la surface du sol. Cette circonstance se présente quelquefois en hiver, à la suite de pluies continues.

Dans ce cas, le coefficient d'absorption $\delta^2 = 1$.

Le débit par mètre carré d'un bassin versant est égal à l'apport pluvial h qu'il reçoit dans le régime permanent,

(34)
$$\frac{m}{\mu}\delta^2.$$

Le rapport δ^2 joue un rôle important dans la théorie des nappes aquifères.

Dans le cas d'une nappe en ellipse, on a :

$$\delta^2 = \frac{b^2}{a^2}, \qquad \delta = \frac{b}{a}.$$

δ est alors égal à la pente moyenne de la nappe, ce qui donne un moyen très simple de le connaître par l'observation.

8. **Nappes permanentes d'affleurement coulant sur un fond incliné; trois cas.** — Une nappe qui s'établit sur un fond incliné indéfini dans le sens horizontal peut prendre deux formes principales, dont le choix dépend entièrement de la valeur de la *pente hydraulique.*

Nous appelons *pente hydraulique z* le rapport de la pente géométrique du fond ε au double du coefficient d'absorption du terrain δ. Nous posons :

(39)
$$z = \frac{\varepsilon}{2\delta}.$$

Si la pente hydraulique est plus petite que 1, *la nappe est à deux versants et deux sources.*

Si la pente hydraulique est plus grande que 1, *la nappe n'a plus qu'un seul versant et une seule source.*

Si la pente hydraulique est égale à 1, *on a un cas intermédiaire unique, où il n'y a qu'une seule source.*

Les profils I à VII de la planche IX représentent les transformations successives d'une nappe d'affleurement à mesure que la pente augmente. Tout d'abord, si le fond est horizontal, $\varepsilon = 0$, la nappe prend la forme d'une ellipse avec deux versants et deux sources symétriques. Profil I.

Sur les profils II à VI, qui s'appliquent à des nappes de longueur constante, et dont la pente ε va en augmentant progressivement, on voit le grand versant ou *versant* proprement dit AB s'allonger et le petit versant, ou *contreversant* A'B, diminuer.

Par exemple, pour $\frac{\varepsilon}{2\delta} = 0,25$, le rapport de la longueur du versant à la longueur totale, qui est égal au rapport du débit de la source du versant au débit cumulé des deux sources, est égal à 0,693.

$$\text{Pour } \frac{\varepsilon}{2\delta} = 0,50, \text{ il est égal à } 0,858;$$
$$0,75, \quad — \quad 0,971;$$
$$1,00, \quad — \quad 1,000.$$

En même temps que le point de faîte B s'élève pour se rapprocher de la source du contreversant, le point de plus grande profondeur C s'éloigne du milieu de la nappe pour se rapprocher de la source du versant.

Le débit de la source du contreversant diminue donc très rapidement.

Pour le profil VII, la pente hydraulique $\frac{\varepsilon}{2\delta}$ est plus grande que 1, il n'y a plus de source de contreversant et plus de faîte proprement dit. Toutes les eaux qui tombent sur le terrain alimentent la source du versant.

Le cas où $\frac{\varepsilon}{2\delta} = 1$ correspond à un profil semblable au profil VII, c'est-à-dire à une nappe à un seul versant et une seule source.

On se rappelle que nous avons appelé *durée de formation*, le temps qui serait nécessaire pour former la nappe, si le service des sources était interrompu. C'est au fond le *coefficient de stabilité* de la nappe, car si cette durée est grande, les variations temporaires du débit l'influenceront fort peu.

Pour les nappes d'affleurement sur fond incliné, cette durée est exprimée par la formule :

$$(53) \qquad N = \frac{\mu L}{2\varepsilon} \, ^{(1)}.$$

Elle est en raison inverse de la perméabilité du terrain et de sa pente géométrique. *Les terrains les moins perméables et les moins inclinés sont donc ceux qui doivent donner les sources les plus stables.*

9. **Nappes du deuxième et du troisième genre, ou nappes de remous.** — Le cas où la pente hydraulique est plus grande que 1 est encore compatible avec deux formes particulières de nappes, qui sont représentées sur la figure 34 *bis*, pl. X.

[1] L, longueur totale de la nappe;

$\frac{1}{\mu}$, coefficient de perméabilité;

ε, pente du fond.

Voici comment on peut comprendre la production de ces nappes :

Supposons que le massif perméable avec fond en pente soit limité à l'aval par une paroi verticale et un lac dont le niveau de l'eau coïncide avec le pied de la paroi verticale.

Pour un certain apport pluvial, il se formera une nappe à un seul versant dont la source sera située au pied de ladite paroi verticale. C'est le profil 1 de la figure 34 *bis*.

Si le niveau de l'eau s'élève dans le lac d'une hauteur h, le profil de la nappe s'élèvera également, et les eaux de celle-ci se déverseront dans le lac, mais sur toute la hauteur h. Quand h augmente, il vient un moment où le profil de la nappe est rectiligne ; c'est la ligne OC, pour laquelle le coefficient différentiel $y' = \varphi$, φ étant un certain angle dont la valeur est donnée par l'équation 46.

Les eaux du lac continuant à s'élever, la nappe prend un profil *concave* (profil 2). Elle n'a toujours qu'un versant, et les eaux de cette nappe pénètrent dans le lac sur toute la nouvelle hauteur h.

Cette forme de nappe du deuxième genre se maintient jusqu'à ce que les eaux dans le lac se soient élevées à la hauteur AD pour laquelle $y' = \varepsilon - \varphi$. La nappe a repris un profil rectiligne OD.

La nappe du deuxième genre est donc une nappe *concave sans source*.

Les eaux du lac continuant encore à s'élever, le profil de la nappe devient convexe, et il s'établit *une source* sur le contreversant (profil 3). C'est la nappe du troisième genre.

Ce qui caractérise les nappes du deuxième et du troisième genre, c'est que, du côté du versant, leur niveau est soutenu par un réservoir d'eau tel que le serait une rivière profonde, ou un lac ou la mer. Ce sont des *nappes de remous*. Au lieu d'un lac, la nappe pourrait être soutenue aussi bien par une autre nappe qui lui ferait suite. C'est la hauteur de la retenue qui détermine la forme de la nappe et la catégorie à laquelle elle appartient.

Les nappes du deuxième genre doivent se rencontrer assez fréquemment dans la nature. On en trouvera un exemple dans l'étude que nous avons faite des captages de la ville de Liège.

Les nappes du troisième genre doivent être plus rares, bien qu'elles soient susceptibles de se produire dans les terrains qui versent directement leurs eaux dans la mer.

10. **Pente hydraulique.** — C'est la pente hydraulique ou le rapport $z = \frac{\varepsilon}{2\delta}$ qui règle la nature et la forme des nappes aquifères ; d'où résulte la proposition déjà énoncée :

PROPOSITION. *Si la pente hydraulique est plus petite que* 1, *la nappe est à deux versants et deux sources ; elle est à un seul versant et une seule source si cette pente hydraulique est plus grande que* 1.

Au numérateur du rapport $\frac{\varepsilon}{2\delta}$ le terme ε représente l'influence de la gravité sur l'écoulement des eaux. C'est la pente du fond.

Au dénominateur le terme δ représente une double influence. On se rappelle qu'on a posé :

$$\delta^2 = \frac{\mu}{m} \frac{q}{a},$$

$\frac{q}{a}$ est l'apport pluvial, la quantité d'eau qui parvient à la nappe par seconde et par mètre carré.

$\frac{\mu}{m}$ est un coefficient proportionnel à la résistance du sol.

Le terme δ représente à la fois l'influence météorologique et l'influence géologique.

Il est remarquable qu'un seul terme suffise à représenter ces influences multiples $\left(\frac{\varepsilon}{2\delta}\right)$ est vraiment la pente *effective* de la nappe; c'est pourquoi nous proposons de lui donner le nom de *pente hydraulique*, par opposition à la pente du fond, qui est la pente géométrique du sol.

La transformation des nappes à deux versants en nappe à un seul versant ou réciproquement peut se faire par le changement de la pente ε ou par celui du coefficient δ seulement.

Comme exemple, considérons un massif perméable de 4.000 mètres de longueur versante, composé d'un sable fin, qui comporte les données suivantes : $\mu = 10.000$, $m = 0,10$. Si l'on suppose le terrain horizontal, il se formera une nappe en ellipse pour laquelle l'ordonnée maxima aura 50 mètres de hauteur, et la durée de formation de la nappe sera de vingt ans.

Dans cet exemple, on a, pour le coefficient d'apport pluvial : $\delta = 0,025$.

Si le sol a une pente $\varepsilon = 0,05$, on a $z = \frac{\varepsilon}{2\delta} = 1$. La nappe est une nappe limitée à un seul versant, la durée de formation devient douze ans et demi.

Si la pente $\varepsilon = 0,10$, on a $z = 2$, la durée de formation s'abaisse à six ans un quart.

Si, tout en ayant la pente de 0,05, le massif de sable fin est remplacé par un massif de gros graviers pour lequel $\mu = 200$, $m = 0,20$, on a : pente hydraulique $z = 0,10$; la nappe est toujours à un seul versant, et la durée de formation n'est plus que de trois mois.

Une pareille nappe ne peut avoir qu'une existence intermittente. On en observe de semblables dans beaucoup de terrains.

Dans les nappes à deux versants, la source du versant a un débit variable dans d'assez étroites limites. La source du contreversant a un débit plus sensible aux variations des apports pluviaux.

Les sources des nappes à un seul versant ont un débit beaucoup plus instable et ce débit peut même n'être qu'intermittent lorsque la pente du fond imperméable est forte, ou que le terrain est très perméable.

11. Des crues et des décrues des nappes et des sources d'affleurement. — Par suite de l'intermittence des apports pluviaux qui parviennent aux nappes, ces dernières et les sources qu'elles alimentent éprouvent des crues et des décrues dont les variations présentent le plus grand intérêt pratique.

Pendant la période de sécheresse, qui, dans nos climats, s'étend ordinairement du mois de juin à la fin de septembre et peut ainsi durer quatre mois, les massifs perméables ne reçoivent qu'un faible apport pluvial, et le débit des sources s'alimente par les eaux contenues dans la nappe, dont le niveau s'abaisse, et dont le volume diminue nécessairement.

Le vide qui est causé par l'abaissement de la nappe se comble pendant la saison froide, époque pendant laquelle le débit des sources, bien qu'il augmente progressivement, reste inférieur aux apports pluviaux.

La théorie générale des crues et des décrues des nappes et des sources est fort compliquée et probablement insoluble. Mais en s'en tenant au cas simple *d'une nappe d'affleurement coulant sur fond horizontal*, on peut résoudre convenablement le problème. Les résultats ainsi obtenus peuvent être étendus avec assez d'exactitude au cas d'une nappe coulant sur un fond incliné, pourvu que la pente hydraulique z soit assez éloignée de l'unité.

Cas d'une nappe coulant sur un fond horizontal. — Soit H la hauteur de l'apport pluvial qui s'incorpore à la nappe pendant une seconde, soit en crue, soit en décrue;

h, la hauteur de l'apport pluvial par seconde qui serait nécessaire pour maintenir la nappe à l'état *permanent*.

Ces hauteurs H, h, ne sont autre chose que l'apport pluvial par seconde et par mètre carré. Nous les appelons donc seulement apports pluviaux.

Soit m le coefficient du vide du terrain.

Nous avons démontré les propriétés suivantes :

I. *Au faîte d'une nappe, l'apport pluvial H se partage en deux parts.*

La première, h, s'écoule vers les sources.

La deuxième, (H–h), s'incorpore à la nappe, dont elle exhausse le niveau d'une hauteur $\frac{H-h}{m}$ *par seconde, positive en crue, négative en décrue.*

II. *En temps de sécheresse, l'abaissement de l'ordonnée du faîte dans l'unité de temps est égale à* $\frac{h}{m}$.

III. *Les règles I et II peuvent être appliquées pratiquement, non seulement au faîte, mais encore à une zone assez étendue de part et d'autre du faîte.*

IV. *Dans une nappe de sécheresse, les ordonnées du faîte décroissent en raison inverse du temps, en vertu de la formule* (page 72) [1] :

$$b' = \frac{b}{1 + \alpha t},$$

α *étant un coefficient spécifique qui est égal à* :

$$\alpha = \frac{b}{\mu a^2}.$$

ou encore

$$\alpha = \frac{\pi}{h N}.$$

D'après la deuxième expression du coefficient α, on voit que .

V. *Le temps nécessaire pour produire un abaissement du faîte de la nappe d'une fraction donnée est proportionnel à la durée de formation de cette nappe.*

VI. *En crue, les ordonnées de la nappe au faîte croissent suivant la loi de l'équation 81.*

---

[1] b', ordonnée au faîte à l'instant t.

b, ordonnée au faîte à l'instant zéro.

α, coefficient spécifique.

N, durée de formation de la nappe à l'origine du temps.

La hauteur maxima vers laquelle tend le faîte de la nappe à mesure que la crue se prolonge est égale à :

$$b' = b \sqrt{\frac{H}{h}}.$$

Ainsi que nous l'avons vu au chapitre IX, les lois de l'exhaussement et de l'abaissement du faîte d'une nappe fournissent des bases pour la détermination par l'observation des coefficients spécifiques des nappes.

Cas d'une nappe coulant sur un fond incliné. — Lorsqu'une nappe coulant sur un fond incliné est en crue ou en décrue, le changement de niveau du faîte est accompagné d'un déplacement horizontal de ce faîte.

Si la nappe est en crue, le faîte se transporte vers l'aval.

Si la nappe est en décrue, le faîte se transporte vers l'amont.

La figure 39, pl. XIV, représente les formes que prend une nappe en temps de sécheresse. Le faîte B descend progressivement le long d'une courbe BA', qui aboutit à la source du contreversant, et la nappe prend successivement les formes 1, 2, 3 4, 5. Dans la position 6, la nappe est limite. Elle n'a plus qu'un versant et une source. La source du contreversant est *tarie*.

Si la sécheresse continue, la pointe qui termine la nappe à l'amont progresse sur le fond imperméable en se rapprochant de la source du versant. La longueur de la nappe se réduit de plus en plus, et celle-ci finit par disparaître. La source du versant est *tarie*.

Les déplacements horizontaux du faîte ne présentent pas d'intérêt pratique. Ils seraient généralement impossibles à constater. Les mouvements verticaux du faîte sont, au contraire, faciles à mesurer au moyen des puits d'alimentation qu'on trouve à peu près partout.

Quand une nappe permanente entre en crue ou en décrue, les déplacements horizontaux de son faîte sont tout d'abord nuls, et si la crue ou la décrue ne dure pas trop longtemps, on peut négliger ces déplacements. Cette remarque nous a conduit à démontrer que le relèvement ou l'abaissement du faîte d'une nappe sur fond incliné est le même que celui d'une nappe sur fond horizontal, c'est-à-dire d'une ellipse *équivalente*, qui aurait une ordonnée au faîte plus grande, et une longueur de versant plus petite que la nappe considérée (corollaire V, p. 75). Cela nous a permis de ramener le problème des crues et décrues des nappes sur fond incliné à celui des crues et décrues des nappes sur fond horizontal, pour lequel la théorie nous a fourni des solutions satisfaisantes.

12. Formes des nappes de crues et de décrues. — Considérant comme ci-dessus une nappe coulant sur un fond horizontal, nous avons cherché quelles sont les formes qu'une pareille nappe, qui a la forme d'une ellipse, tant que le régime est permanent, prend successivement lorsqu'elle entre en crue ou en décrue.

En temps de sécheresse, la source emprunte son débit à la nappe elle-même, et ce débit est moindre que celui du régime permanent. Cette diminution du débit correspond nécessairement à une *diminution de la pente superficielle de la nappe*, dans le voisinage de la source. Le point de faîte reste toujours sur la même verticale et la tangente au profil de la nappe y est toujours horizontale. Si l'on compare la courbe affectée par la nappe de sécheresse à celle d'une ellipse de même montée, on voit que la première de ces courbes peut être considérée comme une sorte *d'ellipse déprimée* sur les reins. C'est la courbe inférieure de la figure 38, pl. XIV. dans laquelle la courbe en pointillé représente l'ellipse de même montée que la courbe inférieure ou courbe de sécheresse.

En temps de crue, il se passe un phénomène inverse. Le débit de la source augmente, ce qui exige que, dans le voisinage de cette source, la pente superficielle de la nappe *augmente*. Au faîte, la tangente reste toujours horizontale. La courbe d'une nappe de crue comparée à celle d'une ellipse de même montée est donc à peu près celle d'une *ellipse renflée* sur les reins. C'est la courbe supérieure de la figure 38. Le renflement est d'autant plus prononcé que le rapport $\frac{H}{h}$ est plus grand.

Si, au lieu de considérer les courbes exactes affectées par la nappe soit en crue, soit en décrue, on considère des courbes ayant pour abscisses les rapports $\frac{x}{a}$ de l'abscisse réelle de chaque point à la demi-longueur de la nappe et pour ordonnées les rapports $\frac{y}{b}$ de l'ordonnée réelle à la montée de chaque courbe, on aura pour chaque crue ou décrue une *courbe transformée* ayant un axe horizontal et un axe vertical égaux à 1. Ce sont les courbes de la figure 41, pl. XV.

La théorie ne nous a pas permis de calculer les courbes exactes affectées par une nappe en crue et en décrue, mais nous avons pu arriver à des résultats approximatifs, en étudiant le cas où les ordonnées croissent ou décroissent proportionnellement au temps, ce qui correspond aux formules :

$$y = \frac{b}{1 + \alpha t}$$

en temps de sécheresse;

$$y = \frac{b}{1 - \beta t}$$

en temps de crue.

L'hypothèse en question ne se réalise pour une nappe de crue qu'à la condition que l'apport pluvial P_1 soit d'intensité, non pas constante, mais croissante, suivant la loi :

$$P_1 = \frac{P}{(1 - \beta t)^2}.$$

Les courbes auxquelles nous sommes parvenu correspondent à des hypothèses qui ne s'écartent pas beaucoup de la réalité, pour les fortes pluies, car elles durent peu.

La figure 41 montre clairement l'influence de l'apport pluvial sur la forme d'une nappe.

La courbe 5 correspond au cas du régime permanent.

La courbe exacte est une ellipse; la courbe *transformée* est un cercle.

La courbe 6 est un *cercle déprimé;* elle correspond au cas de la sécheresse.

Les courbes 4, 3, 2, 1, sont des *cercles renflés*. Elles correspondent aux nappes de crue pour lesquelles le rapport de l'apport pluvial réel à l'apport pluvial du régime permanent est égal respectivement à :

$$\frac{P}{h} = 2, \qquad 4, \qquad 16, \qquad \infty.$$

À mesure que l'intensité de l'apport pluvial augmente, le cercle se renfle progressivement et tend vers la forme du *carré* marqué 1, qu'il atteindrait pour un apport pluvial *infini*.

Ces courbes nous paraissent donner une idée très nette des formes prises par les nappes dans les crues et les décrues.

13. **Débit d'une source en temps de sécheresse. — Circonstances qui influent sur son débit.** — La théorie nous a donné une formule sensiblement exacte du débit d'une source en temps de sécheresse dans le cas d'un fond imperméable horizontal. C'est la suivante[1] :

$$(123) \qquad q = \frac{mb^2}{\mu a}\frac{(1-\alpha t)}{(1+\alpha t)^2}.$$

Dans cette formule $\frac{mb^2}{\mu a}$ est le débit *permanent* de la source, ou son débit ordinaire. La fraction qui multiplie ce terme représente donc la réduction que subit ce débit par le fait de la sécheresse.

Si αt n'est pas une trop grande fraction, la formule peut s'écrire :

$$q = \frac{mb^2}{\mu a}(1 - 3\,\alpha t)$$

de sorte que dans ce cas *la fraction qui mesure la diminution du débit pendant la période de sécheresse est égale à 3 fois la fraction qui mesure l'abaissement du faîte.*

Ces formules sont encore applicables au débit des sources d'une nappe sur fond incliné, à la condition de remplacer les termes b, a, α par les valeurs qui sont applicables à l'ellipse *équivalente* (formules 95 *bis* et 97).

Circonstances qui influent sur les variations de débit des sources. Stabilité des grandes sources. — Le coefficient α auquel est proportionnelle la diminution du débit d'une source en temps de sécheresse peut s'exprimer par la formule (128) :

$$(128) \qquad \alpha = \frac{1}{a}\sqrt{\frac{h}{m\mu}}$$

laquelle indique nettement quelles sont les circonstances qui influent sur cette diminution.

α est en raison inverse de la racine carrée du coefficient de porosité, et aussi du coefficient de résistance du sol. Il semble qu'il y ait là deux conditions contradictoires, puisque ordinairement ces deux coefficients varient en sens contraire l'un de l'autre. La formule indique qu'au point de vue de la stabilité des sources, ces deux propriétés : porosité et résistance du sol, se compensent dans une certaine mesure.

Cependant il est évident que l'influence du terme μ est prépondérante, car ce terme varie dans des limites très étendues, de sorte qu'on peut dire que :

La perméabilité du sol contribue à l'instabilité des sources.

[1] b, a, hauteur, longueur du versant de la nappe permanente.
m, μ, coefficients du vide et de la résistance au mouvement.
t, temps en secondes compté depuis le commencement de la sécheresse.
α, coefficient défini plus haut.

Le coefficient α est en raison directe de la racine carrée de l'apport pluvial du régime permanent h, ce qui veut dire que : *Toutes choses égales d'ailleurs, les sources qui fournissent le plus grand débit par mètre carré de bassin sont aussi les plus instables.*

Enfin la valeur du coefficient α est en raison inverse de l'étendue du versant qui alimente la source, ce qui conduit à cette proposition :

Toutes choses égales d'ailleurs, une source est d'autant plus stable en temps de sécheresse que son bassin est plus étendu.

Cela démontre *la stabilité des grandes sources.*

D'où cette conséquence pratique que :

Si une ville a à opter entre l'alimentation au moyen de la dérivation de plusieurs sources de moyenne importance et l'alimentation au moyen d'une grande source, toutes choses égales d'ailleurs, c'est cette dernière solution qu'elle devra adopter.

Quand il s'agit, au lieu d'une nappe coulant sur un fond horizontal, d'une nappe coulant sur un fond incliné, les propriétés que nous venons d'énoncer sont encore applicables et l'on peut dire que :

Toutes choses égales d'ailleurs, ce sont les sources de versants qui présentent la plus grande stabilité.

Si l'on considère deux bassins ayant même longueur a, c'est le coefficient Aa (p. 86) qui règle la stabilité permanente des sources. Ce coefficient varie en sens inverse de la pente hydraulique z (voir tableau E, p. 62). Par conséquent, *une source de versant est d'autant plus stable que la pente hydraulique de la nappe qui l'alimente est plus petite. Cela est vrai à fortiori pour une source de contreversant.*

Ce sont donc les nappes à fond horizontal ou nappes en ellipse qui présentent le plus de stabilité.

La propriété que nous venons d'énoncer ne s'applique pas seulement aux nappes à deux versants, mais aussi aux nappes à un seul versant et une seule source. Nous étions déjà arrivés à cette conclusion par la considération de la durée de formation.

Les sources *précaires* sont celles qui fonctionnent à peu près toute l'année et qui tarissent durant la période de sécheresse. Pour les sources de cette espèce, la durée de formation n'est que de quelques mois. Les sources précaires de versants ne se rencontrent guère que dans les nappes à un seul versant, mais les sources précaires de contreversant sont assez fréquentes.

Les sources dont la durée de formation dépasse une année sont nécessairement *pérennes*, ou ne tarissent que dans les années de sécheresse exceptionnelles.

Les sources de contreversant présentent beaucoup moins de stabilité que les sources de versant, parce qu'à la réduction du débit qui résulte de l'abaissement du faîte s'ajoute, pour elles, la réduction qui est la conséquence de la rétrogradation de ce faîte vers l'amont et la diminution de longueur du contreversant qui en résulte.

A l'égard de la source du versant, cette rétrogradation du faîte vers l'amont atténue, au contraire, dans une certaine mesure, la diminution du débit causée par la sécheresse.

Les sources de versant sont donc bien préférables à celles de contreversant, non seulement parce que leur débit est plus élevé, mais encore parce qu'il est plus stable en temps de sécheresse.

Quand on veut calculer le terme at qui entre dans la formule du débit d'une source en temps de sécheresse, on doit se donner le temps t pendant lequel dure cette période. Sous le climat de Paris, la sécheresse peut durer quatre mois, c'est-à-dire pendant les mois de juillet, août, septembre, octobre.

On fera donc $t = 10.500.000$ secondes.

Nous avons donné, au paragraphe 20, plusieurs exemples de calculs. On en trouvera aussi aux chapitres x à xvi.

14. Nappe en crue. — Débits des sources et volumes d'eau emmagasinés par la nappe. — Influence des années pluvieuses.

Dès que, par le fait des pluies, l'intensité de l'apport pluvial dépasse celle du régime permanent, la nappe entre en crue. Les ordonnées de la nappe augmentent, et le débit de la source augmente également.

Nous connaissons la loi du relèvement du faîte de la nappe et la forme générale d'ellipse *renflée* qu'elle prend. La théorie nous a permis d'établir une formule approchée qui donne le débit d'une source en temps de crue : c'est la formule (165).

Dans le cas général, cette formule est assez complexe, mais si l'on ne considère que des pluies d'une durée relativement courte, comme celles que l'on observe dans la nature, ladite formule peut se mettre sous la forme simple :

$$q = \frac{mb^2}{\mu a} \left(1 + M\alpha t - N\alpha^2 t^2 \right),$$

M et N étant des constantes, composées au moyen de l'apport pluvial relatif $\frac{H}{h}$.

D'après cette formule, le débit d'une source croît rapidement dès le début d'une crue. Pour des apports pluviaux correspondant aux rapports

$$\frac{H}{h} = 5,96 ; \qquad 12,72 ; \qquad 28,$$

on trouve que la source prend des débits dont les coefficients d'accroissement sont comme les nombres :

$$11,76 ; \qquad 39,5 ; \qquad 118.$$

Ces coefficients croissent plus rapidement que les apports pluviaux.

La question vraiment intéressante dans les crues des nappes est celle des volumes d'eau qu'elles emmagasinent pendant les pluies.

La théorie démontre qu'*au début d'une crue déterminée par un apport pluvial égal à* H *par seconde, une hauteur* h *prise sur l'apport pluvial va à la source, et la hauteur restante* (H — h) *s'incorpore à la nappe, mais à mesure que la crue se développe, le débit de la source augmente, la fraction de la pluie qui est emmagasinée dans la nappe diminue.*

On peut ajouter que, pratiquement, la durée d'une pluie n'est jamais assez longue pour que l'augmentation du débit de la source diminue bien sensiblement la puissance d'emmagasinement de la nappe.

En effet, l'apport pluvial du régime permanent représente pour un jour une très petite hauteur. Par exemple un apport pluvial annuel de 0 m. 30, qui est relativement fort, ne correspond par jour qu'à une hauteur de :

$$\frac{0^m 30}{365} = 0^m 00082,$$

soit moins d'un millimètre. Or les chutes de pluies de plusieurs centimètres pour un seul jour ne sont pas rares. Le rapport $\frac{H}{h}$ est donc souvent assez grand, mais les pluies les plus intenses sont aussi les plus courtes. Il est vrai de dire que les nappes n'emmagasinent pas les eaux de pluie instantanément à mesure qu'elles tombent, mais la période d'absorption n'est jamais bien longue.

On peut conclure de ces remarques que les nappes emmagasinent la presque totalité des eaux de pluie qui leur parviennent, et qu'elles les restituent après la cessation de la pluie dans une période de temps plus ou moins longue.

Si les pluies étaient toujours de faible intensité, le niveau moyen d'une nappe varierait très peu et ce niveau moyen serait celui qui correspond au régime permanent.

En d'autres termes, si une nappe s'alimente par des apports pluviaux intermittents et très petits égaux à H par seconde, dont chacun est égal à n fois l'apport pluvial h du régime permanent, la durée des apports h sera égale à $(n-1)$ fois la durée des apports H. Dans ce cas, quelle que soit la répartition des pluies, la nappe reviendrait après chaque période à son niveau permanent, pourvu que chaque pluie d'une intensité nh et d'une durée $\frac{1}{n}$ fût suivie d'une sécheresse de durée $\frac{n-1}{n}$.

Il n'en est plus de même lorsque la condition ci-dessus n'est pas remplie.

Si les pluies sont rares, et n'arrivent que par grandes ondées, la hauteur moyenne du faîte de la nappe à la fin de chaque période sera *au-dessous* du sommet de l'ellipse qui correspondrait au régime permanent calculé d'après l'apport pluvial moyen.

Cela tient à ce que les deux courbes de montée du faîte en cas de crue et de baisse du faîte en cas de sécheresse ne sont pas semblables. La première est convexe et ascendante, la deuxième est concave et descendante. C'est ce qu'on voit sur la figure 43, pl. XV, où les courbes AD, DB', représentent la montée et la baisse du faîte.

Dans les années ordinaires, le niveau moyen du faîte et le niveau du régime permanent diffèrent peu. Il n'en est pas de même dans les années de pluies exceptionnelles. Il peut arriver que les pluies d'un hiver dépassent de moitié et quelquefois davantage l'intensité des pluies moyennes. Dans ce cas, la durée de la décrue peut être fort longue et se faire sentir pendant plusieurs années. Cette durée est donnée par la formule (page 107) :

$$t = 1,27 \ N \ \frac{b-y}{y},$$

où :

N est la durée de formation de la nappe,

$(b-y)$ la montée due aux pluies exceptionnelles,

y l'ordonnée au faîte à la fin de ces pluies.

Par exemple, dans le cas d'une nappe de 50 mètres de hauteur, ayant une durée de formation de 20 ans, et recevant une pluie exceptionnelle de 0 m. 50 de hauteur qui y occuperait une hauteur de 5 mètres, la durée de la décrue serait de 2 ans 3 mois.

Il y a des nappes dont la durée de formation dépasse 20 ans, qui ont plus de

5o mètres de hauteur, et dans lesquelles un apport pluvial exceptionnel peut déterminer une montée de plus de 5 mètres.

On pourrait, dans certains cas, trouver pour la durée d'une décrue une dizaine d'années, et l'expérience confirme ces prévisions.

Ainsi se trouve parfaitement expliquée *l'influence prolongée des années pluvieuses.*

Comme nous l'avons dit, *les nappes aquifères fonctionnent à l'égard des sources comme les volants à l'égard des machines motrices. Elles emmagasinent les eaux pluviales en excès; elles les restituent peu à peu, et régularisent ainsi le jeu irrégulier des climats et des saisons.*

De même que la baisse du faîte d'une nappe et la réduction de son débit sont mesurées en temps de sécheresse par un coefficient α que nous avons défini plus haut, de même, en temps de crue causée par un apport pluvial nh égal à n fois l'apport pluvial h du régime permanent, la montée du faîte et l'accroissement du débit de la source varient en raison directe d'un coefficient proportionnel à α (équation 85, p. 74). C'est donc encore le coefficient α qui mesure la sensibilité d'une nappe et de ses sources aux effets d'une crue. Les mêmes considérations peuvent être appliquées ici et fournissent les conclusions suivantes :

Pour un apport pluvial $H = nh$, une source éprouvera une augmentation de débit croissant plus rapidement que le rapport n.

Le volume d'eau emmagasiné est sensiblement proportionnel à $(n-1)$.

Le débit de la source en crue augmente d'autant plus que le terrain est plus perméable, et que le bassin de la source est plus petit.

Les sources stables en temps de sécheresse sont aussi des sources stables en temps de crue.

Les grandes sources sont donc moins sensibles aux crues que les petites.

Les propriétés que nous avons établies dans les paragraphes précédents concernent les nappes coulant sur un fond horizontal.

En vertu de l'assimilation que nous avons faite de toute nappe sur fond incliné à une nappe en ellipse *équivalente*, il est évident que, dans leur sens général, ces propriétés s'appliquent aussi aux nappes coulant sur un fond incliné et ont d'autant plus de chances de s'y appliquer avec exactitude que la pente hydraulique des nappes sera moindre.

15. **Crues et décrues d'une nappe.** — **Formules donnant la montée du faîte et le débit des sources.** — **Graphiques C et F.** — La formule 165, page 102, qui donne le débit d'une source en crue, n'a que le caractère d'une première approximation. Elle cesse d'être applicable si le terme αt qui entre dans sa composition n'est pas très petit.

Pour résoudre le problème complètement, il faut revenir à la formule exacte (81), qui donne l'ordonnée d'une nappe en crue.

Appelant C le rapport de l'ordonnée du faîte au temps t, à l'ordonnée b du régime permanent, et $H \left(\text{mis pour } \frac{H}{h} \right)$, le rapport de l'apport pluvial réel à l'apport pluvial du régime permanent, on a :

$$(168) \qquad y = bC; \qquad C = \sqrt{H} \left(\frac{e^{2x\sqrt{H}} - n}{e^{2x\sqrt{H}} + n} \right);$$

x et n ayant les significations suivantes :

$$x = \alpha t; \qquad n = \left(\frac{\sqrt{H} - 1}{\sqrt{H} + 1} \right);$$

e, base des logarithmes népériens.

À l'infini, C tend vers $\sqrt{H}$.

Dans la note A, nous avons établi une formule empirique, basée sur la formule (168), qui donne le rapport $F = \frac{q}{q_0}$ du débit q d'une source en crue à son débit q_0 au régime permanent; c'est la suivante :

$$(169) \qquad q = q_0 F; \qquad F = C^2 \left(1 + \frac{(H-1)x}{e^{nx}} \right).$$

Lorsque x tend vers l'infini, F tend vers C^2, c'est-à-dire vers H, ce qui doit être, puisque la courbe de crue tend indéfiniment vers la forme de l'ellipse du régime permanent correspondant à un apport pluvial égal à H.

On trouvera, à la fin du chapitre ix, deux tables Y et Z qui donnent les valeurs de C et F pour tous les cas de la pratique.

Les graphiques C et F, pl. LXXX et LXXXI, qui sont la traduction des tableaux Y et Z, permettent de résoudre facilement tous les problèmes.

Ces graphiques renferment trois variables :

1° Le coefficient αt;

2° L'apport pluvial relatif $\left(\frac{H}{h} \right)$;

3° Le rapport C pour le graphique C, et le rapport F pour le graphique F.

Les lignes noires du graphique supposent que la nappe part du régime permanent pour entrer en crue ou en décrue et y revient.

Les lignes rouges complétées par les lignes noires représentent le cas des crues ou des décrues *continues*.

DES NAPPES DE THALWEG RÉGULIÈRES.

16. **Mode d'écoulement des nappes de thalweg. — Débit des sources de thalweg.** — Lorsque le fond imperméable est situé au-dessous du thalweg, les nappes sont contenues tout entières au-dessous de la surface du sol, excepté dans le cas de dépressions locales et exceptionnelles; elles ne peuvent plus déverser leurs eaux que dans le thalweg lui-même.

Supposons d'abord le thalweg horizontal (fig. 47, pl. XVI).

Il faut alors considérer deux parties dans la nappe : 1° celle qui est située au-dessus du plan horizontal passant par le thalweg, et 2° celle qui est située au-dessous. Nous les appelons respectivement nappe supérieure ou *nappe* proprement dite et nappe inférieure ou *contrenappe*.

La *nappe* a nécessairement un profil courbe, analogue à celui d'une nappe d'affleurement. La *contrenappe* a une forme invariable, mais la théorie démontre que les eaux qui y sont contenues participent nécessairement au mouvement des eaux de la *nappe*.

Si l'on considère une section verticale assez éloignée de la source pour que l'orthogonale des filets liquides puisse être considérée comme se confondant sensiblement avec cette verticale, la vitesse commune de tous les filets liquides normaux à cette section sera égale à $\frac{1}{\mu}\frac{dy}{dx}$.

La pente $\left(\frac{dy}{dx}\right)$ de la nappe supérieure est donc la *pente motrice* de la vitesse de tous les filets liquides qui traversent la même section verticale, aussi bien de la nappe que de la contrenappe.

Appelant K *le rapport de la hauteur de la contrenappe à l'ordonnée maxima de la nappe* (c'est $\frac{OC}{OB}$ sur la fig. 47) et q' le débit de la nappe supérieure, on aura, pour le débit total de la nappe entière dans la section considérée :

$$q = q'\,(1 + k).$$

Nous admettons que cette loi s'applique dans toute l'étendue de la nappe et que les choses se passent comme s'il se formait dans la contrenappe une nappe CA (fig. 48), symétrique de la nappe supérieure, les ordonnées de cette nappe inférieure étant avec celles de la nappe supérieure dans le rapport de K à 1. À l'intérieur de cette nappe inférieure, les filets liquides auraient des vitesses égales à celles des filets de la nappe supérieure de la même section verticale. A l'extérieur de cette nappe inférieure, les filets liquides n'auraient que des mouvements nuls ou négligeables.

Cette hypothèse paraît devoir être très voisine de la vérité. Elle est confirmée par l'expérience faite sur des galeries de filtrage. (*Expérience sur la filtration à Lyon;* Clavenad, ingénieur en chef des ponts et chaussées. *Annales des ponts et chaussées*, septembre 1890.)

Nous étendons cette hypothèse aux nappes à fond incliné, et nous admettons que, dans tous les cas, le débit de la nappe de thalweg est égal au débit que donnerait la nappe supérieure considérée comme nappe d'affleurement, multipliée par le coefficient $(1 + K)$; mais ici, le rapport K est celui de la hauteur de la contrenappe à l'ordonnée *maxima* de la nappe supérieure, $\frac{EF}{EC}$ dans la figure 57, pl. XVII.

Le débit d'une nappe par mètre carré de bassin est égal, ainsi que nous l'avons vu, à $\frac{m}{\mu}\delta^2$. Si l'on appelle δ' le coefficient d'absorption applicable à la nappe supérieure considérée comme nappe d'affleurement, on doit avoir, d'après l'hypothèse ci-dessus :

$$\frac{m}{\mu}\delta^2 = \frac{m}{\mu}\delta'^2\,(1 + K) \qquad \text{d'où} \qquad \delta' = \frac{\delta}{\sqrt{1 + K}}.$$

On est conduit à reconnaître que toutes les propriétés démontrées pour les nappes d'affleurement peuvent être étendues aux nappes de thalweg, en changeant, dans les équations, δ en $\frac{\delta}{\sqrt{1 + K}}$.

La figure 47, planche XVI, représente les trajectoires réelles des filets liquides dans une nappe de thalweg à fond horizontal. La figure 48 représente les trajectoires des filets liquides telles qu'elles résultent de l'hypothèse fondamentale énoncée plus haut.

Crues et décrues d'une nappe de thalweg. — Les crues et les décrues d'une nappe de thalweg sur fond horizontal suivent les mêmes lois que celles d'une nappe d'affleurement, à la condition de remplacer le coefficient :

$$\alpha = \frac{b}{\mu a^2},$$

qui mesure ces variations, par un coefficient :

$$\alpha\,(1 + \mathrm{K}) = \frac{b + p}{\mu a^2},$$

formule où p représente la hauteur de la contrenappe; $(p + b)$ est, par conséquent, la hauteur totale de la nappe au faîte. Les graphiques C et F leur sont applicables, moyennant le changement ci-dessus indiqué.

D'où la proposition suivante :

L'existence d'une contrenappe amplifie proportionnellement la sensibilité d'une source aux crues et aux décrues et augmente son instabilité.

Les sources de thalweg doivent donc être, en général, moins stables que les sources d'affleurement.

17. Formation des cours d'eau. — La considération des nappes d'affleurement ne donne qu'une idée imparfaite de ce qu'est un cours d'eau. En effet, dans une vallée où il n'existerait qu'une nappe d'affleurement de chaque côté du thalweg reposant sur un terrain imperméable profond, le cours d'eau du fond de la vallée fonctionnerait comme un aqueduc collecteur des eaux provenant des sources d'affleurement.

En réalité, le plus souvent, un cours d'eau a une fonction plus complexe. On peut le définir par les considérations suivantes :

Les cours d'eau sont alimentés de deux manières :

1° par des apports intermittents; 2° par des apports continus.

L'alimentation intermittente leur vient des eaux de *ruissellement* qui coulent à la surface du sol pendant les pluies et qui se rendent au thalweg le plus voisin par les plus courts chemins qui s'offrent à elles.

Le ruissellement ne dure pas longtemps. Dans les terrains perméables, il cesse quelques minutes après la pluie. Dans d'autres terrains, il ne dure guère que quelques heures.

Dès que les eaux de ruissellement sont parvenues au thalweg, elles prennent leur cours vers la mer, en passant successivement par les cours d'eau d'ordres supérieurs, dans lesquels elles *produisent des crues.*

L'alimentation *continue* des cours d'eau est plus importante que leur alimentation intermittente. C'est elle qui crée *le débit ordinaire,* prolonge *le débit des crues* et soutient *le débit d'étiage* pendant les sécheresses.

Elle est uniquement due aux sources.

Les sources d'affleurement émergent, comme l'indique leur nom, le long des affleurements des couches imperméables, sur les flancs des coteaux, quelquefois au fond des vallées. Leur succession constitue ce qu'on nomme *les niveaux d'eau.*

Très nombreuses dans les terrains imperméables, elles se localisent et deviennent plus rares et aussi plus fortes dans les terrains perméables.

Les sources d'affleurement sont les plus visibles et paraissent les plus nombreuses. Cependant leur rôle est généralement moins important dans la formation des cours d'eau que celui des sources de thalweg.

Ces dernières sont généralement invisibles. Quelques-unes émergent un peu au-dessus des cours d'eau. C'est l'exception. Le plus souvent elles sourdent dans le cours d'eau lui-même par les berges, ou par le fond du lit, ou au pied des coteaux de la vallée, et dans l'état ordinaire des eaux, elles sont invisibles.

Les figures 51, 52, pl. XVII, montrent la disposition des nappes de thalweg de chaque côté d'une vallée. Dans la figure 51, le cours d'eau a un lit profond, et les nappes y pénètrent par les berges et par le fond. Dans la figure 52, la vallée est plate, le cours d'eau est à fleur de terre, les nappes affleurent au pied des coteaux. Toute la vallée est humide. Il y a formation d'un marais. C'est un cas fréquent dans les vallées ouvertes dans la craie, et en général dans les vallées à fond horizontal.

Théoriquement un cours d'eau peut se définir :

L'épanchement au jour des sources des deux nappes de thalweg, qui sont formées de chaque côté de la vallée.

Théoriquement, ces lignes de sources sont continues, de sorte que *le débit des cours d'eau s'accroît d'une manière continue, en allant de l'amont vers l'aval.*

En fait, les sources ne sont pas continues; elles ont des *points d'élection*, mais la loi de l'accroissement du débit des cours d'eau dans le sens du courant persiste comme loi générale.

Cependant cette loi comporte des exceptions.

La pente du fond imperméable a souvent une composante dirigée suivant le thalweg, de sorte qu'en chaque point du massif perméable un élément liquide est animé de deux vitesses composantes, l'une dirigée normalement au thalweg, et l'autre parallèlement au thalweg.

La première produit la nappe qui coule vers le thalweg, la deuxième détermine un courant parallèlement au thalweg.

Dans les zones de terrains d'une perméabilité ordinaire, les deux courants, l'un visible, c'est celui des cours d'eau, l'autre invisible, c'est le courant souterrain, coexistent. Si le terrain de la vallée n'est pas d'une perméabilité uniforme, le partage des eaux entre ces deux courants subira des variations. Dans les zones très perméables, le courant souterrain absorbera une bien plus grande partie des eaux. Il pourra même se faire que le cours d'eau *tarisse* complètement. Le terrain *absorbera* le cours d'eau.

Dans les zones imperméables, au contraire, le courant souterrain ne pourra plus rien débiter, ou ne pourra débiter qu'un très petit volume; les eaux reflueront dans le cours d'eau dont le débit augmentera.

Des changements brusques dans le profil en long de la vallée pourront produire des résultats analogues, mais ce cas est plus rare, parce que le cours d'eau a une tendance à régulariser ces variations, soit par des érosions, soit par des apports.

Il y a donc lieu de considérer, le long d'un cours d'eau ouvert dans un terrain qui a une perméabilité variable le long du thalweg :

1° Des zones émissives;

2° Des zones absorbantes.

31.

Ces dernières sont plus rares. Pourtant, dans les terrains calcaires percés de fissures, de gouffres, de bétoires, elles sont très fréquentes. L'expérience confirme ces indications de la théorie.

18. Des nappes primaires et secondaires. — Répartition des eaux entre les divers thalwegs. — Nous venons de dire qu'en chaque point d'un massif perméable, un élément liquide était sollicité dans deux directions, l'une normale au thalweg considéré, l'autre parallèle à ce thalweg. Nous avons donné le nom de courant au mouvement des eaux qui s'établit parallèlement au thalweg considéré; mais comme ce thalweg, que nous appellerons *primaire*, est lui-même affluent d'un autre thalweg, que nous supposerons normal au premier et que nous appellerons *secondaire*, on voit que ce courant est en réalité une *nappe*, et qu'il faut considérer en chaque point une *nappe primaire* et une *nappe secondaire*, normales l'une à l'autre et alimentant, la première le thalweg primaire, et la deuxième le thalweg secondaire.

En chaque point, l'apport pluvial se répartit dans une certaine proportion entre ces deux nappes.

La détermination exacte de la forme des deux nappes nous paraît, en général, impossible, mais on peut, par des considérations générales, arriver à déterminer certaines de leurs propriétés.

Si l'on avait affaire à un fond horizontal, les volumes d'eau reçus respectivement par les deux thalwegs seraient proportionnels aux carrés de leurs longueurs.

Appelant :

a, la longueur de la nappe primaire;

c, celle de la nappe secondaire;

h, l'apport pluvial par seconde et par mètre carré,

on aurait, pour les débits des deux thalwegs :

Thalweg primaire :

$$Q = hac \frac{c^2}{c^2 + a^2};$$

Thalweg secondaire :

$$Q'' = hac \frac{a^2}{c^2 + a^2}.$$

Dans le cas général, si les pentes hydrauliques des deux nappes primaire et secondaire ne sont pas trop différentes, nous avons trouvé que :

Le débit total versé dans chacun des thalwegs est proportionnel à la différence de niveau qui existe entre le faîte général de la nappe et le point milieu du thalweg considéré; il est en raison inverse du carré de la longueur de son versant.

Cette proposition n'a qu'un caractère d'approximation assez grossière. Elle permettra néanmoins de donner quelquefois d'utiles indications. Nous en avons fait une vérification remarquable au chapitre XIII (Vanne), § 6.

La figure schématique 56, pl. XVII, donne une autre formule approximative du même genre. GD, ED étant les thalwegs primaire et secondaire d'un bassin rectangulaire dont le point F est le faîte général et FP la direction de la pente du fond, si FP est au-dessus de la ligne FL symétrique de la diagonale FD, par rapport à la bissectrice de l'angle en F, le rapport des débits totaux des thalwegs primaire et secondaire est supérieur à $\frac{a^2}{c^2}$. Il lui est inférieur dans le cas contraire.

19. **Nappe de fond.** — L'hypothèse que nous avons faite pour le calcul du débit d'une nappe de thalweg consiste, au fond, à admettre que le mouvement des filets liquides dans la contrenappe s'effectue comme dans la nappe supérieure, c'est-à-dire par filets qu'on peut considérer comme horizontaux et, par conséquent, d'égale longueur.

Cette condition n'est plus remplie lorsqu'il s'agit de nappes de thalweg *profondes*, parce qu'alors le filet liquide qui suit le fond imperméable de la nappe parcourt un chemin sensiblement plus long que le filet de la surface de la nappe supérieure qui, théoriquement, lui correspond. Sa vitesse doit donc être moindre que celle de ce dernier.

La différence du chemin parcouru est encore plus sensible si l'on considère les filets liquides de la contrenappe du contreversant, par exemple BA′ et DA′ de la figure 57, pl. XVII.

Il y a donc une limite à partir de laquelle l'hypothèse que nous avons faite n'est plus réalisable.

En d'autres termes, il y a une limite à partir de laquelle l'appel opéré par le thalweg n'est peut-être plus assez puissant pour soulever les filets liquides du fond et les amener au jour. Ceux-ci continuent à cheminer sur le fond imperméable suivant la ligne de plus grande pente ou plus exactement suivant la ligne de moindre résistance au mouvement. Cette limite dépend essentiellement de l'allure de la nappe du contreversant B′AD′, qui fait suite à la nappe de versant BCAFD, que l'on considère. Si cette dernière était arrêtée par un mur vertical AM, établi sur le thalweg et descendant jusqu'au fond imperméable, l'apport pluvial total irait nécessairement au thalweg, quelle que fût la profondeur de la contrenappe.

Le même fait pourra arriver si la nappe de contreversant B′AD′ est puissante, bien alimentée et oppose au courant du fond une sorte de barrage, ce qui équivaut à dire que pour passer du bassin qui l'alimente, dans le bassin voisin, il faut que la partie profonde de la contrenappe *puisse vaincre la contrecharge qui s'oppose à ce passage sous le faîte qui sépare ladite nappe de la nappe voisine.*

Le courant du fond aura plus de chances de prendre de l'importance s'il est favorisé par un appel dans une certaine direction, que cet appel soit produit naturellement par un thalweg plus ou moins éloigné, ou par la mer, ou qu'il soit produit artificiellement par un captage profond.

Nous donnons le nom de *nappe de fond* à ce courant qui existe probablement dans les terrains perméables d'une très grande profondeur.

Les eaux de la nappe de fond peuvent avoir leur issue à peu de distance du lieu où la pluie les a déposées, c'est-à-dire dans le même bassin hydrographique. Dans ce cas, elles se retrouvent dans le fleuve ou la rivière qui collecte les cours d'eau de ce bassin.

Mais elles peuvent aussi franchir les limites orographiques de leur bassin d'origine et passer dans un autre bassin soit par des failles, soit à travers le fond réputé imperméable, et dont l'imperméabilité n'est que relative. C'est ainsi que le bassin de Paris verse directement à la mer une partie de ses eaux. Le même phénomène se produit en Belgique, où la pente naturelle des couches, en grande partie perméables, conduit à la mer une partie notable des eaux infiltrées dans le sol.

Lorsque ces questions seront mieux connues, on verra que, dans un grand nombre de circonstances, une partie des eaux pluviales échappe ainsi à leur bassin d'origine et se transporte d'un bassin à un autre par la nappe de fond.

Il serait impossible, en l'état actuel des choses, d'indiquer même approximativement la limite à laquelle la formule du débit d'une nappe de thalweg cesse d'être applicable.

Les applications que nous avons faites de la théorie nous ont indiqué que l'appel d'une nappe de thalweg s'exerce sur les parties les plus profondes de la nappe (voir chapitres XIII, XVI). Nous avons trouvé dans le premier de ces exemples une valeur du coefficient K égale à 4,44.

20. **Pertes par les fonds réputés imperméables.** — Les volumes d'eau qui, entraînés par la nappe de fond, échappent aux cours d'eau ne sont pas les seuls à considérer. Il faut aussi tenir compte de ceux qui s'infiltrent à travers le fond qu'on suppose imperméable, et de ceux qui s'engagent dans des failles.

Il existe certainement des terrains rocheux tout à fait imperméables. Le percement des tunnels du mont Cenis et du Saint-Gothard, le percement de divers tunnels sous la mer l'ont démontré. Mais ces terrains tout à fait imperméables sont rares. Tous les terrains meubles réputés imperméables présentent une perméabilité relative.

Dans des expériences faites pour mesurer l'aptitude des terres à retenir l'eau[1], nous trouvons qu'une couche d'argile grasse de 0 m. 50 d'épaisseur met 55 jours pour s'imbiber d'eau. La durée de la pénétration descend à 45 jours, 36 jours pour une marne contenant 30 p. 100 d'argile, à 20 jours, 8 jours quand la proportion d'argile n'est que de 20 p. 100, à 6 jours, et même 1 jour, quand cette proportion se réduit à 10 p. 100.

Ces chiffres s'appliquent à une imbibition qui s'opère sous la charge de quelques décimètres d'eau. À la base des nappes, les eaux sont soumises à des pressions souvent considérables, et l'on sait que la durée de l'imbibition est en raison inverse de la pression.

C'est dans les parties profondes des nappes, c'est-à-dire dans le voisinage du faîte, que doivent se faire les plus grandes pertes d'eau par le fond imperméable, et ces pertes peuvent, au bout d'une année, représenter une fraction très importante de l'apport pluvial total. Un calcul simple le fera comprendre :

Soient b l'épaisseur de la nappe ; e, celle de la couche imperméable qui lui sert de fond ; c, la contrepression sous ladite couche ; m, μ, ses coefficients spécifiques. Le volume d'eau qui aura traversé un mètre carré de la couche imperméable au bout d'une année sera égal à :

$$q = \frac{m}{\mu} \cdot \frac{(b + e - c)}{e} \times 31.500.000.$$

L'expérience d'imbibition faite sur une argile grasse conduit à trouver, pour cette terre :

$$\mu = 9.500.000 ;$$

[1] Note de M. Pichard, *Comptes rendus de l'Académie des sciences*, t. 97, p. 301.

supposons, en outre :

$$m = 0,003, \qquad b = 10, \qquad e = 1, \qquad t = 5 ;$$

la formule donnera :

$$q = 0^m 06.$$

C'est-à-dire qu'au bout d'une année la couche d'argile imperméable aurait donné passage à une tranche d'eau équivalente à une hauteur pluviale de 0 m. 06, soit à la moitié, au tiers ou au quart de la pluie infiltrée.

La pénétration des eaux à travers les terrains imperméables qui servent de support aux nappes est nécessaire pour expliquer la formation des nappes d'affleurement à divers étages, c'est-à-dire des *niveaux d'eau superposés*, comme par exemple dans le cas du plateau de Malzéville (fig. 8, pl. III) ou du plateau bajocien de la Traire (chap. XVI). L'absorption directe des eaux pluviales par les parties de surfaces de chaque étage qui ne sont pas recouvertes par l'étage supérieur ne suffirait pas à expliquer le débit des sources aux divers niveaux.

Dans le cours de nos études, cette pénétration des eaux à travers les fonds réputés imperméables a été mise en évidence pour une région bien connue par les travaux d'assainissement auxquels elle a donné lieu. Il s'agit du plateau de la Dombes. On sait que cette région était autrefois parsemée d'étangs insalubres. Les argiles sableuses qui leur servaient de support pouvaient à bon droit passer pour imperméables. Pour compléter l'amélioration apportée par le desséchement des étangs des Dombes on avait creusé 36 puits profonds destinés à fournir l'eau potable qui faisait défaut dans le pays. Cette eau était empruntée à une nappe profonde qui coulait à travers le massif de sables pliocènes formant le substratum de toute la région et qui paraissait être alimentée par les massifs de calcaires jurassiques situés à l'Est.

En traçant les courbes de niveaux de la nappe des puits (fig. 149, pl. XLIII), nous avons reconnu que ces courbes forment des lignes fermées concentriques autour du centre de la région des étangs. Elles indiquent, d'une manière certaine, que la nappe profonde est alimentée par des eaux qui proviennent de la surface après s'être infiltrées à travers la couche supérieure réputée imperméable. C'est ce qu'on voit sur la figure. Ces eaux sont parfaitement potables; elles se sont filtrées et purifiées dans leur descente verticale, tandis que les eaux de la nappe superficielle sont chargées de matières organiques.

Les considérations que nous venons de développer : 1° sur les nappes profondes et les volumes d'eau qu'elles sont susceptibles de détourner des cours d'eau qui devraient naturellement les recevoir; 2° sur la perméabilité relative des fonds réputés imperméables, et sur les volumes d'eau qui peuvent ainsi échapper aux sources de thalweg, démontrent que les cours d'eau ne reçoivent pas toutes les eaux pluviales qui s'infiltrent à travers le sol dans leur bassin orographique.

C'est donc une erreur que de calculer le débit total des cours d'eau au moyen du volume des eaux pluviales infiltrées dans le sol, comme on le fait habituellement. En réalité, le volume des eaux pluviales absorbées peut dépasser de beaucoup le volume débité par les cours d'eau.

Dans le bassin de la Seine, on estime à 28 p. 100 la proportion des eaux pluviales qui passent sous les ponts. Or le bassin de la Seine est en majeure partie composé de terrains perméables à relief peu déclive. Le climat y est tempéré, et, durant l'hiver, saison principale des pluies, la température est froide, l'évaporation est faible. La proportion des eaux absorbées dépasse certainement 28 p. 100 et atteint probablement 60 p. 100.

Dans le bassin de la fontaine de Vaucluse, qui possède un relief fort accidenté dans certaines parties, un climat sec, une température douce, la proportion des eaux pluviales absorbées par le sol atteint 70 p. 100. Les cours d'eau ne débitent que 12,5 p. 100, et la fontaine de Vaucluse restitue 62,5 p. 100. Une pareille proportion des eaux absorbées par le sol doit se rencontrer assez fréquemment.

21. Trajectoires parcourues par les filets liquides des nappes et répartition des débits. — En chaque point d'une nappe, nous avons vu qu'on peut considérer deux nappes composantes, la nappe primaire et la nappe secondaire, deux débits composants et deux vitesses composantes. C'est là une abstraction; il est évident qu'en un point il ne peut y avoir qu'une seule vitesse. La direction de cette vitesse donne la tangente à la trajectoire des filets liquides. Nous avons pu déterminer ces trajectoires dans un certain nombre de cas simples dont l'examen est utile pour l'étude du cas général, lequel serait inabordable par un calcul direct.

Considérant, par exemple (fig. 59, pl. XVIII), un bassin rectangulaire à fond horizontal, dont les nappes primaire et secondaire auraient pour sections des *ellipses*, nous avons trouvé que, dans un pareil bassin :

Tous les filets liquides rayonnent du faîte général qui devient ainsi comme le centre de la circulation des eaux. Cette propriété est générale et est vraie quelle que soit la forme des nappes ($ 42).

La figure 59 indique les trajectoires des filets liquides qui se partagent entre les deux versants primaire et secondaire, dont l'un est supposé avoir une longueur double de l'autre, $c = 2a$.

Toutes les trajectoires abordent normalement le thalweg auquel elles aboutissent. Le faisceau primaire est composé de trajectoires à une seule courbure, celles du faisceau secondaire ont un point d'inflexion.

La ligne de partage des eaux entre les deux thalwegs est bissectrice de l'angle du confluent des deux thalwegs. Au faîte, elle est tangente à la ligne du faîte secondaire. Cette ligne courbe divise le bassin total en deux bassins primaire et secondaire dont les débits totaux sont entre eux en raison inverse des carrés des largeurs des versants, c'est-à-dire dans le rapport $\frac{a^2}{c^2}$.

Ces propriétés sont vraies, que la nappe considérée soit une nappe d'affleurement, ou bien qu'elle soit une nappe de thalweg.

L'hypothèse que nous venons de faire d'une nappe à sections *elliptiques* dans les deux sens rectangulaires suppose implicitement que l'apport pluvial est réparti, non pas uniformément, mais suivant une proportion décroissante, depuis le faîte, où il serait maximum et égal à $\frac{3h}{2}$, jusqu'au confluent des deux thalwegs, où cet apport pluvial serait nul. Les points situés sur un cercle concentrique au faîte général reçoivent le même apport pluvial. L'apport pluvial égal à h est situé sur la circonférence ayant pour rayon $0,577\sqrt{c^2 + a^2}$.

Appliquant des considérations semblables à un bassin rectangulaire et horizontal où l'apport pluvial serait *également réparti*, on trouve, dans ce cas, que les sections des deux nappes composantes sont, non plus des ellipses exactes, mais des ellipses *renflées*; que, comme dans le cas précédent, *les trajectoires des filets liquides rayonnent toutes du faîte général.* La ligne de partage des eaux entre les deux thalwegs primaire et secondaire est encore tangente à la ligne de faîte secondaire et au confluent des deux thalwegs; elle fait avec les deux thalwegs des angles dont les tangentes sont respectivement $\frac{a}{c}$ avec le thalweg secondaire, $\frac{c}{a}$ avec le thalweg primaire. Les débits totaux des deux bassins primaire et secondaire, qui, dans ce cas, sont dans le même rapport que les surfaces de ces bassins, sont dans le rapport $\frac{c^2}{a^2}$, et ces deux conditions permettent de tracer assez exactement la ligne de partage des eaux. On voit, sur la figure 60, pl. XVIII, que cette ligne dessine parfaitement les deux versants dont la forme rappelle celle d'un comble de toiture.

Étendant enfin ces résultats au cas d'une nappe coulant sur un fond incliné, on peut énoncer la proposition suivante :

Dans une nappe quelconque, tous les filets liquides rayonnent du faîte général et se dirigent vers les thalwegs en se grossissant sur leur parcours des apports pluviaux des régions qu'ils traversent. Ils abordent normalement les thalwegs.

Ces filets se divisent en versants qui alimentent, les premiers les sources des thalwegs primaires, les deuxièmes les sources des thalwegs secondaires. Ces versants sont séparés deux à deux par une ligne de partage des eaux qui part du faîte général et aboutit au confluent des deux thalwegs considérés.

Si l'on cherche quelle est l'influence de la pente du fond, on reconnaît qu'elle redresse les trajectoires dans le sens de sa direction et les fait aboutir au thalweg à un niveau plus bas que celui où elles aboutiraient si le fond était horizontal, toutes choses égales d'ailleurs.

Cet effet de la pente, *le rejet des trajectoires vers l'aval*, a pour conséquence d'augmenter le débit des sources situées dans le bas du thalweg et de diminuer celui des sources situées en amont, d'où cette autre proposition :

Dans les nappes à fond horizontal ou faiblement incliné, les sources d'amont sont relativement plus abondantes que celles d'aval. C'est le contraire dans les nappes à fond fortement incliné.

Nous avons établi cette autre proposition :

Dans les nappes à fond incliné, les sources à débit maximum sont situées dans le voisinage de la ligne de plus grande pente, issue du faîte général, et du côté où la ligne d'affleurement se rapproche du faîte général.

On peut ajouter que :

S'il s'agit d'un contreversant, cet énoncé ne s'applique plus aux sources à débit maximum, mais bien aux sources à débit minimum.

Toutes ces propriétés ont été vérifiées au chapitre XIII (sources de la Vanne).

La loi des trajectoires que nous avons énoncée démontre qu'une source contient des eaux qui peuvent provenir d'un point situé à l'amont à une très grande distance, et cette propriété ne doit pas être perdue de vue au point de vue de la bonne qualité des eaux.

S'il existe dans le voisinage d'un faîte une cause d'altération des eaux, la contamination ne se produira pas nécessairement dans les sources qui sont au pied du coteau, mais elle pourra se produire à une grande distance en aval, en un point qu'il est impossible de préciser *à priori*. Il est vrai que, dans le cas d'un terrain homogène de consistance arénacée, la filtration purifiera les eaux de tous les éléments organiques nocifs qu'elles peuvent contenir. Mais tous les terrains où peuvent se former des nappes régulières ne possèdent pas cette propriété de filtrer parfaitement les eaux qui les traversent.

On remarquera, d'ailleurs, que la loi du rayonnement des filets liquides dans toutes les directions ne s'applique qu'aux filets qui prennent naissance au faîte général. Si le point de départ d'un faisceau de filets liquides est situé sur un versant, la zone qui pourra être atteinte à l'aval par des filets liquides sera restreinte, et elle le sera d'autant plus que le point de départ considéré sera plus voisin de l'un des thalwegs.

Si le point de départ est situé sur la ligne de partage des eaux, le faisceau se répartira entre les deux thalwegs.

22. **Expériences à la fluorescéine.** — Les expériences de coloration à la fluorescéine nous paraissent avoir vérifié ces lois dans toutes les expériences que nous connaissons. Elles semblent, au premier abord, indiquer une puissance de rayonnement, *de dispersion* des filets liquides plus grande que ne l'indiquent ces lois, mais ce fait s'explique par les considérations suivantes :

D'après les courbes de propagation de la fluorescéine relevées dans des expériences effectuées sur l'Avre (fig. 150, pl. XLI), le secteur dans lequel on a constaté des traces de fluorescéine embrasse un angle de près de 180 degrés autour de la bétoire où l'on a versé la matière colorante.

Il serait tout à fait inexact, à notre avis, d'en conclure que de ce point les filets liquides coulent dans toutes les directions.

En réalité, on ne paraît pas avoir tenu compte, jusqu'à présent, d'une propriété des liquides qui joue ici un rôle important et qui est la suivante :

Lorsqu'on verse une solution de matière colorante dans une masse d'eau, ladite matière colorante se propage par propagation latérale, par diffusion, dans la masse liquide.

Cette propriété ressort de faits d'expérience bien connus.

Si la solution colorée est versée au centre d'un bassin circulaire, la coloration se répand tout autour et progresse suivant des cercles concentriques.

Si la solution colorée est versée au milieu du courant d'une rivière, la coloration s'étend peu à peu latéralement, progresse en largeur avec le courant et finit par occuper toute la largeur de la rivière.

Dans ce dernier cas, le secteur a un angle très aigu; dans le premier cas, le secteur embrasse l'horizon, il a 360 degrés.

Dans le cas d'une nappe aquifère, l'eau est animée d'une certaine vitesse, très petite il est vrai, et l'on conçoit que l'angle du secteur de propagation doit être très ouvert et qu'il peut atteindre 180 degrés et même davantage.

Il n'y a aucun rapport nécessaire entre la vitesse des filets liquides et celle de la propagation de la fluorescéine. Celle-ci obéit à des lois spéciales, très différentes des lois de l'écoulement.

Le seul moyen de connaître la direction des filets liquides, c'est d'avoir un plan avec courbes de niveau de la nappe aquifère. Les trajectoires orthogonales des courbes donnent la direction des filets liquides. Les expériences à la fluorescéine ne nous paraissent donc pas avoir la portée qu'on leur a assignée jusqu'à présent.

Elles prouvent simplement qu'il existe une communication possible entre des parties des nappes aquifères plus ou moins éloignées les unes des autres. Mais cette communication est évidente et n'a pas besoin d'être démontrée. Une nappe aquifère est formée de petites masses d'eau remplissant de très petits vides, qui communiquent entre eux. Un quelconque de ces vides communique géométriquement avec tous les autres.

Cette faculté de diffusion que possède une solution de matières colorantes d'un certain volume, un microbe isolé ne la possède évidemment pas, et ce corpuscule suspendu dans l'eau ne peut que suivre la direction du filet liquide qui le porte. La communication d'une source avec une bétoire, démontrée par la fluorescéine, ne prouve donc pas qu'un microbe déposé dans la bétoire pourra être porté par les eaux jusqu'à la source.

Insister davantage sur ce sujet serait sortir des limites de notre étude.

23. Extension de la théorie aux nappes situées dans les terrains à fissures ou à bétoires. — Ainsi que nous l'avons dit au commencement de cette étude, la théorie que nous avons établie suppose les terrains homogènes et de consistance arénacée.

Dans les terrains rocheux fissurés, de consistance homogène dans l'ensemble, les nappes qui se forment nous paraissent devoir obéir aux mêmes lois, à la condition que les fissures soient petites, et que les nappes restent cylindriques, c'est-à-dire que le terrain qui les contient ne soit pas coupé par des vallées secondaires.

Quelques ingénieurs refusent le nom de *nappes* aux courants d'eau qui se forment dans les terrains à fissures, sous le prétexte que la masse d'eau n'est pas continue, et qu'elle est séparée par des massifs plus ou moins volumineux et dépourvus d'eau. A notre avis, ce refus n'est pas légitime. Ce qui caractérise une nappe, c'est la *solidarité* des divers courants d'eau les uns avec les autres, la *continuité de la pression*. Si cette continuité existe, les courants d'eau obéissent aux lois de l'hydraulique, il y a formation d'une *nappe* d'une nature particulière. Si les fissures sont petites et régulières dans l'ensemble, comme cela a lieu fréquemment dans la craie blanche, la nappe qui se forme ne diffère pas de celles que nous avons étudiées (voir chap. XIII).

Dans la plupart des terrains calcaires, il s'est formé des fissures plus larges, qui communiquent avec le jour par des orifices appelés *mardelles* s'ils sont situés sur les plateaux, *bétoires* s'ils sont situés dans les thalwegs. Comme c'est surtout par l'érosion que ces canaux souterrains s'élargissent avec le temps, il est évident que les lignes de prédilection suivant lesquelles ils ont chance de se former sont précisément les directions des trajectoires qu'affectaient les filets liquides antérieurement à leur formation. Les mardelles et les bétoires ne sont d'ailleurs que des effondrements du sol au-dessus des canaux souterrains les plus voisins. C'est pourquoi les bétoires sont plus fréquentes que les mardelles. C'est, en effet, dans les thalwegs que les nappes sont les plus voisines du sol.

Quant aux mardelles, elles ont chance de se former dans les parties où le sol présente des dépressions accidentelles.

En général, *les mardelles et les bétoires doivent jalonner les directions des principaux canaux souterrains, directions qui, elles-mêmes, doivent coïncider le plus souvent avec les trajectoires naturelles des filets liquides de la nappe.*

Ce serait une erreur que de considérer toutes les fissures comme des canaux vides dans lesquels l'eau circule librement. La plupart des fissures sont remplies par des petits matériaux qui les transforment en filtres plus ou moins parfaits. Les larges fissures seules fonctionnent comme canaux libres, et leur intervention altère évidemment la forme des nappes, sans cependant que celles-ci cessent d'obéir aux lois générales de l'hydraulique. Le rôle des larges fissures consiste surtout : 1° à collecter et conduire rapidement au jour une partie des eaux pluviales, c'est-à-dire des eaux de ruissellement, au fur et à mesure qu'elles s'introduisent dans le sol; 2° à accélérer l'arrivée aux sources avec lesquelles elles communiquent des volumes d'eau filtrés à travers le massif perméable.

DES GALERIES DE CAPTAGE.

24. Des captages en général. — Les sources amènent au jour tout naturellement les eaux des nappes souterraines, mais souvent les sources manquent ou sont insuffisantes. C'est ce qui arrive notamment pour les nappes de thalweg. Les sources de thalweg sont le plus souvent invisibles. Elles émergent dans le lit du cours d'eau, sous le plan d'eau. Quelquefois il n'y a pas de sources. C'est le cas des *zones absorbantes* des thalwegs dont nous avons parlé plus haut. Cependant la nappe existe et elle débite des volumes d'eau plus ou moins considérables. Pour prendre son eau et la conduire aux lieux d'emploi, il faut aller la chercher dans la nappe elle-même, *la capter*, au moyen d'une galerie ou d'un puits.

Le *captage* de l'eau dans l'intérieur de la nappe qui la contient est tout à fait assimilable à l'extraction d'un minerai dans son gisement géologique. Il exige, par conséquent, les mêmes procédés techniques.

Il est à prévoir que les captages d'eaux par galeries ou par puits se développeront de plus en plus dans l'avenir. D'une part, les sources devenant de plus en plus recherchées pour l'alimentation publique, à l'exclusion de tout autre moyen, il viendra un moment où les sources susceptibles d'être utilisées seront ou insuffisantes ou trop éloignées des lieux de consommation.

D'autre part, certains hygiénistes ont élevé des soupçons plus ou moins fondés sur la pureté des eaux de certaines sources, particulièrement de celles des terrains fissurés qui sont précisément les plus importantes et les plus convenables pour l'alimentation des villes en raison de leur grand débit.

Bien que cette opinion paraisse très exagérée, il n'en est pas moins vrai qu'elle a des partisans assez nombreux et qu'elle aboutit comme solution pratique au *captage* de l'eau au cœur même des nappes.

Parmi les moyens de captage, les galeries occupent incontestablement la première place, parce que, si elles sont établies assez haut, elles permettent d'amener l'eau dans les réservoirs par le seul effet de la gravité, sans le secours d'aucune machine. C'est la solution idéale. Malheureusement, elle n'est pas toujours réalisable.

Une galerie peut affecter deux directions principales. Elle peut pénétrer dans le massif aquifère normalement à un versant et, dans ce cas, on l'appelle *galerie de pénétration*. Elle peut être établie à l'intérieur du massif, à peu près parallèlement au thalweg, et, dans ce cas, elle devient *galerie de captage* proprement dite (fig. 88, pl. XXVI).

La galerie de pénétration a pour but principal de servir d'aqueduc aux eaux qui sont absorbées par la galerie de captage.

Une galerie de pénétration ouverte dans un versant secondaire devient galerie de captage quand, étant prolongée, elle pénètre dans la zone où les filets liquides coulent à peu près normalement à sa direction.

La théorie nous a conduit à énoncer des règles très précises pour déterminer les résultats à attendre de l'établissement d'une galerie de captage. Nous en donnerons ici un résumé.

25. Fonctionnement et débit d'une galerie de captage. — Considérons la section transversale d'un massif aquifère dans lequel on a ouvert une galerie (fig. 67, pl. XX).

La nappe verse ses eaux dans deux thalwegs T, T', auxquels la galerie est parallèle. Une fois ouverte, la galerie fait appel de chaque côté et détermine la formation de deux nappes CD, CD', qui y versent leurs eaux, et qui présentent en D, D' une tangente horizontale, c'est-à-dire *un point de partage*. Les nappes DT, D'T' versent leurs eaux dans les thalwegs T, T', comme les nappes primitives BT, BT', dont elles sont la réduction.

Il existe donc une *dépression en forme de sillon* au droit de la galerie. Si le fond du sillon coïncide avec la base de la galerie, ou du moins si l'eau au fond du sillon n'occupe que la hauteur physiquement nécessaire pour la pénétration des eaux dans la galerie, celle-ci débite tout le volume d'eau dont elle est susceptible; *son débit est maximum*.

Si le fond du sillon est situé au-dessus du point le plus bas susindiqué, on dit qu'il y a une *contrecharge* GC. Le débit est moindre que dans le cas précédent.

Les débits permanents étant proportionnels aux surfaces, on voit que la galerie enlève aux thalwegs une partie de leur bassin alimentaire représentée par $\overgroup{BD}$ pour le thalweg d'aval, $\overgroup{BD'}$ pour le thalweg d'amont, ensemble $\overgroup{DD'}$ pour les deux thalwegs (le signe $\frown$ indiquant une distance horizontale).

Le calcul du débit des galeries de captage repose donc sur la détermination des *points de partage* D, D', qui s'établissent entre la galerie et les deux thalwegs. Dans ce qui va suivre, nous supposons la contrecharge nulle.

Nous avons démontré les propriétés suivantes :

Les points de partage des eaux entre la galerie et les thalwegs sont situés sur deux courbes de genre hyperbolique, qui partent toutes deux du point de partage naturel des eaux et qui aboutissent l'une à la source du versant, l'autre à la source du contreversant. Nous les avons appelées *courbes* V.

Ce sont les courbes V, V' des figures 67 et 68, pl. XX.

Ces mêmes points de partage sont situés sur deux autres lieux géométriques passant par le sommet de la contrecharge. Nous les appelons les courbes G ou simplement la courbe G.

Lorsque la galerie est placée sur la ligne des sources T, T', supposée parallèle au fond imperméable, la courbe G est composée : 1° à droite, de la courbe V; 2° à gauche, de la courbe V', ces deux courbes étant transportées parallèlement à elles-mêmes. Ce sont les courbes G_2 de la figure 69.

Pour des galeries situées sur la même verticale, les courbes G sont semblables entre elles, et leur centre de similitude est situé sur le fond imperméable, au pied de la verticale passant par l'axe de la galerie.

La figure 69 indique le mode de génération des courbes G pour des galeries situées à diverses hauteurs sur la même verticale. Dans cette figure, la courbe G, marquée 2, est formée, à droite, de la courbe TVB ou V de la nappe naturelle; à gauche, de la courbe T'B ou V', ainsi que nous venons de le dire.

Les courbes successives G_1, G_3, G_4, ...G_7 sont construites au moyen de la courbe G_2, par similitude autour du centre F_0. Ces courbes déterminent, par leurs intersections avec les courbes V, V', des points dont les écartements horizontaux $\widehat{aa'}$, $\widehat{bb'}$ ... représentent les largeurs des bassins alimentaires de la galerie, quand elle occupe les positions successives G_2, G_3, G_4, G_5...

Pour les galeries situées au-dessus du point G_5, la loi est un peu différente (voir le chapitre v). On constate que les débits de la galerie sont sensiblement proportionnels à sa profondeur MG au-dessous de la nappe naturelle.

Pour une galerie placée dans une position déterminée, sur laquelle on ferait varier la profondeur du sillon, le débit est sensiblement proportionnel à cette profondeur, mesurée au-dessous de la nappe naturelle.

Si, maintenant, on considère une galerie placée successivement en divers points d'une ligne parallèle à la ligne des sources et au fond imperméable, il faut distinguer deux cas.

Si la ligne en question est située au-dessus de la ligne des sources TT', à l'intérieur de l'angle des courbes VV', le débit est d'autant plus grand que la galerie est placée plus bas; il atteint son maximum quand la galerie est située sur la courbe V. Au delà de ce point, la galerie est située à l'extérieur de l'angle formé par les courbes V et V'. Son débit diminue à mesure que la position qu'elle occupe est plus voisine de l'une des sources.

Si la ligne sur laquelle est placée successivement la galerie est située au-dessous de la ligne des sources, la loi de variation de son débit est toute différente. Ce débit augmente à mesure que la galerie est placée plus près du thalweg le plus bas.

Dans ce cas, si la galerie est placée suffisamment près de l'un des thalwegs, son appel affecte non seulement la nappe dans laquelle elle est ouverte, mais encore la nappe qui se déverse dans ce même thalweg du côté opposé (fig. 145, pl. XLII). La détermination du débit que la galerie capte de ce côté se fait par les mêmes règles que ci-dessus.

Dans tous les cas, l'établissement du *graphique de la galerie de captage*, pour un certain nombre de sections faites sur son axe, paraît indispensable pour bien se rendre compte de toutes les circonstances qui peuvent faire varier son débit. On trouvera au chapitre v toutes les indications nécessaires à ce sujet.

26. Réserve d'une galerie de captage. — Vanne de contrecharge ou de serrement. — Il existe un volume d'eau, contenu dans la nappe aquifère, qui appartient nécessairement à la galerie et qu'on peut appeler sa *réserve*.

C'est le volume d'eau qui s'écoule par la galerie lorsque le fond du sillon s'abaisse depuis son point initial M jusqu'à une cote donnée (fig. 78, pl. XXIV). Pendant cet abaissement, le point de partage des eaux qui s'écoulent d'une part vers le thalweg T et d'autre part vers la galerie se déplace le long d'une courbe telle que MR, qui vient finir au point D, sur la courbe V, point de partage correspondant au régime permanent.

Du côté du contreversant, le point de partage des eaux qui coulent vers le thalweg T' d'une part et vers la galerie d'autre part se déplace le long d'une courbe BR', qui part nécessairement du faîte de la nappe naturelle B, et qui aboutit au point D', situé sur la courbe V', point de partage correspondant au régime permanent.

Le volume d'eau compris dans le contour curviligne BMRDGD'R'B constitue *la réserve*.

Il est facile de comprendre que ce volume n'est pas fixe, car les lieux géométriques MRD, BR'D' des points de partage sont eux-mêmes variables de position avec la rapidité de l'écoulement. Si l'écoulement est très rapide, ces courbes sont très renflées, et prennent des positions telles que MSD, BS'D'. Elles se retirent et se rapprochent l'une de l'autre à mesure que l'écoulement a lieu plus lentement.

Si l'abaissement a lieu très lentement, *le volume de la réserve atteint son minimum*, et il se détermine de la manière suivante:

La réserve minima d'une galerie de captage par mètre courant à un niveau du sillon marqué par le point U (fig. 72, 73, 75), est égale au volume d'eau contenu dans le contour curviligne à 5 côtés BLSUS'B limité par: 1° une courbe BRL tracée en dehors de l'angle des courbes V et V' et qui va du faîte B au point limite L; 2° la portion LS de la courbe V; 3° et 4° les profils LU, US', des nappes qui alimentent la galerie; 5° la portion S'B de la courbe V'.

Lorsque le fond du sillon est descendu à son point le plus bas, le point U se confond avec le plan d'eau dans la galerie en G, et le contour de la réserve minima est limité sur les figures précitées par des hachures.

Vannes régulatrices ou de serrement. — La possibilité d'utiliser la réserve lorsque cela est nécessaire constitue certainement le plus grand avantage des galeries de captage. La théorie démontre qu'il suffit pour le réaliser de pourvoir la galerie d'une ou plusieurs vannes régulatrices qui permettent d'interrompre complètement l'écoulement ou de le réduire, de manière à mettre le débit, à chaque instant, en rapport avec les besoins de la consommation et à conserver en réserve des volumes d'eau, qui, sans cela, s'écouleraient en pure perte. On peut retrouver ces volumes à tout instant. Il suffit d'ouvrir plus ou moins les vannes régulatrices.

Le débit que peut alors fournir la galerie est d'autant plus grand que la contrecharge est plus forte. Il dépasse de beaucoup le débit permanent.

On peut dire que le volume d'eau de la réserve, emmagasiné dans le terrain perméable, est toujours disponible, comme si l'on avait affaire à un véritable réservoir d'eau pourvu d'une bonde de fond.

Pour qu'une galerie ait une réserve d'une certaine importance et facile à écouler, il faut qu'elle soit située dans l'intérieur de l'angle formé par les courbes V et V' ou au-dessous d'elles.

Pour des galeries placées sur une ligne parallèle au fond imperméable, *la réserve est maxima, lorsque la galerie est placée vers le milieu de l'angle des courbes V et V'.*

La vanne régulatrice peut être appelée *vanne de contrecharge*, puisqu'elle détermine par sa fermeture plus ou moins complète la contrecharge qui s'oppose à l'écoulement des eaux de la réserve.

Dès l'année 1856, un éminent ingénieur belge, M. Dumont, a eu l'intuition du rôle de la vanne régulatrice et il en a fait l'application aux galeries de captage de la ville de Liège, en lui donnant le nom expressif de *vanne de serrement*. Plus tard, la vanne de serrement a été appliquée aux galeries de captage de la ville de Bruxelles. Les résultats donnés par ces remarquables applications sont absolument conformes à la théorie et lui apportent une importante justification.

Détails sur les vannes régulatrices ou de serrement. — Les galeries de captage de la ville de Liège, creusées dans la craie (fig. 179 à 186), formant une longueur totale d'environ 10 kilomètres, n'ont qu'une seule vanne de serrement. Mais les galeries de captage du Hain, à Bruxelles, creusées dans le sable (fig. 170 à 178), pour une longueur totale de 4.600 mètres, ont trois vannes de serrement et une quatrième projetée, qui relèvent successivement la nappe souterraine à 3 mètres, 13 m. 50 et 18 mètres de hauteur au-dessus de la galerie (fig. 177, pl. LIV). Grâce à ces serrements, la galerie, dont le débit normal serait de 8.000 mètres cubes, la réserve étant épuisée, a pu fournir jusqu'à 25.000 mètres cubes d'eau par jour, lorsque le besoin s'en est fait sentir, et elle aurait pu en livrer davantage.

La galerie de captage de la forêt de Soignes a des dispositions semblables [1].

La nécessité d'établir plusieurs vannes de serrement s'explique par les considérations suivantes. Lorsque la galerie est réellement *galerie de captage*, c'est-à-dire lorsqu'elle est établie parallèlement au versant, le niveau piézométrique de l'eau au droit de la galerie varie peu d'un point à l'autre de cet ouvrage. C'est le cas de la galerie de Liège.

Lorsque au contraire la galerie a le tracé d'une *galerie de pénétration*, elle traverse une nappe plus ou moins déclive, et, en cas de fermeture d'une vanne de serrement, il s'établit de l'amont à l'aval de cette vanne des différences de pression qui peuvent être très fortes. C'est le cas de la galerie du Hain à Bruxelles (fig. 177, pl. LIV).

Le niveau piézométrique qui s'établit en amont d'une vanne C est celui qui règne à l'extrémité amont du bief, en D. Il y a donc à considérer des charges considérables AK, HL qui se produisent sur les vannes de serrement 1, 2, charges en vertu desquelles l'eau a une tendance à sortir de la galerie pour se répandre dans le terrain ambiant et à l'entraîner vers l'aval. L'entraînement aura lieu; en effet, si le terrain est meuble. C'est ce qui se présente dans les captages de Bruxelles, où le terrain consiste en sables fins, très mobiles.

---

[1] Ces renseignements et les suivants sont extraits d'une notice intitulée *Les eaux de Bruxelles en 1902*, que M. E. Putzeys, ingénieur en chef des Travaux publics et du Service des eaux, a bien voulu nous faire parvenir.

Pour combattre l'entraînement du sable aux abords des vannes de serrement, il faut interposer entre l'amont et l'aval un massif assez épais pour que la charge soit détruite par la résistance que ce massif oppose à l'écoulement de l'eau. Sur toute la longueur de ce massif, la galerie doit être *étanche*.

Le serrement régulateur placé en tête des galeries de captage de la forêt de Soignes comprend deux parties.

La première est un massif monolithe en béton de 18 mètres de longueur et de 3 m. 5o de largeur. Il est armé à ses extrémités de retours à angle droit de 2 m. 5o d'épaisseur, faisant saillie de 3 m. 5o de chaque côté. Ce massif de béton renferme la vanne, les chambres d'accès et de manœuvre.

La deuxième partie est une portion de galerie *étanche* de 6o mètres de longueur soudée avec le terrain ambiant. Le contact intime a été réalisé au moyen d'injections de mortier de ciment dans des barbacanes créées de 5o en 5o centimètres sur le pourtour de la section et de mètre en mètre en longueur.

Un accident, arrivé en août 1889, avait démontré qu'un tampon de sable de 48 mètres d'épaisseur avait suffi pour faire office de serrement.

Toutes les précautions que nous venons d'indiquer n'ont évidemment plus la même importance lorsque le terrain perméable est consistant et compact, comme la craie. Cependant, même dans ce cas, il est prudent de ménager une certaine épaisseur de massif résistant étanche et bien soudé avec le terrain en place, au droit de chaque serrement.

27. **Galerie de captage ouverte dans une nappe à un seul versant.** — Les propriétés résumées ci-dessus se rapportent particulièrement aux nappes à deux versants. Les nappes à un seul versant sont loin de présenter les mêmes ressources pour l'établissement des galeries de captage. On se rappelle, en effet, que le débit de ces dernières est beaucoup moins stable que celui des premières.

Pour qu'une galerie de captage ouverte parallèlement au thalweg d'une nappe à un seul versant ait des chances d'avoir un débit permanent d'une certaine stabilité, il faut que la galerie soit placée aussi bas que possible au-dessous du plan horizontal qui passe par la source de la nappe et aussi loin que possible de celle-ci (fig. 87, pl. XXV).

Il est indispensable que cette galerie soit pourvue d'une vanne régulatrice au moyen de laquelle on pourra créer une réserve d'autant plus importante que la galerie sera placée plus bas.

Galerie de pénétration. — Les conditions dans lesquelles fonctionne une galerie de pénétration sont beaucoup plus difficiles à établir que celles qui concernent une galerie de captage, et la théorie donne à ce sujet des indications beaucoup moins précises. Nous nous référons au paragraphe 48, où cette question est examinée.

Puits de captage. — Nous ferons de même à l'égard de la théorie des puits de captage. Cette théorie, assez délicate, comporte des développements géométriques qu'il n'est guère possible de suivre et de comprendre sans entrer dans le détail des choses. On la trouvera exposée aux chapitres VI et VII.

DE L'AMÉLIORATION DU RÉGIME DES SOURCES
PAR L'ABAISSEMENT OU L'EXHAUSSEMENT ARTIFICIEL DE LEUR NIVEAU.

28. Effets produits par l'abaissement ou l'exhaussement permanent d'une source. — L'amélioration du régime des sources est le terme et la conclusion de notre étude hydraulique sur les nappes aquifères et sur les sources.

Ce problème se présente sous deux aspects principaux :

On peut avoir pour but, soit : 1° d'augmenter en tout temps le débit d'une source, soit 2° d'augmenter son débit pendant la période de sécheresse.

De là deux solutions qui offrent beaucoup de points communs.

Une question primordiale se pose tout d'abord. Comment peut-on agir sur une source ? Quels genres de travaux peut-on exécuter pour en modifier le débit ou le régime ?

Une source est la manifestation extérieure d'une nappe. On peut donc agir sur une source en améliorant le régime de la nappe qui lui donne naissance, et on peut y parvenir en augmentant la proportion des eaux qui s'infiltrent dans le sol. Nous examinerons plus loin les travaux de cette nature.

Restent les travaux qu'on peut effectuer sur les sources elles-mêmes. En y réfléchissant, on est conduit à admettre que les sources ne se prêtent guère qu'à une seule nature de modifications; c'est l'abaissement ou l'exhaussement artificiel de leur niveau d'émergence.

En s'appuyant sur les résultats obtenus dans les chapitres précédents, la théorie de ces opérations est facile à faire. Elle nous a conduit aux propositions suivantes :

PROPOSITIONS. *L'abaissement d'une source de thalweg abaisse en même temps le faîte de la nappe permanente et le fait rétrograder vers le thalweg de l'autre versant; il augmente le débit permanent de cette source et diminue d'autant le débit de la source de l'autre versant* (fig. 134, 138, 144, 145).

L'exhaussement d'une source d'affleurement ou de thalweg produit des effets contraires. Il diminue le débit de la source.

La somme des débits des deux sources est constante, quelles que soient les modifications qu'on fait subir à leurs niveaux.

L'abaissement d'une source d'affleurement ne produit aucun résultat utile. Il peut même donner un résultat nuisible, si la couche imperméable qui sert de support à la nappe est mince, et que l'abaissement réalisé ait pour effet de mettre en communication la nappe d'affleurement avec un massif perméable inférieur qui peut absorber son débit et tarir complètement la source.

L'augmentation du débit des sources par l'abaissement de leur niveau a été énoncé pour la première fois par Darcy, à l'occasion de la source du Rosoir (Eaux de Dijon). Darcy avait remarqué que la source du Rosoir, qui émergeait dans le lit du ruisseau Le Suzon, augmentait de débit quand le niveau de la rivière était abaissé.

Il eut l'idée de séparer le ruisseau de la source (fig. 151, pl. XLII), de contenir le ruisseau dans un canal maçonné et de recueillir la source dans un aqueduc où l'eau était tendue à 1 m. 10 au-dessous de son ancien niveau. Sous cet abaissement de niveau piézométrique, le débit de la source du Rosoir passa de 2.400 litres par minute à 3.950 litres. En relevant l'eau de 1 m. 10 au moyen d'une vanne, on ramenait le débit à 2.400 litres.

Darcy ajoute que « des résultats analogues qu'il a eu l'occasion de vérifier pour un grand nombre de fontaines ne doivent jamais être perdus de vue par les gens de l'art, chargés d'utiliser les sources ».

Les observations de Darcy ont été controversées, et même contestées par plusieurs ingénieurs, et notamment par Belgrand. M. l'ingénieur Thanneur, chargé d'amener à Coulommiers les eaux de la source de la Roche, qui a un débit remarquablement constant de 1.200 mètres cubes par vingt-quatre heures, rapporte que, cette source ayant été abaissée de 1 mètre, on n'a pas constaté que son débit ait été augmenté. Il en conclut que le principe énoncé par Darcy est inexact (*Annales des ponts et chaussées*, 1882). Il ajoute :

« Belgrand, qui ne croyait pas au résultat du principe annoncé par Darcy, pensait que l'augmentation considérable du débit constaté après l'abaissement de la source du Rosoir tenait, soit à ce qu'on avait capté et réuni au filet principal quelques filets secondaires qui se perdaient auparavant, soit même à ce qu'on avait commis quelque erreur dans les jaugeages préliminaires. N'est-il pas possible qu'il y eût là quelques canaux naturels où l'eau s'enfuyait et que l'abaissement de la source a taris?... En tout cas, on doit considérer qu'il n'y a là qu'un cas particulier qu'il faut, sous peine de graves mécomptes, se garder de croire général. »

Ces assertions qui, à la rigueur, pourraient être justifiées dans un cas déterminé, sont contredites par la multiplicité des observations de Darcy.

Il importe de rappeler ce que rapporte cet éminent ingénieur, à savoir : que les résultats constatés sur la source du Rosoir, il les a constatés sur quantité d'autres sources. Si on tient compte de l'habileté et de la sagacité de l'observateur, il est difficile de mettre en doute l'exactitude de ses observations [1].

Sans insister sur l'expérience de Darcy, qui serait très facile à refaire, puisque l'aqueduc de Suzon et la source du Rosoir sont toujours en fonction, nous nous bornerons à dire que, dans les opinions qui ont été émises au sujet du principe de l'abaissement des sources, il y a une confusion qui a été généralement commise par les ingénieurs : c'est celle qui consiste à appliquer le principe indifféremment aux sources d'affleurement et aux sources de thalweg.

La source de la Roche sort des sables supérieurs à une certaine hauteur au-dessus de la vallée. C'est une source d'affleurement, et la source du Rosoir est certainement une source de thalweg. L'abaissement du niveau ne pouvait donner aucun résultat utile sur la première. Il devait nécessairement produire une certaine amélioration dans le débit de la dernière.

Les propositions que nous avons énoncées plus haut nous paraissent donc bien établies et par la théorie et par l'expérience.

L'abaissement et l'exhaussement des sources ont des limites. Lorsqu'on abaisse une source de thalweg, on ne peut pas pousser l'abaissement plus bas que le fond

---

[1] L'augmentation considérable et rapide du débit de la source de Suzon ne peut pas tenir uniquement au déplacement du faîte. Il est probable que cette source a un réservoir de fond, analogue à celui que nous admettons comme existant réellement à la fontaine de Vaucluse (voir chap. xv).

imperméable. À ce moment le débit de cette source atteint son *maximum* et le débit de la source de l'autre versant atteint son *minimum*.

De même, si l'on exhausse le niveau d'une source de thalweg ou d'affleurement, on diminue son débit, et on augmente d'autant le débit de la source de l'autre versant. On peut pousser l'exhaussement de la source considérée jusqu'au point où son débit est *nul*. À ce moment le débit de la source de l'autre versant atteint son *maximum*. Cette source débite tout le produit du bassin, son débit est égal à la somme des débits des deux sources initiales.

Il s'agit toujours, bien entendu, des *débits permanents*.

Proposition. *Il existe sur la verticale de chaque source deux points limites L, J; L′, J′* (fig. 134, pl. XXXVIII).

Si l'on maintient l'une des sources dans sa position naturelle et qu'on exhausse l'autre source jusqu'au point L, tout le débit de la nappe s'écoulera par la première.

Si l'on maintient l'une des sources au point J, et qu'on abaisse la deuxième au niveau du fond perméable, tout le débit de la nappe s'écoulera vers cette dernière.

Ces points limites d'abaissement J, J′ ont une position fixe, qui ne dépend que de la pente géométrique ε de la nappe et de son coefficient d'absorption δ.

Si l'une des sources est située au-dessus du point J, elle peut être tarie par l'abaissement de l'autre, avant même que cette dernière soit abaissée au niveau du fond imperméable.

Si l'une des sources est située au-dessous du point J, elle ne peut pas être tarie par l'abaissement de l'autre.

C'est pourquoi on peut appeler les points J, J′ points limites du tarissement.

Le bénéfice de débit que peut procurer l'abaissement d'une source peut être envisagé à deux points de vue :

1° Au point de vue de la plus grande augmentation relative du débit;

2° Au point de vue du plus grand bénéfice de débit à obtenir pour un abaissement de 1 mètre de la source.

On trouve que :

Le bénéfice relatif du débit augmente à peu près proportionnellement au coefficient K, qui est, on s'en souvient, le rapport de la hauteur de la contrenappe à la hauteur maxima de la nappe (§ 35).

Ce même bénéfice relatif croît avec la pente hydraulique pour un abaissement donné de la source du controversant, et en sens inverse pour un abaissement de la source du versant.

Pour un abaissement de 1 mètre, le bénéfice de débit croît assez lentement avec le coefficient K. Quand la pente hydraulique augmente, ce même bénéfice de débit diminue si c'est la source de versant qui est abaissée. Il augmente si c'est la source de controversant.

En résumé, les circonstances qui influent sur le résultat à attendre de l'abaissement d'une source sont les suivantes :

Les nappes les plus profondes sont aussi les plus favorables à l'abaissement des sources.

L'augmentation relative du débit permanent peut varier dans les limites les plus étendues, suivant le niveau absolu des sources par rapport aux points limites du tarissement, et suivant leurs niveaux relatifs l'une par rapport à l'autre.

Plus une source est élevée par rapport à l'autre, plus est grand le bénéfice relatif que procure son abaissement.

Aussi ce bénéfice relatif sera-t-il ordinairement plus grand pour les sources de contreversant que pour les sources de versant.

D'après ces principes, ce sont les nappes en ellipse, à fond horizontal, pour lesquelles par conséquent la pente hydraulique est nulle, qui procurent la plus grande augmentation relative du débit par l'abaissement de l'une de leurs sources. Nous avons étudié plus particulièrement ce cas spécial.

Les figures 135 et 136, pl. XXXVII, représentent des nappes en ellipse dans lesquelles l'abaissement de l'une des sources jusqu'au niveau du fond imperméable *double* le débit de cette source. Deux solutions répondent à la question.

Dans la première, le débit de la source est de 1/4 du débit total de la nappe avant l'abaissement, de 1/2 de ce débit après l'abaissement.

Dans la deuxième solution, le débit de la source est de 1/2 du débit total avant l'abaissement, il est égal au débit total après l'abaissement. La source de l'autre versant est tarie.

29. **De l'abaissement ou de l'exhaussement intermittent des sources.** — La plupart des sources ont un débit suffisant et même surabondant pour les besoins pendant une grande partie de l'année. C'est seulement pendant la période de sécheresse que leur débit diminue considérablement, jusqu'au point de tarir et que les besoins à desservir sont en souffrance.

La période de sécheresse est véritablement la période critique de l'alimentation en eau. Et c'est pour cette période qu'il importe de trouver des améliorations au régime des sources.

On peut parer à cette situation de la même manière que pour les galeries de captage, c'est-à-dire en utilisant les volumes de la réserve qu'une nappe emmagasine entre deux niveaux donnés.

L'abaissement intermittent d'une source fournit la solution, car cette opération n'est au fond qu'un cas particulier des *galeries de captage*, puisque, pour le réaliser, il faut nécessairement creuser une tranchée ou une galerie à un niveau inférieur au niveau d'émergence de la source.

Dans la théorie des galeries de captage, nous avons démontré que c'est dans cette position, c'est-à-dire sous la source, qu'une galerie atteint son maximum de rendement, parce qu'elle peut capter dans cette position tout l'apport pluvial que reçoit la nappe.

Pour apprécier l'importance du déficit que la sécheresse crée dans l'alimentation, il faut comparer les débits d'une source en temps de sécheresse avec les besoins de la consommation.

La courbe 1, fig. 137, pl. XXXIX, représente les débits d'une des sources qui alimentent la ville de Paris, aux diverses époques de l'année. Le débit moyen de cette source est de 190 litres. En année moyenne, il atteint son maximum de 228 litres en avril et son minimum de 141 litres en octobre. En année de sécheresse, les débits s'abaissent à 133 litres en février et 72 litres en novembre. Ce sont les ordonnées de la courbe 2.

La courbe pointillée 3 représente un débit moyen de 180 litres, réparti par mois proportionnellement aux volumes d'eau consommés par la ville de Paris.

On voit qu'en raison de l'accroissement considérable de la consommation en été, pendant les mois de juin à octobre, le débit de la source représenté par la figure 1 présente un déficit qui atteint son maximum en août, septembre et octobre. Ce déficit est de 70 litres, soit de 46 o/o du débit de la source à la même époque.

Pendant près de 7 mois, au contraire, la source présente un débit excédant les besoins.

Dans les années de grande sécheresse, le déficit est permanent pendant les douze mois de l'année et s'élève en octobre jusqu'à 190 o/o du débit de la source à la même époque.

Le régime artificiel qui serait créé par l'abaissement intermittent de la source permettrait de recueillir toute l'eau de la nappe, de n'en laisser perdre à peu près aucune quantité et de fournir toujours un débit égal aux besoins représentés par la courbe 3.

Mais il faut aussi prévoir les années de grande sécheresse qui peuvent former des périodes plus ou moins longues et pendant lesquelles on aurait à distribuer cependant un volume d'eau correspondant au débit moyen.

Pour parvenir à ce résultat, il serait nécessaire de posséder en tout temps une *réserve*, c'est-à-dire un volume d'eau disponible au-dessus de la nappe la plus basse et correspondant à une ou deux ou trois années moyennes, selon ce qu'indiquerait une étude spéciale pour chaque cas déterminé.

La figure 138 représente avec un contour gris le volume occupé par la réserve. C'est l'espace compris entre la nappe naturelle TB et la nappe abaissée à son niveau le plus bas T_1B_1.

Le fonctionnement du système serait le suivant :

1° Toutes les fois que la source naturelle ne donnerait pas tout le débit normal réclamé par la consommation, eu égard à l'époque, on lèverait la vanne ou les vannes régulatrices suffisamment pour compléter ce débit.

2° Si les choses sont bien réglées, la source naturelle ne débiterait jamais un volume supérieur aux besoins de la consommation, et à la fin de la période de sécheresse la nappe serait assez abaissée pour pouvoir recueillir les apports qui arrivent pendant la saison pluvieuse, de manière qu'il n'y ait aucune déperdition.

3° Pendant les périodes d'années très sèches, il pourrait arriver que la source naturelle ne fonctionne pas.

L'abaissement intermittent d'une source procure les avantages suivants :

1° Il permet de mettre à toute époque de l'année, dans les années sèches comme dans les années humides, le débit capté en rapport avec les besoins de la consommation. Il supprime, par conséquent, les déficits de la saison sèche.

2° Il évite les déperditions qui se produisent pendant la saison humide, et, par ce double motif, il augmente dans une proportion considérable l'utilisation de la source.

30. Des sources naturelles. — Localisation des sources. — Dans la théorie, nous avons supposé que les sources sont réparties uniformément sur toute l'étendue de la ligne d'affleurement ou de la ligne de thalweg. Les sources naturelles diffèrent de cette conception théorique. *Elles sont localisées.*

Il y a le long des lignes d'émergence d'une nappe, des points d'élection où l'on voit l'eau sortir, et entre ces points l'eau n'apparaît pas. Ces points sont ce qu'on appelle dans le langage ordinaire *les sources.*

Nous avons étudié en détail, au paragraphe 69, les causes qui ont produit la localisation des sources. Pour éviter des répétitions, nous renvoyons le lecteur à ce paragraphe, en nous bornant ici à résumer succinctement les résultats auxquels nous sommes parvenus. Examinons d'abord le cas des sources d'affleurement.

C'est par une action lente, séculaire, que les eaux préparent l'emplacement des sources. Elles y parviennent par deux moyens, la *corrosion chimique*, qui commence leur œuvre, l'*érosion mécanique*, qui la poursuit. C'est ainsi que les sources se forment sur des points qui étaient destinés à ce rôle, soit parce qu'ils occupaient le fond d'une zone basse sur le fond imperméable, soit parce que les parties du massif perméable qui y aboutit sont plus perméables que les autres, soit parce qu'il existait vers ce point une faille ou ou une fissure géologique.

Une source d'affleurement est donc un organisme préparé par une longue action des eaux.

Théoriquement, et si la perméabilité des filets qui y convergent était la même que dans le reste de la masse perméable, une source fonctionnerait eu égard à cette convergence de filets liquides, à peu près comme un puits.

Mais la perméabilité plus grande des canaux qui amènent les filets liquides à la source permet de penser que, dans beaucoup de cas, le profil de la nappe considérée dans son ensemble ne diffère pas beaucoup de celui de la nappe théorique coulant par tranches parallèles, et qu'on peut appliquer aux sources localisées les propriétés démontrées pour les sources uniformément réparties.

En ce qui concerne les sources de thalweg, les mêmes considérations peuvent être reproduites, mais on ne peut plus invoquer ici, comme cause préexistante, le vallonnement du fond imperméable. Aussi le phénomène privé de cette cause à laquelle nous attribuons une influence prépondérante présente-t-il beaucoup moins de netteté. En réalité, les sources de thalweg sont moins localisées que les sources d'affleurement. Le long des cours d'eau où elles se déversent, elles forment des cordons presque continus, qui révèlent leur existence, lorsque, pour une cause quelconque, on abaisse l'eau d'une rivière sur une grande étendue.

En résumé, les résultats à attendre d'un abaissement ou d'un exhaussement d'une source naturelle peuvent se calculer comme s'il s'agissait d'une source théorique à filets parallèles, sauf à prévoir une certaine *perte d'effet utile*, qui, dans le cas des nappes de thalweg, sera à peu près nulle, et qui n'aurait quelque importance que pour les sources d'affleurement.

Dans tous les cas, *il importe de bien reconnaître les points de source.* Dans les vallées plates, les vraies sources sont situées au pied du coteau. Entre la source et l'émergence dans le lit du cours d'eau, les eaux suivent des issues larges et faciles, sables, graviers, fissures, qui offrent très peu de résistance à leurs mouvements. Quelquefois les eaux sourdent au pied d'une colline, alors que l'affleurement de la source est situé beaucoup plus haut. Dans ce cas, les eaux cheminent sous des éboulis, et il est clair que des travaux d'amélioration exécutés au point d'émergence des eaux ne produiraient aucun effet sur le régime de la source.

31. Amélioration du régime d'une source d'affleurement. — Ainsi que nous l'avons dit, les sources d'affleurement ne se prêtent pas à l'abaissement artificiel direct de leur niveau :

1° Ce principe est rigoureusement vrai lorsque la source émerge réellement sur le fond imperméable. Très souvent il n'en est pas ainsi, et la séparation du massif perméable et du fond imperméable n'est pas parfaitement tranchée. La source émerge un peu au-dessus du plan de la couche imperméable, et un abaissement de son niveau produira un certain résultat utile, un accroissement de son débit permanent.

Il y a donc généralement avantage à abaisser le niveau d'émergence, même d'une nappe d'affleurement, à la condition de ne pas mettre à découvert la couche perméable de l'étage inférieur.

2° *Amélioration par exhaussement un peu en amont de la source.* En général, l'exhaussement d'une source serait une opération difficile et coûteuse, puisqu'elle exigerait la construction d'une digue; mais il paraît possible, dans un grand nombre de cas, de réaliser l'exhaussement artificiel des eaux en barrant la vallée à l'amont.

Les figures 141 à 144, pl. XL, indiquent les dispositions qui pourraient être prises. On creuserait en travers de la vallée, jusqu'au fond imperméable, une tranchée qui serait remplie d'argile tassée et pilonnée jusqu'à une hauteur de o m. 5o à o m. 6o sous la surface du sol, hauteur ménagée pour les cultures. Du côté intérieur de la tranchée, on remblaierait avec les terres les plus perméables et on établirait au pied un dalot en pierres sèches pour drainer les eaux. Celles-ci seraient conduites au milieu du barrage à un regard en maçonnerie, du fond duquel partirait un tuyau de conduite, manœuvré du haut par une vanne, régulatrice du débit.

La figure 144 indique les profils des nappes qui seraient réalisées à volonté par la manœuvre de la vanne. La nappe 2 est celle du régime permanent avant la construction du barrage. La nappe 1 est celle qui se réaliserait à la fin de la période de la sécheresse. La nappe 3 serait celle qu'on aurait à la fin de la période des pluies.

En temps ordinaire, le débit normal serait un peu inférieur au débit ordinaire de la source, mais on disposerait pendant la période de la sécheresse d'une bonne partie de *la réserve*, c'est-à-dire du volume d'eau contenu entre les nappes 1 et 3.

3° *Amélioration par exhaussement de la source de l'autre versant.* Ce procédé a surtout pour effet d'augmenter le débit permanent de la source considérée. L'exhaussement de la source de l'autre versant aurait lieu, non sur l'emplacement de la source elle-même, mais à une certaine distance en amont, et il serait exécuté au moyen d'un barrage ou écran argileux, comme dans le cas précédent.

Par exemple, dans le cas de la figure 144, la source A' se trouve améliorée par suite de l'exhaussement du niveau de la source A. Son bassin alimentaire, qui était $\widehat{A'B}$, devient $\widehat{A'B_1}$. Il augmente de $\widehat{BB_1}$.

Ce mode d'amélioration sera ordinairement d'une réalisation difficile, parce que le propriétaire de l'une des sources peut ne pas être propriétaire de l'autre.

Amélioration par galerie de captage (fig. 83, pl. XXV). — Quand il s'agit de grandes sources, on pourra trouver avantage à adopter une galerie de captage établie sur le fond imperméable, avec vannes régulatrices.

En temps ordinaire, on n'utiliserait que le débit de la source. Pendant la période de sécheresse, on compléterait le débit de la source au moyen de celui de la galerie de captage.

S'il s'agit d'améliorer la source du versant, la galerie de captage permettrait de porter la longueur du bassin alimentaire dont on peut utiliser les eaux de $\widehat{AO}$ à $(\widehat{AO} + \widehat{OE'})$, et toutes les eaux pourraient être conduites à la source du versant A.

S'il s'agit d'améliorer la source du contreversant, la galerie de captage permettrait de porter la longueur du bassin alimentaire de $\widehat{A'O}$ à $(\widehat{A'O} + \widehat{OE})$. Le bénéfice serait relativement plus grand, mais les eaux captées par la galerie seraient fournies à un niveau inférieur à celui de la source. Pour les recueillir à ce même niveau, il faudrait placer la galerie plus haut. Mais alors, elle n'aurait plus la même puissance de captage.

Suivant le but qu'on poursuit, amélioration du débit permanent ou amélioration du débit de sécheresse, les moyens ci-dessus peuvent être combinés entre eux et donner lieu à des solutions diverses, qu'une étude générale peut difficilement prévoir.

32. **Amélioration du régime d'une source de thalweg.** — 1° *Amélioration par abaissement de la source dans le lit du cours d'eau.* L'exhaussement convient particulièrement aux sources d'affleurement; l'abaissement est, au contraire, le mode d'amélioration qui convient aux sources de thalweg.

Le mode d'application dépend des circonstances locales. Le plus simple consiste dans le procédé appliqué par Darcy à la source du Rosoir, à Dijon. Cette source émergeait au fond du lit de la rivière. Darcy a séparé la source de la rivière. Il a conduit cette dernière dans un aqueduc maçonné, et il a recueilli la source dans un aqueduc spécial. Il a ainsi diminué de 1 m. 10 la charge piézométrique de la source, ce qui équivaut à un abaissement de 1 m. 10 de son niveau.

La méthode consiste, en définitive : 1° à détourner le cours d'eau dans un lit étanche; 2° à isoler la source.

On pourrait, de cette manière, capter des sources dans beaucoup de petites rivières. La recherche de ces sources est très facile, puisqu'il suffit d'intercepter le cours des eaux et de mettre le lit à sec pour les découvrir.

La figure 152 (pl. XLIII) représente le schéma des travaux à effectuer.

Au moyen de deux barrages B, B, on isolerait la zone dans laquelle on aurait découvert les sources, et on établirait une déviation C C C du cours d'eau, avec un lit étanche.

On entourerait la zone des sources S S d'une enceinte maçonnée couverte M M, dans laquelle une conduite D prendrait les eaux pour les amener au lieu d'emploi.

En tête de cette conduite, on placerait une vanne qui servirait à régulariser le débit des sources et à le mettre à chaque instant en rapport avec les besoins. Il serait possible, en laissant monter l'eau dans l'enceinte des sources, de produire sur elles en temps ordinaire une contrecharge plus ou moins forte et de créer ainsi une réserve susceptible d'être utilisée pendant la période de sécheresse annuelle.

2° *Amélioration par abaissement de la source avec galerie ou drain.* Ce mode d'amélioration n'est autre que celui dont nous avons assez longuement étudié les effets.

La galerie à établir en contre-bas du niveau de la source devra avoir une longueur plus ou moins grande suivant les circonstances, avec un prolongement fonctionnant comme conduite et aboutissant au jour. Si le terrain est de nature arénacée, la longueur de la partie captante pourra être relativement courte. Si le terrain est de nature rocheuse avec fissures, la nappe n'est plus continue; il sera généralement nécessaire de créer une galerie captante plus longue, afin d'être assuré de rencontrer un assez grand nombre de filets liquides.

Si la source localisée dont on veut améliorer le régime est située, comme cela arrive le plus souvent, dans le fond de la vallée, elle recueille les eaux des deux versants, et la galerie d'abaissement qu'on lui adjoindra recueillera également le débit des deux versants, mais amélioré par le fait de l'abaissement.

Si, au contraire, par suite de certaines circonstances géologiques particulières, la source est située, non pas dans le fond de la vallée, mais bien au-dessus de ce fond, la galerie d'abaissement recueillera non seulement le débit amélioré du versant en question, mais encore le débit de l'autre versant de la même vallée. C'est ce que montre la figure 145, pl. XLII.

La galerie sera, bien entendu, pourvue d'une ou plusieurs vannes régulatrices permettant de faire varier le débit de la source et de créer une réserve.

Si l'on avait à craindre l'infiltration des eaux du cours d'eau dans la galerie et si cette infiltration présentait des inconvénients, il faudrait faire *un lit étanche au cours d'eau* dans la traversée des captages.

3° *Amélioration par abaissement avec galeries et puits.* Dans le mode d'amélioration précédent, on suppose que la galerie peut aboutir au jour et se prolonger en conduite fermée jusqu'au réservoir. Si cela n'était pas possible, il faudrait nécessairement extraire l'eau de la galerie par un puits.

Il pourra même suffire, dans certains terrains, de n'avoir qu'un seul puits, pourvu d'une galerie au fond, qui fonctionnerait seulement pendant la période de sécheresse.

Si les galeries sont trop coûteuses à établir, il peut être plus avantageux, pour capter les eaux d'une vallée, de creuser un certain nombre de puits pourvus de quelques galeries au fond et de les actionner par transmission électrique au moyen d'une usine centrale.

Le choix de ces diverses solutions dépend de beaucoup de circonstances auxquelles un ingénieur est obligé d'avoir égard.

33. Amélioration des sources dans les terrains à fissures. — Les terrains à fissures sortent des conditions qui ont servi de base à nos études sur les nappes. Cependant, ainsi que nous l'avons dit, il se forme dans ces terrains des amas d'eaux ou nappes non continues, qui, d'après les études pratiques que nous avons faites (chap. XII, XIII), ne diffèrent pas, comme formes générales, des nappes des terrains arénacés, réserve faite à l'égard des chutes brusques, des cascades qui peuvent s'y rencontrer, mais qui ne sont que des accidents.

Les procédés généraux d'amélioration par abaissement ou par exhaussement peuvent donc être appliqués à l'amélioration des sources de cette nature avec des probabilités de succès, et même la constitution rocheuse et compacte du terrain aux abords des sources permettra quelquefois d'y exécuter des travaux qui seraient impossibles sur des terrains meubles.

Par exemple, on pourra enfermer la source dans un puits étanche pourvu, au fond, d'une vanne régulatrice, de manière à produire un exhaussement du niveau d'émergence et à créer une réserve pour les périodes de sécheresse. Pour que l'opération réussisse, il suffit que, dans un certain rayon autour de la source, la roche ne présente pas d'issue aux eaux ainsi surélevées. Ce cas se présentera quelquefois. L'expérience vaudra souvent la peine d'être tentée.

Mais nous devons signaler tout particulièrement une circonstance qui se présente assez fréquemment dans les roches à fissures et à cavernes. C'est lorsque le fond imperméable qui sert de support à la masse aquifère a un profil synclinal et forme comme un fond de bateau dont le point bas est à un niveau inférieur à celui de la source.

Les fissures de la roche doivent être plus nombreuses et plus larges au fond parce que les eaux météoriques chargées d'acide carbonique ont une tendance à corroder le massif calcaire en profondeur; c'est une conséquence de leur plus basse température.

Ces fissures du fond sont remplies d'une masse d'eau qui subsiste toujours, renouvelée seulement par les courants qui s'y établissent à la suite des grandes pluies. Dans une note insérée au fascicule V du *Bulletin de l'Hydraulique agricole* (1901), nous avons établi que le bassin de la fontaine de Vaucluse, la source la plus importante de France (son débit moyen est de 23 mètres cubes par seconde), présente très probablement la disposition que nous venons d'indiquer et qu'au niveau de l'étiage de la fontaine les vides par fissures ou cavernes peuvent atteindre la proportion de 16 p. 100. L'étude que nous avons faite au chapitre xv a confirmé cette conception.

Comme conséquence, une prise d'eau faite à 4 mètres au-dessous de zéro permettrait de se procurer chaque année, à l'époque de la sécheresse, un volume d'eau considérable qui est actuellement perdu. Les pluies de l'automne et de l'hiver reconstitueraient, chaque année, ce qu'on aurait enlevé au réservoir du fond.

Nous sommes porté à croire que la belle source de Fontaine-Lévêque, située non loin du Verdon, à la limite du département du Var, et dont le débit est de 4 mètres cubes, présente une constitution analogue. Dans la note précitée, nous ajoutions ce qui suit :

«Nous pensons que ce mécanisme n'a rien d'exceptionnel; qu'il est le même pour beaucoup de sources en terrains calcaires, surtout pour celles qui ont un débit soutenu pendant les sécheresses; que, dans ces sources, il existe un *réservoir de fond* qui pourrait fournir de grands volumes d'eau en temps d'étiage, si on leur assurait une issue artificielle à un niveau suffisamment bas ou si on extrayait les eaux par voie d'exhaustion. »

Nous avons indiqué, dans la même note, les calculs et les expériences à faire pour vérifier l'existence de ces réservoirs de fond, et même pour en calculer la superficie, aux diverses altitudes. Nous ne pouvons qu'y renvoyer ceux des ingénieurs qui auraient à faire des études semblables. La question nous paraît présenter le plus grand intérêt.

DÉTERMINATION, PAR L'OBSERVATION, DES CONSTANTES SPÉCIFIQUES DES NAPPES. — STATISTIQUE DES DÉBITS DES SOURCES. — DÉTERMINATION DU DÉBIT D'ÉTIAGE D'UNE SOURCE.

34. Des nappes naturelles. — Les nappes étudiées dans la théorie sous le nom de *nappes régulières* sont des nappes dans lesquelles : 1° la ligne de faîte est parallèle aux lignes d'affleurement ou de thalweg; 2° les filets liquides coulent normalement à

ces lignes ; 3° dans le cas d'une nappe de thalweg, la ligne des sources est parallèle à la ligne du fond imperméable.

Lorsque la ligne des sources n'est pas parallèle à la ligne du fond, les autres conditions restant remplies, on a une *nappe non régulière*. (Exemples : fig. 172, pl. L; fig. 198, pl. LXVII).

Dans les nappes naturelles, ces conditions ne se réalisent presque jamais d'une manière rigoureuse. Mais il existe beaucoup de cas où elles se réalisent d'une manière assez approchée pour qu'on puisse appliquer la théorie sans grandes erreurs.

C'est ce qui arrive, par exemple, dans le voisinage du faîte général de toutes les nappes (fig. 198) ou dans le voisinage des cols ou dépressions (fig. 172), ou bien sous d'assez grandes étendues, dans les nappes qui coulent sous des versants réguliers et très allongés, sous les plateaux à pentes douces qui forment les massifs crayeux (fig. 182, 183), ou bien encore sous la surface des larges vallées.

On trouvera au paragraphe 81 un procédé qui permet de ramener l'étude des nappes *naturelles* à celle des nappes *régulières ou non régulières*.

35. Constantes spécifiques qui déterminent une nappe régulière ou non régulière. — Comment déterminera-t-on les éléments constitutifs d'une nappe et le régime des sources qu'elle alimente?

Tel est le problème pratique qu'il faut résoudre pour tirer parti de la théorie hydraulique.

Dans le cas général d'une nappe non régulière, les constantes spécifiques de cette nappe sont au nombre de *onze* (fig. 210 *bis*, pl. LXXI).

Neuf déterminent la forme géométrique de la nappe.

Deux déterminent les variations de son débit.

Les neuf constantes qui déterminent la forme de la nappe sont :

H, l'altitude de la nappe au faîte;

p, p', hauteurs des sources du versant et du contreversant au-dessus du fond;

a, longueur du versant;

$(L-a)$, longueur du contreversant;

ε, pente du fond imperméable;

δ, coefficient d'absorption total du terrain;

z, pente hydraulique de la nappe du versant;

z', pente hydraulique de la nappe du contreversant.

De ces neuf éléments les cinq premiers sont des longueurs.

Les 7ᵉ, 8ᵉ, 9ᵉ sont des coefficients numériques.

Ces éléments suffisent pour déterminer la forme géométrique de la nappe, mais son débit *permanent* reste encore indéterminé. Pour le connaître, il faut avoir le rapport $\frac{m}{\mu}$.

Cette donnée ne suffirait pas encore pour calculer les variations de la nappe par les crues et décrues; il faut y ajouter la connaissance séparée des éléments m, μ;

m, coefficient des vides;

$\frac{1}{\mu}$ coefficient de perméabilité.

Cas d'une nappe à un seul versant. — On a alors :

$$H = o; \qquad p' = o; \qquad a = L; \qquad z = o.$$

Il ne reste plus que 7 constantes nécessaires.

Cas d'une nappe d'affleurement. — Dans ce cas, on a :

$$p = o; \qquad p' = o.$$

Il ne reste plus que 9 constantes nécessaires, dont 7 pour la détermination de la nappe.

La théorie fournit deux équations pour chaque versant, en tout quatre équations (§ 75). Il faut donc déterminer 5 éléments *par l'observation*, pour calculer la forme de la nappe.

Généralement on pourra déterminer de cette manière :

1° La longueur totale de la nappe d'un thalweg à l'autre L;

2° La position du fond imperméable et sa pente ε;

3° La hauteur p au-dessus du fond imperméable;

4° La hauteur p' au-dessus du fond imperméable;

5° L'altitude du faîte ou dans le voisinage du faîte, ce qui suffira, puisque le faîte étant un point à tangente horizontale, le niveau de la nappe ne change pas sensiblement dans une certaine étendue autour de ce point.

La détermination de la position du fond imperméable exige une étude géologique, pour laquelle la Carte géologique de la France au 1/80.000° fournira très souvent des indications suffisantes. Il faudra nécessairement la compléter par des cotes de niveau, celles qu'elle contient étant malheureusement trop rares. Cette partie des observations est à vrai dire la seule qui soit difficile. Mais rien ne peut y suppléer. On trouvera aux chapitres XIII, XVI des exemples de ce genre de recherches.

Le coefficient d'absorption δ se déduit des équations de la théorie, mais nous avons donné au paragraphe 63 une méthode qui permet de le calculer au moyen d'une double épreuve de jaugeage du débit d'un puits.

Détermination des constantes m, μ. — Le rapport $\frac{m}{\mu}$ se détermine par la connaissance du débit *permanent* d'une source. C'est vers la fin du printemps ou de l'automne qu'une source passe par son régime permanent. Mais la date exacte varie suivant les sources et suivant les années.

La détermination du coefficient μ est celle qui présente le plus de difficultés. C'est au moyen des abaissements du faîte, ou au moyen des diminutions du débit en temps de sécheresse (absence de pluies) qu'il est le plus sûr d'opérer. Cette opération se rattache à celle de la *méthode du point d'inflexion*, dont il sera parlé ci-après (voir § 37).

36. **Utilité des statistiques des débits des sources.** — **Détermination pour chaque région des rapports pluviaux relatifs et des coefficients d'infiltration.**

— Dans les formules (168, 169) relatives aux montées du faîte ou au débit des sources en crues, figure l'apport pluvial relatif $\frac{H}{h}$. C'est le rapport de l'apport pluvial H *moyen* de la période considérée à l'apport pluvial h du *régime* permanent.

On conçoit que ce rapport dérive de la proportion des eaux pluviales qui s'infiltre dans le sol, autrement dit du *coefficient d'infiltration*.

Ce dernier coefficient a lui-même un caractère *régional*.

Il dépend de la répartition des pluies, de la température, du vent, de la composition du sol.

Si on connaissait pour le bassin d'une source le coefficient d'infiltration des eaux θ, pour chaque mois de l'année, on pourrait multiplier la hauteur de pluie réellement tombée par un coefficient θ, et le produit donnerait l'apport pluvial parvenu à la nappe.

On en conclurait l'apport pluvial relatif $\left(\frac{H}{h}\right)$ applicable au mois, ou à la saison, ou à une période quelconque.

Pour éliminer les erreurs, les anomalies locales, il est évident qu'il y a avantage à opérer sur une période de plusieurs années. Il faut donc une *statistique* des débits d'une source pour dix, quinze, vingt années, et une statistique des pluies pour la même période. On ramènera tout à des *moyennes par mois*.

En construisant la courbe de ces débits moyens, on reconnaît qu'elle présente pour une année la forme d'une *sinusoïde* assez régulière, tracée au-dessus et au-dessous de l'horizontale qui figure le *débit permanent* ou débit moyen (fig. 137, pl. XXXIX et fig. 205, 206, 207, pl. LXX).

À partir d'une date A, en octobre, novembre ou décembre, le débit moyen s'élève jusqu'à un maximum B, qui se produit dans le courant de l'hiver. C'est la *crue d'hiver*, période I.

Puis le débit diminue jusqu'à ce qu'il repasse par sa valeur moyenne en C, en avril, mai ou juin. C'est la *décrue de printemps*, période II.

La décroissance continue jusqu'au *minimum*, qui se produit à la fin de l'été et même bien au delà, point D. C'est la *décrue d'été*, période III.

Avec les pluies de l'arrière-saison, le débit croît et regagne sa valeur ; c'est la *crue d'automne* : point E de la courbe que reproduit le point A, période IV.

Il y a donc 4 périodes à considérer. Dans chacune d'elles, le débit permanent forme l'une des limites de la période, soit au commencement, soit à la fin. Si c'est au commencement, c'est la partie de droite du graphique F (planche LXXXI), qui est applicable, et si c'est à la fin, c'est la partie de gauche.

La somme des durées des périodes I et III est toujours plus petite que celle des périodes II et IV.

Le graphique F permet de calculer l'apport pluvial relatif $\left(\frac{H}{h}\right)$ quand on connaît le rapport des débits $\left(\frac{Q}{Q_0}\right)$ de la crue (ou décrue) au débit ordinaire, et le terme $(1+K)\alpha t$ proportionnel à la durée de la période.

On peut donc former dans chaque région un tableau des $\left(\frac{H}{h}\right)$ moyens relatifs à chaque saison.

En appliquant le même mode de calcul aux années *exceptionnellement sèches*, on obtiendra les apports pluviaux relatifs à ces années, qu'il est particulièrement intéressant de connaître puisqu'ils permettent de calculer les débits d'*étiage extrême* d'une source donnée.

Le même mode de calcul peut être appliqué pour déterminer les apports pluviaux moyens pour chaque mois. On en déduit ensuite les *coefficients d'infiltration* par saison ou par mois. L'application de ces coefficients donnerait, sans doute, avec une approximation suffisante, la valeur des apports pluviaux réels pour une période donnée. C'est une application que nous n'avons pas été amené à faire.

37. **Coefficient caractéristique d'une source.** — **Sa détermination par la méthode du point d'inflexion.** — Le terme qui joue le rôle le plus important dans l'application du graphique F, c'est le terme $(1+K)\alpha t$, et, par conséquent le coefficient :

$$(1+K)\alpha,$$

qui est propre à la source. Il importe de le connaître. Pour bien des nappes placées dans les terrains arénacés, c'est-à-dire qui rentrent dans les hypothèses de la théorie, ce terme peut se déterminer par le calcul si on connaît μ.

Il a les valeurs suivantes :

Pour une nappe à fond horizontal (voir les notations, tableau W, à la fin du volume) :

$$\frac{(1+K)b}{\mu a^2},$$

ou encore :

$$\frac{(1+K)\delta}{\mu a}.$$

Pour une nappe sur fond incliné :

$$\frac{(1+K)\left(b_0+\frac{B\epsilon a}{2}\right)}{\mu A^2 a^2},$$

ou encore :

$$\frac{(1+K)\delta}{\mu A a}.$$

(Il faut faire K = zéro s'il s'agit d'une nappe d'affleurement.)

Si le coefficient de résistance μ n'est pas connu, et l'expérience que nous allons décrire a précisément pour conséquence de le déterminer, on procédera de la manière suivante :

Vers la fin du printemps, c'est-à-dire aussi près que possible du moment où la source passe par son *débit moyen* et entre dans la décrue d'été, on jaugera son débit par seconde, sinon chaque jour, du moins tous les deux jours. Des observations à l'enregistreur de ce débit seraient encore préférables.

On fera des jaugeages avec un soin particulier pendant les périodes *sans pluie*. Il s'en présentera presque toujours une ou plusieurs pendant la durée des observations.

En construisant jour par jour la courbe des débits, on constatera qu'après un ou deux jours de sécheresse, la courbe baisse et qu'après avoir été concave vers le bas, elle devient convexe. On mène une tangente au point d'inflexion (fig. 208, 209, pl. LXXI), on découpe ainsi sur l'axe des temps une sous-tangente BC qui représente un certain nombre de jours, ou de secondes.

On a :

$$(1 + K)\alpha = \frac{1}{3BC},$$

BC étant exprimé en secondes.

Multipliant cette expression par 365 et exprimant BC en jours, on a ce que nous avons appelé le *coefficient caractéristique* :

$$(1 + K)\alpha T = \frac{365}{3BC},$$

formule où **T** représente le nombre des secondes contenues dans une année, 31.500.000, et où BC est exprimé en jours.

Connaissant ainsi $(1 + K)\alpha$, on calcule le coefficient μ, au moyen des formules de α écrites ci-dessus.

38. Importance de la détermination du coefficient caractéristique. — Des groupes de sources.

— Nous avons démontré que *le cours d'eau formé par le groupement de toutes les sources d'un bassin homogène* (c'est-à-dire dont toutes les parties ont les mêmes coefficients m, μ, δ, $\left(\frac{H}{h}\right)$) *se comporte à peu près comme une source unique qui serait placée dans les mêmes terrains.*

Cette propriété est très importante, parce que dans les terrains fissurés et coupés par des vallées secondaires qui interrompent la forme cylindrique des nappes (ex. chap. xv), la détermination du coefficient caractéristique est le seul moyen de connaître le régime d'un groupe de sources.

Le coefficient caractéristique d'une source est d'autant plus grand que la source est plus instable. Dans les cas ordinaires, il a pour valeur 1 à 1,50. Dans les sources très instables, il s'élève à 3, 4, 5, 6. Enfin, dans les sources très stables, il descend à 0,40, 0,30, 0,20, 0,10.

39. Détermination du débit d'étiage d'une source.

— Lorsqu'on connaît à la fois :

1° Le coefficient caractéristique d'une source ;

2° Les apports pluviaux $\left(\frac{H}{h}\right)$ qui correspondent à la période de décrue d'été dans les années sèches et très sèches, et les nombres de jours que durent ces périodes, on a les éléments suffisants pour calculer au moyen du graphique F les débits d'*étiage ordinaire* et d'*étiage exceptionnel*.

Nous avons donné au chapitre xvii les valeurs des $\left(\frac{H}{h}\right)$ applicables à certaines régions.

Il sera utile que les ingénieurs s'attachent à déterminer ces données dans les régions où ils sont placés.

DE L'AMÉLIORATION DU RÉGIME DES SOURCES PAR L'AMÉNAGEMENT DU SOL.

40. Causes modernes qui contribuent à l'appauvrissement du débit des sources.

— La première idée qui se présente, quand on se propose d'améliorer le régime des sources, c'est d'améliorer les conditions qui président à la formation des nappes dont les sources ne sont, en définitive, que la résultante.

Deux causes contribuent à la formation des nappes :

1° La hauteur et la fréquence des pluies ;

2° L'absorption par le sol des eaux météoriques, pluies ou neige.

Bien que l'étude de ces questions relève plutôt de l'hydrologie que de l'hydraulique, elles touchent à l'amélioration du régime des sources et, par ce motif, il nous paraît utile de présenter à leur sujet quelques considérations.

Dans quelle mesure l'homme peut-il agir sur ces deux facteurs de la formation des nappes, la pluie et l'absorption des eaux météoriques ?

En ce qui concerne la pluie, son impuissance est complète. Tout ce qu'on sait, c'est que les forêts attirent les pluies, les rendent plus fréquentes et plus intenses.

Mais les progrès de la civilisation, le développement de la population tendent, non pas à multiplier les forêts, mais au contraire à les faire disparaître pour les remplacer par des cultures. Par conséquent l'apport pluvial a une tendance à diminuer.

À l'égard de l'infiltration dans le sol des eaux météoriques, l'homme n'est pas absolument désarmé. Les travaux auxquels donne lieu progressivement la mise en valeur d'un pays ont une répercussion directe sur l'absorption des eaux météoriques, et par conséquent sur les sources, mais leur effet est défavorable et tend précisément à diminuer les volumes d'eau apportés aux nappes souterraines.

Ces causes sont :

1° Le défrichement et la mise en culture ;

2° L'assainissement des terres, le drainage, le desséchement des marais, etc. ;

3° L'ouverture des chemins ;

4° Les travaux des mines.

1° *Défrichement et mise en culture.* Après de longues controverses, c'est un point qui paraît bien établi aujourd'hui, que les forêts, et d'une manière générale la végétation herbacée, retiennent les eaux pluviales à la surface du sol, gênent leur écoulement, le retardent, et facilitent par conséquent leur absorption par le sol.

Dans les terres cultivées au contraire, où l'on donne habituellement au sol la forme de billons séparés par des sillons, les sillons s'imbibent au commencement de la pluie, mais pour peu que la terre soit argileuse, ils ne tardent pas à se colmater et à laisser écouler les eaux pluviales, comme le feraient des fossés.

Or, c'est précisément pendant la saison froide que les nappes souterraines réparent leurs réserves d'eau appauvries par la sécheresse de l'été. À cette époque, la végétation n'a pas encore poussé, et le sol des champs de culture est à peu près nu. Il est dans l'état le plus défavorable pour l'absorption des eaux pluviales.

Le défrichement et la mise en culture sont donc contraires à l'enrichissement des nappes aquifères et des sources.

2° Toutes les opérations qui ont pour but l'enlèvement rapide des eaux stagnantes ou leur écoulement lent, telles que *l'assainissement des terres insalubres, le curage des cours d'eau, le drainage, le desséchement des marais et des étangs*, ont pour effet direct de diminuer la surface du sol qui est recouverte par les eaux, ou de tarir les nappes superficielles et par conséquent de diminuer aussi la proportion des eaux qui s'infiltrent dans le sol. Ces travaux, qui sont l'auxiliaire indispensable de toute mise en valeur rationnelle de la terre, sont défavorables aux nappes et aux sources. Il en a été exécuté de considérables depuis cent ans.

3° *L'ouverture des chemins* paraît au premier abord tout à fait étrangère à la question des sources. Cependant c'est, à notre avis, une des causes qui ont le plus profondément modifié le régime hydraulique des nappes et des sources dans le siècle dernier. Chaque chemin est toujours pourvu de deux fossés, ou tout au moins d'un fossé du côté du déblai. Ces fossés sont généralement bien curés et pourvus de pentes quelquefois très fortes. Avant l'ouverture de ce chemin, les eaux s'écoulaient plus ou moins lentement, à la surface des champs, et une grande partie des eaux s'infiltrait dans le sol.

Dès que le chemin est établi, tout change. Les terrains riverains s'égouttent dans le fossé qui, en tranchée surtout, fait l'office d'un drain profond. Les fossés séparatifs des parcelles riveraines lui apportent toutes leurs eaux. Toute une zone de 100, 200, 500 mètres de largeur est ainsi rapidement asséchée, à la suite de chaque pluie.

S'il s'agit de chemins en remblais, l'effet produit est le même. En vue de soustraire la plate-forme du chemin à des dégradations, des affaissements, on ne manque pas d'établir sous le chemin, dans tous les points bas, des fossés, des aqueducs qui conduisent les eaux rapidement au thalweg le plus voisin.

Or il existe en France, en nombres ronds :

Chemins de fer...	50.000 kilom.
Routes nationales..	38.000
Routes départementales..................................	18.000
Chemins de grande et moyenne communication.............	230.000
Chemins vicinaux ordinaires.............................	400.000
Chemins ruraux et autres pourvus de fossés, environ.....	200.000
Total...........	936.000

La superficie de la France étant de 530.000 kilomètres carrés, les chemins de toute catégorie représentent une longueur de 1.761 mètres par kilomètre carré, c'est-à-dire que les fossés de ces chemins collectent les eaux pluviales sur une largeur moyenne de 284 mètres de chaque côté de leur axe [1].

On comprend que, dans ces conditions, les fossés des chemins exercent un drainage superficiel très puissant sur les eaux pluviales au fur et à mesure qu'elles tombent sur le sol. L'infiltration dans le sol en est considérablement diminuée.

C'est à cette cause principalement que nous paraît devoir être attribué l'abaissement du débit des sources qui a été constaté partout depuis une cinquantaine d'années.

4° *Les travaux des mines* donnent lieu à des épuisements considérables dans certaines régions. Ils appauvrissent les nappes souterraines, abaissent leur niveau et rendent quelquefois difficiles les approvisionnements d'eau potable. C'est ce qu'on observe dans le nord de la France. Mais les épuisements dans les mines n'ont qu'une action locale, limitée, et sont loin d'avoir sur les débits des sources des effets comparables à ceux que nous avons indiqués plus haut.

[1] $2 \times 0^l284 \times 1^k761 = 1^{lq}$.

41. Moyens d'améliorer les sources par un aménagement du sol. — À toutes ces causes qui tendent à diminuer l'approvisionnement normal des nappes aquifères, il y aurait des remèdes ou plutôt des palliatifs à appliquer.

Nous en indiquerons deux :

1° *Ralentir l'écoulement des eaux superficielles par de petits barrages sur les fossés de toutes catégories*, barrages dont la hauteur ne serait pas assez grande pour occasionner l'inondation prolongée des terres ou des chemins et serait assez grande cependant pour conserver une certaine retenue d'eau stagnante, qui serait bue par le sol, après chaque pluie ;

2° *Création de puits absorbants dans les couches perméables du sol.* Le plus souvent ces puits absorbants n'auraient pas besoin d'être bien profonds. Il faudrait seulement les entretenir de temps en temps en enlevant l'enduit argileux, colmatant et imperméable, qui tend à se déposer sur leurs fonds, comme cela a lieu dans les mares.

L'idée des puits absorbants n'est pas nouvelle. Elle a été suggérée à M. l'ingénieur en chef Conte Granchamp, en 1866, par le phénomène observé sur la Tet, dans les Pyrénées-Orientales, auquel on a donné le nom de *Reproduction des eaux*, et qui consiste dans le fait suivant :

Les eaux employées aux irrigations *de printemps* dans les parties supérieures du bassin de la Tet s'infiltrent dans le sol et réapparaissent à *l'automne* dans les sources du thalweg de la Tet inférieure, dont elles viennent grossir le débit précisément à l'époque où cette rivière en a le plus besoin. Si ces irrigations de la Tet supérieure n'existaient pas, les eaux de printemps s'écouleraient en pure perte à la mer et les cultures de la partie inférieure de la vallée souffriraient grandement du manque d'eau à la fin de la période de la sécheresse.

Ce fait soupçonné et indiqué par les gens du pays a été mis en évidence par les expériences faites par les ingénieurs des ponts et chaussées en 1865, 1866 (Mémoire de M. Vigan, *Annales des ponts et chaussées*, 1866).

S'inspirant de la reproduction des eaux de la Tet, M. Conte Grandchamp en avait conclu, pour les Basses-Alpes, à l'établissement d'un système de puits absorbants dans lesquels on jetterait toutes les eaux non utilisées en hiver et au printemps afin d'augmenter les réserves des nappes aquifères. Il y avait lieu de croire que ces eaux se retrouveraient dans la Durance en été, à l'époque où les irrigations sont en plein fonctionnement.

Cette idée est assurément très rationnelle, très conforme à la théorie et il y aura peut-être lieu d'y revenir le jour où les besoins toujours croissants des irrigations dans la vallée de la Durance rendront de nouvelles recherches d'eaux absolument indispensables.

Son application devra être étendue à toutes les sources en général, dont on constate partout l'appauvrissement et même quelquefois le tarissement complet.

Pour y parvenir, on sera certainement obligé d'édicter des mesures législatives, en vue de faciliter l'alimentation des sources. Ce sera comme un complément de la loi du 15 février 1902 sur la santé publique, qui a pour la première fois posé le principe de la protection des sources au point de vue de l'hygiène. À cette protection, qui ne vise que la *qualité* des eaux, il sera nécessaire d'en ajouter une autre, la protection des sources au point de vue de leur alimentation, c'est-à-dire de la *quantité* des eaux.

33.

Dans les vallées où les débits des sources sont devenus insuffisants, la création de nombreux puits absorbants, vers lesquels on dirigerait les fossés d'égouttement ou d'assainissement, en prenant les précautions utiles pour n'y laisser pénétrer que des eaux claires et à peu près décantées, constituerait probablement le moyen le plus pratique, et le plus facile à réaliser, pour augmenter l'approvisionnement des nappes souterraines.

À ce système se rattache un procédé que nous croyons devoir faire connaître, en raison de l'intérêt qu'il présente.

42. **Méthode des sources artificielles.** — En présence des vastes projets d'adduction de nouvelles sources étudiés par la ville de Paris, M. Janet, ingénieur en chef des mines, a proposé un moyen d'approvisionnement d'eaux potables qui équivaut en définitive à augmenter artificiellement l'apport pluvial qui pénètre dans le sol pour alimenter la nappe aquifère. C'est une utilisation plus intensive des facultés de filtration du sol [1].

L'idéal pour l'alimentation de Paris serait de recueillir des eaux à la base des sables tertiaires ; malheureusement, pour en recueillir un volume suffisant, il faudrait plusieurs centaines de kilomètres de galeries de captage. M. Janet propose de réduire la surface filtrante en augmentant l'épaisseur de la tranche d'eau à filtrer. Il est possible, par exemple, de porter à 6 mètres au lieu de o m. 60 la tranche d'eau tombant sur le sol, sans compromettre et sans surmener le filtre parfait constitué par le sable. Il suffit, pour recueillir sûrement l'eau épurée par filtration, que la couche perméable soit supportée par une couche d'argile imperméable dont l'affleurement forme une courbe fermée le long de laquelle on pourra établir des galeries collectrices. Toute la région nord de Paris présente de nombreuses collines où existent des nappes de cette nature à déversement périphérique.

M. Janet choisit la colline de Montmorency, dont la surface est considérable.

Le sommet de la colline est constitué par 4 ou 5 mètres de meulière de Beauce, n'existant que dans les points les plus élevés. Au-dessous on trouve une couche de sable blanc très fin d'une épaisseur de 40 à 50 mètres (sable de Fontainebleau) reposant sur les marnes à huîtres et les glaises vertes imperméables. La base des sables est à l'état de sables boulants et les eaux qui s'y trouvent forment une nappe à déversement périphérique alimentant un très grand nombre de petites sources.

Il suffirait de creuser sur les 20 kilomètres carrés du plateau environ 8.000 puisards partant de la surface du sol et aboutissant à la partie supérieure des sables de Fontainebleau et d'y déverser par un système de conduites appropriées l'eau de l'Oise puisée à Valmondois, par exemple, et relevée de la cote 25 à la cote 175. Le débit ne serait, pour chaque puisard absorbant, que d'environ 5/8 de litre par seconde. Le débit total filtré serait de 5 mètres cubes.

A la base du sable, tout autour de la colline et reposant sur la couche d'argile, on établirait une galerie de captage suivant une courbe fermée dont le développement aurait une longueur d'environ 35 kilomètres, en évitant, bien entendu, le voisinage de la ville de Montmorency et des autres lieux habités ; comme la couche d'argile est légè-

[1] La description ci-après est extraite de l'exposé fait par M. Janet devant la Commission scientifique de perfectionnement de l'Observatoire municipal de Montsouris, le 11 février 1901.

rement inclinée (de la cote 135 à la cote 110), c'est au point le plus bas qu'il conviendrait de recueillir l'eau filtrée. La quantité d'eau déversée sur le sol n'a rien d'exorbitant; le chiffre de 8 mètres pour la tranche annuelle a été vraisemblablement atteint dans nos régions à l'époque diluvienne et l'est encore dans certains points du globe.

La couche d'argile qui supporte les sables de Fontainebleau est absolument continue, et l'on peut espérer recueillir au moins 90 p. 100 de l'eau déversée dans les puisards après qu'elle aura traversé une couche de sable fin d'une épaisseur moyenne de 40 mètres.

Nous nous bornons à ce court exposé du système qui, ainsi qu'on le voit, consiste, en définitive, à utiliser comme filtre un massif naturel de sable, mais avec cette différence très importante que le versement des eaux, au lieu d'être fait sur la totalité de la surface captante, ainsi que cela a lieu avec la pluie, ne serait fait que sur une surface égale à environ la 1/600ᵉ partie de cette surface.

Remarques. — Les procédés d'amélioration du régime des sources par l'aménagement du sol ne sont guère applicables qu'en grand. Ils présentent cette particularité que ce ne sont pas seulement ceux qui exécutent les travaux d'aménagement qui sont appelés à en profiter, mais plutôt les usagers placés en aval. Aussi ces travaux ne peuvent-ils guère être exécutés que par les communes ou par des associations syndicales (le nouveau projet de loi sur les usines hydrauliques contient un titre spécial pour ce genre de travaux). Les travaux indiqués au chapitre VIII ont, au contraire, l'avantage de profiter directement à ceux qui les exécutent.

43. **Conclusions.** — Les combinaisons auxquelles peuvent donner lieu les moyens d'améliorer le régime des sources, sont, ainsi qu'on l'a vu, très variées, et chaque cas réclame, pour ainsi dire, une solution d'espèce.

Nous croyons pourtant que les règles que nous avons indiquées, basées sur des considérations théoriques, fourniront aux ingénieurs un guide utile dans la solution des questions qui pourront se présenter.

Nous avons ouvert un sillon nouveau, et il a pu paraître ambitieux, au début de cette étude, de soumettre au calcul, en vue d'applications pratiques, des phénomènes aussi variés, aussi divers, et en apparence aussi peu réguliers que ceux qui concernent le régime des sources. Nous voulons espérer que le lecteur sera revenu sur cette première impression, qui était aussi la nôtre au commencement de ces recherches.

Les nappes aquifères obéissent à des lois qui seraient conformes à la théorie, si les terrains qu'elles traversent étaient arénacés et homogènes. De ce que les terrains naturels satisfont très rarement à cette hypothèse, il n'en faut pas conclure que la théorie ne puisse rien donner d'utile.

On a pu voir qu'au contraire elle fournit des renseignements inédits qui corroborent, en les éclairant, beaucoup de phénomènes mal connus, tels que les conditions qui président à la formation des nappes à deux versants ou à un seul versant, les crues et les décrues des sources, la formation des cours d'eau, les trajectoires des filets liquides des nappes, le fonctionnement des galeries et des puits de captage, etc.

C'est que, malgré la variété de composition des diverses parties d'un massif aquifère, on peut presque toujours les rapporter à une composition moyenne homogène qui satisferait à peu près à la théorie.

Il est clair qu'il faut exclure de cette assimilation les terrains bouleversés, les terrains à cavernes, à failles, à accidents géologiques.

La plupart des auteurs qui ont traité des nappes et des sources n'ont examiné la question qu'au point de vue géologique seulement. Dans cet ordre d'idées, tout paraît irrégulier, imprévu, contingent.

C'est là, à notre avis, un aspect sinon inexact, du moins incomplet de la question; on l'a vu pour les diverses applications pratiques que nous avons faites de la théorie; mais il serait encore plus inexact de croire que la théorie hydraulique des nappes et des sources peut fournir des résultats absolus.

La vérité est entre ces deux extrêmes.

Il y aura toujours, dans chaque cas, une étude spéciale à faire, où le sens pratique, l'intuition de l'ingénieur auront un rôle important à remplir.

La théorie se perfectionnera surtout par les applications qui en seront faites.

Dès à présent, elle nous paraît rendre plus claires beaucoup de questions qui nous semblaient auparavant très obscures, et nous croyons qu'elle peut fournir dans la solution des problèmes qui concernent les nappes et les sources divers *critériums* que l'étude géologique considérée seule ne pourrait pas fournir.

Tableau W.

1° FOND HORIZONTAL. — NAPPE D'AFFLEUREMENT.	a, longueur de chaque versant OA, OA'.
	b, ordonnée au faîte OB.
	δ, coefficient d'absorption $= \dfrac{b}{a}$.
	m, coefficient des vides.
	μ, coefficient de résistance.
	h, apport pluvial du régime permanent par seconde et par mètre carré :
	$$h = \frac{m}{\mu}\,\delta^2.$$
	q, débit de la source par mètre courant de la ligne d'affleurement.
	α, coefficient de crues $= \dfrac{b}{\mu a^2}$.
2° FOND HORIZONTAL. — NAPPE DE THALWEG.	a, b, m, μ, h, q, comme à 1°.
	p, hauteur de la contrenappe OF.
	K, rapport $\dfrac{p}{b}$.
	δ, coefficient d'absorption total.
	δ', coefficient d'absorption de la nappe supérieure
	$$= \frac{\delta}{\sqrt{1+K}}.$$
	α, coefficient de crues $= \dfrac{b\,(1+K)}{\mu a^2}$.
3° FOND INCLINÉ. — NAPPE D'AFFLEUREMENT.	a, longueur du versant OA.
	$(L - a)$, longueur du contreversant OA'.
	b_0, ordonnée au faîte OB.
	b, ordonnée maxima DC.
	x_m, abscisse OD du point à ordonnée maxima.
	ε, pente du fond ou tang. A'AX.
	δ, coefficient d'absorption.
	z, pente hydraulique $= \dfrac{\varepsilon}{2\delta}$.
	q, débit de la source du versant.
	q', débit de la source du contreversant.
	α, coefficient des crues (équation 97).
	m, μ, h, comme à 1°.

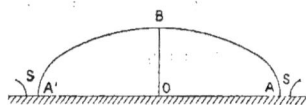

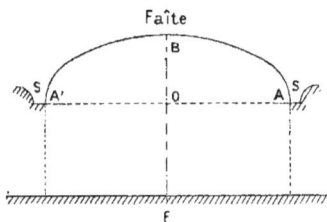

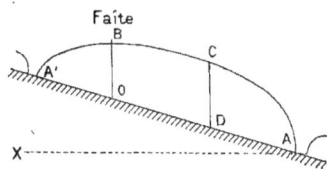

4° FOND INCLINÉ. — NAPPE DE THALWEG.

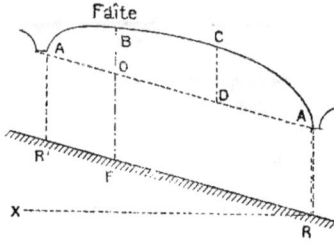

Faîte

a, $(\mathrm{L}-a)$, b_0, b, x_m, ε, m, μ, h, comme à 3°, et en outre :

p, hauteur de la contrenappe OF.

K, rapport $\dfrac{p}{b}$.

δ, coefficient d'absorption total.

δ', coefficient d'absorption de la nappe supérieure

$$= \frac{\delta}{\sqrt{1+\mathrm{K}}}.$$

z, pente hydraulique de la nappe supérieure

$$= \frac{\varepsilon}{2\delta'} = \frac{\varepsilon}{2\delta}\sqrt{1+\mathrm{K}}.$$

$(1+\mathrm{K})\alpha$, coefficient des crues.

5° Le tableau E et les graphiques 35, 35 *bis*, donnent pour toutes les valeurs de z, zéro, 0,10, 0,20, etc., jusqu'à $z = 1$, les valeurs numériques de différents rapports qu'on rencontre dans les applications :

(Tableau E et graphique 35) : $\qquad \gamma = \dfrac{b_0}{\delta a}$

(Tableau E et graphique 35) : $\qquad \beta = \dfrac{b}{\delta a}$

(Tableau E et graphique 35) : $\qquad \lambda = \dfrac{a}{\mathrm{L}}$

(Tableau E) : $\qquad \gamma' = \dfrac{b_0}{\delta(\mathrm{L}-a)}$

(Tableau E) : $\qquad \beta' = \dfrac{b}{\delta(\mathrm{L}-a)}$

(Tableau E et graphique 35 *bis*) : $\qquad \theta = \dfrac{b_0}{b}$

(Tableau E et graphique 35 *bis*) : $\qquad \dfrac{\gamma}{z}$

(Tableau E et graphique 35 *bis*) : $\qquad$ A $\quad$ et $\quad$ B

TABLE DES MATIÈRES.

INTRODUCTION.

HYDRAULIQUE DES NAPPES AQUIFÈRES ET DES SOURCES.

CHAPITRE Iᵉʳ.

PRINCIPES ET EXPÉRIENCES.

CHAPITRE II.

NOUVEAUX PRINCIPES. ÉQUATIONS GÉNÉRALES DU MOUVEMENT
DANS LES NAPPES SOUTERRAINES.

CHAPITRE XV.

ÉTUDE HYDRAULIQUE DE LA FONTAINE DE VAUCLUSE.

CHAPITRE XVI.

ÉTUDE HYDRAULIQUE DE DIVERSES SOURCES.

CHAPITRE XVII.

CHAPITRE XVIII.

RÉSUMÉ DE L'HYDRAULIQUE DES NAPPES AQUIFÈRES ET DES SOURCES.

PRINCIPES ET EXPÉRIENCES.

DES NAPPES D'AFFLEUREMENT.

DES NAPPES DE THALWEG RÉGULIÈRES.

DES GALERIES DE CAPTAGE.

DE L'AMÉLIORATION DU RÉGIME DES SOURCES
PAR L'ABAISSEMENT OU L'EXHAUSSEMENT ARTIFICIEL DE LEUR NIVEAU.

DÉTERMINATION, PAR L'OBSERVATION, DES CONSTANTES SPÉCIFIQUES DES NAPPES.
STATISTIQUE DES DÉBITS DES SOURCES. — DÉTERMINATION DU DÉBIT D'ÉTIAGE D'UNE SOURCE.

DE L'AMÉLIORATION DU RÉGIME DES SOURCES PAR L'AMÉNAGEMENT DU SOL.

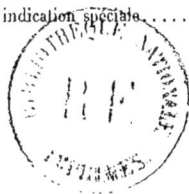

www.ingramcontent.com/pod-product-compliance
Lightning Source LLC
Chambersburg PA
CBHW060907220326
41599CB00020B/2880